“十二五”普通高等教育本科国家级规划教材

首届全国教材建设奖

全国优秀教材二等奖

物理学

（第七版）上册

东南大学等七所工科院校 编

马文蔚 周雨青 解希顺 改编

高等教育出版社·北京

内容提要

本书是在《物理学》（第六版）基础上，参照教育部高等学校物理学与天文学教学指导委员会编制的《理工科类大学物理课程教学基本要求》（2010 年版）修订而成的，书中涵盖了基本要求中所有的核心内容，并选取了一定数量的扩展内容，供不同专业选用。在修订过程中，本书保持原书体系合理、适应面宽等特点，添加了部分近代物理的内容，加强用现代观点来诠释经典物理的思想，从而体现出物理学的发展对人类认识自然所起到的基础性作用。

本书分为上、下两册，上册包括力学和电磁学，下册包括振动、波动、光学、热学和近代物理。与本书相配套的资源有《物理学（第七版）电子教案》《物理学（第七版）习题分析与解答》《物理学（第七版）思考题分析与解答》《物理学（第七版）学习指导》和《物理学原理在工程技术中的应用》（第四版）等。

本书可作为高等学校理工科非物理学类专业大学物理课程的教材，也可供文科相关专业选用和社会读者阅读。

图书在版编目(CIP)数据

物理学. 上册 / 东南大学等七所工科院校编；马文蔚，周雨青，解希顺改编. --7 版. --北京：高等教育出版社，2020. 10(2024.11重印)

ISBN 978-7-04-053823-6

Ⅰ. ①物… Ⅱ. ①东… ②马… ③周… ④解… Ⅲ. ①物理学-高等学校-教材 Ⅳ. ①O4

中国版本图书馆 CIP 数据核字(2020)第 038932 号

Wulixue

策划编辑 张海雁　　责任编辑 张海雁　　封面设计 王凌波　　版式设计 王艳红
插图绘制 黄云燕　　责任校对 张　薇　　责任印制 赵义民

出版发行	高等教育出版社	网　址	http://www.hep.edu.cn
社　址	北京市西城区德外大街 4 号		http://www.hep.com.cn
邮政编码	100120	网上订购	http://www.hepmall.com.cn
印　刷	北京市白帆印务有限公司		http://www.hepmall.com
开　本	787mm×960mm　1/16		http://www.hepmall.cn
印　张	26.5	版　次	1978 年 2 月第 1 版
字　数	520 千字		2020 年 10 月第 7 版
购书热线	010-58581118	印　次	2024 年 11月第 17 次印刷
咨询电话	400-810-0598	定　价	49.80 元

物 料 号　53823-A0

物理学

（第七版）上册

东南大学等七所工科院校　编
马文蔚　周雨青　解希顺　改编

1　计算机访问http://abook.hep.com.cn/1255762，或手机扫描二维码、下载并安装Abook应用。

2　注册并登录，进入“我的课程”。

3　输入封底数字课程账号（20位密码，刮开涂层可见），或通过Abook应用扫描封底数字课程账号二维码，完成课程绑定。

4　单击“进入课程”按钮，开始本数字课程的学习。

Abook
物理学
（第七版）
物理学（第七版）数字课程与纸质教材一体化设计，紧密配合。数字课程涵盖专题MOOC、物理学家介绍、补充阅读材料等内容，充分运用多种形式媒体资源，极大地丰富了知识的呈现形式，拓展了教材内容。在提升课程教学效果的同时，为学生学习提供思维与探索的空间。
用户名：
密码：
验证码：
2692
登录
注册
记住我(30天内免登录)

课程绑定后一年为数字课程使用有效期。受硬件限制，部分内容无法在手机端显示，请按提示通过计算机访问学习。

如有使用问题，请发邮件至abook@hep.com.cn。

扫描二维码
下载Abook应用

教材历史介绍　　资源预览　　相关资讯

http://abook.hep.com.cn/1255762

力学和电磁学的量和单位

量		单位	
名称	符号	名称	符号
长度	l,L	米	m
质量	m	千克	kg
时间	t	秒	s
速度	v	米每秒	$\mathrm{m\cdot s^{-1}}$
加速度	a	米每二次方秒	$\mathrm{m\cdot s^{-2}}$
角	$\theta,\alpha,\beta,\gamma$	弧度	rad
		度	°
角速度	ω	弧度每秒	$\mathrm{rad\cdot s^{-1},s^{-1}}$
角加速度	α	弧度每二次方秒	$\mathrm{rad\cdot s^{-2},s^{-2}}$
旋转速度	n	转每秒	$\mathrm{r\cdot s^{-1}}$
		转每分	$\mathrm{r\cdot min^{-1}}$
频率	ν	赫兹	$\mathrm{Hz,s^{-1}}$
力	F	牛顿	N
摩擦因数	μ	—	1
动量	p	千克米每秒	$\mathrm{kg\cdot m\cdot s^{-1}}$
冲量	I	牛顿秒	$\mathrm{N\cdot s}$
功	W	焦耳	J
能量,热量	E,E_k,E_p,Q	焦耳	J
功率	P	瓦特	W
力矩	M	牛顿米	$\mathrm{N\cdot m}$
转动惯量	J	千克二次方米	$\mathrm{kg\cdot m^2}$
角动量	L	千克二次方米每秒	$\mathrm{kg\cdot m^2\cdot s^{-1}}$
弹性系数	k	牛顿每米	$\mathrm{N\cdot m^{-1}}$
电荷[量]	q,Q	库仑	C
电场强度	E	伏特每米	$\mathrm{V\cdot m^{-1}}$

续表

量		单位	
名称	符号	名称	符号
真空电容率	ε_0	法拉每米	$F \cdot m^{-1}$
相对电容率	ε_r	一	1
电场强度通量	Φ_e	伏特米	$V \cdot m$
电势能	E_p	焦耳	J
电势	V	伏特	V
电势差	U	伏特	V
电偶极矩	p	库仑米	$C \cdot m$
电容	C	法拉	F
电极化强度	P	库仑每平方米	$C \cdot m^{-2}$
电位移	D	库仑每平方米	$C \cdot m^{-2}$
电流	I	安培	A
电流密度	j	安培每平方米	$A \cdot m^{-2}$
电阻	R	欧姆	Ω
电阻率	ρ	欧姆米	$\Omega \cdot m$
电动势	$\mathscr{E}$	伏特	V
磁感[应]强度	B	特斯拉	T
磁矩	m	安培平方米	$A \cdot m^2$
磁化强度	M	安培每米	$A \cdot m^{-1}$
真空磁导率	μ_0	亨利每米	$H \cdot m^{-1}$
相对磁导率	μ_r	一	1
磁场强度	H	安培每米	$A \cdot m^{-1}$
磁通量	Φ	韦伯	Wb
自感[系数]	L	亨利	H
互感[系数]	M	亨利	H
位移电流	I_d	安培	A

第七版前言

《物理学》已走过四十余年,《物理学》(第六版)自出版发行起也经过了近六年。现在即将进入21世纪20年代,互联网技术已影响到教育的方方面面——课程、教学、教材形式发生了很大变化。科技突飞猛进,以人工智能为先导的新工科蓬勃发展,人类极限一个个被挑战、超越——深海、深空探测,量子计算、通信,人类全基因谱测序等领域都取得突破性成就。这一切都在客观上对新时期的教材建设提出了各种各样的新的要求和期待,我们的教材必须一如既往地定准目标方向,紧跟时代步伐,踏稳前行节奏,用扎实的知识内容顺应时代的需求,抓住发展的机遇,回馈社会的关爱。

正如《物理学》每一个修订版本一样,在第六版使用期间,编者团队利用各种大学物理教学和教材研讨的机会,广泛听取教材使用中的各类问题,特别是2018年6月在无锡市江南大学召开的教材第六版修订研讨会上,我们收获许多用书单位的老师给予的珍贵的意见和建议。正是这些反馈信息形成了此次修订的基础。

《物理学》(第七版)保留了第六版的主要内容和特点,此外我们做了如下修订工作:

(1) 增添科学素质培养、科学思维训练的若干例题和习题,增加一些涉及中国元素的内容,介绍近年来物理学的一些新发展、新技术,使教材始终保持其适用性和先进性。例如,用接近实际情况的长江三峡大坝的例题替代原来计算普通大坝力矩的例题等。

(2) 对全书文字叙述不够通顺和准确的地方进行了修改,使相关内容更容易理解和学习;对附录和索引进行了优化和调整,使之更符合最新标准和规范。

(3) 增添了少量在线课程视频资料和40多个补充阅读文档,用信息技术拓展教材相关内容,使教材更具时代感和立体感。

(4) 修改正文、思考题和习题中不够合理的插图,使内容更加科学规范,大小和色彩更加协调一致。

(5) 替换了部分照片,使图像更加清晰,例如"神舟"十一号飞船和若干科学家头像等;此外还增加了少量照片,例如东方超环、托卡马克装置外貌等。

全书第一、第二、第三、第四章,第九、第十章,第十五、第十六章以及11-14

几何光学、13-19 信息熵简介由周雨青修订；第五、第六、第七、第八章，第十一、第十二、第十三、第十四章由解希顺修订。全书统稿工作系周雨青承担。

本次修订继续得到了高等教育出版社理科出版事业部物理分社的大力支持。分社的编辑给予了非常多的资源，为我们选择合适的教学内容提供了极大的帮助。审稿人以严谨、负责的态度审阅了书稿，为第七版的出版把好了重要的质量关。在此，编者表示衷心的感谢，感谢你们给予我们的一贯支持，这也是我们做好教材、回馈社会的重要动力。

本书以前各版次有关情况如下：

第六版

编者：马文蔚、周雨青、解希顺

审者：汤毓骏

编辑：郭亚嫘、张海雁

第五版

编者：马文蔚、解希顺、周雨青

审者：徐绪笃、汤毓骏

编辑：庞永江、郭亚嫘

第四版

编者：马文蔚、解希顺、谈漱梅

审者：徐绪笃、汤毓骏、叶善专

编辑：陈小平、张思挚、胡凯飞

第三版

编者：马文蔚、柯景凤

审者：佘守宪

编辑：奚静平

第二版

编者：马文蔚、柯景凤

审者：佘守宪、徐绪笃、陈广汉、朱培豫、田恩瑞

编辑：汤发宇、奚静平

第一版

编者：柯景凤、马文蔚、曹恕、宋玉亭、李士澂、蓝信悌、桂永蕃、张枌、蒋澄华、王明馨、葛元欣、周遥生，张枌、马文蔚、王明馨负责定稿

编辑：汤发宇、李平、杨再石

由于编者水平有限，书中仍会有不妥之处，敬请老师和同学们提出宝贵意见。

改编者

2019 年 11 月于南京

第六版前言（摘要）

为反映物理学及其在科学技术方面的新进展，《物理学》（第六版）增加了一些诸如磁单极、超导约瑟夫森效应、分数量子霍耳效应、石墨烯的应用前景等方面的简略介绍。

修订时，编者更正了书中不妥之处，注重概念表述的科学性，并注意可接受性，使两者在大学物理范围内统一起来；尽可能查清本书所提到的主要的开创性的科学家的生卒年代、学术贡献、主要荣誉和对科技发展的影响；所有物理量的名称和符号以1993年国家技术监督局发布的国家标准《量和单位》、1996年全国自然科学名词审定委员会公布的《物理学名词》和高教社统一的物理量名称和单位（及其符号）为准；所有物理常量值均采用2010年国际科学联合会理事会科学技术数据委员会公布的物理学常量的推荐值。

本书以附注形式介绍《物理学原理在工程技术中的应用》（第四版）中的选题41个，涵盖了从力学到核物理学的内容。这些选题不仅可提高学生学习物理课程的兴趣，而且对帮助学生理解大学物理课程的基础作用会起到一定作用。在这次修订中，高教社物理分社特别为所有选题加上二维码，希望借此能帮助读者方便地阅读相关的联系实际的内容，从而帮助学生领会物理学的原理、定律所蕴含的物理之美的魅力。编者切盼教师和学生利用好这一具有创新意义的资源，也期盼更多的老师加入到创作队伍中来。

本书增加和更换了部分插图和照片，如我国第四代反应堆、星尘号宇宙尘埃航天器、特斯拉与交流电机雕像、光伏电池在建筑和电话亭方面的应用等，在增加信息量的同时，也力求美化版面。

本书分为上、下两册。上册：周雨青编写了第四章中的流体运动；上册中其余各章节由马文蔚修订。下册：周雨青编写了第十一章中的几何光学，第十六章原子核与粒子物理简介，修订了第九章和第十章，第十三章中的信息熵简介，第十五章中的纳米材料简介；解希顺修订了第十一章中的波动光学；马文蔚修订了第十二章至第十五章（除纳米材料简介）。

在本书成书过程中，许多老师给予了鼓励，并提出了很多宝贵意见和建议，编者借此对他们表示衷心的感谢。东华大学汤毓骏教授与编者一道反复切磋本书的修订方案,细致地审阅了待审稿,提出了许多中肯而详尽的修改建议。殷实、沈才康、包刚和韦娜诸位老师为本书精选增添了习题。编者谨致深深的谢意。

马文蔚

2014 年 2 月于东南大学

第五版前言（摘要）

物理学是研究物质的基本结构、基本运动形式以及相互作用规律的科学，是在人类探索自然奥秘的过程中形成的学科。物理学最初是从对力学运动规律的研究发展起来的，后来又研究热现象的规律，研究电磁现象、光现象以及辐射的规律。到19世纪末，物理学已经形成一个完整的体系，被称为经典物理学。在20世纪初的30年里，物理学经历了两场伟大的革命，相对论和量子力学诞生了。从此产生了近代物理学。

物理学是自然科学的基础，在探讨物质结构和运动基本规律的进程中，每一次重大的发现和突破都引发了新领域、新方向的发展，甚至产生了新的分支学科、交叉学科和新的技术学科。在过去的100年间，从物理学中分化出了大量的学科，如力学、热学、光学、声学等，其中激光、无线电、微电子、原子能等现在都已经形成了独立学科。尽管物理学是一门古老的基础性学科——在大学本科时代学到的知识基本上都是一二百，甚至三四百年前的发现——但是物理学对今天乃至未来的人类生活和科技发展都有着重要、紧密的联系，上至“神舟”上天，下到石油钻探，大到探索宇宙的奥秘，小到计算机里的芯片，都离不开物理学的基础作用。甚至过去看似和自然科学无关的经济、金融、股票、政治等领域，现在也有人用物理学的方法进行研究，并取得令人赞许的成就。在2000年，美国工程院评选出20项20世纪最伟大的工程，其中采用的技术大部分都直接或间接跟过去300年间物理学的发现有关系。这20项工程首先是电气化、汽车、飞机、自来水系统、微电子、无线电广播和电视，其次是农业机械化、计算机、电话、空调和冰箱、高速公路、卫星、因特网、摄影，然后是家用电器、医疗技术、石油和石油化工、激光和光纤、核技术、高性能材料。2005年是联合国命名的“国际物理年”，这也是联合国历史上第一次以单一学科命名的国际年。

本书的第一版问世于1978年。那时，大学生的口号是“学好数、理、化，走遍天下都不怕！”当时，最优秀的学生大都选择进入数学、物理等专业深造。现在，随着时代的发展，年轻人的兴趣和志向更加多元化，随之，人才培养模式也发生了重大变化。因此，作者和教师的任务就是探索如何在新形势下，教好大学物理这门课，以适应21世纪对高素质人才的科学素质的需要。一方面，要以现代的观点审视传统物理教学内容;另一方面,要充分利用各种现代教育技术手段,全面整合文本形式、动画、图形、图片以及视频等各类型教学资源,把它们有机地安置在书本里、光盘中或者网络上,各种手段各有分工、各司其职,使学生获得前所未有的学习效果。正因如此,本书的内容设计与面貌和第一版相比也发生了巨大的变化,从单一的纸质教材,发展到了由纸质主教材、纸质辅教材、电子教材、网络教材组成的教学包。

本书分为上、下两册。上册由马文蔚修订;下册第九章、第十章和信息熵、等离子体与受控核聚变、扫描显微镜和纳米材料简介等由周雨青修订和编写,第十一章由解希顺修订,第十二章至第十五章由马文蔚修订。

第五版修订指导思想

《物理学》(第五版)在内容上需涵盖基本要求中所有的核心内容,并选取了一定数量的扩展内容,以适应不同专业对大学物理课程的需求:难度上与四版基本持平,但习题的难度比四版有所下降,并增加了部分选择题,以考察学生的物理概念。

章节变化

按照教学基本要求,并考虑到读者已有的中学物理基础,本书修订时对部分章节内容作了如下调整:

1. 由原书的二十章改为十五章。取消引力场、恒定电流、磁场中磁介质、电磁振荡和电磁波以及物理学与新技术等五章。但把恒定电流的条件、电动势和磁介质的概念放到恒定磁场一章中。把液晶放在光学之后,把纳米材料简介和扫描显微镜放在量子物理一章里,使这些物理新技术课题与该章基本内容构成一个整体,便于学生理解并拓展其视野,同时也删去一些技术性过多又难以理解的内容。

2. 增加了几个选学课题,如对称性与守恒律、万有引力的牛顿命题、简述非线性系统、几何光学、信息熵简介等。

3. 删去加速度为常矢量时质点的运动、静电场的边界条件、压电效应、铁电体、驻极体、磁电式电流计原理、尼科耳棱镜、偏振光干涉、理想气体实验定律,并删去由普朗克公式导出维恩位移定律和斯特藩-玻耳兹曼定律等。

为方便读者选学扩展内容,本书扩展内容均冠以“*”号,并用小字排印。这些扩展内容能拓展读者的知识面,加深对基本理论和基本方法的理解,有助于读者了解物理理论是如何建立的,帮助读者了解新技术的发展与物理学理论间的关系。所有扩展内容均自成体系,可选讲或指导学生自学,跳过不学也不影响全书的系统性和连贯性。

在不提高定价的情况下,第五版采用双色印刷,使书中的物理图像更加清晰,提高图文的表现力,进一步提升阅读效果。

鸣谢

在本书的成书过程中,得到了许多长期使用本教材的教师提出的宝贵意见,在此对他们表示衷心的感谢,尤其要感谢西北工业大学徐绪笃教授(主审)和东华大学汤毓骏教授细致地审阅了书稿,提出了许多中肯的修改意见和建议。殷实、沈才康、包刚和韦娜诸位老师为本书增添了一些习题,编者谨致谢意。

改编者

2005 年 5 月于东南大学

目　　录

第一章　质点运动学

物理学是研究物质运动中最普遍、最基本运动形式的规律的一门学科，这些运动形式包括机械运动、分子热运动、电磁运动、原子和原子核运动以及其他微观粒子运动等.机械运动是这些运动中最简单、最常见的运动形式，其基本形式有平动和转动.在力学中，研究物体的位置随时间而改变的范畴称为运动学.

本章讨论质点运动学，其主要内容为：位置矢量、位移、速度和加速度、质点的运动方程、切向加速度和法向加速度、相对运动等.

1-1　质点运动的描述

一、参考系　质点

1. 参考系

自然界中所有的物体都在不停地运动，绝对静止不动的物体是没有的.在观察一个物体的位置及位置的变化时，总要选取其他物体作为标准，选取的标准物不同，对物体运动情况的描述也就不同.这就是运动描述的相对性.

为描述物体的运动而选择的标准物，一般称为参考系.参考系的选择是任意的，而选择不同的参考系，对同一物体运动情况的描述是不同的.因此，在讲述物体运动情况时，必须指明是对什么参考系而言的.在讨论地面附近物体的运动时，通常选择地面作为参考系.

2. 质点

一般说来，物体的大小和形状的变化，对物体运动的影响是很大的.但在有些问题中，如能忽略这些影响，就可以把物体当作一个有质量的点（即质点）来处理.这将使所研究的问题大大简化.所以说，质点是一个理想模型.

把物体当作质点是有条件的、相对的，而不是无条件的、绝对的，因而对具体情况要作具体分析.例如,由于地球至太阳的平均距离约为地球直径的 10^4 倍,地球上各点相对于太阳的运动可以看作是相同的,因此在研究地球绕太阳公转时,可以把地球当作质点.表 1-1 列出了一些物体的质量和长度的数量级,供研究问题时参考.

表 1-1 一些物体的质量和长度的数量级

物体质量	数量级	物体长度	数量级
电子质量	10^{-30} kg	原子核半径	10^{-15} m
质子质量	10^{-27} kg	原子半径	10^{-10} m
血红蛋白质量	10^{-22} kg	病毒线度	10^{-7} m
流感病毒质量	10^{-19} kg	阿米巴变形虫线度	10^{-4} m
阿米巴变形虫质量	10^{-8} kg	人的身高	10^{0} m
雨滴质量	10^{-6} kg	珠穆朗玛峰高度	10^{3} m
人的质量	10^{1} kg	地球半径	10^{6} m
"土星 5 号"运载火箭质量	10^{6} kg	太阳半径	10^{8} m
金字塔质量	10^{10} kg	太阳与地球的距离	10^{11} m
地球质量	10^{24} kg	太阳与最近恒星的距离	10^{16} m
太阳质量	10^{30} kg	银河系尺度	10^{21} m
银河系质量	10^{41} kg	宇宙尺度	10^{26} m

应当指出,把物体视为质点这种抽象的研究方法,在实践上和理论上都是有重要意义的.当我们所研究的运动物体不能视为质点时,可把整个物体看成是由许多质点所组成,弄清这些质点的运动,就可以弄清楚整个物体的运动.所以,研究质点的运动是研究物体运动的基础.

在本书有关力学的各章中,除"刚体转动和流体运动"一章外,都是把物体当作质点来处理的.

二、位置矢量 运动方程 位移

1. 位置矢量

上面已经指出,描述物体的运动必须选定参考系.在参考系选定以后,为定量地描述质点的位置及其随时间的变化,有时须在参考系上选择一个坐标系.坐标系有直角坐标系、极坐标系和自然坐标系①等.在如图 1-1 所示的直角坐标系

① 有关平面极坐标系和自然坐标系的知识将在本章第 1-2 节中介绍.

中，在时刻 t，质点 P 在坐标系中的位置可用位置矢量 $\boldsymbol{r}(t)$ 来表示.位置矢量简称位矢，它是一个有向线段，其始端位于坐标系的原点 O，末端则与质点 P 在时刻 t 的位置相重合.从图 1-1 中可以看出，位矢 $\boldsymbol{r}$ 在 Ox 轴、Oy 轴和 Oz 轴上的投影(即质点的坐标)分别为 x、y 和 z.所以，质点 P 在 $Oxyz$ 的直角坐标系中的位置，既可用位矢 $\boldsymbol{r}$ 来表示，也可用坐标 x、y 和 z 来表示.如取 $\boldsymbol{i}$、$\boldsymbol{j}$ 和 $\boldsymbol{k}$ 分别为沿 Ox 轴、Oy 轴和 Oz 轴的单位矢量，那么位矢 $\boldsymbol{r}$ 亦可写成

$$\boldsymbol{r}=x\boldsymbol{i}+y\boldsymbol{j}+z\boldsymbol{k} \tag{1-1}$$

其模为

$$|\boldsymbol{r}|=\sqrt{x^2+y^2+z^2}$$

位矢 $\boldsymbol{r}$ 的方向余弦由下式确定：

$$\cos\alpha=\frac{x}{|\boldsymbol{r}|},\quad \cos\beta=\frac{y}{|\boldsymbol{r}|},\quad \cos\gamma=\frac{z}{|\boldsymbol{r}|}$$

式中 α、β、γ 分别是 $\boldsymbol{r}$ 与 Ox 轴、Oy 轴和 Oz 轴正向之间的夹角.

2. 运动方程

当质点运动时，它相对坐标原点 O 的位矢 $\boldsymbol{r}$ 是随时间而变化的(图 1-2)，因此，$\boldsymbol{r}$ 是时间的函数，即

$$\boldsymbol{r}=\boldsymbol{r}(t)=x(t)\boldsymbol{i}+y(t)\boldsymbol{j}+z(t)\boldsymbol{k} \tag{1-2}$$

式(1-2)叫做质点的运动方程；而 $x(t)$、$y(t)$ 和 $z(t)$ 则是 $\boldsymbol{r}(t)$ 在 Ox 轴、Oy 轴、Oz 轴的分量，从中消去参量 t 便得到了质点运动的轨迹方程，所以它们也是轨迹的参量方程.应当指出，运动学的重要任务之一就是找出各种具体运动所遵循的运动方程.关于这一点我们将在后面作较详细的论述.

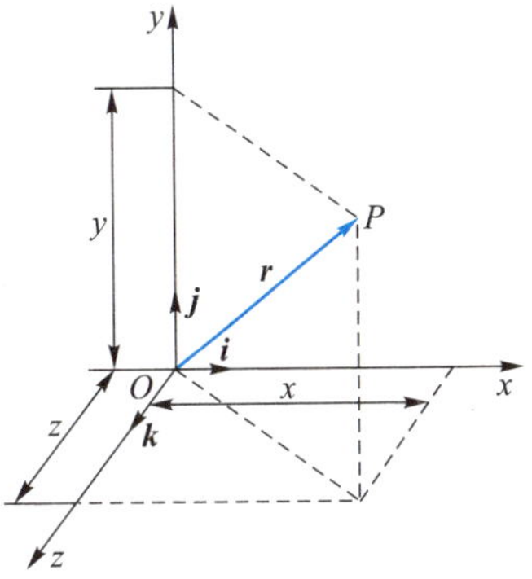

图 1-1 位置矢量

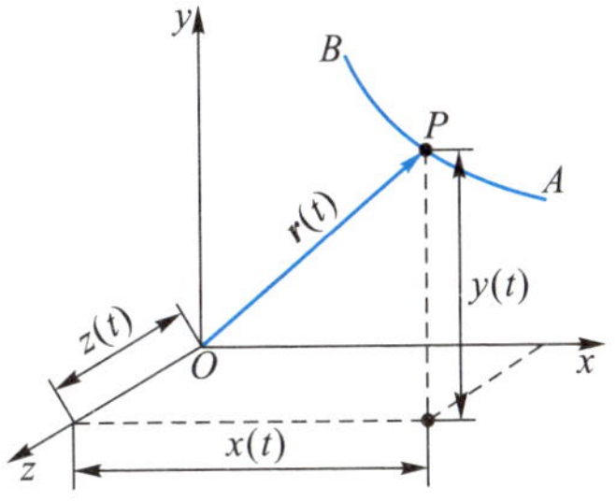

图 1-2 运动方程

3. 位移

在如图 1-3(a)所示的 Oxy 平面直角坐标系中，有一质点沿曲线从时刻 t_1 的点 A 运动到时刻 t_2 的点 B，质点由相对原点 O 的位矢 $\boldsymbol{r}_A$ 变化到 $\boldsymbol{r}_B$. 显然，在时间间隔 $\Delta t(=t_2-t_1)$ 内，位矢的长度和方向都发生了变化. 我们将 $\boldsymbol{r}_B-\boldsymbol{r}_A=\Delta\boldsymbol{r}$ 称为在时间 Δt 内质点的位移矢量，简称位移. 它反映了在时间 Δt 内质点位矢的变化.

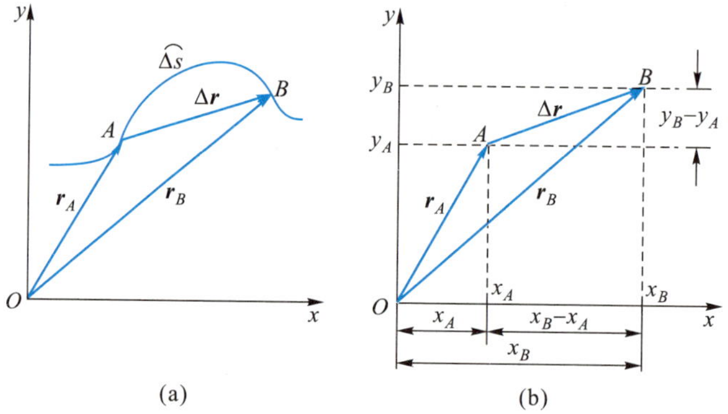

图 1-3　位移矢量

由式(1-2)，可将 A、B 两点的位矢 $\boldsymbol{r}_A$ 与 $\boldsymbol{r}_B$ 分别写成

$$\boldsymbol{r}_A=x_A\boldsymbol{i}+y_A\boldsymbol{j}$$

$$\boldsymbol{r}_B=x_B\boldsymbol{i}+y_B\boldsymbol{j}$$

于是，位移 $\Delta\boldsymbol{r}$ 亦可写成

$$\Delta\boldsymbol{r}=\boldsymbol{r}_B-\boldsymbol{r}_A=(x_B-x_A)\boldsymbol{i}+(y_B-y_A)\boldsymbol{j} \tag{1-3}$$

上式表明，当质点在平面上运动时，它的位移等于在 Ox 轴和 Oy 轴上的位移的矢量和[图 1-3(b)].

若质点在三维空间中运动，则在直角坐标系 $Oxyz$ 中其位移为

$$\Delta\boldsymbol{r}=(x_B-x_A)\boldsymbol{i}+(y_B-y_A)\boldsymbol{j}+(z_B-z_A)\boldsymbol{k}$$

应当注意，位移是描述质点位置变化的物理量，并非是指质点所经历的路程. 如在图 1-3(a)中，质点作曲线运动，从点 A 运动到点 B，所经历的路程为 $\widehat{\Delta s}$，而位移则是 $\Delta\boldsymbol{r}$. 显然，在一般情况下 $\widehat{\Delta s}\neq|\Delta\boldsymbol{r}|$. 当质点经一闭合路径回到原来的起始位置时，其位移为零，而路程则不为零. 所以，质点的位移和路程是两个完全不同的概念. 只有在 $\Delta t\to 0$ 的极限情况下，两者的大小才视为相同.

三、速度

在力学中,只有当质点的位矢和速度同时被确定时,其运动状态才被确知.所以,位矢和速度是描述质点运动状态的两个物理量.

如图 1-4 所示,一质点在平面上沿轨迹 $CABD$ 作曲线运动.在时刻 t,它处于点 A,其位矢为 $\boldsymbol{r}_1(t)$;在时刻 $t+\Delta t$,它处于点 B,其位矢为 $\boldsymbol{r}_2(t+\Delta t)$.在时间 Δt 内,质点的位移为 $\Delta\boldsymbol{r}=\boldsymbol{r}_2-\boldsymbol{r}_1$,它的平均速度 $\overline{\boldsymbol{v}}$ 为

$$\overline{\boldsymbol{v}}=\frac{\boldsymbol{r}_2-\boldsymbol{r}_1}{\Delta t}=\frac{\Delta\boldsymbol{r}}{\Delta t}$$

由于 $\Delta\boldsymbol{r}$ 是矢量,而 $1/\Delta t$ 是标量,故平均速度 $\overline{\boldsymbol{v}}$ 是矢量,且与 $\Delta\boldsymbol{r}$ 的方向相同.

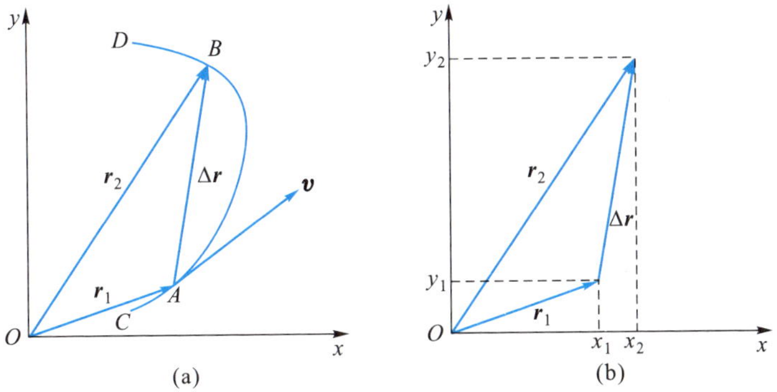

图 1-4　平均速度

考虑到

$$\Delta\boldsymbol{r}=(x_2-x_1)\boldsymbol{i}+(y_2-y_1)\boldsymbol{j}=\Delta x\boldsymbol{i}+\Delta y\boldsymbol{j}$$

平均速度可以写成

$$\overline{\boldsymbol{v}}=\frac{\Delta\boldsymbol{r}}{\Delta t}=\frac{\Delta x}{\Delta t}\boldsymbol{i}+\frac{\Delta y}{\Delta t}\boldsymbol{j}=\overline{v}_x\boldsymbol{i}+\overline{v}_y\boldsymbol{j}$$

其中 $\overline{v}_x$ 和 $\overline{v}_y$ 是平均速度 $\overline{\boldsymbol{v}}$ 在 Ox 轴和 Oy 轴上的分量.当 $\Delta t\to 0$ 时,平均速度的极限值叫做瞬时速度(简称速度),用 $\boldsymbol{v}$ 表示,有

$$\boldsymbol{v}=\lim_{\Delta t\to 0}\frac{\Delta\boldsymbol{r}}{\Delta t}=\frac{\mathrm{d}\boldsymbol{r}}{\mathrm{d}t}\tag{1-4a}$$

或

$$\boldsymbol{v}=\lim_{\Delta t\to 0}\frac{\Delta x}{\Delta t}\boldsymbol{i}+\lim_{\Delta t\to 0}\frac{\Delta y}{\Delta t}\boldsymbol{j}=v_x\boldsymbol{i}+v_y\boldsymbol{j}\tag{1-4b}$$

其中
$$v_x=\frac{\mathrm{d}x}{\mathrm{d}t},\quad v_y=\frac{\mathrm{d}y}{\mathrm{d}t}$$
v_x 和 v_y 是速度 $\boldsymbol{v}$ 在 Ox 轴和 Oy 轴上的分量.显然,如以 $\boldsymbol{v}_x$ 和 $\boldsymbol{v}_y$ 分别表示速度 $\boldsymbol{v}$ 在 Ox 和 Oy 轴上的分速度(注意:它们是分矢量!),那么有 $\boldsymbol{v}_x=v_x\boldsymbol{i}$ 和 $\boldsymbol{v}_y=v_y\boldsymbol{j}$,上式亦可写成
$$\boldsymbol{v}=\boldsymbol{v}_x+\boldsymbol{v}_y \tag{1-4c}$$
关于速度、分速度和速度分量之间的关系①,可用图 1-5 表示出来.

通常把速度 $\boldsymbol{v}$ 的值,即 $|\boldsymbol{v}|$ 或 v 称为速率②.由式(1-4a)可见,速度 $\boldsymbol{v}$ 的方向与 $\Delta\boldsymbol{r}$ 在 $\Delta t\to0$ 时的极限方向一致.从图 1-4(a)可见,当 $\Delta t\to0$ 时,$\Delta\boldsymbol{r}$ 趋于和轨道相切,即与点 A 的切线重合,所以当质点作曲线运动时,质点在某一点的速度方向就是沿该点曲线的切线方向.这在日常生活中是经常可以观察到的.拴在绳子上作圆周运动的小球,如果绳子突然断开,小球就会沿切线方向飞出去.

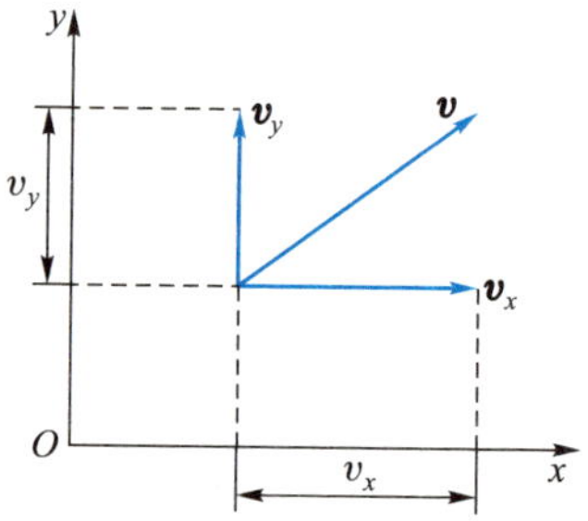

图 1-5 速度、分速度及其速度分量

显然,质点在三维直角坐标系中的速度为
$$\boldsymbol{v}=\boldsymbol{v}_x+\boldsymbol{v}_y+\boldsymbol{v}_z=v_x\boldsymbol{i}+v_y\boldsymbol{j}+v_z\boldsymbol{k} \tag{1-5}$$
概括地说,求解运动学问题有两类:一是已知运动方程求运动状态,另一是已知运动状态求运动方程.读者在阅读本书例题和求解本书习题的过程中对此应予以注意.

例 1

设质点的运动方程为 $\boldsymbol{r}(t)=x(t)\boldsymbol{i}+y(t)\boldsymbol{j}$,其中 $x(t)=1.0t+2.0$,$y(t)=0.25t^2+2.0$,式中 x、y 的单位为 m(米),t 的单位为 s(秒).(1) 求 $t=3$ s 时的速度;(2) 作出质点的运动轨迹图.

解 (1) 由题意可得速度分量分别为
$$v_x=\frac{\mathrm{d}x}{\mathrm{d}t}=1.0\ \mathrm{m\cdot s^{-1}},\quad v_y=0.5t$$
故 $t=3$ s 时的速度分量为 $v_x=1.0\ \mathrm{m\cdot s^{-1}}$ 和 $v_y=1.5\ \mathrm{m\cdot s^{-1}}$.于是 $t=3$ s 时,质点的速度为
$$\boldsymbol{v}=(1.0\boldsymbol{i}+1.5\boldsymbol{j})\ \mathrm{m\cdot s^{-1}}$$
速度的值为 $v=1.8\ \mathrm{m\cdot s^{-1}}$,速度 $\boldsymbol{v}$ 与 x 轴之间的夹角为

---

① 关于矢量、分矢量和分量(投影)的区别,可参见附录一中“矢量在直角坐标轴上的分矢量和分量”.

② 在不被混淆的情况下,有时速率也被称为速度.

$$\theta=\arctan\frac{1.5}{1.0}=56.3^\circ$$

(2) 已知运动方程 $x=1.0\,t+2.0$，$y=0.25t^2+2.0$，消去 t 可得轨迹方程

$$y=0.25x^2-x+3.0$$

并可作如图 1-6 所示的质点运动轨迹图.

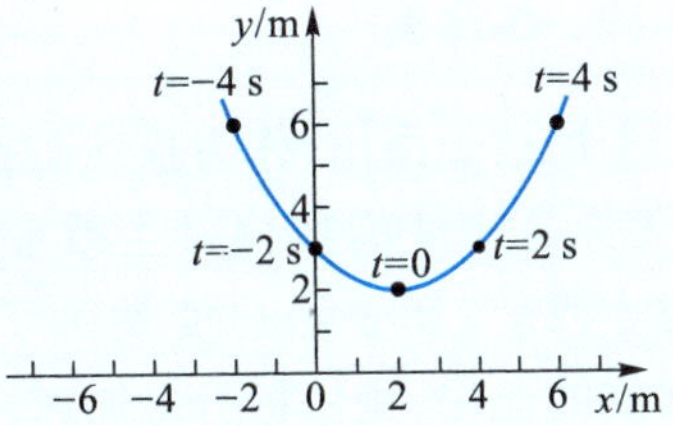

图 1-6

例 2

如图 1-7 所示，A、B 两物体由一长为 l 的刚性细杆相连，A、B 两物体可在光滑轨道上滑行.如物体 A 以恒定的速率 v 向左滑行.当 $\alpha=60^\circ$时，物体 B 的速度为多少？

解 按图 1-7 所示的坐标系，物体 A 的速度为

$$\boldsymbol{v}_A=\boldsymbol{v}_x=\frac{\mathrm{d}x}{\mathrm{d}t}\boldsymbol{i}=-v\boldsymbol{i} \qquad (1)$$

式中“-”号表示 A 沿 Ox 轴负方向运动，而物体 B 的速度为

$$\boldsymbol{v}_B=\boldsymbol{v}_y=\frac{\mathrm{d}y}{\mathrm{d}t}\boldsymbol{j} \qquad (2)$$

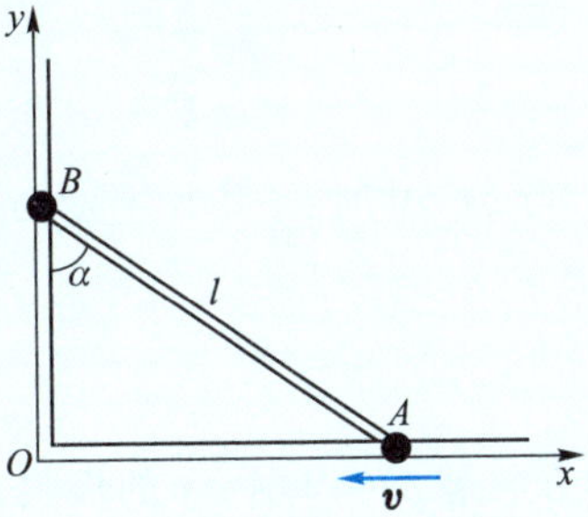

图 1-7

由于△OAB 为一直角三角形，因此有 $x^2+y^2=l^2$. 考虑到细杆是刚性的，其长度 l 为一常量，但 x、y 是时间的函数，故有

$$2x\frac{\mathrm{d}x}{\mathrm{d}t}+2y\frac{\mathrm{d}y}{\mathrm{d}t}=0$$

可得

$$\frac{\mathrm{d}y}{\mathrm{d}t}=-\frac{x}{y}\frac{\mathrm{d}x}{\mathrm{d}t}$$

代入式(2)，则物体 B 的速度为

$$\boldsymbol{v}_B=-\frac{x}{y}\frac{\mathrm{d}x}{\mathrm{d}t}\boldsymbol{j}$$

因为

$$\frac{\mathrm{d}x}{\mathrm{d}t}=-v,\quad \tan\alpha=\frac{x}{y}$$

所以

$$\boldsymbol{v}_B=v\tan\alpha\,\boldsymbol{j}$$

$\boldsymbol{v}_B$ 的方向沿 Oy 轴正方向，因此物体 B 的速度大小为

$$v_B=v\tan\alpha$$

当 $\alpha=60^\circ$时

$$v_B=1.73v$$

四、加速度

上面已经指出，作为描述质点运动状态的一个物理量，速度是一个矢量，所以，无论是速度的数值发生改变，还是其方向发生改变，都表示速度发生了变化. 为衡量速度的变化，我们将引出加速度概念.

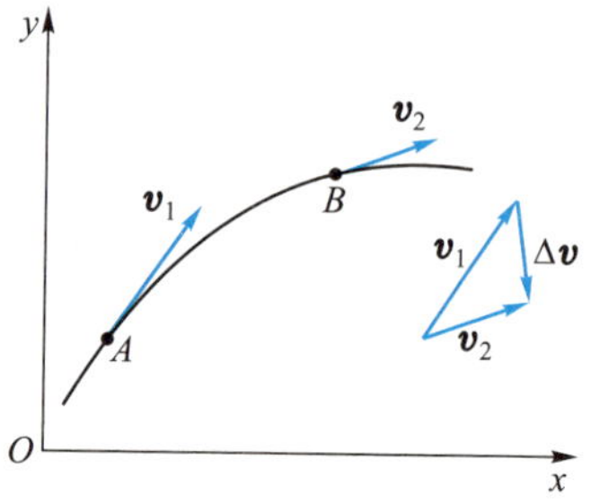

图 1-8　曲线运动的加速度

如图 1-8 所示，质点在 Oxy 平面内作曲线运动. 设在时刻 t，质点位于点 A，其速度为 $\boldsymbol{v}_1$，在时刻 $t+\Delta t$，质点位于点 B，其速度为 $\boldsymbol{v}_2$，则在时间间隔 Δt 内，质点的速度增量为 $\Delta\boldsymbol{v}=\boldsymbol{v}_2-\boldsymbol{v}_1$，它的平均加速度为

$$\overline{\boldsymbol{a}}=\frac{\Delta\boldsymbol{v}}{\Delta t}$$

当 $\Delta t\to 0$ 时，平均加速度的极限值叫做瞬时加速度，用 $\boldsymbol{a}$ 表示，有

$$\boldsymbol{a}=\lim_{\Delta t\to 0}\frac{\Delta\boldsymbol{v}}{\Delta t}=\frac{\mathrm{d}\boldsymbol{v}}{\mathrm{d}t}\tag{1-6a}$$

$\boldsymbol{a}$ 的方向是 $\Delta t\to 0$ 时 $\Delta\boldsymbol{v}$ 的极限方向，而 $\boldsymbol{a}$ 的数值是 $|\Delta\boldsymbol{v}/\Delta t|$ 的极限值，即

$$|\boldsymbol{a}|=\lim_{\Delta t\to 0}\left|\frac{\Delta\boldsymbol{v}}{\Delta t}\right|$$

应当注意，加速度 $\boldsymbol{a}$ 既反映了速度方向的变化，又反映了速度数值的变化. 所以质点作曲线运动时，任一时刻质点的加速度方向并不与速度方向相同，即加速度方向不沿曲线的切线方向. 由图 1-8 中可以看出，在曲线运动中，加速度的方向指向曲线的凹侧.

利用式(1-4b)，式(1-6a)可写成

$$\boldsymbol{a}=\frac{\mathrm{d}}{\mathrm{d}t}(v_x\boldsymbol{i}+v_y\boldsymbol{j})$$

即

$$\boldsymbol{a}=a_x\boldsymbol{i}+a_y\boldsymbol{j}=\boldsymbol{a}_x+\boldsymbol{a}_y\tag{1-6b}$$

其中

$$a_x=\frac{\mathrm{d}v_x}{\mathrm{d}t},\quad a_y=\frac{\mathrm{d}v_y}{\mathrm{d}t}$$

显然，质点在三维直角坐标系中的加速度为

$$\boldsymbol{a}=\boldsymbol{a}_x+\boldsymbol{a}_y+\boldsymbol{a}_z=a_x\boldsymbol{i}+a_y\boldsymbol{j}+a_z\boldsymbol{k}\tag{1-7}$$

例 3

一个球体在某液体中竖直下落,球体的初速度为 $\boldsymbol{v}_0=10\boldsymbol{j}\ \mathrm{m\cdot s^{-1}}$.它在液体中的加速度为 $\boldsymbol{a}=-1.0v\boldsymbol{j}$,式中 $\boldsymbol{a}$ 的单位为 $\mathrm{m\cdot s^{-2}}$,v 的单位为 $\mathrm{m\cdot s^{-1}}$.问:(1) 经多少时间后可以认为球体已停止运动?(2) 此球体在停止前经历的路程有多长?

解 由题意知,球体作变加速直线运动,加速度 $\boldsymbol{a}$ 的方向与球体的速度 $\boldsymbol{v}$ 的方向相反.由加速度的定义,有

$$a=\frac{\mathrm{d}v}{\mathrm{d}t}=-1.0v$$

得

$$\int_{v_0}^{v}\frac{\mathrm{d}v}{v}=-1.0\int_0^t\mathrm{d}t$$

有

$$v=v_0\mathrm{e}^{-1.0\,t} \tag{1}$$

上式表明,球体的速率 v 随时间 t 的增长而减小.

又由速度的定义,有

$$v=\frac{\mathrm{d}y}{\mathrm{d}t}=v_0\mathrm{e}^{-1.0\,t}$$

得

$$\int_0^y\mathrm{d}y=v_0\int_0^t\mathrm{e}^{-1.0\,t}\mathrm{d}t$$

有

$$y=10\left[-\frac{1}{1.0}(\mathrm{e}^{-1.0\,t}-1)\right]=10(1-\mathrm{e}^{-1.0\,t}) \tag{2}$$

从题意知道,球体停下来时其速度应当为零,而从式(1)可以看出,要使球体的速度为零,即 $v=0$,时间 t 须无限长.从式(2)可知当 $t=\infty$ 时,$y=10$ m.下面作一些近似计算和分析.我们不妨利用式(1),先试求球体的速率 v 分别达到 $\frac{1}{10}v_0$、$\frac{1}{100}v_0$、$\frac{1}{1\ 000}v_0$ 和 $\frac{1}{10\ 000}v_0$ 时所经历的时间,然后再利用式(2)求出球体所经历的路程.我们把依据这个想法所得的计算结果列表如下:

v	$v_0/10$	$v_0/100$	$v_0/1\ 000$	$v_0/10\ 000$
t/s	2.3	4.6	6.9	9.2
y/m	8.997 4	9.899 5	9.989 9	9.999 0

从上表可以看出,事实上,在 $t=6.9$ s 或 $t=9.2$ s 时,球体已几乎不再运动,而所经历的路程已显示出其极限值为 10 m 了.故本题的答案完全可以写成:小球运动了 9.2 s,几乎接近停止,所经历的路程 $y\approx10$ m.这种近似处理的方法是很重要的,也是足够准确的.

例 4

如图 1-9 所示,一抛体在地球表面附近,从原点 O 以初速度 $\boldsymbol{v}_0$ 沿与水平面上 Ox 轴正

向成角度 α 的方向抛出.如略去抛体在运动过程中空气的阻力作用,求抛体的轨迹方程和最大射程.

解 由题意知,抛体运动过程中的加速度 $\boldsymbol{a}=\boldsymbol{a}_y=\boldsymbol{g}=-g\boldsymbol{j}$,且 $\boldsymbol{a}_x=0$,故抛体以恒定加速度 $\boldsymbol{a}=\boldsymbol{g}$ 作斜抛运动.在 $t=0$ 时抛体位于原点 O,其位矢 $\boldsymbol{r}_0=0$.在时刻 t,抛体位于点 P,其位移为 $\boldsymbol{r}$.

从图 1-9 可以看出,在时间 t 内,抛体的位移 $\boldsymbol{r}$ 为两矢量之和,即沿与 Ox 轴成 α 角方向的匀速直线运动所产生的位移 $\boldsymbol{v}_0t$ 与同时沿 Oy 轴的匀加速直线运动所产生的位移 $\boldsymbol{g}t^2/2$ 之和.于是,斜抛物体的运动方程为

$$\boldsymbol{r}=\boldsymbol{v}_0t+\frac{1}{2}\boldsymbol{g}t^2 \tag{1}$$

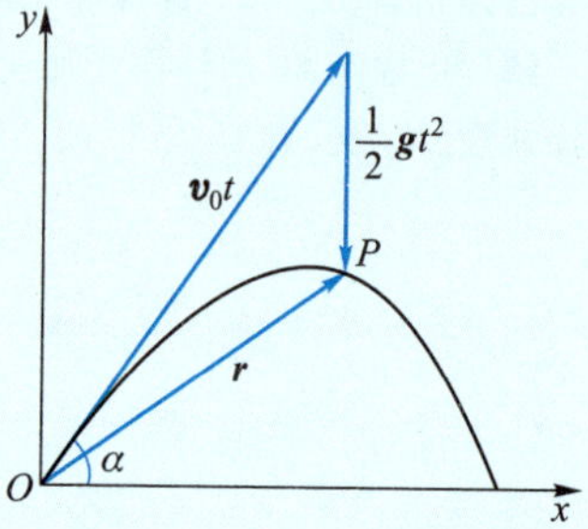

图 1-9

按图 1-9 所选定的坐标轴及起始条件,在 $t=0$ 时,有

$$\begin{cases}x_0=0, & v_{0x}=v_0\cos\alpha\\ y_0=0, & v_{0y}=v_0\sin\alpha\end{cases}$$

和

$$a_x=0,\quad a_y=-g$$

可得

$$\begin{cases}x=v_0t\cos\alpha\\ y=v_0t\sin\alpha-\dfrac{1}{2}gt^2\end{cases} \tag{2}$$

消去方程中的 t,有

$$y=x\tan\alpha-\frac{g}{2v_0^2\cos^2\alpha}x^2 \tag{3}$$

这就是斜抛物体的轨迹方程.它表明在略去空气阻力的情况下,抛体在空间所经历的路径为一抛物线(图 1-10).

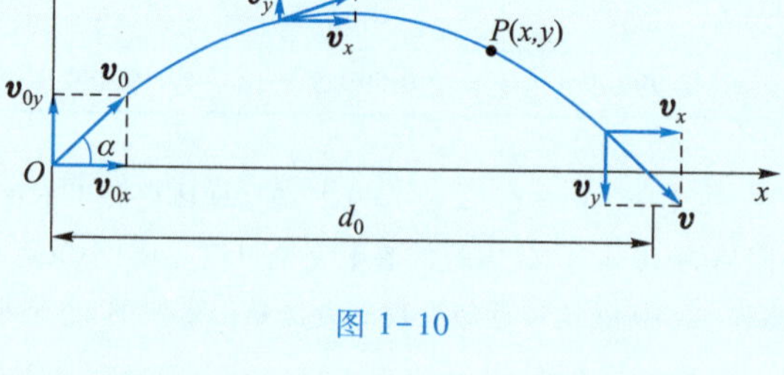

图 1-10

从图 1-10 可以看出,当抛体落回水平面上时,$y=0$.若把抛体落地点与原点 O 间的距离 d_0 称为射程,那么由式(3)可得

$$d_0=\frac{2v_0^2}{g}\sin\alpha\cos\alpha=\frac{v_0^2}{g}\sin 2\alpha$$

从上式可看出，在给定初速度 $\boldsymbol{v}_0$ 的情况下，射程 d_0 是抛射角 α 的函数. 由最大射程的条件，有

$$\frac{\mathrm{d}d_0}{\mathrm{d}\alpha}=\frac{2v_0^2}{g}\cos 2\alpha=0$$

得

$$2\alpha=\pi/2\quad 或\quad \alpha=\pi/4$$

这就是说，当 $\alpha=\pi/4$ 时，抛体的射程最大①，其值为 $d_{0m}=\frac{v_0^2}{g}$.

在上面的讨论中，忽略了空气阻力. 若空气阻力较大，则物体经过的路径为一不对称的曲线②，实际射程 d 往往比真空中射程 d_0 小很多(图 1-11). 表 1-2 给出了弹丸在真空中和在空气中射程的情况.

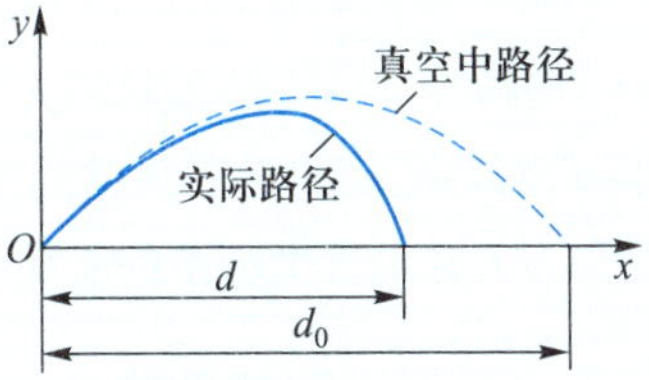

图 1-11

表 1-2　弹丸在真空和空气中射程的情况

弹丸	初速度 $v_0/(\mathrm{m\cdot s^{-1}})$	抛射角 α	真空中射程 d_0/m	实际射程 d/m
7.6 mm 枪弹	800	15°	32 700	3 970
85 mm 炮弹	700	45°	50 000	16 000
82 mm 迫击炮弹	60	45°	367	350

利用斜抛物体的运动方程式(2)，经适当修正，可粗略估算出洲际导弹的射程③.

伽利略(Galileo Galilei，1564—1642)，杰出的意大利物理学家和天文学家，实验物理学的先驱者，提出著名的相对性原理、惯性原理、抛体的运动定律、摆振动的等时性等. 伽利略捍卫哥白尼的日心学说.《关于两门新科学的对话》一书，总结了他最成熟的科学思想以及在物理学和天文学方面的研究成果.

文档：伽利略

① 伽利略最早对斜抛运动作了论述，他指出：在略去空气阻力的情况下，当抛射角为 45°时，抛体抛得最远.

② 关于空气阻力对抛体运动轨迹的影响将在本书第二章第 2-4 节的例 4 中讨论.

③ 参阅马文蔚等主编《物理学原理在工程技术中的应用》(第四版)之“洲际导弹的射程”(高等教育出版社，2015 年).

1-2　圆周运动

这一节讨论一种较为简单的曲线运动——圆周运动.

一、平面极坐标系

设有一质点在如图 1-12 所示的 Oxy 平面内运动.某时刻它位于点 A,它相对原点 O 的位矢 $\boldsymbol{r}$ 与 Ox 轴之间的夹角为 θ.于是,质点在点 A 的位置可由(r,θ)来确定.这种以(r,θ)为坐标的坐标系称为平面极坐标系.而在平面直角坐标系内,点 A 的坐标则为(x,y).这两种坐标系的坐标之间的变换关系为 $x=r\cos\theta$ 和 $y=r\sin\theta$.

二、圆周运动的角速度

如图 1-13 所示,一质点在 Oxy 平面上作半径为 r 的圆周运动,某时刻它位于点 A,位矢为 $\boldsymbol{r}$.当质点在圆周上运动时,位矢 $\boldsymbol{r}$ 与 Ox 轴之间的夹角 θ 随时间而改变,即 θ 是时间 t 的函数.

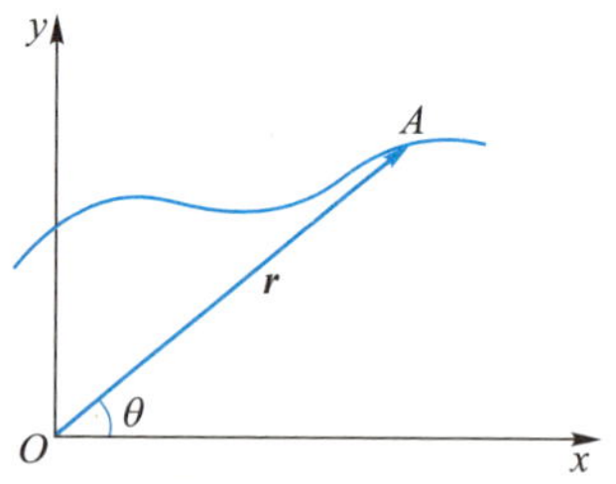

图 1-12　平面极坐标系

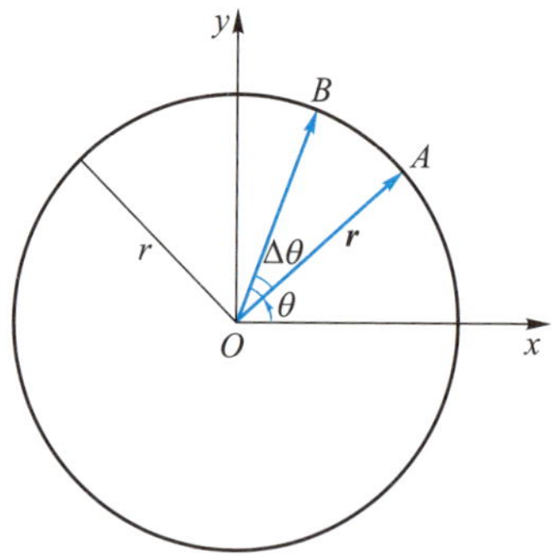

图 1-13　质点在平面上作圆周运动

我们定义:角坐标 $\theta(t)$ 随时间的变化率,即 $\mathrm{d}\theta/\mathrm{d}t$,叫做角速度,用符号 ω 表示,则有

$$\omega=\frac{\mathrm{d}\theta}{\mathrm{d}t} \tag{1-8}$$

通常 θ 用弧度(rad)来量度,所以角速度 ω 的单位名称为弧度每秒,符号为 $\mathrm{rad}\cdot\mathrm{s}^{-1}$.

如果在时间 Δt 内,质点由图上的点 A 运动到点 B,所经过的圆弧则为 $\Delta s=r\Delta\theta$,$\Delta\theta$ 为时间 Δt 内位矢 $\boldsymbol{r}$ 所转过的角度.当 $\Delta t\to 0$ 时,$\Delta s/\Delta t$ 的极限值为

$$\lim_{\Delta t\to 0}\frac{\Delta s}{\Delta t}=\frac{\mathrm{d}s}{\mathrm{d}t}=r\frac{\mathrm{d}\theta}{\mathrm{d}t}$$

而质点在点 A 的线速度的大小为 $v=\mathrm{d}s/\mathrm{d}t$，所以，由式(1-8)可得质点作圆周运动时速率和角速度之间的瞬时关系为

$$v=r\omega \tag{1-9}$$

三、圆周运动的切向加速度和法向加速度　角加速度

如图 1-14 所示，质点在圆周上点 A 的速度为 $\boldsymbol{v}$，它的值为 $|\boldsymbol{v}|=v$，方向与点 A 处圆的切线方向相同. 为了便于表示速度 $\boldsymbol{v}$ 的方向，我们在点 A 处圆的切线沿速度方向上取一单位矢量 $\boldsymbol{e}_t$，叫做切向单位矢量，于是点 A 的速度 $\boldsymbol{v}$ 可写为

$$\boldsymbol{v}=v\boldsymbol{e}_t \tag{1-10}$$

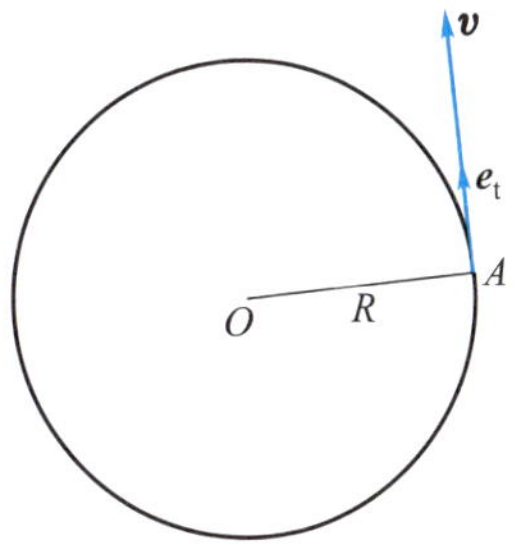

图 1-14　切向单位矢量 $\boldsymbol{e}_t$

一般来说，质点作圆周运动时，不仅速度的方向要改变，而且速度的值也会改变，即质点作变速圆周运动. 由式(1-10)可得质点作变速圆周运动时，它在圆周上任意点的加速度为

$$\boldsymbol{a}=\frac{\mathrm{d}\boldsymbol{v}}{\mathrm{d}t}=\frac{\mathrm{d}v}{\mathrm{d}t}\boldsymbol{e}_t+v\frac{\mathrm{d}\boldsymbol{e}_t}{\mathrm{d}t} \tag{1-11}$$

从上式可以看出，加速度 $\boldsymbol{a}$ 具有两个分矢量，式中第一项 $\frac{\mathrm{d}v}{\mathrm{d}t}\boldsymbol{e}_t$ 是由于速度大小变化而引起的，其方向为 $\boldsymbol{e}_t$ 的方向，即与速度 $\boldsymbol{v}$ 的方向相同. 因此，此项加速度分矢量称为切向加速度，用 $\boldsymbol{a}_t$ 表示，有

$$\boldsymbol{a}_t=\frac{\mathrm{d}v}{\mathrm{d}t}\boldsymbol{e}_t,\quad a_t=\frac{\mathrm{d}v}{\mathrm{d}t} \tag{1-12}$$

另外，由式(1-9)可得

$$\frac{\mathrm{d}v}{\mathrm{d}t}=r\frac{\mathrm{d}\omega}{\mathrm{d}t}$$

式中 $\mathrm{d}\omega/\mathrm{d}t$ 为角速度随时间的变化率，叫做角加速度，用符号 α 表示，有

$$\alpha=\frac{\mathrm{d}\omega}{\mathrm{d}t}=\frac{\mathrm{d}^2\theta}{\mathrm{d}t^2} \tag{1-13}$$

角加速度 α 的单位名称为弧度每二次方秒，符号为 $\mathrm{rad}\cdot\mathrm{s}^{-2}$. 把上面两式代入式(1-12)，可得

$$\boldsymbol{a}_t=r\alpha\boldsymbol{e}_t \tag{1-14}$$

上式是质点作变速圆周运动时,切向加速度与角加速度之间的瞬时关系.

至于式(1-11)中的第二项 $\mathrm{d}\boldsymbol{e}_t/\mathrm{d}t$,则表示切向单位矢量随时间的变化率.这一点从图 1-15(a)中可以看出.设在时刻 t,质点位于圆周上点 A,其速度为 $\boldsymbol{v}_1$,切向单位矢量为 $\boldsymbol{e}_{t1}$;在时刻 $t+\Delta t$,质点位于圆周上点 B,速度为 $\boldsymbol{v}_2$,切向单位矢量为 $\boldsymbol{e}_{t2}$.在时间间隔 Δt 内,$\boldsymbol{r}$ 转过的角度为 $\Delta\theta$,切向单位矢量的增量则为 $\Delta\boldsymbol{e}_t=\boldsymbol{e}_{t2}-\boldsymbol{e}_{t1}$.由于切向单位矢量的值为 1,即 $|\boldsymbol{e}_{t1}|=|\boldsymbol{e}_{t2}|=1$,因而,从图 1-15(b)可以知道 $|\Delta\boldsymbol{e}_t|=\Delta\theta\times1=\Delta\theta$.当 $\Delta t\to0$ 时,$\Delta\theta$ 亦趋于零,这时 $\Delta\boldsymbol{e}_t$ 的方向趋于与 $\boldsymbol{e}_{t1}$ 垂直,且趋于指向圆心.如果我们在指向圆心的法线方向上取单位矢量 $\boldsymbol{e}_n$,称为法向单位矢量(图 1-16),那么当 $\Delta t\to0$ 时,$\Delta\boldsymbol{e}_t/\Delta t$ 的极限值为

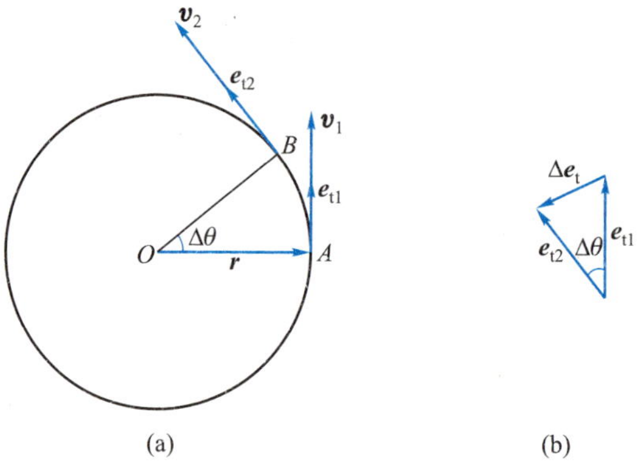

图 1-15 切向单位矢量随时间的变化率 $\mathrm{d}\boldsymbol{e}_t/\mathrm{d}t$

$$\lim_{\Delta t\to0}\frac{\Delta\boldsymbol{e}_t}{\Delta t}=\frac{\mathrm{d}\boldsymbol{e}_t}{\mathrm{d}t}=\frac{\mathrm{d}\theta}{\mathrm{d}t}\boldsymbol{e}_n$$

这样,式(1-11)中第二项可以写成

$$v\frac{\mathrm{d}\boldsymbol{e}_t}{\mathrm{d}t}=v\frac{\mathrm{d}\theta}{\mathrm{d}t}\boldsymbol{e}_n$$

此项加速度沿法线方向,故叫做法向加速度,用 $\boldsymbol{a}_n$ 表示,有

$$\boldsymbol{a}_n=v\frac{\mathrm{d}\theta}{\mathrm{d}t}\boldsymbol{e}_n \tag{1-15a}$$

考虑到 $\omega=\mathrm{d}\theta/\mathrm{d}t$,$v=r\omega$,故上式为

$$\boldsymbol{a}_n=r\omega^2\boldsymbol{e}_n=\frac{v^2}{r}\boldsymbol{e}_n,\quad a_n=\frac{v^2}{r} \tag{1-15b}$$

由式(1-12)和式(1-15),可将质点作变速圆周运动时的加速度 $\boldsymbol{a}$ 的表示式(1-11)写成

$$\boldsymbol{a}=\boldsymbol{a}_t+\boldsymbol{a}_n=\frac{\mathrm{d}v}{\mathrm{d}t}\boldsymbol{e}_t+\frac{v^2}{r}\boldsymbol{e}_n \tag{1-16a}$$

或

$$\boldsymbol{a}=r\alpha\boldsymbol{e}_t+r\omega^2\boldsymbol{e}_n \tag{1-16b}$$

其中切向加速度 $\boldsymbol{a}_t$ 是由于速度值的变化而引起的，法向加速度 $\boldsymbol{a}_n$ 则是由于速度方向的变化而引起的.

在变速圆周运动中，速度的大小和方向都在变化，所以加速度 $\boldsymbol{a}$ 的方向不再指向圆心，其大小和方向（图1-17）为

$$a=(a_n^2+a_t^2)^{1/2},\quad \tan\varphi=\frac{a_n}{a_t}$$

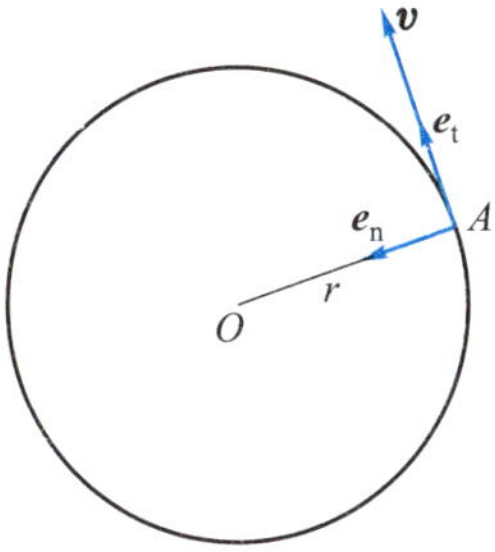

图 1-16 法向单位矢量 $\boldsymbol{e}_n$ 与切向单位矢量 $\boldsymbol{e}_t$ 相垂直

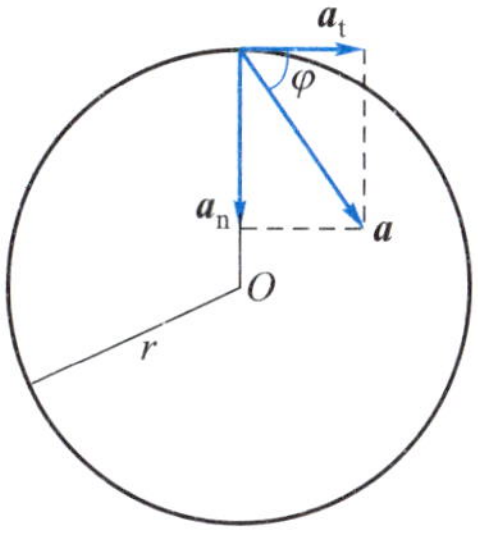

图 1-17 变速圆周运动的加速度

上述结果虽然是从变速圆周运动中得出的，但对于一般的曲线运动，式（1-11）、式（1-12）、式（1-15）仍然适用.此时可以把一段足够小的曲线看成是一段圆弧.这样包含这段圆弧的圆周就称为曲线在给定点的曲率圆，从而可用曲率半径 ρ 来替代圆的半径 r.则式（1-16a）可变为

$$\boldsymbol{a}=\frac{\mathrm{d}v}{\mathrm{d}t}\boldsymbol{e}_t+\frac{v^2}{\rho}\boldsymbol{e}_n \tag{1-16c}$$

上式适用于一般的曲线运动.

四、自然坐标系

在图 1-16 中，如以动点 A 为原点，则以切向单位矢量 $\boldsymbol{e}_t$ 和法向单位矢量 $\boldsymbol{e}_n$ 建立的二维坐标系称为自然坐标系.在讨论圆周运动及曲线运动时，我们经常采用这种坐标系，可参见第二章第 2-4 节例 2 和例 3.

五、匀速率圆周运动和匀变速率圆周运动

1. 匀速率圆周运动

质点作匀速率圆周运动时，其速率 v 和角速度 ω 都为常量，故角加速度 $\alpha=0$，切向加速度 $a_t=\mathrm{d}v/\mathrm{d}t=0$，而法向加速度的值 $a_n=r\omega^2=v^2/r$ 为常量.于是匀速

率圆周运动的加速度为

$$\boldsymbol{a}=\boldsymbol{a}_{\mathrm{n}}=r\omega^{2}\boldsymbol{e}_{\mathrm{n}}$$

由式(1-8)可得

$$\mathrm{d}\theta=\omega\mathrm{d}t$$

如取 $t=0$ 时,$\theta=\theta_0$,则有

$$\theta=\theta_0+\omega t$$

2. 匀变速率圆周运动

质点作匀变速率圆周运动时,其角加速度 α=常量,故圆周上某点的切向加速度的值为 $a_{\mathrm{t}}=r\alpha$=常量,而法向加速度的值为 $a_{\mathrm{n}}=r\omega^2=v^2/r$,但不为常量.于是匀变速率圆周运动的加速度为

$$\boldsymbol{a}=\boldsymbol{a}_{\mathrm{t}}+\boldsymbol{a}_{\mathrm{n}}=r\alpha\boldsymbol{e}_{\mathrm{t}}+r\omega^{2}\boldsymbol{e}_{\mathrm{n}} \tag{1-17}$$

如果 $t=0$ 时,$\theta=\theta_0$,$\omega=\omega_0$,那么由式(1-13)和式(1-8)可得

$$\left.\begin{aligned}&\omega=\omega_0+\alpha t\\&\theta=\theta_0+\omega_0 t+\frac{1}{2}\alpha t^2\\&\omega^2=\omega_0^2+2\alpha(\theta-\theta_0)\end{aligned}\right\} \tag{1-18}$$

这三个公式与在中学物理中已学过的匀变速直线运动的公式在形式上是相似的.

从以上对加速度的讨论中可以看出,速度的变化要用加速度来描述.加速度也是可以变化的,为什么不用某个物理量来描述其变化呢?这个问题单从质点运动学的角度是找不出答案的,学过了质点动力学,读者就会明白其中的道理了.

例

如图 1-18 所示,一超声速歼击机在高空点 A 时的水平速率为 1 940 km·h^{-1},沿近似于圆弧的曲线俯冲到点 B 时速率为 2 192 km·h^{-1},所经历的时间为 3 s.设圆弧 $\overset{\frown}{AB}$ 的半径约为3.5 km,且飞机从 A 到 B 的俯冲过程可视为匀变速率圆周运动.求:(1) 飞机在点 B 的加速度;(2) 飞机由点 A 到达点 B 所经历的路程.

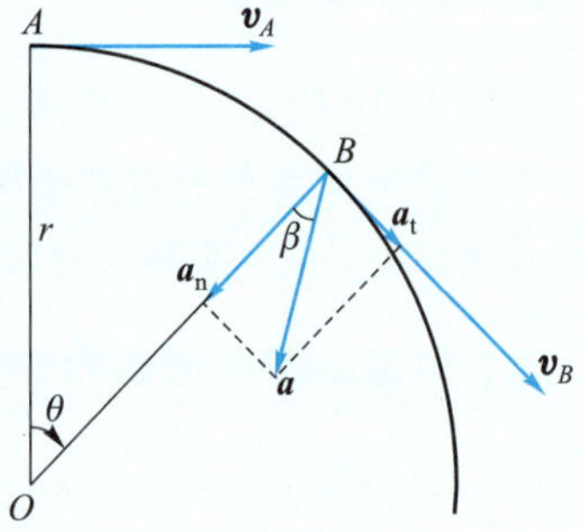

图 1-18

解 (1) 由于飞机在 AB 之间作匀变速率圆周运动,因此切向加速度 $\boldsymbol{a}_{\mathrm{t}}$ 的值为常量,有

$$a_{\mathrm{t}}=\frac{v_B-v_A}{t}$$

而在点 B 时的法向加速度为

$$a_n=\frac{v_B^2}{r}$$

由题意知，$v_A=1\ 940\ \text{km}\cdot\text{h}^{-1}=539\ \text{m}\cdot\text{s}^{-1}$，$v_B=2\ 192\ \text{km}\cdot\text{h}^{-1}=609\ \text{m}\cdot\text{s}^{-1}$，$t=3\ \text{s}$，$r=3.5\times10^3\ \text{m}$.将它们代入上两式，可得飞机在点 B 的切向加速度和法向加速度分别为

$$a_t=23.3\ \text{m}\cdot\text{s}^{-2},\quad a_n=106\ \text{m}\cdot\text{s}^{-2}$$

故飞机在点 B 时的加速度的值为

$$a=(a_t^2+a_n^2)^{1/2}=109\ \text{m}\cdot\text{s}^{-2}$$

而 $\boldsymbol{a}$ 与 $\boldsymbol{a}_n$ 之间夹角 β 为

$$\beta=\arctan\frac{a_t}{a_n}=12.4°$$

（2）在时间 t 内，$\boldsymbol{r}$ 所转过的角度 θ 为

$$\theta=\omega_A t+\frac{1}{2}\alpha t^2$$

其中 ω_A 是飞机在点 A 的角速度.故在此时间内，飞机经过的路程为

$$s=r\theta=r\omega_A t+\frac{1}{2}r\alpha t^2=v_A t+\frac{1}{2}a_t t^2$$

代入已知数据，有

$$s=\left(539\times3+\frac{1}{2}\times23.3\times3^2\right)\ \text{m}=1\ 722\ \text{m}$$

1-3　相对运动

一、时间与空间

在图 1-19 中，小车以通常的速度 $\boldsymbol{v}$ 沿水平轨道先后通过点 A 和点 B.如站在地面的人测得通过点 A 和点 B 的时间为 $\Delta t=t_B-t_A$；而站在车上的人测得通过 A、B 两点的时间为 $\Delta t'=t'_B-t'_A$.两者是相等的，即 $\Delta t=\Delta t'$.也就是说，在两个作相对直线运动的参考系（地面和小车）中，时间的测量是绝对的，与参考系无关.

同样，在地面上的人和在车上的人测得 A、B 两点之间的距离相等，都等于 AB.这也就是说，两个作相对运动的参考系中，长度的测量也是绝对的，与参考系无关.在人们的日常生活和一般生产活动中，上述关于时间和空间量度的结论是毋庸置疑的.时间和长度的绝对性是经典力学或牛顿力学的基础.以后我们将介

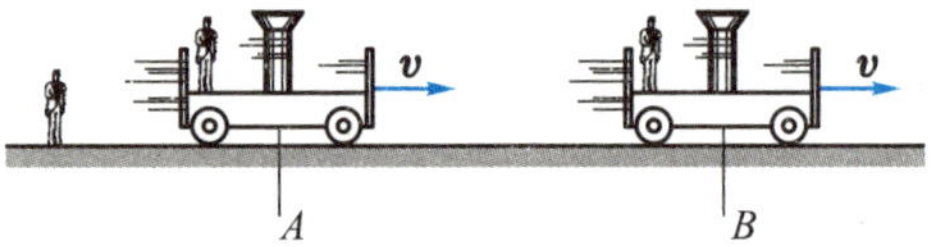

图 1-19　在低速运动时,时间和空间的测量是绝对的

绍,当相对运动的速度接近于光速时,时间和空间的测量将依赖于相对运动的速度①.只是由于牛顿力学所涉及物体的运动速度远小于光速,即 $v \ll c$,所以在牛顿力学范围内,时间与空间的测量才可以视为与参考系的选取无关.然而,在牛顿力学范围内,运动质点的位移、速度和运动轨迹则与参考系的选择有关.本节将着重讨论这方面的问题.

二、相对运动

质点的运动轨迹依赖于观察者(即参考系)的例子是很多的.例如一个人站在作匀速直线运动的车上,竖直向上抛出一个钢球,车上的观察者看到钢球竖直上升并竖直下落[图 1-20(a)],但是,站在地面上的另一人却看到钢球的运动轨迹为一抛物线[图 1-20(b)].从这个例子可以看出,钢球的运动情况依赖于参考系.这个例子也就是第 1-1 节中所述的运动描述的相对性.

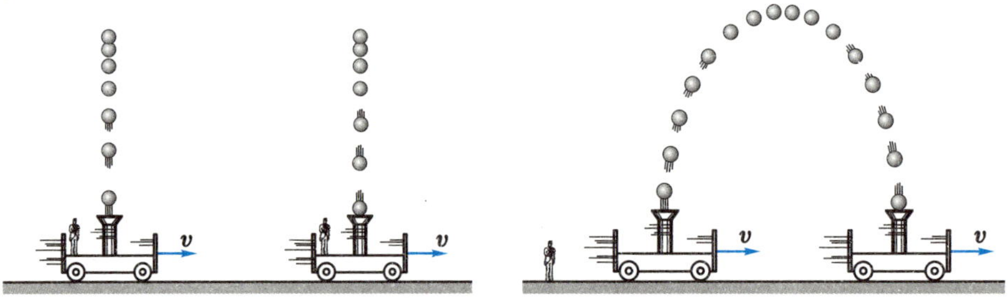

(a) 车作匀速直线运动时,车上的人观察到钢球作直线运动

(b) 车作匀速直线运动时,地面上的人观察到钢球作抛物线运动

图 1-20　物体运动的轨迹依赖于观察者所处的参考系

设有两个参考系,一个为 S 系(即 Oxy 坐标系),另一个为 S′系(即 $O'x'y'$ 坐标系).开始时(即 $t=0$),这两个参考系相重合.有一个质点在 S 系中的位置以点 P 表示,而在 S′系中的位置以点 P' 表示.显然,在 $t=0$ 时,点 P 与点 P' 共居于一点[图 1-21(a)].

如果在时间 Δt 内,S′系沿 x 轴以速度 $\boldsymbol{u}$ 相对 S 系运动的同时,质点运动到点 Q.在这段时间内,S′系沿 x 轴相对 S 系的位移为 $\Delta \boldsymbol{D}=\boldsymbol{u}\Delta t$.在同样的时间内,

① 详见本书下册第十四章第 14-4 节时间的延缓和长度的收缩.

在 S 系中，质点从点 P 运动到点 Q，其位移为 $\Delta \boldsymbol{r}$；而在 S′系中，质点则由点 P'运动到点 Q，其位移为 $\Delta \boldsymbol{r}'$[图 1-21(b)].在相等的时间内，显然 $\Delta \boldsymbol{r}$ 和 $\Delta \boldsymbol{r}'$是不相等的.因为在图 1-21(b)中可以看出，从 S 系看来，质点犹如同时参与两种运动：质点除随 S′系以速度 $\boldsymbol{u}$ 沿 x 轴运动外，还要从点 P'运动到点 Q.质点在 S 系中的位移 $\Delta \boldsymbol{r}$ 应等于 S′系相对 S 系的位移 $\Delta \boldsymbol{D}$ 与质点在 S′系中的位移 $\Delta \boldsymbol{r}'$之和，即

$$\Delta \boldsymbol{r}=\Delta \boldsymbol{r}'+\Delta \boldsymbol{D}=\Delta \boldsymbol{r}'+\boldsymbol{u}\Delta t \tag{1-19}$$

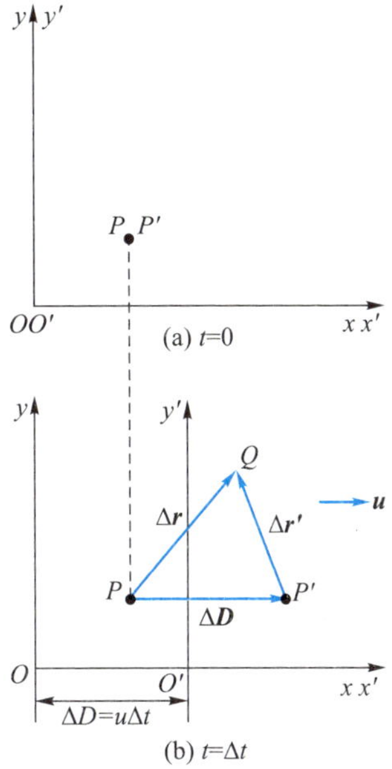

图 1-21 质点在相对作匀速直线运动的两个坐标系中的位移

上式表明，质点的位移取决于参考系的选择.若 S′系相对 S 系处于静止状态(即 $\boldsymbol{u}=0$)，那么，质点在两参考系中的位移应相等，即 $\Delta \boldsymbol{r}=\Delta \boldsymbol{r}'$.

由位移的相对性可得出速度的相对性.用时间 Δt 除式(1-19)，有

$$\frac{\Delta \boldsymbol{r}}{\Delta t}=\frac{\Delta \boldsymbol{r}'}{\Delta t}+\boldsymbol{u}$$

取 $\Delta t\to 0$ 时的极限值，得

$$\frac{\mathrm{d}\boldsymbol{r}}{\mathrm{d}t}=\frac{\mathrm{d}\boldsymbol{r}'}{\mathrm{d}t}+\boldsymbol{u}$$

即

$$\boldsymbol{v}=\boldsymbol{v}'+\boldsymbol{u} \tag{1-20}$$

式中 $\boldsymbol{u}$ 为 S′系相对 S 系的速度，$\boldsymbol{v}'$为质点相对 S′系的速度，$\boldsymbol{v}$ 为质点相对 S 系的速度.上式的物理意义是：质点相对 S 系的速度等于它相对 S′系的速度与 S′系相对 S 系的速度之矢量和(图1-22).

习惯上，常把视为静止的参考系 S 作为基本参考系，把相对 S 系运动的参考系 S′作为运动参考系.这样，质点相对基本参考系 S 的速度 $\boldsymbol{v}$ 就叫做绝对速度，质点相对运动参考系 S′的速度 $\boldsymbol{v}'$叫做相对速度，而运动参考系 S′相对基本参考系 S 的速度 $\boldsymbol{u}$ 叫做牵连速度.于是式(1-20)可理解为：质点相对基本参考系的绝对速度 $\boldsymbol{v}$，等于运动参考系相对基本参考系的牵连速度 $\boldsymbol{u}$ 与质点相对运动参考系的相对速度 $\boldsymbol{v}'$之和.例如，在匀速前进的平板车上，一人在车上行走.取地面为基本参考系，车为运动参考系，若车相对地的速度(即牵连速度)为 $\boldsymbol{v}_{\mathrm{TG}}$，人对车的速度(即相对速度)

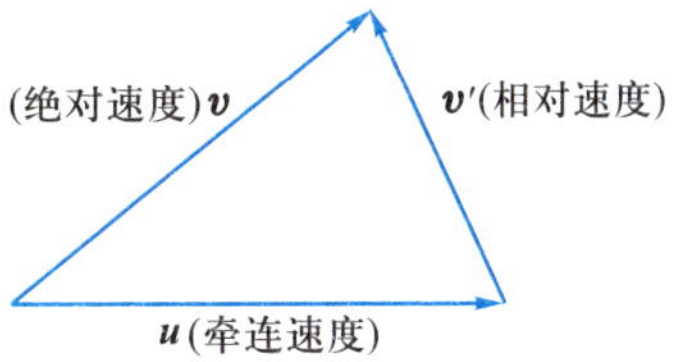

图 1-22 速度的相对性

为 $\boldsymbol{v}_{\mathrm{MT}}$，那么人对地的速度（即绝对速度）$\boldsymbol{v}_{\mathrm{MG}}$ 为

$$\boldsymbol{v}_{\mathrm{MG}}=\boldsymbol{v}_{\mathrm{MT}}+\boldsymbol{v}_{\mathrm{TG}}$$

式中 M、G 和 T 分别代表人、地和车.

式(1-20)给出了质点在两个以恒定的速度作相对运动的参考系中速度与参考系间的关系，即质点的速度变换关系式.这个式子叫做伽利略速度变换式，需要指出的是，当质点的速度接近光速时，伽利略速度变换式就不适用了.此时速度的变换应当遵循洛伦兹速度变换式①.

例

如图 1-23 所示，一实验者 A 在以 10 m · s^{-1} 的速率沿水平轨道前进的平板车上控制一台弹射器.此弹射器以与车前进的反方向呈 60°角斜向上射出一弹丸.此时站在地面上的另一实验者 B 看到弹丸竖直向上运动.求弹丸上升的高度.

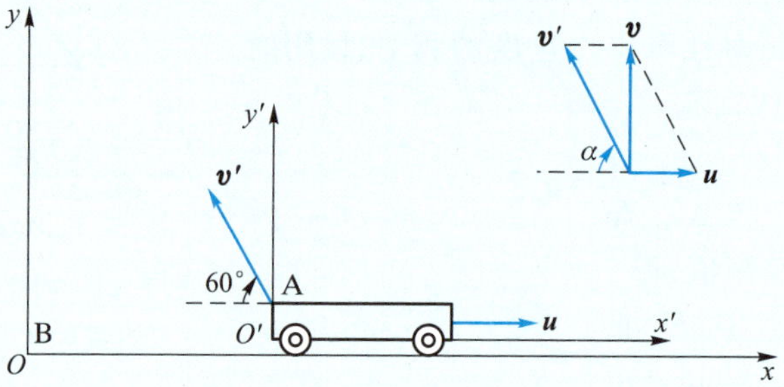

图 1-23

解 设地面参考系为 S 系，其坐标系为 Oxy，平板车参考系为 S′系，其坐标系为$O'x'y'$，且 S′系以速率 $u=10$ m · s^{-1}沿 Ox 轴正向相对 S 系运动.由图中所选定的坐标系可知，在 S′系中的实验者 A 射出弹丸的速度$\boldsymbol{v}'$在 x'、y'轴上的分量分别为 v'_x 和 v'_y.它们与抛出角 α 的关系为

$$\tan\alpha=\frac{|v'_y|}{|v'_x|} \tag{1}$$

若以$\boldsymbol{v}$代表弹丸相对 S 系的速度，那么它在 x、y 轴上的分量则为 v_x 和 v_y.由速度变换式(1-20)及题意可得

$$v_x=u+v'_x \tag{2}$$

$$v_y=v'_y \tag{3}$$

由于 S 系（地面）的实验者 B 看到弹丸是竖直向上运动的，故 $v_x=0$.于是，由式(2)有

$$v'_x=-u=-10\ \mathrm{m\cdot s^{-1}}$$

① 洛伦兹速度变换式将在本书下册第十四章第 14-3 节中讨论.

另由式(3)和式(1)可得

$$|v_y| = |v'_y| = |v'_x \tan\alpha| = 10\tan 60^\circ\ \mathrm{m\cdot s^{-1}} = 17.3\ \mathrm{m\cdot s^{-1}}$$

由匀变速直线运动公式可得弹丸上升的高度为

$$y = \frac{v_y^2}{2g} = 15.3\ \mathrm{m}$$

问题

1-1　在一艘内河轮船中，两个旅客有这样的对话：

甲：我静静地坐在这里好半天了，我一点也没有运动.

乙：不对，你看看窗外，河岸上的物体都飞快地向后掠去，船在飞快前进，你也在很快地运动.

试把他们讲话的含义阐述得确切一些.究竟旅客甲是运动，还是静止？你如何理解运动和静止这两个概念.

1-2　有人说："分子很小，可将其当作质点；地球很大，不能当作质点."你说对吗？

1-3　已知质点的运动方程为 $\boldsymbol{r}=x(t)\boldsymbol{i}+y(t)\boldsymbol{j}$，有人说其速度和加速度分别为

$$v=\frac{\mathrm{d}r}{\mathrm{d}t},\quad a=\frac{\mathrm{d}^2 r}{\mathrm{d}t^2}$$

其中 $r=\sqrt{x^2+y^2}$.你说对吗？

1-4　回答并举例说明下列问题：

(1) 质点能否具有恒定的速率而速度却是变化的呢？(2) 质点在某时刻其速度为零，而其加速度是否也为零呢？(3) 有没有这样的可能，质点的加速度在变小，而其速度在变大呢？

1-5　在习题 1-5 中，有人认为船速为 $v=v_0\cos\theta$，由此得出的答案是错的.你知道错在哪里吗？

1-6　如果一质点的加速度与时间的关系是线性的，那么该质点的速度和位矢与时间的关系是否也是线性的呢？

1-7　一人站在地面上用枪瞄准悬挂在树上的木偶.当子弹从枪口射出时，木偶正好从树上由静止自由下落.试问为什么子弹总可以射中木偶？

1-8　一质点作匀速率圆周运动，取其圆心为坐标原点.试问：质点的位矢与速度、位矢与加速度、速度与加速度的方向之间有何关系？

1-9　在《关于两门新科学的对话》一书中，伽利略写道："仰角(即抛射角)比 45°增大或减小一个相等角度的抛体，其射程是相等的."你能证明吗？

1-10　下列说法是否正确：

(1) 质点作圆周运动时的加速度指向圆心；

(2) 匀速圆周运动的加速度为常量；

(3) 只有法向加速度的运动一定是圆周运动；

(4) 只有切向加速度的运动一定是直线运动.

1-11 在地球的赤道上,有一质点随地球自转的加速度为 a_E;而此质点随地球绕太阳公转的加速度为 a_S.假设地球绕太阳的轨道可视为圆形,你知道这两个加速度之比是多少吗?

1-12 一半径为 R 的圆筒中盛有水,水面低于圆筒的顶部.当它以角速度 ω 绕竖直轴旋转时,水面呈平面还是抛物面?试证之.

1-13 把一小钢球放在大钢球的顶部,让两钢球自距地面高为 h 处由静止自由下落,与地面上钢板相碰撞.相碰后,小钢球可弹到 $9h$ 的高度.你能用相对运动的概念给予说明吗?设钢球间和钢球与钢板间的碰撞均为完全弹性碰撞.

1-14 如果两个质点分别以初速 $\boldsymbol{v}_{10}$ 和 $\boldsymbol{v}_{20}$ 抛出,$\boldsymbol{v}_{10}$ 和 $\boldsymbol{v}_{20}$ 在同一平面内且与水平面的夹角分别为 θ_1 和 θ_2.有人说,在任意时刻,两质点的相对速度是一常量.你说对吗?

习题

1-1 质点作曲线运动,在时刻 t 质点的位矢为 $\boldsymbol{r}$,速度为 $\boldsymbol{v}$,速率为 v,t 至 $(t+\Delta t)$ 时间内的位移为 $\Delta\boldsymbol{r}$,路程为 Δs,位矢大小的变化量为 Δr(或写为 $\Delta|\boldsymbol{r}|$),平均速度为 $\overline{\boldsymbol{v}}$,平均速率为 $\overline{v}$.

(1) 根据上述情况,则一般有(　　).

(A) $|\Delta\boldsymbol{r}|=\Delta s=\Delta r$

(B) $|\Delta\boldsymbol{r}|\neq\Delta s\neq\Delta r$,当 $\Delta t\to0$ 时有 $|\mathrm{d}\boldsymbol{r}|=\mathrm{d}s\neq\mathrm{d}r$

(C) $|\Delta\boldsymbol{r}|\neq\Delta r\neq\Delta s$,当 $\Delta t\to0$ 时有 $|\mathrm{d}\boldsymbol{r}|=\mathrm{d}r\neq\mathrm{d}s$

(D) $|\Delta\boldsymbol{r}|=\Delta s\neq\Delta r$,当 $\Delta t\to0$ 时有 $|\mathrm{d}\boldsymbol{r}|=\mathrm{d}r=\mathrm{d}s$

(2) 根据上述情况,则必有(　　).

(A) $|\boldsymbol{v}|=v$, $|\overline{\boldsymbol{v}}|=\overline{v}$　　(B) $|\boldsymbol{v}|\neq v$, $|\overline{\boldsymbol{v}}|\neq\overline{v}$

(C) $|\boldsymbol{v}|=v$, $|\overline{\boldsymbol{v}}|\neq\overline{v}$　　(D) $|\boldsymbol{v}|\neq v$, $|\overline{\boldsymbol{v}}|=\overline{v}$

1-2 一运动质点在某瞬时位于位矢 $\boldsymbol{r}(x,y)$ 的端点处,对其速度的大小有四种意见,即

(1) $\dfrac{\mathrm{d}r}{\mathrm{d}t}$;　(2) $\dfrac{\mathrm{d}\boldsymbol{r}}{\mathrm{d}t}$;　(3) $\dfrac{\mathrm{d}s}{\mathrm{d}t}$;　(4) $\sqrt{\left(\dfrac{\mathrm{d}x}{\mathrm{d}t}\right)^2+\left(\dfrac{\mathrm{d}y}{\mathrm{d}t}\right)^2}$.

下述判断正确的是(　　).

(A) 只有(1)(2)正确　　(B) 只有(2)正确

(C) 只有(2)(3)正确　　(D) 只有(3)(4)正确

1-3 质点作曲线运动,$\boldsymbol{r}$ 表示位置矢量,$\boldsymbol{v}$ 表示速度,$\boldsymbol{a}$ 表示加速度,s 表示路程,a_t 表示切向加速度.对下列表达式,即

(1) $\mathrm{d}v/\mathrm{d}t=a$;　(2) $\mathrm{d}r/\mathrm{d}t=v$;　(3) $\mathrm{d}s/\mathrm{d}t=v$;　(4) $|\mathrm{d}\boldsymbol{v}/\mathrm{d}t|=a_t$.

下述判断正确的是(　　).

(A) 只有(1)(4)正确　　(B) 只有(2)(4)正确

(C) 只有(2)正确　　(D) 只有(3)正确

1-4 一个质点在作圆周运动时,则(　　).

(A) 切向加速度一定改变,法向加速度也改变

(B) 切向加速度可能不变,法向加速度一定改变

(C) 切向加速度可能不变,法向加速度不变

(D) 切向加速度一定改变,法向加速度不变

*1-5 如图所示,湖中有一小船,有人用绳绕过岸上一定高度处的定滑轮,拉湖中的船向岸边运动.设该人以匀速率 v_0 收绳,绳不伸长且湖水静止,小船的速率为 v,则小船作(　　).

(A) 匀加速运动,$v=\dfrac{v_0}{\cos\theta}$

(B) 匀减速运动,$v=v_0\cos\theta$

(C) 变加速运动,$v=\dfrac{v_0}{\cos\theta}$

(D) 变减速运动,$v=v_0\cos\theta$

(E) 匀速直线运动,$v=v_0$

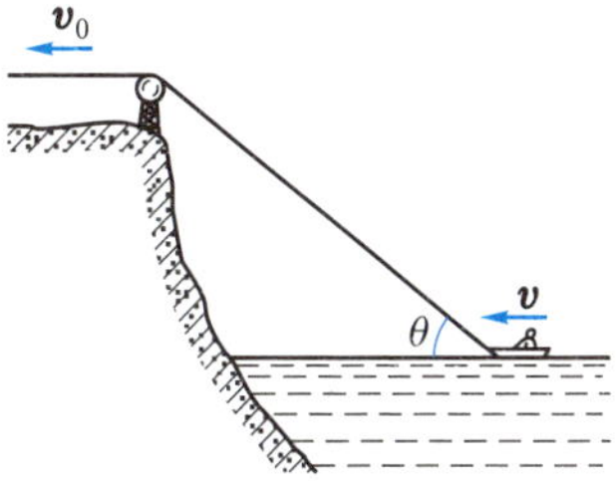

习题 1-5 图

1-6 已知质点沿 x 轴作直线运动,其运动方程为 $x=2+6t^2-2t^3$,式中 x 的单位为 m,t 的单位为 s.求:(1) 质点在运动开始后 4.0 s 内位移的大小;(2) 质点在该时间内所通过的路程;(3) $t=4$ s时质点的速度和加速度.

1-7 一质点沿 x 轴方向作直线运动,其速度与时间的关系如图所示.设 $t=0$ 时,$x=0$.试根据已知的 $v-t$ 图,画出 $a-t$ 图以及 $x-t$ 图.

1-8 已知质点的运动方程为 $\boldsymbol{r}=2t\boldsymbol{i}+(2-t^2)\boldsymbol{j}$,式中 $\boldsymbol{r}$ 的单位为 m,t 的单位为 s.求:(1) 质点的轨迹;(2) $t=0$ 及 $t=2$ s 时质点的位矢;(3) 由 $t=0$ 到 $t=2$ s 时质点的位移 $\Delta\boldsymbol{r}$ 和径向增量 Δr;*(4) 2 s 内质点所经过的路程 s.

1-9 质点的运动方程为 $x=-10t+30t^2$ 和 $y=15t-20t^2$,式中 x、y 的单位为 m,t 的单位为 s.试求:(1) 初速度的大小和方向;(2) 加速度的大小和方向.

1-10 一质点 P 沿半径 $R=3.0$ m 的圆周作匀速率运动,运动一周所需时间为 20.0 s.设 $t=0$ 时,质点位于点 O.按图中所示 Oxy 坐标系,求:(1) 质点 P 在任意时刻的位矢;(2) 5 s 时的速度和加速度.

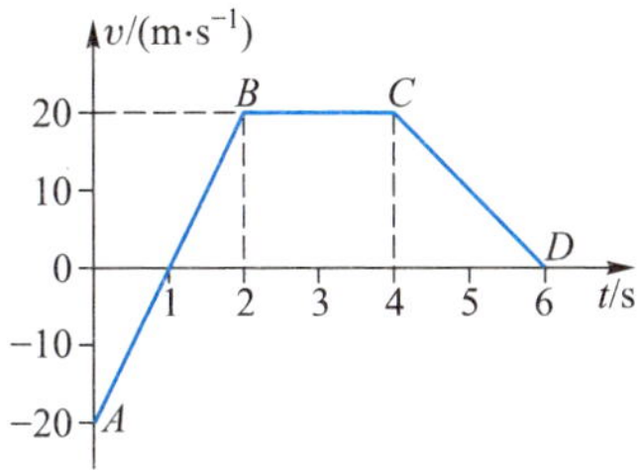

习题 1-7 图

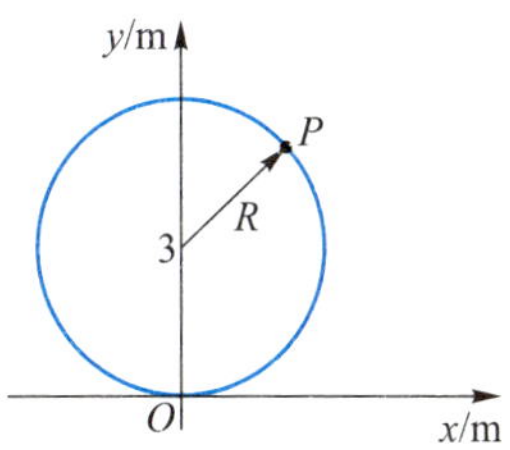

习题 1-10 图

1-11 一气球以匀速率 v_0 从地面上升.由于风的影响,它获得了一个水平速度 $v_x=by$(b 为常量,y 为上升高度).以气球出发点为坐标系原点,竖直向上为 y 轴正向,沿水平风向为 x

轴正向.求:(1) 气球的运动方程;(2) 气球的轨迹方程.

1-12　一升降机以加速度 $1.22\ \mathrm{m\cdot s^{-2}}$ 上升,当上升速度为 $2.44\ \mathrm{m\cdot s^{-1}}$ 时,有一螺丝自升降机的天花板上松脱,天花板与升降机的底面相距 2.74 m.求:(1) 螺丝从天花板落到底面所需要的时间;(2) 螺丝相对升降机外固定柱子的下降距离.

1-13　设一列动车有九节长度相等的车厢.如动车匀加速地从站台驶出,一观察者站在第一节车厢的最前端,他测到第一节车厢驶过他的时间是 4.0 s.问第九节车厢驶过他时用时多少?

1-14　地面上垂直竖立一高 20.0 m 的旗杆,已知正午时分太阳在旗杆的正上方,求在下午 2:00 时杆顶在地面上影子速度的大小.在何时刻杆影将伸展至 20.0 m?

1-15　一质点具有恒定加速度 $\boldsymbol{a}=(6\boldsymbol{i}+4\boldsymbol{j})\ \mathrm{m\cdot s^{-2}}$.在 $t=0$ 时,其速度为零,位置矢量 $\boldsymbol{r}_0=10\boldsymbol{i}$ m.求:(1) 在任意时刻的速度和位置矢量;(2) 质点在 Oxy 平面上的轨迹方程,并画出轨迹的示意图.

1-16　质点沿直线运动的加速度 $a=4-t^2$,式中 a 的单位为 $\mathrm{m\cdot s^{-2}}$,t 的单位为 s.当 $t=3$ s 时,$x=9$ m,$v=2\ \mathrm{m\cdot s^{-1}}$,求质点的运动方程.

1-17　一石子从空中由静止下落,由于空气阻力,石子并非作自由落体运动.现已知加速度 $a=A-Bv$,式中 A、B 为常量.试求石子的速度和运动方程.

1-18　一质点沿 x 轴运动,其加速度 a 与位置坐标 x 的关系为 $a=2+6x^2$,式中 a 的单位为 $\mathrm{m\cdot s^{-2}}$,x 的单位为 m.如果质点在原点处的速度为零,试求其在任意位置处的速度.

1-19　如图所示,一小型迫击炮架设在一斜坡的底端 O 处,已知斜坡倾角为 α,炮身与斜坡的夹角为 β,炮弹的出口速度为 v_0,忽略空气阻力.(1) 求炮弹落地点 P 与点 O 的距离 OP;(2) 欲使炮弹能垂直击中坡面,证明 α 和 β 必须满足 $\tan\beta=\dfrac{1}{2\tan\alpha}$,并与 v_0 无关.

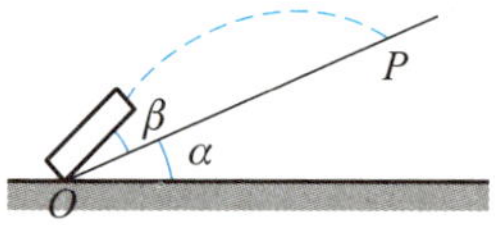

习题 1-19 图

1-20　一足球运动员在正对球门前 25.0 m 处以 $20.0\ \mathrm{m\cdot s^{-1}}$ 的初速率罚任意球.已知球门高为 3.44 m,若要在垂直于球门的竖直平面内将足球直接踢进球门,问他应在与地面成什么角度的范围内踢出足球?(足球可视为质点.)

1-21　如图所示,一质点在半径为 R 的圆周上以恒定的速率运动,质点由位置 A 运动到位置 B,OA 和 OB 所夹的圆心角为 $\Delta\theta$.(1) 试证 A 和 B 位置之间平均加速度为 $\bar{a}=\sqrt{2(1-\cos\Delta\theta)}\,v^2/(R\Delta\theta)$;(2) 当 $\Delta\theta$ 分别等于 90°、30°、10°和 1°时,平均加速度各为多少?并对结果加以讨论.

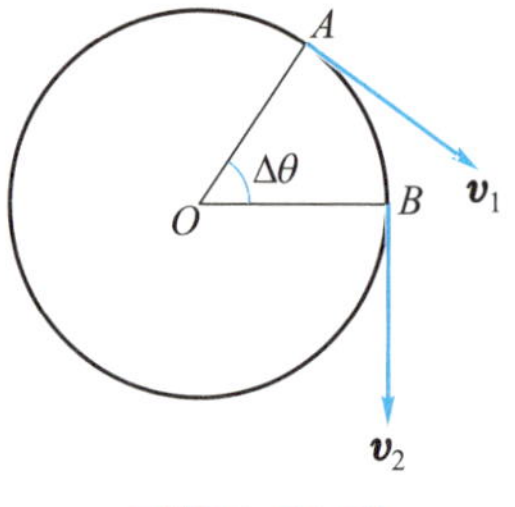

习题 1-21 图

1-22　质点在 Oxy 平面内运动,其运动方程为 $\boldsymbol{r}=2.0t\boldsymbol{i}+(19.0-2.0t^2)\boldsymbol{j}$,式中 $\boldsymbol{r}$ 的单位为 m,t 的单位为 s.求:(1) 质点的轨迹方程;(2) 在 $t_1=1.0$ s 到 $t_2=2.0$ s 时间内的平均速度;(3) $t_1=1.0$ s 时的速度及切向和法向加速度;(4) $t_1=1.0$ s 时质点所在处轨道的曲率半径 ρ.

1-23 飞机以 100 $m\cdot s^{-1}$的速度沿水平直线飞行,在离地面高为 100 m 时,驾驶员要把物品空投到前方某一地面目标处,问:(1) 此时目标在飞机下方前多远?(2) 投放物品时,驾驶员看目标的视线和水平线成何角度?(3) 物品投出 2.0 s 后,它的法向加速度和切向加速度各为多少?

1-24 一质点沿半径为 R 的圆周按规律 $s=v_0t-\dfrac{1}{2}bt^2$ 运动,式中 v_0、b 都是常量.(1) 求 t 时刻质点的总加速度;(2) t 为何值时总加速度在数值上等于 b?(3) 当加速度达到 b 时,质点已沿圆周运行了多少圈?

1-25 一半径为 0.50 m 的飞轮在启动时的短时间内,其角速度与时间的二次方成正比.在 $t=2.0$ s 时测得轮缘一点的速度值为 4.0 $m\cdot s^{-1}$.求:(1) 该轮在 $t'=0.5$ s 时的角速度,轮缘一点的切向加速度和总加速度;(2) 该点在 2.0 s 内所转过的角度.

1-26 一质点在半径为 0.10 m 的圆周上运动,其角位置为 $\theta=2+4t^3$,式中 θ 的单位为 rad,t 的单位为 s.(1) 求在 $t=2.0$ s 时质点的法向加速度和切向加速度;(2) 当切向加速度的大小恰等于总加速度大小的一半时,θ 值为多少?(3) t 为多少时,法向加速度和切向加速度的值相等?

1-27 在半径为 R 的圆周上运动的质点,其速率与时间的关系为 $v=ct^2$,式中 c 为常量.求:(1) 从 $t=0$ 时刻到 t 时刻质点经过的路程 $s(t)$;(2) 在 t 时刻质点的切向加速度 a_t 和法向加速度 a_n.

1-28 一直立的雨伞张开后,其边缘圆周的半径为 R,离地面的高度为 h.(1) 当伞绕伞柄以匀角速 ω 旋转时,求证水滴沿边缘飞出后落在地面上半径为 $r=R\sqrt{1+2h\omega^2/g}$ 的圆周上;(2) 读者能否由此定性构想一种草坪或农田灌溉用的旋转式洒水器的方案?

1-29 在无风的下雨天,一列火车以 $v_1=20.0$ $m\cdot s^{-1}$的速度匀速前进,车内的旅客看见玻璃窗外的雨滴和竖直线成 75° 角下降.求雨滴下落的速度 v_2.(设下降的雨滴作匀速运动.)

1-30 如图所示,一汽车在雨中沿直线行驶,其速率为 v_1,下落雨滴的速度方向偏于竖直方向之前 θ 角,速率为 v_2.若车后有一长方形物体,问车速 v_1 为多大时,此物体正好不会被雨水淋湿?

习题 1-30 图

1-31 一人能在静水中以 1.10 $m\cdot s^{-1}$的速度划船前进,今欲横渡一宽为 1.00×10^3 m、水流速度为 0.55 $m\cdot s^{-1}$的大河.(1) 他若要从出发点横渡该河而到达正对岸的一点,应如何确定划行方向?船到达正对岸需多少时间?(2) 如果希望用最短的时间过河,应如何确定划行方向?船到达对岸的位置在什么地方?

1-32 一质点相对观察者 O 运动,在任意时刻 t,其位置为 $x=vt$,$y=gt^2/2$,质点运动的轨迹为抛物线.若另一观察者 O'以速率 v 沿 x 轴正向相对 O 运动,试问质点相对 O'的轨迹和加速度如何?

第二章　牛顿运动定律

上一章我们曾指出，位置矢量和速度是描述质点运动状态的量，而加速度则是描述质点运动状态变化的量，但没有涉及质点运动状态发生变化的原因．而质点运动状态的变化，则是与作用在质点上的力有关的，这部分内容属于牛顿运动定律涉及的范畴．以牛顿运动定律为基础建立起来的宏观物体运动规律的动力学理论，称为牛顿力学．本章将概括地阐述牛顿运动定律的内容及其在质点运动方面的初步应用．

牛顿（Isaac Newton，1643—1727），杰出的英国物理学家，经典物理学的奠基人．他的不朽巨著《自然哲学的数学原理》总结了前人和自己关于力学以及微积分学方面的研究成果，其中含有牛顿运动定律和万有引力定律，以及质量、动量、力和加速度等概念．在光学方面，他说明了色散的起因，发现了色差及牛顿环，他还提出了光的微粒说．

文档：牛顿

2-1　牛顿运动定律

一、牛顿第一定律

按照古希腊哲学家亚里士多德（Aristotle，公元前 384—前 322）的思想方法，静止是物体的自然状态，要使物体以某一速度作匀速运动，必须有力对它作用才行；地面是重物体的自然处所，物体总有回归自然处所的趋势．在亚里士多德看来，这些确实是真理．人们的确看到，在水平面上运动的物体最后都要趋于静止，从地面上抛出的石子最终都要落回地面．在亚里士多德以后的漫长岁月中，这个概念一直被许多哲学家和不少物理学家所接受.直到17世纪,意大利物理学家和天文学家伽利略指出,物体沿水平面滑动趋于静止的原因是有摩擦力作用在物体上.他从实验中总结出在略去摩擦力的情况下,如果没有外力作用,物体将以恒定的速度运动下去.力不是维持物体运动的原因,而是使物体运动状态改变的原因.

牛顿继承和发展了伽利略的见解,于1687年用概括性的语言在他的名著《自然哲学的数学原理》一书中写道:任何物体都要保持其静止或匀速直线运动状态,直到外界作用于它,迫使它改变运动状态.这就是牛顿第一定律.现在常把牛顿第一定律的数学形式表示为

$$\boldsymbol{F}=0\text{ 时},\quad \boldsymbol{v}=\text{常矢量} \tag{2-1}$$

牛顿第一定律表明,任何物体都具有保持其运动状态不变的性质,这个性质叫做惯性,所以,牛顿第一定律亦被称为惯性定律.正是由于物体具有惯性,所以要使其运动状态发生变化,一定要有其他物体对它作用.在自然界中完全不受其他物体作用的物体实际上是不存在的,因此,牛顿第一定律不能简单地直接用实验加以验证.

前面曾指出,任何物体的运动都是相对某个参考系而言的,如果在这个参考系中物体不受其他物体作用,而保持静止或匀速直线运动,那么也就是说,在这个参考系中惯性定律是成立的,所以这个参考系就称为惯性系.显然,若某参考系以恒定速度相对惯性系运动,这个参考系也就是惯性系了.若一参考系相对惯性系作加速运动,那么这个参考系就是非惯性系.①

地球这个参考系能否看作惯性系呢?虽然,地球有自转和公转,作加速运动,但在研究地球表面附近物体的运动时,它对太阳的向心加速度和对地心的向心加速度都比较小,所以地球虽不是严格的惯性系,仍可近似视为惯性系.依此,在平直轨道上以恒定速度运行的火车可视为惯性系,而加速运动的火车则是非惯性系了.

二、牛顿第二定律

物体的质量 m 与其运动速度 $\boldsymbol{v}$ 的乘积叫做物体的动量,用 $\boldsymbol{p}$ 表示,即

$$\boldsymbol{p}=m\boldsymbol{v} \tag{2-2}$$

动量 $\boldsymbol{p}$ 也是一个矢量,其方向与速度 $\boldsymbol{v}$ 的方向相同.与速度可表示物体运动状态一样,动量也是描述物体运动状态的量,但动量相对于速度其含义更为广泛,意义更为重要.当外力作用于物体时,其动量要发生改变.牛顿第二定律阐明了作用于物体的外力与物体动量变化的关系.

牛顿第二定律表明,动量为 $\boldsymbol{p}$ 的物体,在合力 $\boldsymbol{F}(=\sum \boldsymbol{F}_i)$ 的作用下,其动量

---

① 关于非惯性系和惯性力将在本章第2-5节中讲述.

随时间的变化率应当等于作用于物体的合力,即

$$\boldsymbol{F}=\frac{\mathrm{d}\boldsymbol{p}}{\mathrm{d}t}=\frac{\mathrm{d}(m\boldsymbol{v})}{\mathrm{d}t} \tag{2-3a}$$

当物体在低速情况下运动时,即物体的运动速度大小 v 远小于光速 $c(v\ll c)$ 时,物体的质量可以视为不依赖于速度的常量.于是上式可写成

$$\boldsymbol{F}=m\frac{\mathrm{d}\boldsymbol{v}}{\mathrm{d}t}=m\boldsymbol{a} \tag{2-3b}$$

应当指出,若运动物体的速度大小 v 接近于光速 c 时,物体的质量就依赖于其速度了,即 $m(v)$①.在直角坐标系中,式(2-3b)也可写成

$$\boldsymbol{F}=m\frac{\mathrm{d}\boldsymbol{v}}{\mathrm{d}t}=m\frac{\mathrm{d}v_x}{\mathrm{d}t}\boldsymbol{i}+m\frac{\mathrm{d}v_y}{\mathrm{d}t}\boldsymbol{j}+m\frac{\mathrm{d}v_z}{\mathrm{d}t}\boldsymbol{k}$$

即

$$\boldsymbol{F}=ma_x\boldsymbol{i}+ma_y\boldsymbol{j}+ma_z\boldsymbol{k} \tag{2-3c}$$

式(2-3)是牛顿第二定律的数学表达式,又称牛顿力学的质点动力学方程.

应用牛顿第二定律解决问题时必须注意以下几点.

(1) 牛顿第二定律只适用于质点的运动.物体作平动时,物体上各质点的运动情况完全相同,所以物体的运动可看作质点的运动,此时这个质点的质量就是整个物体的质量.以后如不特别指明,在论及物体的平动时,都是把物体当作质点来处理的.

(2) 牛顿第二定律所表示的合力与加速度之间的关系是瞬时对应的关系.牛顿第二定律表明,力是物体产生加速度的原因,而不是物体具有速度的原因.这也就是在研究质点运动时,要引入加速度的道理.

(3) 力的叠加原理.当几个力同时作用于物体时,其合力 $\boldsymbol{F}$ 所产生的加速度 $\boldsymbol{a}$,与每个力 $\boldsymbol{F}_i$ 所产生加速度 $\boldsymbol{a}_i$ 的矢量和是一样的,这就是力的叠加原理.

当质点在平面上作曲线运动时,我们可取如图 2-1所示的自然坐标系,$\boldsymbol{e}_n$ 为法向单位矢量,$\boldsymbol{e}_t$ 为切向单位矢量.于是质点在点 A 的加速度 $\boldsymbol{a}$ 在自然坐标系的两个相互垂直方向上的分矢量为 $\boldsymbol{a}_t$ 和 $\boldsymbol{a}_n$.如果 A 处曲线的曲率半径为 ρ,则质点在平面上作曲线运动时,在自然坐标系中牛顿第二定律可写成

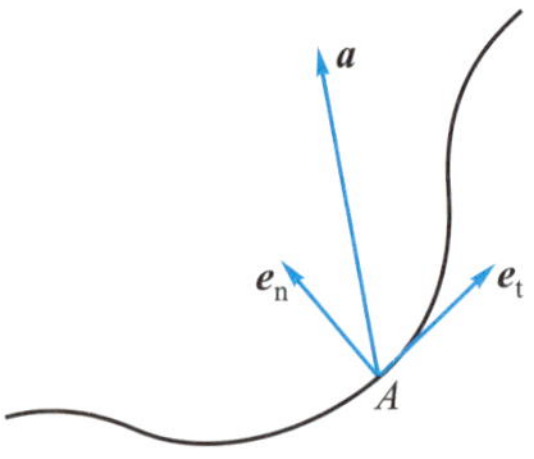

图 2-1　自然坐标系中的加速度

① 关于在高速运动情况下质量依赖于速度的论述,请参见本书第四章第 4-9 节,较详细的阐述请参见本书下册第十四章第 14-6 节.

$$\boldsymbol{F}=m\boldsymbol{a}=m(\boldsymbol{a}_{\mathrm{t}}+\boldsymbol{a}_{\mathrm{n}})=m\frac{\mathrm{d}v}{\mathrm{d}t}\boldsymbol{e}_{\mathrm{t}}+m\frac{v^2}{\rho}\boldsymbol{e}_{\mathrm{n}} \tag{2-4}$$

如以 $\boldsymbol{F}_{\mathrm{t}}$ 和 $\boldsymbol{F}_{\mathrm{n}}$ 代表合力 $\boldsymbol{F}$ 在切向和法向的分矢量,则有

$$\begin{cases}\boldsymbol{F}_{\mathrm{t}}=m\boldsymbol{a}_{\mathrm{t}}=m\dfrac{\mathrm{d}v}{\mathrm{d}t}\boldsymbol{e}_{\mathrm{t}}\\ \boldsymbol{F}_{\mathrm{n}}=m\boldsymbol{a}_{\mathrm{n}}=m\dfrac{v^2}{\rho}\boldsymbol{e}_{\mathrm{n}}\end{cases} \tag{2-5}$$

$\boldsymbol{F}_{\mathrm{t}}$ 叫做切向力,$\boldsymbol{F}_{\mathrm{n}}$ 叫做法向力(或向心力),$\boldsymbol{a}_{\mathrm{t}}$ 和 $\boldsymbol{a}_{\mathrm{n}}$ 相应地叫做切向加速度和法向加速度.

三、牛顿第三定律

牛顿第三定律说明物体间相互作用力的性质.两个物体之间的作用力 $\boldsymbol{F}$ 和反作用力 $\boldsymbol{F}'$,沿同一直线,大小相等,方向相反,分别作用在两个物体上.这就是牛顿第三定律,其数学表达式为

$$\boldsymbol{F}=-\boldsymbol{F}' \tag{2-6}$$

运用牛顿第三定律分析物体受力情况时必须注意:作用力和反作用力是互以对方为自己存在的条件,同时产生,同时消失,任何一方都不能孤立地存在,并分别作用在两个物体上;它们属于同种性质的力.例如作用力是万有引力,那么反作用力一定也是万有引力.

四、力学相对性原理

设有两个参考系 S($Oxyz$) 和 S′($O'x'y'z'$),它们对应的坐标轴都相互平行,且 Ox 轴与 Ox'轴相重合(图 2-2).其中 S 系是惯性系,S′系以恒定的速度 $\boldsymbol{u}$ 沿 x 轴正向相对 S 系作匀速直线运动,所以 S′系也是惯性系.若有一质点 P 相对 S′系的速度为 $\boldsymbol{v}'$,相对 S 系的速度为 $\boldsymbol{v}$,由第 1-3 节关于速度相对性的讨论可知,它们之间的关系为

$$\boldsymbol{v}=\boldsymbol{v}'+\boldsymbol{u}$$

将上式对时间 t 求导数,并考虑到 $\boldsymbol{u}$ 为常量,故可得

$$\frac{\mathrm{d}\boldsymbol{v}}{\mathrm{d}t}=\frac{\mathrm{d}\boldsymbol{v}'}{\mathrm{d}t}$$

即

$$\boldsymbol{a}=\boldsymbol{a}' \tag{2-7}$$

上式表明,当惯性参考系 S′以恒定的速度相对惯性参考系 S 作匀速直线运动时,质点在这两个惯性系中的加速度是相同的.由于 S′系也是惯性系,质点所受的力为 $\boldsymbol{F}'=m\boldsymbol{a}'$.考虑到 $\boldsymbol{a}'=\boldsymbol{a}$,所以

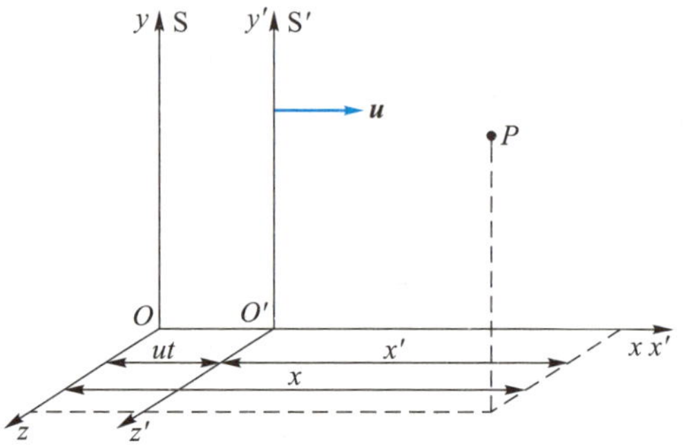

图 2-2 相互作匀速直线运动的两个参考系

$$\boldsymbol{F} = m\boldsymbol{a} = m\boldsymbol{a}' = \boldsymbol{F}'$$

这就是说，在这两个惯性系中，牛顿第二定律的数学表达式也具有相同形式①，即

$$\boldsymbol{F} = m\boldsymbol{a}$$

在此我们再次强调：相对于惯性系作匀速直线运动的一切参考系都是惯性系.地面或固定在地面上的物体可作为惯性系，相对地面作匀速直线运动的物体也可作为惯性系.当由惯性系 S 变换到惯性系 S′时，牛顿运动方程的形式不变.换句话说，在所有惯性系中，牛顿运动定律都是等价的.对于不同惯性系，牛顿力学的规律都具有相同的形式，在一惯性系内部所做的任何力学实验，都不能确定该惯性系相对于其他惯性系是否在运动.这个原理叫做力学相对性原理或伽利略相对性原理.

2-2 物理量的单位和量纲

在历史上，物理量的单位制有很多种，这不仅给工农业生产、人民生活带来诸多不便，而且也不规范.1984 年 2 月 27 日，国务院发布关于在我国统一实行法定计量单位的命令.本书采用以国际单位制(SI)②为基础的我国法定计量单位.

国际单位制规定，力学的基本量是长度、质量和时间，并规定：长度的基本单

① 这里的力学相对性原理是属于经典力学或牛顿力学范畴的，也就是指物体的运动速度是低速(即 $v \ll c$)的情形.在高速的情况下，运动物体将遵循狭义相对论的相对性原理.这将在本书下册第十四章第14-3节中讨论.

② 在国际单位制中，包括长度、时间、质量在内共有 7 个基本量，关于它们的名称、符号以及导出量的名称、符号，请参见本书附录二.

位名称为"米",单位符号为 m;质量的基本单位名称为"千克",单位符号为 kg;时间的基本单位名称为"秒",单位符号为 s.其他力学物理量都是导出量.

按照上述基本量和基本单位的规定,速度的单位名称为"米每秒",符号为 $m \cdot s^{-1}$;角速度的单位名称为"弧度每秒",符号为 $rad \cdot s^{-1}$;加速度的单位名称为"米每二次方秒",符号为 $m \cdot s^{-2}$;角加速度的单位名称为"弧度每二次方秒",符号为 $rad \cdot s^{-2}$;力的单位名称为"牛顿",简称"牛",符号为 N,$1\ N = 1\ kg \cdot m \cdot s^{-2}$.其他物理量的单位名称、符号,以后将陆续介绍.

在物理学中,导出量与基本量之间的关系可以用量纲来表示.我们用 L、M 和 T 分别表示长度、质量和时间三个基本量的量纲,其他力学量 Q 的量纲与基本量量纲之间的关系可按下列形式表示出来:

$$\dim Q = L^p M^q T^s$$

例如,速度的量纲是 LT^{-1},角速度的量纲是 T^{-1},加速度的量纲是 LT^{-2},角加速度的量纲是 T^{-2},力的量纲是 MLT^{-2},等等.

由于只有量纲相同的物理量才能相加减或用等号连接,所以只要考察等式两端各项量纲是否相同,就可初步校验等式的正确性.例如在第一章第 1-1 节的例 3 中,我们得到小球在液体中下落的速度公式为 $v = v_0 e^{-1.0t}$,其中 $e^{-1.0t}$ 的量纲为 1,故等式两边的量纲均为 LT^{-1}.因此,可初步认为上式是正确的,这就是量纲检查法.这种方法在求解问题和科学实验中经常用到.同学们应当学会在求证、解题过程中使用量纲来检查所得结果.

2-3 几种常见的力

在动力学中,分析物体受力情况是十分重要的.力学中常见到的力有万有引力、弹性力、摩擦力等,它们分属不同性质的力,万有引力属场力,而弹性力和摩擦力属接触力.下面我们来介绍万有引力、弹性力和摩擦力.

一、万有引力

17 世纪初,德国天文学家开普勒(J. Kepler, 1571—1630)通过分析第谷(Tycho Brahe, 1546—1601)观察行星所得的大量数据,提出了行星绕太阳作椭圆轨道运动的开普勒定律.牛顿继承了前人的研究成果,通过深入研究,提出了著名的万有引力定律.这个定律指出,天体之间,地球与地球表面附近的物体之间,以及所有物体与物体之间都存在着一种相互吸引的力,所有这些力都遵循同一规律.这种相互吸引的

文档:开普勒

力叫做万有引力.万有引力定律可表述为:在两个相距为 r,质量分别为 m_1、m_2 的质点间有万有引力,其方向沿着它们的连线,其大小与它们的质量乘积成正比,与它们之间距离的二次方成反比,即

$$F=G\frac{m_1m_2}{r^2} \tag{2-8a}$$

式中 G 为一普适常量,叫做引力常量.引力常量最早是由英国物理学家卡文迪什(H.Cavendish,1731—1810)于 1798 年由实验测出的.在一般计算时取

$$G=6.67\times10^{-11}\ \mathrm{N\cdot m^2\cdot kg^{-2}}$$

用矢量形式表示,万有引力定律可写成

$$\boldsymbol{F}=-G\frac{m_1m_2}{r^2}\boldsymbol{e}_r \tag{2-8b}$$

如以由 m_1 指向 m_2 的有向线段为 m_2 的位矢 $\boldsymbol{r}$,那么沿位矢方向的单位矢量 $\boldsymbol{e}_r$ 等于 $\boldsymbol{r}/r$.上式中的负号则表示 m_1 施于 m_2 的万有引力的方向始终与沿位矢的单位矢量 $\boldsymbol{e}_r$ 的方向相反.

物理学中四种最基本的相互作用

万有引力是迄今认识到的四种基本相互作用之一,其他三种基本相互作用是电磁相互作用、弱相互作用和强相互作用.电磁相互作用从本质上来说是运动电荷间产生的;弱相互作用在放射性衰变过程和其他一些“基本”粒子衰变等过程之中起作用;强相互作用则能使像质子、中子这样一些粒子聚合在一起.弱相互作用和强相互作用是微观粒子间的相互作用.现在我们常遇到的力,如重力、摩擦力、弹性力、库仑力、安培力、分子力、原子力、核力等,都可归结为这四种基本相互作用.然而这四种相互作用的范围(即力程)和强度是不一样的.表 2-1 给出了它们的近似值.万有引力和电磁相互作用的范围,原则上讲是不限制的,即可达无限远.这四种相互作用的强度相差很大,万有引力的强度是这四种相互作用中最弱的.

表 2-1 四种基本相互作用的力程和强度的比较

基本相互作用	作用对象	力程	强度
万有引力	一切物质	$r\to\infty$	约 10^{-40}
电磁相互作用	带电及带磁矩的粒子	$r\to\infty$	约 1/173
弱相互作用	强子、轻子	$r<10^{-16}$ m	约 10^{-10}
强相互作用	强子、夸克	r 约为 10^{-15} m	约 1

注:摘自《中国大百科全书·物理学》(第二版)(中国大百科全书出版社,2009 年).

长期以来,人们对物理理论的归纳综合进行了深入探索,其中以牛顿运动定律和万有引力定律为核心的经典力学,以及以麦克斯韦电磁场理论为核心的经典电动力学是两次伟大的综合,它标志着人们对经典力学和经典电磁理论认识上的飞跃.那么,能否找到上面所讲的四种基本相互作用之间的联系呢?这是一次更深刻、更基本的综合,许多物理学家为此进行了不懈的努力.1967—1968 年温伯格(S.Weinberg, 1933—2021)、萨拉姆(A.Salam,1926—1996)在格拉肖(S.L.Glashow,1932—)工作的基础上,把弱相互作用与电磁相互作用统一为电弱相互作用.后来这个电弱相互作用的理论为实验所证实.这个发现把原先的四种基本相互作用统一为三个.为此,他们三人于 1979 年共获诺贝尔物理学奖.鲁比亚(C.Rubbia,1934—)和范德梅尔(S.van der Meer,1925—2011)两人因为给电弱相互作用统一理论提供了确凿实验证据,于 1984 年获诺贝尔物理学奖.由于受到发现电弱相互作用的鼓舞,许多物理学家正在进行电弱相互作用和强相互作用之间统一的研究,并企盼把万有引力也包括进去,以实现相互作用理论的"大统一".

重力 通常把地球对地面附近物体的万有引力叫做重力①,用符号 $\boldsymbol{P}$ 表示,其方向通常是指向地球中心的.在重力 $\boldsymbol{P}$ 的作用下,物体具有的加速度叫做重力加速度 $\boldsymbol{g}$,有

$$\boldsymbol{g}=\frac{\boldsymbol{P}}{m}$$

如以 m_E 代表地球的质量,r 为地球中心与物体之间的距离,由式(2-8)可得

$$g=\frac{Gm_E}{r^2}$$

在地球表面附近,物体与地球中心的距离 r 与地球的平均半径 R_E 相差很小,即$r-R_E \ll R_E$.故上式可近似表示为

$$g=\frac{Gm_E}{R_E^2}$$

已知 $G=6.67\times10^{-11}\ \mathrm{N\cdot m^2\cdot kg^{-2}}$,$m_E=5.97\times10^{24}\ \mathrm{kg}$,$R_E=6.37\times10^6\ \mathrm{m}$,代入上式有 $g=9.81\ \mathrm{m\cdot s^{-2}}$.一般计算时,地球表面附近的重力加速度取 $g=9.8\ \mathrm{m\cdot s^{-2}}$.

顺便指出,由附录三有关月球的质量和半径的数据,可以算出月球表面附近的重力加速度约为 $1.62\ \mathrm{m\cdot s^{-2}}$,亦即近似等于地球表面重力加速度的 1/6.所以,习惯于在地面行走的人到了月球以后,就会显著地感觉失重了.

二、弹性力

弹性力是由物体形变而产生的.常见的弹性力有:弹簧被拉伸或压缩时产生

① 当以地球为参考系时,物体在所在地所受重力的大小亦称为重量.

的弹簧弹性力①；绳索被拉紧时所产生的张力；重物放在支承面上产生作用在支承面上的正压力和作用在物体上的支持力等.

例 1

绳中张力的计算.质量为 m、长为 l 的柔软细绳，一端系着放在光滑桌面上质量为 m' 的物体，如图2-3(a)所示.在绳的另一端加图中所示的力 $\boldsymbol{F}$.绳被拉紧时会略有伸长(形变)，一般伸长甚微，可略去不计.现设绳的长度不变，质量分布是均匀的.求：(1) 绳作用在物体上的力；(2) 绳上任意点的张力.

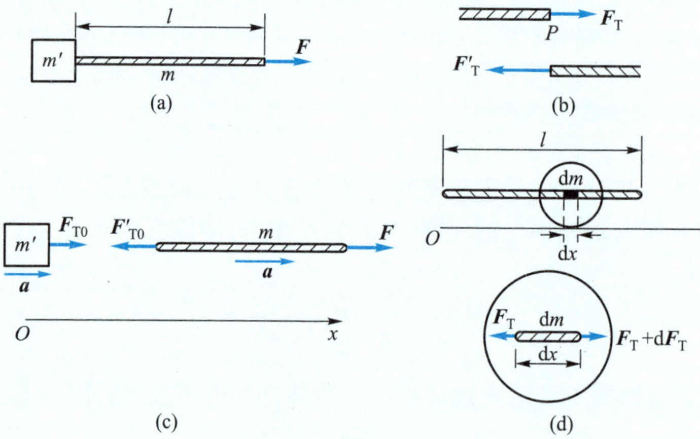

图 2-3

解 如图 2-3(b)所示，设想在绳索上点 P 将绳索分为两段，它们之间有拉力 $\boldsymbol{F}_{\mathrm{T}}$ 和 $\boldsymbol{F}'_{\mathrm{T}}$ 作用，这一对拉力称为张力.它们的大小相等、方向相反.

(1) 由题意知，绳和物体均被约束在图2-3(c)所示的 Ox 轴上运动，且绳的长度不变，故它们的加速度相等，均为 $\boldsymbol{a}$.设绳作用在物体上的拉力为 $\boldsymbol{F}_{\mathrm{T0}}$，物体作用在绳端的力为 $\boldsymbol{F}'_{\mathrm{T0}}$，它们是作用力与反作用力，故 $\boldsymbol{F}_{\mathrm{T0}}=-\boldsymbol{F}'_{\mathrm{T0}}$.由牛顿第二定律，对物体与绳可分别有

$$F_{\mathrm{T0}}=m'a$$

和

$$F-F'_{\mathrm{T0}}=ma$$

由于 $F_{\mathrm{T0}}=F'_{\mathrm{T0}}$，所以，物体与绳的加速度为

$$a=\frac{F}{m'+m} \tag{1}$$

绳对物体的拉力为

$$F_{\mathrm{T0}}=\frac{m'}{m'+m}F$$

① 参见本书第三章第 3-5 节和本书下册第九章第 9-1 节.

从上式可以看出,由绳传递给物体的力 F_{T0} 小于作用在绳另一端的外力 F.只有当绳的质量 m 远小于物体的质量 m' 时,即绳的质量可忽略不计时,F_{T0} 才与 F 近似相等.在力学中,遇到有细而软的绳索问题时,如不特别指明,其质量均是略去不计的.

(2) 由于绳的长度不变,且质量分布均匀,故其单位长度的质量即质量线密度为 m/l.在图 2-3(d)中,取物体与绳连接处为原点 O,在距原点 O 为 x 的绳上,取一线元 $\mathrm{d}x$,其质量元为 $\mathrm{d}m=m\mathrm{d}x/l$.按图 2-3(d)所示的示力图,由牛顿第二定律,有

$$(F_T+\mathrm{d}F_T)-F_T=(\mathrm{d}m)a=\frac{m}{l}a\mathrm{d}x$$

利用式(1),上式为

$$\mathrm{d}F_T=\frac{mF}{(m'+m)l}\mathrm{d}x$$

从图 2-3(c)可知,$x=l$ 时,$F_T=F$,所以上式的积分为

$$\int_{F_T}^{F}\mathrm{d}F_T=\frac{mF}{(m'+m)l}\int_{x}^{l}\mathrm{d}x$$

得

$$F_T=F-\frac{Fm}{l(m'+m)}(l-x)$$

化简得

$$F_T=\left(m'+m\frac{x}{l}\right)\frac{F}{m'+m} \tag{2}$$

从式(2)可以看出,绳中各点的张力是随位置而变的,即 $F_T=F_T(x)$.只有当 $m'\gg m$ 时,$F_T\approx F$,即绳索的质量可以略去不计时,绳中各点的张力近似相等,均约等于外力 F.这一点在求解问题时,尤应注意.

三、摩擦力

两个相互接触的物体间有相对滑动的趋势但尚未相对滑动时,在接触面上便产生阻碍发生相对滑动的力,这个力称为静摩擦力.把物体放在一水平面上,有一外力 $\boldsymbol{F}$ 沿水平面作用在物体上,若外力 $\boldsymbol{F}$ 较小,物体尚未滑动,这时静摩擦力 $\boldsymbol{F}_{f0}$ 与外力 $\boldsymbol{F}$ 大小相等,方向则与 $\boldsymbol{F}$ 相反.随着 $\boldsymbol{F}$ 的增大静摩擦力 $\boldsymbol{F}_{f0}$ 也相应增大,直到 $\boldsymbol{F}$ 增大到某一值时,物体即将滑动,静摩擦力达到最大值,称为最大静摩擦力 $\boldsymbol{F}_{f0m}$.实验表明,最大静摩擦力的大小与物体的正压力 F_N 成正比,即

$$F_{f0m}=\mu_0F_N$$

μ_0 叫做静摩擦因数.静摩擦因数与两接触物体的材料性质以及接触面的状况有关,而与接触面的大小无关.应强调指出,在一般情况下,静摩擦力总是满足下述关系:

$$F_{f0}\leqslant F_{f0m}$$

物体在平面上滑动时所受的摩擦力称为滑动摩擦力 F_f，其方向总是与物体相对平面运动的方向相反，其大小也是与物体的正压力 F_N 成正比，即

$$F_f=\mu F_N$$

μ 叫做动摩擦因数.μ 与两接触物体的材料性质、接触面的状况、温度、湿度等有关，还与两接触物体的相对速度有关.在相对速度不太大时，为计算简单起见，可以认为动摩擦因数 μ 略小于静摩擦因数 μ_0；在一般计算时，除非特别指明，可认为它们是近似相等的，即 $\mu\approx\mu_0$.

摩擦产生的影响有利弊两个方面.所有机器的运动部分都有摩擦，它既磨损机器又浪费大量能量，而且由于摩擦会使机器局部温度升高，从而降低机器的精度，这是摩擦有害的一面.为此，必须设法减少摩擦，通常是在产生有害摩擦的部位涂以润滑油，或者以滚动摩擦替代滑动摩擦，或者改变摩擦材料的性能等.此外，摩擦也是生产和生活中所必需的.很难想象，没有摩擦的自然界会是什么情况，人的行走、车轮的滚动、货物借助皮带输送等，都是依赖于摩擦才能进行的.下面所举的例 2 中，绳索与圆柱体之间的摩擦在日常生产和生活中是经常遇到的.

例 2

如图 2-4(a)所示，有一绳索围绕在圆柱上，绳索绕圆柱的张角为 θ，绳与圆柱间的摩擦因数为 μ.求绳索处于滑动的边缘时，绳两端的张力 F_{TA} 和 F_{TB} 间的关系.设绳索的质量略去不计.

解 如图 2-4(b)所示，在绕于圆柱的绳索 AB 上，取一微小段绳索 ds，其相对圆心的张角为 $d\theta$.设 ds 两端的张力分别为 $\boldsymbol{F}_T(\theta)$ 和 $\boldsymbol{F}_T(\theta+d\theta)$，圆柱对 ds 的支持力为 $\boldsymbol{F}_N$.当圆柱有顺时针旋转的趋势时，圆柱对 ds 的摩擦力为 $\boldsymbol{F}_f$.由于绳索的质量略去不计，故 ds 所受重力亦不予考虑.

由题意知，绳索处于滑动边缘，所以绳索的加速度 $\boldsymbol{a}=0$.取如图 2-4(b)所示的 Ox 轴和 Oy 轴，根据牛顿第二定律，微小段绳索 ds 在 Ox 轴和 Oy 轴上的分量式分别为

$$F_T(\theta+d\theta)\cos\frac{d\theta}{2}-F_T(\theta)\cos\frac{d\theta}{2}-F_f=0 \tag{1}$$

$$-F_T(\theta+d\theta)\sin\frac{d\theta}{2}-F_T(\theta)\sin\frac{d\theta}{2}+F_N=0 \tag{2}$$

此外，由最大静摩擦力定义有

$$F_f=\mu F_N \tag{3}$$

考虑到 ds 相对圆心 O' 的张角 $d\theta$ 很小，即 $\sin\frac{d\theta}{2}\approx\frac{d\theta}{2}$，$\cos\frac{d\theta}{2}\approx1$，以及 $F_T(\theta+d\theta)-F_T(\theta)=dF_T$，式(1)和式(2)分别为

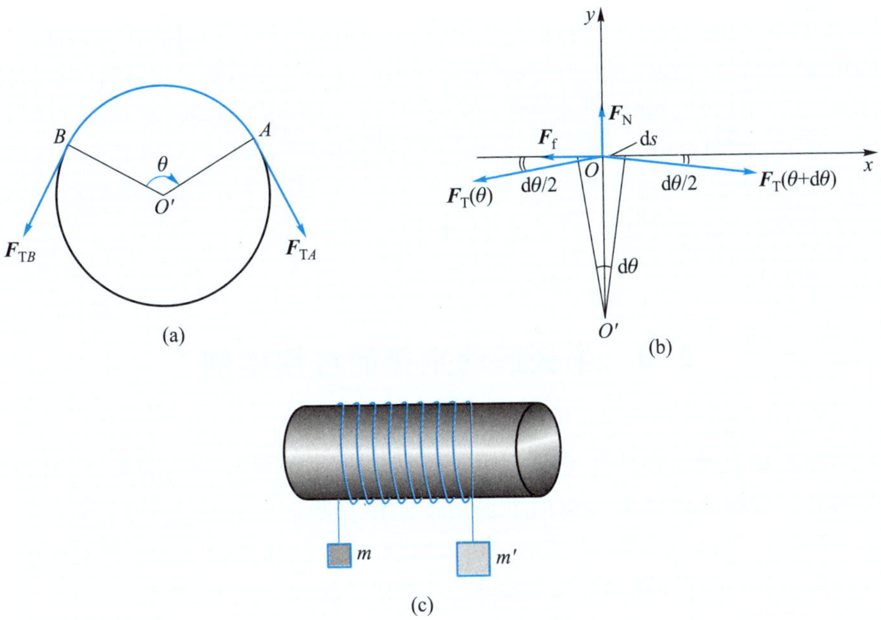

图 2-4

$$dF_T=F_f=\mu F_N \tag{4}$$

$$\frac{1}{2}dF_T d\theta+F_T d\theta=F_N \tag{5}$$

上式中略去二阶无限小量 $d\theta dF_T$，那么由式(4)和式(5)得

$$\int_{F_{TB}}^{F_{TA}}\frac{dF_T}{F_T}=\mu\int_0^{\theta}d\theta$$

即

$$F_{TB}=F_{TA}e^{-\mu\theta} \tag{6}$$

上式表明，由于绳索与圆柱间存在摩擦力，所以，绳索两端的张力之比 $\frac{F_{TB}}{F_{TA}}$ 是随张角 θ 按指数规律变化的.对于绳索与圆柱间的摩擦因数 $\mu=0.25$ 来说，当绳索绕半圈时（$\theta=\pi$），$\frac{F_{TB}}{F_{TA}}=e^{-0.25\pi}=0.46$；当绳索绕 1 圈时（$\theta=2\pi$），$\frac{F_{TB}}{F_{TA}}=e^{-0.25\times2\pi}=0.21$；当绳索绕 5 圈时（$\theta=10\pi$），$\frac{F_{TB}}{F_{TA}}=e^{-0.25\times10\pi}=0.000\ 39$.如果把绳端点 A 与一负荷相连接，F_{TA} 为负荷所引起的张力，而绳端点 B 与拉力相连接，F_{TB} 为拉力所引起的张力，那么，由上述数据可以看出，绳索绕在圆柱上的圈数越多，F_{TB} 比 F_{TA} 就小得越多.人们常将这个道理用于工农业生产和日常生活之中.例如，为了使轮船平稳地停靠在码头上，人们常将缆绳在桩柱上多绕几圈；又如，欲把重物挂在屋内的梁柱的钉子上，有经验的人总是把系有重物的绳索先在梁柱上绕几圈，

等等.你能举几个这方面的例子吗？在图 2-4(c)所示的圆柱上绕有 n 圈绳索.绳与圆柱之间的摩擦因数仍为 0.25.如果我们在绳索的两端分别悬挂质量分别为 $m'=1\,000$ g 和 $m=10$ g 的两个物体,并使之平衡.你知道 n 至少为多少吗？(n 大约是 3 圈,你算算看.)

从式(6)还可以看出,如果绳索与圆柱间的摩擦可略去不计,即 $\mu=0$,那么 $F_{TB}=F_{TA}$.这时跨过光滑圆柱上的轻绳中各处的张力均相等.如不特别指明,本章所讨论的有关绳索跨过滑轮的问题,都不计及绳索与滑轮间的摩擦.

2-4　牛顿运动定律的应用举例

牛顿运动定律是物体作机械运动的基本定律,它在实践中有着广泛的应用.本节将通过举例来说明如何应用牛顿运动定律分析问题和解决问题.求解质点动力学问题一般分为两类,一是已知物体的受力情况,由牛顿运动定律来求解其运动状态;另一是已知物体的运动状态,求作用于物体上的力.

在应用牛顿第二定律时,首先要正确地分析运动物体的受力情况,并把它们图示出来;作示力图时,要把所研究的物体从与之相联系的其他物体中“隔离”出来,标明力的方向.这种分析物体受力的方法,叫做隔离体法.隔离体法是分析物体受力的有效方法,应熟练掌握.

对隔离体画出示力图后,还要根据题意选择适当的坐标系,并按照所选定的坐标系列出每一隔离体的运动方程,然后对运动方程求解.求解时最好先用文字符号得出结果,而后再代入已知数值进行运算.这样既简单明了,还可避免数值重复运算.

例 1

阿特伍德(Atwood)机.

(1) 如图 2-5(a)所示,一根细绳跨过定滑轮,在细绳两侧各悬挂质量分别为 m_1 和 m_2 的物体,且 $m_1>m_2$.假设滑轮的质量①与细绳的质量均略去不计,滑轮与细绳间无滑动以及轮轴的摩擦力略去不计.试求重物释放后,物体的加速度和细绳的张力.

(2) 若将上述装置固定在如图 2-5(b)所示的电梯顶部.当电梯以加速度 $\boldsymbol{a}$ 相对地面竖直向上运动时,试求两物体相对电梯的加速度和细绳的张力.

视频:一个古老的例题——阿特伍德机的作用

① 若滑轮的质量不能略去不计,这个问题将如何求解呢？可参见本书第四章第 4-2 节中的例 3.

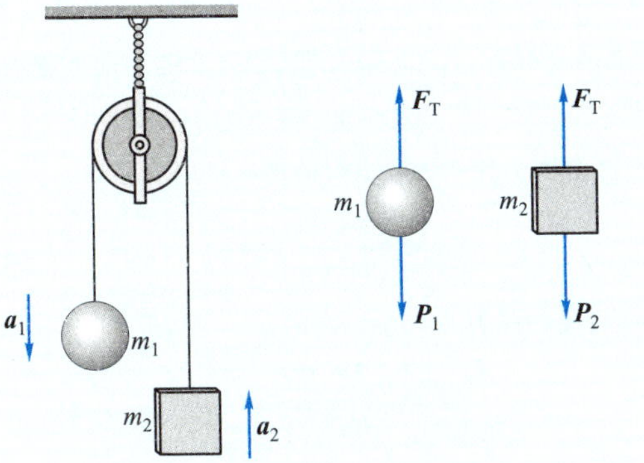

(a)

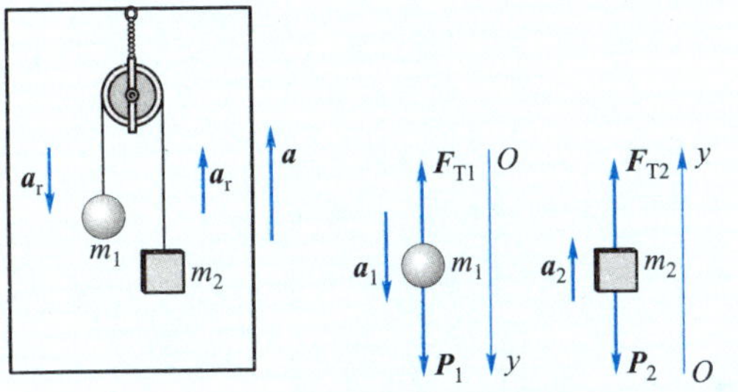

(b)

图 2-5

解　(1) 选取地面为惯性参考系，并作如图 2-5(a)所示的示力图.考虑到可忽略细绳和滑轮质量的条件，故细绳作用于两物体上的力 F_{T1}、F_{T2} 与绳的张力 F_T 应相等，即 $F_{T1}=F_{T2}=F_T$，且 $a_1=a_2=a$.又按图示的加速度 $\boldsymbol{a}$，根据牛顿第二定律，有

$$m_1g-F_T=m_1a$$

$$F_T-m_2g=m_2a$$

联立求解以上两式，可得两物体的加速度的大小和绳的张力分别为

$$a=\frac{m_1-m_2}{m_1+m_2}g,\quad F_T=\frac{2m_1m_2}{m_1+m_2}g$$

(2) 仍选取地面为惯性参考系，电梯相对地面的加速度为 $\boldsymbol{a}$.如图 2-5(b)所示，如以 $\boldsymbol{a}_r$ 表示物体 1 相对电梯的加速度，那么物体 1 相对地面的加速度为 $\boldsymbol{a}_1=\boldsymbol{a}_r+\boldsymbol{a}$，且 $F_{T1}=F_{T2}=F_T$.由牛顿第二定律，有

$$\boldsymbol{P}_1+\boldsymbol{F}_{T1}=m_1\boldsymbol{a}_1$$

按图中所选的坐标系，考虑到物体 1 被限制在 y 轴上运动，且 $a_1=a_r-a$，故上式为

$$m_1g-F_{T1}=m_1g-F_T=m_1a_1=m_1(a_r-a)\tag{1}$$

由于绳的长度不变,故物体 2 相对电梯的加速度的大小也是 a_r.物体 2 相对地面的加速度为 $\boldsymbol{a}_2$.按图中所选的坐标系,$a_2=a_r+a$.于是,物体 2 的运动方程为

$$F_T-m_2g=m_2a_2=m_2(a_r+a) \tag{2}$$

由式(1)和式(2),可得物体 1 和 2 相对电梯的加速度的大小为

$$a_r=\frac{m_1-m_2}{m_1+m_2}(g+a)$$

将上式代入式(1),得轻绳的张力为

$$F_T=\frac{2m_1m_2}{m_1+m_2}(g+a)$$

例 2

如图 2-6 所示,长为 l 的轻绳,一端系质量为 m 的小球,另一端系于定点 O.开始时小球处于最低位置.当小球获得如图所示的初速 $\boldsymbol{v}_0$ 后,它将在竖直平面内作圆周运动.求小球在任意位置的速率①及绳的张力.

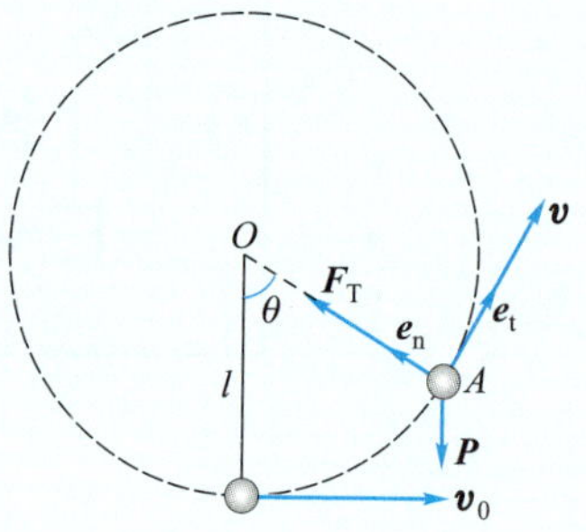

图 2-6

解 由题意知,在 $t=0$ 时,小球位于最低点,速率为 v_0.在时刻 t,小球位于点 A,轻绳与竖直线成 θ 角,速率为 v.此时小球受重力 $\boldsymbol{P}$ 和绳的拉力 $\boldsymbol{F}_T$ 作用.由于绳的质量不计,故绳的张力就等于绳对小球的拉力.由牛顿第二定律,小球的运动方程为

$$\boldsymbol{F}_T+m\boldsymbol{g}=m\boldsymbol{a} \tag{1}$$

为列出小球运动方程的分量式,选取如图所示的自然坐标系,并以过点 A 与速度 $\boldsymbol{v}$ 同向的轴为 $\boldsymbol{e}_t$ 轴,过点 A 指向圆心 O 的轴为 $\boldsymbol{e}_n$ 轴.那么式(1)在两轴上的运动方程分量式分别为

$$F_T-mg\cos\theta=ma_n$$

$$-mg\sin\theta=ma_t$$

由变速圆周运动知,法向加速度 $a_n=v^2/l$,切向加速度 $a_t=\mathrm{d}v/\mathrm{d}t$.这样上面两式化为

$$F_T-mg\cos\theta=m\frac{v^2}{l} \tag{2}$$

$$-mg\sin\theta=m\frac{\mathrm{d}v}{\mathrm{d}t} \tag{3}$$

① 计算在竖直平面内作圆周运动质点的速度有许多方法,这里介绍的是利用牛顿力学方程求解运动学问题.下一章还将介绍用能量方法求解这样的问题.如果绳索的质量不能略去不计,或者用一细棒替代绳索,又如何求解呢?本书第四章第 4-2 节例 4 将介绍这类问题的解法.

式(3)中

$$\frac{\mathrm{d}v}{\mathrm{d}t}=\frac{\mathrm{d}v}{\mathrm{d}\theta}\frac{\mathrm{d}\theta}{\mathrm{d}t}$$

由角速度定义式 $\omega=\mathrm{d}\theta/\mathrm{d}t$,以及角速度 ω 与线速率之间的关系式 $v=l\omega$,上式可写为

$$\frac{\mathrm{d}v}{\mathrm{d}t}=\frac{v}{l}\frac{\mathrm{d}v}{\mathrm{d}\theta}$$

于是式(3)可写成

$$v\mathrm{d}v=-gl\sin\theta\mathrm{d}\theta$$

上式积分,并注意初始条件,有

$$\int_{v_0}^{v}v\mathrm{d}v=-gl\int_{0}^{\theta}\sin\theta\mathrm{d}\theta$$

得

$$v=\sqrt{v_0^2+2lg(\cos\theta-1)} \tag{4}$$

把上式代入式(2),得

$$F_{\mathrm{T}}=m\left(\frac{v_0^2}{l}-2g+3g\cos\theta\right) \tag{5}$$

从式(4)可以看出,小球的速率与位置有关,即 $v(\theta)$.在 $0\to\pi$ 之间,随着 θ 角增大,小球速率减小;而在 $\pi\to2\pi$ 之间,随着 θ 角增大,小球速率增大.小球作变速率圆周运动.

从式(5)也可以看出,在小球从最低点向上升的过程中,随着角度 θ 的增加,绳对小球的张力 F_{T} 逐渐减小,在到达最高点时,张力 F_{T} 最小;而后在小球向下降的过程中,张力 F_{T} 又逐渐增加,在到达最低点时,张力最大.

例 3

如图 2-7(a)所示的圆锥摆,摆长为 l 的细绳一端固定在天花板上,另一端悬挂质量为 m 的小球,小球经推动后,在水平面内绕通过圆心 O 的竖直轴作角速率为 ω 的匀速率圆周运动.问绳和竖直方向所成的角度 θ 为多少?空气阻力不计.

解 小球受重力 $\boldsymbol{P}$ 和绳的拉力 $\boldsymbol{F}_{\mathrm{T}}$ 作用,其运动方程为

$$\boldsymbol{F}_{\mathrm{T}}+\boldsymbol{P}=m\boldsymbol{a} \tag{1}$$

式中 $\boldsymbol{a}$ 为小球的加速度.

由于小球在水平面内作线速率为 $v=r\omega$ 的匀速率圆周运动.过圆周上任意点 A,取自然坐标系,其法向和切向的单位矢量分别为 $\boldsymbol{e}_{\mathrm{n}}$ 和 $\boldsymbol{e}_{\mathrm{t}}$.小球的法向加速度的大小为 $a_{\mathrm{n}}=v^2/r$,而切向加速度 $a_{\mathrm{t}}=0$,且小球在任意位置的速度 $\boldsymbol{v}$ 的方向均与 $\boldsymbol{P}$ 和 $\boldsymbol{F}_{\mathrm{T}}$ 所成的平面垂直.因此,按图 2-7(b)所选的坐标系,式(1)的分量式为

$$F_{\mathrm{T}}\sin\theta=ma_{\mathrm{n}}=m\frac{v^2}{r}=mr\omega^2$$

和

$$F_{\mathrm{T}}\cos\theta-P=0$$

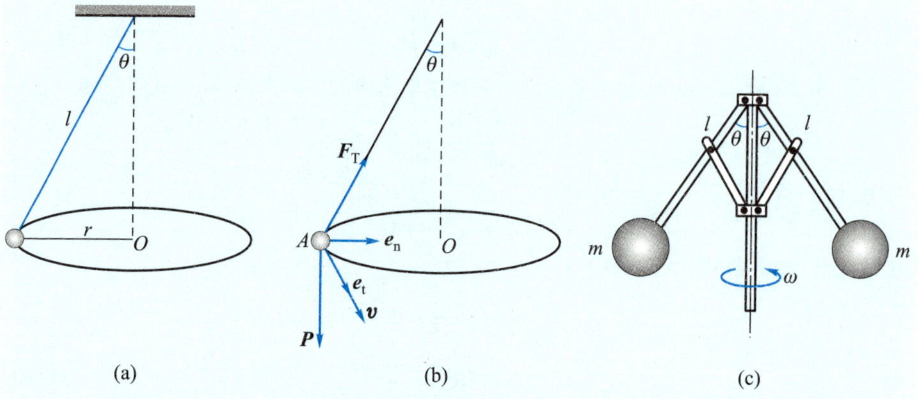

图 2-7

由图知 $r=l\sin\theta$，故由上两式，得

$$F_T=m\omega^2 l$$

及

$$\cos\theta=\frac{mg}{m\omega^2 l}=\frac{g}{\omega^2 l}$$

得

$$\theta=\arccos\frac{g}{\omega^2 l}$$

可见，当 ω 越大时，绳与竖直方向所成的夹角 θ 也越大.

值得一提的是，在蒸汽机发展的早期，瓦特就是根据上述圆锥摆的摆角 θ 随角速度 ω 的改变而改变的道理制成蒸汽机的调速器的. 图 2-7(c)是调速器的示意图，当转速超过一定限度时，摆角增大，使阀门关闭，进入汽缸中的蒸汽量减少，当转速过低时，摆角减小，使阀门打开，进入汽缸中的蒸汽量增加，从而达到调速作用. 现在许多机器还在使用这种类型的调速器.

例 4

我们在上一章第 1-1 节的例 4 中讨论抛体运动时，曾略去空气阻力对运动的影响. 实际上，空气阻力对抛体运动的影响是十分显著而复杂的. 这里，假设空气对抛体的阻力与抛体的速度成正比，即 $\boldsymbol{F}_r=-k\boldsymbol{v}$，$k$ 为比例系数. 抛体的质量为 m、初速度为 $\boldsymbol{v}_0$、抛射角为 α. 求抛体运动的轨迹方程.

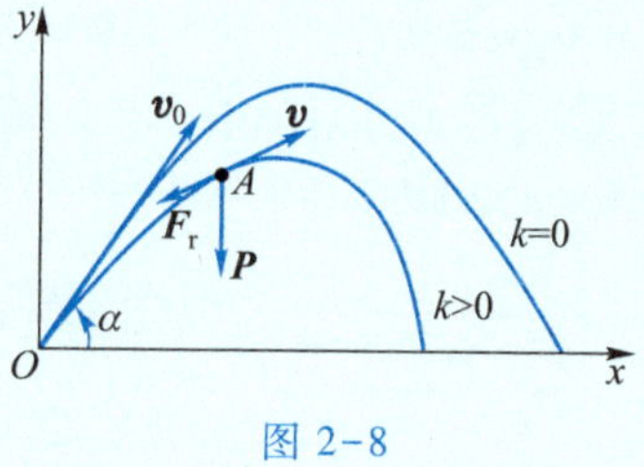

图 2-8

解　取如图 2-8 所示的 Oxy 平面坐标系. 抛体在任一点 A 受到重力 $\boldsymbol{P}(m\boldsymbol{g})$ 和空气阻力 $\boldsymbol{F}_r(-k\boldsymbol{v})$ 的作用，由牛顿第二定律有

$$\boldsymbol{F}_r+\boldsymbol{P}=m\boldsymbol{a}$$

其在 Ox 和 Oy 轴上的分量式为

$$\begin{cases} F_{rx}=ma_x \\ F_{ry}-mg=ma_y \end{cases}$$

其中 $$F_{rx}=-kv_x,\quad F_{ry}=-kv_y$$

于是上式可写成

$$\begin{cases} ma_x=m\dfrac{\mathrm{d}v_x}{\mathrm{d}t}=-kv_x \\ ma_y=m\dfrac{\mathrm{d}v_y}{\mathrm{d}t}=-mg-kv_y \end{cases}$$

由此有

$$\begin{cases} \dfrac{\mathrm{d}v_x}{v_x}=-\dfrac{k}{m}\mathrm{d}t \\ \dfrac{k\mathrm{d}v_y}{mg+kv_y}=-\dfrac{k}{m}\mathrm{d}t \end{cases}$$

对上两式分别积分，并考虑起始条件，$t=0$ 时，$v_{0x}=v_0\cos\alpha$，$v_{0y}=v_0\sin\alpha$，得

$$\begin{cases} v_x=v_0\cos\alpha\mathrm{e}^{-kt/m} \\ v_y=\left(v_0\sin\alpha+\dfrac{mg}{k}\right)\mathrm{e}^{-kt/m}-\dfrac{mg}{k} \end{cases}$$

由于 $\mathrm{d}x=v_x\mathrm{d}t$，$\mathrm{d}y=v_y\mathrm{d}t$，代入上两式后取积分，得

$$x=\frac{m}{k}(v_0\cos\alpha)(1-\mathrm{e}^{-kt/m}) \tag{1}$$

$$y=\frac{m}{k}\left(v_0\sin\alpha+\frac{mg}{k}\right)(1-\mathrm{e}^{-kt/m})-\frac{mg}{k}t \tag{2}$$

再消去式(1)和式(2)中的 t，可得抛体的轨迹方程为

$$y=\left(\tan\alpha+\frac{mg}{kv_0\cos\alpha}\right)x+\frac{m^2g}{k^2}\ln\left(1-\frac{k}{mv_0\cos\alpha}x\right) \tag{3}$$

显然式(3)不是抛物线方程.

例 5

物体在黏性流体中的运动.当物体在流体(气体或液体)中运动时，要受到流体的阻力作用.一般来说，流体阻力的大小与物体的尺寸、形状、速率以及物体和流体的性质等有关.当速率不太大时，对于球形的物体，黏性阻力的大小为

$$F_r=6\pi\eta rv①$$

① 一般来说，流体对物体的阻力与速率的关系 $f(v)$ 比较复杂，可与 $v^n(n>1)$ 成正比，n 的取值由实验确定.只是在物体的速率不太大时，n 才取 1.

阻力的方向与物体运动的方向相反.式中 r 为球形物体的半径,v 为其速率,η 为流体的黏度.上式也被称为斯托克斯公式①.

有一个质量为 m、半径为 r 的球体,由水面静止释放沉入水底,试求此球体的下沉速度与时间的函数关系.设球体竖直下沉,其路径为一直线.

解　如图 2-9(a)所示,球体在水中受到重力 $\boldsymbol{P}$、浮力 $\boldsymbol{F}_B$ 和黏性阻力 $\boldsymbol{F}_r$ 的作用.浮力 $\boldsymbol{F}_B$ 的大小等于物体所排开流体的重量,即 $F_B=m'g$.黏性阻力的大小为 $F_r=6\pi\eta rv$.重力 $\boldsymbol{P}$ 与浮力 $\boldsymbol{F}_B$ 的合力称为驱动力 $\boldsymbol{F}_0=\boldsymbol{P}+\boldsymbol{F}_B$,其大小为 $F_0=P-F_B=mg-m'g$,其方向与球体的运动方向相同,为一恒力[图 2-9(a)].由牛顿第二定律,可得出球体的运动方程为

$$F_0-F_r=ma$$

即

$$F_0-6\pi\eta rv=m\frac{\mathrm{d}v}{\mathrm{d}t}$$

令 $b=6\pi r\eta$,上式为

$$F_0-bv=m\frac{\mathrm{d}v}{\mathrm{d}t} \tag{1}$$

因此有

$$\frac{\mathrm{d}v}{\mathrm{d}t}=-\frac{b}{m}\left(v-\frac{F_0}{b}\right) \tag{2}$$

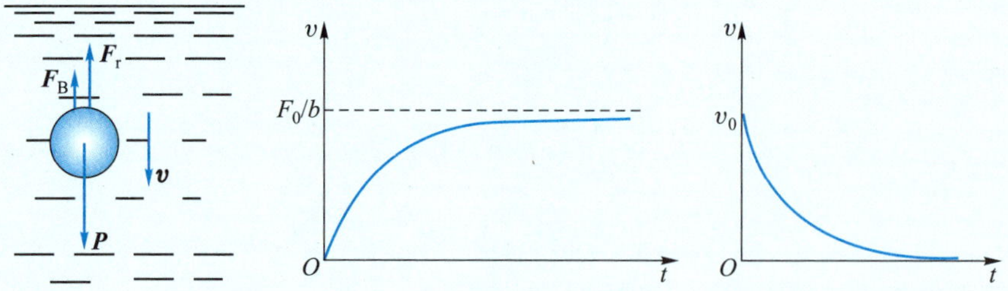

(a)　(b)　(c)

图 2-9

由于球体是由静止释放的,即 $t=0$ 时,$v_0=0$,故其速度是随时间的增加而增加的;当 $v=F_0/b$ 时,球体的速度才达到极限值.上式分离变量并积分,有

$$\int_0^v\frac{\mathrm{d}v}{v-\left(\dfrac{F_0}{b}\right)}=-\frac{b}{m}\int_0^t\mathrm{d}t$$

积分后,可得

$$v=\frac{F_0}{b}\left[1-\mathrm{e}^{-(b/m)t}\right] \tag{3}$$

按照式(3)的速度-时间函数,可作如图 2-9(b)所示的图线.

---

①　斯托克斯(G. G. Stokes,1819—1903),英国物理学家和数学家.他于 1851 年首次得到球形物体在黏性流体中运动时所受阻力作用的公式,后被称为斯托克斯公式.

从式(3)和图线可以看出，球体的下沉速度随时间的增加而增加；当 $t\to\infty$ 时，$e^{-(b/m)t}\to 0$，这时下沉速度达到极限值 $v_L=F_0/b$.实际上，下沉速度达到极限值并不需要无限长的时间.当 $t=3m/b$ 时，$e^{-(b/m)t}=e^{-3}\approx 0.05$，从式(3)可以看出，此时的下沉速度为

$$v=\frac{F_0}{b}(1-0.05)=v_L(1-0.05)=0.95v_L$$

这就是说，下沉速度已达极限速度的95%.因此，一般认为 $t\geqslant 3m/b$ 时，下沉速度已达到极限速度，如 $t=5m/b$，则 $v=0.993v_L$.

若球体落在水面上时具有竖直向下的速率 v_0，且在水中所受的浮力 F_B 与重力 P 亦相等，即 $\boldsymbol{F}_0=\boldsymbol{F}_B+\boldsymbol{P}=0$，那么球体在水中仅受阻力 $F_r=-bv$ 的作用，则式(1)可写成

$$m\frac{\mathrm{d}v}{\mathrm{d}t}=-bv \tag{4}$$

由题意可设 $t=0$ 时，$v=v_0$，上式分离变量并积分，有

$$\int_{v_0}^{v}\frac{\mathrm{d}v}{v}=-\frac{b}{m}\int_0^t \mathrm{d}t$$

积分后，可得

$$v=v_0 e^{-(b/m)t} \tag{5}$$

球体在水中的速率与时间的关系如图2-9(c)所示.高台跳水游泳池水深的计算是一个很有实际意义的问题.国际跳水规则规定，10 m高台跳水台前端的水深必须在4.50~5.00 m之间才能保证跳水运动员的安全，其理论计算方法与此题相仿①，读者不妨一试.

*2-5 非惯性系 惯性力

前面我们曾指出牛顿运动定律适用于惯性系，这一节将介绍非惯性系和惯性力.

如图2-10所示，在火车车厢的光滑桌面上放一个小球，小球与桌面之间的摩擦力略去不计.当火车相对地面作匀速直线运动时，车厢内的观察者A看到小球静止在桌面上，而站在地面路基旁的观察者B看到小球作匀速直线运动.这时，无论是以车厢或者以地面为参考系，牛顿运动定律都是适用的，因为，小球在水平方向没有受到外力作用，它要保持静止或匀速直线运动状态.但当车厢突然以加速度 $\boldsymbol{a}_0$ 沿 Ox 轴正向相对地面参考系作加速运动时，站在车厢里的乘客A发现小球以 $-\boldsymbol{a}_0$ 的加速度相对桌面(车厢)运动，即小球沿 Ox 轴负方向作加速运动.对此，观察者A百思不得其解，观察者A认为既然小球在 Ox 轴负方向没有受到外力作用，那么它怎么会沿 Ox 轴负方向作加速度为 $-\boldsymbol{a}_0$ 的运动呢？对这样一件事，站在以地面为参

① 参阅马文蔚等主编《物理学原理在工程技术中的应用》(第四版)之“跳台跳水游泳池的深度”.

考系的路基旁的观察者 B 则认为这是很好理解的.观察者 B 认为小球与桌面之间非常光滑,如它们之间的摩擦力略去不计,则小球在沿 Ox 轴负方向上没有受到外力作用.当车厢(桌面)相对地面参考系作加速运动时,小球对地面参考系就仍保持原有运动状态,作加速运动的只是车厢(桌面)而已.显然,地面参考系是惯性系,在这个惯性系中牛顿运动定律是适用的;而相对地面作加速运动的车厢(桌面)则是非惯性系,非惯性系中牛顿运动定律则是不适用的.总之,相对惯性系作加速运动的参考系是非惯性系.牛顿运动定律只适用于惯性系,而不适用于非惯性系.

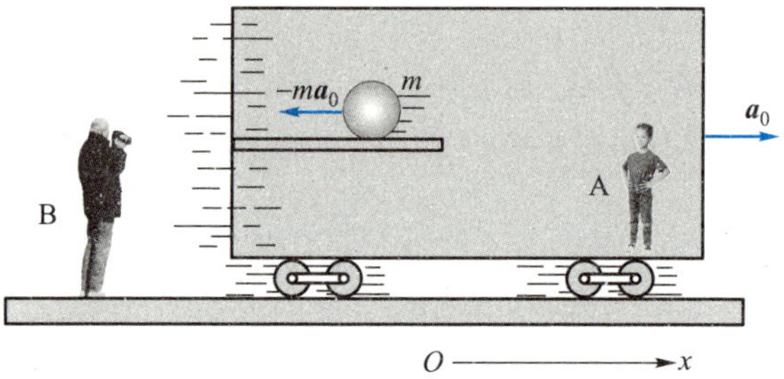

图 2-10　惯性力

实际问题有不少属非惯性系的力学问题,对这些问题该如何处理呢？为了仍可方便地运用牛顿运动定律求解非惯性系中的力学问题,人们引入了惯性力的概念.

我们设想作用在质量为 m 的小球上有一个惯性力,并认为这个惯性力为 $\boldsymbol{F}_i=-m\boldsymbol{a}_0$,那么对火车这个非惯性参考系也可应用牛顿第二定律了.这就是说,对处于加速度为 $\boldsymbol{a}_0$ 的火车中的观察者来说,他认为有一个大小等于 ma_0,方向与 $\boldsymbol{a}_0$ 相反的惯性力作用在小球上.

一般来说,如果作用在物体上的力含有惯性力 $\boldsymbol{F}_i$,那么牛顿第二定律的数学表达式为

$$\boldsymbol{F}+\boldsymbol{F}_i=m\boldsymbol{a} \tag{2-9}$$

或

$$\boldsymbol{F}-(m\boldsymbol{a}_0)=m\boldsymbol{a}$$

式中 $\boldsymbol{a}_0$ 是非惯性系相对惯性系的加速度,$\boldsymbol{a}$ 是物体相对非惯性系的加速度,$\boldsymbol{F}$ 是物体所受到的除惯性力以外的合外力.

例 1

图 2-11(a)所示的三棱柱以加速度 $\boldsymbol{a}_0$ 沿水平面向左运动.它的斜面是光滑的.若质量为 m 的物体恰能静止于斜面上,求物体对三棱柱的压力.

解　(1) 以地面为参考系.m 受到重力 $\boldsymbol{P}=m\boldsymbol{g}$ 和支持力 $\boldsymbol{F}_N$ 的作用[图 2-11(b)],其运动方程为

$$\boldsymbol{F}_N+\boldsymbol{P}=m\boldsymbol{a}_0$$

式中 $\boldsymbol{a}_0$ 为 m 相对地面参考系的加速度.按如图所示的坐标系,其分量式为

$$F_N\cos\theta-mg=0$$

$$F_N\sin\theta=ma_0$$

解以上两式,可得

$$F_N=m\sqrt{g^2+a_0^2}$$

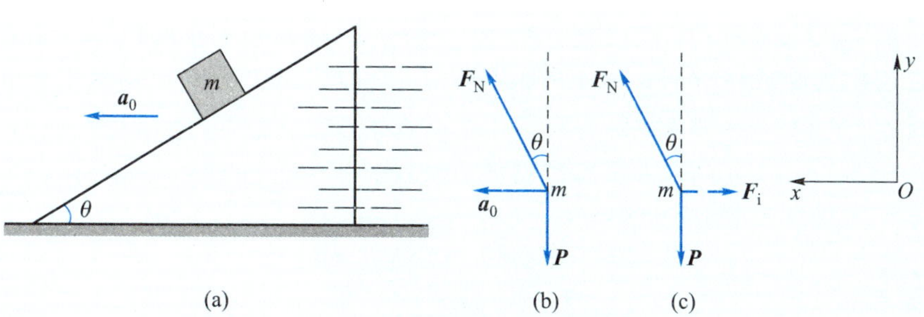

图 2-11

(2) 以三棱柱为参考系.由于三棱柱相对地面参考系(惯性系)的加速度为 $\boldsymbol{a}_0$,故三棱柱这个参考系是非惯性系.

m 除受到重力 $\boldsymbol{P}=m\boldsymbol{g}$ 和支持力 $\boldsymbol{F}_N$ 的作用外,还要受到惯性力 $\boldsymbol{F}_i$ 的作用[图 2-11(c)],其运动方程为

$$\boldsymbol{F}_N+\boldsymbol{P}+\boldsymbol{F}_i=m\boldsymbol{a}$$

其中 $\boldsymbol{a}$ 为 m 相对三棱柱的加速度.由题意知,m 静止在斜面上,故 $\boldsymbol{a}=0$.此外,惯性力 $\boldsymbol{F}_i=-m\boldsymbol{a}_0$,因此,上述运动方程可写为

$$\boldsymbol{F}_N+m\boldsymbol{g}-m\boldsymbol{a}_0=0$$

按如图所示的坐标系,其分量式为

$$F_N\cos\theta-mg=0$$

$$F_N\sin\theta-ma_0=0$$

解以上两式,亦可得

$$F_N=m\sqrt{g^2+a_0^2}$$

例 2

动力摆可用来测定车辆的加速度.在如图 2-12 所示的车厢内,一根质量可略去不计的细棒,其一端固定在车厢的顶部,另一端系一小球.当列车以加速度 a 行驶时,细杆偏离竖直线成 α 角.试求加速度 a 与摆角 α 间的关系.

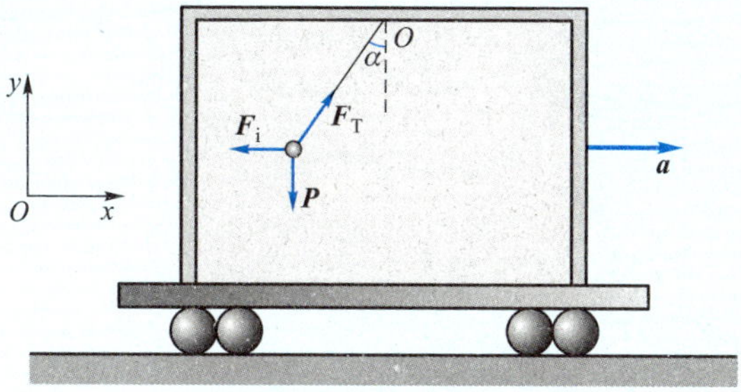

图 2-12 动力摆

解 设以加速度 $\boldsymbol{a}$ 运动的车厢为参考系，此参考系为非惯性系.在此非惯性系中的观测者认为，当细棒的摆角为 α 时，小球受到重力 $\boldsymbol{P}$、拉力 $\boldsymbol{F}_T$ 和惯性力 $\boldsymbol{F}_i=-m\boldsymbol{a}$的作用.由于小球处于平衡状态，所以有如下方程：

$$m\boldsymbol{g}+\boldsymbol{F}_T-m\boldsymbol{a}=0$$

上式在 Ox 轴和 Oy 轴上的分量式为

$$F_T\cos\alpha-mg=0,\quad F_T\sin\alpha-ma=0$$

解得

$$a=g\tan\alpha$$

一般来说，车辆的加速度不是很大，$\alpha<5°$，故上式可写为 $a\approx g\alpha$.这样由摆角即可测出车辆的加速度.

下面我们来介绍惯性离心力的概念.如图 2-13 所示，在水平放置的转台上，有一轻弹簧系在细绳中间，细绳的一端系在转台中心，另一端系一质量为 m 的小球.设转台平面非常光滑，它与小球和弹簧的摩擦力均可略去不计.现让转台和小球绕垂直于转台中心的竖直轴以匀角速度 ω 转动.有两个观察者，一个站在地面上（处在惯性系中），另一个相对转台静止并随转台一起转动（处在非惯性系中）.当转台转动时，站在地面上的观察者观察到弹簧被拉长.这时，绳对小球作用的力为指向转台中心的向心力 $\boldsymbol{F}$.力 $\boldsymbol{F}$ 的大小为 $ml\omega^2$.从牛顿第二定律来说，这一点是很好理解的，在向心力作用下，小球作匀速率圆周运动.而相对转台静止的另一个观察者，虽也观察到弹簧被拉长，有力 $\boldsymbol{F}$ 沿向心方向作用在小球上，但小球却相对转台静止不动，这就不好理解了.为什么有力作用在小球上，小球却静止不动呢？于是这个观察者认为，要使小球保持平衡的事实仍然遵从牛顿第二定律，就必须想象有一个与向心力方向相反、大小相等的力作用在小球上.这个力 $\boldsymbol{F}_i$ 叫做惯性离心力.应当注意，向心力和惯性离心力都是作用在同一小球上的，它们不是作用力和反作用力.也就是说，它们不服从牛顿第三定律.

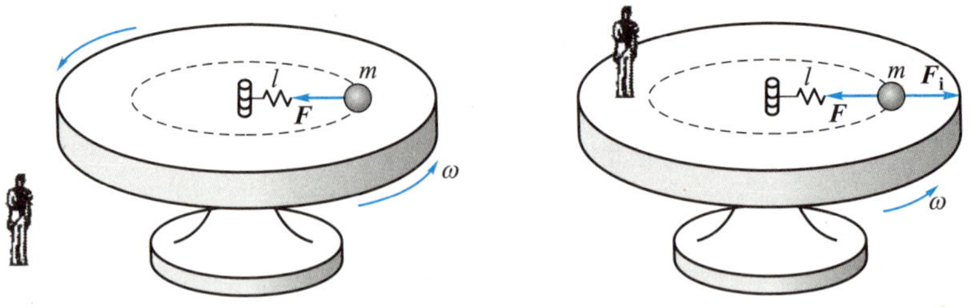

图 2-13 惯性离心力

问题

2-1 一探险者欲往山涧对面，他将拴有绳子的锚钩掷到山涧对面一棵大树上，并使之固定.探险者将绳的另一端拴在腰上并拉直，然后荡过山涧，落在山涧对面的地上.你能说明探险者在荡过山涧的过程中绳的张力在什么位置最大吗?

2-2 一车辆沿弯曲公路运动.试问作用在车辆上的力的方向是指向道路外侧,还是指向道路内侧①?

2-3 一质量略去不计的轻绳跨过无摩擦的定滑轮.一只猴子抓住绳的一端,绳的另一端悬挂一个质量和高度均与猴子相等的镜子.开始时,猴子与镜子在同一水平面上.猴子为了不看到镜中的猴像,它作了下面三项尝试:(1) 向上爬;(2) 向下爬;(3) 松开绳子自由下落.这样猴子是否就看不到它在镜中的像了?

2-4 如图所示,轻绳与定滑轮间的摩擦力略去不计,且 $m_1=2m_2$.若使质量为 m_2 的两个物体绕公共竖直轴转动,两边能否保持平衡?

2-5 如图所示,一半径为 R 的木桶以角速度 ω 绕其轴线转动.有一人紧贴在木桶壁上,人与木桶间的静摩擦因数为 μ_0.你知道在什么情形下,人会紧贴在木桶壁上而不掉下来吗?

2-6 已知太阳的质量约为 2.0×10^{30} kg.设太阳绕银河系中心运动的轨道为圆形,每转一圈所经历的时间约为 2.5×10^{8} 年.如果设想银河系中所有恒星都可看成类似太阳那样的恒星,并认为恒星系中所有行星、彗星及宇宙尘埃的质量较之恒星的质量都可略去不计,那么你能估计出银河系中有多少颗类似于太阳的恒星吗?

2-7 在升降机中有一只海龟,如图所示.在什么情况下,海龟会"飘浮"在空中?

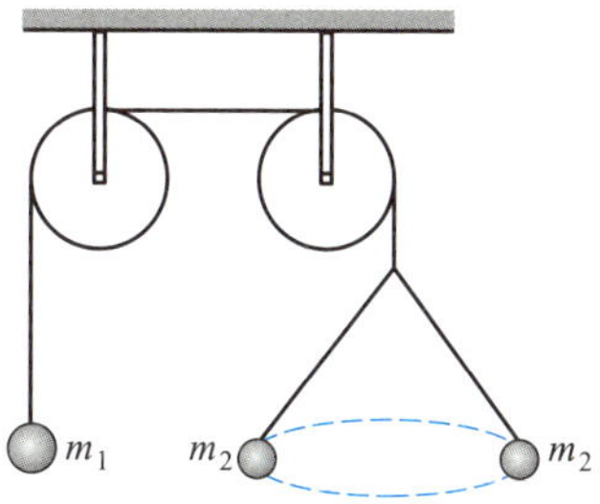

问题 2-4 图

问题 2-5 图

问题 2-7 图

2-8 在空间站中的宇航员"没有重量",你怎么判断地球引力对它的影响呢?

2-9 在火车车厢中的光滑桌面上放置一个钢制小球.当火车的速率增加时,车厢内的观察者和铁轨上的观察者看到小球的运动状态将会发生怎样的变化? 如果火车的速率减小,情况又将怎样? 你能对上述现象加以说明吗?

2-10 一物体相对于某参考系处于静止状态,是否可说此物体所受的合力一定为零呢?

---

① 关于这个问题的较详细的讨论,可参阅马文蔚等主编《物理学原理在工程技术中的应用》(第四版)之"外轨超高".

2-11 有人想了一个简易办法，他用一块较光滑的平板、一根弹性系数较小的弹簧，弹簧一端固定，另一端系一小钢球，就可以测量出汽车的加速度.你能给出该装置的示意图和测量原理吗？

习题

2-1 如图所示，质量为 m 的物体用平行于斜面的细线连接并置于光滑的斜面上，若斜面向左方作加速运动，当物体刚脱离斜面时，它的加速度的大小为（ ）.

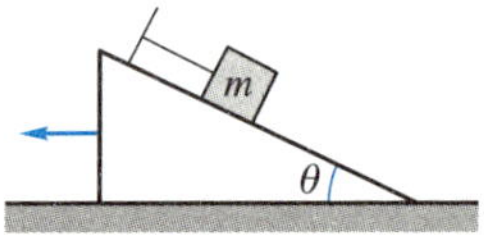

习题 2-1 图

(A) $g\sin\theta$　　(B) $g\cos\theta$

(C) $g\tan\theta$　　(D) $g\cot\theta$

2-2 用水平力 $\boldsymbol{F}_N$ 把一个物体压着靠在粗糙的竖直墙面上保持静止.当 $\boldsymbol{F}_N$ 逐渐增大时，物体所受的静摩擦力 $\boldsymbol{F}_f$ 的大小（ ）.

(A) 不为零，但保持不变

(B) 随 $\boldsymbol{F}_N$ 成正比地增大

(C) 开始随 $\boldsymbol{F}_N$ 增大，达到某一最大值后，就保持不变

(D) 无法确定

2-3 一段路面水平的公路，转弯处轨道半径为 R，汽车轮胎与路面间的摩擦因数为 μ，要使汽车不至于发生侧向打滑，汽车在该处的行驶速率（ ）.

(A) 不得小于 $\sqrt{\mu gR}$　　(B) 必须等于 $\sqrt{\mu gR}$

(C) 不得大于 $\sqrt{\mu gR}$　　(D) 还应由汽车的质量 m 决定

2-4 一物体沿固定圆弧形光滑轨道由静止下滑，在下滑过程中，（ ）.

(A) 它的加速度方向永远指向圆心，其速率保持不变

(B) 它受到的轨道的作用力的大小不断增加

(C) 它受到的合外力大小变化，方向永远指向圆心

(D) 它受到的合外力大小不变，其速率不断增加

2-5 图示系统置于以 $a=\dfrac{1}{4}g$ 的加速度上升的升降机内，A、B 两物体质量相同且均为 m，A 所在的桌面是水平的，绳子和定滑轮质量均不计.若忽略滑轮轴上和桌面上的摩擦并不计空气阻力，则绳中张力为（ ）.

(A) $\dfrac{5}{8}mg$　　(B) $\dfrac{1}{2}mg$　　(C) mg　　(D) $2mg$

2-6 图示为一斜面，倾角为 α，底边 AB 长为 $l=2.1$ m，质量为 m 的物体从斜面顶端由静止开始向下滑动，物体与斜面间的摩擦因数为 $\mu=0.14$.试问，当 α 为何值时，物体在斜面上下滑的时间最短？其值为多少？

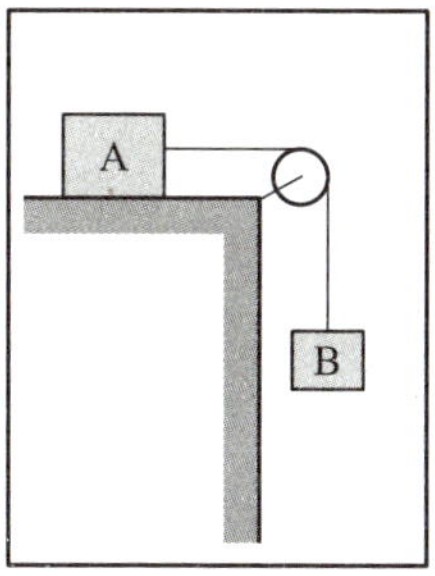

习题 2-5 图

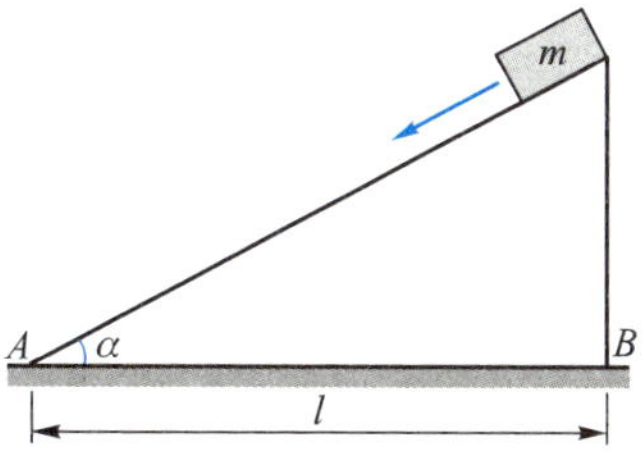

习题 2-6 图

2-7 如果一个食品袋最大能承受 230 N 的力而不破裂，那么能否以 7.0 m · s^{-2}的加速度从付款台上将一只装有 15 kg 食品的袋子提起来？请计算后得出结论，并体会要缓慢提起袋子的道理.

2-8 如图所示，已知两物体 A、B 的质量均为 $m=3.0$ kg，物体 A 以加速度 $a=1.0$ m · s^{-2}运动，求物体 B 与桌面间的摩擦力.(滑轮与连接绳的质量不计.)

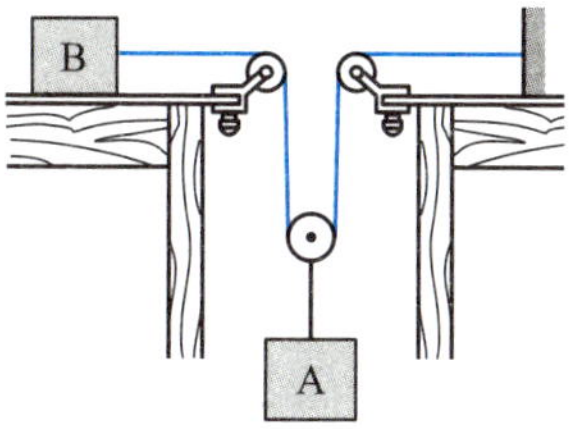

习题 2-8 图

2-9 质量为 m'的长平板以速度$\boldsymbol{v}'$在光滑平面上作直线运动，现将质量为 m 的木块轻轻平稳地放在长平板上，板与木块之间的动摩擦因数为 μ，问木块在长平板上滑行多远才能达到与板相同的速度？

2-10 在一只半径为 R 的半球形碗内，有一个质量为 m 的小钢球，当小球以角速度 ω 在水平面内沿碗内壁作匀速圆周运动时，它距碗底有多高？

2-11 一汽车以 100 km · h^{-1}的速度在水平公路上行驶时，其刹车长度为 20 m.如果该车在坡度为 12°的平直公路上行驶，问该车在上坡和下坡时其刹车长度又各为多少呢？

2-12 火车转弯时需要较大的向心力，如果两条铁轨都在同一水平面内（内、外轨等高），这个向心力只能由外轨提供，也就是说外轨会受到车轮对它很大的向外侧压力，这是很危险的.因此，对应于火车的速率及转弯处的曲率半径，必须使外轨适当地高出内轨，这称为外轨超高.现有一质量为 m 的火车，以速率 v 沿半径为 R 的圆弧轨道转弯，已知路面倾角为 θ，试问：(1) 在此条件下，火车速率 v_0 为多大时，才能使车轮对铁轨内外轨的侧压力均为零？(2) 如果火车的速率 $v\neq v_0$，那么车轮对铁轨的侧压力为多少？

2-13 已知地球和月球中心距离约为 3.84×10^5 km，而月球的质量约为地球质量的1/81.试问航天器在从地球飞往月球的过程中，在距地球多远处航天员不能测到重力？

2-14 一杂技演员在圆筒形建筑物内表演飞车走壁.设演员和摩托车的总质量为 m，圆筒半径为 R，演员骑摩托车在直壁上以速率 v 作匀速圆周螺旋运动，每绕一周上升距离为 h，如图所示.求壁对演员和摩托车的作用力.

2-15 一质点沿 x 轴运动，其所受的力如图所示.设 $t=0$ 时，$v_0=5$ m · s^{-1}，$x_0=2$ m，质点质量 $m=1$ kg，试求该质点 7 s 末的速度和位置坐标.

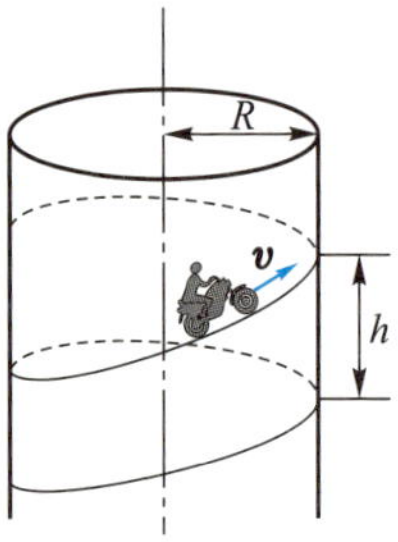

习题 2-14 图

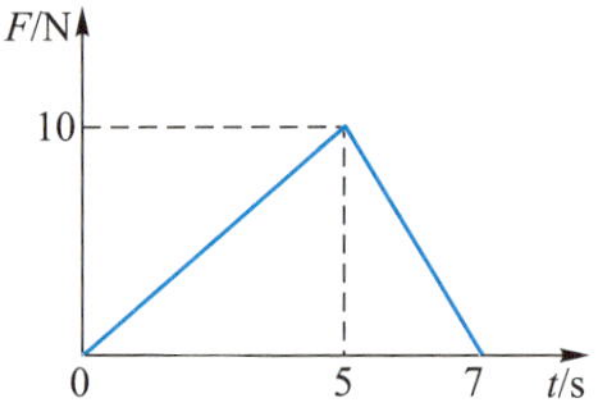

习题 2-15 图

2-16 一质量为 10 kg 的质点在力 F 的作用下沿 x 轴作直线运动，已知 $F=120t+40$，式中 F 的单位为 N，t 的单位为 s.在 $t=0$ 时，质点位于 $x=5.0$ m 处，其速度 $v_0=6.0\ \mathrm{m\cdot s^{-1}}$.求质点在任意时刻的速度和位置.

2-17 轻型飞机连同驾驶员总质量为 1.0×10^3 kg.飞机以 55.0 $\mathrm{m\cdot s^{-1}}$的速率在水平跑道上着陆后，驾驶员开始制动.若阻力与时间成正比，比例系数 $\alpha=5.0\times10^2\ \mathrm{N\cdot s^{-1}}$，空气对飞机的升力不计，求：(1) 10 s 后飞机的速率；(2) 飞机着陆后 10 s 内滑行的距离.

2-18 质量为 m 的跳水运动员，从 10.0 m 高台上由静止跳下落入水中.高台与水面距离为 h.把跳水运动员视为质点，并略去空气阻力.运动员入水后竖直下沉，水对其阻力为 bv^2，其中 b 为一常量.若以水面上一点为坐标原点 O，竖直向下为 Oy 轴，(1) 求运动员在水中的速率 v 与 y 的函数关系；(2) 若 $b/m=0.40\ \mathrm{m^{-1}}$，跳水运动员在水中下沉多少距离才能使其速率 v 减少到落水速率 v_0 的 1/10？（假定跳水运动员在水中的浮力与所受的重力大小恰好相等.）

*2-19 直升机的螺旋桨由两个对称的叶片组成，每一叶片的质量 $m=136$ kg，长 $l=3.66$ m.当它的转速 $n=320\ \mathrm{r\cdot min^{-1}}$时，求两个叶片根部的张力.（设叶片是宽度一定、厚度均匀的薄片.）

2-20 一质量为 m 的小球最初位于如图所示的 A 点，然后沿半径为 r 的光滑圆轨道 $ADCB$下滑.试求小球到达点 C 时的角速度和对圆轨道的作用力.

2-21 光滑的水平桌面上放置一半径为 R 的固定圆环，物体紧贴环的内侧作圆周运动，其摩擦因数为 μ，开始时物体的速率为 v_0，求：(1) t 时刻物体的速率；(2) 当物体速率从 v_0 减少到$\frac{1}{2}v_0$ 时，物体所经历的时间及经过的路程.

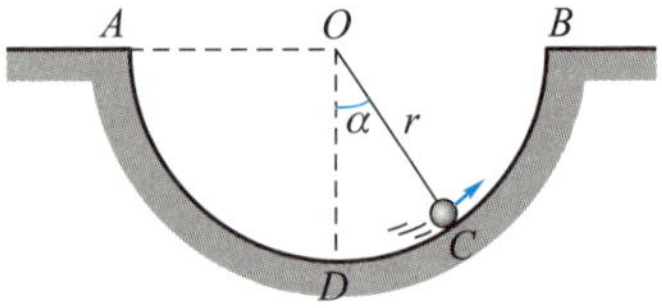

习题 2-20 图

2-22 质量为 45.0 kg 的物体，由地面以初速度 60.0 $\mathrm{m\cdot s^{-1}}$竖直向上发射，物体受到空气的阻力为 $F_r=kv$，且 $k=0.03\ \mathrm{kg\cdot s^{-1}}$.(1) 求物体发射到最大高度所需的时间；(2) 最大高度为多少？

2-23 已知一质量为 m 的质点在 x 轴上运动，质点只受到指向原点的引力的作用，引力大小与质点离原点的距离 x 的二次方成反比，即 $F=-k/x^2$，k 是比例常量.设质点在 $x=A$ 时的速度为零，求质点在 $x=A/4$ 处的速度的大小.

2-24 一物体自地球表面以速率 v_0 竖直上抛.假定空气对物体阻力的值为 $F_r = kmv^2$,式中 m 为物体的质量,k 为常量.试求:(1) 该物体能上升的高度;(2) 物体返回地面时速度的值.(设重力加速度为常量.)

2-25 质量为 m 的摩托车在恒定的牵引力 F 的作用下工作,它所受的阻力与其速率的二次方成正比,它能达到的最大速率是 v_m.试计算摩托车从静止加速到 $v_m/2$ 所需的时间以及所经过的路程.

*2-26 飞机降落时,以水平速度 v_0 着陆后自由滑行,滑行期间飞机受到的空气阻力 $F_1 = -k_1 v^2$,升力 $F_2 = k_2 v^2$,其中 v 为飞机的滑行速度,两个系数之比 k_2/k_1 称为飞机的升阻比.实验表明,物体在流体中运动时,所受阻力与速度的关系与多种因素有关,如速度大小、流体性质、物体形状等.在速度较小或流体密度较小时有 $F \propto v$,而在速度较大或流体密度较大时有 $F \propto v^2$,需要精确计算时则应由实验测定.本题中由于飞机速度较大,故取 $F \propto v^2$ 作为计算依据.设飞机与跑道间的动摩擦因数为 μ,试求飞机从触地到静止所滑行的距离.以上计算方法实际上已成为飞机跑道长度设计的依据之一.

2-27 在卡车车厢底板上放一木箱,该木箱距车厢前沿挡板的距离 $L = 2.0$ m,刹车时卡车的加速度 $a = 7.0\ \mathrm{m \cdot s^{-2}}$.设刹车一开始木箱就开始滑动,求该木箱撞上挡板时相对卡车的速率.设木箱与底板间的动摩擦因数 $\mu = 0.50$.

*2-28 如图所示,电梯相对地面以加速度 $\boldsymbol{a}$ 竖直向上运动.电梯中有一滑轮固定在电梯顶部,滑轮两侧用轻绳悬挂着质量分别为 m_1 和 m_2 的物体 A 和 B.设滑轮的质量和滑轮与轻绳间的摩擦均略去不计.已知 $m_1 > m_2$,如以加速运动的电梯为参考系,求物体相对地面的加速度和绳的张力.

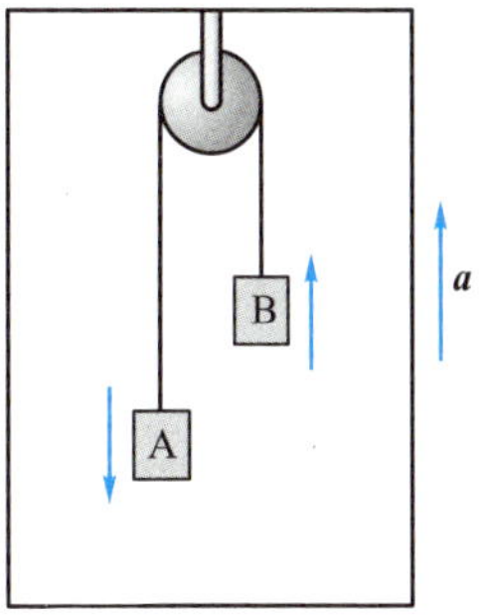

习题 2-28 图

第三章　动量守恒定律和能量守恒定律

牛顿第二定律指出，在外力作用下，质点的运动状态要发生改变，获得加速度.然而力不仅作用于质点，而且更普遍地说是作用于质点系的.此外，力作用于质点或者质点系往往持续一段时间，或者持续一段距离，这时要考虑的不是力的瞬时作用，而是力对时间的累积作用和力对空间的累积作用.在这两种累积作用下，质点或质点系的动量、动能或能量将发生变化或转移.在一定条件下，质点系内的动量或能量将保持守恒.动量守恒定律和能量守恒定律不仅适用于力学，而且为物理学中的各种运动形式所遵守，只是内容和形式会做某些扩展和修改而已.更进一步说，它们是自然界中已知的一些基本守恒定律中的两个.本章的主要内容有：质点和质点系的动量定理和动能定理，外力与内力、保守力与非保守力等概念，以及动量守恒定律、机械能守恒定律和能量守恒定律.

3-1　质点和质点系的动量定理

一、冲量　质点的动量定理

在上一章中，将牛顿第二定律表述为

$$\boldsymbol{F}=\frac{\mathrm{d}\boldsymbol{p}}{\mathrm{d}t}=\frac{\mathrm{d}(m\boldsymbol{v})}{\mathrm{d}t}$$

上式可写成

$$\boldsymbol{F}\mathrm{d}t=\mathrm{d}\boldsymbol{p}=\mathrm{d}(m\boldsymbol{v})$$

在低速运动的牛顿力学范围内，质点的质量可视为是不改变的，故 $\mathrm{d}(m\boldsymbol{v})$ 可写成 $m\mathrm{d}\boldsymbol{v}$.此外，一般说来，作用在质点上的力是随时间而改变的，即力是时间的函数，$\boldsymbol{F}=\boldsymbol{F}(t)$.考虑到以上两点，在时间间隔 $\Delta t=t_2-t_1$ 内，上式的积分为

$$\int_{t_1}^{t_2} \boldsymbol{F}(t)\,\mathrm{d}t = \boldsymbol{p}_2 - \boldsymbol{p}_1 = m\boldsymbol{v}_2 - m\boldsymbol{v}_1 \tag{3-1}$$

式中 $\boldsymbol{v}_1$和 $\boldsymbol{p}_1$ 是质点在时刻 t_1 的速度和动量，$\boldsymbol{v}_2$和 $\boldsymbol{p}_2$ 是质点在时刻 t_2 的速度和动量. $\int_{t_1}^{t_2} \boldsymbol{F}(t)\,\mathrm{d}t$ 为力对时间的积分，称为力的冲量，它也是矢量，用符号 $\boldsymbol{I}$ 表示. 式(3-1)的物理意义是：在给定时间间隔内，外力作用在质点上的冲量等于质点在此时间内动量的增量. 这就是质点的动量定理. 一般来说，冲量的方向并不与动量的方向相同，而是与动量增量的方向相同.

式(3-1)是质点动量定理的矢量表达式，在直角坐标系中，其分量式为

$$\left.\begin{aligned} I_x &= \int_{t_1}^{t_2} F_x\,\mathrm{d}t = mv_{2x} - mv_{1x} \\ I_y &= \int_{t_1}^{t_2} F_y\,\mathrm{d}t = mv_{2y} - mv_{1y} \\ I_z &= \int_{t_1}^{t_2} F_z\,\mathrm{d}t = mv_{2z} - mv_{1z} \end{aligned}\right\} \tag{3-2}$$

显然，质点在某一轴线上的动量增量，仅与该质点在此轴线上所受外力的冲量有关.

下面简单说明一下动量 $\boldsymbol{p}$ 的物理意义. 从动量定理可以知道，在相等的冲量作用下，不同质量的物体的速度变化是不相同的，但它们的动量的变化却是相同的，所以从过程角度来看，动量 $\boldsymbol{p}$ 比速度 $\boldsymbol{v}$ 更能确切地反映物体的运动状态. 因此，物体作机械运动时，动量 $\boldsymbol{p}$ 和位矢 $\boldsymbol{r}$ 是描述物体运动状态的参量.

二、质点系的动量定理

上面我们讨论了质点的动量定理. 然而在许多问题中还需研究由一些质点构成的质点系的动量变化与作用在质点系上的力之间的关系.

如图 3-1 所示，在系统 S 内有两个质点 1 和 2，它们的质量分别为 m_1 和 m_2. 外界对系统内质点作用的力叫做外力，系统内质点间的相互作用力则叫做内力. 设作用在两质点上的外力分别是 $\boldsymbol{F}_1$ 和 $\boldsymbol{F}_2$，而两质点间相互作用的内力分别为 $\boldsymbol{F}_{12}$ 和 $\boldsymbol{F}_{21}$. 根据质点的动量定理，在时间间隔 $\Delta t = t_2 - t_1$ 内，两质点所受力的冲量和动量增量分别为

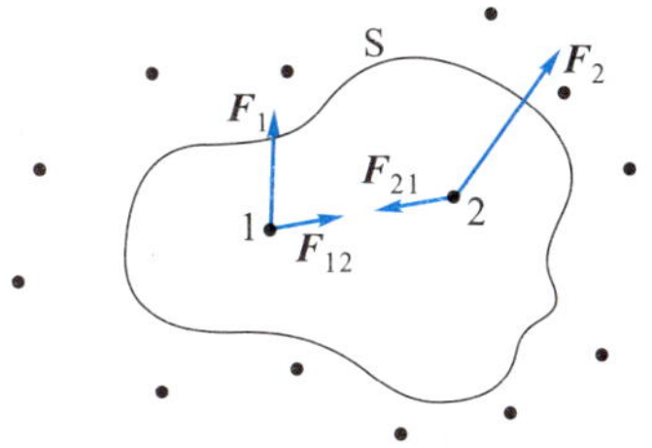

图 3-1 质点系的内力和外力

$$\int_{t_1}^{t_2}(\boldsymbol{F}_1+\boldsymbol{F}_{12})\mathrm{d}t=m_1\boldsymbol{v}_1-m_1\boldsymbol{v}_{10}$$

和

$$\int_{t_1}^{t_2}(\boldsymbol{F}_2+\boldsymbol{F}_{21})\mathrm{d}t=m_2\boldsymbol{v}_2-m_2\boldsymbol{v}_{20}$$

将上两式相加，有

$$\int_{t_1}^{t_2}(\boldsymbol{F}_1+\boldsymbol{F}_2)\mathrm{d}t+\int_{t_1}^{t_2}(\boldsymbol{F}_{12}+\boldsymbol{F}_{21})\mathrm{d}t$$
$$=(m_1\boldsymbol{v}_1+m_2\boldsymbol{v}_2)-(m_1\boldsymbol{v}_{10}+m_2\boldsymbol{v}_{20}) \tag{3-3}$$

由牛顿第三定律知 $\boldsymbol{F}_{12}=-\boldsymbol{F}_{21}$，故上式可写为

$$\int_{t_1}^{t_2}(\boldsymbol{F}_1+\boldsymbol{F}_2)\mathrm{d}t=(m_1\boldsymbol{v}_1+m_2\boldsymbol{v}_2)-(m_1\boldsymbol{v}_{10}+m_2\boldsymbol{v}_{20})$$

上式表明，作用于两质点组成系统的合外力的冲量等于系统内两质点动量之和的增量，亦即系统的动量增量.

上述结论容易推广到由 n 个质点所组成的系统.考虑到内力总是成对出现，且每一对力总是大小相等、方向相反，则其矢量和必为零，即 $\sum\limits_{i=1}^{n}\boldsymbol{F}_i^{\mathrm{in}}=0$.如作用于系统的合外力用 $\boldsymbol{F}^{\mathrm{ex}}$ 表示，且系统的初动量和末动量各为 $\boldsymbol{p}_0$ 和 $\boldsymbol{p}$，那么由上式可得，作用于系统的合外力的冲量与系统动量的增量之间的关系为

$$\int_{t_1}^{t_2}\boldsymbol{F}^{\mathrm{ex}}\mathrm{d}t=\sum_{i=1}^{n}m_i\boldsymbol{v}_i-\sum_{i=1}^{n}m_i\boldsymbol{v}_{i0}=\boldsymbol{p}-\boldsymbol{p}_0 \tag{3-4a}$$

式(3-4a)表明，作用于系统的合外力的冲量等于系统动量的增量.这就是质点系的动量定理.

如同质点的动量定理一样，也可将式(3-4a)的矢量表达式写成像式(3-2)那样的分量式.

需要强调指出：作用于系统的合外力是作用于系统内每一质点的外力的矢量和.只有外力才对系统的动量变化有贡献，而系统的内力(系统内各质点间的相互作用)是不能改变整个系统的动量的，这是牛顿第三定律的直接结果.利用这个道理来研究几个物体组成的系统的动力学问题就可化繁为简了.

在无限小的时间间隔内，质点系的动量定理可写成

$$\boldsymbol{F}^{\mathrm{ex}}\mathrm{d}t=\mathrm{d}\boldsymbol{p}$$

或

$$\boldsymbol{F}^{\mathrm{ex}}=\frac{\mathrm{d}\boldsymbol{p}}{\mathrm{d}t} \tag{3-4b}$$

上式表明，作用于质点系的合外力等于质点系的动量随时间的变化率.

在人造地球卫星的定轨和运行过程中，常常需要调整卫星的运行轨道.近年

来，人们采用一种叫做离子推进器①的系统所产生的推力，使卫星能保持在适当的方位上，其基本原理就是质点系的动量定理.

关于动量的相对性和动量定理不变性的讨论

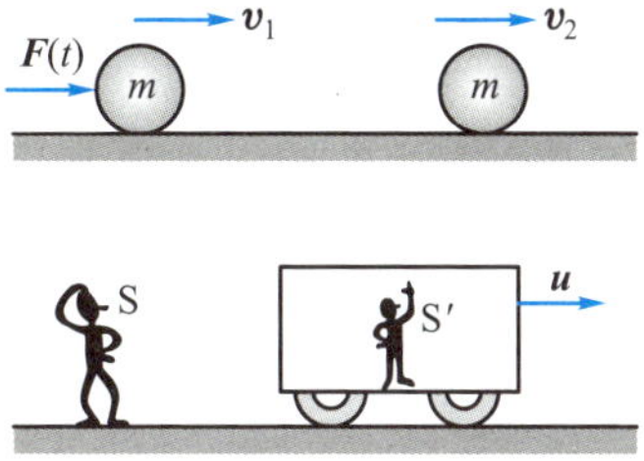

图 3-2 动量定理的不变性

牛顿运动定律曾指出，质点运动时其速度是随惯性系的选取而有所差异的，因此，在某一时刻，运动物体的动量也是相对于不同惯性系而不相同的.如图3-2 所示，有一质量为 m 的小球在光滑平面上沿直线运动，在外力 $\boldsymbol{F}(t)$ 的持续作用下，位于地面惯性系 S 中的观察者观测到，在时间间隔 $\Delta t=t_2-t_1$ 内，小球的速度由 $\boldsymbol{v}_1$ 增至 $\boldsymbol{v}_2$，其动量亦相应地由 $m\boldsymbol{v}_1$ 增加到 $m\boldsymbol{v}_2$.那么，以速度 $\boldsymbol{u}$ 相对地面作匀速直线运动的车厢为惯性系 S′，其中的观察者观测到，此小球的速度和动量先后分别为$(\boldsymbol{v}_1-\boldsymbol{u})$和 $m(\boldsymbol{v}_1-\boldsymbol{u})$，以及$(\boldsymbol{v}_2-\boldsymbol{u})$和 $m(\boldsymbol{v}_2-\boldsymbol{u})$.显然这两个惯性系所测得小球的动量是不相同的.这就是动量的相对性.然而，无论是对 S 系的观察者，还是对 S′系的观察者，小球动量的增量都是相等的，均为 $m\boldsymbol{v}_2-m\boldsymbol{v}_1$.所以，无论对 S 系或者是 S′系，动量定理的形式相同，即

$$\int_{t_1}^{t_2}\boldsymbol{F}\cdot \mathrm{d}t = m\boldsymbol{v}_2 - m\boldsymbol{v}_1$$

这说明，小球的动量随惯性系的选取的不同而有所差异，但动量定理却是相同的，这就是动量定理的不变性.在下面将要讲述的动能定理是否也具有不变性呢？读者可试予论证.

例 1

如图 3-3 所示，一质量为 0.05 kg、速率为 10 m · s^{-1}的钢球，以与钢板法线呈 45°角的方向撞击在钢板上，并以相同的速率和角度弹回来.球与钢板的碰撞时间为 0.05 s.求在此碰撞时间内钢板所受到的平均冲力.

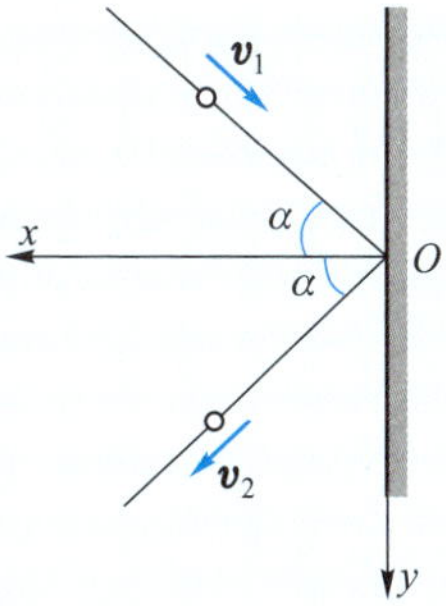

图 3-3

解 由题意知 $v_1=v_2=v=10$ m · s^{-1}，按图所选定的坐标系，$\boldsymbol{v}_1$ 和 $\boldsymbol{v}_2$ 均在 x、y 平面内，故 $\boldsymbol{v}_1$ 在 Ox 轴和 Oy 轴上的分量为 $v_{1x}=-v\cos\alpha$，$v_{1y}=v\sin\alpha$，$\boldsymbol{v}_2$ 在 Ox 轴和 Oy 轴上的分量为 $v_{2x}=v\cos\alpha$，$v_{2y}=v\sin\alpha$.由动量定理的分量式(3-2)可得，在碰撞过程中球所受的冲量为

$$\overline{F}_x\Delta t = mv_{2x}-mv_{1x}=2mv\cos\alpha$$

$$\overline{F}_y\Delta t = mv_{2y}-mv_{1y}=0$$

因此，球所受的平均冲力为

$$\overline{F}=\overline{F}_x=\frac{2mv\cos\alpha}{\Delta t}$$

① 参阅马文蔚等主编《物理学原理在工程技术中的应用》(第四版)之“离子推进器”.

如令 $\overline{\boldsymbol{F}}'$为球对钢板作用的平均冲力，则由牛顿第三定律有 $\overline{\boldsymbol{F}}=-\overline{\boldsymbol{F}}'$，即球对钢板作用的平均冲力与钢板对球作用的平均冲力大小相等，方向相反，故有

$$\overline{F}'=\frac{2mv\cos\alpha}{\Delta t}$$

代入已知数据，得

$$\overline{F}'=\frac{2\times0.05\times10\times\cos45^\circ}{0.05}\text{ N}=14.1\text{ N}$$

$\overline{\boldsymbol{F}}'$的方向与 Ox 轴正向相反.

例 2

如图 3-4 所示，一柔软链条长为 l，质量线密度为 λ. 链条放在桌上，桌上有一小孔，链条一端由小孔稍向下伸，其余部分堆在小孔周围. 由于某种扰动，链条因自身重量开始下落. 求链条下落速度与下落距离之间的关系. 设链条与各处的摩擦均略去不计，且认为链条柔软得可自由伸开.

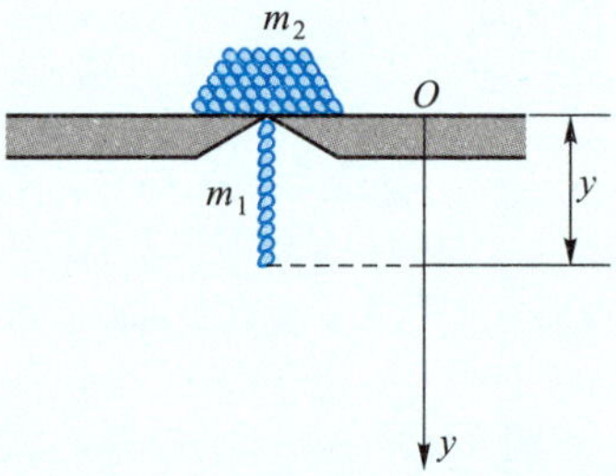

图 3-4

解 如图所示，选桌面上一点为坐标原点 O，竖直向下的轴为 Oy 轴正向. 在某时刻 t，链条下垂部分的长度为 y，此时在桌面上尚有长为 $l-y$ 的链条. 如选链条为一系统，那么此系统含有竖直悬挂的链条和在桌面上的链条两部分，它们之间作用的力为内力. 由于链条与各处的摩擦略去不计，故下垂部分链条所受的重力 $\boldsymbol{P}_1=m_1\boldsymbol{g}$，桌面上链条所受的重力 $\boldsymbol{P}_2=m_2\boldsymbol{g}$，所受的支持力 $\boldsymbol{F}_N=-m_2\boldsymbol{g}$，所以作用于系统的外力为 $\boldsymbol{F}^{ex}=m_1\boldsymbol{g}$，其中 $m_1=\lambda y$. 在无限小时间间隔 $\mathrm{d}t$ 内，外力 $\boldsymbol{F}^{ex}$在 Oy 轴上的冲量应为 $F^{ex}\mathrm{d}t$，所以，由质点系的动量定理可得

$$F^{ex}\mathrm{d}t=\lambda yg\mathrm{d}t=\mathrm{d}p \tag{1}$$

$\mathrm{d}p$ 为系统的动量增量，即链条下垂部分的动量增量.

在时刻 t，链条下垂长度为 y，下落速度为 v，因此这部分链条的动量为

$$p=m_1v=\lambda yv$$

在 $\mathrm{d}t$ 时间里，下垂部分链条动量的增量为

$$\mathrm{d}p=\lambda\mathrm{d}(yv)$$

把它代入式(1)有

$$\lambda yg\mathrm{d}t=\lambda\mathrm{d}(yv)$$

也即

$$yg=\frac{\mathrm{d}(yv)}{\mathrm{d}t}$$

等式两边各乘以 $y\mathrm{d}y$，上式为

$$gy^2\mathrm{d}y = y\frac{\mathrm{d}y}{\mathrm{d}t}\mathrm{d}(yv) = yv\mathrm{d}(yv) \tag{2}$$

已知在开始时，链条尚未下落，其下落速度当然也为零，即 $(yv)_{y=0}=0$. 于是式(2)的积分为

$$g\int_0^y y^2\mathrm{d}y = \int_0^{yv} yv\mathrm{d}(yv)$$

得

$$\frac{1}{3}gy^3 = \frac{1}{2}(yv)^2$$

有

$$v = \left(\frac{2}{3}gy\right)^{1/2}$$

这就是链条下落速度与下落距离之间的关系.

3-2　动量守恒定律

从式(3-4)可以看出，当系统所受合外力为零，即 $\boldsymbol{F}^{\mathrm{ex}}=0$ 时，系统的总动量的增量亦为零，即 $\boldsymbol{p}-\boldsymbol{p}_0=0$. 这时系统的总动量保持不变，即

$$\boldsymbol{p} = \sum_{i=1}^{n} m_i\boldsymbol{v}_i = \text{常矢量} \tag{3-5a}$$

这就是动量守恒定律，它的表述为：当系统所受合外力为零时，系统的总动量将保持不变. 式(3-5a)是动量守恒定律的矢量式. 在直角坐标系中，其分量式为

$$\left.\begin{aligned} p_x &= \sum m_i v_{ix} = C_1 \quad (F_x^{\mathrm{ex}}=0) \\ p_y &= \sum m_i v_{iy} = C_2 \quad (F_y^{\mathrm{ex}}=0) \\ p_z &= \sum m_i v_{iz} = C_3 \quad (F_z^{\mathrm{ex}}=0) \end{aligned}\right\} \tag{3-5b}$$

式中 C_1、C_2 和 C_3 均为常量.

在应用动量守恒定律时应该注意以下几点：

(1) 在动量守恒定律中，系统的动量是守恒量或不变量. 由于动量是矢量，故系统的总动量不变是指系统内各物体动量的矢量和不变，而不是指其中某一个物体的动量不变. 此外，各物体的动量还必须都相对于同一惯性参考系.

(2) 系统的动量守恒是有条件的. 这个条件就是系统所受的合外力必须为零. 然而，有时系统所受的合外力虽不为零，但与系统的内力相比较，外力远小于内力，这时可以略去外力对系统的作用，认为系统的动量是守恒的. 像爆炸这类

问题，一般都可以这样来处理，所以在爆炸过程的前后，系统的总动量可近似视为是不变的.

（3）如果系统所受外力的矢量和并不为零，但合外力在某个坐标轴上的分矢量为零，此时，系统的总动量虽不守恒，但在该坐标轴上的分动量却是守恒的. 这一点对处理某些问题是很有用的.

（4）动量守恒定律是物理学最普遍、最基本的定律之一. 动量守恒定律虽然是从表述宏观物体运动规律的牛顿运动定律导出的，但近代的科学实验和理论分析都表明：在自然界中，大到天体间的相互作用，小到质子、中子、电子等微观粒子间的相互作用都遵守动量守恒定律；而在原子、原子核等微观领域中，牛顿运动定律却是不适用的. 因此，动量守恒定律比牛顿运动定律更加基本，它与能量守恒定律一样，是自然界中最普遍、最基本的定律之一.

例 1

设有一静止的原子核，衰变辐射出一个电子和一个中微子①后成为一个新的原子核. 已知电子和中微子的运动方向相互垂直，且电子的动量为 $1.2\times10^{-22}\ \mathrm{kg\cdot m\cdot s^{-1}}$，中微子的动量为 $6.4\times10^{-23}\ \mathrm{kg\cdot m\cdot s^{-1}}$. 问新的原子核的动量的值和方向如何？

解　以 $\boldsymbol{p}_e$、$\boldsymbol{p}_\nu$ 和 $\boldsymbol{p}_N$ 分别代表电子、中微子和新原子核的动量，且 $\boldsymbol{p}_e$ 与 $\boldsymbol{p}_\nu$ 相互垂直（图 3-5）. 在原子核衰变的短暂时间内，粒子间的内力远大于外界作用于该粒子系统上的外力，故粒子系统在衰变前后的动量是守恒的. 考虑到原子核在衰变前是静止的，所以衰变后电子、中微子和新原子核的动量之和亦应为零，即

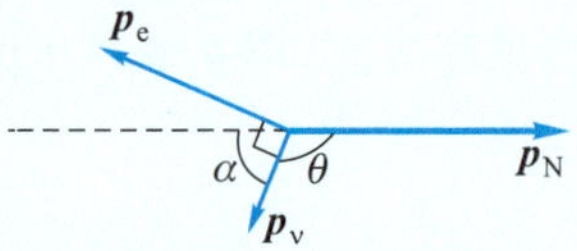

图 3-5

$$\boldsymbol{p}_e+\boldsymbol{p}_\nu+\boldsymbol{p}_N=0$$

由于 $\boldsymbol{p}_e$ 与 $\boldsymbol{p}_\nu$ 垂直，有

$$p_N=(p_e^2+p_\nu^2)^{1/2}$$

代入已知数据，得

$$p_N=[(1.2\times10^{-22})^2+(6.4\times10^{-23})^2]^{1/2}\ \mathrm{kg\cdot m\cdot s^{-1}}=1.36\times10^{-22}\ \mathrm{kg\cdot m\cdot s^{-1}}$$

图 3-5 中的 α 角为

$$\alpha=\arctan\frac{p_e}{p_\nu}=61.9^\circ$$

或者新原子核的动量 $\boldsymbol{p}_N$ 与中微子动量 $\boldsymbol{p}_\nu$ 之间的夹角为

$$\theta=180^\circ-61.9^\circ=118.1^\circ$$

---

① 中微子常用符号 ν 表示，不带电，稳定. 中微子的存在是在研究原子核的 β 衰变时从理论上首先提出的，但由于它与其他物质的作用极为微弱，直到 1956 年才比较直接地在实验中被观察到.

例 2

一枚返回式火箭以 $2.5\times10^3\ \mathrm{m\cdot s^{-1}}$ 的速率相对惯性系 S 沿如图所示的 Ox 轴正向飞行. 设空气阻力不计.现由控制系统使火箭分离为两部分,前部分是质量为 100 kg 的仪器舱,后部分是质量为 200 kg 的火箭容器.若仪器舱相对火箭容器的水平速率为 $1.0\times10^3\ \mathrm{m\cdot s^{-1}}$,求仪器舱和火箭容器相对惯性系的速度.

解 如图 3-6 所示,S 系($Oxyz$)为惯性系.设 $\boldsymbol{v}$ 为火箭分离前火箭相对 S 系沿 xx' 轴的速度,$\boldsymbol{v}_1$ 和 $\boldsymbol{v}_2$ 分别为火箭分离后仪器舱 m_1 和火箭容器 m_2 相对 S 系的速度,$\boldsymbol{v}'$ 为分离后仪器舱相对火箭容器的速度.取火箭容器为惯性系 S′($O'x'y'z'$),S′系沿 xx' 轴以速度 $\boldsymbol{v}_2$ 相对 S 系运动.由相对运动的速度公式(1-20),有

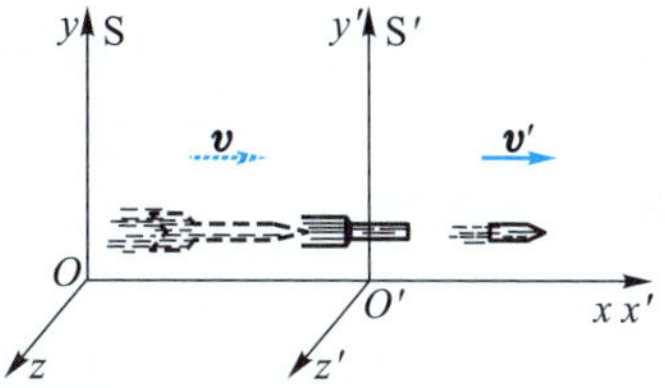

图 3-6

$$\boldsymbol{v}_1=\boldsymbol{v}_2+\boldsymbol{v}'$$

由于 $\boldsymbol{v}_1$、$\boldsymbol{v}_2$ 和 $\boldsymbol{v}'$ 都在同一方向上,故上式为

$$v_1=v_2+v'$$

火箭分离前后,它在 xx' 轴上没有受到外力作用,所以沿 xx' 轴动量守恒,有

$$(m_1+m_2)v=m_1v_1+m_2v_2$$

解上两式,得

$$v_2=v-\frac{m_1}{m_1+m_2}v'$$

代入数据,有

$$v_2=\left(2.5\times10^3-\frac{1}{3}\times1.0\times10^3\right)\ \mathrm{m\cdot s^{-1}}=2.17\times10^3\ \mathrm{m\cdot s^{-1}}$$

$$v_1=(2.17\times10^3+1.0\times10^3)\ \mathrm{m\cdot s^{-1}}=3.17\times10^3\ \mathrm{m\cdot s^{-1}}$$

v_1 和 v_2 都为正值,由此可知它们的速度方向相同,且与 $\boldsymbol{v}$ 同向.只不过仪器舱经火箭推动后其速率变大,而火箭容器的速率却变小了,从而实现了动量的转移.

*3-3 系统内质量移动问题

当系统内部的质量发生移动时,系统内各部分的质量、速度及动量要发生变化.这类由于质量移动而引起的速度及动量变化的问题是很多的.如砂粒流入车厢,柔软绳索落在桌面上,雨滴下落的加速度①,以及火箭在飞行中由于燃料燃烧而射出大量粒子等,都属这类问题.其

① 参阅马文蔚等主编《物理学原理在工程技术中的应用》(第四版)之“雨滴下落的加速度”.

中，火箭飞行是特别有趣的问题.

在火箭的运行过程中，火箭内部的燃料发生爆炸性的燃烧，产生的大量粒子流从火箭的末端沿与火箭运动相反的方向射出.设每个粒子相对火箭的速率均为 u，u 叫做喷射速率.在这过程中，火箭里燃料的质量在减少，而粒子流的质量在增加.若把火箭、燃料和粒子流作为一个系统，那么虽然这个系统的总质量是守恒的，但有部分质量的燃料变为粒子了.

为简单起见，我们讨论如图 3-7 所示的情况.设在时刻 t，火箭-燃料系统（简称系统）的质量为 m'，它相对某一选定的惯性系的速度为 $\boldsymbol{v}$；在 $t\to t+\Delta t$ 时间间隔内，有质量为 Δm 的燃料变为粒子，并以速度 $\boldsymbol{u}$ 相对火箭喷射出去，此时系统则包括火箭、燃料以及由部分燃料变成的粒子流.在时刻 $t+\Delta t$ 火箭相对选定的惯性系的速度为 $\boldsymbol{v}+\Delta\boldsymbol{v}$，而粒子流相对此惯性系的速度则为 $\boldsymbol{v}+\Delta\boldsymbol{v}+\boldsymbol{u}$.

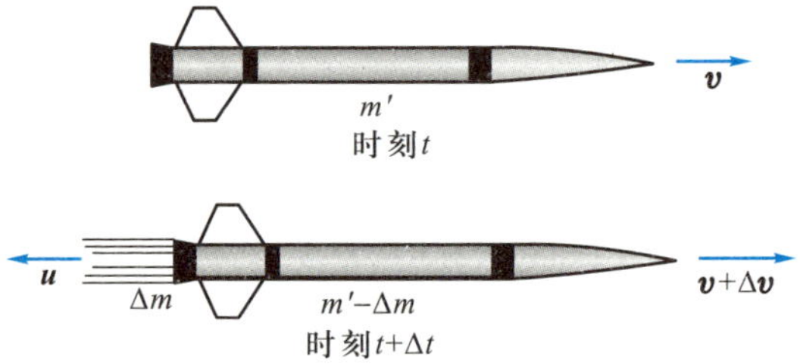

图 3-7　火箭飞行原理

按上述分析，在时刻 t，系统的动量为

$$\boldsymbol{p}(t)=m'\boldsymbol{v}$$

在时刻 $t+\Delta t$，系统的动量为

$$\boldsymbol{p}(t+\Delta t)=(m'-\Delta m)(\boldsymbol{v}+\Delta\boldsymbol{v})+\Delta m(\boldsymbol{v}+\Delta\boldsymbol{v}+\boldsymbol{u})$$

在 $t\to t+\Delta t$ 时间间隔内，系统动量的增量为

$$\Delta\boldsymbol{p}=\boldsymbol{p}(t+\Delta t)-\boldsymbol{p}(t)$$

即

$$\Delta\boldsymbol{p}=m'\Delta\boldsymbol{v}+\boldsymbol{u}\Delta m$$

由上式可得动量随时间的变化率为

$$\frac{\mathrm{d}\boldsymbol{p}}{\mathrm{d}t}=m'\frac{\mathrm{d}\boldsymbol{v}}{\mathrm{d}t}+\boldsymbol{u}\frac{\mathrm{d}m}{\mathrm{d}t}$$

式中 $\mathrm{d}m/\mathrm{d}t$ 是粒子流质量随时间的变化率，而它是由火箭中喷射出来的，故有

$$\frac{\mathrm{d}m}{\mathrm{d}t}=-\frac{\mathrm{d}m'}{\mathrm{d}t}$$

于是，上式可写成

$$\frac{\mathrm{d}\boldsymbol{p}}{\mathrm{d}t}=m'\frac{\mathrm{d}\boldsymbol{v}}{\mathrm{d}t}-\boldsymbol{u}\frac{\mathrm{d}m'}{\mathrm{d}t}$$

从式（3-4b）我们已知道，作用于系统的合外力应等于系统的动量随时间的变化率.因此，若以 $\boldsymbol{F}$ 表示作用于系统的合外力，则有

$$F=\frac{\mathrm{d}\boldsymbol{p}}{\mathrm{d}t}=m'\frac{\mathrm{d}\boldsymbol{v}}{\mathrm{d}t}-\boldsymbol{u}\frac{\mathrm{d}m'}{\mathrm{d}t}$$

上式也可写成

$$m'\frac{\mathrm{d}\boldsymbol{v}}{\mathrm{d}t}=\boldsymbol{F}+\boldsymbol{u}\frac{\mathrm{d}m'}{\mathrm{d}t} \tag{3-6}$$

$\boldsymbol{u}\frac{\mathrm{d}m'}{\mathrm{d}t}$叫做火箭发动机的推力.从上式可以看出,火箭的加速度是与外力 $\boldsymbol{F}$ 及推力的矢量和成正比的.当外力给定时,推力越大,火箭获得的加速度 $\mathrm{d}\boldsymbol{v}/\mathrm{d}t$ 也越大.从式(3-6)还可以看出,要使火箭获得较大的推力,必须使粒子流具有较大的喷射速率 u 和较大的排出率 $\mathrm{d}m/\mathrm{d}t$.如喷射速率为 2 000 $\mathrm{m\cdot s^{-1}}$,排出率为 300 $\mathrm{kg\cdot s^{-1}}$,则火箭的推力为6×10^5 N.

长征 2F 火箭将“神舟”十号飞船发射升空

对于在远离地球的星际空间(即所谓自由空间)中飞行的火箭,可以认为不受外力作用,即 $\boldsymbol{F}=0$.于是式(3-6)可写为

$$m'\frac{\mathrm{d}\boldsymbol{v}}{\mathrm{d}t}=\boldsymbol{u}\frac{\mathrm{d}m'}{\mathrm{d}t}$$

或

$$m'\mathrm{d}\boldsymbol{v}=\boldsymbol{u}\mathrm{d}m'$$

如设粒子流的喷射速度 $\boldsymbol{u}$ 为常矢量,且在 $t=0$ 时刻,火箭的质量为 m'_0,速度为 $\boldsymbol{v}_0$,在 $t=t$ 时刻,火箭的质量为 m',速度为 $\boldsymbol{v}$,那么对上式积分,得

$$\int_{v_0}^{v}\mathrm{d}\boldsymbol{v}=\boldsymbol{u}\int_{m'_0}^{m'}\frac{\mathrm{d}m'}{m'}$$

有

$$\boldsymbol{v}-\boldsymbol{v}_0=\boldsymbol{u}\ln\frac{m'}{m'_0}=-\boldsymbol{u}\ln\frac{m'_0}{m'}$$

应当注意,粒子流相对火箭的喷射速度 $\boldsymbol{u}$ 与火箭相对惯性系的速度 $\boldsymbol{v}$ 方向相反.若选取 $\boldsymbol{v}$ 的方向为正向,上式可写为

$$v=v_0+u\ln\frac{m'_0}{m'}=v_0+u\ln N \tag{3-7}$$

式中 $N=m'_0/m'$叫做质量比.显然,火箭的质量比越大,粒子流的喷射速率越大,火箭获得的速度也越大.然而,仅靠增加单级火箭的质量比或增大粒子流喷射速率来提高火箭的飞行速度是不够的.从目前的理论分析,粒子流喷射速率的理论值只能是 5 000 $\mathrm{m\cdot s^{-1}}$,而实际上能达到的喷射速率最多只是这个值的一半;此外,由于单级火箭燃料的运载量有限,因此质量比也不能很大.这就是说,依靠单级火箭是不能实现人造地球卫星或宇宙飞行器的发射的,必须采用多级火箭.

视频:从火箭的发射谈动量迁移问题

如有一人造地球卫星由三级火箭从地面静止发射,每级火箭的燃料燃烧完后便自动脱落.设想粒子流的喷射速率恒为 $u=2.5\ \mathrm{km\cdot s^{-1}}$,且略去燃料用完后脱落燃料容器时而引起的箭体速度的改变.若一、二、三级火箭的质量比各为 $N_1=m'_0/m'_1$、$N_2=m''_1/m'_2$、$N_3=m''_2/m'_3$,其中m'_0为三级火箭(含燃料)的初始总质量，m_1''为第二、三两级火箭的初始总质量，m_2''为第三级火箭的初始总质量.那么由式(3-7)可得，各级火箭中的燃料燃烧完后火箭的速率各为

$$v_1=u\ln N_1,\quad v_2=v_1+u\ln N_2,\quad v_3=v_2+u\ln N_3$$

所以，第三级火箭中的燃料燃烧完后，人造地球卫星的速率为

$$v_3=u(\ln N_1+\ln N_2+\ln N_3)=u\ln(N_1\times N_2\times N_3)$$

已知 $u=2.5\ \mathrm{km\cdot s^{-1}}$，并设 $N_1=4$，$N_2=3$，$N_3=2$，则由上式可算得 $v_3=7.95\ \mathrm{km\cdot s^{-1}}$.这个速率已达人造地球卫星的入轨速率①.实际上，上述计算只是一种估算，若计及燃料用完后储存燃料的容器脱落时引起的箭体速度的改变，计算还要复杂一点.

例

一长为 l、密度均匀的柔软链条，质量线密度为 λ，卷成一堆放在地面上(图 3-8).手握链条的一端，以匀速 $\boldsymbol{v}$ 将其上提.当链条一端被提离地面高度为 y 时，求手的提力.

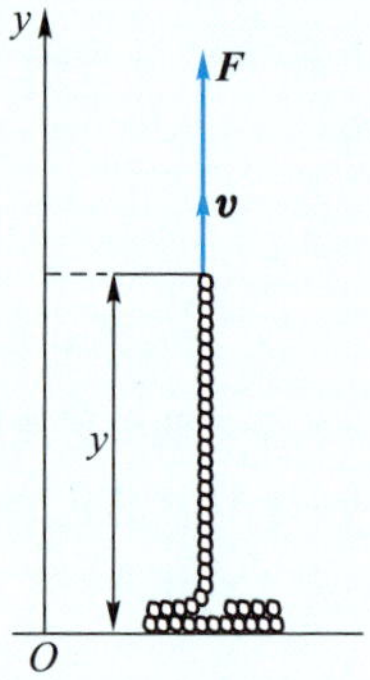

图 3-8

解　取地面为惯性参考系，地面上一点为坐标原点 O，竖直向上为 Oy 轴正向.以整个链条为一系统.设在时刻 t，链条一端距原点的高度为 y，其速率为 v.由于在地面部分的链条的速度为零，故在时刻 t，链条的动量为

$$\boldsymbol{p}(t)=\lambda yv\boldsymbol{j}$$

由于 λ 和 $\boldsymbol{v}$ 均为常量，故链条的动量随时间的变化率为

$$\frac{\mathrm{d}\boldsymbol{p}}{\mathrm{d}t}=\lambda v\frac{\mathrm{d}y}{\mathrm{d}t}\boldsymbol{j}=\lambda v^2\boldsymbol{j}\tag{1}$$

作用于整个链条上的外力，有手的提力 $\boldsymbol{F}$，重力 $\lambda y\boldsymbol{g}$ 和 $\lambda(l-y)\boldsymbol{g}$ 以及地面对$(l-y)$长链条的支持力 $\boldsymbol{F}_\mathrm{N}$.由上述的分析可知 $\boldsymbol{F}_\mathrm{N}$ 与$\lambda(l-y)\boldsymbol{g}$的大小相等、方向相反，所以系统所受的合外力为

$$\boldsymbol{F}+\lambda y\boldsymbol{g}=(F-\lambda yg)\boldsymbol{j}\tag{2}$$

由式(1)和式(2)得

$$(F-\lambda yg)\boldsymbol{j}=\lambda v^2\boldsymbol{j}$$

有

$$F=\lambda v^2+\lambda yg\tag{3}$$

这个例题是已知运动状态求作用力，而第 3-1 节例 2 则是已知作用力求运动状态.

① 有关人造地球卫星的入轨速率的讨论，可参见本章第 3-6 节.关于同步卫星的发射和轨道转移等方面的问题，可参阅马文蔚等主编《物理学原理在工程技术中的应用》(第四版)之“同步卫星的发射”.

3-4 动能定理

一、功

一质点在力的作用下沿路径 AB 运动,如图 3-9 所示,在力 $\boldsymbol{F}$ 作用下质点发生元位移 $\mathrm{d}\boldsymbol{r}$,$\boldsymbol{F}$ 与 $\mathrm{d}\boldsymbol{r}$ 之间的夹角为 θ.功定义为:力在位移方向的分量与该位移大小的乘积.按此定义,力 $\boldsymbol{F}$ 所做的元功为

$$\mathrm{d}W=F\cos\,\theta\,|\,\mathrm{d}\boldsymbol{r}\,| \tag{3-8a}$$

如用 $\mathrm{d}s$ 表示 $|\,\mathrm{d}\boldsymbol{r}\,|$,即 $\mathrm{d}s=|\,\mathrm{d}\boldsymbol{r}\,|$,那么上式也可写成

$$\mathrm{d}W=F\cos\,\theta\mathrm{d}s \tag{3-8b}$$

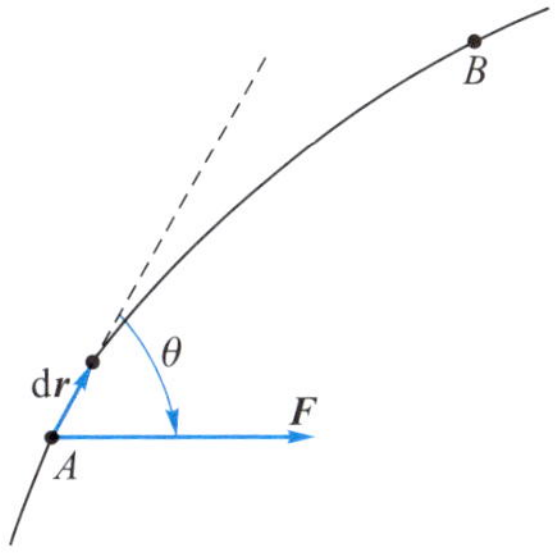

图 3-9 功的定义

从上式可以看出,当 $0°\leqslant\theta<90°$ 时,功为正值,即力对质点做正功;当 $90°<\theta\leqslant180°$ 时,功为负值,即力对质点做负功.

由于力 $\boldsymbol{F}$ 和位移 $\mathrm{d}\boldsymbol{r}$ 均为矢量,从矢量的标积定义①知,式(3-8a)等号右边为 $\boldsymbol{F}$ 与 $\mathrm{d}\boldsymbol{r}$ 的标积,即

$$\mathrm{d}W=\boldsymbol{F}\cdot\mathrm{d}\boldsymbol{r} \tag{3-8c}$$

上式表明,虽然力和位移都是矢量,但它们的标积——功却是标量.

如果把式(3-8a)写成 $\mathrm{d}W=F(\,|\,\mathrm{d}\boldsymbol{r}\,|\cos\,\theta)$,那么功的定义也可以说成是:质点的位移在力方向的分量和力的大小的乘积.这个叙述显然与前述功的定义是等效的.在具体问题中采用哪一种叙述,视方便而定.

若有一质点沿如图 3-10(a)所示的路径由点 A 运动到点 B,而在这过程中作用于质点上的力的大小和方向都在改变.为求得在这过程中变力所做的功,我们把路径分成很多段元位移,使得在这些元位移里,力可近似看成是不变的.于是,质点从点 A 运动到点 B 的过程中,变力所做的功应等于力在每段元位移上所做元功的代数和,即

$$W=\int\mathrm{d}W=\int_A^B\boldsymbol{F}\cdot\mathrm{d}\boldsymbol{r}=\int_A^B F\cos\,\theta\mathrm{d}s \tag{3-9a}$$

上式是变力做功的表达式.

---

① 参见附录一中矢量的标积式(6).

功常用图示法来计算.如图 3-10(b)所示,图中的曲线表示 $F\cos\theta$ 随路径变化的函数关系.曲线下面的面积的代数值等于变力所做的功.

在直角坐标系中,$\boldsymbol{F}$ 和 $\mathrm{d}\boldsymbol{r}$ 都是坐标 x、y、z 的函数,即

$$\boldsymbol{F}=F_x\boldsymbol{i}+F_y\boldsymbol{j}+F_z\boldsymbol{k}$$

和

$$\mathrm{d}\boldsymbol{r}=\mathrm{d}x\boldsymbol{i}+\mathrm{d}y\boldsymbol{j}+\mathrm{d}z\boldsymbol{k}$$

因此式(3-9a)亦可写成①

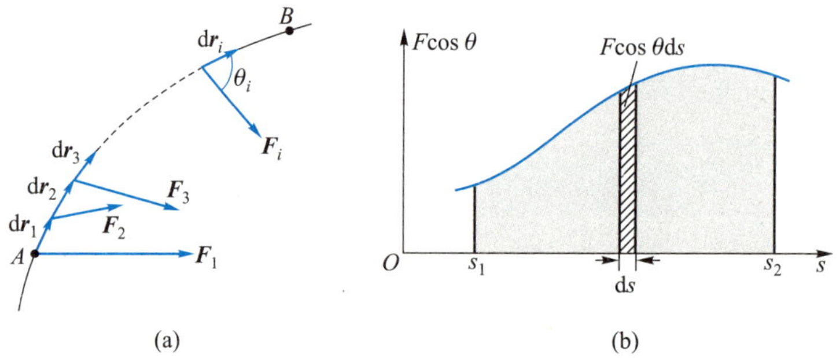

图 3-10　变力的功

$$W=\int_A^B\boldsymbol{F}\cdot\mathrm{d}\boldsymbol{r}=\int_A^B(F_x\mathrm{d}x+F_y\mathrm{d}y+F_z\mathrm{d}z)\qquad(3-9\mathrm{b})$$

式(3-9b)是变力做功的另一数学表达式,它与式(3-9a)是等同的.

若有几个力同时作用在质点上,它们所做的功是多少呢?设有 $\boldsymbol{F}_1,\boldsymbol{F}_2,\boldsymbol{F}_3,\cdots,\boldsymbol{F}_i,\cdots$作用在质点上,它们的合力为 $\boldsymbol{F}=\boldsymbol{F}_1+\boldsymbol{F}_2+\boldsymbol{F}_3+\cdots+\boldsymbol{F}_i+\cdots$.由功的定义式(3-9a)知,此合力所做的功为

$$W=\int\boldsymbol{F}\cdot\mathrm{d}\boldsymbol{r}=\int(\boldsymbol{F}_1+\boldsymbol{F}_2+\boldsymbol{F}_3+\cdots+\boldsymbol{F}_i+\cdots)\cdot\mathrm{d}\boldsymbol{r}$$

由矢量标积的分配律②,上式为

$$W=\int\boldsymbol{F}_1\cdot\mathrm{d}\boldsymbol{r}+\int\boldsymbol{F}_2\cdot\mathrm{d}\boldsymbol{r}+\int\boldsymbol{F}_3\cdot\mathrm{d}\boldsymbol{r}+\cdots+\int\boldsymbol{F}_i\cdot\mathrm{d}\boldsymbol{r}+\cdots$$

即

$$W=W_1+W_2+W_3+\cdots+W_i+\cdots\qquad(3-10)$$

式(3-10)表明,合力对质点所做的功,等于每个分力所做功的代数和.

在国际单位制中,力的单位是 N,位移的单位是 m,所以功的单位是N · m.

---

① 计算中用到 $\boldsymbol{i}\cdot\boldsymbol{i}=\boldsymbol{j}\cdot\boldsymbol{j}=\boldsymbol{k}\cdot\boldsymbol{k}=1,\boldsymbol{i}\cdot\boldsymbol{j}=\boldsymbol{j}\cdot\boldsymbol{k}=\boldsymbol{k}\cdot\boldsymbol{i}=0$,可参见附录一中矢量的积分式(18).

② 参见附录一中矢量的标积分配律式(8).

我们把这个单位叫做焦耳(joule)①,简称焦,符号为 J.功的量纲为ML^2T^{-2}.

功随时间的变化率叫做功率,用 P 表示,则有

$$P=\frac{\mathrm{d}W}{\mathrm{d}t}$$

文档:焦耳

利用式(3-8c),可得

$$P=\frac{\mathrm{d}W}{\mathrm{d}t}=\boldsymbol{F}\cdot\frac{\mathrm{d}\boldsymbol{r}}{\mathrm{d}t}=\boldsymbol{F}\cdot\boldsymbol{v} \tag{3-11}$$

在国际单位制中,功率的单位名称为瓦特(watt),简称瓦,符号为 W.1 kW = 10^3 W.

例 1

一质量为 m 的小球竖直落入水中,刚接触水面时其速率为 v_0.设此球在水中所受的浮力与重力相等,水的阻力为 $F_r=-bv$,b 为一常量.求阻力对球做功与时间的函数关系.

解 由于阻力随球的速率而变化,故本题属变力做功问题.取水面上某点为坐标原点 O,竖直向下的轴为 Ox 轴正向.由功的定义可知

$$W=\int \boldsymbol{F}\cdot\mathrm{d}\boldsymbol{r}=\int -bv\mathrm{d}x=-\int bv\frac{\mathrm{d}x}{\mathrm{d}t}\mathrm{d}t$$

即

$$W=-b\int v^2\mathrm{d}t \tag{1}$$

又由第 2-4 节例 5 的式(5)知,仅在阻力作用下,物体下落速度与时间的关系为

$$v=v_0\mathrm{e}^{-\frac{b}{m}t} \tag{2}$$

m 是下落物体的质量,在这里就是球的质量.将式(2)代入式(1),有

$$W=-bv_0^2\int \mathrm{e}^{-\frac{2b}{m}t}\mathrm{d}t$$

如以小球刚落入水面时为计时起点,即 $t_0=0$,那么上式的积分为

$$W=-bv_0^2\int_0^t \mathrm{e}^{-\frac{2b}{m}t}\mathrm{d}t=-bv_0^2\left(-\frac{m}{2b}\right)(\mathrm{e}^{-\frac{2b}{m}t}-1)$$

即

$$W=\frac{1}{2}mv_0^2(\mathrm{e}^{-\frac{2b}{m}t}-1)$$

二、质点的动能定理

下面我们讨论力对空间累积作用的效果,从而得出力对质点做功与其动能

① 功这个物理量的单位名称定为“焦耳”,是为了纪念著名的英国科学家焦耳(J. P. Joule,1818—1889).

变化之间的关系.

如图 3-11 所示,一质量为 m 的质点在合力 $\boldsymbol{F}$ 作用下,自点 A 沿曲线移动到点 B,它在点 A 和点 B 的速率分别为 v_1 和 v_2.设作用在元位移 $\mathrm{d}\boldsymbol{r}$ 上的合力 $\boldsymbol{F}$ 与 $\mathrm{d}\boldsymbol{r}$ 之间的夹角为 θ.由式(3-8)可得,合力 $\boldsymbol{F}$ 对质点所做的元功为

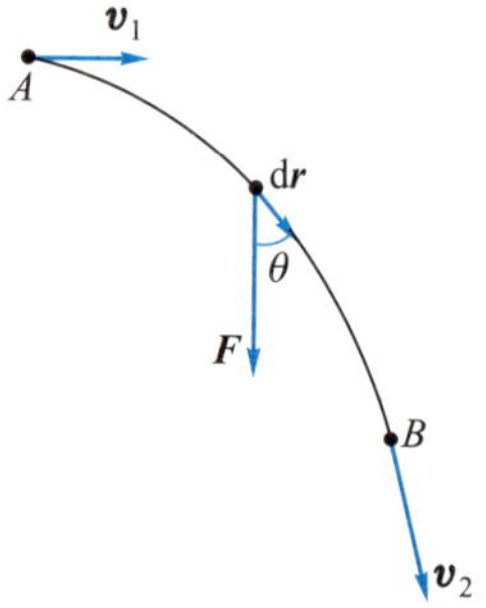

图 3-11　动能定理

$$\mathrm{d}W=\boldsymbol{F}\cdot\mathrm{d}\boldsymbol{r}=F\cos\theta\,|\mathrm{d}\boldsymbol{r}|$$

由牛顿第二定律及切向加速度 a_t 的定义,有

$$F\cos\theta=ma_t=m\frac{\mathrm{d}v}{\mathrm{d}t}$$

考虑到 $|\mathrm{d}\boldsymbol{r}|=\mathrm{d}s$,而 $\mathrm{d}s=v\mathrm{d}t$,可得

$$\mathrm{d}W=m\frac{\mathrm{d}v}{\mathrm{d}t}\mathrm{d}s=mv\mathrm{d}v$$

于是,质点自点 A 移至点 B 这一过程中,合力所做的总功为

$$W=\int_{v_1}^{v_2}mv\mathrm{d}v=\frac{1}{2}mv_2^2-\frac{1}{2}mv_1^2 \tag{3-12a}$$

上式表明,合力对质点做功的结果使得 $\frac{1}{2}mv^2$ 这个量获得了增量,而 $\frac{1}{2}mv^2$ 是与质点的运动状态有关的量,叫做质点的动能,用 E_k 表示,即

$$E_k=\frac{1}{2}mv^2$$

这样,$E_{k1}=\frac{1}{2}mv_1^2$ 和 $E_{k2}=\frac{1}{2}mv_2^2$ 分别表示质点在起始和终了位置时的动能.式(3-12a)可写成

$$W=E_{k2}-E_{k1} \tag{3-12b}$$

上式表明,合力对质点所做的功等于质点动能的增量.这个结论就叫做质点的动能定理.E_{k1}称为初动能,而 E_{k2}称为末动能.

关于质点的动能定理还应说明以下两点:

(1) 功与动能之间的联系和区别.只有力对质点做功,才能使质点的动能发生变化,功是能量变化的量度.由于功是与在力作用下质点的位置移动过程相联系的,故功是一个过程量.而动能则是取决于质点的运动状态的,故它是运动状态的函数.

(2) 与牛顿第二定律一样,动能定理也适用于惯性系.此外,在不同的惯性系中,质点的位移和速度都是不同的,因此,功和动能依赖于惯性系的选取.但对

不同的惯性系，动能定理的形式相同.

动能的单位和量纲与功的单位和量纲相同.

应该指出，应用动能定理时要计算力的线积分，故必须知道质点的运动路径.然而在许多情况下，这往往又是十分困难的.值得高兴的是，有些力的线积分与积分路径无关，只与质点的起始和终了位置有关，这些力就是下一节要讲到的保守力.

例 2

如图 3-12 所示，一质量为 1.0 kg 的小球系在长为1.0 m的细绳下端，绳的上端固定在天花板上.起初把绳子放在与竖直线成 $\theta_0=30°$ 角处，然后放手使小球沿圆弧下落.试求绳与竖直线成 $\theta=10°$ 角时小球的速率.

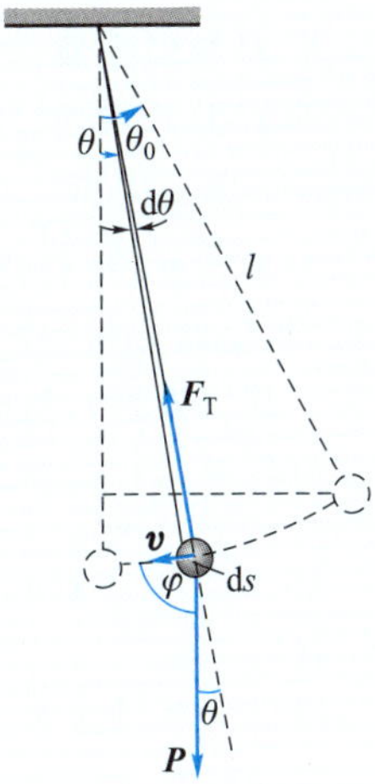

图 3-12

解 设小球的质量为 m，细绳长为 l，在起始时刻细绳与竖直线的夹角为 θ_0，小球的速率 $v_0=0$.在某一时刻细绳与竖直线的夹角为 θ，小球的速率为 v，小球受到绳的拉力 $\boldsymbol{F}_{\mathrm{T}}$ 和重力 $\boldsymbol{P}$ 的作用.由功的计算式(3-8)可知，在合力作用下，小球在圆弧上有无限小位移 $\mathrm{d}\boldsymbol{s}$ 时，合力 $\boldsymbol{F}$ 做的功为

$$\mathrm{d}W=\boldsymbol{F}\cdot\mathrm{d}\boldsymbol{s}=\boldsymbol{F}_{\mathrm{T}}\cdot\mathrm{d}\boldsymbol{s}+\boldsymbol{P}\cdot\mathrm{d}\boldsymbol{s} \tag{1}$$

由于 $\boldsymbol{F}_{\mathrm{T}}$ 的方向始终与小球运动方向垂直，故 $\boldsymbol{F}_{\mathrm{T}}\cdot\mathrm{d}\boldsymbol{s}=0$，而

$$\boldsymbol{P}\cdot\mathrm{d}\boldsymbol{s}=P\cos\varphi\mathrm{d}s$$

其中 φ 为 $\boldsymbol{P}$ 与 $\mathrm{d}\boldsymbol{s}$ 之间的夹角，由于 $\varphi+\theta=\pi/2$，故

$$\boldsymbol{P}\cdot\mathrm{d}\boldsymbol{s}=P\sin\theta\mathrm{d}s$$

从图 3-12 可知，位移 $\mathrm{d}\boldsymbol{s}$ 的大小 $\mathrm{d}s=-l\mathrm{d}\theta$.于是式(1)可写成

$$\mathrm{d}W=\boldsymbol{P}\cdot\mathrm{d}\boldsymbol{s}=-mgl\sin\theta\mathrm{d}\theta$$

在摆角由 θ_0 改变为 θ 的过程中，合力所做的功为

$$W=-mgl\int_{\theta_0}^{\theta}\sin\theta\mathrm{d}\theta=mgl(\cos\theta-\cos\theta_0) \tag{2}$$

由动能定理式(3-12)，得

$$W=mgl(\cos\theta-\cos\theta_0)=\frac{1}{2}mv^2-\frac{1}{2}mv_0^2$$

由题意知，$v_0=0$，故绳与竖直线成 θ 角时，小球的速率为

$$v=\sqrt{2gl(\cos\theta-\cos\theta_0)} \tag{3}$$

把已知数据 $l=1.0\ \mathrm{m}$，$\theta_0=30°$，$\theta=10°$代入上式，得

$$v=\sqrt{2\times9.8\times1.0\times(\cos10°-\cos30°)}\ \mathrm{m\cdot s^{-1}}=1.53\ \mathrm{m\cdot s^{-1}}$$

3-5 保守力与非保守力 势能

上一节介绍了作为机械运动能量之一的动能，本节将介绍另一种机械能——势能.为此，我们将从万有引力、弹性力以及摩擦力等力的做功特点出发，引出保守力和非保守力概念，然后介绍引力势能、弹性势能和重力势能.

一、万有引力和弹性力做功的特点

1. 万有引力做功

如图 3-13 所示，有两个质量分别为 m 和 m'的质点，其中质点 m'固定不动①，m 经任一路径由点 A 运动到点 B.如取 m'的位置为坐标原点 O，那么 A、B 两点对 m'的距离分别为 r_A 和 r_B.设在某一时刻质点 m 距质点 m'的距离为 r，其位矢为 $\boldsymbol{r}$，这时质点 m 受到质点 m'的万有引力为

$$\boldsymbol{F}=-G\frac{m'm}{r^2}\boldsymbol{e}_r$$

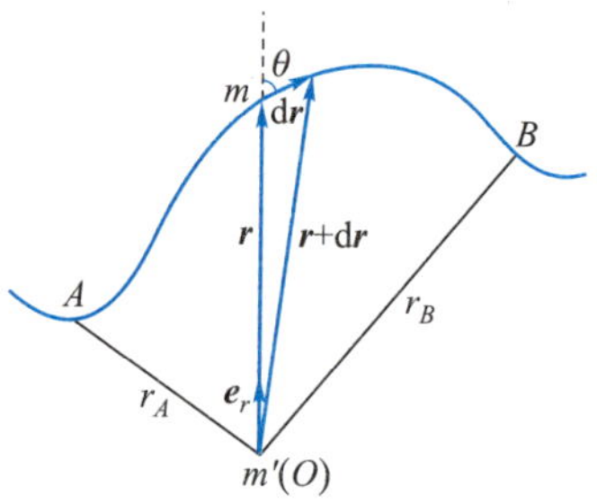

图 3-13 万有引力做功

$\boldsymbol{e}_r$ 为沿位矢 $\boldsymbol{r}$ 的单位矢量.当 m 沿路径移动位移元 $\mathrm{d}\boldsymbol{r}$ 时，万有引力做的功为

$$\mathrm{d}W=\boldsymbol{F}\cdot\mathrm{d}\boldsymbol{r}=-G\frac{m'm}{r^2}\boldsymbol{e}_r\cdot\mathrm{d}\boldsymbol{r}$$

从图 3-13 中可以看出

$$\boldsymbol{e}_r\cdot\mathrm{d}\boldsymbol{r}=|\boldsymbol{e}_r||\mathrm{d}\boldsymbol{r}|\cos\theta=|\mathrm{d}\boldsymbol{r}|\cos\theta=\mathrm{d}r$$

于是，上式可写为

$$\mathrm{d}W=-G\frac{m'm}{r^2}\mathrm{d}r$$

所以，质点 m 从点 A 沿任一路径到达点 B 的过程中，万有引力做的功为

$$W=\int_A^B\mathrm{d}W=-Gm'm\int_{r_A}^{r_B}\frac{1}{r^2}\mathrm{d}r$$

---

① 在一般情况下，m'和 m 都是运动的，但若 $m'\gg m$，就可以把质量为 m'的质点看成是不动的.

即
$$W = Gm'm\left(\frac{1}{r_B} - \frac{1}{r_A}\right) \tag{3-13}$$

上式表明，当质点的质量 m' 和 m 给定时，万有引力做的功只取决于质点 m 的起始和终了的位置（r_A 和 r_B），而与所经过的路径无关.这是万有引力做功的一个重要特点.

2. 弹性力做功

图 3-14 所示是一放置在光滑平面上的弹簧，弹簧的一端固定，另一端与一质量为 m 的物体相连接.当弹簧在水平方向不受外力作用时，它将不发生形变，此时物体位于点 O（即位于 $x=0$ 处），这个位置叫做平衡位置.现以平衡位置 O 为坐标原点，向右为 Ox 轴正向.

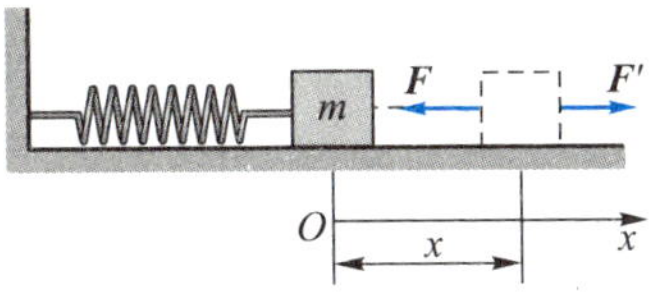

图 3-14　弹簧的伸长

若物体受到沿 Ox 轴正向的外力 $\boldsymbol{F}'$ 作用，弹簧将沿 Ox 轴正向被拉长，弹簧的伸长量为 x.根据胡克定律，在弹性限度内，弹簧的弹性力 $\boldsymbol{F}$ 与弹簧的伸长量 x 之间的关系为

$$\boldsymbol{F} = -kx\boldsymbol{i}$$

式中 k 称为弹簧的弹性系数.在弹簧被拉长的过程中，弹性力是变力（图 3-15）.但弹簧位移为 $\mathrm{d}\boldsymbol{x}$ 时的弹性力 $\boldsymbol{F}$ 可近似看成是不变的.于是，弹簧位移为 $\mathrm{d}\boldsymbol{x}$ 时，弹性力做的元功为

$$\mathrm{d}W = \boldsymbol{F}\cdot\mathrm{d}\boldsymbol{x} = -kx\boldsymbol{i}\cdot\mathrm{d}x\boldsymbol{i} = -kx\mathrm{d}x\boldsymbol{i}\cdot\boldsymbol{i}$$

即
$$\mathrm{d}W = -kx\mathrm{d}x$$

这样，弹簧的伸长量由 x_1 变到 x_2 时，弹性力所做的功就等于各个元功之和，数值上等于图 3-15 所示梯形的面积.由积分计算可得

$$W = \int \mathrm{d}W = -k\int_{x_1}^{x_2} x\mathrm{d}x$$

$$W = -\left(\frac{1}{2}kx_2^2 - \frac{1}{2}kx_1^2\right) \tag{3-14}$$

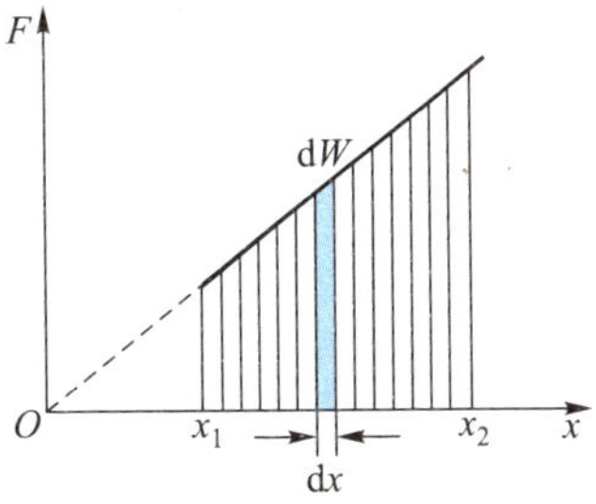

图 3-15　弹性力做的功

从式（3-14）可以看出，对在弹性限度内具有给定弹性系数的弹簧来说，弹性力所做的功只由弹簧起始和终了的位置（x_1 和 x_2）决定，而与弹性形变的过程无关.这一特点与万有引力做功的特点是相同的.

应当指出,这里所用的弹簧-物体系统,虽只是一个特例,但上述结论适用于一切弹性力作用的系统.

二、保守力与非保守力　保守力做功的数学表达式

从上述对万有引力和弹性力做功的讨论中可以看出,它们所做的功只与质点的始末位置有关,而与路径无关.这是它们的一个共同特点.我们把具有这种特点的力叫做保守力.除了上面所讲的万有引力和弹性力是保守力外,电荷间相互作用的库仑力也是保守力.

如何用一个统一的数学式,把各种保守力做功与路径无关这一特点表达出来呢?

如图 3-16(a)所示,设一质点在保守力 $\boldsymbol{F}$ 作用下自点 A 沿路径 ACB 到达点 B,或沿路径 ADB 到达点 B.根据保守力做功与路径无关的特点,有①

$$W_{ACB}=W_{ADB}=\int_{ACB}\boldsymbol{F}\cdot\mathrm{d}\boldsymbol{r}=\int_{ADB}\boldsymbol{F}\cdot\mathrm{d}\boldsymbol{r}\tag{3-15}$$

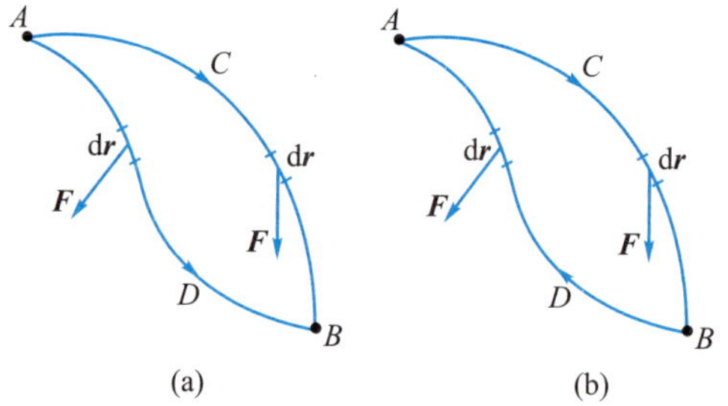

图 3-16　保守力做功

显然,此积分结果只是 A、B 两点位置的函数.如果质点沿如图 3-16(b)所示的 $ACBDA$ 闭合路径运动一周时,保守力对质点做的功为

$$W=\oint_{l}\boldsymbol{F}\cdot\mathrm{d}\boldsymbol{r}\text{②}=\int_{ACB}\boldsymbol{F}\cdot\mathrm{d}\boldsymbol{r}+\int_{BDA}\boldsymbol{F}\cdot\mathrm{d}\boldsymbol{r}$$

由于

$$\int_{BDA}\boldsymbol{F}\cdot\mathrm{d}\boldsymbol{r}=-\int_{ADB}\boldsymbol{F}\cdot\mathrm{d}\boldsymbol{r}$$

所以,上式为

---

① 以下的积分是沿某一路径进行的,数学上称为线积分.

② 对闭合路径的积分也是线积分,在数学上用符号 $\oint_{l}$ 表示.

$$W=\oint_l \boldsymbol{F}\cdot \mathrm{d}\boldsymbol{r}=\int_{ACB}\boldsymbol{F}\cdot \mathrm{d}\boldsymbol{r}-\int_{ADB}\boldsymbol{F}\cdot \mathrm{d}\boldsymbol{r}$$

由式(3-15)知,上式为

$$W=\oint_l \boldsymbol{F}\cdot \mathrm{d}\boldsymbol{r}=0 \tag{3-16}$$

上式表明,质点沿任意闭合路径运动一周时,保守力对它所做的功为零.式(3-16)是反映保守力做功特点的数学表达式.无论是万有引力、弹性力还是库仑力,它们沿闭合路径做功都符合式(3-16).此外还应指出,式(3-16)是根据式(3-15)得出的,所以,我们可以说,保守力做功与路径无关的特点与保守力沿任意闭合路径一周做功为零的特点是一致的,也是等效的.

然而,在物理学中并非所有的力都具有做功与路径无关这一特点,例如常见的摩擦力,它所做的功就与路径有关,路径越长,摩擦力做的功也越大.显然,摩擦力做功就不具有保守力做功的特点.另外,还有一些力做功也与路径有关,如磁场对电流作用的安培力做的功就与路径有关.我们把这种做功与路径有关的力叫做非保守力.摩擦力就是一种非保守力.

三、势能

从上面的讨论中,我们知道这些保守力做功均只与质点的始末位置有关,那么,此类功一定可以写成某个状态量的差值.为此,可以引入势能概念.我们把与质点位置有关的能量称为质点的势能,用符号 E_p 表示.于是,万有引力和弹性力的势能分别为

引力势能
$$E_\mathrm{p}=-G\frac{m'm}{r} \tag{3-17a}$$

弹性势能
$$E_\mathrm{p}=\frac{1}{2}kx^2 \tag{3-17b}$$

质点在地球表面附近距地面高为 y 时,具有的引力势能称为重力势能,其值为 $E_\mathrm{p}=mgy$.它可由式(3-17a)求得.由式(3-17a)可知,质点在距地球表面为 y 处的引力势能与在地球表面上的引力势能之差为

$$\begin{aligned}E_{\mathrm{p},R_\mathrm{E}+y}-E_{\mathrm{p},R_\mathrm{E}}&=-Gmm_\mathrm{E}\left(\frac{1}{R_\mathrm{E}+y}-\frac{1}{R_\mathrm{E}}\right)\\&=Gmm_\mathrm{E}\frac{y}{R_\mathrm{E}(R_\mathrm{E}+y)}\end{aligned}$$

式中 R_E 和 m_E 分别为地球的半径和质量.由于质点位于地球表面附近,故 $R_\mathrm{E}(R_\mathrm{E}+y)\approx R_\mathrm{E}^2$,上式可近似写成

$$E_{p,R_E+y}-E_{p,R_E}\approx G\frac{mm_E}{R_E^2}y$$

由于地球表面附近重力加速度 $g=Gm_E/R_E^2$，且取地球表面作为重力势能为零的参考点，即 $E_{p,R_E}=0$，那么，从上式可得 $E_{p,R_E+y}=mgy$，一般写成

$$E_p=mgy \tag{3-17c}$$

因此，重力做功一般也可写为

$$W=-(mgy_2-mgy_1) \tag{3-17d}$$

式中 y_1 和 y_2 分别为始点和终点距地面的高度.

式(3-13)、式(3-14)和式(3-17d)可统一写成

$$W=-(E_{p2}-E_{p1})=-\Delta E_p \tag{3-18}$$

上式表明，保守力对质点做的功等于质点势能增量的负值.

在一维的情况下，由式(3-18)可得

$$\int_x^{x+dx}F(x)\,dx=-\Delta E_p(x)=-[E_p(x+\Delta x)-E_p(x)]$$

对于足够小的 Δx 来说，在积分范围内保守力 $F(x)$ 可视为恒定的，于是有

$$F(x)=-\frac{\Delta E_p(x)}{\Delta x}$$

在 $\Delta x\to 0$ 的情况下，得

$$F(x)=-\frac{dE_p(x)}{dx} \tag{3-19}$$

上式表明，作用于质点上的在 Ox 轴上的保守力，等于势能对坐标 x 的导数的负值.

为加深对势能的理解，我们再作一些讨论.

(1) 势能是状态的函数.在保守力作用下，只要质点的起始和终了位置确定了，保守力所做的功也就确定了，而与所经过的路径是无关的.所以说，势能是坐标的函数，亦即是状态的函数，即 $E_p=E_p(x,y,z)$.前面还说过，动能亦是状态的函数，$E_k=E_k(v_x,v_y,v_z)$.

(2) 势能具有相对性.势能的值与势能零点的选取有关.一般选地面的重力势能为零，引力势能的零点取在无限远处，而水平放置的弹簧处于平衡位置时，其弹性势能为零.当然，势能零点也可以任意选取，选取不同的势能零点，质点的势能就将具有不同的值.所以，通常说势能具有相对性.但也应当注意，任意两点间的势能之差却具有绝对性.

(3) 势能是属于系统的.势能是由于系统内各物体间具有保守力作用而产生的,因而它是属于系统的.单独谈单个质点的势能是没有意义的.这样,弹性势能和引力势能就是属于弹性力和引力系统的.应当注意,在平常叙述时,常将地球与质点系统的重力势能说成是质点的,这只是为了叙述上的简便,其实它是属于地球和质点系统的.至于质点的引力势能和弹性势能,也都是这样.

四、势能曲线

从上述讨论可以看出,当坐标系和势能零点一经确定后,质点的势能便仅是坐标的函数,即 $E_p=E_p(x,y,z)$.按此函数画出的势能随坐标变化的曲线,称为势能曲线.图 3-17 是重力势能的势能曲线,该曲线是一条直线.图 3-18 是弹性势能的势能曲线,该曲线是一条通过原点的抛物线.原点为平衡位置,其势能为零,它是弹性势能的最小值.图 3-19 是万有引力势能的势能曲线,是一条双曲线.从图中可见,当 $r\to\infty$ 时,引力势能趋于零,这与前面规定在无限远处万有引力势能为零是一致的.

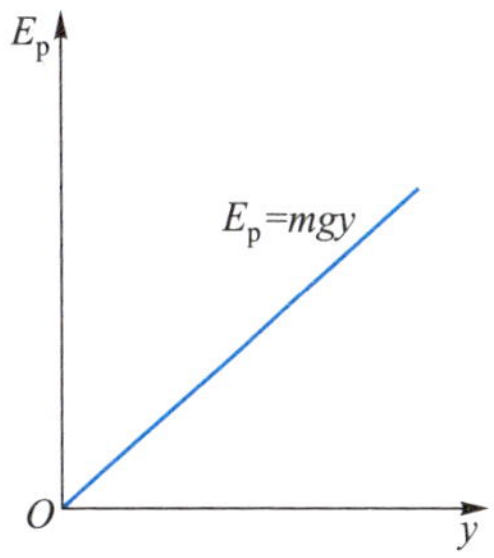

图 3-17　重力势能曲线

应当强调指出,势能曲线不仅给出势能在空间的分布,而且还可以表示系统的稳定状态.例如在图 3-18 的弹性势能曲线上,由式(3-19)可得点 A 处的 $\mathrm{d}E_p/\mathrm{d}x>0$,故该处的弹性力是负的;而点 B 处的 $\mathrm{d}E_p/\mathrm{d}x<0$,故点 B 处的弹性力是正的;而在点 O 处,有 $\mathrm{d}E_p/\mathrm{d}x=0$,即点 O 处弹性力为零,弹性势能亦为零,故点 O 是一维弹簧振子的平衡位置.这就是说,无论是向左或向右偏离平衡位置点 O,质点都将受到指向平衡位置的弹性力.

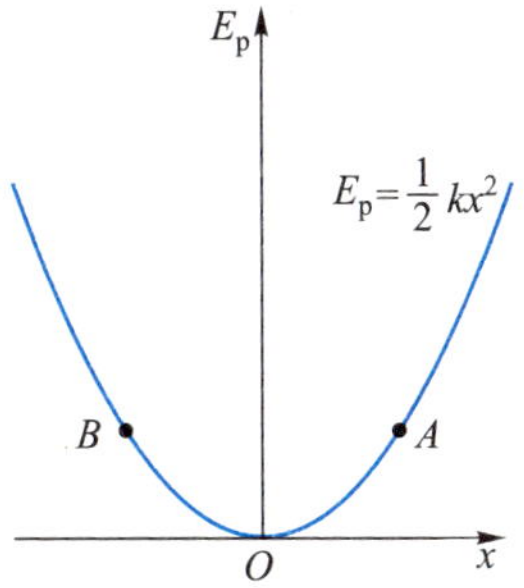

图 3-18　弹性势能曲线

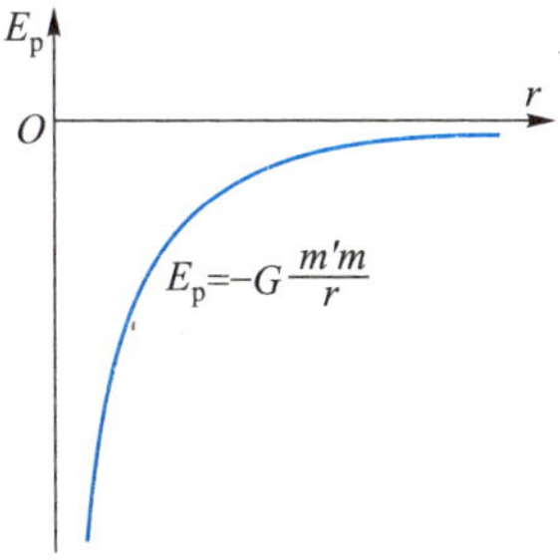

图 3-19　万有引力势能曲线

3-6　功能原理　机械能守恒定律

前面我们讨论了质点机械运动的能量——动能和势能,以及合力对质点做功引起质点动能改变的动能定理.可是,在许多实际问题中,我们需要研究由许多质点所构成的系统.这时系统内的质点,既受到系统内各质点之间相互作用的内力,又可能受到系统外的质点对系统内质点作用的外力.

一、质点系的动能定理

设一系统内有 n 个质点,作用于各个质点的力所做的功分别为 $W_1, W_2, W_3, \cdots$,使各质点由初动能 $E_{k10}, E_{k20}, E_{k30}, \cdots$ 改变为末动能 $E_{k1}, E_{k2}, E_{k3}, \cdots$.由质点的动能定理式(3-12),可得

$$W_1 = E_{k1} - E_{k10}$$

$$W_2 = E_{k2} - E_{k20}$$

$$W_3 = E_{k3} - E_{k30}$$

$$\cdots\cdots\cdots\cdots$$

以上各式相加,有

$$\sum_{i=1}^{n} W_i = \sum_{i=1}^{n} E_{ki} - \sum_{i=1}^{n} E_{ki0} \tag{3-20}$$

式中 $\sum_{i=1}^{n} E_{ki0}$ 是系统内 n 个质点的初动能之和,$\sum_{i=1}^{n} E_{ki}$ 是这些质点的末动能之和,$\sum_{i=1}^{n} W_i$ 则是作用在 n 个质点上的力所做的功之和.因此,上式的物理意义是:作用于质点系的力所做的功,等于该质点系的动能增量.这也叫做质点系的动能定理.

正如前面所说,系统内的质点所受的力,既有来自系统外的外力,也有来自系统内各质点间相互作用的内力,因此,作用于质点系的力所做的功 $\sum W_i$,应是一切外力对质点系所做的功 $\sum W_i^{ex} = W^{ex}$ 与质点系内一切内力所做的功 $\sum W_i^{in} = W^{in}$ 之和,即

$$\sum_{i=1}^{n} W_i = \sum_{i=1}^{n} W_i^{ex} + \sum_{i=1}^{n} W_i^{in} = W^{ex} + W^{in}$$

这样式(3-20)亦可写成

$$W^{ex}+W^{in}=\sum_{i=1}^{n}E_{ki}-\sum_{i=1}^{n}E_{ki0} \tag{3-21}$$

这是质点系动能定理的另一数学表达式,它表明,质点系的动能的增量等于作用于质点系的一切外力做的功与一切内力做的功之和.

二、质点系的功能原理

前面已经指出,作用于质点系的力有保守力与非保守力.因此,如以 W_c^{in} 表示质点系内各保守内力做功之和,W_{nc}^{in} 表示质点系内各非保守内力做功之和,那么,质点系内一切内力所做的功则应为

$$W^{in}=W_c^{in}+W_{nc}^{in}$$

此外,从式(3-18)已知,系统内保守力做的功等于势能增量的负值,因此,有

$$W_c^{in}=-\left(\sum_{i=1}^{n}E_{pi}-\sum_{i=1}^{n}E_{pi0}\right)$$

考虑了以上两点,式(3-21)可写为

$$W^{ex}+W_{nc}^{in}=\left(\sum_{i=1}^{n}E_{ki}+\sum_{i=1}^{n}E_{pi}\right)-\left(\sum_{i=1}^{n}E_{ki0}+\sum_{i=1}^{n}E_{pi0}\right) \tag{3-22}$$

在力学中,动能和势能统称为机械能.若以 E_0 和 E 分别代表质点系的初机械能和末机械能,那么,式(3-22)可写成

$$W^{ex}+W_{nc}^{in}=E-E_0 \tag{3-23}$$

上式表明,质点系的机械能的增量等于外力与非保守内力做功之和.这就是质点系的功能原理.

功和能量有联系又是有区别的.功总是和能量的变化与转化过程相联系,功是能量变化与转化的一种量度.而能量是代表质点系统在一定状态下所具有的做功本领,它和质点系统的状态有关,对机械能来说,它与质点系统的机械运动状态(即位置和速度)有关.

三、机械能守恒定律

从质点系的功能原理式(3-23)可以看出,当外力对质点系不做功 $W^{ex}=0$,质点系内的非保守力亦不做功 $W_{nc}^{in}=0$,有

$$E=E_0 \tag{3-24a}$$

即

$$\sum E_{ki}+\sum E_{pi}=\sum E_{ki0}+\sum E_{pi0} \tag{3-24b}$$

它的物理意义是:当作用于质点系的外力和非保守内力均不做功,此时质点系内的动能和势能可以相互转化,但质点系的总机械能是守恒的.这就是机械能守恒

定律.

机械能守恒定律的数学表达式(3-24)还可以写成

$$\sum E_{ki}-\sum E_{ki0}=-(\sum E_{pi}-\sum E_{pi0})$$

即

$$\Delta E_k=-\Delta E_p \tag{3-25}$$

可见,在满足机械能守恒的条件下,质点系内的动能和势能可以相互转化,但动能和势能之和却是不变的.所以说,在机械能守恒定律中,机械能是不变量或守恒量.而质点系内的动能和势能之间的转化则是通过质点系内的保守力做功(W_c^{in})来实现的.

例 1

如图 3-20 所示,一雪橇从高度为 50 m 的山顶上点 A 沿冰道由静止下滑,山顶到山下的坡道长为 500 m.雪橇滑至山下点 B 后,又沿水平冰道继续滑行,滑行若干米后停止在 C 处.若雪橇与冰道的摩擦因数为 0.050.求此雪橇沿水平冰道滑行的路程.点 B 附近可视为连续弯曲的冰道,略去空气阻力的作用.

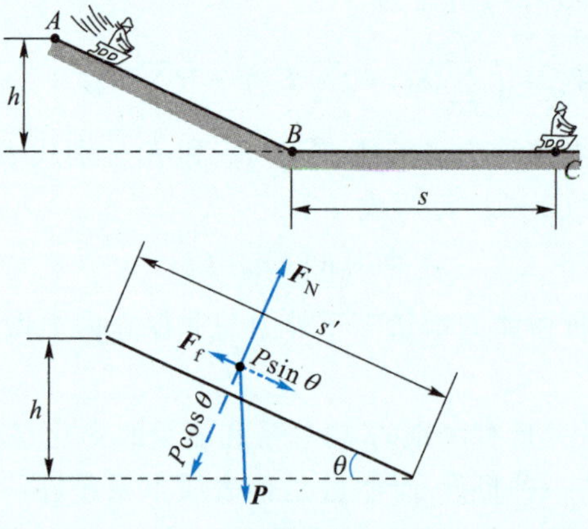

图 3-20

解 如把雪橇、冰道和地球视为一个系统,由于略去空气阻力对雪橇的作用,故作用于雪橇的力只有重力 $\boldsymbol{P}$、支持力 $\boldsymbol{F}_N$ 和摩擦力 $\boldsymbol{F}_f$.且只有保守内力(重力)和非保守内力(摩擦力)做功,没有外力做功.故由功能原理可知,雪橇在下滑过程中,摩擦力所做的功为

$$W=W_1+W_2=(E_{p2}+E_{k2})-(E_{p1}+E_{k1}) \tag{1}$$

式中 W_1 和 W_2 分别为雪橇沿斜坡下滑和沿水平冰道运动时摩擦力做的功;E_{p1} 和 E_{k1} 为雪橇在山顶时的势能和动能,E_{p2} 和 E_{k2} 为雪橇静止在水平冰道上的势能和动能.如选水平冰道处的势能为零,由题意可知,$E_{p1}=mgh$,$E_{k1}=0$,$E_{p2}=0$,$E_{k2}=0$,于是由上式有

$$W_1+W_2=-mgh \tag{2}$$

另由功的定义式(3-9)，有

$$W_1=\int \boldsymbol{F}\cdot \mathrm{d}\boldsymbol{r}=-\int_A^B F_{\mathrm{f}}\mathrm{d}r=-\int_A^B \mu mg\cos\theta \mathrm{d}r$$

因斜坡的坡度很小($\cos\theta\approx 1$)，故

$$W_1=-\mu mgs'$$

而

$$W_2=\int \boldsymbol{F}\cdot \mathrm{d}\boldsymbol{r}=-\mu mgs$$

把上述结果代入式(2)，得

$$s=\frac{h}{\mu}-s'$$

从题意知，$h=50\ \mathrm{m}$，$\mu=0.050$，$s'=500\ \mathrm{m}$，代入上式，雪橇沿水平冰道滑行的路程为

$$s=500\ \mathrm{m}$$

应当指出，这个题目也可以应用牛顿第二定律先求出加速度，再利用匀变速直线运动公式解出.但运算步骤要略繁一点，读者不妨一试.

例 2

如图 3-21 所示，有一质量略去不计的轻弹簧，其一端系在竖直放置的圆环的顶点 P，另一端系一质量为 m 的小球，小球穿过圆环并在圆环上作摩擦可略去不计的运动.设开始时小球静止于点 A，弹簧处于自然状态，其长度为圆环的半径 R；当小球运动到圆环的底端点 B 时，小球对圆环没有压力.求此弹簧的弹性系数.

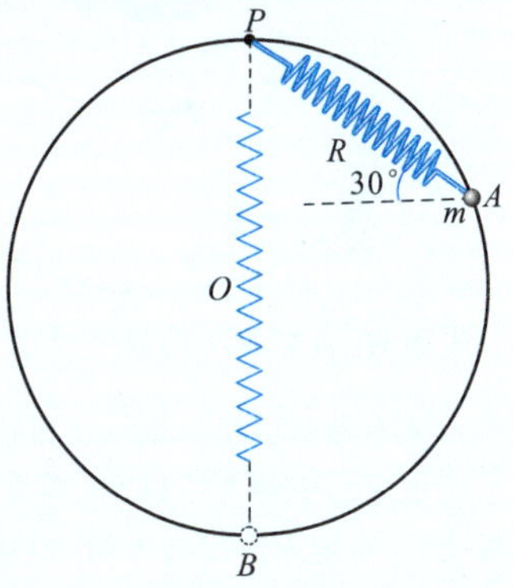

图 3-21

解　取弹簧、小球和地球为一个系统，小球与地球间的重力、小球与弹簧间的作用力均为保守内力.而圆环对小球的支持力和点 P 对弹簧的拉力虽都为外力，但都不做功.所以，小球从 A 运动到 B 的过程中，系统的机械能是不变量，机械能应守恒.因小球在点 A 时弹簧为自然状态，故取点 A 的弹性势能为零；另取点 B 时小球的重力势能为零.那么，由机械能守恒定律可得

$$\frac{1}{2}mv^2+\frac{1}{2}kR^2=mgR(2-\sin 30^\circ) \tag{1}$$

式中 v 是小球在点 B 时的速率.又小球在点 B 时的牛顿第二定律方程为

$$kR-mg=m\frac{v^2}{R} \tag{2}$$

解式(1)和式(2)，得弹簧的弹性系数为

$$k=\frac{2mg}{R}$$

*四、宇宙速度

众所周知，人造地球卫星和人造行星是人类认识宇宙的重要工具.但怎样才能把物体抛向天空，使之成为人造地球卫星或人造行星呢？这取决于抛体的初速度.有趣的是，在牛顿的《自然哲学的数学原理》中有一幅插图.这幅图指出抛体的运动轨迹取决于抛体的初速度，它预示着发射人造地球卫星的可能性，当然这种可能性在当时只是理论上的.270 年后，人类才把理论上的人造地球卫星变成了现实.

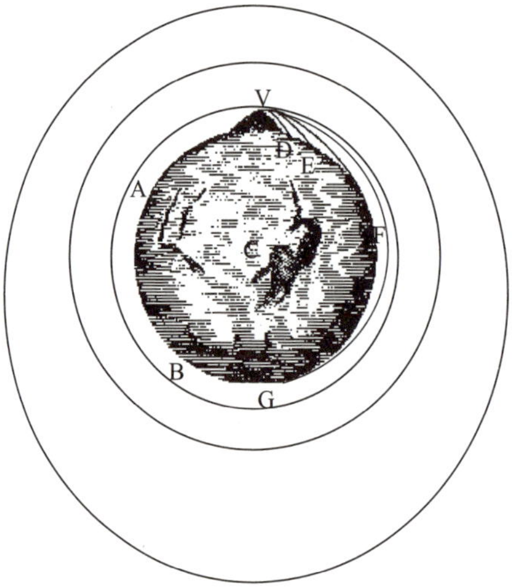

牛顿的《自然哲学的数学原理》中的插图

“神舟”十一号飞船

1. 人造地球卫星　第一宇宙速度

设地球的平均半径为 R_E、质量为 m_E.在地面上有一质量为 m 的抛体，以初速 v_1 竖直向上发射，到达距地面高度为 h 时，以速率 v 绕地球作匀速率圆周运动.如略去大气对抛体的阻力，那么抛体至少应具有多大的初速 v_1 才能成为地球卫星？如把抛体与地球作为一个系统，由于没有外力作用在这个系统上，系统的机械能守恒.于是，由式(3-24)，有

$$E=\frac{1}{2}mv_1^2-\frac{Gmm_E}{R_E}=\frac{1}{2}mv^2-\frac{Gmm_E}{R_E+h} \tag{1}$$

上式可写成

$$v_1^2=v^2-2\frac{Gm_E}{R_E+h}+2\frac{Gm_E}{R_E} \tag{2}$$

又由牛顿第二定律和万有引力定律，有

$$m\frac{v^2}{R_E+h}=\frac{Gm_Em}{(R_E+h)^2} \tag{3}$$

上式可写成

$$v^2=\frac{Gm_E}{R_E+h} \tag{4}$$

将式(4)代入式(2),且已知地球表面附近的重力加速度 $g=Gm_E/R_E^2$,得

$$v_1=\sqrt{gR_E\left(2-\frac{R_E}{R_E+h}\right)}$$

上式中,$R_E=6.37\times10^6$ m,显然对于地球表面附近的人造地球卫星有 $R_E\gg h$,故上式可简化为

$$v_1=\sqrt{gR_E}=7.9\ \mathrm{km\cdot s^{-1}} \tag{5}$$

这就是在地面上发射人造地球卫星所需达到的最小速度,通常叫做第一宇宙速度.在地球表面附近的卫星($R_E\gg h$),由式(2)可得 $v\approx v_1$.故常说,人造地球卫星环绕地球的最小发射速度亦为 7.9 $\mathrm{km\cdot s^{-1}}$.

2. 人造行星 第二宇宙速度

如果抛体的发射速度继续增大,致使抛体与地球之间的距离增加到趋于无限远时,即 $r=\infty$,这时可认为抛体已脱离地球引力的作用范围.抛体成为太阳系的人造行星.在这种情况下,抛体在地球引力作用下的引力势能为零,即 $E_{p\infty}=0$.若此时抛体的动能也为零,即$E_{k\infty}=0$,那么抛体在距地球无限远处的总机械能 $E_\infty=E_{p\infty}+E_{k\infty}=0$.这就是说,在抛体从地面飞行到刚脱离地球引力作用的过程中,抛体以自己的动能克服引力而做功,从而把动能转化为引力势能.由于略去阻力以及其他星体的作用力所做的功,故机械能应守恒,由式(3-24),有

$$E=\frac{1}{2}mv_2^2-\frac{Gm_E m}{R_E}=E_{k\infty}+E_{p\infty}=0$$

式中 v_2 是使抛体脱离地球引力作用范围,在地面发射时抛体所必须具有的最小发射速度.这个速度又叫做第二宇宙速度.

由上式可得第二宇宙速度为

$$v_2=\sqrt{\frac{2Gm_E}{R_E}}=\sqrt{2gR_E}=\sqrt{2}v_1=11.2\ \mathrm{km\cdot s^{-1}}$$

从上述关于第二宇宙速度的讨论中可以看出,要使抛体脱离地球引力作用,只要抛体具有不小于 11.2 $\mathrm{km\cdot s^{-1}}$的发射速度就行了,而这时可以不考虑发射速度的方向,就能得到所要求的数值.这是用能量观点来讨论这类问题最显著的一个优点.

3. 飞出太阳系 第三宇宙速度

如果我们继续增加从地球表面发射抛体的速度,并使之能脱离太阳引力的束缚而飞出太阳系,这个速度叫做第三宇宙速度,用 v_3 来表示.

显然,要使抛体脱离太阳系的束缚,必须先脱离地球引力的束缚,然后再脱离太阳引力的束缚.这就是说,抛体脱离地球引力束缚后还要具有足够大的动能才能实现飞出太阳系的目的.

首先讨论抛体脱离地球引力场的情形.我们把地球和抛体作为一个系统,并取地球为参考系.设从地球表面发射一个速度为 v_3 的抛体,其动能为 $mv_3^2/2$,引力势能为$-Gm_E m/R_E$.当抛体脱离地球引力的束缚后,它相对地球的速度为 v'.按机械能守恒定律,有

$$\frac{1}{2}mv_3^2-G\frac{m_E m}{R_E}=\frac{1}{2}mv'^2 \tag{1}$$

为求 v'，取太阳为参考系，此抛体距太阳的距离为 r_S，相对太阳的速度为 $\boldsymbol{v}_3'$. 由相对速度公式(1-20)可知，抛体相对太阳的速度 $\boldsymbol{v}_3'$ 应当等于抛体相对地球的速度 $\boldsymbol{v}'$ 与地球相对太阳的速度 $\boldsymbol{v}_E$ 之和，即

$$\boldsymbol{v}_3'=\boldsymbol{v}'+\boldsymbol{v}_E$$

如 $\boldsymbol{v}'$ 与 $\boldsymbol{v}_E$ 方向相同，则抛体相对太阳的速度最大，有

$$v_3'=v'+v_E \tag{2}$$

此后，抛体在太阳的引力作用下飞行，其引力势能为 $-Gm_S m/r_S$，动能为 $mv_3'^2/2$，其中 m_S 为太阳的质量，故抛体要脱离太阳引力作用，其机械能至少是

$$\frac{1}{2}mv_3'^2-G\frac{m_S m}{r_S}=0 \tag{3}$$

有

$$v_3'=\left(\frac{2Gm_S}{r_S}\right)^{1/2} \tag{4}$$

把式(4)代入式(2)，有

$$v'=v_3'-v_E=\left(\frac{2Gm_S}{r_S}\right)^{1/2}-v_E \tag{5}$$

如设地球绕太阳的运动轨道近似为一圆，那么由于抛体与地球的运动方向相同，且都只受太阳引力的作用，故可以认为此时抛体至太阳的距离 r_S，即是地球轨道圆的半径. 于是由牛顿第二定律有

$$G\frac{m_E m_S}{r_S^2}=m_E\frac{v_E^2}{r_S}$$

即得

$$v_E=\left(G\frac{m_S}{r_S}\right)^{1/2}$$

把上式代入式(5)，得

$$v'=(\sqrt{2}-1)\left(G\frac{m_S}{r_S}\right)^{1/2}$$

从附录三可查得 $m_S=1.99\times10^{30}$ kg，$r_S=1.50\times10^{11}$ m，故得 $v'=12.3$ km·s^{-1}. 将 v' 的值代入式(1)，有

$$v_3=\left(v'^2+2G\frac{m_E}{R_E}\right)^{1/2}$$

式中 $m_E=5.97\times10^{24}$ kg，$R_E=6.37\times10^6$ m，所以第三宇宙速度为 $v_3=16.7$ km·s^{-1}.

自 1957 年世界上第一颗人造地球卫星上天以来，1961 年苏联宇航员加加林乘坐宇宙飞船环绕地球一周，人类首次进入了太空.1969 年 7 月美国“阿波罗”11 号宇宙飞船首次实

现载人登月.1976年美国“海盗”1号宇宙飞船成功登上火星，发回5万多张照片和大量探测数据.1997年7月4日，美国“火星探路者”探测器又在火星上着陆，并以火星车在火星表面采集样品，拍摄照片.有关资料表明，在几十亿年以前火星上非常可能发生过特大洪水.然而，火星上是否真的有过液态水，甚至有过生命，仍然是一个有待进一步考察研究的问题.2011年11月26日美国宇航局用“宇宙神”5号火箭发射“好奇号”火星探测器，并于2012年8月6日使之成功在火星上着陆.该探测器的任务之一是调查火星在此前和现在维持生命的可能性.这项研究有许多国家参与.探测器发现火星有大的古老河床迹象，并在火星的岩石粉末中发现氮、氢、氧、磷和碳等元素.美国宇航局筹划在不久的将来将宇航员送到绕火星的轨道，甚至使宇航员登上火星.人类完全有信心实现载人火星飞行，并在火星上建造适宜人类居住的太空城等愿望.中国已于2020年7月发射“天问一号”火星探测器，并计划一次实现“绕、落、巡”三大目标.

“好奇号”火星探测器

3-7 完全弹性碰撞 完全非弹性碰撞

两物体在碰撞过程中，如它们之间相互作用的内力较之其他物体对它们作用的外力要大得多，在研究两物体间的碰撞问题时，可将其他物体对它们作用的外力忽略不计.如果在碰撞后，两物体的动能之和完全没有损失，那么，这种碰撞叫做完全弹性碰撞.实际上，在两物体碰撞时，由于非保守力作用，致使机械能转化为热能、声能、化学能等其他形式的能量，或者其他形式的能量转化为机械能，这种碰撞叫做非弹性碰撞.如两物体在非弹性碰撞后以同一速度运动，这种碰撞叫做完全非弹性碰撞.下面通过举例来讨论完全非弹性碰撞和完全弹性碰撞.

例 1

设在宇宙中有密度为 ρ 的尘埃，这些尘埃相对惯性参考系是静止的.一质量为 m_0 的宇宙飞船以初速度 v_0 穿过宇宙尘埃，尘埃粘到飞船上，致使飞船的速度发生改变.求飞船的速度与其在尘埃中飞行时间的关系.为便于计算，设想飞船的外形是截面积为 S 的圆柱体（图 3-22）.

解 按题设条件，可认为尘埃与飞船作完全非弹性碰撞，把尘埃与飞船作为一个系统.考虑到飞船在自由空间飞行，无外力作用在这个系统上，因此系统的动量守恒.如以 m_0 和 v_0 为飞船进入尘埃前（即 $t=0$）的质量和速度，m 和 v 为飞船在尘埃中（即时刻 t）的质量

和速度.那么,由动量守恒有

$$m_0 v_0 = mv \tag{1}$$

此外,在 $t \sim t+\mathrm{d}t$ 时间间隔内,由于飞船与尘埃间作完全非弹性碰撞,而粘在宇宙飞船上尘埃的质量即飞船所增加的质量为

$$\mathrm{d}m = \rho S v \mathrm{d}t \tag{2}$$

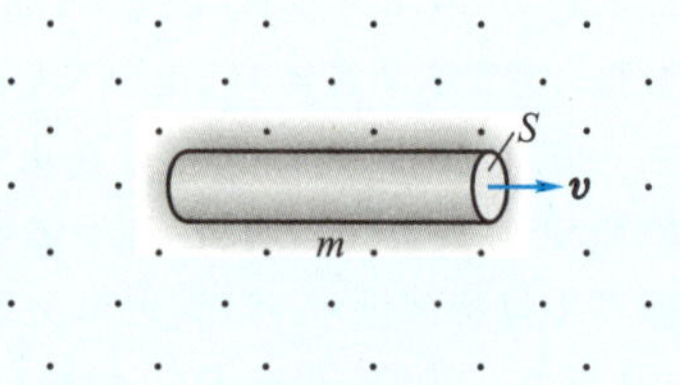

图 3-22

由式(1)有

$$\mathrm{d}m = -\frac{m_0 v_0}{v^2}\mathrm{d}v$$

从而得

$$\rho S v \mathrm{d}t = -\frac{m_0 v_0}{v^2}\mathrm{d}v$$

由已知条件,上式积分

$$-\int_{v_0}^{v}\frac{\mathrm{d}v}{v^3} = \frac{\rho S}{m_0 v_0}\int_0^t \mathrm{d}t$$

得

$$\frac{1}{2}\left(\frac{1}{v^2}-\frac{1}{v_0^2}\right) = \frac{\rho S}{m_0 v_0}t$$

有

$$v = \left(\frac{m_0}{2\rho S v_0 t + m_0}\right)^{1/2} v_0$$

显然,飞船在尘埃中飞行的时间愈长,其速度就愈低.

1999 年 2 月美国发射"星尘号"飞船,其任务就是搜集彗星尘埃.2006 年 1 月 15 日飞船返回地球.在胡萝卜状的气凝胶内,有多达百万颗尘埃粒子,这也许会有助于研究宇宙和地球生命的起源.

"星尘号"飞船搜集彗星尘埃

除上例外,完全非弹性碰撞的事例还有很多,如采用子弹打入沙摆的方法来测量子弹的速度,就是这方面一个常见的例子.

例 2

如图 3-23 所示,设有两个质量分别为 m_1 和 m_2,速度分别为 $\boldsymbol{v}_{10}$ 和 $\boldsymbol{v}_{20}$ 的弹性小球作对心碰撞,两球的速度方向相同.若碰撞是完全弹性的,求碰撞后的速度 $\boldsymbol{v}_1$ 和 $\boldsymbol{v}_2$.

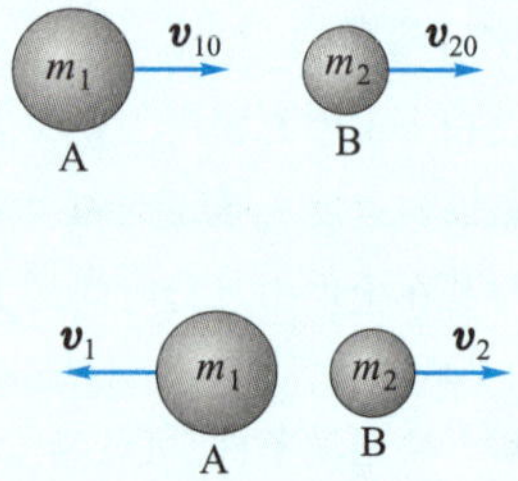

图 3-23 完全弹性碰撞的例子

解 由动量守恒定律得

$$m_1 \boldsymbol{v}_{10} + m_2 \boldsymbol{v}_{20} = m_1 \boldsymbol{v}_1 + m_2 \boldsymbol{v}_2 \tag{1}$$

由机械能守恒定律得

$$\frac{1}{2}m_1v_{10}^2+\frac{1}{2}m_2v_{20}^2=\frac{1}{2}m_1v_1^2+\frac{1}{2}m_2v_2^2 \tag{2}$$

式(1)可改写为

$$m_1(v_{10}-v_1)=m_2(v_2-v_{20}) \tag{3}$$

式(2)可改写为

$$m_1(v_{10}^2-v_1^2)=m_2(v_2^2-v_{20}^2) \tag{4}$$

由式(3)、式(4)可解得

$$v_{10}+v_1=v_2+v_{20}$$

或

$$v_{10}-v_{20}=v_2-v_1 \tag{5}$$

式(5)表明,碰撞前两球相互趋近的相对速度($v_{10}-v_{20}$)等于碰撞后它们相互分开的相对速度(v_2-v_1).

从式(3)和式(5),可解出

$$\left.\begin{aligned} v_1&=\frac{(m_1-m_2)v_{10}+2m_2v_{20}}{m_1+m_2}\\ v_2&=\frac{(m_2-m_1)v_{20}+2m_1v_{10}}{m_1+m_2}\end{aligned}\right\} \tag{6}$$

讨论:(1) 若 $m_1=m_2$,从式(6)可得

$$v_1=v_{20},\quad v_2=v_{10}$$

即两质量相同的小球碰撞后互相交换速度.

(2) 若 $m_2\gg m_1$,且 $v_{20}=0$,从式(6)可得

$$v_1\approx -v_{10},\quad v_2\approx 0$$

即碰撞后,质量为 m_1 的小球将以同样大小的速率,从质量为 m_2 的大球上反弹回来,而大球 m_2 几乎保持静止.皮球对墙壁的碰撞,以及气体分子和容器壁的碰撞都属于这种情形.

(3) 若 $m_2\ll m_1$,且 $v_{20}=0$,从式(6)可得

$$v_1\approx v_{10},\quad v_2\approx 2v_{10}$$

这个结果表示:一个质量很大的球体,当它与质量很小的球体相碰撞时,它的速度不发生显著改变,但质量很小的球却以近两倍于大球体的速度向前运动.

读者若有兴趣,可用讨论完全弹性碰撞的方法去说明第一章问题 1-13.上面这个例题属一维完全弹性碰撞中的对心碰撞问题.一般说来,完全弹性碰撞常常不是对心碰撞,读者若有兴趣可解习题 3-35.

3-8 能量守恒定律

在机械能守恒定律这一节中，我们知道如果外力和非保守内力都不做功，系统内的动能和势能之间是可以相互转化的，其和是守恒的. 但是，如果系统内部除重力和弹性力等保守内力做功外，还有摩擦力等非保守内力做功，那么系统的机械能就要与其他形式的能量发生转化.

亥姆霍兹（H. von Helmholtz，1821—1894），德国物理学家和生理学家. 他在 J.P. 焦耳和J. R. 迈耶的能量守恒研究的基础上，于 1847 年发表了《论力（现称能量）守恒》的讲演，首先系统地以数学方式阐述了自然界各种运动形式之间都遵守能量守恒这条规律. 这对近代物理学的发展起了很大作用，所以说亥姆霍兹是能量守恒定律的创立者之一.

在长期的生产生活和科学实验中，人们总结出一条重要的结论：对于一个与自然界无任何联系的系统来说，系统内各种形式的能量是可以相互转化的，但是不论如何转化，能量既不能产生，也不能被消灭. 这一结论叫做能量守恒定律，它是自然界的基本定律之一. 能量是这一守恒定律的不变量或守恒量，在能量守恒定律中，系统的能量是不变的，但能量的各种形式之间却可以相互转化. 例如机械能、电磁能、热能、光能以及分子能、原子能、核能等能量之间都可以相互转化. 应当指出，在能量转化的过程中，能量的变化常用功来量度. 在机械运动范围内，功是机械能变化的唯一量度. 但是，不能把功与能量等同起来，功是和能量转化过程联系在一起的，而能量则只和系统的状态有关，是系统状态的函数.

文档：中微子的发现

3-9 质心 质心运动定理

研究由许多质点所组成的系统的运动时，质心是十分有用的概念. 无论这些质点是彼此隔离开来的，还是结构紧密的，都是如此. 这一节我们先介绍质心的概念，然后讨论质心运动定理.

一、质心

一人向空中抛一匀质薄三角板[图 3-24(a)],实际观测表明,板上有一点 C 的运动轨迹为抛物线,而其他各点既随点 C 作抛物线运动,又绕通过点 C 的轴线作圆周运动.这时板的运动可看成是板的平动与整个板绕点 C 转动这两种运动的合成.因此,我们可用点 C 的运动来代表整个板的平动,点 C 就是三角板的质心.就平动而言,板的全部质量似乎集中在质心这一点上.跳水运动员在空中的质心的运动轨迹也是抛物线[图 3-24(b)].下面分别讨论质心位置的确定和质心运动的规律.

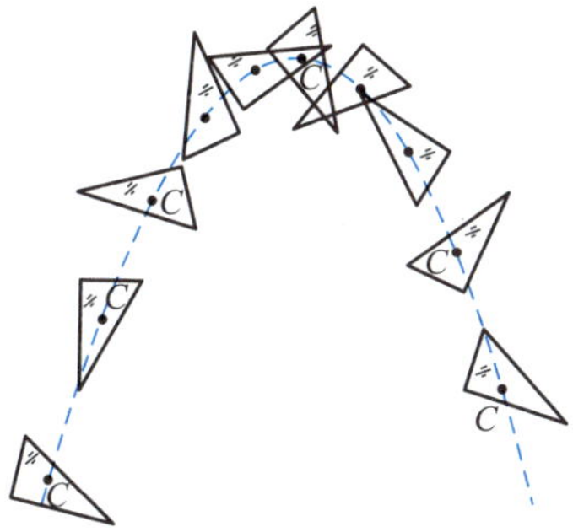

(a)

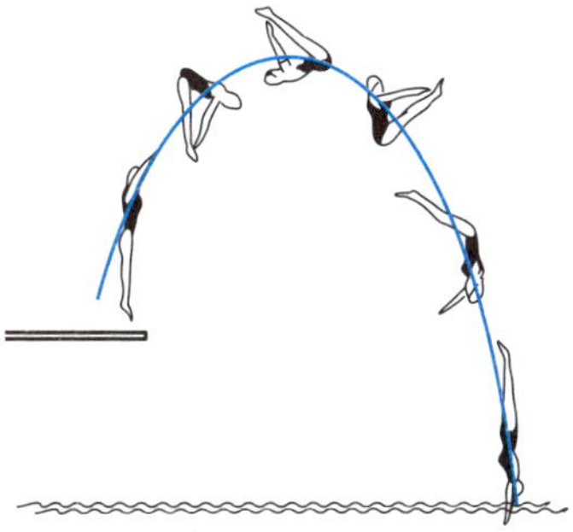

(b)

图 3-24 质心

在如图 3-25 所示的直角坐标系中,有 n 个质点组成的质点系,其质心位置可由下式确定:

$$\boldsymbol{r}_C=\frac{m_1\boldsymbol{r}_1+m_2\boldsymbol{r}_2+\cdots+m_i\boldsymbol{r}_i+\cdots}{m_1+m_2+\cdots+m_i+\cdots}=\frac{\sum_{i=1}^{n}m_i\boldsymbol{r}_i}{m'} \tag{3-26a}$$

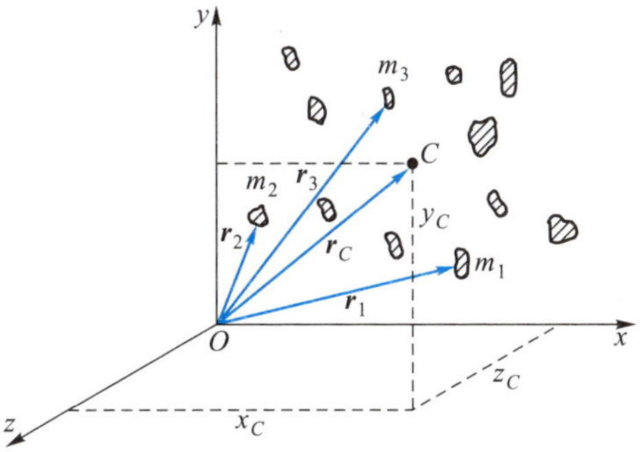

图 3-25 质心位置的确定

式中 m' 为质点系内各质点的质量总和；$\boldsymbol{r}_i$ 为第 i 个质点对原点 O 的位矢，$\boldsymbol{r}_C$ 为质心对原点 O 的位矢，它在 Ox 轴、Oy 轴和 Oz 轴上的分量即质心在 Ox 轴、Oy 轴和 Oz 轴上的坐标，分别为

$$x_C=\frac{\sum_{i=1}^{n} m_i x_i}{m'},\quad y_C=\frac{\sum_{i=1}^{n} m_i y_i}{m'},\quad z_C=\frac{\sum_{i=1}^{n} m_i z_i}{m'} \tag{3-26b}$$

对于质量连续分布的物体，可把物体分成许多质量元 $\mathrm{d}m$，式(3-26b)中的求和 $\sum x_i m_i$，可用积分 $\int x\mathrm{d}m$ 来替代. 于是，质心的坐标为

$$x_C=\frac{1}{m'}\int x\mathrm{d}m,\quad y_C=\frac{1}{m'}\int y\mathrm{d}m,\quad z_C=\frac{1}{m'}\int z\mathrm{d}m \tag{3-26c}$$

对于密度均匀、形状对称分布的物体，其质心都在它的几何中心处，例如圆环的质心在圆环中心，球的质心在球心等.

例 1

水分子 H_2O 由两个氢原子和一个氧原子构成，它的结构如图 3-26 所示. 每个氢原子与氧原子之间的距离均为 $d=1.0\times10^{-10}$ m，氢原子与氧原子两条连线之间的夹角为 $\theta=104.6°$. 求水分子的质心.

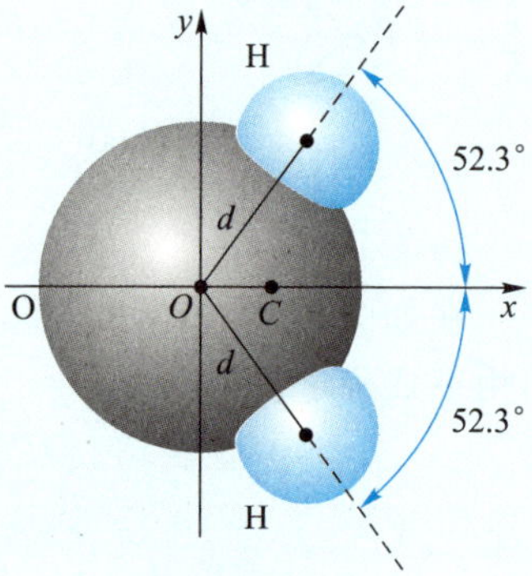

图 3-26

解 选如图所示的坐标系. 由于氧原子的中心位于坐标原点 O，两个氢原子对 x 轴对称，故质心 C 在 y 轴上的坐标 $y_C=0$. 利用式(3-26)可得质心 C 在 x 轴上的坐标为

$$x_C=\frac{\sum m_i x_i}{\sum m_i}=\frac{m_H d\sin 37.7°+m_O\times0+m_H d\sin 37.7°}{m_H+m_O+m_H}$$

关于氢原子和氧原子的质量 m_H 和 m_O，如以 u(原子质量单位①)为单位计算，$m_H=1.0$ u，$m_O=16$ u. 把已知数据代入，得

$$x_C=\frac{2\times1.0\times1.0\times10^{-10}\times\sin 37.7°}{2\times1.0+16}\ \mathrm{m}=6.8\times10^{-12}\ \mathrm{m}$$

即质心处于图 3-26 中 $y=0$，$x=6.8\times10^{-12}$ m 处，其位矢为 $\boldsymbol{r}_C=6.8\times10^{-12}\boldsymbol{i}$ m.

---

① 在原子物理学中，规定碳-12(^{12}C)原子的质量为 12 u. 氢原子和氧原子的质量以 ^{12}C 为标准，根据实验测得 $m_H=1.0$ u，$m_O=16$ u. 根据 2018 年国际科学联合会理事会科学技术数据委员会(CODATA)的国际推荐值，1 u=1.660 539 066 60(50)×10^{-27} kg，一般计算时取 1.66×10^{-27} kg.

例 2

求半径为 R 的匀质半薄球壳的质心.

解 选如图 3-27 所示的坐标系.由于球壳对 Oy 轴对称,质心显然位于图中的 Oy 轴上.在半球壳上取一圆环,圆环所在的平面与 Oy 轴垂直.圆环的面积为 $\mathrm{d}S=2\pi R\sin\theta R\mathrm{d}\theta$.设匀质薄球壳的质量面密度为 σ,则圆环的质量为

$$\mathrm{d}m=\sigma 2\pi R^2\sin\theta\mathrm{d}\theta$$

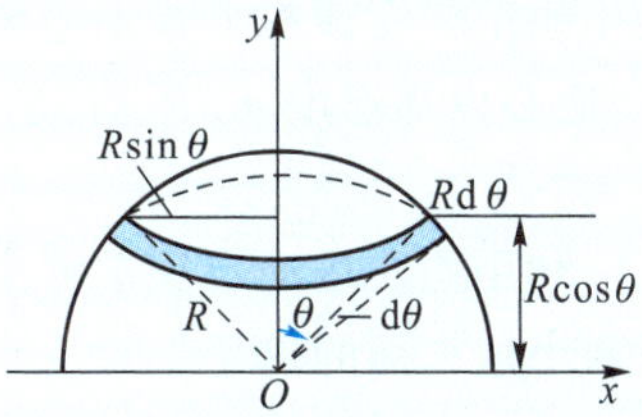

图 3-27

由式(3-26c)可得匀质薄球壳的质心处于

$$y_C=\frac{\int y\mathrm{d}m}{m'}=\frac{\int y\sigma 2\pi R^2\sin\theta\mathrm{d}\theta}{\sigma 2\pi R^2}$$

从图 3-27 可见,$y=R\cos\theta$,所以上式可写为

$$y_C=R\int_0^{\pi/2}\cos\theta\sin\theta\mathrm{d}\theta=\frac{1}{2}R$$

即质心位于 $y_C=R/2$ 处,其位矢为 $\boldsymbol{r}=(R/2)\boldsymbol{j}$.

二、质心运动定理

在如图 3-25 所示的质点系中,式(3-26a)可写成

$$m'\boldsymbol{r}_C=\sum_{i=1}^{n}m_i\boldsymbol{r}_i$$

考虑到质点系内各质点的质量总和 m'是一定的,因此,上式对时间的一阶导数为

$$m'\frac{\mathrm{d}\boldsymbol{r}_C}{\mathrm{d}t}=\sum_{i=1}^{n}m_i\frac{\mathrm{d}\boldsymbol{r}_i}{\mathrm{d}t}\tag{3-27}$$

式中 $\mathrm{d}\boldsymbol{r}_C/\mathrm{d}t$ 是质心的速度,用 $\boldsymbol{v}_C$ 表示,$\mathrm{d}\boldsymbol{r}_i/\mathrm{d}t$ 是第 i 个质点的速度,用 $\boldsymbol{v}_i$ 表示,故上式为

$$m'\boldsymbol{v}_C=\sum_{i=1}^{n}m_i\boldsymbol{v}_i=\sum_{i=1}^{n}\boldsymbol{p}_i\tag{3-28}$$

上式表明,系统内各质点的动量的矢量和等于系统质心的速度乘以系统的质量.

前面在讨论质点系的动量定理时已经讲过,系统内各质点间相互作用的内力的矢量和为零,即 $\sum\limits_{i=1}^{n}\boldsymbol{F}_i^{\text{in}}=0$.因此,作用在系统上的合力就等于合外力,即 $\boldsymbol{F}^{\text{ex}}=\sum\limits_{i=1}^{n}\boldsymbol{F}_i^{\text{ex}}$.于是由式(3-28)可得

$$\boldsymbol{F}^{\mathrm{ex}}=\sum_{i=1}^{n}\frac{\mathrm{d}\boldsymbol{p}_i}{\mathrm{d}t}=m'\frac{\mathrm{d}\boldsymbol{v}_C}{\mathrm{d}t}=m'\boldsymbol{a}_C \tag{3-29}$$

上式表明,作用在系统上的合外力等于系统的总质量乘以系统质心的加速度.它与牛顿第二定律在形式上完全相同,只是系统的质量集中于质心,在合外力作用下,质心以加速度 $\boldsymbol{a}_C$ 运动.通常我们把式(3-29)作为质心运动定理的数学表达式.

利用质心运动定理求解多粒子体系的物理问题时,会带来许多方便①.下面举两个这方面的例子.

例 3

设有一质量为 $2m$ 的弹丸,从地面斜抛出去,它在最高点处爆炸成质量相等的两个碎片(图 3-28),其中一个碎片竖直自由下落,另一个碎片水平飞出,它们同时落地.试问第二个碎片落地点在何处?

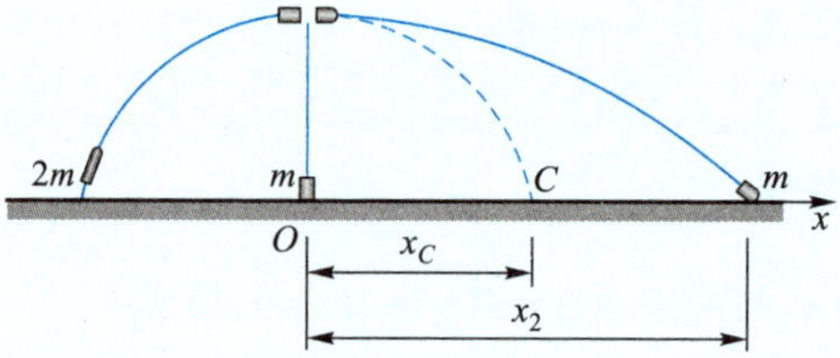

图 3-28

解 考虑弹丸为一系统,空气阻力略去不计.爆炸前和爆炸后弹丸质心的运动轨迹都在同一抛物线上,这就是说,爆炸以后两碎片质心的运动轨迹仍沿爆炸前弹丸的抛物线运动轨迹.取第一个碎片的落地点为坐标原点 O,水平向右为 Ox 轴正向.设 m_1 和 m_2 为第一和第二碎片的质量,且 $m_1=m_2=m$;x_1 和 x_2 为两碎片同时落地时距原点 O 的距离,x_C 为两碎片落地时它们的质心距原点 O 的距离.由图可知 $x_1=0$,于是,从式(3-26)可得

$$x_C=\frac{m_1x_1+m_2x_2}{m_1+m_2}$$

由于 $m_1=m_2=m$,由上式有

$$x_2=2x_C$$

即第二个碎片与第一个碎片落地点的水平距离为碎片的质心与第一个碎片的落地点水平距离的两倍.这个问题虽也可用第一章的质点运动学方法来求解,但要复杂一点,读者不妨一试.

---

① 参阅马文蔚等主编《物理学原理在工程技术中的应用》(第四版)之“汽车的驱动与制动”.

例 4

在第 3-3 节的例题中，我们曾作为质量移动问题的例子，用牛顿运动定律讨论了从地面上匀速提起柔软链条的过程中，手的提力与链条提离地面长度的关系. 这里我们用质心运动定理来讨论.

解 从图 3-29 中可以看出，被提起的链条质心的坐标 y_C 是随链条的上升而改变的. 按如图所示的坐标系，其质心位于

$$y_C=\frac{\sum m_i y_i}{\sum m_i}=\frac{\lambda y\dfrac{y}{2}+\lambda(l-y)\times 0}{\lambda l}=\frac{y^2}{2l} \qquad (1)$$

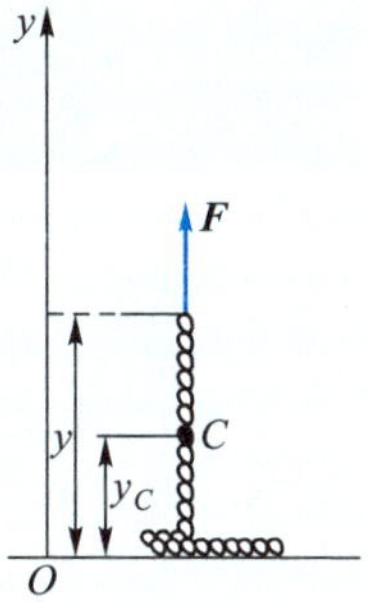

图 3-29

式中 λ 为链条的质量线密度. 而作用于链条的合外力为 $\boldsymbol{F}+\lambda y\boldsymbol{g}$，故由质心运动定理有

$$\boldsymbol{F}+y\lambda\boldsymbol{g}=l\lambda\frac{\mathrm{d}^2\boldsymbol{y}_C}{\mathrm{d}t^2}$$

或

$$(F-y\lambda g)\boldsymbol{j}=l\lambda\frac{\mathrm{d}^2 y_C}{\mathrm{d}t^2}\boldsymbol{j} \qquad (2)$$

式(1)对时间 t 求二阶导数，有

$$\frac{\mathrm{d}^2 y_C}{\mathrm{d}t^2}=\frac{1}{l}\left[\left(\frac{\mathrm{d}y}{\mathrm{d}t}\right)^2+y\frac{\mathrm{d}^2 y}{\mathrm{d}t^2}\right]$$

考虑到 $v=\mathrm{d}y/\mathrm{d}t$ 及 $\mathrm{d}^2y/\mathrm{d}^2t=0$. 上式为

$$\frac{\mathrm{d}^2 y_C}{\mathrm{d}t^2}=\frac{v^2}{l}$$

把上式代入式(2)，得

$$(F-\lambda yg)\boldsymbol{j}=\lambda v^2\boldsymbol{j}$$

可见，这两种解法所得的结果是相同的.

*3-10 对称性与守恒律

虽然动量守恒定律和能量守恒定律是从经典力学里得出的，但这些守恒定律比牛顿运动定律的适应面更广、更基本，在牛顿运动定律不适用的领域，它们仍然成立. 现代物理学已经认识到这些守恒定律与时空对称性紧密联系着. 下面先来介绍一点有关对称性的概念.

一、对称性

最初，对称性概念来源于生活，来源于对自然的认识. 圆、雪花、树叶、动物的体形和中国古代建筑都具有很好的对称性(图 3-30). 下面介绍几个名词. 系统从一个状态变化到另一个

状态的过程叫做变换,或叫做操作.通过操作把系统从一个状态变化到另一个与之等价的状态,就称系统对于这个操作是对称的.

图 3-30 几种对称性的物体

常见的对称性时空操作,有空间的平移、转动以及时间的平移等.例如一根无限长的直导线沿其自身方向作任意大小的平移将都是对称的;同样,一个无限大的平面对沿面内任意方向的平移也是对称的.但晶体只能沿某特定方向,作给定长度的平移才是对称的.所以就空间平移的对称性来说,晶体平移对称性的程度较之无限长直导线和无限大平面来说要低很多.

如果一个物体绕某轴旋转一角度后,仍和原来相同,这种对称叫做旋转对称或简称轴对称.显然,树叶要绕其轴旋转 180°,甚至 360°后方可恢复原状;图 3-30 中的六角形雪花,只要对通过其中心的垂直轴绕 60°后就可恢复原状了;而圆形物则对通过圆心并垂直于圆平面的轴旋转任意角度都能保持原状.所以说,上述雪花的对称性比树叶要高,比圆要低.

关于时间不变性可以这样来理解,即一个系统的状态经过给定的时间平移后,其状态表现出不变性.理想的单摆是时间平移不变性的一个很好例子.如图 3-31 所示,单摆经历时间 $T=2\pi(l/g)^{1/2}$后仍恢复原来的状态.

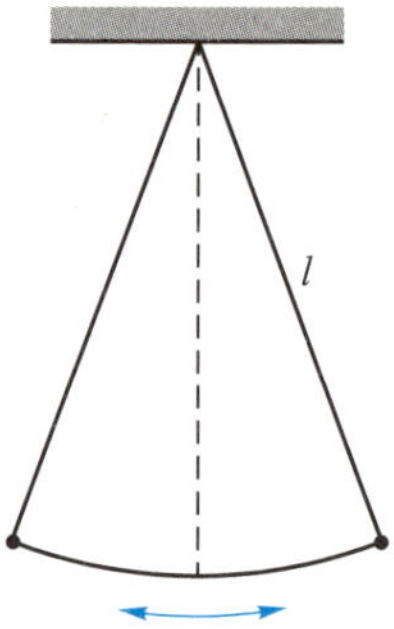

图 3-31 时间不变性

二、对称性与守恒律

物理定律的对称性是指经过一定的操作后物理定律的形式保持不变,所以物理定律的对称性又叫物理定律的不变性.物理学中的各守恒定律的存在并不是偶然的,它们是各种对称性的反映.下面介绍几种对应关系.

1. 空间平移不变性与动量守恒律

设在系统中有一对粒子 A 和 B(图 3-32),它们间的相互作用势能为 E_p.若 B 不动,将 A 移动至 A',系统势能的增量 $\Delta E_p=-\boldsymbol{F}_{BA}\cdot\Delta\boldsymbol{s}$,式中 $-\boldsymbol{F}_{BA}\cdot\Delta\boldsymbol{s}$ 为反抗 B 对 A 的力做的功.同样,如 A 不动,将 B 沿反方向以相等距离移到 B',系统势能的增量 $\Delta E_p'=-\boldsymbol{F}_{AB}\cdot\Delta\boldsymbol{s}'$,式中 $-\boldsymbol{F}_{AB}\cdot\Delta\boldsymbol{s}'$ 为反抗 A 对 B 的力做的功.令 $\Delta\boldsymbol{s}'=-\Delta\boldsymbol{s}$,则从整体上来看,这两种情况的区别只在两粒子系统在空间有个平移,而它们的相对位置改变相同,以

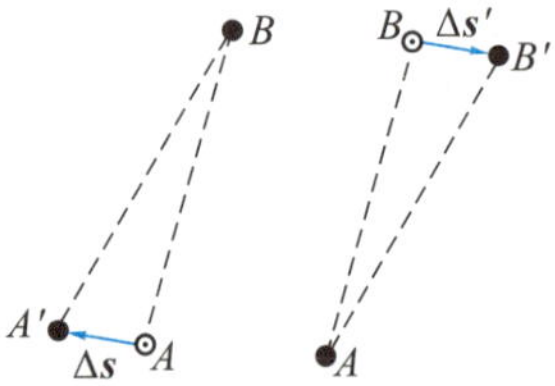

图 3-32 空间平移不变性

致它们势能的增量应相等，即 $\Delta E_p = \Delta E'_p$，于是有 $\boldsymbol{F}_{AB} = -\boldsymbol{F}_{BA}$. 如设 A 的动量为$\boldsymbol{p}_A$，B 的动量为 $\boldsymbol{p}_B$，那么由牛顿第二定律可得$(\mathrm{d}\boldsymbol{p}_A/\mathrm{d}t+\mathrm{d}\boldsymbol{p}_B/\mathrm{d}t)=0$，可得

$$\boldsymbol{p}_A+\boldsymbol{p}_B=\text{常量}$$

即两粒子系统的动量守恒，与它们整体在空间的平移无关. 这样就从空间平移不变性推出了动量守恒律.

2. 时间平移不变性与能量守恒律

前面在讲述机械能守恒定律时曾强调指出，若系统为一孤立的保守系统，那么这个系统中的势能和动能可以相互转化，但它们之和是守恒的，是不随时间的流逝而改变的. 这就是机械能的时间平移不变性. 不仅如此，能量守恒定律也具有时间平移不变性. 下面举个反例来说明.

设想某一储能水电站所在地的重力加速度是随昼夜不同而变化的. 譬如，白天为 g，晚上为 g'，且 $g>g'$. 那么我们可以在晚上利用重力加速度小的时候把水抽到水库里，到白天再用水库里的水冲击水轮机发电. 这样一来，抽水电站不仅避开用电高峰获得了经济效益，而且由于重力加速度的周期性变化而取得能量的盈余. 这是多么好的“永动机”啊！然而，重力加速度的时间平移不变性不容许这种情况存在.

上面我们仅由时空对称性推出和说明了动量守恒律和能量守恒律，物理学的其他定律也具有对称性. 德国女数学家诺特（E. Noether, 1882—1935）指出：作用量的每一种对称性都对应一个守恒定律，有一个守恒量. 不仅在经典力学里，对称性与守恒量紧密联系在一起，而且在 20 世纪中叶以后，粒子物理学的进展使得对称性的研究取得更多的成果，从而推动了现代物理学的发展.

视频：对称在物理学中的作用——兼谈对称之美

问题

3-1 如图所示，设地球在太阳引力的作用下绕太阳作匀速圆周运动. 试问：在下述情况下，(1) 地球从点 A 运动到点 B，(2) 地球从点 A 运动到点 C，(3) 地球从点 A 出发绕行一周又返回点 A，地球的动量增量和所受的冲量各为多少？

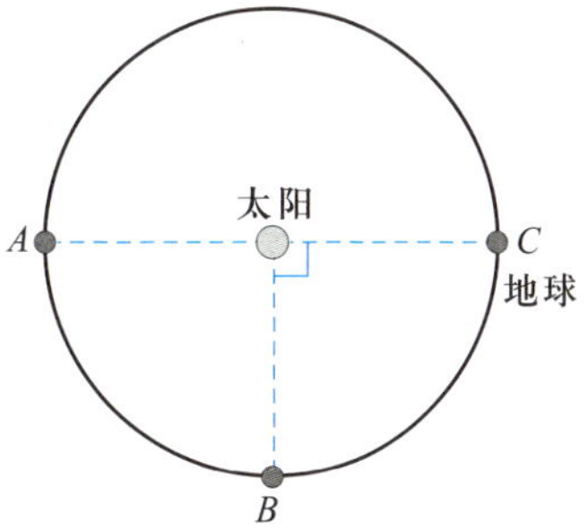

问题 3-1 图

3-2 假使你处在摩擦可略去不计的覆盖着冰的湖面上，周围又无其他可资利用的工具，你怎样依靠自身的努力返回湖岸呢？

3-3 在上升气球下方悬挂一梯子，梯上站一人. 问人站在梯上不动或以加速度向上攀升，气球的加速度有无变化？

3-4 一人在帆船上用电动鼓风机正对帆鼓风，试图使帆船前进，但他发觉，船非但不前进，反而缓慢后退，这是为什么？

3-5 在大气中，打开充气气球下方的塞子，让空气从球中冲出，则气球可在大气中上升. 如果在真空中打开气球的塞子，气球也会上升吗？说明其道理.

3-6 两个物体系于轻绳的两端，绳跨过一定滑轮.若把两物体和绳视为一个系统，哪些力是外力？哪些力是内力？并请讨论内力之间的等量和性质关系.

3-7 在水平光滑的平面上放一长为 L、质量为 m' 的小车，车的一端站有质量为 m 的人，人和车都是静止不动的.当人以速率 v 相对地面从车的一端走向另一端，在此过程中人和小车相对地面各移动了多少距离？

3-8 人从大船上容易跳上岸，而从小舟上则不容易跳上岸，这是为什么？

3-9 三艘船的质量相同，且相距很近，以相同的速度鱼贯而行.突然中间的船同时向前后两船分别抛去质量相同的重物.这三艘船的运动情况各有何变化？设水的阻力略去不计.

3-10 合外力对物体所做的功等于物体动能的增量，而其中某一个分力做的功，能否大于物体动能的增量？

3-11 质点的动量和动能是否与惯性系的选取有关？功是否与惯性系有关？质点的动量定理和动能定理是否与惯性系有关？请举例说明.

3-12 关于质点系的动能定理，有人认为可以这样理解，即："在质点系内，由于各质点间相互作用的力(内力)总是成对出现的，它们大小相等、方向相反，因而所有内力做功相互抵消.这样质点系的总动能增量等于外力对质点系做的功."显然这与式(3-20)所表述的质点系的动能定理不符.错误出在哪里呢？

3-13 在弹性限度内，如果将弹簧的伸长量增加到原来的两倍，那么弹性势能是否也增加为原来的两倍？是否能从弹簧的力-位移曲线中得到结论？

3-14 有两个同样的物体处于同一位置，其中一个水平抛出，另一个沿斜面无摩擦地自由滑下，问哪一个物体先到达地面？到达地面时两者速率是否相等？

3-15 如图所示，光滑斜面与水平面间的夹角为 α.(1) 一质量为 m 的物体沿斜面从点 A_1 下滑至点 C，重力所做的功是多少？(2) 若物体从点 A_2 自由下落至点 B，重力所做的功又是多少？从所得结果你能得出什么结论(点 A_1、A_2 在同一水平线上)？

3-16 保守力做的功总是负的，对吗？举例说明.在式(3-18) $W=-\Delta E_p$ 里，我们已经知道保守力做功等于势能增量的负值；若假定为正值，那又将如何呢？

3-17 把物体抛向空气中，有哪些力对它做功，这些力是否都是保守力？

3-18 一质点 P 处于如图所示的方形势阱底部.若有力作用在质点上，在什么情形下，此质点的运动可以不受方形势阱的束缚？在什么情形下，质点仍要受束缚？

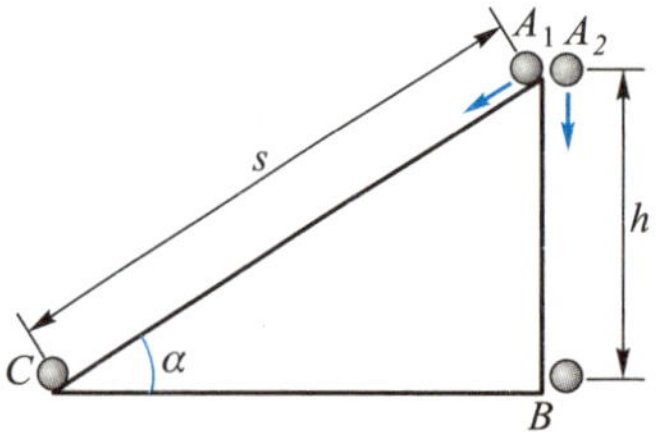

问题 3-15 图

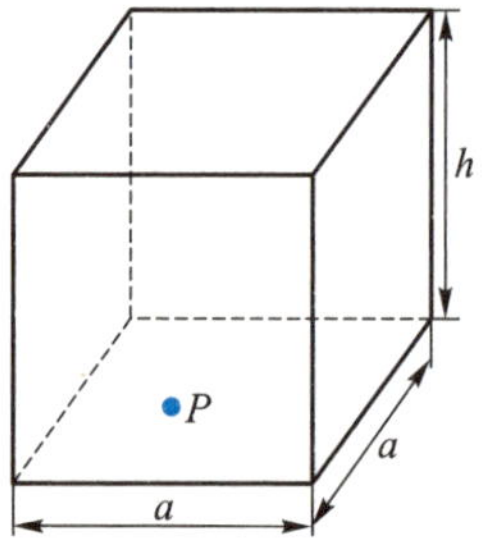

问题 3-18 图

3-19 举例说明用能量方法和用牛顿运动定律各自求解哪些力学问题较方便,哪些力学问题不方便.

3-20 在弹性碰撞中,有哪些量保持不变?在非弹性碰撞中,又有哪些量保持不变?

3-21 在质点系的质心处,一定存在一个质点吗?

3-22 假设在宇宙空间站外面,两位宇航员甲和乙漂浮在太空中.起先甲将扳手扔给乙,过后,乙又将此扳手扔还给甲.试问他们的质心如何运动?

习题

3-1 对质点系有以下几种说法:

(1) 质点系总动量的改变与内力无关;

(2) 质点系总动能的改变与内力无关;

(3) 质点系机械能的改变与保守内力无关.

下列对上述说法判断正确的是(　　).

(A) 只有(1)是正确的　　(B) (1)、(2)是正确的

(C) (1)、(3)是正确的　　(D) (2)、(3)是正确的

3-2 两个倾角不同、高度相同、质量一样的斜面放在光滑的水平面上,斜面是光滑的,两个一样的物块分别从这两个斜面的顶点由静止开始滑下,则(　　).

(A) 物块到达斜面底端时的动量相等

(B) 物块到达斜面底端时的动能相等

(C) 物块和斜面(以及地球)组成的系统,机械能不守恒

(D) 物块和斜面组成的系统水平方向上动量守恒

3-3 对功的概念有以下几种说法:

(1) 保守力做正功时,系统内相应的势能增加;

(2) 质点运动经一闭合路径,保守力对质点做的功为零;

(3) 作用力和反作用力大小相等、方向相反,所以两者所做功的代数和必为零.

下列对上述说法判断正确的是(　　).

(A) (1)、(2)是正确的　　(B) (2)、(3)是正确的

(C) 只有(2)是正确的　　(D) 只有(3)是正确的

3-4 如图所示,质量分别为 m_1 和 m_2 的物体 A 和 B 置于光滑桌面上,A 和 B 之间连有一轻弹簧.另有质量为 m_1 和 m_2 的物体 C 和 D 分别置于物体 A 与 B 之上,且物体 A 和 C、B 和 D 之间的摩擦因数均不为零.首先用外力沿水平方向相向推压 A 和 B,使弹簧被压缩,然后撤掉外力,则在 A 和 B 弹开的过程中,对 A、B、C、D 以及弹簧组成的系统,有(　　).

(A) 动量守恒,机械能守恒　　(B) 动量不守恒,机械能守恒

(C) 动量不守恒,机械能不守恒　　(D) 动量守恒,机械能不一定守恒

3-5 如图所示,子弹射入放在水平光滑地面上静止的木块后而穿出.以地面为参考系,下列说法中正确的是(　　).

(A) 子弹减少的动能转化为木块的动能

(B) 子弹-木块系统的机械能守恒

(C) 子弹动能的减少等于子弹克服木块阻力所做的功

(D) 子弹克服木块阻力所做的功等于这一过程中产生的热

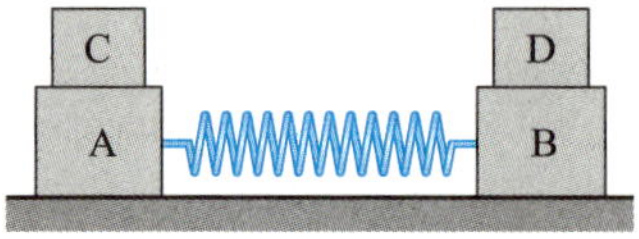

习题 3-4 图

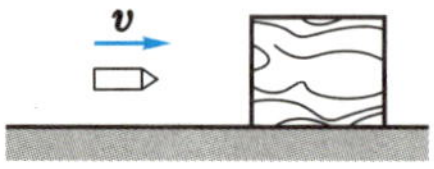

习题 3-5 图

3-6 一架以 $3.0\times10^2\ \mathrm{m\cdot s^{-1}}$ 的速率水平飞行的飞机，与一只身长为 0.20 m、质量为 0.50 kg的飞鸟相碰.设碰撞后飞鸟的尸体与飞机具有同样的速度，而原来飞鸟对于地面的速率甚小，可以忽略不计.试估计飞鸟对飞机的冲击力(碰撞时间可用飞鸟身长被飞机速率相除来估算).根据本题计算结果，你对于高速运动的物体(如飞机、汽车)与通常情况下不足以引起危害的物体(如飞鸟、小石子)相碰后会产生什么后果的问题有些什么体会？

3-7 质量为 m 的物体，由水平面上点 O 以初速度 $\boldsymbol{v}_0$ 抛出，$\boldsymbol{v}_0$ 与水平面成仰角 α.若不计空气阻力，求：(1) 物体从发射点 O 到最高点的过程中，重力的冲量；(2) 物体从发射点到落回至同一水平面的过程中，重力的冲量.

3-8 合外力 $F_x=30+4t$(式中 F_x 的单位为 N，t 的单位为 s)作用在质量 $m=10$ kg的物体上，试求：(1) 在开始 2 s 内此力的冲量 I；(2) 若冲量 $I=300\ \mathrm{N\cdot s}$，此力作用的时间；(3) 若物体的初速度大小 $v_1=10\ \mathrm{m\cdot s^{-1}}$，方向与 $\boldsymbol{F}_x$ 相同，在 $t=6.86$ s 时，此物体的速度大小 v_2.

3-9 如图所示，洗车时，喷水管中的水以恒定速率 $v_0=20\ \mathrm{m\cdot s^{-1}}$ 从喷口喷出，喷出的水射在汽车的表面上后，速率降为零.设单位时间从喷口喷出水的质量 $\mathrm{d}m/\mathrm{d}t=1.5\ \mathrm{kg\cdot s^{-1}}$，求喷出的水施加在车身上的作用力的大小.

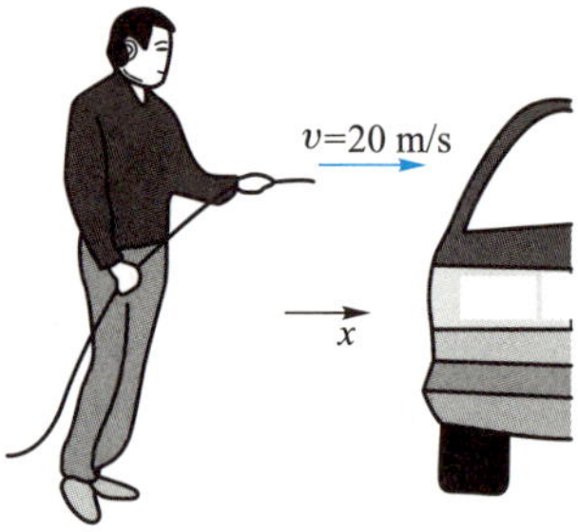

习题 3-9 图

3-10 高空作业时系安全带是非常必要的.假如一质量为 51.0 kg 的人，在操作时不慎从高空竖直跌落下来，由于安全带的保护，最终他被悬挂起来.已知此时人离原处的距离为 2.0 m，安全带弹性缓冲作用时间为 0.50 s，求安全带对人的平均冲力.

3-11 质量为 m 的小球在力 $F=-kx$ 作用下运动，已知 $x=A\cos\omega t$，其中 k、ω、A 均为正常量.求在 $t=0$ 到 $t=\dfrac{\pi}{2\omega}$ 时间间隔内小球动量的增量.

3-12 如图所示，在水平地面上有一横截面 $S=0.20\ \mathrm{m^2}$ 的直角弯管，管中有流速为 $v=3.0\ \mathrm{m\cdot s^{-1}}$ 的水通过，求弯管所受力的大小和方向.

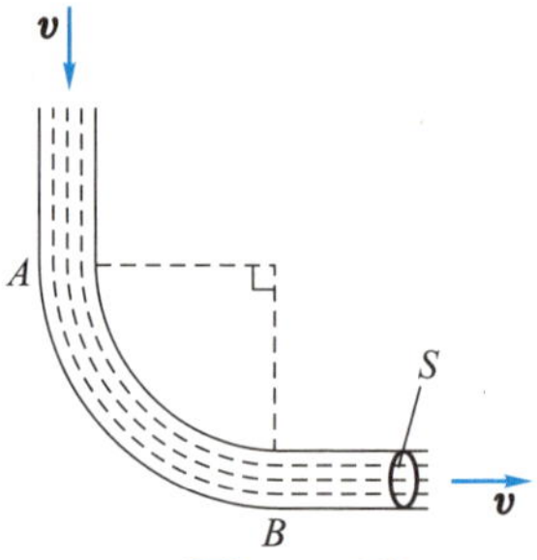

习题 3-12 图

3-13 一个作斜抛运动的物体在最高点炸裂为质量相等的两块，最高点距离地面为 19.6 m.爆炸后 1.00 s，第一块落到爆炸点正下方的地面上，此处距抛出点的水平距离为1.00×10^2 m.问第二块落在距抛出点多远的地面上？（设空气的阻力不计.）

3-14 一棒球投手将 0.14 kg 的棒球沿水平方向以 50 $m\cdot s^{-1}$的速率投向击球手，击球手用棒击球，使球与水平线成 30°角斜向上飞出，速率为 80 $m\cdot s^{-1}$.设棒与球接触时间为 0.02 s，棒作用在球上的平均力为多少呢？

3-15 A、B 两船在平静的湖面上平行相向航行，当两船擦肩相遇时，两船各自向对方平稳地传递 50 kg 的重物，结果是 A 船停了下来，而 B 船以 3.4 $m\cdot s^{-1}$的速度继续向前驶去.A、B 两船原有质量分别为 0.5×10^3 kg 和 1.0×10^3 kg，求在传递重物前两船的速度.（忽略水对船的阻力.）

3-16 质量为 m'的人手里拿着一个质量为 m 的物体，此人以与水平面成 α 角的速率 v_0 向前跳去.当他达到最高点时，他将物体以相对于人为 u 的水平速率向后抛出.问：由于人抛出物体，他跳跃的距离增加了多少？（假设人可视为质点.）

*3-17 一质量均匀柔软的绳竖直地悬挂着，绳的下端刚好触到水平桌面上.如果把绳的上端放开，绳将落在桌面上.试证明：在绳下落的过程中的任意时刻，作用于桌面上的压力等于已落到桌面上绳的重量的 3 倍.

3-18 设在地球表面附近，一初质量为 5.00×10^5 kg 的火箭，从尾部喷出气体的速率为 2.00×10^3 $m\cdot s^{-1}$.（1）试问：每秒需喷出多少气体，才能使火箭最初向上的加速度大小为 4.90 $m\cdot s^{-2}$？（2）若火箭的质量比为 6.00，求该火箭的最后速率.

3-19 质量为 m 的质点在外力 F 的作用下沿 Ox 轴运动，已知 $t=0$ 时质点位于原点，且初始速度为零.设外力 F 随距离线性地减小，且 $x=0$ 时，$F=F_0$，当 $x=L$ 时，$F=0$.试求质点从 $x=0$ 运动到 $x=L$ 处的过程中力 F 对质点所做的功和质点在 $x=L$ 处的速率.

3-20 如图所示，一绳索跨过无摩擦的滑轮，系在质量为 1.00 kg 的物体上，起初物体静止在无摩擦的水平面上.若用 5 N 的恒力作用在绳索的另一端，使物体向右作加速运动，当系在物体上的绳索从与水平面成 30°角变为 37°角时，力对物体所做的功为多少？已知滑轮与水平面之间的距离为 1 m.

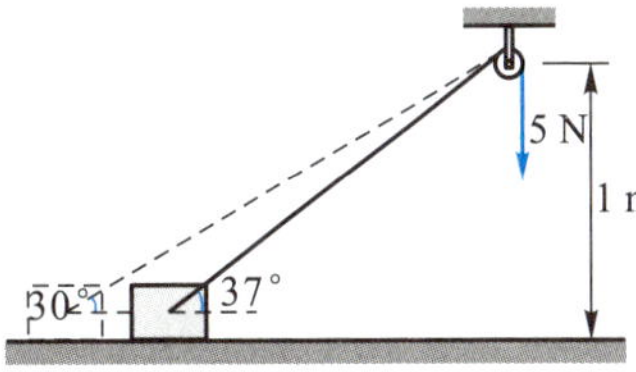

习题 3-20 图

3-21 质量为 $m=5.6$ g 的子弹，以 $v_0=501$ $m\cdot s^{-1}$ 的速率水平地射入一静止在水平面上的质量为 $m'=2$ kg 的木块内.子弹射入木块后，它们向前移动了 $s=50$ cm 后停止.

（1）求木块与水平面间的摩擦因数；

（2）求木块对子弹所做的功 W_1；

（3）求子弹对木块所做的功 W_2；

（4）W_1 与 W_2 的大小是否相等？为什么？

3-22 一物体在介质中按规律 $x=ct^3$ 作直线运动，c 为一常量.设介质对物体的阻力正比于速度的二次方.试求物体由 $x_0=0$ 运动到 $x=l$ 时阻力所做的功.（已知阻力系数为 k.）

3-23 一人从 10.0 m 深的井中提水，起始桶中装有 10.0 kg 的水，由于水桶漏水，每升高 1.00 m 要漏去 0.20 kg 的水.求水桶被匀速地从井中提到井口的过程中，人所做的功.

3-24 一质量为 0.20 kg 的球，系在长为 2.00 m 的细绳上，细绳的另一端系在天花板上.把小球移至使细绳与竖直方向成 30°角的位置，然后由静止放开.求：(1) 在绳索从 30°角到 0°角的过程中，重力和张力所做的功；(2) 物体在最低位置时的动能和速率；(3) 在最低位置时细绳的张力.

3-25 一质量为 m 的质点，系在细绳的一端，绳的另一端固定在水平面上.此质点在粗糙水平面上作半径为 r 的圆周运动.设质点的最初速率是 v_0，当运动一周时，其速率为$v_0/2$.(1) 求摩擦力做的功；(2) 求动摩擦因数；(3) 问在静止以前质点运动了多少圈？

3-26 如图所示，A 和 B 两块板用一轻弹簧连接起来，它们的质量分别为 m_1 和 m_2.问在 A 板上需加多大的压力，方可使力停止作用后，恰能使 A 在跳起来时 B 稍被提起？（设弹簧的弹性系数为 k.）

3-27 如图所示，一自动卸货矿车满载时的质量为 m'，从与水平面成倾角 $\alpha=30.0°$的斜面上的点 A 由静止下滑.设斜面对车的阻力为车重的 0.25 倍，矿车下滑距离 l 时，矿车与缓冲弹簧一道沿斜面运动.当矿车使弹簧产生最大压缩形变时，矿车自动卸货，然后矿车借助弹簧的弹性力作用，返回原位置 A 再装货.试问要完成这一过程，空载时与满载时车的质量之比应为多大？

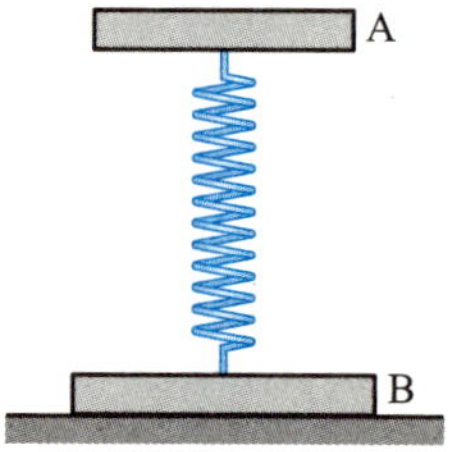

习题 3-26 图

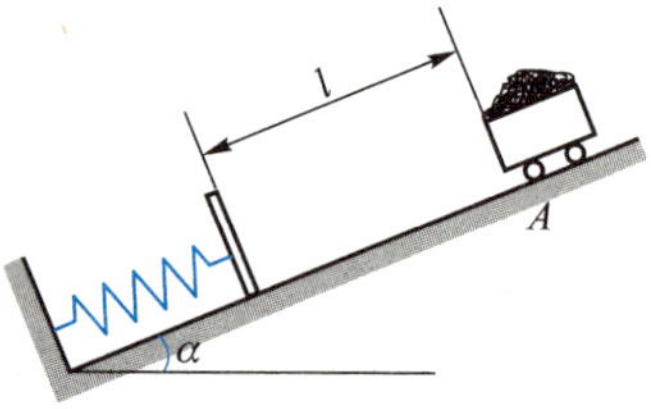

习题 3-27 图

3-28 用铁锤把钉子敲入墙面木板.设木板对钉子的阻力与钉子进入木板的深度成正比.若第一次敲击时，能把钉子钉入木板 1.00×10^{-2} m，第二次敲击时，保持第一次敲击钉子的速度，那么第二次能把钉子钉入多深？

3-29 一质量为 m 的人造地球卫星，沿半径为 $3R_E$ 的圆轨道运动，R_E 为地球的半径.已知地球的质量为 m_E，求：(1) 卫星的动能；(2) 卫星的引力势能；(3) 卫星的机械能.

3-30 如图所示，天文观测台有一半径为 R 的半球形屋面，有一冰块从光滑屋面的最高点由静止沿屋面滑下，若摩擦力略去不计，求此冰块离开屋面的位置以及在该位置时的速度.

3-31 如图所示，质量 $m=0.20$ kg 的小球放在位置 A 时，弹簧被压缩 $\Delta l=7.5\times10^{-2}$ m.小球从位置 A 由静止被释放，然后在弹簧的弹性力作用下，小球沿轨道 $ABCD$ 运动.小球与轨道间的摩擦不计.已知$\widehat{BCD}$为半径 $r=0.15$ m 的半圆弧，AB 相距为 $2r$，求弹簧弹性系数的最小值.

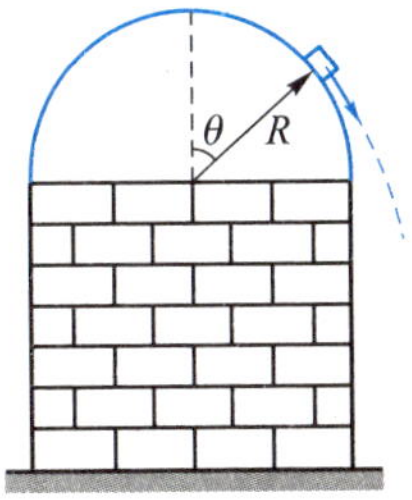

习题 3-30 图

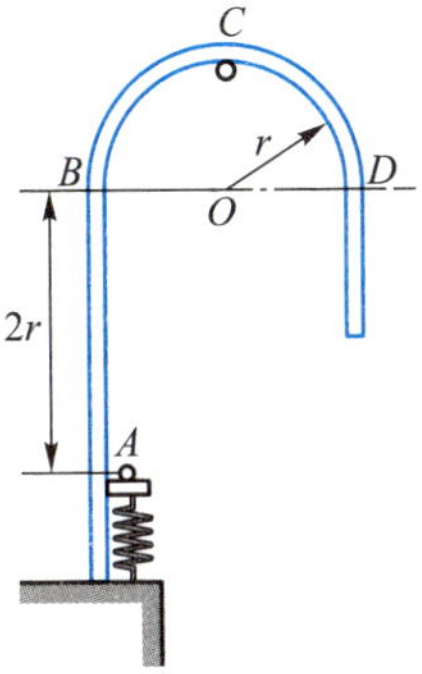

习题 3-31 图

3-32 如图所示，质量为 m、速度为 v 的钢球，射向质量为 m'的靶.靶中心有一小孔，内有弹性系数为 k 的弹簧，此靶最初处于静止状态，但可在水平面内作无摩擦滑动.求钢球射入靶内弹簧后，弹簧的最大压缩长度.

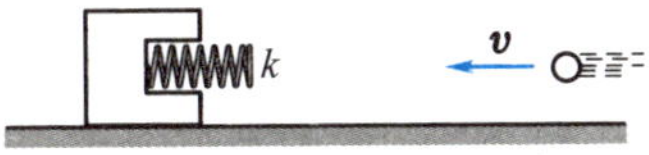

习题 3-32 图

3-33 质量为 m 的子弹穿过如图所示的摆锤后，速率由 v 减少到 $v/2$.已知摆锤的质量为 m'，摆线长度为 l，如果摆锤能在竖直平面内完成一个完全的圆周运动，子弹速率的最小值应为多少？

3-34 一个电子和一个原来静止的氢原子发生对心弹性碰撞，试求电子的动能中传递给氢原子的能量的百分数.（已知氢原子质量约为电子质量的 1 840 倍.不考虑电磁相关作用.）

3-35 质量为 7.2×10^{-23} kg、速率为 $6.0\times10^{7}\ \mathrm{m\cdot s^{-1}}$的粒子 A，与另一个质量为其一半而静止的粒子 B 发生二维完全弹性碰撞，碰撞后粒子 A 的速率为 $5.0\times10^{7}\ \mathrm{m\cdot s^{-1}}$.求：(1) 粒子 B 的速率及相对粒子 A 原来速度方向的偏转角；(2) 粒子 A 的偏转角.

3-36 如图所示，一辆小车质量为 $m_A=300$ kg，另一辆小车质量为 $m_B=400$ kg.如果两辆车都以14 $\mathrm{m\cdot s^{-1}}$的速率向一个十字路口开去，不幸，它们互相碰撞且缠到了一起，并在 θ 角的方向上驶了出去.求：(1) 碰撞后缠在一起的两辆车速度的大小和方向；(2) 碰撞中损耗的能量.

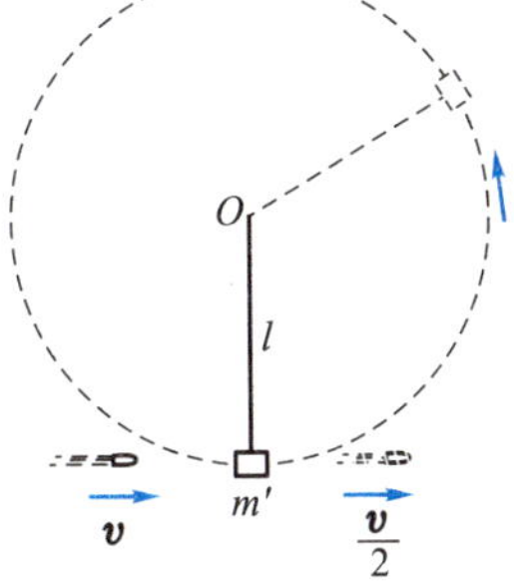

习题 3-33 图

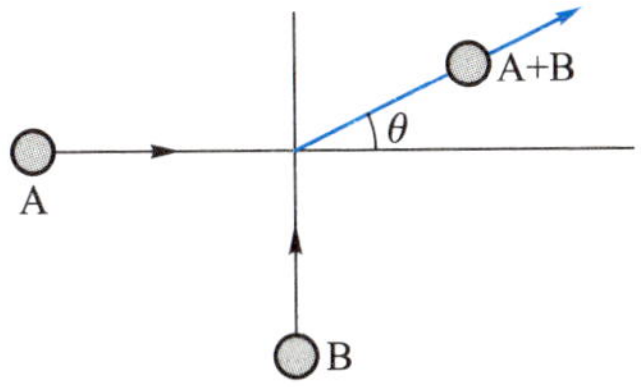

习题 3-36 图

3-37　如图所示，一质量为 m' 的物块放置在斜面的最底端 A 处，斜面固定在地面上，倾角为小角度 α，高度为 h，物块与斜面的动摩擦因数为 μ（μ 较小）. 今有一质量为 m 的子弹以速度 $\boldsymbol{v}_0$ 沿水平方向射入物块并留在其中，且使物块沿斜面向上滑动，求物块滑出顶端时的速度大小.

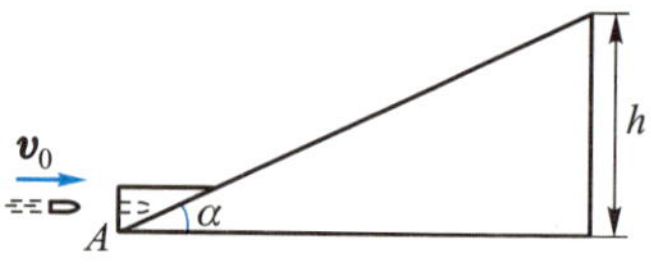

习题 3-37 图

3-38　如图所示，一个质量为 m 的小球从内壁为半球形的容器边缘点 A 滑下. 设容器质量为 m'，半径为 R，内壁光滑，并放置在摩擦可以忽略的水平桌面上. 开始时小球和容器都处于静止状态. 当小球沿内壁滑到容器底部的点 B 时，小球受到向上的支持力为多大？

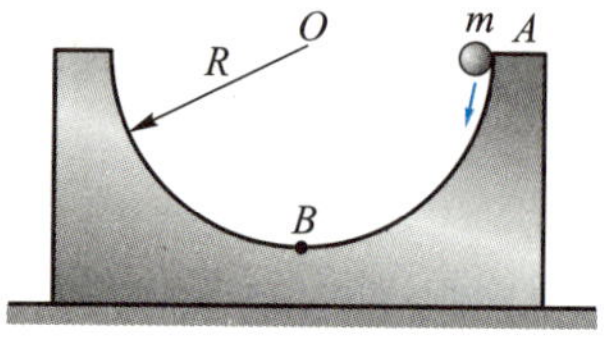

习题 3-38 图

3-39　打桩机锤的质量为 $m=10$ t，将质量为 $m'=24$ t、横截面为 $S=0.25\ \mathrm{m}^2$（正方形截面）、长达 $l=38.5$ m 的钢筋混凝土桩打入地层，单位侧面积上所受泥土的阻力为 $K=2.65\times10^4\ \mathrm{N\cdot m^{-2}}$. 问：(1) 桩依靠自重能下沉多深？(2) 在桩稳定后，将锤提升至离桩顶面 1 m 处让其自由下落击桩，假定锤与桩发生完全非弹性碰撞，第一锤能使桩下沉多少？(3) 若桩已下沉 35 m 时，锤再一次下落，此时锤与桩的碰撞已不是完全非弹性碰撞了，锤在击桩后反弹起 0.05 m，这种情况下，桩又下沉多少？

3-40　一系统由质量为 3.0 kg、2.0 kg 和 5.0 kg 的三个质点组成，它们在同一平面内运动，其中第一个质点的速度为 $6.0\boldsymbol{j}\ \mathrm{m\cdot s^{-1}}$，第二个质点以与 x 轴成 $-30°$ 角、大小为 $8.0\ \mathrm{m\cdot s^{-1}}$ 的速度运动. 如果地面上的观察者测出系统的质心是静止的，那么第三个质点的速度是多少？

3-41　如图所示，质量分别为 $m_1=10.0$ kg 和 $m_2=6.0$ kg 的 A、B 两小球，用质量可略去不计的刚性细杆连接，开始时它们静止在 Oxy 平面上，在受到图示的外力 $\boldsymbol{F}_1=8.0\boldsymbol{i}$ N 和 $\boldsymbol{F}_2=6.0\boldsymbol{j}$ N 作用下运动. 试求：(1) 它们质心的坐标与时间的函数关系；(2) 系统总动量与时间的函数关系.

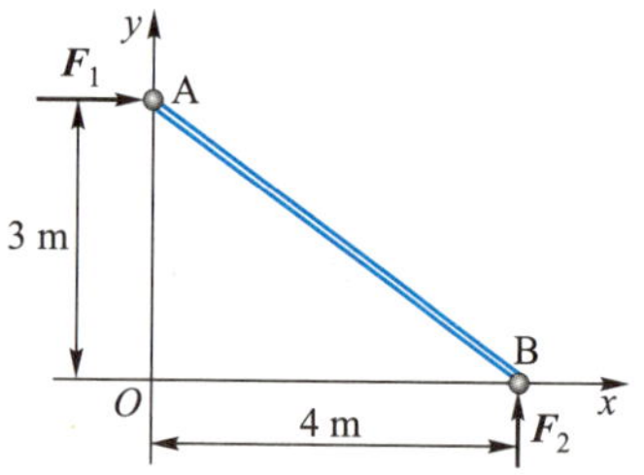

习题 3-41 图

第四章　刚体转动和流体运动

前几章，我们讲述了质点这个理想模型的运动规律．一般说来，在外力作用下，物体的形状和大小是要发生变化的．但如果在外力作用下，物体的形状和大小不发生变化，也就是说，物体内任意两点间的距离都保持恒定，这种理想化了的物体就叫做刚体．如果在外力作用下，物体的形状和大小变化甚微，以至可忽略不计，这种物体也可近似地看作刚体．刚体虽然是一个特殊的质点系统，但我们仍然可以运用质点的运动规律来加以研究，从而使牛顿力学的研究范围从质点向刚体拓展开来．

本章将着重讲述刚体绕定轴的转动，其主要内容有：角速度和角加速度、转动惯量、力矩、转动动能、角动量等物理量，转动定律和角动量守恒定律；同时，简介流体运动、万有引力的牛顿命题．作为经典力学的结尾，最后一节简述经典力学的成就和局限性．

4-1　刚体的定轴转动

刚体的运动可分为平动和转动两种．而转动又可分为定轴转动和非定轴转动．若刚体中所有点的运动轨迹都保持完全相同，或者说刚体内任意两点间的连线总是平行于它们的初始位置间的连线，如图 4-1(a) 中的参考线，则刚体的这种运动叫做平动．当刚体中所有的点都绕某一直线作圆周运动时，这种运动叫做转动［图 4-1(b)］，这条直线叫做转轴．

如果转轴的位置或方向是随时间改变的（如旋转陀螺），这个转轴为瞬时转轴．如果转轴的位置或方向是固定不动而不随时间改变的（如车床上工件的转动），这种转轴为固定转轴，此时刚体的运动叫做刚体的定轴转动．

一般刚体的运动可看成平动和转动的合成运动．如图 4-2 所示，一密度均匀的圆盘在水平面上作无滑动的滚动．从图中可以看出，除圆盘的中心沿直线向前移动外，盘上其他各点既向前移动又绕通过圆盘中心且垂直盘面的轴转动．

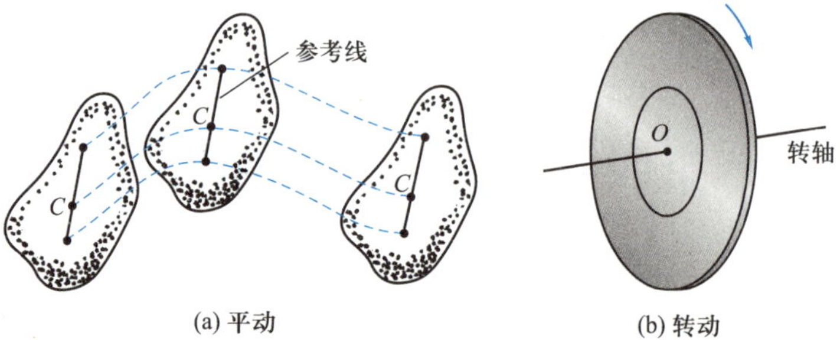

图 4-1 刚体的平动与转动

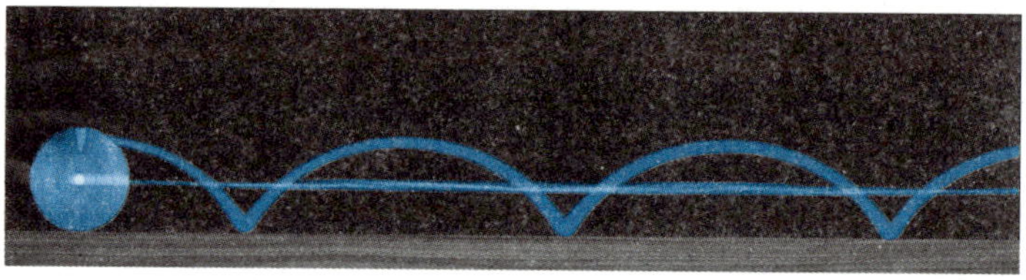

图 4-2 刚体的运动可看成平动与转动的合成运动

一、刚体定轴转动的角速度和角加速度

如图 4-3(a)所示,一刚体绕固定轴 Oz 转动,刚体上各点都绕固定轴 Oz 作圆周运动.为描述刚体绕定轴的转动,我们在刚体内选取一个垂直于 Oz 轴的平面作为参考平面,并在此平面上取一参考线,且把这参考线作为坐标轴 Ox,原点 O 为转轴与平面的交点,如图 4-3(b)所示.这样,刚体的方位可由原点 O 到参考平面上的任一点 P 的位矢 $\boldsymbol{r}$ 与 Ox 轴的夹角 θ 确定.角 θ 也叫做角坐标.当刚体绕固定轴 Oz 转动时,角坐标 θ 要随时间 t 改变.也就是说,角坐标 θ 是时间 t 的函数,即 $\theta=\theta(t)$.

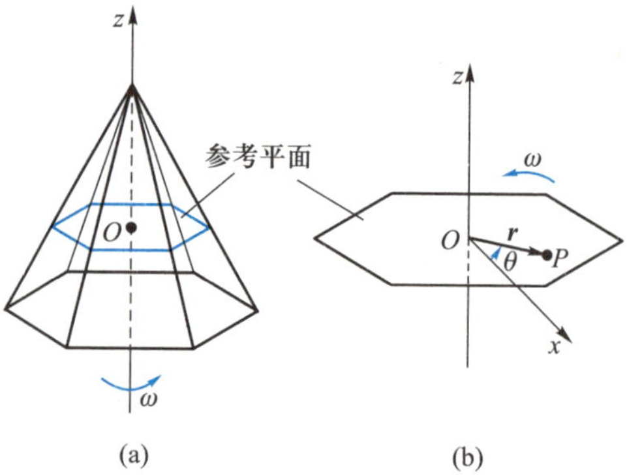

图 4-3 刚体绕定轴转动

刚体绕固定轴 Oz 转动有两种情形，从上向下看，不是顺时针转动就是逆时针转动.因此，为区别这两种转动，我们规定：当 $\boldsymbol{r}$ 从 Ox 轴开始沿逆时针方向转动时，角坐标 θ 为正；当 $\boldsymbol{r}$ 从 Ox 轴开始沿顺时针方向转动时，角坐标 θ 为负.按照这个规定，转动正方向为逆时针转向①.于是对于绕定轴转动的刚体，可由角坐标 θ 的正负来表示其方位.

如图 4-4 所示，一刚体绕固定轴 Oz 转动.在时刻 t，刚体上点 P 的位矢 $\boldsymbol{r}$ 对 Ox 轴的角坐标为 θ.经过时间 $\mathrm{d}t$，点 P 的角坐标为 $\theta+\mathrm{d}\theta$.$\mathrm{d}\theta$ 为刚体在 $\mathrm{d}t$ 时间内的角位移.于是，刚体对转轴的角速度为

$$\omega=\frac{\mathrm{d}\theta}{\mathrm{d}t} \tag{4-1}$$

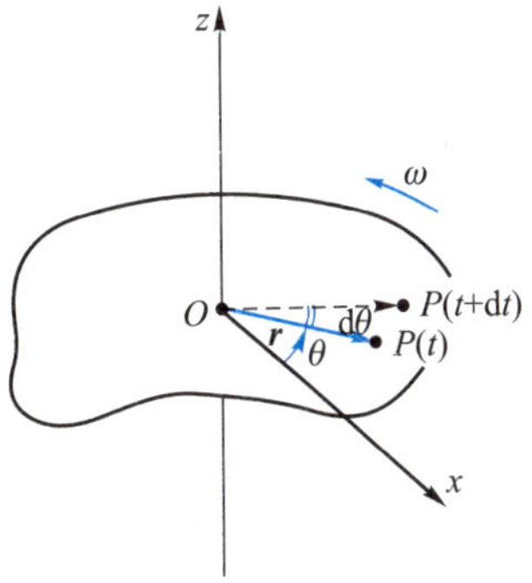

图 4-4 角速度

按照上面关于角坐标 θ 正、负的规定，如 $\mathrm{d}\theta>0$，有 $\omega>0$，这时刚体绕定轴作逆时针转动；如 $\mathrm{d}\theta<0$，有 $\omega<0$，这时刚体绕定轴作顺时针转动.图4-5是两个绕定轴转动的相同的圆盘，它们的角速度 ω 大小相等，但转动方向相反，轮 A 逆时针转动，轮 B 顺时针转动.这表明，角速度是一个有方向的量.应当指出，只有刚体在绕定轴转动的情况下，其转动方向才可用角速度的正负来表示.在一般情况下，刚体的转轴在空间的取向是随时间改变的(如旋转陀螺)②，这时刚体的转动方向就不能用角速度的正负来表示，而需要用角速度矢量 $\boldsymbol{\omega}$ 来表示.

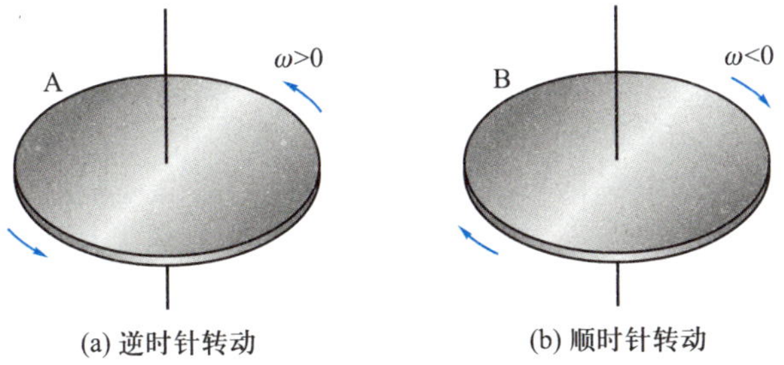

图 4-5 绕定轴转动的刚体，用 ω 的正负来表示其转动方向

① 我们也可取顺时针转向为转动正方向.但为统一起见，本书取逆时针转向为转动正方向.

② 参见本章第 4-6 节刚体的进动.

角速度矢量 $\boldsymbol{\omega}$ 的方向可由右手螺旋定则确定：如图 4-6 所示，把右手的拇指伸直，其余四指弯曲，使弯曲的方向与刚体转动方向一致，这时拇指所指的方向就是角速度 $\boldsymbol{\omega}$ 的方向.

刚体绕定轴转动时，如果其角速度发生了变化，刚体就具有了角加速度. 设在时刻 t_1，角速度为 ω_1，在时刻 t_2，角速度为 ω_2，则在时间间隔 $\Delta t=t_2-t_1$ 内，此刚体角速度的增量为 $\Delta\omega=\omega_2-\omega_1$. 当 Δt 趋近于零时，$\Delta\omega/\Delta t$ 趋近于某一极限值，它为刚体绕定轴转动的角加速度 α，即

$$\alpha=\lim_{\Delta t\to 0}\frac{\Delta\omega}{\Delta t}=\frac{\mathrm{d}\omega}{\mathrm{d}t} \tag{4-2}$$

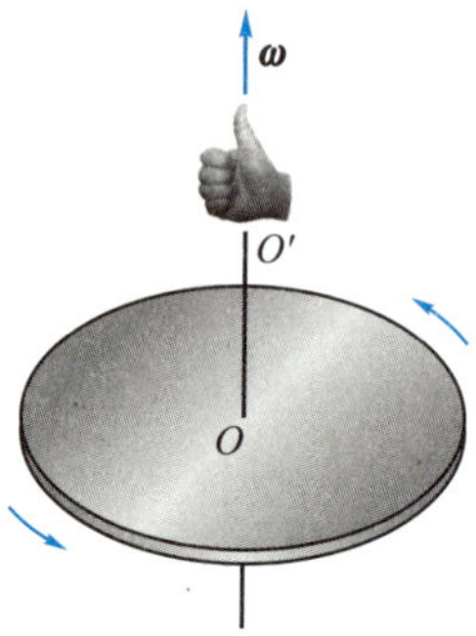

图 4-6　角速度矢量

对于绕定轴转动的刚体，角加速度 α 的方向也可由其正负来表示. 在如图 4-7(a) 所示的情况下，角速度 $\boldsymbol{\omega}_2$ 的方向与 $\boldsymbol{\omega}_1$ 的方向相同，且 $\omega_2>\omega_1$，那么 $\Delta\omega>0$，α 为正值，刚体作加速转动；在如图 4-7(b) 所示的情况下，$\boldsymbol{\omega}_2$ 的方向虽与 $\boldsymbol{\omega}_1$ 的方向相同，但 $\omega_2<\omega_1$，那么 $\Delta\omega<0$，α 为负值，刚体作减速转动.

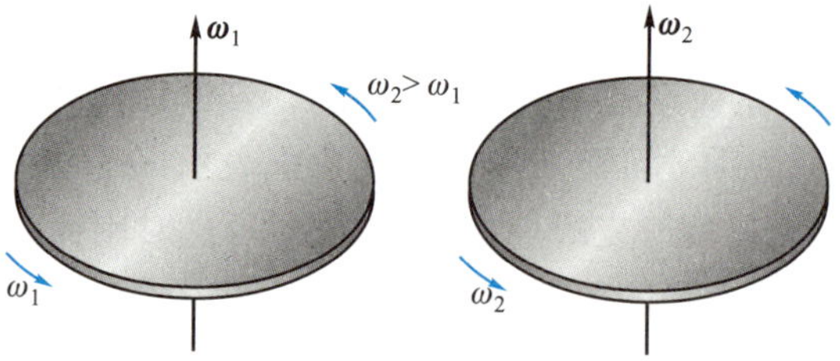

(a) $\alpha>0$

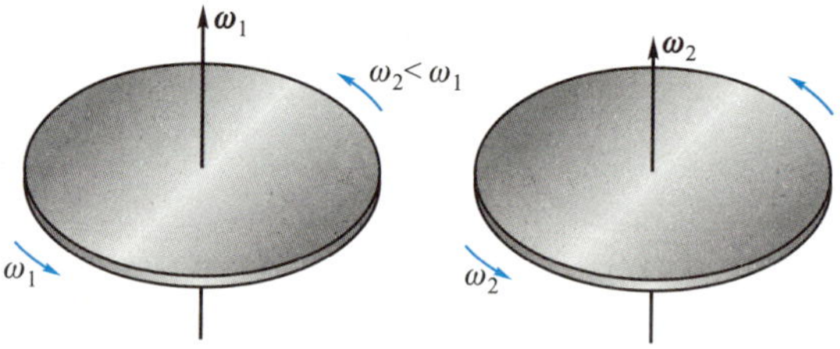

(b) $\alpha<0$

图 4-7　定轴转动的角加速度

二、匀变速转动公式

当刚体绕定轴转动时，如果在任意相等时间间隔 Δt 内，角速度的增量都相等，这种变速转动叫做匀变速转动. 匀变速转动的角加速度为一常量，即 $\alpha=$常量.

由式(4-1)和式(4-2)可求得刚体绕定轴作匀变速转动时角位移、角速度、角加速度与时间之间的关系式.它们与质点匀变速直线运动公式的对比如表4-1所示.

表 4-1 公式对比

质点作匀变速直线运动	刚体绕定轴作匀变速转动
$v=v_0+at$	$\omega=\omega_0+\alpha t$
$x=x_0+v_0t+\frac{1}{2}at^2$	$\theta=\theta_0+\omega_0t+\frac{1}{2}\alpha t^2$
$v^2=v_0^2+2a(x-x_0)$	$\omega^2=\omega_0^2+2\alpha(\theta-\theta_0)$

三、角量与线量的关系

当刚体绕定轴转动时,组成刚体的所有质点都绕定轴作圆周运动.因此,描述刚体运动状态的角量和线量之间的关系,可以用第一章第1-2节有关圆周运动中相应的角量和线量关系来表述.

如图4-8所示,有一刚体以角速度 ω 绕定轴 OO'转动.刚体内点 P 的线速度与角速度之间的关系为

$$v=r\omega \tag{4-3}$$

显然,刚体上各点的线速度 v 与各点到转轴的垂直距离 r 成正比,距轴越远,线速度越大.

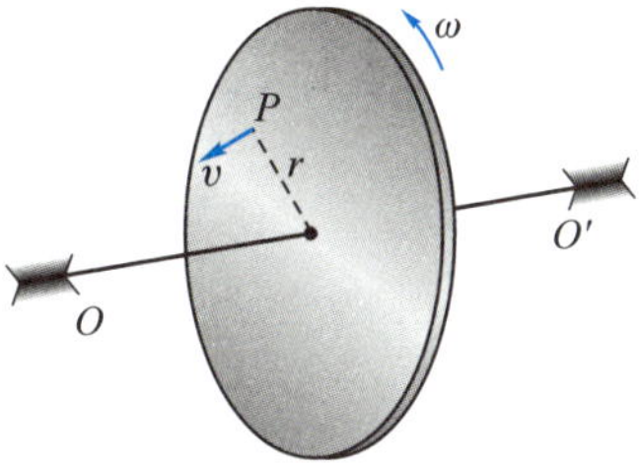

图 4-8 角量和线量的关系

点 P 的切向加速度和法向加速度则分别为

$$a_t=r\alpha \tag{4-4}$$

$$a_n=r\omega^2 \tag{4-5}$$

由上两式同样可以看出,对一绕定轴转动的刚体,距轴越远处,其切向加速度和法向加速度也越大.

例 1

在高速旋转的微型电动机里,一圆柱形转子可绕垂直其横截面并通过中心的转轴旋转.开始启动时,其角速度为零.启动后其转速 n 随时间的变化关系为 $n=n_m(1-e^{-t/\tau})$,式中 n_m 称为正常转速,其值为 $n_m=540\ r\cdot s^{-1}$,$\tau=2$ s.求:(1) $t=6$ s时电动机转子的转速;(2) 启动后,电动机转子在 $t=6$ s 时间内转过的圈数;(3) 转子角加速度随时间变化的规律.

解 (1) 由已知条件,并将 $t=6$ s 代入式 $n=n_{m}(1-e^{-t/\tau})$ 中,可得

$$n=0.95n_{m}=513\ r\cdot s^{-1}$$

可见,此电动机转子只经过 6 s 的时间就达到正常转速 n_{m} 的 95%了.也就是说,启动 6 s 后就可认为此微型电动机已正常运行了.

(2) 电动机转子在 6 s 内转过的圈数为

$$N=\int_{0}^{6\ s} n\mathrm{d}t=\int_{0}^{6\ s} n_{m}(1-e^{-t/\tau})\mathrm{d}t=2.21\times10^{3}$$

(3) 角速度和转速之间的关系为 $\omega=2\pi n$,由已知条件可得,电动机转子转动的角加速度为

$$\alpha=\mathrm{d}\omega/\mathrm{d}t=2\pi\mathrm{d}n/\mathrm{d}t=2\pi n_{m}e^{-t/\tau}/\tau=540\pi e^{-t/2}\ \mathrm{rad}\cdot s^{-2}$$

从上式可以看出,$t=0$ 时角加速度为 $540\pi\ \mathrm{rad}\cdot s^{-2}$,随着时间的增加,角加速度按指数衰减,到 $t=6$ s 时,角加速度已减小到起始值的 5%了.这时电动机已趋于稳定运行状态.

例 2

高速旋转的电动机圆柱形转子可绕垂直其横截面且通过中心的轴转动.开始时,它的角速度 $\omega_{0}=0$,经 300 s 后,其转速达到 18 000 $r\cdot min^{-1}$.设转子的角加速度 α 与时间成正比.问在这段时间内,转子转过多少圈?

解 由题意知,设转子的角加速度为

$$\alpha=ct$$

式中 c 为比例常量,转子作变角加速定轴转动.由角加速度定义及上式,有

$$\alpha=\frac{\mathrm{d}\omega}{\mathrm{d}t}=ct$$

得

$$\mathrm{d}\omega=ct\mathrm{d}t$$

则有

$$\int_{0}^{\omega}\mathrm{d}\omega=c\int_{0}^{t}t\mathrm{d}t$$

积分得

$$\omega=\frac{1}{2}ct^{2} \tag{1}$$

由题条件知,在 $t=300$ s 时,转速为 18 000 $r\cdot min^{-1}$,其 ω 为 $600\pi\ \mathrm{rad}\cdot s^{-1}$.由式(1)得

$$c=\frac{2\omega}{t^{2}}=\frac{2\times600\pi}{300^{2}}\ \mathrm{rad}\cdot s^{-3}=\frac{\pi}{75}\ \mathrm{rad}\cdot s^{-3}$$

于是,式(1)为

$$\omega=\frac{\pi}{150}t^{2}$$

由角速度的定义及上式,有

$$\int_{0}^{\theta}\mathrm{d}\theta=\frac{\pi}{150}\int_{0}^{t}t^{2}\mathrm{d}t$$

得

$$\theta=\frac{\pi}{450}t^3$$

在 300 s 内,转子转过的圈数为

$$N=\frac{\theta}{2\pi}=\frac{\pi}{2\pi\times450}\times300^3=3\times10^4$$

4-2 力矩 转动定律 转动惯量

上一节只讨论了刚体定轴转动的运动学问题.这一节将讨论刚体定轴转动的动力学问题,即研究刚体绕定轴转动时所遵守的定律.为此,先引进力矩这个物理量,然后再讨论在力矩作用下转动状态的变化规律.

一、力矩

经验告诉我们,对绕定轴转动的刚体来说,外力对刚体转动的影响,不仅与力的大小有关,而且还与力的作用点的位置和力的方向有关.我们用力矩这个物理量来描述力对刚体转动的作用.

图 4-9 是刚体在 Oxy 平面上的一个横截平面,它可绕通过点 O 且垂直于该平面的 Oz 轴旋转.力 $\boldsymbol{F}$ 亦在此平面上,且作用于点 P①,点 P 相对点 O 的位矢为 $\boldsymbol{r}$.$\boldsymbol{F}$ 和 $\boldsymbol{r}$ 之间的夹角为 θ,而从点 O 到力 $\boldsymbol{F}$ 的作用线的垂直距离 d 叫做力对转轴的力臂,其值为 $d=r\sin\theta$.力 $\boldsymbol{F}$ 的大小和力臂 d 的乘积,就叫做力 $\boldsymbol{F}$ 对转轴的力矩,用 M 表示,即

$$M=Fd=Fr\sin\theta \tag{4-6}$$

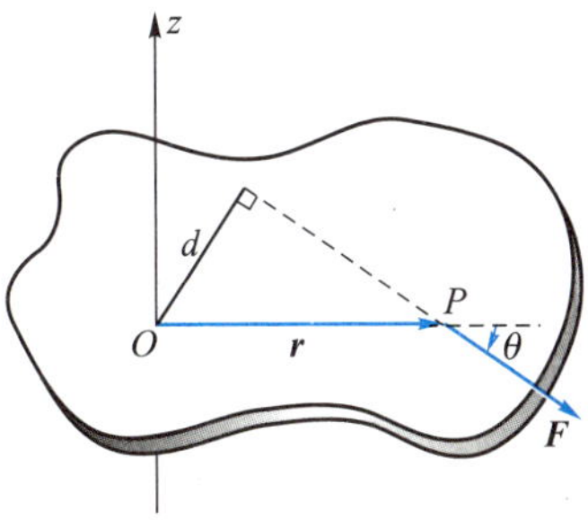

图 4-9 力矩

应当指出,力矩不仅有大小,而且有方向.如图 4-10 所示,两个一样的可绕定轴转动的圆盘,有大小相等、方向相反的力 $\boldsymbol{F}$ 分别作用于这两个静止圆盘的边缘上.这两个力的力矩所产生的转动效果是不同的.在图 4-10(a)中,力矩驱

---

① 如果作用在刚体上的外力不在此平面内,那么 $\boldsymbol{F}$ 应当理解为外力在平面内的分矢量,这样该分矢量才会对刚体转动产生影响.

使转盘沿转动正方向即逆时针方向旋转，而在图 4-10(b)中，力矩则驱使转盘沿转动负方向即顺时针方向旋转.由此可见，力矩是有大小、有方向的矢量.对于绕定轴转动的刚体，力矩的正负反映了力矩的矢量性.

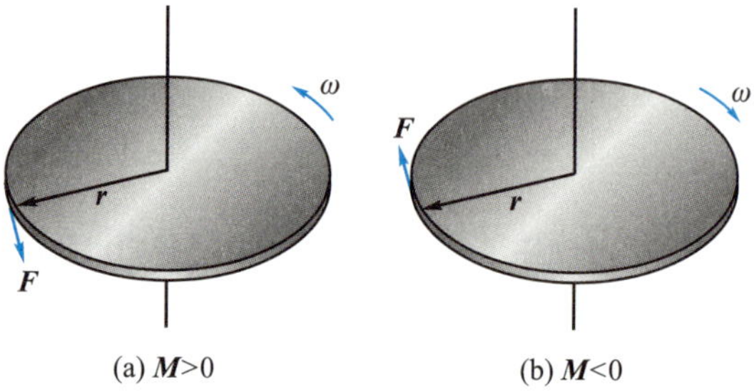

图 4-10 绕定轴转动，力矩的正负

由矢量的矢积定义①，力矩矢量 $\boldsymbol{M}$ 可用 $\boldsymbol{r}$ 和 $\boldsymbol{F}$ 的矢积表示，即

$$\boldsymbol{M}=\boldsymbol{r}\times\boldsymbol{F} \tag{4-7}$$

$\boldsymbol{M}$ 的大小为

$$M=Fr\sin\theta$$

$\boldsymbol{M}$ 的方向垂直于 $\boldsymbol{r}$ 与 $\boldsymbol{F}$ 所构成的平面，也可由如图 4-11 所示的右手螺旋定则确定：把右手拇指伸直，其余四指弯曲，弯曲的方向是由 $\boldsymbol{r}$ 通过小于 180°的角 θ 转向 $\boldsymbol{F}$ 的方向，这时拇指所指的方向就是力矩的方向.

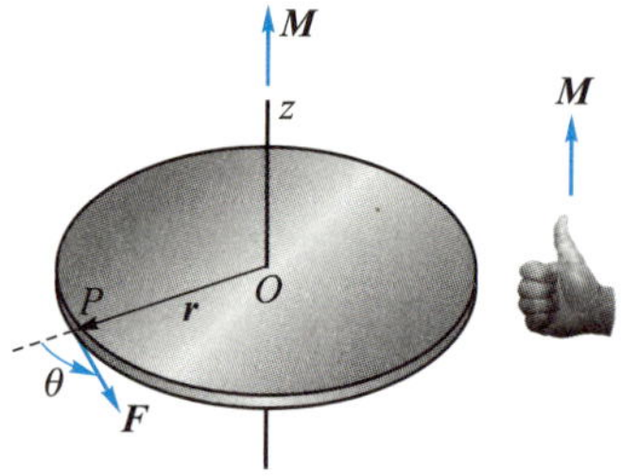

图 4-11 确定力矩方向的右手螺旋定则

对定轴转动来说，用矢积表示力矩的方向，与先规定转动正方向，再按力矩的正负来确定力矩方向是一致的.

如图 4-12 所示，如果有几个外力同时作用在一个绕定轴转动的刚体上，而且这几个外力都在与转轴相垂直的平面内，则它们的合外力矩等于这几个外力矩的代数和，即

$$M=-F_1r_1\sin\theta_1+F_2r_2\sin\theta_2+F_3r_3\sin\theta_3$$

若 $M>0$，合力矩的方向沿 Oz 轴正向；若 $M<0$，合力矩的方向则沿 Oz 轴负向.

在国际单位制中，力矩的单位名称是牛顿米，符号为 N · m.力矩的量纲为 ML^2T^{-2}.

① 参见附录一中矢量的矢积式(10).

上面我们仅讨论了作用于刚体的外力的力矩，而实际上，刚体内各质点间还有内力作用，在讨论刚体的定轴转动时，这些内力的力矩要不要计算呢？

在图 4-13 中，设刚体由 n 个质点组成，其中第 1 个质点和第 2 个质点间相互作用力在与转轴 Oz 垂直的平面内的分力各为 $\boldsymbol{F}'_{12}$ 和 $\boldsymbol{F}'_{21}$，它们大小相等、方向相反，且在同一直线上，即 $\boldsymbol{F}'_{12}=-\boldsymbol{F}'_{21}$. 如取刚体为一系统，那么这两个力属系统内力. 从图 4-13 中可以看出，$r_1\sin\theta_1=r_2\sin\theta_2=d$. 这两个力对转轴 Oz 的合内力矩为

$$M=M_{21}-M_{12}=F'_{21}r_2\sin\theta_2-F'_{12}r_1\sin\theta_1=0$$

上述结果表明，沿同一作用线的大小相等、方向相反的两个质点间的相互作用力对转轴的合力矩为零.

由于刚体内质点间相互作用的内力总是成对出现的，并遵守牛顿第三定律，故刚体内各质点间的作用力对转轴的合内力矩亦应为零，即

$$M=\sum M_{ij}=0$$

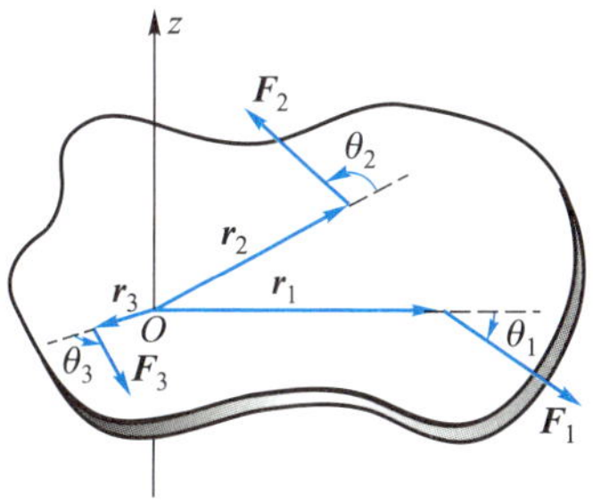

图 4-12 几个力作用在绕定轴转动刚体上的合力矩

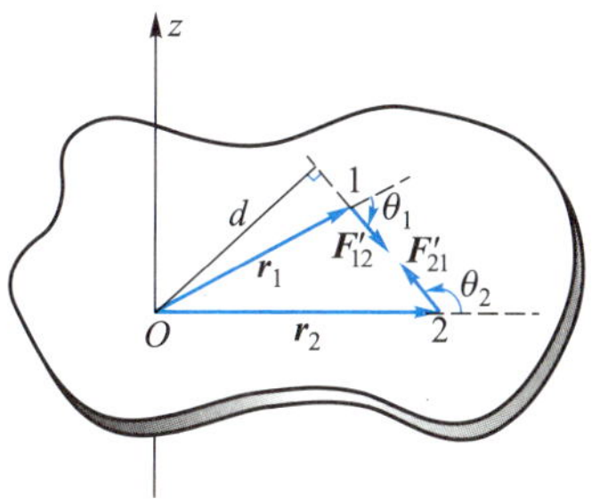

图 4-13 内力对转轴的力矩

例 1

中国长江三峡大坝是世界上最大的水利工程，其总装机容量 22 500 MW，坝体挡水前沿总长 2 335 m，坝体总高 185 m，正常蓄水高度 175 m. 假设水面与三峡大坝表面垂直①，如图 4-14(a) 所示，求正常蓄水时，水作用在大坝上的力，以及这个力对通过大坝基点 Q 且与 x 轴平行的轴的力矩.

长江三峡大坝

解 如图 4-14(b) 所示，设水深为 h、坝长为 L，在坝面上取一面积元 $\mathrm{d}A=L\mathrm{d}y$. 若在此面积元上的压强为 p，则作用在此面积元上的力为

$$\mathrm{d}F=p\mathrm{d}A=pL\mathrm{d}y \qquad (1)$$

① 实际大坝的迎水面并非平面，一般为凸面. 请思考若为凸面，下述计算是否要作大的改动？

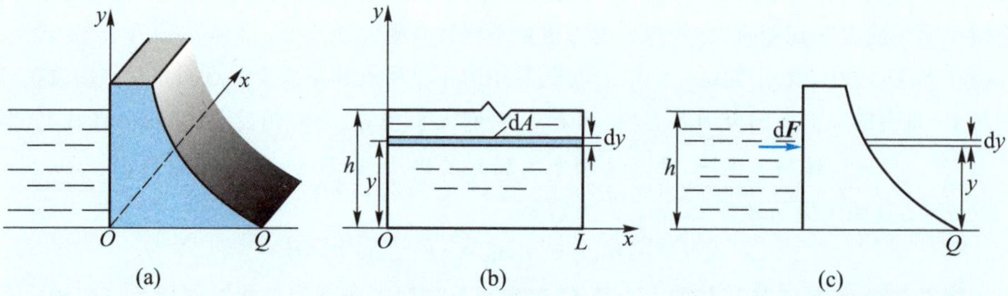

图 4-14

dF 的方向与坝面(即 Oxy 平面)垂直.如果大气压为 p_0,则有

$$p=p_0+\rho g(h-y)$$

式中 ρ 为水的密度.把上式代入式(1),有

$$dF=p_0 L dy+\rho g(h-y)L dy \tag{2}$$

由于作用在坝面上力的方向均相同,所以垂直作用在大坝坝面上的合力为

$$F=\int_0^h p_0 L dy+\int_0^h \rho g(h-y)L dy$$

得

$$F=p_0 Lh+\frac{1}{2}\rho g L h^2 \tag{3}$$

式中 $p_0=1.01\times10^5$ Pa,代入已知数据,得

$$F=(1.01\times10^5\times2\ 335\times175+\frac{1}{2}\times1.0\times10^3\times9.8\times2\ 335\times175^2)\ \mathrm{N}\approx3.9\times10^{11}\ \mathrm{N}$$

下面我们来计算此作用力对通过大坝基点 Q 且与 x 轴平行的轴的力矩.

如图 4-14(c)所示,dF 对通过点 Q 的轴的力矩为

$$dM=y dF$$

把式(2)代入上式,有

$$dM=y[p_0 L dy+\rho g(h-y)L dy]$$

由于水作用在大坝上各处的力矩都是顺时针方向,故其合力矩为

$$M=\int dM=\int_0^h p_0 L y dy+\int_0^h \rho g L(h-y)y dy$$

得

$$M=\frac{1}{2}p_0 L h^2+\frac{1}{6}g\rho L h^3$$

代入已知数据,得 $M=2.41\times10^{13}$ N · m.

如遇特大洪水袭击,为保证大坝安全,你认为用什么措施可减小大坝所受的力矩?

二、转动定律

如图 4-15 所示，刚体可看成由 n 个质点组成，此刚体绕固定轴 Oz 转动.在刚体上取质点 i，其质量为 Δm_i，它绕 Oz 轴作半径为 r_i 的圆周运动.设质点 i 受两个力作用，一个是外力 $\boldsymbol{F}_i$，另一个是刚体中其他质点作用的内力 $\boldsymbol{F}'_i$，并设外力 $\boldsymbol{F}_i$ 和内力 $\boldsymbol{F}'_i$ 均在与 Oz 轴相垂直的同一平面内.由牛顿第二定律得，质点 i 的运动方程为

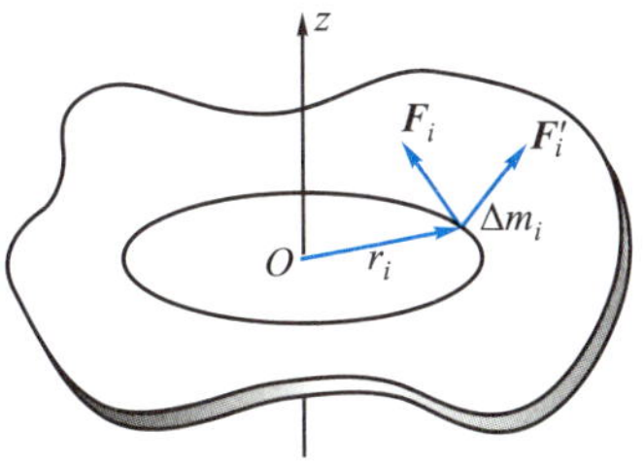

图 4-15 转动定律

$$\boldsymbol{F}_i+\boldsymbol{F}'_i=\Delta m_i \boldsymbol{a}_i$$

如以 F_{it} 和 F'_{it} 分别表示外力 $\boldsymbol{F}_i$ 和内力 $\boldsymbol{F}'_i$ 在切向的分力大小，那么质点 i 的切向运动方程为

$$F_{it}+F'_{it}=\Delta m_i a_{it}$$

a_{it} 为质点 i 的切向加速度.由式(4-4)知切向加速度与角加速度 α 之间的关系为 $a_t=r\alpha$.所以上式可写为

$$F_{it}+F'_{it}=\Delta m_i r_i \alpha$$

上式两边各乘以 r_i，得

$$F_{it}r_i+F'_{it}r_i=\Delta m_i r_i^2 \alpha \tag{4-8}$$

式中 $F_{it}r_i$ 和 $F'_{it}r_i$ 分别是外力 F_i 和内力 F'_i 切向分力的力矩.考虑到外力和内力在法向的分力 F_{in} 和 F'_{in} 均通过转轴 Oz，所以其力矩为零.故上式左边也可理解为作用在质点 i 上的外力矩与内力矩之和.

若遍及所有质点，由式(4-8)可得

$$\sum F_{it}r_i+\sum F'_{it}r_i=\sum(\Delta m_i r_i^2)\alpha$$

由本节一的讨论知道，刚体内各质点间的内力对转轴的合内力矩为零，即 $\sum F'_{it}r_i=0$.故上式为

$$\sum F_{it}r_i=\sum(\Delta m_i r_i^2)\alpha$$

而 $\sum F_{it}r_i$ 则为刚体内所有质点所受的外力对转轴的力矩的代数和，即合外力矩，用 M 表示，有 $M=\sum F_{it}r_i$.这样上式为

$$M=\sum(\Delta m_i r_i^2)\alpha$$

式中的 $\sum \Delta m_i r_i^2$ 只与刚体的形状、质量分布以及转轴的位置有关，也就是说，它只与绕定轴转动的刚体本身的性质和转轴的位置有关，叫做转动惯量.对于绕定轴转动的刚体，它为一常量，以 J 表示，即

$$J=\sum(\Delta m_i r_i^2) \tag{4-9}$$

这样,就有

$$M=J\alpha \quad 或 \quad \alpha=\frac{M}{J} \tag{4-10}$$

式(4-10)表明,刚体绕定轴转动时,刚体的角加速度与它所受的合外力矩成正比,与刚体的转动惯量成反比,这个关系叫做定轴转动时刚体的转动定律,简称转动定律.如同牛顿第二定律是解决质点运动问题的基本定律一样,转动定律是解决刚体定轴转动问题的基本定律.

三、转动惯量

把式(4-10)与描述质点运动的牛顿第二定律的数学表达式相对比可以看出,它们的形式很相似:外力矩 M 和外力 $\boldsymbol{F}$ 相对应,角加速度 α 与加速度 a 相对应,转动惯量 J 与质量 m 相对应.转动惯量的物理意义也可以这样理解:当以相同的力矩分别作用于两个绕定轴转动的不同刚体时,它们所获得的角加速度一般是不一样的.转动惯量大的刚体所获得的角加速度小,即角速度改变得慢,也就是保持原有转动状态的惯性大;反之,转动惯量小的刚体所获得的角加速度大,即角速度改变得快,也就是保持原有转动状态的惯性小.因此我们说,转动惯量是描述刚体在转动中的惯性大小的物理量.

由 $J=\sum(\Delta m_i r_i^2)$ 可以看出,转动惯量 J 等于刚体上各质点的质量与各质点到转轴的距离二次方的乘积之和.由于刚体上的质点是连续分布的,则其转动惯量可以用积分进行计算,即

$$J=\int r^2 \mathrm{d}m \tag{4-11}$$

在国际单位制中,转动惯量的单位名称为千克二次方米,符号为 kg · m^2.转动惯量的量纲为 ML^2.

必须指出,只有几何形状简单、质量连续且均匀分布的刚体,才能用积分的方法算出它们的转动惯量.对于任意刚体的转动惯量,通常是用实验的方法测定出来的.表 4-2 给出了几种刚体的转动惯量.

如以 ρ 代表刚体的体密度,$\mathrm{d}V$ 为质量元 $\mathrm{d}m$ 的体积元,于是转动惯量可写成 $J=\int_V \rho r^2 \mathrm{d}V$.刚体的转动惯量与以下三个因素有关:① 与刚体的体密度 ρ 有关;② 与刚体的几何形状(及体密度 ρ 的分布)有关;③ 与转轴的位置有关.

表 4-2 几种刚体的转动惯量

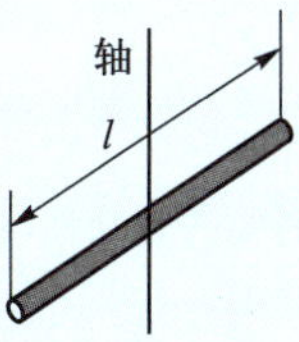 细棒 （转动轴通过中心与棒垂直） $J=\frac{ml^2}{12}$ (a)	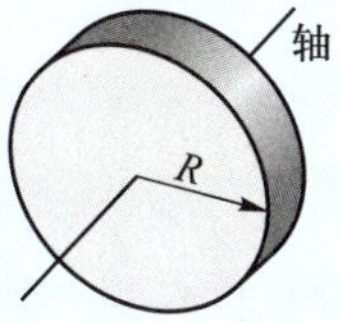 圆柱体 （转动轴沿几何轴） $J=\frac{mR^2}{2}$ (b)	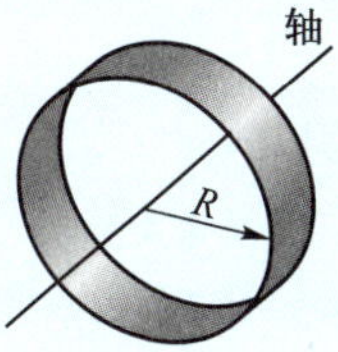 薄圆环 （转动轴沿几何轴） $J=mR^2$ (c)
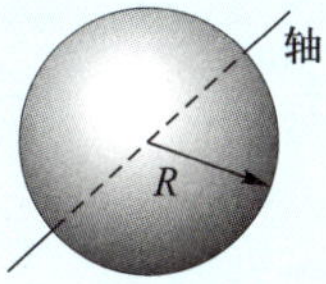 球体 （转动轴沿球的任一直径） $J=\frac{2mR^2}{5}$ (d)	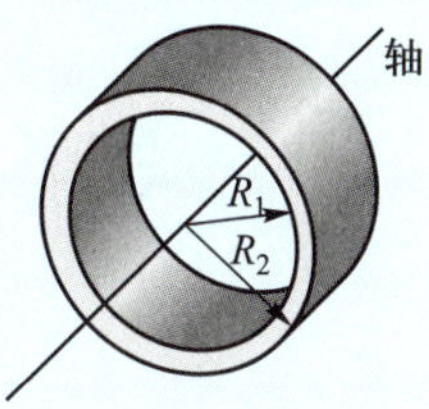 圆筒 （转动轴沿几何轴） $J=\frac{m}{2}(R_1^2+R_2^2)$ (e)	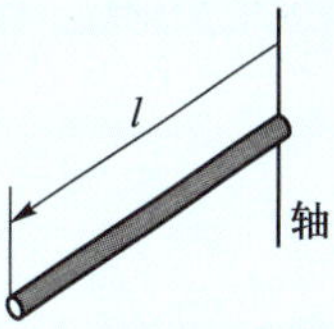 细棒 （转动轴通过棒的一端与棒垂直） $J=\frac{ml^2}{3}$ (f)

四、平行轴定理

如图 4-16 所示，设通过刚体质心的轴线为 z_C 轴，刚体相对这个轴线的转动惯量为 J_C.如果另一轴线 z 与通过质心的轴线 z_C 相平行，可以证明，刚体对 z 轴的转动惯量为

$$J=J_C+md^2 \tag{4-12}$$

式中 m 为刚体的质量，d 为两平行轴之间的距离.上述关系叫做转动惯量的平行轴定理.由式(4-12)可以看出，刚体对通过质心轴线的转动惯量最小，而对任何与质心轴线相平行的轴线的转动惯量 J 都大于

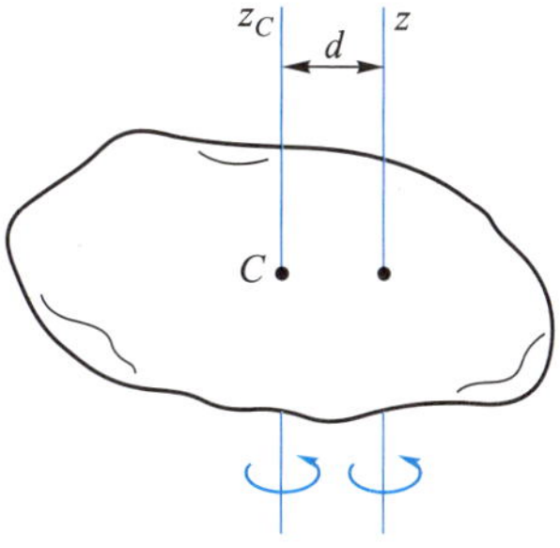

图 4-16 平行轴定理

J_C，即 $J>J_C$.平行轴定理不仅有助于计算转动惯量，而且对研究刚体的滚动也是很有帮助的.

例 2

有一质量为 m、长为 l 的均匀细长棒，求通过棒中心并与棒垂直的轴的转动惯量.

解　设细棒的线密度为 λ，如图 4-17 所示，取一距离转轴 OO' 为 r 的质量元 $\mathrm{d}m=\lambda\mathrm{d}r$，由式(4-11)可得

$$J=\int r^2\mathrm{d}m=\int \lambda r^2\mathrm{d}r$$

由于转轴通过棒的中心，有

$$J_C=2\lambda\int_0^{l/2}r^2\mathrm{d}r=\frac{1}{12}\lambda l^3=\frac{ml^2}{12}$$

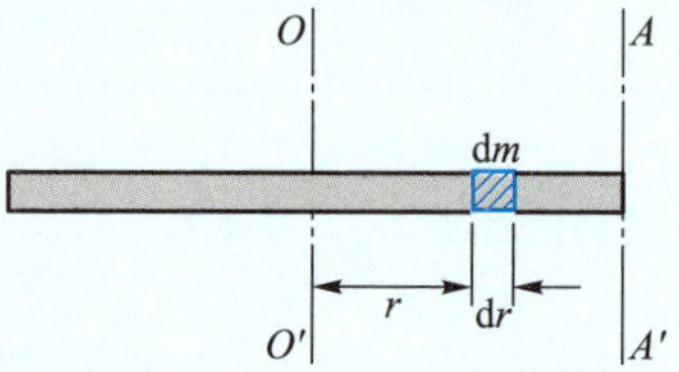

图 4-17

利用平行轴定理，我们可以求得对通过细棒端点且与棒垂直的轴线 AA' 的转动惯量为

$$J=J_C+md^2=\frac{1}{12}ml^2+m\left(\frac{l}{2}\right)^2=\frac{1}{3}ml^2$$

例 3

如图 4-18 所示，质量为 m_A 的物体 A 静止在光滑水平面上，它和一质量不计的绳索相连接，此绳索跨过一半径为 R、质量为 m_C 的圆柱形滑轮 C，并系在另一质量为 m_B 的物体 B 上，B 竖直悬挂.圆柱形滑轮可绕其几何中心轴转动.当滑轮转动时，它与绳索间没有滑动，且滑轮与轴承间的摩擦力可略去不计.问：(1) 这两物体的线加速度为多少？水平和竖直两段绳索的张力各为多少？(2) 物体 B 从静止下落距离 y 时，其速率为多少？

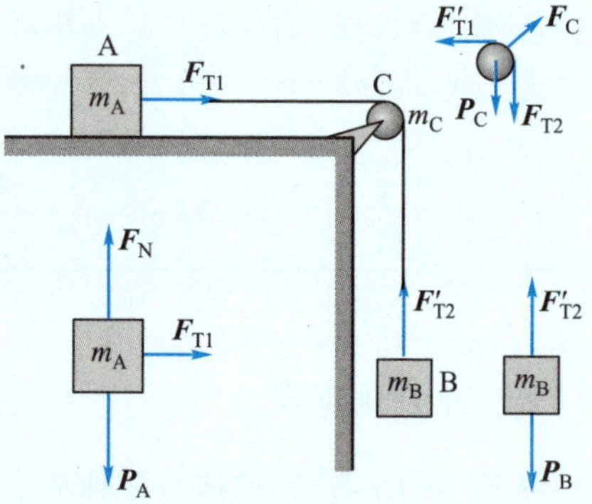

图 4-18

解　(1) 在第 2-4 节的例 1 中，曾假设滑轮的质量略去不计，然而，在很多实际问题中，滑轮的质量是不能忽略的.在计及滑轮的质量时，就应考虑它的转动.物体 A 和 B 是作平动，它们加速度 $\boldsymbol{a}$ 的大小取决于每个物体所受的合力.滑轮 C 作转动，它的角加速度 α 取决于作用在它上面的合外力矩.首先将三个物体隔离出来，并作如图 4-18 所示的示力图.张力 $\boldsymbol{F}_{T1}$ 和 $\boldsymbol{F}_{T2}$ 的大小是不能假定相等的，但 $F_{T2}=F'_{T2}$，$F_{T1}=F'_{T1}$.

应用牛顿第二定律，并考虑到绳索不伸长，故对 A、B 两物体，得

$$F_{T1}=m_Aa \tag{1}$$

$$m_B g-F_{T2}=m_B a \tag{2}$$

滑轮 C 受到重力 $\boldsymbol{P}_C$、张力 $\boldsymbol{F}'_{T1}$ 和 $\boldsymbol{F}_{T2}$ 以及轴对它的力 $\boldsymbol{F}_C$ 等的作用.由于 $\boldsymbol{P}_C$ 及 $\boldsymbol{F}_C$ 通过滑轮的中心轴,所以仅有张力 $\boldsymbol{F}'_{T1}$ 和 $\boldsymbol{F}_{T2}$ 对它有力矩作用.因为 $F'_{T1}=F_{T1}$,由转动定律有

$$RF_{T2}-RF_{T1}=J\alpha \tag{3}$$

滑轮 C 以其中心为轴的转动惯量是 $J=\frac{1}{2}m_C R^2$.因为绳索在滑轮上无滑动,故在滑轮边缘上一点的切向加速度与绳索和物体的加速度大小相等,它与滑轮转动的角加速度的关系为 $a=R\alpha$.把上述各量代入式(3),有

$$F_{T2}-F_{T1}=\frac{1}{2}m_C a \tag{4}$$

解式(1)、式(2)和式(4),得

$$a=\frac{m_B g}{m_A+m_B+\frac{1}{2}m_C}$$

$$F_{T1}=\frac{m_A m_B g}{m_A+m_B+\frac{1}{2}m_C}$$

$$F_{T2}=\frac{\left(m_A+\frac{1}{2}m_C\right)m_B g}{m_A+m_B+\frac{1}{2}m_C}$$

在上述方程中,如令 $m_C=0$,或滑轮的质量较之物体 A 和 B 的质量很小,即 m_C 可以略去不计时,就可得

$$F_{T1}=F_{T2}=\frac{m_A m_B}{m_A+m_B}g \tag{5}$$

若略去滑轮的质量,利用与第二章第 2-4 节例 1 相类似的解法,可以得到与上式相似的结果.

(2) 因为物体 B 由静止出发作匀加速直线运动,所以它下落距离 y 时的速率为

$$v=\sqrt{2ay}=\sqrt{\frac{2m_B gy}{m_A+m_B+\frac{1}{2}m_C}}$$

例 4

如图 4-19 所示,一长为 l、质量为 m 的匀质细杆竖直放置,其下端与一固定铰链 O 相接,并可绕其转动.由于此竖直放置的细杆处于非稳定平衡状态,当其受到微小扰动时,细杆将在重力作用下由静止开始绕铰链 O 转动.试计算细杆转到与竖直线成 θ 角时的角加速度和角速度.

解　细杆受到两个力作用，一个是重力 $\boldsymbol{P}$，另一个是铰链对细杆的约束力 $\boldsymbol{F}_N$．而且 $\boldsymbol{F}_N$ 始终是通过转轴 O 的，其力矩为零．由于细杆是匀质的，所以重力 $\boldsymbol{P}$ 可视为作用于杆的质心 C．细杆绕转轴 O 转动，当细杆与竖直线成 θ 角时，重力 $\boldsymbol{P}$ 对转轴 O 的重力矩为 $\frac{1}{2}mgl\sin\theta$．故由转动定律，有

$$\frac{1}{2}mgl\sin\theta=J\alpha$$

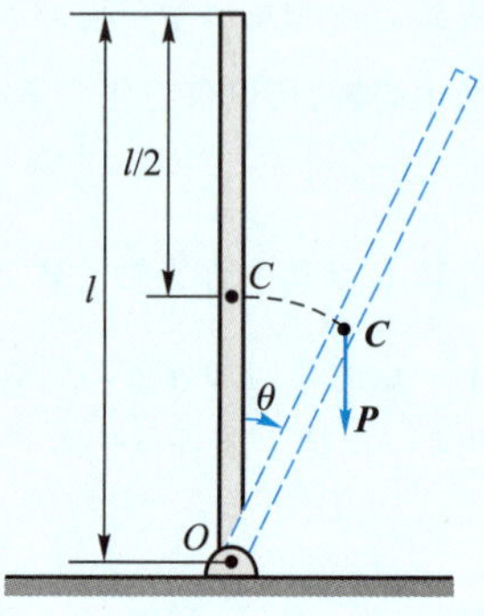

图 4-19

式中细杆绕转轴 O 的转动惯量 $J=\frac{1}{3}ml^2$．于是细杆转到与竖直线成 θ 角时的角加速度为

$$\alpha=\frac{3g}{2l}\sin\theta$$

由角加速度定义，有

$$\frac{\mathrm{d}\omega}{\mathrm{d}t}=\frac{3g}{2l}\sin\theta$$

进行如下变换

$$\frac{\mathrm{d}\omega}{\mathrm{d}\theta}\frac{\mathrm{d}\theta}{\mathrm{d}t}=\frac{3g}{2l}\sin\theta$$

由于 $\omega=\mathrm{d}\theta/\mathrm{d}t$，上式为

$$\omega\mathrm{d}\omega=\frac{3g}{2l}\sin\theta\mathrm{d}\theta$$

对上式积分，并利用初始条件：$t=0$ 时，$\theta_0=0$，$\omega_0=0$，得

$$\int_0^{\omega}\omega\mathrm{d}\omega=\frac{3g}{2l}\int_0^{\theta}\sin\theta\mathrm{d}\theta$$

积分后化简，细杆转到与竖直线成 θ 角时的角速度为

$$\omega=\sqrt{\frac{3g}{l}(1-\cos\theta)}$$

***例 5**

设有一个圆盘形的飞轮，其质量为 $m=10.0\ \mathrm{kg}$，半径为 $r=0.20\ \mathrm{m}$．飞轮可绕通过盘心且垂直盘面的轴转动．由于制造上的原因，飞轮的质心不在转轴上，质心距转轴的距离为 $d=0.001\ \mathrm{m}$．设飞轮在恒外力矩 $M=5.0\ \mathrm{N\cdot m}$ 的作用下由静止开始转动，经 $t=10.0\ \mathrm{s}$ 后撤去外力矩，飞轮作匀速转动．求由于飞轮的质心偏离转轴而引起的对转轴的力．

解　因飞轮的质心距转轴的距离远小于飞轮的半径，即 $d\ll r$，故飞轮绕转轴的转动惯量仍可视为 $J=\frac{1}{2}mr^2$．由转动定律可得

$$M=J\alpha=\frac{1}{2}mr^2\alpha \tag{1}$$

由于在 $0<t\leqslant 10$ s 的时间间隔内，飞轮在恒外力矩 M 作用下作匀角加速转动，且考虑到在 $t=0$ 时，$\omega_0=0$，所以有

$$\omega=\alpha t \tag{2}$$

将式(1)代入式(2)，有

$$\omega=\frac{2Mt}{mr^2}$$

将已知数据代入，可得飞轮作匀速转动时的角速度为

$$\omega=\frac{2\times5.0\times10.0}{10.0\times0.20^2}\ \text{rad}\cdot\text{s}^{-1}=250\ \text{rad}\cdot\text{s}^{-1}$$

质心也随飞轮一道以 $\omega=250\ \text{rad}\cdot\text{s}^{-1}$ 的角速度绕转轴作圆周运动，其向心加速度为 $a_C=v_C^2/d=d\omega^2$. 由质心运动定理知，作用在质心上的力为

$$F_C=ma_C=md\omega^2$$

力 F_C 的方向是指向转轴的. 把已知数据代入，得

$$F_C=10.0\times0.001\times250^2\ \text{N}=625\ \text{N}$$

所以，由于飞轮偏心而作用于转轴的力 F'_C 为 625 N. 因为飞轮在转动过程中，质心绕转轴作圆周运动，故 F'_C 的方向也随时间作周期性变化. 在工业生产中，飞轮的偏心常常会引起机器的振动，从而影响加工的精度和使用寿命，为此，常常要花许多时间把飞轮的质心调整到转轴上，以达到所谓“静平衡”. 然而在有些工业生产中，又常利用飞轮偏心而引起的振动，如振动打夯机、振动筛和振动泵等.

4-3　角动量　角动量守恒定律

在第三章中，我们研究了力对改变质点运动状态所起的作用. 我们曾从力对时间的累积作用出发，引出动量定理，从而得到动量守恒定律；还从力对空间的累积作用出发，引出动能定理，从而得到机械能守恒定律和能量守恒定律. 对于刚体，上一节我们讨论了在外力矩作用下刚体绕定轴转动的转动定律，同样，力矩作用于刚体总是在一定的时间和空间里进行的. 为此，这一节将讨论力矩对时间的累积作用，得出角动量定理和角动量守恒定律. 下一节讨论力矩对空间的累积作用，得出刚体的转动动能定理.

一、质点的角动量定理和角动量守恒定律

1. 质点的角动量

如图 4-20 所示，设有一个质量为 m 的质点位于直角坐标系中点 A，该点相

对原点 O 的位矢为 $\boldsymbol{r}$，并具有速度 $\boldsymbol{v}$（即动量为 $\boldsymbol{p}=m\boldsymbol{v}$）.我们定义，质点 m 对原点 O 的角动量为

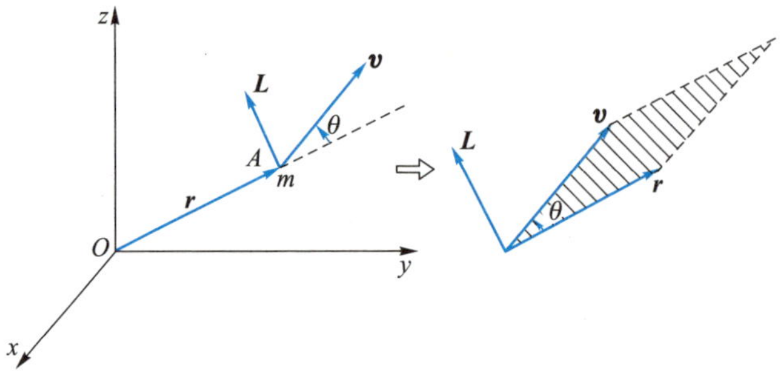

图 4-20　质点的角动量

$$\boldsymbol{L}=\boldsymbol{r}\times\boldsymbol{p}=\boldsymbol{r}\times m\boldsymbol{v} \tag{4-13}$$

质点的角动量 $\boldsymbol{L}$ 是一个矢量，它的方向垂直于 $\boldsymbol{r}$ 和 $\boldsymbol{v}$（或 $\boldsymbol{p}$）构成的平面，并遵守右手螺旋定则：右手拇指伸直，当四指由 $\boldsymbol{r}$ 经小于 180°的角 θ 转向 $\boldsymbol{v}$（或 $\boldsymbol{p}$）时，拇指的指向就是 $\boldsymbol{L}$ 的方向.至于质点角动量 $\boldsymbol{L}$ 的值，由矢量的矢积运算法则知

$$L=rmv\sin\theta \tag{4-14}$$

式中 θ 为 $\boldsymbol{r}$ 与 $\boldsymbol{v}$（或 $\boldsymbol{p}$）之间的夹角.

应当指出，质点的角动量是与位矢 $\boldsymbol{r}$ 和动量 $\boldsymbol{p}$ 有关的，也就是与参考点 O 的选择有关.因此在讲述质点的角动量时，必须指明是对哪一点的角动量.

若质点在半径为 r 的圆周上运动时，以圆心 O 为参考点，那么 $\boldsymbol{r}$ 与 $\boldsymbol{v}$（或 $\boldsymbol{p}$）总是相垂直的.于是质点对圆心 O 的角动量 $\boldsymbol{L}$ 的大小为

$$L=rmv=mr^2\omega \tag{4-15}$$

2. 质点的角动量定理

设质量为 m 的质点，在合力 $\boldsymbol{F}$ 作用下，其运动方程为

$$\boldsymbol{F}=\frac{\mathrm{d}(m\boldsymbol{v})}{\mathrm{d}t}$$

由于质点对参考点 O 的位矢为 $\boldsymbol{r}$，故以 $\boldsymbol{r}$ 叉乘上式两边，有

$$\boldsymbol{r}\times\boldsymbol{F}=\boldsymbol{r}\times\frac{\mathrm{d}}{\mathrm{d}t}(m\boldsymbol{v}) \tag{4-16}$$

考虑到
$$\frac{\mathrm{d}}{\mathrm{d}t}(\boldsymbol{r}\times m\boldsymbol{v})=\boldsymbol{r}\times\frac{\mathrm{d}}{\mathrm{d}t}(m\boldsymbol{v})+\frac{\mathrm{d}\boldsymbol{r}}{\mathrm{d}t}\times m\boldsymbol{v}$$

而且
$$\frac{\mathrm{d}\boldsymbol{r}}{\mathrm{d}t}\times\boldsymbol{v}=\boldsymbol{v}\times\boldsymbol{v}=0$$

故式(4-16)可写成

$$\boldsymbol{r}\times\boldsymbol{F}=\frac{\mathrm{d}}{\mathrm{d}t}(\boldsymbol{r}\times m\boldsymbol{v})$$

比照式(4-7)的情形,式中 $\boldsymbol{r}\times\boldsymbol{F}$ 称为合力 $\boldsymbol{F}$ 对参考点 O 的合力矩 $\boldsymbol{M}$.于是上式为

$$\boldsymbol{M}=\frac{\mathrm{d}}{\mathrm{d}t}(\boldsymbol{r}\times m\boldsymbol{v})=\frac{\mathrm{d}\boldsymbol{L}}{\mathrm{d}t} \tag{4-17}$$

上式表明,作用于质点的合力对参考点 O 的力矩,等于质点对该点的角动量随时间的变化率.这与牛顿第二定律 $\boldsymbol{F}=\frac{\mathrm{d}\boldsymbol{p}}{\mathrm{d}t}$ 在形式上是相似的,只是用 $\boldsymbol{M}$ 代替了 $\boldsymbol{F}$,用 $\boldsymbol{L}$ 代替了 $\boldsymbol{p}$.

上式还可写成 $\boldsymbol{M}\mathrm{d}t=\mathrm{d}\boldsymbol{L}$,$\boldsymbol{M}\mathrm{d}t$ 为力矩 $\boldsymbol{M}$ 与作用时间 $\mathrm{d}t$ 的乘积,叫做冲量矩.取积分有

$$\int_{t_1}^{t_2}\boldsymbol{M}\mathrm{d}t=\boldsymbol{L}_2-\boldsymbol{L}_1 \tag{4-18}$$

式中 $\boldsymbol{L}_1$ 和 $\boldsymbol{L}_2$ 分别为质点在时刻 t_1 和 t_2 对参考点 O 的角动量,$\int_{t_1}^{t_2}\boldsymbol{M}\mathrm{d}t$ 为质点在时间间隔 t_2-t_1 内所受的冲量矩.因此,上式的物理意义是:对同一参考点 O,质点所受的冲量矩等于质点角动量的增量.这就是质点的角动量定理.

3. 质点的角动量守恒定律

由式(4-18)可以看出,若质点所受合力矩为零,即 $\boldsymbol{M}=0$,则有

$$\boldsymbol{L}=\boldsymbol{r}\times m\boldsymbol{v}=\text{常矢量} \tag{4-19}$$

上式表明,当质点所受对参考点 O 的合力矩为零时,质点对该参考点 O 的角动量为一常矢量.这就是质点的角动量守恒定律.

应当注意,质点的角动量守恒的条件是合力矩 $\boldsymbol{M}=0$.这可能有两种情况:一种是合力 $\boldsymbol{F}=0$;另一种是合力 $\boldsymbol{F}$ 虽不为零,但合力 $\boldsymbol{F}$ 通过参考点 O,致使合力矩为零.质点作匀速圆周运动就是这种例子,此时,作用于质点的合力是指向圆心的所谓有心力①,故其力矩为零,所以质点作匀速圆周运动时,它对圆心的角动量是守恒的.不仅如此,只要作用于质点的力是有心力,有心力对力心的力矩总

---

① 如果质点在运动过程中所受的力,总是指向某一给定点,那么这种力就称为有心力,而该点就叫做力心.显然质点作圆周运动时所受的向心力,就可称为有心力.

是零，所以，在有心力作用下质点对力心的角动量都是守恒的.太阳系中行星的轨道为椭圆，太阳位于两焦点之一，太阳作用于行星的引力是指向太阳的有心力，因此如以太阳为参考点 O，则行星的角动量是守恒的①.

在国际单位制中，角动量的单位名称为千克二次方米每秒，符号为 $kg\cdot m^2\cdot s^{-1}$. 角动量的量纲为 ML^2T^{-1}.

例 1

如图 4-21 所示，一半径为 R 的光滑圆环置于竖直平面内.一质量为 m 的小球穿在圆环上，并可在圆环上滑动.小球开始时静止于圆环上的点 A（该点在通过环心 O 的水平线上），然后从点 A 开始下滑.设小球与圆环间的摩擦略去不计.求小球滑到点 B 时对环心 O 的角动量和角速度.

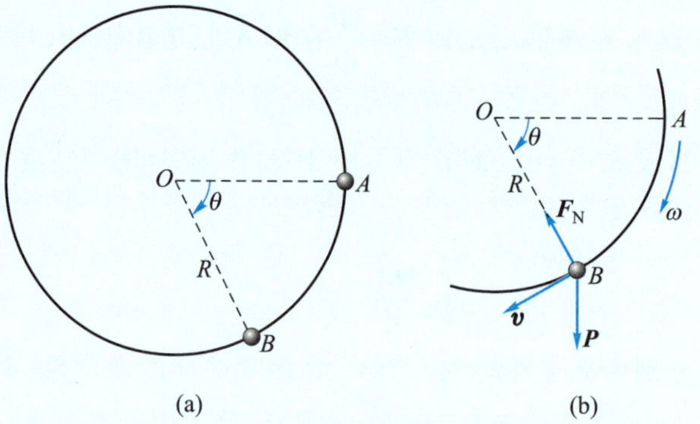

图 4-21

解 小球受支持力 $\boldsymbol{F}_N$ 和重力 $\boldsymbol{P}$ 的作用.支持力 $\boldsymbol{F}_N$ 为指向环心 O 的有心力，其对点 O 的力矩为零，故小球所受的力矩仅为重力矩，其大小为

$$M=mgR\cos\theta$$

由右手螺旋定则可确定，重力矩的方向垂直纸面向里.此外，小球从 A 向 B 滑动的过程中，角动量的大小是随时间改变的，但其方向总是垂直纸面向里.因此，由式（4-17），有

$$mgR\cos\theta=\frac{\mathrm{d}L}{\mathrm{d}t}$$

$$\mathrm{d}L=mgR\cos\theta\mathrm{d}t \tag{1}$$

考虑到 $\omega=\mathrm{d}\theta/\mathrm{d}t$ 及 $L=Rmv=mR^2\omega$，有

$$\mathrm{d}t=\frac{mR^2}{L}\mathrm{d}\theta \tag{2}$$

---

① 参见本章问题 4-10，关于开普勒第二定律的论证.

将式(2)代入式(1),得

$$L\mathrm{d}L=m^2gR^3\cos\theta\mathrm{d}\theta$$

由题设条件,有 $t=0$ 时,$\theta_0=0$,$L_0=0$.故上式的积分为

$$\int_0^L L\mathrm{d}L = m^2gR^3\int_0^\theta \cos\theta\mathrm{d}\theta$$

得

$$L=mR^{3/2}(2g\sin\theta)^{1/2} \tag{3}$$

将

$$L=mR^2\omega$$

代入式(3)又可得

$$\omega=\left(\frac{2g}{R}\sin\theta\right)^{1/2} \tag{4}$$

应当指出,这道题也可以用质点的功能原理先求解出速度,再求出角速度,并根据角动量的定义再求出 L 的值.你不妨一试.

*例 2

如图 4-22 所示,一质量为 $m=1.20\times10^4$ kg 的登月飞船,在离月球表面高度 $h=100$ km 处绕月球作圆周运动.飞船采用如下登月方式:当飞船位于图中点 A 时,它向外侧(即沿月球中心 O 到点 A 的位矢方向)短时间喷射出粒子流,使飞船与月球相切地到达点 B,且 OA 与 OB 垂直.飞船所喷出的粒子流相对飞船的速度为 $u=1.00\times10^4\ \mathrm{m\cdot s^{-1}}$.已知月球的半径约为 $R=1\ 740$ km;在飞船登月过程中,月球的重力加速度可视为常量 $g_\mathrm{M}=1.62\ \mathrm{m\cdot s^{-2}}$.试问登月飞船在登月过程中所需消耗燃料的质量 Δm 是多少?

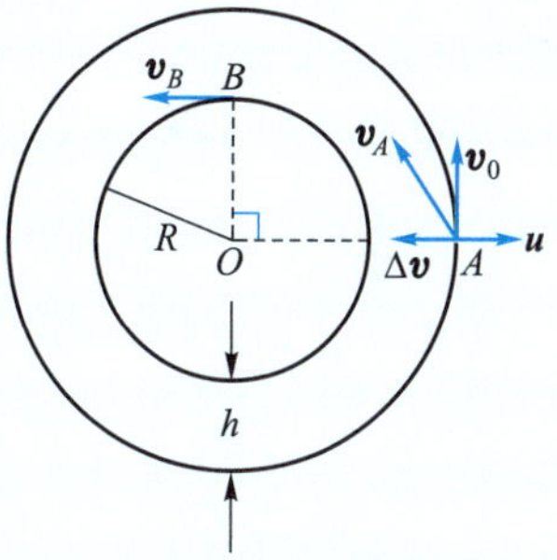

图 4-22

解 如图所示,飞船在点 A 的速度为 $\boldsymbol{v}_0$,由万有引力定律和牛顿运动定律,有

$$G\frac{m_\mathrm{M}m}{(R+h)^2}=m\frac{v_0^2}{R+h}$$

式中 m_M 为月球的质量.又月球表面附近的重力加速度为

$$g_\mathrm{M}=G\frac{m_\mathrm{M}}{R^2}$$

由上两式可得

$$v_0^2=\frac{g_\mathrm{M}R^2}{R+h}$$

代入已知数据,有

$$v_0=\left[\frac{1.62\times(1\ 740\times10^3)^2}{1\ 740\times10^3+100\times10^3}\right]^{1/2}\ \mathrm{m\cdot s^{-1}}=1\ 633\ \mathrm{m\cdot s^{-1}} \tag{1}$$

当飞船在点 A 以相对速度 $\boldsymbol{u}$ 向外侧喷出粒子流的短时间里，飞船的质量减少了 Δm 而成为 m'，并获得速度的增量 $\Delta\boldsymbol{v}$，其方向与 $\boldsymbol{u}$ 相反，且飞船的速度变为 $\boldsymbol{v}_A$，其大小为

$$v_A=(v_0^2+\Delta v^2)^{1/2} \tag{2}$$

在飞船即将喷出粒子流时，其质量由 m' 和 Δm 两部分组成，其中的 m' 由点 A 到点 B 的过程中只受有心力作用.故由角动量守恒定律，有

$$m'v_0(R+h)=m'v_BR$$

代入已知数据，得

$$v_B=\frac{R+h}{R}v_0=1\ 727\ \mathrm{m\cdot s^{-1}} \tag{3}$$

飞船在点 A 喷出粒子流后，在到达月球表面的过程中，飞船和月球系统的机械能是守恒的，故得

$$\frac{1}{2}m'v_A^2-G\frac{m_\mathrm{M}m'}{R+h}=\frac{1}{2}m'v_B^2-G\frac{m_\mathrm{M}m'}{R}$$

即有

$$v_A^2=v_B^2+2G\frac{m_\mathrm{M}}{R+h}-2G\frac{m_\mathrm{M}}{R}$$

式中引力常量 G 取 $6.67\times10^{-11}\ \mathrm{N\cdot m^2\cdot kg^{-2}}$，月球质量 m_M 取 $7.35\times10^{22}\ \mathrm{kg}$，并将已知量值代入上式，得

$$v_A=1\ 636\ \mathrm{m\cdot s^{-1}} \tag{4}$$

将式(1)v_0 的值和式(4)v_A 的值，代入式(2)可得

$$\Delta v=(v_A^2-v_0^2)^{1/2}\approx100\ \mathrm{m\cdot s^{-1}}$$

若在飞船喷出粒子流的短时间内，不计月球的引力作用，则可认为飞船在喷出粒子流过程中动量是守恒的.于是，由式(3-6)有

$$(\Delta m)u=m\Delta v$$

可得

$$\Delta m=\frac{m\Delta v}{u}$$

代入已知数据，即得登月飞船从轨道上登上月球所需消耗燃料的质量为

$$\Delta m=\frac{1.20\times10^4\times100}{1.00\times10^4}\ \mathrm{kg}=120\ \mathrm{kg}$$

二、刚体定轴转动的角动量定理和角动量守恒定律

1. 刚体定轴转动的角动量

如图 4-23 所示，一刚体以角速度 ω 绕定轴 Oz 转动.由于刚体绕定轴转动，

刚体上每一个质元都以相同的角速度绕轴Oz作圆周运动.其中质元Δm_i在轴Oz方向的角动量为$\Delta m_i v_i r_i=\Delta m_i r_i^2\omega$,于是刚体上所有质元对轴$Oz$的角动量,即刚体在轴$Oz$方向的角动量为

$$\boldsymbol{L}=\sum_i \Delta m_i r_i^2 \boldsymbol{\omega}=\left(\sum_i \Delta m_i r_i^2\right)\boldsymbol{\omega}$$

式中$\sum_i \Delta m_i r_i^2$为刚体绕轴Oz的转动惯量J.于是刚体对定轴Oz的角动量为

$$\boldsymbol{L}=J\boldsymbol{\omega} \tag{4-20}$$

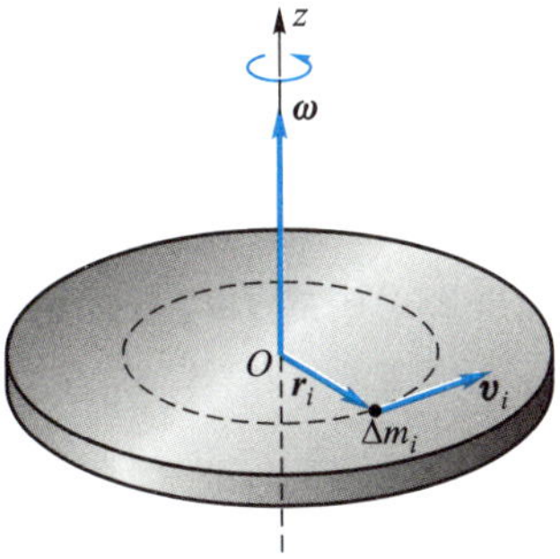

图 4-23 刚体的角动量

2. 刚体定轴转动的角动量定理

从式(4-17)可以知道,作用在质元Δm_i上的合力矩$\boldsymbol{M}_i$应等于质元的角动量随时间的变化率,即

$$\boldsymbol{M}_i=\frac{\mathrm{d}\boldsymbol{L}_i}{\mathrm{d}t}$$

而合力矩$\boldsymbol{M}_i$中含有外力作用在质元Δm_i的力矩,即外力矩$\boldsymbol{M}_i^{\mathrm{ex}}$,以及刚体内质元间作用力的力矩,即内力矩$\boldsymbol{M}_i^{\mathrm{in}}$.

对绕定轴Oz转动的刚体来说,刚体内各质元间的内力矩之和应为零,即$\sum \boldsymbol{M}_i^{\mathrm{in}}=0$.故由上式可得,作用于绕定轴$Oz$转动刚体的合外力对转轴的力矩为

$$\boldsymbol{M}=\boldsymbol{M}^{\mathrm{ex}}=\sum \boldsymbol{M}_i^{\mathrm{ex}}=\frac{\mathrm{d}}{\mathrm{d}t}\left(\sum \boldsymbol{L}_i\right)=\frac{\mathrm{d}}{\mathrm{d}t}\left(\sum \Delta m_i r_i^2 \boldsymbol{\omega}\right)$$

亦可写成

$$\boldsymbol{M}=\frac{\mathrm{d}\boldsymbol{L}}{\mathrm{d}t}=\frac{\mathrm{d}}{\mathrm{d}t}(J\boldsymbol{\omega}) \tag{4-21}$$

上式表明,刚体绕某定轴转动时,作用于刚体的合外力矩等于刚体绕此定轴的角动量随时间的变化率.对照式(4-10)可见,式(4-21)是转动定律的另一表达方式,但其意义更加普遍.即使在绕定轴转动物体的转动惯量J因内力作用而发生变化时,式(4-10)已不适用,但式(4-21)仍然成立.这与质点动力学中,牛顿第二定律的表达式$\boldsymbol{F}=\mathrm{d}\boldsymbol{p}/\mathrm{d}t$较之$\boldsymbol{F}=m\boldsymbol{a}$更普遍是一样的.

设有一转动惯量为J的刚体绕定轴转动,在合外力矩$\boldsymbol{M}$的作用下,在时间间隔$\Delta t=t_2-t_1$内,其角速度由$\boldsymbol{\omega}_1$变为$\boldsymbol{\omega}_2$.由式(4-21)得

$$\int_{t_1}^{t_2}\boldsymbol{M}\mathrm{d}t=\int_{L_1}^{L_2}\mathrm{d}\boldsymbol{L}=\boldsymbol{L}_2-\boldsymbol{L}_1=J\boldsymbol{\omega}_2-J\boldsymbol{\omega}_1 \tag{4-22a}$$

式中 $\int_{t_1}^{t_2}\boldsymbol{M}\mathrm{d}t$ 叫做力矩对给定轴的冲量矩，又叫做角冲量.

如果物体在转动过程中，其内部各质点相对于转轴的位置发生了变化，那么物体的转动惯量 J 也必然随时间变化.若在 Δt 时间内，转动惯量由 J_1 变为 J_2，则式(4-22a)中的 $J\boldsymbol{\omega}_1$应改为 $J_1\boldsymbol{\omega}_1$，$J\boldsymbol{\omega}_2$应改为 $J_2\boldsymbol{\omega}_2$.下面的关系式仍是成立的，即

$$\int_{t_1}^{t_2}\boldsymbol{M}\mathrm{d}t = J_2\boldsymbol{\omega}_2 - J_1\boldsymbol{\omega}_1 \tag{4-22b}$$

式(4-22)表明，当转轴给定时，作用在物体上的冲量矩等于角动量的增量.这个结论叫做角动量定理，它与质点的角动量定理在形式上很相似.

顺便注意一下，在物理学中，量纲相同的物理量，多数有物理意义上的内在联系，但有的则没有.例如，冲量矩和角动量的量纲相同，而且冲量矩是角动量增量的量度.同理，功和能的量纲相同，而且功是能量增量的量度.上述例子中的物理量在物理意义上都有内在联系.另外，功和力矩的量纲虽然相同，但物理意义不同.对于量纲虽相同，而物理意义不同的物理量，应特别注意它们之间的区别.

3. 刚体定轴转动的角动量守恒定律

当作用在质点上的合外力矩等于零时，由质点的角动量定理可以导出质点的角动量守恒定律.同样，当作用在绕定轴转动的刚体上的合外力矩等于零时，由角动量定理也可导出角动量守恒定律.

由式(4-22)可以看出，当合外力矩为零时，可得

$$J\boldsymbol{\omega}=\text{常矢量} \tag{4-23}$$

这就是说，如果物体所受的合外力矩等于零，或者不受外力矩的作用，物体的角动量保持不变.这个结论叫做角动量守恒定律.

许多现象都可以用角动量守恒定律来说明.如在图 4-24 中，一人坐在能绕竖直轴转动的凳子上(摩擦忽略不计)，开始时人平举两臂，两手各握一哑铃，并使人与凳一起以一定的角速度旋转，当人放下两臂使转动惯量变小时，人与凳

图 4-24　角动量守恒定律的演示

的转动角速度就会增大.又如芭蕾舞蹈演员跳舞时,先把两臂张开,并绕通过足尖的竖直转轴以角速度 ω_0 旋转,然后迅速把两臂和腿朝身边靠拢,这时由于转动惯量变小,根据角动量守恒定律,角速度必增大,因而旋转更快.跳水运动员常在空中先把手臂和腿蜷缩起来,以减小转动惯量而增大转动角速度,在快到水面时,则又把手、腿伸直,以增大转动惯量而减小转动角速度,并以一定的角度落入水中.

最后还应再次指出,前面关于角动量守恒定律、动量守恒定律和能量守恒定律,都是在不同的理想化条件(如质点、刚体……)下,用经典的牛顿力学原理"推证"出来的.但它们的使用范围,却远远超出原有条件的限制.它们不仅适用于牛顿力学所研究的宏观、低速(远小于光速)领域,而且通过相应的扩展和修正后也适用于牛顿力学失效的微观、高速(接近光速)领域,即量子力学和相对论领域.这就充分说明,上述三条守恒定律有其时空特征,是近代物理理论的基础,是更为普适的物理定律.

下面简述一点有关空间各向同性与角动量守恒定律的问题.如图 4-25 所示,在一孤立系统内有相距为 r 的 A、B 两个粒子,粒子 B 固定,粒子 A 沿着半径为 r 的圆弧 Δs 运动到 A′.如果系统内两粒子之间的作用力只是保守力,则系统的势能仅与粒子 A 和 B 之间的相对位置有关,而与相对位置的取向无关.所以粒子从 A 移动到 A′后,粒子间的势能没有改变,即 $\Delta E_{p,AB}=0$.这也就是说,在弧 Δs 上的切向力 $F_t=0$,两粒子之间的作用力沿着它们的连线方向,即通过它们的质心,所以它们的角动量守恒.这样,我们就从空间的各向同性给出了角动量守恒定律.

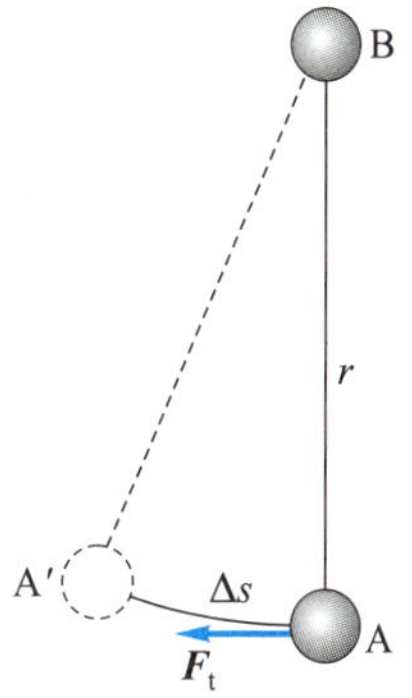

图 4-25 空间各向同性

例 3

如图 4-26 所示,一根质量很小的长度为 l 的均匀细杆,可绕通过其中心点 O 且与纸平面垂直的轴在竖直平面内转动.当细杆静止于水平位置时,一只小虫以较大速率 v_0 从高处竖直落在距点 O 为 $l/4$ 处,并背离点 O 向细杆的端点 A 爬行.设小虫的质量与细杆的质量均为 m.问:欲使细杆以恒定的角速度转动,小虫应以多大速率向细杆端点爬行?

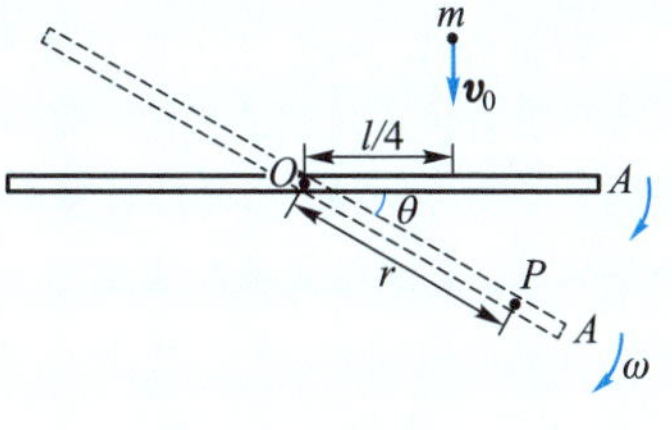

图 4-26

解 小虫落在细杆上,可视完全非弹性碰撞,且碰撞时间极短,重力的冲量矩可略去不计.于是,细杆带着小虫一起以角速度 ω 转动.在碰撞前后,小虫和细杆

系统的角动量守恒，故有

$$mv_0\frac{l}{4}=\left[\frac{1}{12}ml^2+m\left(\frac{l}{4}\right)^2\right]\omega$$

由上式可得细杆的角速度为

$$\omega=\frac{12v_0}{7l} \tag{1}$$

因细杆对轴 O 的重力矩始终为零，当小虫爬到距点 O 为 r 的点 P 时，作用在细杆和小虫系统的外力矩仅为小虫所受的重力矩，即

$$M=mgr\cos\theta \tag{2}$$

由于要求角速度恒定，故从角动量定理可得

$$M=\frac{\mathrm{d}L}{\mathrm{d}t}=\frac{\mathrm{d}}{\mathrm{d}t}(J\omega)=\omega\frac{\mathrm{d}J}{\mathrm{d}t} \tag{3}$$

而小虫在点 P 时，细杆和小虫系统绕轴的转动惯量为

$$J=\frac{1}{12}ml^2+mr^2$$

即得

$$\frac{\mathrm{d}J}{\mathrm{d}t}=2mr\frac{\mathrm{d}r}{\mathrm{d}t} \tag{4}$$

将式(2)和式(4)代入式(3)，有

$$mgr\cos\theta=2mr\omega\frac{\mathrm{d}r}{\mathrm{d}t}$$

考虑到 $\theta=\omega t$，上式为

$$\frac{\mathrm{d}r}{\mathrm{d}t}=\frac{g}{2\omega}\cos\omega t=\frac{7lg}{24v_0}\cos\left(\frac{12v_0}{7l}t\right)$$

式中 $\mathrm{d}r/\mathrm{d}t$ 即为保持细杆以恒定角速度 ω 转动时，小虫必须具有的爬行速率. 从上式可以看出，小虫的爬行速率是时间的周期函数，小虫必须不断按上式的规律调整其速率才能既到达端点 A，又能保持细杆以恒定角速度转动. 当然，对小虫来说这是难以做到的，但对用现代微电子技术制造的微型机器人来说却是不难实现的.

例 4

如图 4-27 所示，一杂技演员 M 由距水平跷板高为 h 处自由下落到跷板的一端 A，并把跷板另一端的演员 N 弹了起来. 设跷板是匀质的，长度为 l，质量为 m'，支撑点在板的中部点 C，跷板可绕点 C 在竖直平面内转动，演员 M、N 的质量都是 m. 假定演员 M 落在跷板上，与跷板的碰撞是完全非弹性碰撞. 问演员 N 可弹起多高？

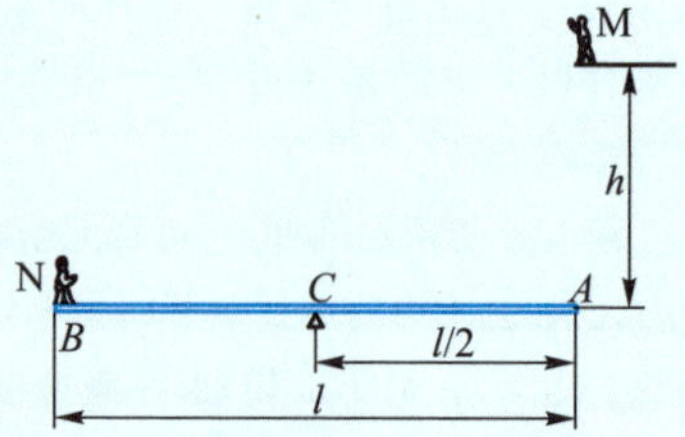

图 4-27

解　为使讨论简化，把演员视为质点. 演员 M

落在板 A 处的速率为 $v_M=(2gh)^{1/2}$，这个速率也就是演员 M 与板 A 处刚碰撞时的速率，此时演员 N 的速率 $v_N=0$.在碰撞后的瞬时，演员 M、N 具有相同的线速率 u，其值为 $u=\frac{l}{2}\omega$，ω 为演员和跷板绕点 C 的角速度.现把演员 M、N 和跷板作为一个系统，并以通过点 C 且垂直纸平面的轴为转轴.由于 M、N 两演员的质量相等，所以当演员 M 碰撞板 A 处时，作用在系统上的合外力矩为零，故系统的角动量守恒，有

$$mv_M\frac{l}{2}=J\omega+2mu\frac{l}{2}=J\omega+\frac{1}{2}ml^2\omega$$

其中 J 为跷板的转动惯量，若把跷板看成是窄长条形状的，则 $J=\frac{1}{12}m'l^2$.于是由上式可得

$$\omega=\frac{mv_M\dfrac{l}{2}}{\dfrac{1}{12}m'l^2+\dfrac{1}{2}ml^2}=\frac{6m(2gh)^{1/2}}{(m'+6m)l}$$

这样演员 N 将以速率 $u=\frac{l}{2}\omega$ 跳起，达到的高度 h' 为

$$h'=\frac{u^2}{2g}=\frac{l^2\omega^2}{8g}=\left(\frac{3m}{m'+6m}\right)^2h$$

4-4 力矩做功 刚体绕定轴转动的动能定理

一、力矩做功

质点在外力作用下发生位移时，我们说力对质点做了功.当刚体在外力矩的作用下绕定轴转动而发生角位移时，我们就说力矩对刚体做了功.这就是力矩的空间累积作用.

如图 4-28 所示，设刚体在切向力 F_t 的作用下，绕转轴 OO'转过的角位移为 $d\theta$.这时力 F_t 的作用点的位移为 $ds=rd\theta$.根据功的定义，力 $\boldsymbol{F}_t$ 在这段位移内所做的功为

$$dW=F_tds=F_trd\theta$$

由于力 $\boldsymbol{F}_t$ 对转轴的力矩为 $M=F_tr$，所以

$$dW=Md\theta$$

上式表明，力矩所做的元功 dW 等于力矩 M 与角位移 $d\theta$ 的乘积.

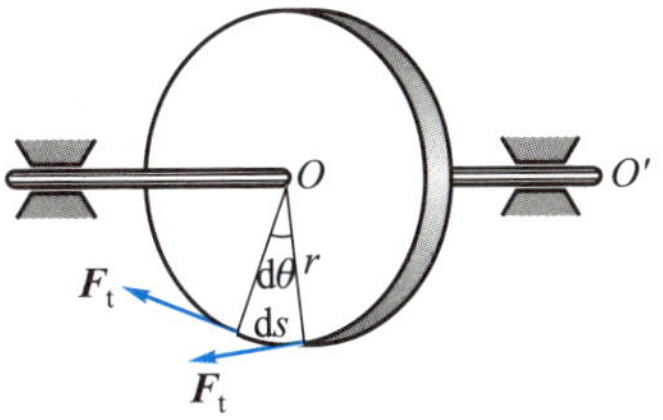

图 4-28 力矩做功

如果力矩的大小和方向都不变,则当刚体在此力矩作用下转过角 θ 时,力矩做的功为

$$W=\int_0^\theta \mathrm{d}W=M\int_0^\theta \mathrm{d}\theta=M\theta \tag{4-24}$$

即力矩对绕定轴转动的刚体所做的功,等于力矩的大小与转过的角度 θ 的乘积.

如果作用在绕定轴转动的刚体上的力矩是变化的,那么,变力矩所做的功则为

$$W=\int M\mathrm{d}\theta \tag{4-25}$$

应当指出,式(4-24)和式(4-25)中的 M 是作用在绕定轴转动刚体上的合外力矩,故上述两式应理解为合外力矩对刚体所做的功.

二、力矩的功率

单位时间内力矩对刚体所做的功称为力矩的功率,用 P 表示.设刚体在力矩作用下绕定轴转动时,在时间 $\mathrm{d}t$ 内转过角 $\mathrm{d}\theta$,则力矩的功率为

$$P=\frac{\mathrm{d}W}{\mathrm{d}t}=M\frac{\mathrm{d}\theta}{\mathrm{d}t}=M\omega \tag{4-26}$$

即力矩的功率等于力矩与角速度的乘积.当功率一定时,转速越低,力矩越大;反之,转速越高,力矩越小.

三、转动动能

刚体可看成是由许许多多的质元所组成的.刚体的转动动能等于各质元动能的总和.设刚体上各质元的质量与线速率分别为 $\Delta m_1,\Delta m_2,\cdots,\Delta m_i$ 与 v_1,$v_2,\cdots,v_i$,各质元到转轴的垂直距离为 $r_1,r_2,\cdots,r_i$.当刚体以角速度 ω 绕定轴转动时,第 i 个质量元的动能为

$$\frac{1}{2}\Delta m_i v_i^2=\frac{1}{2}\Delta m_i r_i^2\omega^2$$

整个刚体的动能为

$$E_\mathrm{k}=\sum_i\frac{1}{2}\Delta m_i r_i^2\omega^2=\frac{1}{2}\left(\sum_i\Delta m_i r_i^2\right)\omega^2$$

式中 $\sum_i\Delta m_i r_i^2$ 为刚体的转动惯量,故

$$E_\mathrm{k}=\frac{1}{2}J\omega^2 \tag{4-27}$$

即刚体绕定轴转动的转动动能等于刚体的转动惯量与角速度二次方的乘积的一半.这与质点的动能 $E_\mathrm{k}=\frac{1}{2}mv^2$,在形式上是完全相似的.

四、刚体绕定轴转动的动能定理

设在合外力矩 M 的作用下，刚体绕定轴转过角位移 $\mathrm{d}\theta$，则合外力矩对刚体所做的元功为

$$\mathrm{d}W=M\mathrm{d}\theta$$

由转动定律 $M=J\alpha=J\dfrac{\mathrm{d}\omega}{\mathrm{d}t}$，上式亦可写成

$$\mathrm{d}W=J\frac{\mathrm{d}\omega}{\mathrm{d}t}\mathrm{d}\theta=J\frac{\mathrm{d}\theta}{\mathrm{d}t}\mathrm{d}\omega=J\omega\mathrm{d}\omega$$

上式中的 J 为常量，在时间 Δt 内合外力矩对刚体做功，使得刚体的角速度从 ω_1 变到 ω_2，合外力矩对刚体所做的功为

$$W=\int\mathrm{d}W=J\int_{\omega_1}^{\omega_2}\omega\mathrm{d}\omega$$

即

$$W=\frac{1}{2}J\omega_2^2-\frac{1}{2}J\omega_1^2 \tag{4-28}$$

上式表明，合外力矩对绕定轴转动的刚体所做的功等于刚体转动动能的增量．这就是刚体绕定轴转动的动能定理①．

视频：单杠运动中有关转速、受力的模型选择及计算

在第三章第 3-6 节中曾指出质点系的动能的增量是作用在质点系上所有外力和质点系内所有内力做功的结果，然而对刚体来说，虽然任意两质元间亦有作用力与反作用力这一对内力，但两质元间却没有相对位移，故内力矩不做功．所以刚体内力矩做功的总和也就为零了．因此对于绕定轴转动的刚体，其转动动能的增量就等于合外力矩做的功．

例

如图 4-29 所示，一长为 l、质量为 m'的杆可绕支点 O 自由转动．一质量为 m、速率为 v 的子弹射入杆内距支点为 a 处，使杆的偏转角为 30°．问子弹的初速率为多少？

---

① 在研究车辆的运动时，不是都能把车辆当作质点看待的．在许多情形下，必须考虑车轮的转动动能和车辆的载重．同学们如有兴趣，可参阅马文蔚等主编《物理学原理在工程技术中的应用》（第四版）之“重车和空车同时到吗？”“关于荡秋千的能量分析”和“单杠运动中旋转的有关物理问题”．

解 把子弹和杆看作一个系统,系统所受的外力有重力和轴对细杆的约束力.在子弹射入杆的极短时间里,重力和约束力均通过轴 O,因此它们对轴 O 的力矩均为零,系统的角动量应当守恒.于是有

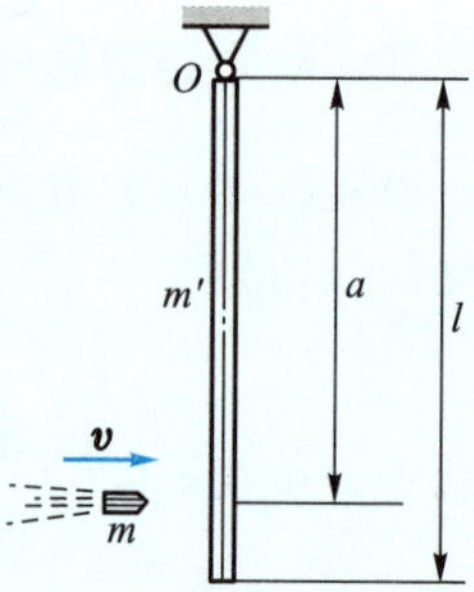

图 4-29

$$mva=\left(\frac{1}{3}m'l^2+ma^2\right)\omega \tag{1}$$

子弹射入杆后,细杆在摆动过程中只有重力做功,故如以子弹、细杆和地球为一系统,则此系统机械能守恒.于是有

$$\frac{1}{2}\left(\frac{1}{3}m'l^2+ma^2\right)\omega^2=mga(1-\cos 30^\circ)+m'g\frac{l}{2}(1-\cos 30^\circ) \tag{2}$$

解式(1)和式(2),得

$$v=\frac{1}{ma}\sqrt{\frac{g}{6}(2-\sqrt{3})(m'l+2ma)(m'l^2+3ma^2)}$$

为了便于理解刚体绕定轴转动的规律性,必须注意规律形式和研究思路的类比方法.下面我们把质点运动与刚体定轴转动的一些重要物理量和重要公式类比,列成表 4-3 供大家使用.

表 4-3 质点运动与刚体定轴转动对照表

质点运动		刚体定轴转动	
速度	$\boldsymbol{v}=\frac{\mathrm{d}\boldsymbol{r}}{\mathrm{d}t}$	角速度	$\omega=\frac{\mathrm{d}\theta}{\mathrm{d}t}$
加速度	$\boldsymbol{a}=\frac{\mathrm{d}\boldsymbol{v}}{\mathrm{d}t}$	角加速度	$\alpha=\frac{\mathrm{d}\omega}{\mathrm{d}t}$
力	$\boldsymbol{F}$	力矩	M
质量	m	转动惯量	$J=\int r^2\mathrm{d}m$
动量	$\boldsymbol{p}=m\boldsymbol{v}$	角动量	$L=J\omega$
牛顿第二定律	$\boldsymbol{F}=m\boldsymbol{a}$ $\boldsymbol{F}=\frac{\mathrm{d}\boldsymbol{p}}{\mathrm{d}t}$	转动定律	$M=J\alpha$ $M=\frac{\mathrm{d}L}{\mathrm{d}t}$
动量定理	$\int\boldsymbol{F}\mathrm{d}t=m\boldsymbol{v}_2-m\boldsymbol{v}_1$	角动量定理	$\int M\mathrm{d}t=J\omega_2-J\omega_1$

续表

质点运动	刚体定轴转动
动量守恒定律 $\boldsymbol{F}=0, m\boldsymbol{v}=$ 常矢量	角动量守恒定律 $M=0, J\omega=$ 常量
动能 $\frac{1}{2}mv^2$	转动动能 $\frac{1}{2}J\omega^2$
力做的功 $W=\int \boldsymbol{F}\cdot \mathrm{d}\boldsymbol{r}$	力矩做的功 $W=\int M\mathrm{d}\theta$
动能定理 $W=\frac{1}{2}mv_2^2-\frac{1}{2}mv_1^2$	转动动能定理 $W=\frac{1}{2}J\omega_2^2-\frac{1}{2}J\omega_1^2$

*4-5 刚体的平面平行运动

如果刚体上各质点都在平行于一固定参考平面的平面内运动，这种运动称为刚体的平面平行运动.如图 4-2 所显示的圆盘在平面上作无滑动的滚动(也叫纯滚动)，就是刚体的平面平行运动的一个例子.

经仔细分析可知，刚体的平面平行运动可归结为质心的运动和绕过质心的轴的转动.由第3-9节的质心运动定理可知，质心的运动方程为

$$\boldsymbol{F}=m\boldsymbol{a}_C=m\frac{\mathrm{d}\boldsymbol{v}_C}{\mathrm{d}t} \tag{4-29}$$

式中 $\boldsymbol{F}$ 为作用在刚体上的合外力，$\boldsymbol{v}_C$ 和 $\boldsymbol{a}_C$ 为质心的速度和加速度，m 为刚体的质量.

另外，若刚体绕通过质心的轴转动时的力矩为合外力矩 M_{Cz}，则由转动定律式(4-10)，有

$$M_{Cz}=J_C\alpha=J_C\frac{\mathrm{d}\omega}{\mathrm{d}t} \tag{4-30}$$

式中 M_{Cz} 为对通过质心而垂直于运动平面的轴 z 的合外力矩，J_C 和 α 为对通过质心而垂直于运动平面的轴 z 的转动惯量和角加速度.应当指出的是：在质心参考系中由于惯性力是通过质心的，故其力矩为零.

而刚体的平面平行运动的动能亦可写成

$$E_\mathrm{k}=\frac{1}{2}mv_C^2+\frac{1}{2}J_C\omega^2 \tag{4-31a}$$

上式表明，刚体的平面平行运动动能等于质心的平动动能与刚体绕质心的转动动能之和.对于以半径为 R 的圆球、圆柱体或圆环等刚体，在平面上作无滑动的滚动时，其质心的速度 $v_C=R\omega$.于是上式也可以写成

$$E_\mathrm{k}=\frac{1}{2}mR^2\omega^2+\frac{1}{2}J_C\omega^2$$

刚体的势能则可视为质心的势能，即

$$E_p = mgh_C \tag{4-31b}$$

利用上面四个式子，可以求解刚体的平面平行运动问题.

例 1

一绳索缠绕在半径为 R、质量为 m 的均匀圆盘的圆周上，绳的另一端悬挂在天花板上（图 4-30）.设绳的质量不计，圆盘由静止释放，求圆盘质心的加速度和绳的张力.

解 作用在圆盘上的力有重力 $\boldsymbol{P}$ 和绳索的张力 $\boldsymbol{F}_T$.选竖直向下的方向为 y 轴的正向.对于质心的平动，由式(4-29)有

$$P - F_T = mg - F_T = ma_C \tag{1}$$

其中 a_C 是圆盘质心相对天花板的加速度.

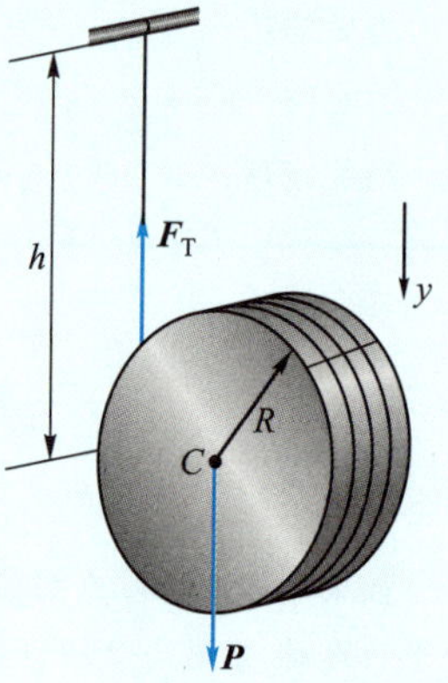

图 4-30

如果以通过圆盘质心且垂直盘面的轴为转轴，由式(4-30)有

$$F_T R = \frac{1}{2} m R^2 \alpha \tag{2}$$

其中 α 为通过圆盘质心的转轴的角加速度.当圆盘滚动时，绳索相对于圆盘质心的加速度为 $a = R\alpha$，这个加速度与圆盘的质心相对天花板的加速度 a_C 相同，即 $a = a_C$.把以上各量代入式(2)，有

$$F_T R = \frac{1}{2} m R^2 \frac{a_C}{R}$$

即

$$F_T = \frac{1}{2} m a_C$$

代入式(1)可得

$$a_C = \frac{2}{3} g, \quad F_T = \frac{1}{3} mg$$

例 2

如图 4-31 所示，质量为 m、半径为 R 的密度均匀的圆盘，由静止从斜面的顶端沿斜面作纯滚动.求圆盘到达斜面底端时速度的值.

解 由于圆盘在斜面上作无滑动的滚动，故圆盘、斜面和地球系统的机械能守恒.如设圆盘到达斜面底端时质心的速度为 v_C，通过圆盘质心且垂直纸平面的轴的角速度为 ω，那么有

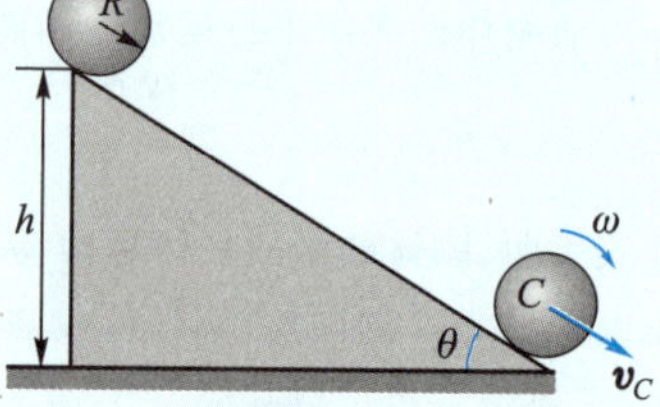

图 4-31

$$mgh = \frac{1}{2} m v_C^2 + \frac{1}{2} J \omega^2$$

把 $\omega = v_C / R$ 和 $J = mR^2/2$ 代入上式，可算得

$$v_C=\left(\frac{4gh}{3}\right)^{1/2}$$

这里我们是用能量方法求解的，当然也可用动力学方法求解；但在纯滚动的情况下，用能量方法要简便得多.读者不妨比较一下，从而可有较深入的理解.

读者可用圆球、圆柱筒和圆环来替代圆盘并进行求解，但保持它们的质量相等，外半径相同，将所得的结果比较一下，看看能得出一些什么规律性的结论.

例 3

一质量为 m、半径为 R 的圆柱体在一质量为 $m_木$ 的木板上作纯滚动.(1) 如图 4-32(a) 所示，木板固定在水平面上，圆柱体受水平外力 $\boldsymbol{F}$ 的作用，求圆柱体的质心加速度和所受的摩擦力；(2) 如图 4-32(b) 所示，木板在水平恒力 $\boldsymbol{F}'$ 的作用下沿水平面运动，木板与平面之间的摩擦因数为 μ，求木板的加速度 a.

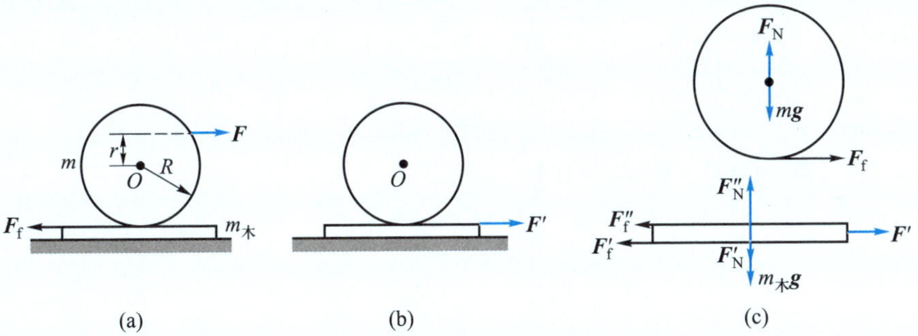

图 4-32　圆柱体的纯滚动

解　(1) 设圆柱体沿顺时针方向转动，其质心加速度 $\boldsymbol{a}_C$ 水平向右，角加速度为 α，其在接触点受到的静摩擦力 $\boldsymbol{F}_f$ 水平向左，如图 4-32(a) 所示.由质心运动定理得

$$F-F_f=ma_C$$

在质心系观察，圆柱体绕过质心的"固定"转轴转动.根据刚体的定轴转动定律，有

$$rF+RF_f=J_C\alpha=\frac{1}{2}mR^2\alpha$$

由纯滚动条件 $v_C=\omega R$ 得

$$a_C=\frac{\mathrm{d}v_C}{\mathrm{d}t}=R\frac{\mathrm{d}\omega}{\mathrm{d}t}=R\alpha$$

联立上述各式，求解可得

$$a_C=\frac{2F(R+r)}{3mR}$$

$$F_f=\frac{R-2r}{3R}F$$

由此可见,摩擦力的方向与外力作用点的位置有关:若 $r<R/2$,则摩擦力的方向与假设方向相同;若 $r>R/2$,则摩擦力的方向与假设方向相反;若 $r=R/2$,则 $F_f=0$.

(2) 首先,分析两物体的运动情况:木板向右作平动,圆柱体相对木板作纯滚动.然后,隔离物体进行受力分析,如图 4-32(c)所示,木板受水平拉力、重力、平面对它的支持力和摩擦力,以及圆柱体对它的正压力和摩擦力,圆柱体受重力、木板对它的支持力和摩擦力.最后,设圆柱体沿逆时针方向转动,其质心速度和加速度分别为 v_C 和 a_C,木板的速度为 v,我们列木板和圆柱体的运动方程:

$$F'-F_f'-F_f''=m_{木}a$$

$$F_f'=\mu(m_{木}+m)g$$

$$F_f=ma_C$$

$$F_fR=J_C\alpha=\frac{1}{2}mR^2\alpha$$

$$F_f=F_f''$$

圆柱体作纯滚动的条件是,它与木板接触点相对于木板的速度为零,即

$$v_C+\omega R=v$$

由此可得

$$a_C+R\alpha=a$$

联立上述方程,可解得木板的加速度为

$$a=\frac{F'-\mu(m_{木}+m)g}{m_{木}+m/3}$$

*4-6 刚体的进动

只有在刚体定轴转动的情况下,作用在刚体上的外力矩 $\boldsymbol{M}$(或 $\mathrm{d}\boldsymbol{L}/\mathrm{d}t$)才有可能与角动量 $\boldsymbol{L}$ 的方向相平行,都在同一轴线上.从本质上来说,刚体绕定轴转动属一维运动.而在陀螺的运动中,$\boldsymbol{M}$ 与 $\boldsymbol{L}$ 的方向就不再沿同一轴线了.通过对陀螺运动的研究可使我们对力矩 $\boldsymbol{M}$ 和角动量 $\boldsymbol{L}$ 的矢量性有较深入的了解.

图 4-33(a)是一个较简单的陀螺示意图.图中 Ox 轴沿水平方向,陀螺轴的一端为球形,可将它放在竖直杆顶部 O 处的球形凹槽内.当它以较大的角速度绕自旋轴转动时,陀螺不仅不会倒下,而且还能绕竖直轴旋转,陀螺的这种运动称为刚体的进动.这是什么道理呢?

在图 4-33(a)中,如略去摩擦力的作用,陀螺受到两个外力作用,一个是作用在陀螺质心 C 向下的重力 $\boldsymbol{P}=m\boldsymbol{g}$,另一个是竖直杆顶部对其作用的向上支持力 F_N.当陀螺按图所示的方向以角速度 ω 绕自旋轴转动时,其角动量 $\boldsymbol{L}$ 的方向沿 Ox 轴正向(设陀螺为重陀螺,且自转角速度 ω 很大).由于力 F_N 对点 O 的力矩为零,故外力矩 $\boldsymbol{M}$ 仅为重力矩,有

$$\boldsymbol{M}=mgr\boldsymbol{j}$$

即 $\boldsymbol{M}$ 的方向沿 Oy 轴正向.在 $\boldsymbol{M}$ 的作用下,在 $\mathrm{d}t$ 时间内,陀螺绕通过点 O 竖直轴的角动量由

$\boldsymbol{L}$ 改变为 $\boldsymbol{L}+\mathrm{d}\boldsymbol{L}$.由角动量定理知,在此无限小时间间隔内陀螺角动量的变化量为

$$\mathrm{d}\boldsymbol{L}=\boldsymbol{M}\mathrm{d}t=(mgr\mathrm{d}t)\boldsymbol{j}$$

这表明陀螺的自旋轴绕通过点 O 的竖直轴 Oz 沿逆时针方向进动.此外,由图 4-33(b)可以看出,经时间 $\mathrm{d}t$ 后,陀螺的角动量由 $\boldsymbol{L}$ 改变为 $\boldsymbol{L}+\mathrm{d}\boldsymbol{L}$,并转过角 $\mathrm{d}\varphi$,

$$\mathrm{d}\varphi=\mathrm{d}L/L\approx(mgr)\mathrm{d}t/J\omega$$

式中 J 为陀螺绕自旋轴的转动惯量.于是可得陀螺的进动角速度的值为

$$\Omega=\mathrm{d}\varphi/\mathrm{d}t=mgr/J\omega$$

由上可知,陀螺的自转角速度 ω 越大,进动角速度 Ω 越小.

进动的现象是很普遍的,其应用也十分广泛.在远离地球的深空宇宙中航行的航天器,经常需要改变姿态或变更轨道.为实现这一目的,人们常启动航天器携带的小火箭,我们在本章第4-3 节的例 2 中讲述了航天器变轨的问题.现在介绍另一个办法,就是利用陀螺来实现.如图4-34 所示,在航天器里装置一个陀螺.在正常情况下,此陀螺不自旋,陀螺的角动量为零,由于在深空没有外力矩的作用,此孤立系统(航天器和陀螺)的角动量守恒,因此,航天器相对于质心的角动量也为零.如果地面控制人员发出指令使陀螺逆时针旋转,那么航天器将顺时针旋转,以调整姿态,从而改变航向.实际上,航天器里的陀螺是可以绕三维垂直轴转动的,地面控制人员根据需要来控制陀螺的自旋,从而实现航天器的调姿或变轨的目的.此外,为了直升机飞行时的稳定,也必须考虑机翼旋转时所产生的进动效应.

在微观世界中,也会遇到进动问题.原子中的电子绕核运动和自旋时会产生角动量,当外加磁场时,电子受磁力矩作用,从而产生绕磁场方向的进动,这称为拉莫尔进动.这种进动可用来解释物质的抗磁性.

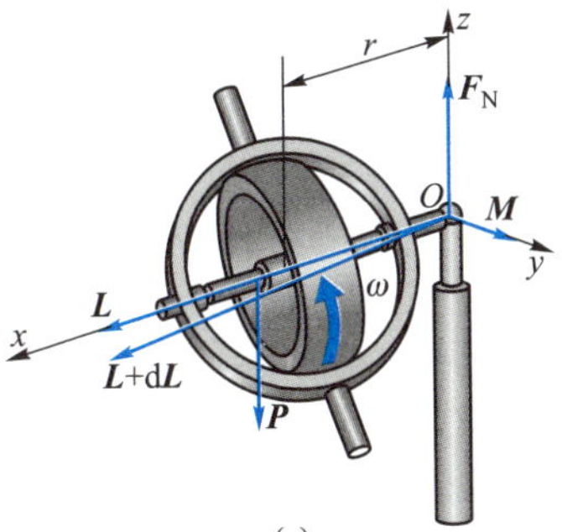

(a)

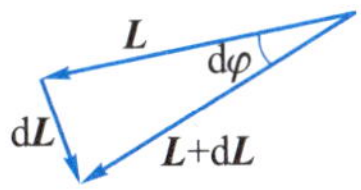

(b)

图 4-33 陀螺进动示意图

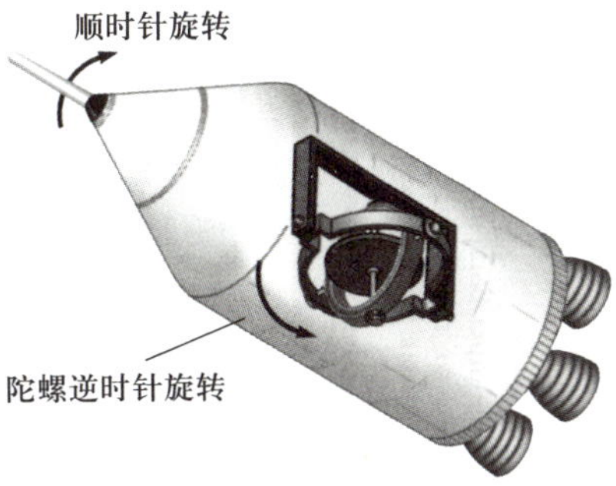

图 4-34 利用陀螺进动实现航天器调姿示意图

*4-7 流体 伯努利方程

至此，我们已经研究过质点、质点系的运动，以及刚体绕定轴的转动.与刚体一样，流体也是一种连续的质点系，它与刚体最大的不同在于，它具有流动性.液体是流体的一种.本节以液体为例介绍流体的基本性质和运动规律.

一、理想流体的运动

1. 流体的基本性质及描述

（1）理想流体的定义

在研究流体运动时，在大多数情况下，可以近似地认为，液体是不可压缩的；又因流体的许多液层之间的相对移动所引起的黏性很弱，常可忽略流体运动过程中引起的内摩擦力.这种不可压缩而且没有黏性的流体，叫做理想流体.

（2）流体运动的描述

在稳定流动（简称"稳流"）的情况下，流体中各点的速度不随时间而变.为了形象地描述流体的运动情况，可以人为地画出一些线，线上每一点的切线都和液体微元在该点的速度方向一致，如图 4-35 所示.这样的线叫做流线.流线的画法通常是这样：在液体流速较大的地方，流线比较密；在液体流速较小的地方，流线比较稀.流体在稳定流动时，流线与液体微元的运动轨迹一致，并保持流线的连续性不变.图 4-36 是流体分别流过圆柱体、垂直于流体的平板以及流线型鱼形截面的物体的流线图.

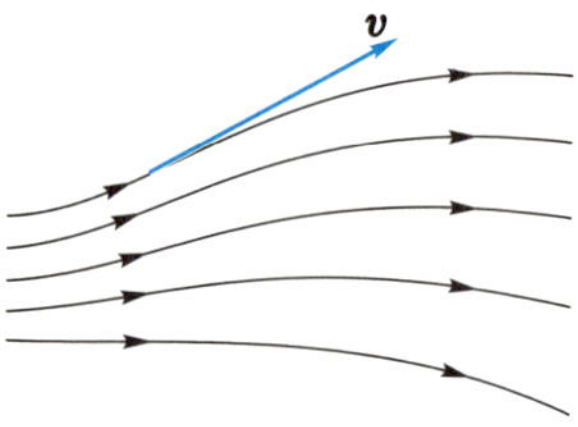

图 4-35 流线的画法

从图 4-36 中显示的连续流线可判断，流体是稳定流过上述物体的.实际上，当流体以较大速度流过一般物体，特别是物体端截面为平面时，液体会出现紊乱情况，即流速会出现突变等，表现在流线上就是：流线会断裂、回旋，如图 4-37 所示.

在稳定流动的流体中，以一组连续分布的流线为边界线，这些流线包围而成的管子叫做流管.因为流线就是液体微元的运动轨迹，每一点都有确定的流速，所以流线不能相交，即位于流管内的流体，在流动过程中不能逸出管外，同样也没有任何管外流体进入管内.

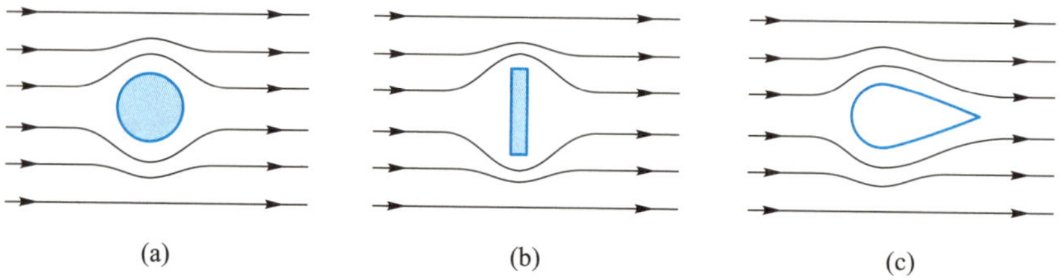

图 4-36 流体的流线

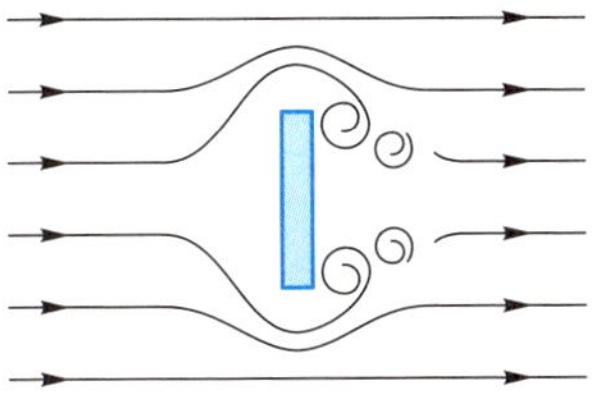
图 4-37 紊流

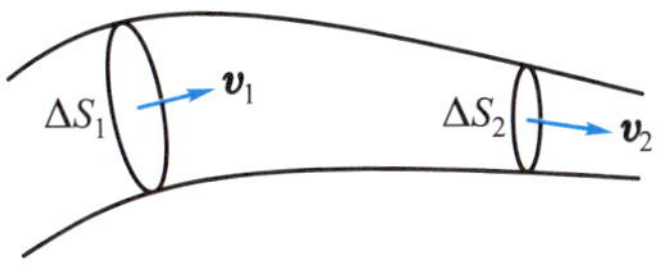

图 4-38 流管

2. 流体连续性方程

取一流管,并任意截取两个垂直截面,其面积记作 ΔS_1 和 ΔS_2,如图 4-38 所示.设 v_1、v_2 分别为所取截面 ΔS_1 和 ΔS_2 处的流体流速的平均值,若截面无限小,它们就是截面上微元的速度.单位时间内流过截面 ΔS_1 和 ΔS_2 的流体体积分别为 $\Delta S_1 v_1$ 和 $\Delta S_2 v_2$,对于不可压缩的流体来说,流过截面 ΔS_1 和 ΔS_2 的流体体积相同,由此即得

$$\Delta S_1 v_1 = \Delta S_2 v_2 \tag{4-32a}$$

只要流体稳定流动,式(4-32a)对流管内任意两个和流管垂直的截面都成立,于是有

$$\Delta S v = 常量 \tag{4-32b}$$

也就是说,对于给定的流管,不可压缩的流体的流速和流管截面积的乘积是一个常量,这个量称为体积流量,单位为 $m^3 \cdot s^{-1}$ 或 $cm^3 \cdot s^{-1}$.这一关系叫做流体连续性方程.

按照流体连续性方程,在流管较粗的地方,流体流得较慢;在流管较细的地方,流体流得较快.如果在式(4-32a)两侧分别乘以流体的密度 ρ,则可看到在单位时间内流入 ΔS_1 的流体的质量与流出 ΔS_2 的流体的质量是相等的.

二、伯努利方程

把牛顿力学的功能原理用于理想流体,可以得到流体力学的基本方程式——伯努利方程.

如图 4-39 所示,从流体中取一段质量为 Δm 的流体元,这部分流体元先后流过流管截面 ΔS_1 和 ΔS_2.在截面 ΔS_1 处,流体长度为 Δl_1,速度为 v_1,压强为 p_1;在截面 ΔS_2 处,流体长度为 Δl_2,速度为 v_2,压强为 p_2.它们距水平面的高度分别为 h_1、h_2.由于流体是不可压缩的,在流动过程中其密度均为 ρ.设 Δt 时间内,Δm 分别通过截面 ΔS_1 和 ΔS_2 的距离为 Δl_1 和 Δl_2,而作用在截面 ΔS_1 和 ΔS_2 上的压强分别为 p_1 和 p_2,这样压强差所做的功为①

$$W = p_1 \Delta S_1 \Delta l_1 - p_2 \Delta S_2 \Delta l_2 \tag{4-33}$$

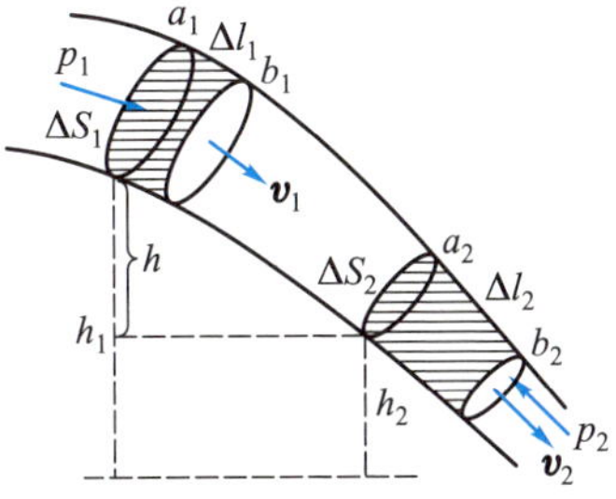

图 4-39 推导伯努利方程用图

① 流管侧面的压强(力)与速度垂直,它并不做功.

由连续性方程(4-32)可知

$$\Delta S_1\Delta l_1=\Delta S_2\Delta l_2=\Delta V$$

其中 ΔV 是 Δm 对应的体积.所以式(4-33)变为

$$W=(p_1-p_2)\Delta V \tag{4-34}$$

由功能原理可得,Δm 从截面 ΔS_1 运动到截面 ΔS_2 过程中的功能关系为

$$W=E_2-E_1 \tag{4-35}$$

式中 E_1 及 E_2 是流体元 Δm 分别处于截面 ΔS_1、ΔS_2 时的机械能,即

$$E_1=\frac{\Delta m v_1^2}{2}+\Delta m g h_1$$

$$E_2=\frac{\Delta m v_2^2}{2}+\Delta m g h_2$$

将上式及式(4-34)一同代入式(4-35),并注意 $\Delta m/\Delta V$ 就是液体的密度 ρ,即得

$$\frac{\rho v_1^2}{2}+\rho g h_1+p_1=\frac{\rho v_2^2}{2}+\rho g h_2+p_2 \tag{4-36}$$

这一方程叫做伯努利方程①.

若流管水平($h_1=h_2$),则伯努利方程变为

$$\frac{\rho v_1^2}{2}+p_1=\frac{\rho v_2^2}{2}+p_2 \tag{4-37}$$

文档:伯努利

由式(4-37)可知,速度小的地方,压强大;而速度大的地方,压强小.

我们再强调一下,伯努利方程适用于理想流体,而且流体稳定流动.

三、伯努利方程的应用

伯努利方程在流体中的作用是非常重要的,它不仅在液体中适用,而且在气体中也适用.它的应用很广泛.下面举两个例子.

1. 喷雾器

喷雾器的构造如图 4-40 所示,由于水平管中的活塞向右运动,管中产生的气流,在截面大的 A 处,速度小,压强近似等于大气压 p_0,在截面缩小的 B 处,速度大,压强 p 小于大气压 p_0.结果储液器 C 中的液面上的大气压 p_0 将液体压上去,液体在 B 处混入气流,被吹散成雾,由喷嘴喷出.内燃机的挥发器、农药喷雾器以及香水瓶、沐浴液压缩喷口和空气升力演示仪等都是利用这个原理.

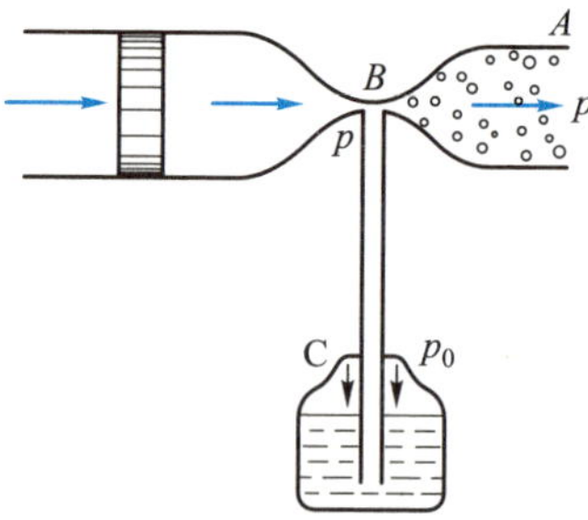

图 4-40 喷雾器

2. 小孔流速

设在大容器的水面下 h 处的器壁上有一小孔,水

① 式(4-36)是由出生于荷兰的瑞士人、卓越的数学家和物理学家丹尼尔·伯努利(D. Bernoulli,1700—1782)导出来的,当时他正在俄国工作.他曾是柏林、巴黎科学院院士,英国皇家学会会员.

由此处流出，如图 4-41(a)所示.因容器截面积 S_1 比小孔面积 S_2 大得多，水面下降极缓，在短时间内高度差 h 几乎不发生改变.水的流动可看作理想流体的稳定流动.取流线 AB，A 点在水面上，压强可看成大气压 p_0，速度可看成零，若取过 B 点的水平面作为参考面，A 点的高度为 h；B 点的压强近似为 p_0，高度为 0，流速为 v_2.将这六个量代入式(4-36)得

$$v_2=\sqrt{2gh}$$

这个结果是在理想流体的假设下求出的，实际上，由于内摩擦的作用，流出的速度较 $\sqrt{2gh}$ 要小 1%～2%.

此外，小孔附近的实际流线分布大致如图 4-41(b)所示，在截面 S_2' 处，流线才是相互平行的，由于流体中质点在这里基本沿水平方向运动，垂直于流线方向的各点的速度相同(无加速度)，因此在此竖直方向可按静止液体计算压强差，若忽略微小的高差，则 B' 点的压强就与流管上下边缘的压强一致，为 p_0.严格说，前端的 B 点应移到 B' 点，上面计算的 v_2 是 B' 点的速度.实验结果，截面积 $S_2'\approx 0.62S_2$，故小孔的水流量约为 $0.62S_2\sqrt{2gh}$.这一结果可近似地用于实际问题，如水库放水发电时，就可用来计算出水口的流速和流量.

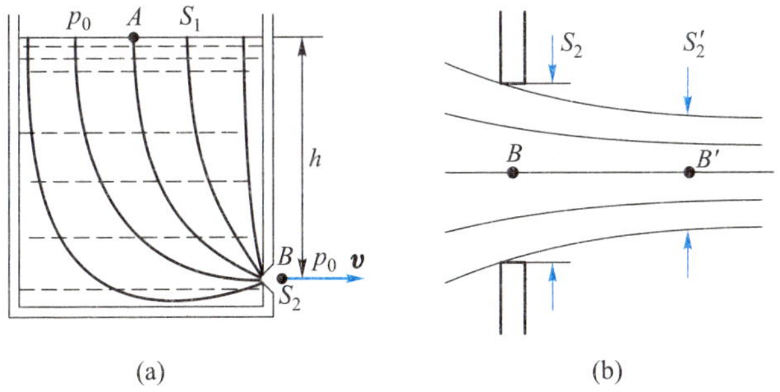

图 4-41　小孔流速

严格来说，伯努利方程不适用于黏性液体，因为黏性摩擦力做功，使流管内部的一部分能量转化为热能.但是，实际上只有对于黏性极大的液体，伯努利方程才不适用.水这一类液体实际上可以足够精确地满足伯努利方程.此外，伯努利方程用于气体一类流体中，会有一系列有趣的现象发生，例如飞行体的升力、旋转球的弧线运动等.

*4-8　万有引力的牛顿命题

万有引力定律的发现是人类认识自然、了解宇宙天体运动、理解开普勒定律的一项伟大而具有里程碑性质的重大事件，也是人们首次用统一的观点研究宇宙万物之间引力作用所取得的重大成果.

牛顿关于引力问题的研究起自于 1665 年.他从行星绕太阳运动的圆轨道出发，导出了行星与太阳间的引力与它们距离的二次方成反比.开普勒定律则指出行星运动的轨道是椭圆

而不是圆,开普勒所提出的椭圆轨道是分析了第谷留给他的数千张星象图得出的.第谷从观测得到这些星象图耗去了长达 20 年的时间.因此,必须从椭圆轨道得出引力的二次方反比律,或者从引力的二次方反比律得到椭圆轨道.只有做到这点,万有引力定律才是符合客观实际的定律.此外,宇宙中天体的大小较之天体间的距离总是小得多,故可以把它们视为质点,也就可用万有引力定律计算它们间的引力.然而,物体不总是能看作质点的,例如地球上的物体间的引力、地球与地球表面附近物体间的引力等,又该如何计算呢? 万有引力定律除了能计算宇宙中天体间的引力,是否也能适用于地面上的物体呢? 天上的引力和地上的引力是否能统一于一个定律呢? 这就是历史上著名的关于万有引力定律的两个牛顿命题.

牛顿在导师巴罗思想的影响下开始研究变量数学,发明了微积分,使上述两个命题得到了解决,从而使具有概括性和统一性的牛顿万有引力定律最终被确立下来.下面对这两个命题的解决分别作一点介绍.

一、物体间引力的计算

1. 引力与引力势能

万有引力定律指出,两质点之间的引力与它们间的距离的二次方成反比,而与质点周围是否有介质无关.那么引力是如何传递的呢? 这个问题一直困扰着人们,直到 20 世纪爱因斯坦在引力理论中明确指出,在物体周围存在引力场.在第二章中,万有引力定律表示为

$$\boldsymbol{F}=-G\frac{mm'}{r^2}\boldsymbol{e}_r$$

而在第三章中知道,质点 m 在质点 m'的引力场中的引力势能为

$$E_{\mathrm{p}}=-Gmm'\frac{1}{r} \tag{4-38}$$

它们之间的关系为

$$\boldsymbol{F}=-\frac{\mathrm{d}E_{\mathrm{p}}}{\mathrm{d}r}\boldsymbol{e}_r \tag{4-39}$$

计算质点 m 在引力场中所受引力有两种方法:一是先分别求出 n 个质点中每一个对质点 m 的引力,再求这些引力的矢量和,对连续分布的物体则要用积分运算;二是先求出 n 个质点中每一个对质点 m 的引力势能,再求这些引力势能的代数和,并利用上式求导数即可.显然在一般情况下,用第二种方法要简便些.

2. 匀质球壳与质点间的引力

如图 4-42 所示,有一半径为 R、质量为 m'的匀质薄球壳,在距球心 O 为 r 的点 P 处放置一质量为 m 的质点,此球壳对质点 m 的引力是多少呢?

从球壳上取一细环带,环带的宽度为 $R\mathrm{d}\theta$.环带所在的平面与 OP 垂直.此环带的面积为

$$\mathrm{d}A=2\pi(R\sin\,\theta)R\mathrm{d}\theta=2\pi R^2\sin\,\theta\mathrm{d}\theta$$

由于球壳是匀质的,故若以 σ 代表球壳的质量面密度,则此环带的质量为

$$\mathrm{d}m'=2\pi R^2\sigma\sin\,\theta\mathrm{d}\theta$$

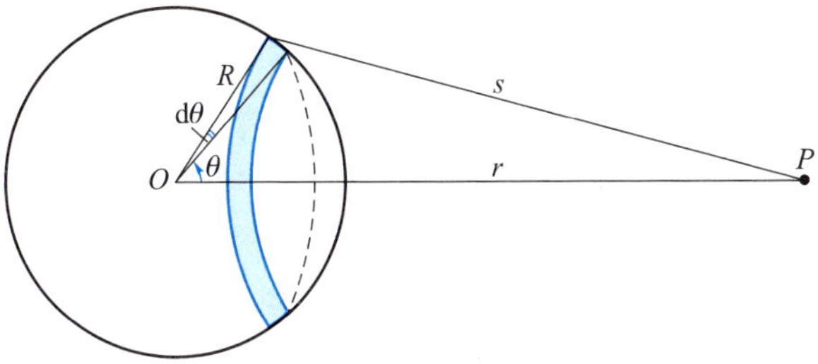

图 4-42 匀质球壳与球外质点间的引力

由于环带上各点到点 P 的距离都为 s，故由式(4-38)可得，质点 m 在环带所产生的引力场中点 P 处的引力势能为

$$dE_p=-G\frac{m dm'}{s}$$

把 dm'代入上式，有

$$dE_p=-Gm\cdot 2\pi R^2\sigma\frac{\sin\theta d\theta}{s} \tag{4-40}$$

式中 s 与 θ 随所取环带不同而改变.由图 4-42 可以看出，R、r 与 s 之间有如下关系：

$$s^2=R^2+r^2-2rR\cos\theta$$

取微商，有

$$\frac{\sin\theta d\theta}{s}=\frac{ds}{Rr}$$

代入式(4-40)，得

$$dE_p=-\frac{Gm\cdot 2\pi R\sigma}{r}ds$$

于是，质点 m 在匀质球壳外的引力场中点 P 处的引力势能为

$$E_p=-\frac{Gm\cdot 2\pi R\sigma}{r}\int ds$$

上式积分的上下限可以这样来确定.当点 P 在球壳外面时，从图 4-42 中可以看出，环带到点 P 的距离 s 的变化范围随 θ 而变化.当 $\theta=0$ 时，s 的值最小为 $r-R$；当 $\theta=\pi$ 时，s 的值最大为 $r+R$.故上式的积分为

$$E_p=-\frac{Gm\cdot 2\pi R\sigma}{r}\int_{r-R}^{r+R}ds$$

即

$$E_p=-\frac{Gm\cdot 2\pi R\sigma}{r}2R=-G\frac{m\cdot 4\pi R^2\sigma}{r}$$

其中 $4\pi R^2\sigma=m'$为球壳质量.故质点 m 在球壳外点 P 处的引力势能为

$$E_p=-G\frac{mm'}{r}\quad (r>R) \tag{4-41}$$

r 为球壳中心到球壳外点 P 的距离.上式表明，质点 m 放在匀质球壳外，其引力势能如同球壳

的质量全部集中于球心的情况.

利用式(4-41),可得球壳外质点 m 所受的引力为

$$\boldsymbol{F}=-\frac{\mathrm{d}E_{\mathrm{p}}}{\mathrm{d}r}\boldsymbol{e}_r=-G\frac{mm'}{r^2}\boldsymbol{e}_r\quad(r>R)$$

上式表明,匀质球壳外面的质点所受的引力,与把球壳的质量集中于球心时的情况一样.这是万有引力与距离二次方成反比的一个必然结论.

3. 匀质球体间的引力

匀质球体可看作是由许多同心的薄球壳所组成的.质点 m 与匀质球体间的引力势能,等于质点 m 与各个球壳的引力势能之和.因此,由式(4-41)可得,在匀质球体外面,质点 m 的引力势能为

$$E_{\mathrm{p}}=-G\frac{mm'}{r}\quad(r>R)$$

式中 m' 为匀质球体的质量,R 为匀质球体的半径,r 为匀质球体的球心与质点 m 的距离.而球体外面质点 m 所受的引力为

$$\boldsymbol{F}=-\frac{\mathrm{d}E_{\mathrm{p}}}{\mathrm{d}r}\boldsymbol{e}_r=-G\frac{mm'}{r^2}\boldsymbol{e}_r\quad(r>R)$$

这样,不难得出,质量分别为 m_1' 和 m_2' 的两匀质球体之间的引力势能和引力为

$$E_{\mathrm{p}}=-G\frac{m_1'm_2'}{r}$$

$$\boldsymbol{F}=-G\frac{m_1'm_2'}{r^2}\boldsymbol{e}_r$$

式中 r 为两球体球心间的距离.从上述结果可以看出,两匀质球体之间的引力,与把两球体的质量集中于球心——即视为质点之间的引力相同.

由于微积分的发明,人们不仅能计算天体间的引力,而且原则上可计算不能当作质点的物体间的引力.这样,万有引力定律不仅能研究宇宙中天体的运动,而且可研究地球上的物体由引力引起的运动.这是牛顿发明微积分的一项重大成果.

二、椭圆轨道的论证

开普勒给出了太阳系中行星运动的椭圆轨道,这是开普勒的最伟大的发现之一,因此他被誉为天空的制法者.作为质点间相互作用的二次方反比律的万有引力定律能否导出行星的椭圆轨道,在某种程度上决定了万有引力定律的命运.这就是 1684 年哈雷从牛顿那里知道,牛顿已能用万有引力定律计算出行星轨道是椭圆后,竟会产生非凡的惊喜和激动之情的缘故.

下面我们对这一问题作简略介绍.

如图 4-43 所示,设太阳 m' 位于原点 O,行星 m 位于平面极坐标系中的点 P,它对原点 O 的位矢为 $\boldsymbol{r}$,而 $\boldsymbol{r}$ 与参考轴的夹角为 θ,故点 P 的坐标为 (r,θ).

按万有引力定律,太阳 m' 对行星 m 的引力为

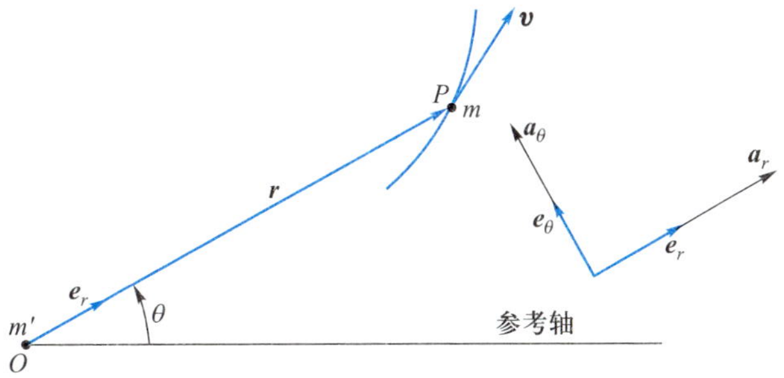

图 4-43 行星的运动

$$F=-G\frac{m'm}{r^2}e_r$$

取 $c=Gm'm$,上式可写为

$$F=-\frac{c}{r^2}e_r \tag{4-42}$$

另由牛顿第二定律可知,在行星的运动方程

$$F=ma$$

中,加速度 a 为两个分矢量 a_r 与 a_θ 之和,a_r 叫径向加速度,a_θ 叫横向加速度,即

$$a=a_r+a_\theta=a_re_r+a_\theta e_\theta$$

其中 e_r 为径向单位矢量,而 e_θ 为横向单位矢量.这样行星的运动方程为

$$F=ma_re_r+ma_\theta e_\theta$$

在 $\mathrm{d}t$ 时间内行星的位移为 $\mathrm{d}r$,如图 4-44 所示,从图中可以看出,行星的位移 $\mathrm{d}r$ 为径向位移 $\mathrm{d}re_r$ 与横向位移 $r\mathrm{d}\theta e_\theta$ 之和,即

$$\mathrm{d}r=\mathrm{d}re_r+r\mathrm{d}\theta e_\theta$$

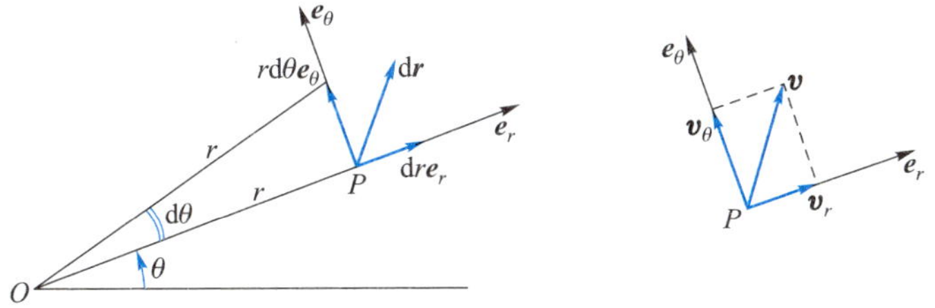

图 4-44 行星的径向速度与横向速度

按速度的定义 $v=\mathrm{d}r/\mathrm{d}t$,行星的速度为

$$v=\frac{\mathrm{d}r}{\mathrm{d}t}=\frac{\mathrm{d}r}{\mathrm{d}t}e_r+r\frac{\mathrm{d}\theta}{\mathrm{d}t}e_\theta \tag{4-43}$$

现令

$$v_r=\frac{\mathrm{d}r}{\mathrm{d}t}e_r,\quad v_\theta=r\frac{\mathrm{d}\theta}{\mathrm{d}t}e_\theta$$

v_r叫做行星的径向速度,v_θ叫做行星的横向速度.式(4-43)表明,行星在轨道上点 P 的速度为

径向速度与横向速度之和.

因为行星所受的力是指向太阳的有心力,故这个力对原点 O 的力矩为零,行星的角动量守恒,即行星的角动量为

$$L=mr^2\frac{\mathrm{d}\theta}{\mathrm{d}t}=\text{常量} \tag{4-44}$$

其次,按机械能守恒定律,行星的能量为

$$E=\frac{1}{2}mv^2-G\frac{mm'}{r}=\text{常量}$$

由式(4-43)可得

$$v^2=\left(\frac{\mathrm{d}r}{\mathrm{d}t}\right)^2+\left(r\frac{\mathrm{d}\theta}{\mathrm{d}t}\right)^2$$

于是,上式为

$$E=\frac{1}{2}m\left(\frac{\mathrm{d}r}{\mathrm{d}t}\right)^2+\frac{1}{2}mr^2\left(\frac{\mathrm{d}\theta}{\mathrm{d}t}\right)^2-G\frac{mm'}{r}=\text{常量} \tag{4-45}$$

式(4-44)和式(4-45)是求解行星运动问题的基本方程.下面,我们用它们来求行星运动的轨道方程.

由式(4-45),有

$$\frac{\mathrm{d}r}{\mathrm{d}t}=\sqrt{\frac{2E}{m}+\frac{2Gm'}{r}-r^2\left(\frac{\mathrm{d}\theta}{\mathrm{d}t}\right)^2}$$

另由式(4-44),有

$$\frac{\mathrm{d}\theta}{\mathrm{d}t}=\frac{L}{mr^2}$$

且由于

$$\frac{\mathrm{d}\theta}{\mathrm{d}t}=\frac{\mathrm{d}\theta}{\mathrm{d}r}\frac{\mathrm{d}r}{\mathrm{d}t}=\frac{\mathrm{d}\theta}{\mathrm{d}r}\sqrt{\frac{2E}{m}+\frac{2Gm'}{r}-\frac{L^2}{m^2r^2}}$$

所以,由以上两式可得

$$\frac{L/r^2}{\sqrt{2m\left(E+Gmm'\frac{1}{r}\right)-\frac{L^2}{r^2}}}\mathrm{d}r=\mathrm{d}\theta$$

上式经积分运算后,可得①

$$\frac{1}{r}=A(1+e\cos\theta) \tag{4-46}$$

其中

$$A=\frac{Gm'm^2}{L^2}$$

① 此积分较烦琐,读者如有兴趣可参阅肖士珣编《理论力学简明教程》的第 82 页(高等教育出版社,1979 年).

$$e=\left(1+\frac{2EL^2}{G^2m'^2m^3}\right)^{1/2} \tag{4-47}$$

式(4-46)是典型的圆锥曲线方程，e 叫做偏心率.行星在太阳引力场中的轨道形状取决于偏心率 e 的值.我们知道，式(4-47)中 L、G、m'、m 等量的值都是正值，而行星又始终在太阳引力场中运动，其机械能 $E<0$(因取无限远处的引力势能为零)，故由式(4-47)可得 $e<1$.由几何学的知识知道，$e<1$ 时，式(4-46)所表述的方程是椭圆方程.由此可得，行星 m 在太阳 m'的引力作用下绕以太阳为焦点的椭圆轨道运动，这样我们就用万有引力定律论证了开普勒第一定律.这正是人们对二次方反比定律所期待的结果.

*4-9 经典力学的成就和局限性

前述的质点力学和刚体力学都是在牛顿运动定律的基础上建立起来的.此外，在牛顿运动定律基础上人们还建立了诸如流体力学、弹性力学、结构力学等多门工程力学学科.所有这些在理论体系上都属于牛顿力学或经典力学的范畴.经典力学在物理学中较早地发展成为理论严密、体系完整、应用广泛的一门学科，并且还是经典电磁学和经典统计力学的基础.可见，经典力学的应用极为广泛，取得的成就也非常巨大.它曾促进了蒸汽机和电动机的发明，为产业革命和电力技术革命奠定了基础.当今科学技术发展很快，尤其是智能技术和信息技术正飞速发展，而材料科学已深入到分子和原子层次，形成了纳米材料技术.然而时至今日，小到微型机器人，大到宇宙飞船，经典力学还是极为重要的基础之一.而且可以肯定，在今后科学技术的发展中，它仍将发挥不可替代的作用.

但是，在经典力学不断取得辉煌成就的同时，在物理学的发展中，特别是从 20 世纪初叶以来，人们就已发现一些现象是与经典力学的一些概念和定律相抵触的.这说明经典力学只具有相对的真理性，或者说经典力学是有局限性的.

概括地讲，牛顿力学在 20 世纪受到了三次具有革命性的严重挑战，这就是 1905 年爱因斯坦建立的狭义相对论，1925 年前后建立起来的量子力学和 20 世纪 60 年代发现的混沌现象.进入 21 世纪，在技术领域有望在不久的将来制成量子计算机，其在几秒内处理的信息，现在的超级计算机需要运算数百万年；人们还有望在近期内制成纳米级的机器人，获得常温下超导材料.在物质结构方面，由于新的高能加速器的建成，新的粒子希格斯玻色子已于 2012 年 7 月 2 日被美国费米国家加速器实验室找到.为此预言存在希格斯粒子的希格斯(P.Higgs，1929—)和恩格勒(F.Englert，1932—)两位理论物理学家，共获 2013 年诺贝尔物理学奖……这就向人们明确地揭示了牛顿力学局限性之所在.本节对此仅作简略的介绍，即关于物体作高速运动时的力学行为，运动规律的确定性和随机性——混沌现象，以及能量量子化的概念.至于对相对论、量子力学和原子核与基本粒子的较详细的介绍，将在本书下册第十四至十六章论及.

一、经典力学只适用于处理物体的低速运动问题,而不能用于处理高速运动问题

经典力学把时间和空间看作是彼此无关的;把时间和空间的基本属性也看作与物质的运动没有任何关系而是绝对的、永远不变的.这就是所谓经典力学中的“绝对时间”和“绝对空间”的观点,也称为牛顿绝对时空观.

但是,随着物理学的发展,特别是19世纪末有了新的实验发现,结果使经典力学和经典电磁理论遇到了很大的困难,牛顿的绝对时空观和建立在这一基础上的经典力学开始陷入了无法解决某些问题的困境.

在这种情况下,20世纪初的1905年,爱因斯坦提出了狭义相对论.这一理论描述了一种新的时空观,认为时间和空间是相互联系的,而且时间的流逝和空间的延拓也与物质和运动有不可分割的联系.例如运动物体的长度和所经历的时间,就与它相对于惯性系的运动速度有密切的关联,这种关联在物体的速度 v 接近光速 c 时尤为显著①.下面我们仅概略地介绍几个力学中的物理量在高速运动与低速运动时的差异.

1. 高速运动时速度的相对性

如图4-45所示,有两个惯性参考系S和S′,它们的 Ox 轴和 Ox' 轴相重合,Oy 轴与 Oy' 轴相平行,Oz 轴与 Oz' 轴亦平行.其中S′系沿 Ox 轴以速度 v_x 相对S系运动.若在S′系中有一质点 P,以速度 u'_x 沿 Ox' 轴运动,则这个质点在S系中沿 Ox 轴运动的速度 u_x 是多少呢?按照爱因斯坦的狭义相对论可知②

$$u_x=\frac{u'_x+v_x}{1+\frac{u'_x v_x}{c^2}} \tag{4-48}$$

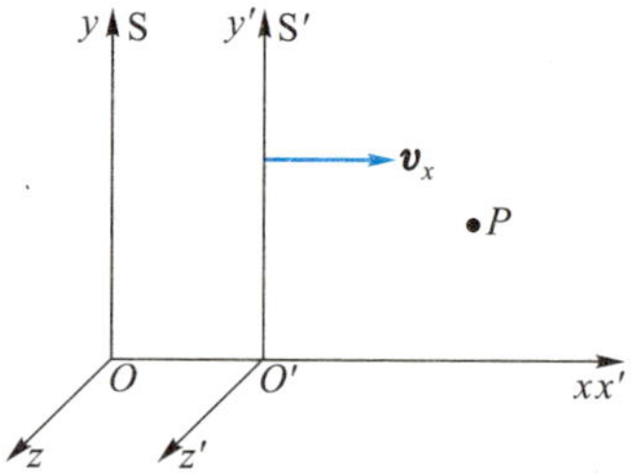

图4-45 速度的相对性

式中 c 为光速.上式为狭义相对论的速度变换式,也称为洛伦兹速度变换式.

如果质点 P 在S′系中的速度远小于光速,即 $u'_x \ll c$,那么式(4-48)中,$1+(u'_x v_x)/c^2 \approx 1$.于是,由式(4-48)有

$$u_x=u'_x+v_x \tag{4-49}$$

此式即第一章第1-3节所提到的伽利略速度变换式.显然式(4-49)所表达的经典力学的伽利略速度变换式,是洛伦兹速度变换式在 $u'_x \ll c$ 时的近似情形.这也表明,经典力学关于不同惯性参考系间的速度变换式,并没有正确地表达出物体运动间的时空关系;它只能近似地(尽管是相当令人满意的近似)适用于质点的速度远小于光速时的低速运动情况.当质点的运动速度可与光速相比较时,式(4-49)就根本不适用了,此时必须用式(4-48)来进行惯性参

① 参见本书下册第十四章第14-3节狭义相对论的基本原理和洛伦兹变换式.

② 参见本书下册第十四章第14-3节洛伦兹速度变换式.

考系间的速度变换.

2. 高速运动时的动量和质量

在经典力学中,质量为 m_0、速度为 v 的质点的动量为 $p=m_0v$.但是,当质点的速度 v 接近于光速 c 时,爱因斯坦的狭义相对论则指出,质点的动量应为

$$p=\frac{m_0v}{\left(1-\frac{v^2}{c^2}\right)^{1/2}} \tag{4-50}$$

若质点的速度 v 远小于光速 c,即 $v<<c$,则上式中的二项式 $(1-v^2/c^2)^{-1/2}\approx 1$①.于是,由式(4-50)可得,在远小于光速的低速运动情况下,质点的动量为

$$p=m_0v \tag{4-51}$$

这就是经典力学中的动量表达式.它是在 $v<<c$ 时,狭义相对论性动量式(4-50)的近似情形.

由式(4-50)可知,质点在高速运动时的质量为

$$m=\frac{m_0}{\left(1-\frac{v^2}{c^2}\right)^{1/2}} \tag{4-52}$$

式中 m_0 称为静质量,m 可称为动质量或相对论性质量.从式(4-52)可以看出,质点的质量是依赖于其运动速度的,也就是说,物质的基本属性是与运动紧密相连的.只有在 $v<<c$ 时,$m\approx m_0$,质点的质量才可近似视为常量,这就是经典力学中将物体的质量视为常量,而与实际情况没有可察觉差异的缘故.然而,现代已有许多粒子加速器可使电子、质子等微观粒子的速度达到 $0.8c$ 以上,这时粒子的质量就必须用式(4-52)来表述了.

3. 高速运动时的动能

在经典力学中,质量为 m_0、速度为 v 的质点,其动能为 $\frac{1}{2}m_0v^2$.但是,当质点的速度 v 接近于光速 c 时,狭义相对论指出质点的动能应为

$$E_k=m_0c^2\left[\frac{1}{\left(1-\frac{v^2}{c^2}\right)^{1/2}}-1\right] \tag{4-53}$$

由前面的脚注①可得 $(1-v^2/c^2)^{-1/2}=1+\frac{1}{2}\frac{v^2}{c^2}+\frac{3}{8}\frac{v^4}{c^4}+\cdots$,将它代入式(4-53),可得

$$E_k=m_0c^2\left(\frac{1}{2}\frac{v^2}{c^2}+\frac{3}{8}\frac{v^4}{c^4}+\cdots\right)\approx\frac{1}{2}m_0v^2\left(1+\frac{3}{4}\frac{v^2}{c^2}\right) \tag{4-54}$$

若质点的速度 v 远小于光速 c,即 $v<<c$,那么式(4-54)中的 $(1+3v^2/4c^2)\approx 1$.于是,由式(4-54)可得

① 二项式 $(1-x^2)^{-1/2}$ 在 $x^2<<1$ 的情形下,可展开为 $\left(1+\frac{1}{2}x^2+\frac{1\times3}{2\times4}x^4+\frac{1\times3\times5}{2\times4\times6}x^6+\cdots\right)$.现 $x=v/c$,且 $v<<c$,所以可有 $(1-v^2/c^2)^{-1/2}\approx 1$.

$$E_k \approx \frac{1}{2}m_0v^2 \tag{4-55}$$

这就是经典力学的动能表达式.它是在 $v \ll c$ 时,狭义相对论性动能式(4-53)的近似情形.

现在我们来考虑这样一个问题:如果一个物体以声速运动,即 $v=300\ \text{m}\cdot\text{s}^{-1}$,这时物体的动能是必须用狭义相对论的动能式(4-54)来计算呢,还是可以用经典力学的动能式(4-55)来计算?在日常生活中,$300\ \text{m}\cdot\text{s}^{-1}$这个速度是不算小的了,如火车以这个速度运行,1小时多一些就可从南京到达北京了.但这个速度与光速($3\times10^8\ \text{m}\cdot\text{s}^{-1}$)相比那就小得多了,有 $v^2/c^2\approx10^{-12}$.将它代入式(4-54),得

$$E_k \approx \frac{1}{2}m_0v^2\left[1+\frac{3}{4}\left(\frac{3\times10^2}{3\times10^8}\right)^2\right] \approx \frac{1}{2}m_0v^2(1+10^{-12})$$

显然,10^{-12}与1相比较完全可以略去不计.顺便指出,某些电子速度达到 $10^6\ \text{m}\cdot\text{s}^{-1}$,但其动能也完全可以用经典力学动能表达式来计算,而不会发生不能允许的误差.读者可以试算一下.

4. 质量与能量之间的关系

从狭义相对论还可以得出另一重要结果,即质量与能量的关系:

$$E=mc^2 \tag{4-56}$$

式中 E 是物体的能量,m 是物体的质量,c 是光速,上式又可写成

$$m=\frac{E}{c^2}$$

这个关系式深刻地反映了物质与其运动的不可分割性:有质量必有能量,有能量必有质量,任何物质都具有质量和与之相对应的能量.

应当指出,质量和能量是表示物质不同属性的物理量,质能关系式给出的是它们之间的联系.它说明,质量和能量并不是相互独立的量,物质有什么样的运动状态,它就必然具有与之相应的质量和能量.因此,任何能量的改变同时有对应的质量的改变,或任何质量的改变同时必有相应的能量的改变.也就是说,这两种改变永远是同时发生的.我们不能把质量与能量的这种联系误解为质量与能量间的相互转变.

由式(4-56)可得物体的质量有 Δm 的变化时,其能量的相应变化为

$$\Delta E=c^2\Delta m \tag{4-57}$$

下面我们举一个例子,以说明上式的应用.设太阳每秒向外辐射的能量为 4×10^{26} J,那么太阳因对外辐射而每秒减少的质量为

$$\Delta m=\frac{\Delta E}{c^2}=\frac{4\times10^{26}}{(3\times10^8)^2}\ \text{kg}\approx4\times10^9\ \text{kg}$$

这样,太阳因辐射而每年减少的质量约为 1.3×10^{17} kg.据估计太阳的质量约为 2.0×10^{30} kg,那么,因对外辐射能量,太阳在1年内减少的质量与原有质量的比率约为 6.5×10^{-14}.可见,太阳因辐射而每年减少的质量是很少很少的,或者说若太阳一直按此规模向外辐射,它将能持续 10^{13} 年(10万亿年)以上.

二、确定性与随机性

经典力学的研究对象是宏观低速运动的物体,遵循的研究思想是确定论.所谓确定论是

指：如果我们知道物体初始的运动状态（即 $\boldsymbol{r}_0$ 和 $\boldsymbol{v}_0$），又知道物体在运动过程中的受力情况，那么，就可以根据牛顿运动定律列出物体的运动方程，从而可以确知物体在任意时刻的运动状态（即 $\boldsymbol{r}$ 和 $\boldsymbol{v}$）. 换句话说，经典力学认为，运动物体今后的行为，是由过去（或现在）的运动状态以及物体所受的作用力决定的，这就是牛顿力学（或经典力学）的确定性. 事实上，确定性取得了大量令人感动的成就，特别是对哈雷彗星回归时间的预测、海王星的发现、宇宙飞船与空间站的对接和返回地球等这样一系列的大课题，都得到完美的解决. 正因为经典力学的确定性取得了如此辉煌的成就，于是有人就认为，如果得知所有作用于物体系统的力，而且知道组成这个系统所有物体的初始状态，那么，大到宇宙，小到分子、原子的运动都可以凝聚到经典力学之中，也就是说，不仅机械运动，而且分子热运动、原子运动等都可以涵盖在牛顿力学的确定性之中，而没有什么事是不能被确知的. 在相当一段时期里，特别是 19 世纪中叶以前，许多人认为牛顿力学确定性的观点是绝无疑义的.

然而事实上，物体的运动并非都是只按照确定性进行的，在许多情况下，物体的运动还表现出相当明显的偶然性、随机性. 也就是说，像经典力学那样仅仅承认运动规律的必然性是不够的；绝对的确定性并不足以囊括运动规律的全部内容. 例如，即使初始条件给定的抛体，它的运动轨迹仍然是多变的. 表现物体运动随机性的最典型的例子是布朗运动. 图 4-46 是藤黄粒子在水中运动的轨迹图线. 从图中可看到藤黄粒子的轨迹是一些无规则的折线. 这表明，藤黄粒子的运动除了与其起始运动状态以及所受的浮力、黏性力有关外，更重要的是与水分子对其碰撞有关. 由于水分子对藤黄粒子碰撞的偶然性，藤黄粒子因碰撞而受到冲力的大小和方向也都具有偶然性. 这就告诉我们，藤黄粒子在水中运动轨迹的无规性，既反映了确定性，又反映了随机性. 或者说藤黄粒子的运动既不是完全确定性的，也不是完全随机性的. 由此可见，自然界存在的运动应是确定性和随机性兼而有之的. 人们把确定性运动具有的这种不确定性的现象称为混沌①.

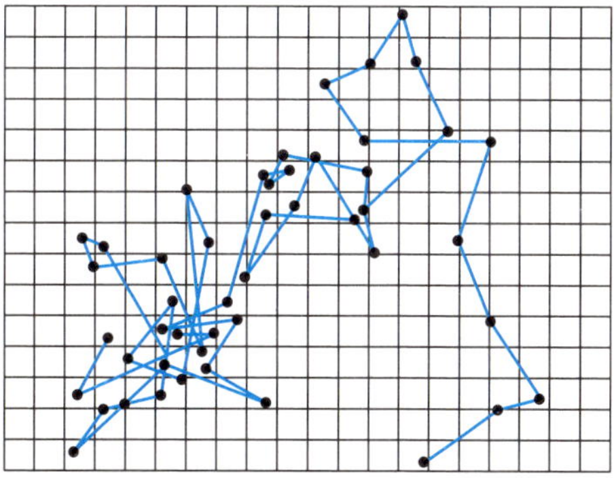

图 4-46 藤黄粒子在水中运动的随机性

① 有关这方面的知识，可参阅蔡枢等编《大学物理（当代物理前沿专题部分）》（第 2 版）的“混沌现象”（高等教育出版社，2004 年）.

在自然界中混沌现象是很普遍的，除了上面所述的以外，还有许多. 例如，给定摆长的单摆的运动是遵守牛顿力学方程的，但其周期常因偶然的因素影响而在一定范围内振荡①；甚至有人说墨西哥的飓风，也许只是由于一只蝴蝶拍一下翅膀而引起的. 混沌虽是 20 世纪 60 年代才被提出的，然而混沌的研究对象却已远远超出物理学的范围. 生物学、天文学、社会学等领域内的一些现象都显示出混沌的存在.

三、能量的连续性与能量量子化

经典力学是在研究宏观物体（在 $v \ll c$ 时）的机械运动时总结出来的. 在经典力学中，物体的运动状态是用它的位置和动量（或速度）来描述的，而且物体的位置和动量在任何时刻都可具有各种可能的数值，即它们的变化是连续的. 由此可知，在经典力学中，物体的能量变化亦是连续的. 这就是经典力学的能量连续性. 在生活中，这方面的例子很多. 如图 4-47 所示，一单摆开始时，其摆角为 θ_0，然后任其自由摆动. 由于在运动过程中受到空气阻力等耗散力做功，单摆的能量连续不断地减少，从而其摆角也连续不断地减小，直至能量全部耗散掉，摆角为零.

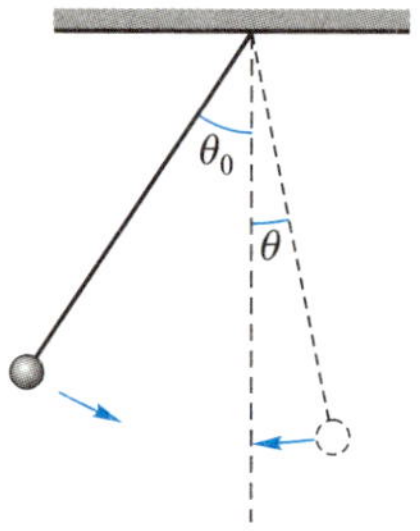

图 4-47 经典力学的单摆能量的连续性

1900 年以前，能量连续性一直没有遇到有力的挑战. 可是刚进入 20 世纪，普朗克在说明黑体辐射的规律时，就首先冲破了能量连续性这一传统观念的束缚，提出了能量量子化的设想②，并因此而获得诺贝尔物理学奖. 他认为基元频率为 ν 的一维振子的能量，只能是其基元能量 $h\nu$ 的整数倍，即

$$E = nh\nu \quad (n = 0, 1, 2, 3, \cdots) \tag{4-58}$$

式中 h 称为普朗克常量. 按照普朗克的说法，基元频率为 ν 的一维振子的能量是不连续的，而是量子化的. 普朗克运用上述设想解决了当时经典物理学遇到的一个重大难题——“紫外灾难”. 在一般计算时，取 $h = 6.63\times10^{-34}$ J·s，这个值是非常小的. 对宏观领域的谐振子来说，如能引起人们听觉的最高频率约为 $\nu = 20\ 000$ Hz. 那么，具有 $\nu = 20\ 000$ Hz 的一维谐振子的基元能量为 $h\nu = 6.63\times10^{-34}\times20\ 000\ \text{J} = 1.33\times10^{-29}$ J. 这个能量值确实是太小了. 因此，声波的能量变化就可视为是连续变化的. 然而，当我们深入到微观领域中时，能量量子化却是不能不考虑的了. 在普朗克提出能量量子化之后不久，1905 年，爱因斯坦在研究光与物质相互作用时，他更前进了一步，提出光是由光子组成的学说，并指出光子的能量为 $\varepsilon = h\nu$. 爱因斯坦据此完满地解释了光电效应现象，并因此而获得诺贝尔物理学奖. 不久，1913 年，玻尔提出了原子的能级概念，即原子能量的高低犹如阶梯那样是不连续的，而是量子化的. 他还提出当原子从高能级 E_i 向低能级 E_f 跃迁时，发射出的光子的能量为

$$h\nu = E_i - E_f \tag{4-59}$$

据此玻尔解释了氢原子光谱的规律性. 这是运用能量量子化思想的又一重大成果.

---

① 有关大角度单摆所引起的混沌现象，可参见本书下册第九章第 9-8 节.

② 参见本书下册第十五章第 15-1 节.

能量量子化是微观粒子的重要性质之一.它指出经典力学不能用来描述像电子、光子、质子等微观粒子的运动.这样,继狭义相对论之后,德布罗意、薛定谔等人的工作逐步建立了符合微观粒子特点的新的力学——量子力学①.

量子力学还指出,描述物体(微观粒子)运动状态的位置和动量相互有联系,但不能同时精确确定,而且一般作不连续的变化.对于诸如电子、光子等微观粒子,一般要用量子力学来描述它们的运动规律.但是,对于宏观物体,用量子力学和用经典力学所得的结果则相差极微.所以说,经典力学一般不适用于微观粒子,而只适用于宏观物体.

由上可知,以牛顿运动定律为基础建立起来的经典力学,只对宏观物体,且其运动速度比较小时才适用.幸而,在一般工程技术问题中,物体的运动速度与光速相比都很小,而且如果采取适当修正,以尽可能减小由随机性带来的不确定度,那么经典力学是可以适用的.不仅如此,人们完全有理由相信,经典力学还会在科学技术的新进展中继续发挥其处理问题简捷的特长,取得更大的成就.

问题

4-1 以恒定角速度转动的飞轮上有两个点,一个点在飞轮的边缘,另一个点在转轴与边缘之间的一半处.试问:在时间 Δt 内,哪一个点运动的路程较长?哪一个点转过的角度较大?哪一个点具有较大的线速度、角速度、线加速度和角加速度?

4-2 如果一个刚体所受合外力为零,其合外力矩是否也一定为零?如果一个刚体所受合外力矩为零,其合外力是否也一定为零?

*4-3 在某一瞬时,物体在力矩作用下,其角速度可以为零吗?其角加速度可以为零吗?

4-4 两个飞轮,一个是木制的,周围镶上铁制的轮缘,另一个是铁制的,周围镶上木制的轮缘.若这两个飞轮的半径相同,总质量相等,以相同的角速度绕通过飞轮中心的轴转动,哪一个飞轮的动能较大?

4-5 为什么质点系动能的改变不仅与外力有关,而且也与内力有关,而刚体绕定轴转动动能的改变只与外力矩有关,而与内力矩无关呢?

4-6 斜面与水平面的夹角为 θ.在斜面上分别放置一个薄圆盘和一个细圆环,它们的质量均为 m、半径均为 R.它们分别从斜面上同一点自由向下作无滑动滚动.试问它们滚到斜面底部时的角加速度、角速度是否相同?它们边缘上一点的线加速度和线速度是否相同?其原因何在?

4-7 对一个绕定轴转动的刚体来说,如果它受到两个外力的合力为零,这两个力的力矩也为零吗?反之,如两外力的力矩为零,它们的合力也为零吗?

4-8 两个质量和半径均相同的轮子,一个为质量均匀分布的圆盘形,另一个为质量均匀分布的圆环形.它们的转轴均通过中心且垂直于盘面或环面.如果它们的角动量相同,哪个转得快些?如果它们的角速度相同,哪个角动量要大些呢?

---

① 有关量子力学简介的内容,可参见本书下册第十五章第 15-8 节.

4-9 一人手持长为 l 的棒的一端打击岩石,但又要避免手受到剧烈的冲击.请问:此人应当用棒的哪一点去打击岩石?

4-10 开普勒第二定律指出:"太阳系里的行星在椭圆轨道上运动时,在相等的时间内,太阳到行星的位矢扫过的面积是相等的."你能用质点的角动量守恒定律予以证明吗?

4-11 如果一个质点系的总角动量等于零,能否说此质点系中每一个质点都是静止的?如果一个质点系的总角动量为一常量,能否说作用在质点系上的合外力为零?

4-12 一人坐在角速度为 ω_0 的转台上,手持一个旋转着的飞轮,其转轴垂直地面,角速度为 ω'.如果突然使飞轮的转轴倒转,将会发生什么情况?设转台和人的转动惯量为 J,飞轮的转动惯量为 J'.

4-13 下面几个物理量中,哪些与原点的选择有关,哪些与原点的选择无关:(1) 位矢;(2) 位移;(3) 速度;(4) 角动量.

4-14 卫星绕地球运动.设想卫星上有一个窗口,此窗口背离地球.若欲使卫星中的宇航员依靠自己的能力,从窗口看到地球,这位宇航员怎样做才能使窗口朝向地球呢?

*4-15 一密度均匀的小球,沿两个高度相同、倾角不同的斜面无滑动地滚下.在这两种情况下,它们到达斜面底部的速率是否相同?

4-16 图 4-2 中的圆盘在平面上滚动时,若以圆盘与平面的接触点来计算,其动能为多少?

*4-17 水在截面均匀的管中流动,若改变管的方位,会不会影响各截面处的流速?

4-18 在时间 Δt 内,组合刚体的定轴转动惯量由 J_1 变为 J_2,转速由 ω_1 变为 ω_2.由角动量定理可知,合外力矩 $\boldsymbol{M}$ 的冲量为 $\int_{t_1}^{t_2}\boldsymbol{M}\mathrm{d}t=J_2\boldsymbol{\omega}_2-J_1\boldsymbol{\omega}_1$,即式(4-22b)成立.那么,请思考在同样情况下,合外力矩所做的功是否可写为 $\int_{\theta_1}^{\theta_2}M\mathrm{d}\theta=\frac{1}{2}J_2\omega_2^2-\frac{1}{2}J_1\omega_1^2$,即式(4-28)是否还成立?

习题

4-1 两个力作用在一个有固定转轴的刚体上:

(1) 这两个力都平行于轴作用时,它们对轴的合力矩一定是零;

(2) 这两个力都垂直于轴作用时,它们对轴的合力矩可能是零;

(3) 当这两个力的合力为零时,它们对轴的合力矩也一定是零;

(4) 当这两个力对轴的合力矩为零时,它们的合力也一定是零.

对上述说法,下述判断正确的是(   ).

(A) 只有(1)是正确的　　(B) (1)、(2)正确,(3)、(4)错误

(C) (1)、(2)、(3)都正确,(4) 错误　　(D) (1)、(2)、(3)、(4)都正确

4-2 关于力矩有以下几种说法:

(1) 对某个定轴转动刚体而言,内力矩不会改变刚体的角加速度;

（2）一对作用力和反作用力对同一轴的力矩之和必为零；

（3）质量相等，形状和大小不同的两个刚体，在相同力矩的作用下，它们的运动状态一定相同．

对上述说法，下述判断正确的是（　　）．

（A）只有（2）是正确的　　（B）（1）、（2）是正确的

（C）（2）、（3）是正确的　　（D）（1）、（2）、（3）都是正确的

4-3　均匀细棒 OA 可绕通过其一端 O 而与棒垂直的水平固定光滑轴转动，如图所示，今使棒从水平位置由静止开始自由下落，在棒摆到竖直位置的过程中，下述说法正确的是（　　）．

（A）角速度从小到大，角加速度不变　　（B）角速度从小到大，角加速度从小到大

（C）角速度从小到大，角加速度从大到小　　（D）角速度不变，角加速度为零

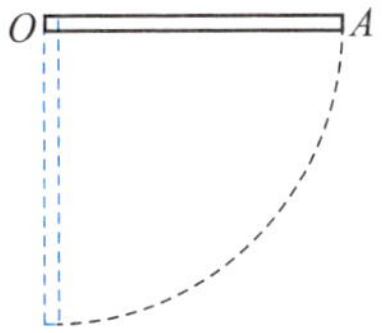

习题 4-3 图

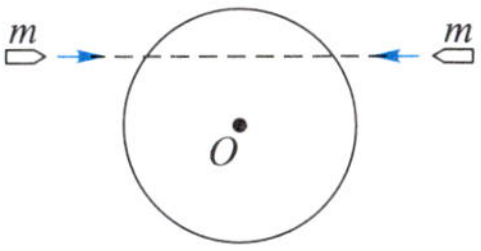

习题 4-4 图

4-4　一圆盘绕通过盘心且垂直于盘面的水平轴转动，轴承间摩擦不计．如图所示，射来两个质量相同、速度大小相同、方向相反并在一条直线上的子弹，它们同时射入圆盘并且留在盘内，在子弹射入后的瞬间，对于圆盘和子弹系统的角动量 L 以及圆盘的角速度 ω，则（　　）．

（A）L 不变，ω 增大　　（B）两者均不变

（C）L 不变，ω 减小　　（D）两者均不确定

4-5　假设卫星环绕地球中心作椭圆运动，则在运动过程中，卫星对地球中心的（　　）．

（A）角动量守恒，动能守恒　　（B）角动量守恒，机械能守恒

（C）角动量不守恒，机械能守恒　　（D）角动量不守恒，动量也不守恒

（E）角动量守恒，动量也守恒

4-6　一汽车发动机曲轴的转速在 12 s 内由 $1.2\times10^3\ \mathrm{r\cdot min^{-1}}$ 均匀地增加到 $2.7\times10^3\ \mathrm{r\cdot min^{-1}}$．（1）求曲轴转动的角加速度；（2）在此时间内，曲轴转了多少圈？

4-7　某种电动机启动后转速随时间的变化关系为 $\omega=\omega_0(1-e^{-t/\tau})$，式中 $\omega_0=9.0\ \mathrm{rad\cdot s^{-1}}$，$\tau=2.0$ s．求：（1）$t=6.0$ s 时的转速；（2）角加速度随时间的变化规律；（3）启动后6.0 s内转过的圈数．

4-8　水分子的形状如图所示．从光谱分析得知水分子对 AA' 轴的转动惯量 $J_{AA'}=1.93\times10^{-47}\ \mathrm{kg\cdot m^2}$，对 BB' 轴的转动惯量 $J_{BB'}=1.14\times10^{-47}\ \mathrm{kg\cdot m^2}$．试由此数据和各原子的质量求出氢和氧原子间的距离 d 和夹角 θ．假设各原子都可视为质点．

4-9　一飞轮由一直径为 30 cm，厚度为 2.0 cm 的圆盘和两个直径都为 10 cm，长为 8.0 cm的共轴圆柱体组成，设飞轮的密度为 $7.8\times10^3\ \mathrm{kg\cdot m^{-3}}$，求飞轮对轴的转动惯量．

4-10　如图所示，圆盘的质量为 m，半径为 R.求：(1) 以 O 为中心，将半径为 $R/2$ 的部分挖去，剩余部分对 OO 轴的转动惯量；(2) 剩余部分对 $O'O'$轴（即通过圆盘边缘且平行于盘中心轴）的转动惯量.

4-11　一燃气轮机在试验时，燃气作用在涡轮上的力矩为 2.03×10^{3} N · m，涡轮的转动惯量为 25.0 kg · m^{2}.当轮的转速由 2.80×10^{3} r · min^{-1}增大到 1.12×10^{4} r · min^{-1}时，所经历的时间 t 为多少？

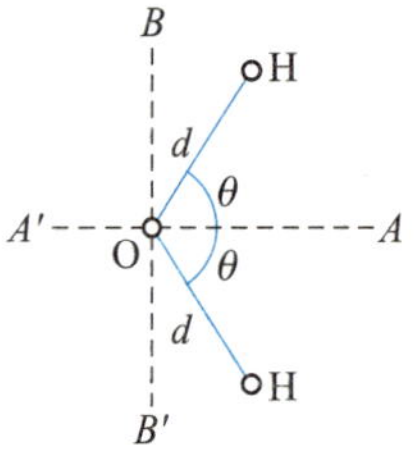

习题 4-8 图

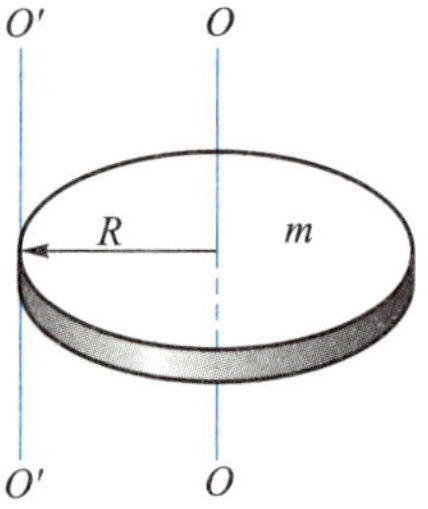

习题 4-10 图

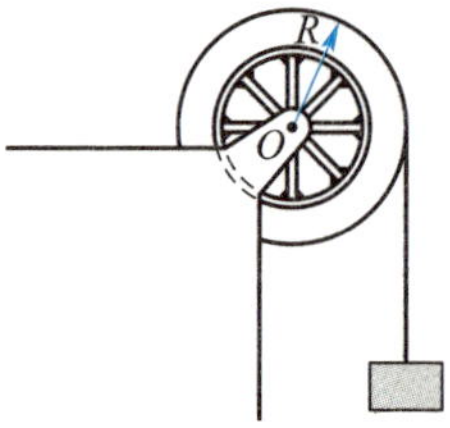

习题 4-12 图

4-12　用落体观察法测定飞轮的转动惯量，是将半径为 R 的飞轮支承在 O 点上，然后在绕过飞轮的绳子的一端挂一质量为 m 的重物，令重物以初速度零开始下落，并带动飞轮转动，如图所示.记下重物下落的距离和时间，就可算出飞轮的转动惯量.试写出它的计算式.（假设轴承间无摩擦.）

4-13　如图所示，质量 $m_1=16$ kg 的实心圆柱体 A，其半径为 $r=15$ cm，可以绕其固定水平轴转动，阻力忽略不计.一条轻的柔绳绕在圆柱体上，其另一端系一个质量为 $m_2=8.0$ kg 的物体 B，求：(1) 物体 B 由静止开始下降，1.0 s 后下降的距离；(2) 绳的张力.

4-14　质量为 m_1 和 m_2 的两物体 A、B 分别悬挂在如图所示的组合轮两端.设两轮的半径分别为 R 和 r，两轮的转动惯量分别为 J_1 和 J_2，轮与轴承间的摩擦力略去不计，绳的质量也略去不计.试求两物体的加速度和绳的张力.

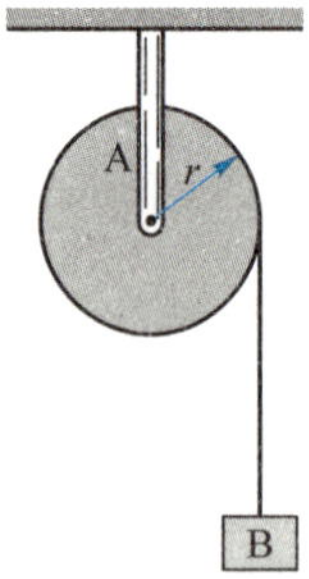

习题 4-13 图

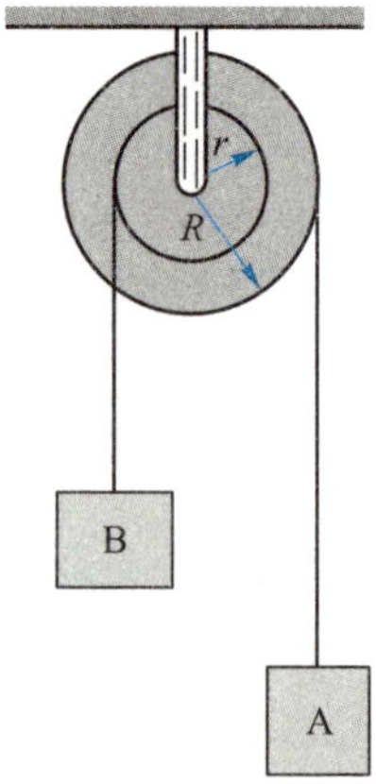

习题 4-14 图

4-15 如图所示装置，定滑轮的半径为 r，绕转轴的转动惯量为 J，滑轮两边分别悬挂质量为 m_1 和 m_2 的物体 A、B. A 置于倾角为 θ 的斜面上，它和斜面间的摩擦因数为 μ，若 B 向下作加速运动，求：(1) 其下落的加速度；(2) 滑轮两边绳子的张力.(设绳的质量及伸长均不计，绳与滑轮间无滑动，滑轮轴光滑.)

4-16 如图所示，飞轮的质量为 60 kg，直径为 0.50 m，转速为 $1.0\times10^3\ \mathrm{r\cdot min^{-1}}$. 现用闸瓦制动使其在 5.0 s 内停止转动，求制动力 F. 设闸瓦与飞轮之间的摩擦因数 $\mu=0.40$，飞轮的质量全部分布在轮缘上.

4-17 一半径为 R、质量为 m 的匀质圆盘，以角速度 ω 绕其中心轴转动，现将它平放在一水平板上，盘与板表面的摩擦因数为 μ.(1) 求圆盘所受的摩擦力矩；(2) 问经过多少时间后，圆盘才能停止转动？

4-18 如图所示，一通风机的转动部分以初角速度 ω_0 绕其轴转动，空气的阻力矩与角速度成正比，比例系数 c 为一常量. 若转动部分对其轴的转动惯量为 J，问：(1) 经过多少时间后其角速度减少为初角速度的一半？(2) 在此时间内共转过多少圈？

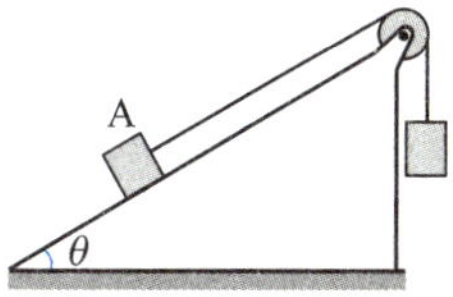

习题 4-15 图

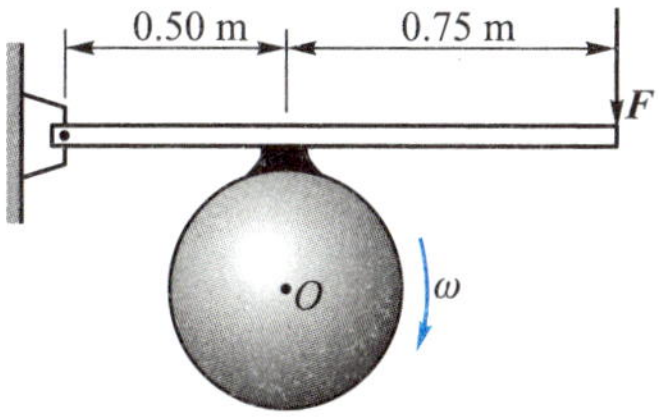

习题 4-16 图

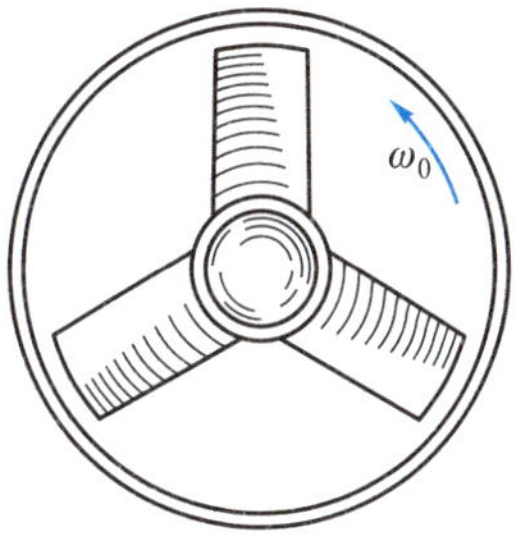

习题 4-18 图

4-19 如果质点在 $\boldsymbol{r}=(-3.5\boldsymbol{i}+1.4\boldsymbol{j})$ m 的位置时的速度为 $\boldsymbol{v}=(-2.5\boldsymbol{i}-6.3\boldsymbol{j})\ \mathrm{m\cdot s^{-1}}$，求此质点对坐标原点的角动量. 已知质点的质量为 4.1 kg.

4-20 如图所示，一长为 $2l$ 的细棒 AB，其质量不计，它的两端牢固地连接着质量各为 m 的小球，棒的中点 O 焊接在竖直轴 z 上，并且棒与 z 轴成 α 角. 若棒在外力作用下绕 z 轴(正向为竖直向上)以角速度 $\omega=\omega_0(1-\mathrm{e}^{-t})$ 转动，其中 ω_0 为常量，求：(1) 棒与两球构成的系统在 t 时刻对 z 轴的角动量；(2) 在 $t=0$ 时刻系统所受外力对 z 轴的合外力矩.

4-21 一质量为 m'、半径为 R 的均匀圆盘，绕通过其中心且与盘面垂直的水平轴以角速度 ω 转动. 若在某时刻，一质量为 m 的小碎块从盘边缘裂开，且恰好沿竖直方向上抛，问它可能到达的高度是多少？破裂后圆盘的角动量为多少？

4-22 在光滑的水平面上有一木杆，其质量 $m_1=1.0$ kg，长 $l=40$ cm，可绕通过其中点并与之垂直的轴转动. 一质量为 $m_2=10$ g 的子弹，以 $v=2.0\times10^2\ \mathrm{m\cdot s^{-1}}$ 的速度射入杆端，其方向与杆及轴正交. 若子弹陷入杆中，试求所得到的角速度.

4-23 半径分别为 r_1、r_2 的两个薄伞形轮，各自对通过盘心且垂直盘面转轴的转动惯量为 J_1 和 J_2. 开始时轮 Ⅰ 以角速度 ω_0 转动，与轮 Ⅱ 成正交啮合后(如图所示)，两轮的角速度分别为多少？

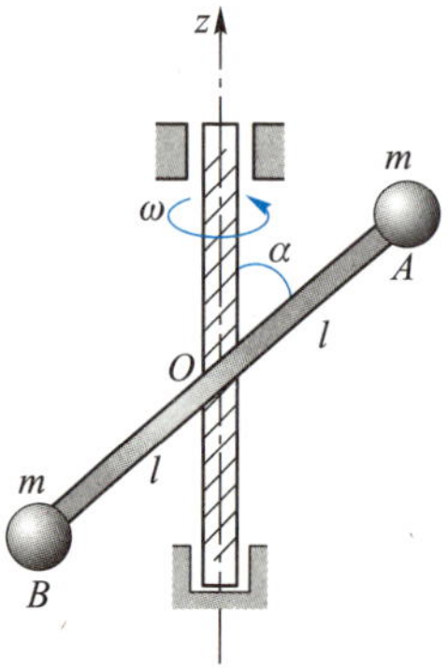

习题 4-20 图

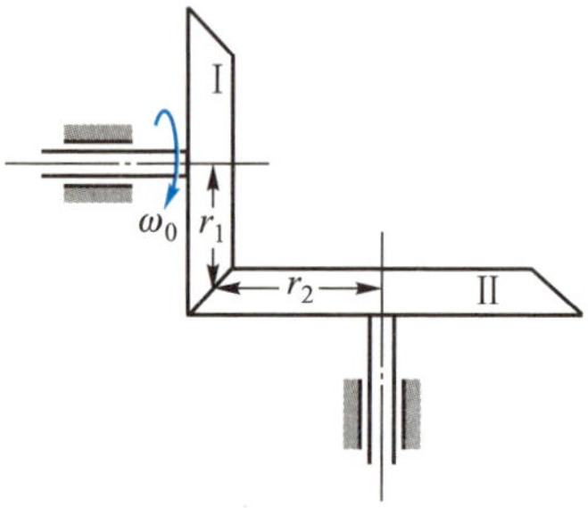

习题 4-23 图

4-24 一质量为 20.0 kg 的小孩，站在一半径为 3.00 m、转动惯量为 450 kg · m^2 的静止水平转台边缘上，此转台可绕通过转台中心的竖直轴转动，转台与轴间的摩擦不计. 如果小孩相对转台以 1.00 m · s^{-1}的速率沿转台边缘行走，求转台的角速度.

4-25 一转台绕其中心的竖直轴以角速度 $\omega_0=\pi$ rad · s^{-1}转动，转台对转轴的转动惯量为 $J_0=4.0\times10^{-3}$ kg · m^2. 今有砂粒以 $Q=2t$(Q 的单位为 g · s^{-1}，t 的单位为 s)的流量竖直落至转台，并黏附于台面形成一圆环，若环的半径为 $r=0.10$ m，求砂粒下落 $t=10$ s 时转台的角速度.

4-26 为使运行中的飞船停止绕其中心轴转动，可在飞船的侧面对称地安装两个切向控制喷管(如图所示)，利用喷管高速喷射气体来制止旋转. 若飞船绕其中心轴的转动惯量为 $J=2.0\times10^3$ kg · m^2，旋转的角速度为 $\omega=0.2$ rad · s^{-1}，喷口与轴线之间的距离为 $r=1.5$ m；喷气以恒定的流量 $Q=1.0$ kg · s^{-1}和速率 $u=50$ m · s^{-1}从喷口喷出. 问为使该飞船停止旋转，喷气应喷射多长时间？

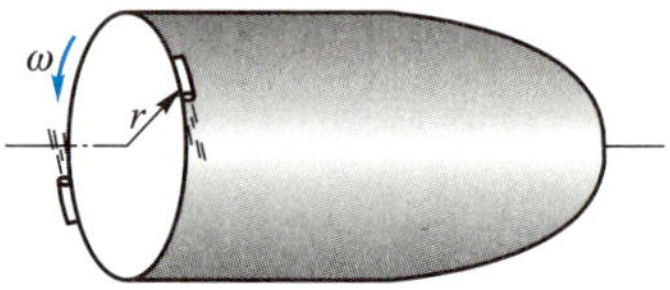

习题 4-26 图

4-27 一位滑冰者伸开双臂以 1.0 r · s^{-1}绕身体中心轴转动，此时她的转动惯量为 1.44 kg · m^2. 为了增加转速，她收起了双臂，转动惯量变为 0.48 kg · m^2. 求：(1) 她收起双臂后的转速；(2) 她收起双臂前后绕身体中心轴转动的转动动能.

4-28 一质量为 m'、半径为 R 的转台以角速度 ω_a 转动，转轴的摩擦略去不计，(1) 有一质量为 m 的蜘蛛竖直地落在转台边缘上，此时转台的角速度 ω_b 为多少？(2) 若蜘蛛随后慢慢地爬向转台中心，当它离转台中心的距离为 r 时，转台的角速度 ω_c 为多少？设蜘蛛下落前距离转台很近.

4-29 一质量为 1.12 kg，长为 1.0 m 的均匀细棒，支点在棒的上端点，开始时棒自由悬挂. 当以 100 N 的力打击它的下端点，打击时间为 0.02 s 时，若打击前棒是静止的，求：(1) 打击时其角动量的变化；(2) 棒的最大偏转角.

4-30 1970 年 4 月 24 日，我国发射了第一颗人造地球卫星，其近地点为 4.39×10^5 m，远地点为 2.38×10^6 m. 试计算卫星在近地点和远地点的速率.(设地球半径为 6.38×10^6 m.)

*4-31 地球对自转轴的转动惯量为 $0.33m_{E}R^{2}$,其中 m_{E} 为地球的质量,R 为地球的半径.(1) 求地球自转时的动能;(2) 由于潮汐的作用,地球自转的角速度逐渐减小,1 年内自转周期增加 3.5×10^{-5} s,求潮汐对地球的平均力矩.

4-32 如图所示,一质量为 m 的小球由一绳索系着,以角速度 ω_0 在无摩擦的水平面上作半径为 r_0 的圆周运动.如果在绳的另一端作用一竖直向下的拉力 $\boldsymbol{F}$,使小球作半径为 $r_0/2$ 的圆周运动,试求:(1) 小球新的角速度;(2) 拉力所做的功.

4-33 质量为 0.50 kg,长为 0.40 m 的均匀细棒,可绕垂直于棒的一端的水平轴转动.如将此棒放在水平位置,然后任其落下,求:(1) 当棒转过 60°时的角加速度和角速度;(2) 下落到竖直位置时的动能;(3) 下落到竖直位置时的角速度.

4-34 如图所示,两飞轮 A 与 B 的轴杆可由摩擦啮合器连接起来.A 轮的转动惯量为 $J_1=10.0\ \mathrm{kg\cdot m^2}$,开始时 B 轮静止,A 轮以 $n_1=600\ \mathrm{r\cdot min^{-1}}$ 的转速转动,然后使 A 与 B 连接,因此 B 轮加速而 A 轮减速,直到两轮的转速都等于 $n=200\ \mathrm{r\cdot min^{-1}}$ 为止.求:(1) B 轮的转动惯量;(2) 在啮合过程中损失的机械能.

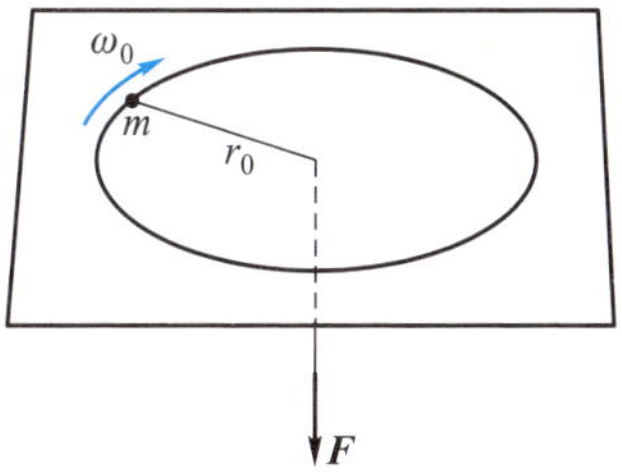

习题 4-32 图

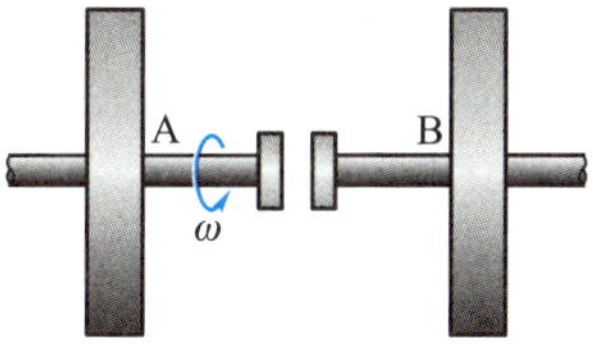

习题 4-34 图

4-35 在习题 3-33 的冲击摆问题中,若以质量为 m' 的均匀细棒代替柔绳,子弹速率的最小值应为多少?

4-36 质量为 m_0 的门,其宽为 L.若有质量为 m 的小球,以速度 $\boldsymbol{v}$ 垂直于门平面撞到门的边缘上,设碰撞是完全弹性碰撞,试求碰撞后门和小球的运动速度(门的转动惯量为 $J=\dfrac{1}{3}m_0L^2$)

4-37 如图所示,一空心圆环可绕竖直轴 OO' 自由转动,转动惯量为 J_0,环的半径为 R,初始的角速度为 ω_0.今有一质量为 m 的小球静止在环内点 A,由于微小扰动小球向下滑动.问小球到达点 B、C 时,环的角速度与小球相对于环的速度各为多少?(假设环内壁光滑.)

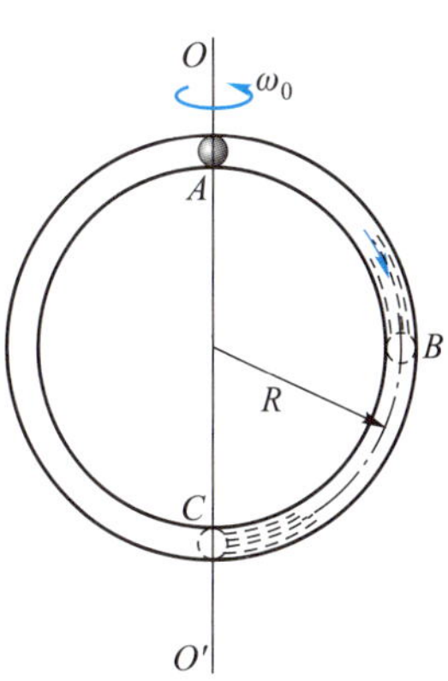

习题 4-37 图

4-38 为使运行中的飞船停止绕其中心轴转动,一种可能的方案是将质量均为 m 的两质点 A、B,用长为 l 的两根轻线系于圆盘状飞船的直径两端(如图所示).开始时轻线拉紧两质点靠在圆盘的边缘,圆盘与质点一起以角速度旋转;当质点离开圆盘边缘逐渐伸展至连线沿径向拉直的瞬时,割断质点与飞船的连线.为使此时的飞船正好停止转动,连线应取何长度?(设飞船可看作质量为 m'、半径为 R 的匀质圆盘.)

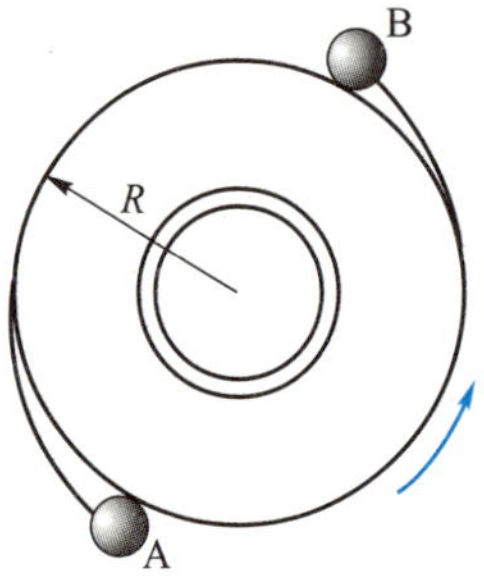

习题 4-38 图

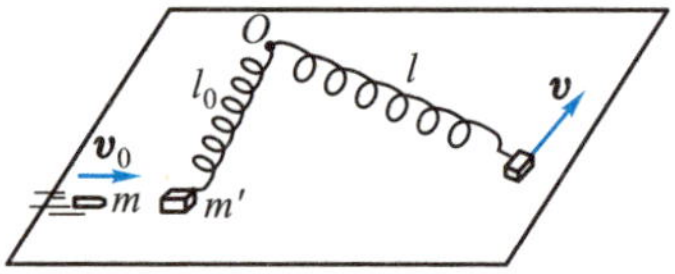

习题 4-39 图

*4-39 如图所示,在光滑的水平面上有一轻质弹簧(其弹性系数为 k),它的一端固定,另一端系一质量为 m'的滑块.最初滑块静止时,弹簧呈自然长度 l_0,今有一质量为 m 的子弹以速度$\boldsymbol{v}_0$ 沿水平方向并垂直于弹簧轴线射向滑块且留在其中.滑块在水平面内滑动,当弹簧被拉伸至长度 l 时,求滑块速度的大小和方向(用已知量和 $\boldsymbol{v}_0$表示).

*4-40 一长为 l、质量为 m 的均匀细棒,在光滑的平面上绕质心轴作转动,其角速度为 ω.若棒突然改绕其一端转动,求:(1) 以端点为转轴的角速度 ω';(2) 在此过程中转动动能的改变量.

*4-41 如图所示,一绕有细绳的大木轴放置在水平面上,木轴质量为 m,外轮半径为 R_1,内柱半径为 R_2,木轴对中心轴 O 的转动惯量为 J_C.现用一恒定外力 $\boldsymbol{F}$ 拉细绳一端,设细绳与水平面夹角 θ 保持不变,木轴滚动时与地面无相对滑动,求木轴滚动时的质心加速度 a_C 和木轴绕中心轴 O 的角加速度 α.

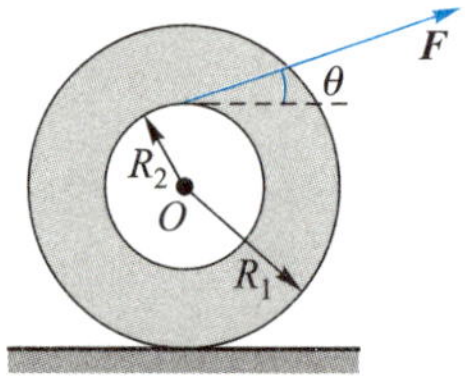

习题 4-41 图

*4-42 如图所示,质量为 m、半径为 R、高为 $h=R$ 的均匀圆柱体可绕其对称轴转动,在圆柱侧面开有与水平面成 $\alpha=45°$ 的螺旋槽.一质量也为 m 的小球放在槽内,从静止开始由圆柱体顶端在重力作用下下滑,圆柱体同时发生转动.设摩擦均可不计,求当小球落到圆柱体底端时,小球相对于圆柱体的速率和圆柱体的角速度.

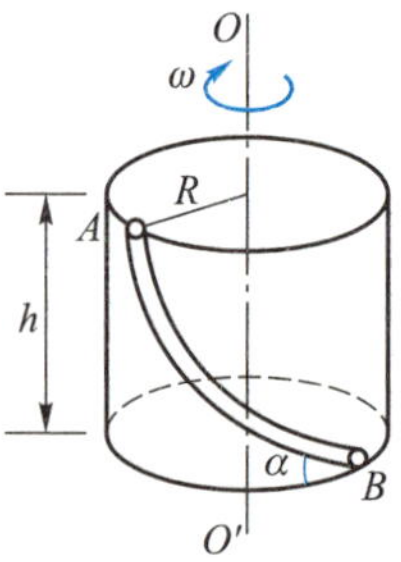

习题 4-42 图

*4-43 匀速地将水注入一容器中,注入的流量为 $Q=150\ \text{cm}^3\cdot\text{s}^{-1}$. 容器底部有面积为 $S=0.5\ \text{cm}^2$ 的小孔,水不断流出.当容器中的水达到稳定状态后,求容器中的水的深度 h.

*4-44 一所公寓进水管的内径为 2 cm,在地面进水口处水的流速为 $1.5\ \text{m}\cdot\text{s}^{-1}$,压强为 4.0×10^5 Pa.公寓二楼卫生间出水管距地面 5 m,其内径为 1 cm,求出水口处水的流速和压强.

第五章　静电场

电磁运动是物质的又一种基本运动形式.电磁相互作用是已知的自然界四种基本相互作用之一,也是人们认识得较深入的一种相互作用.在日常生活和生产活动中,在对物质结构的深入认识过程中,我们都要涉及电磁运动.因此,理解和掌握电磁运动的基本规律,在理论上和实践上都有极其重要的意义.

一般来说,运动电荷将同时激发电场和磁场,电场和磁场是相互关联的.但是,在某种情况下,例如当我们所研究的电荷相对某参考系静止时,电荷在这个静止参考系中就只激发电场,而无磁场.这个电场就是本章所要讨论的静电场.

本章的主要内容有:静电场的基本定律——库仑定律,静电场的两条基本定理——高斯定理和环路定理,描述静电场的两个基本物理量——电场强度和电势等.

5-1　电荷的量子化　电荷守恒定律　库仑定律

按照原子理论,在每个原子里,电子环绕由中子和质子组成的原子核运动,这些电子的状况可视为如图 5-1 所示的电子云.原子核的线度比电子云的线度要小得多.一般来说,原子核的线度约为 5×10^{-15} m,电子云的线度(即原子的直径)约为 2×10^{-10} m.这就是说,原子的线度约为原子核线度的 10^5 倍.原子中的中子不带电,质子带正电,电子带负电,质子与电子所具有的电荷量(简称电荷)的绝对值是相等的.在正常情况下,每个原子中的电子数与质子数相等,故物体呈电中性.当物体经受摩擦等作用而造成物体中的电子过多或不足时,我们说物体带了电.

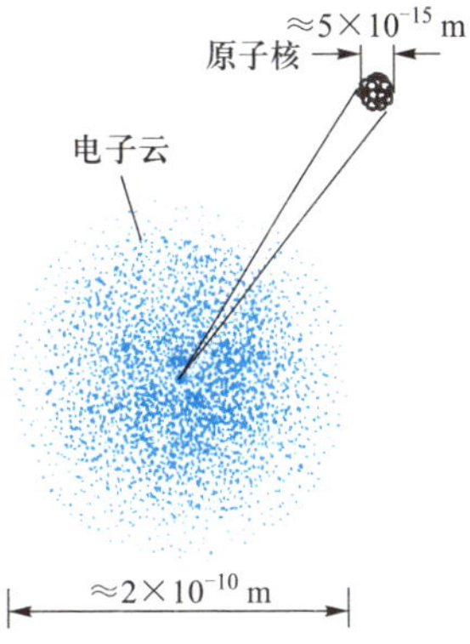

图 5-1　电子云

一、电荷的量子化

1897 年 J.J.汤姆孙从实验中测量阴极射线粒子的电荷与质量之比时，得出阴极射线粒子的电荷的绝对值与质量之比较之氢离子要大约 2 000 倍.这种粒子后来被称为电子.所以一般认为 J.J.汤姆孙是电子的发现者.电子的电荷的绝对值与质量之比称为电子的荷质比①(e/m_e).通过数年努力，1913 年 R.A.密立根终于从实验中得出带电体的电荷是“$\pm e$”的整数倍的结论②，即 $q=\pm ne$，n 为 1，2，3，….这是自然界存在不连续性（即量子化）的又一个例子.电荷的这种只能取离散的、不连续的量值的性质，叫做电荷的量子化.电子电荷的绝对值 e 称为元电荷，或称为电荷的量子.

电荷的单位名称为库仑，简称库，符号为 C，在通常的计算中，电子电荷的绝对值的近似值为

$$e=1.602\times10^{-19}\ \mathrm{C}$$

现在知道的自然界中的微观粒子，包括电子、质子、中子在内，已有几百种，其中带电粒子所具有的电荷或者是$+e$、$-e$，或者是它们的整数倍.因此可以说，电荷量子化是一个普遍的量子化规则.量子化是近代物理学中的一个基本概念，当研究的范围达到原子线度大小时，很多物理量如角动量、能量等也都是量子化的.这些内容将在光的量子性、原子结构等章节中再加以介绍.

二、电荷守恒定律

前面已指出，在正常状态下，物体是电中性的，物体里正、负电荷的代数和为零.如果在一个系统中有两个电中性的物体，由于某些原因，使一些电子从一个物体移到另一个物体上，则前者带正电，后者带负电，不过两物体正、负电荷的代数和仍为零.总之，不管系统中的电荷如何迁移，系统的电荷的代数和保持不变，这就是电荷守恒定律.电荷守恒定律就像能量守恒定律、动量守恒定律和角动量守恒定律那样，也是自然界的基本守恒定律.无论是在宏观领域里，还是在原子、原子核和粒子范围内，电荷守恒定律都是成立的.

三、库仑定律

1785 年法国物理学家库仑用扭秤实验测定了两个带电球体之间相互作用的电力.库仑在实验的基础上发现了两个点电荷之间相互作用的规律，即

---

① 按 2019 年全国科学技术名词审定委员会公布的物理学名词，e/m_e 定名为电子的荷质比.

② 关于密立根实验可参见本章第 5-4 节.

库仑(Charles-Augustin de Coulomb, 1736—1806),法国物理学家.他使用自己创制的扭秤确定了电荷间作用力的库仑定律.他通过对滚动和滑动摩擦的实验研究,得出了摩擦定律.

文档:库仑

库仑定律①."点电荷"是一个抽象的模型.当两带电体本身的线度 d 比问题中所涉及的距离 r 小很多,即 $d \ll r$ 时,带电体就可近似当成"点电荷".库仑定律的表述为:

在真空中,两个静止的点电荷之间的相互作用力,其大小与它们电荷的乘积成正比,与它们之间距离的二次方成反比;作用力的方向沿着两点电荷的连线,同号电荷相斥,异号电荷相吸.

如图 5-2 所示,两个点电荷分别为 q_1 和 q_2,由电荷 q_1 指向电荷 q_2 的矢量用 $\boldsymbol{r}$ 表示.那么,电荷 q_2 受到电荷 q_1 的作用力 $\boldsymbol{F}$ 为

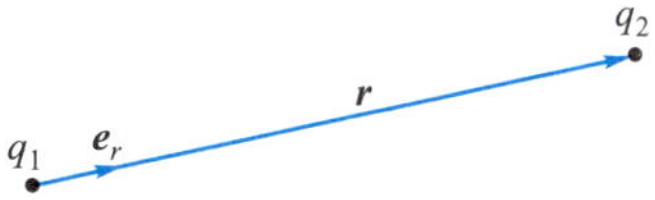

图 5-2 库仑定律

$$\boldsymbol{F}=\frac{1}{4\pi\varepsilon_0}\frac{q_1q_2}{r^2}\boldsymbol{e}_r \tag{5-1}$$

式中 $\boldsymbol{e}_r$ 为从电荷 q_1 指向电荷 q_2 的单位矢量,即 $\boldsymbol{e}_r=\boldsymbol{r}/r$. ε_0 叫做真空电容率②,是电学中常用到的一个物理量.一般计算时,其值为

文档:普利斯特利的猜想

$$\begin{aligned}\varepsilon_0&=8.85\times10^{-12}\ \mathrm{C^2\cdot N^{-1}\cdot m^{-2}}\\&=8.85\times10^{-12}\ \mathrm{F\cdot m^{-1}}③\end{aligned}$$

① 比库仑的扭秤实验早 12 年的 1773 年,英国物理学家卡文迪什(H.Cavendish,1731—1810)也得出了电荷间作用力的二次方反比定律,但卡文迪什没有发表,直到 1871 年才被麦克斯韦发现而公之于世.关于库仑定律中二次方指数的偏差,即 $2+\delta$ 中 δ 的准确值,则是自卡文迪什、库仑以来,迄今为止许多著名实验室仍在研究的一个课题.有关这方面的问题,读者如有兴趣可参阅郭奕玲编《大学物理中的著名实验》的第 80—87 页(科学出版社,1994 年);马文蔚等编《物理学发展史上的里程碑》的第 139—145 页(江苏科学技术出版社,1992 年).

② 按 2019 年全国科学技术名词审定委员会公布的物理学名词,ε_0 又称真空介电常量(为不推荐用名).

③ 式中 F 是电容的单位名称法拉的符号.

由上式可以看出，当 q_1 和 q_2 同号时，$q_1q_2>0$，q_2 受到斥力作用；当 q_1 和 q_2 异号时，$q_1q_2<0$，q_2 受到引力作用．静止电荷间的电作用力，又称为库仑力．应当指出，两静止点电荷之间的库仑力遵守牛顿第三定律．由于我们所研究的电荷或是处于静止，或是其速率非常小（$v\ll c$），都属于低速运动的情况，牛顿第二定律以及由牛顿第二定律所导出的结论，也都能适用于有库仑力作用的情形．

卡文迪什

5-2　电场强度

一、静电场

任何电荷在其周围都将激发起电场，电荷间的相互作用是通过电场对电荷的作用来实现的．场是一种特殊形态的物质，它和物质的另一种形态——实物一起，构成了物质世界非常丰富的图景．静电场存在于静止电荷的周围，并分布在一定的空间．场和实物的最明显区别在于：场分布范围非常广泛，具有分散性，而实物则集在有限范围内，具有集中性．所以对场的描述需要逐点进行，不像实物那样只需作整体描述．我们知道，处于万有引力场中的物体要受到万有引力的作用，并且当物体移动时，引力要对它做功．同样，处于静电场中的电荷也要受到电场力的作用，并且当电荷在电场中运动时电场力也要对它做功．我们将从施力和做功这两方面来研究静电场的性质，分别引出描述电场性质的两个物理量——电场强度和电势．

二、电场强度

为了表述电场对处于其中的电荷施以作用力的性质，我们把一个试验电荷 q_0 放到电场中不同位置，观察电场对试验电荷 q_0 的作用力的情况．试验电荷必须满足如下要求：① 试验电荷必须是点电荷；② 它的电荷量应足够小，以致把它放进电场中时对原有的电场几乎没有什么影响．为叙述方便，我们取试验电荷为正电荷（$q_0>0$）[①]．

---

① 试验电荷也可取负电荷，负试验电荷在电场中的受力方向与正试验电荷的受力方向相反．本书提到的试验电荷都指正试验电荷．

如图 5-3 所示，在静止电荷 Q 周围的静电场中，先后将试验电荷 q_0 放到电场中 A、B 和 C 三个不同的位置.我们发现，试验电荷 q_0 在电场中不同位置所受到的电场力 $\boldsymbol{F}$ 的值和方向均不相同.另一方面，就电场中某一点而言，试验电荷 q_0 在该处所受的电场力 $\boldsymbol{F}$ 的值与 q_0 的大小有关；但 $\boldsymbol{F}$ 与 q_0 之比，则与 q_0 无关，为一不变的矢量.显然，这个不变的矢量只与该处的电场有关，所以该矢量称为电场强度，用符号 $\boldsymbol{E}$ 表示，有

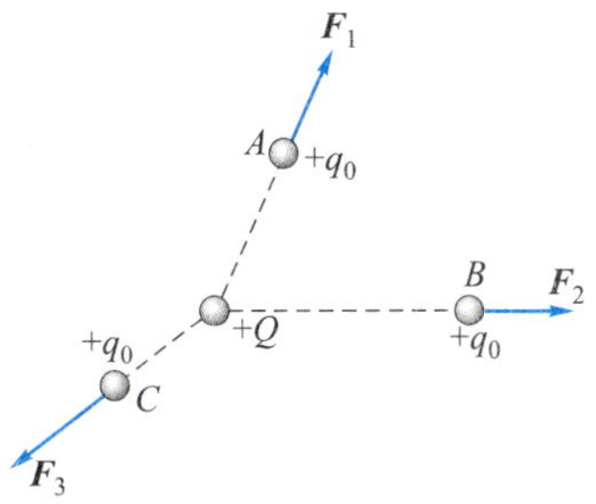

图 5-3　试验电荷在电场中不同位置受电场力的情况

$$\boldsymbol{E}=\frac{\boldsymbol{F}}{q_0} \tag{5-2}$$

式(5-2)为电场强度的定义式.它表明，电场中某点处的电场强度 $\boldsymbol{E}$ 等于位于该点处的单位试验电荷所受的电场力.电场强度是空间位置的函数.$\boldsymbol{E}$ 的方向与正试验电荷所受力 $\boldsymbol{F}$ 的方向相同.

在国际单位制中，电场强度的单位为牛顿每库仑，符号为 $\mathrm{N\cdot C^{-1}}$；电场强度的单位亦为伏特每米，符号为 $\mathrm{V\cdot m^{-1}}$.本章第 5-8 节中将说明 $\mathrm{V\cdot m^{-1}}$ 与 $\mathrm{N\cdot C^{-1}}$ 是一样的.不过 $\mathrm{V\cdot m^{-1}}$ 较 $\mathrm{N\cdot C^{-1}}$ 使用得更普遍些.

应当指出，在已知电场强度分布的电场中，若某点的电场强度为 $\boldsymbol{E}$，那么由式(5-2)知点电荷 q 在该点所受的电场力 $\boldsymbol{F}$ 为

$$\boldsymbol{F}=q\boldsymbol{E}$$

三、点电荷的电场强度

由库仑定律及电场强度定义式，可求得真空中点电荷周围电场的电场强度.

如图 5-4(a)所示，在真空中，点电荷 Q 位于直角坐标系的原点 O，由原点 O 指向场点 P 的位矢为 $\boldsymbol{r}$.若把试验电荷 q_0 置于场点 P，由库仑定律式(5-1)和电场强度定义式(5-2)可得场点 P 的电场强度为

$$\boldsymbol{E}=\frac{\boldsymbol{F}}{q_0}=\frac{1}{4\pi\varepsilon_0}\frac{Q}{r^2}\boldsymbol{e}_r \tag{5-3}$$

式中 $\boldsymbol{e}_r$ 为位矢 $\boldsymbol{r}$ 的单位矢量.上式是在真空中点电荷 Q 所激发的电场中，任意点 P 处的电场强度表示式.从式(5-3)可以看出，如果点电荷为正电荷(即 $Q>0$)，$\boldsymbol{E}$ 的方向与 $\boldsymbol{e}_r$ 的方向相同；如点电荷为负电荷(即 $Q<0$)，则 $\boldsymbol{E}$ 的方向与 $\boldsymbol{e}_r$ 的方向相反[图 5-4(b)].

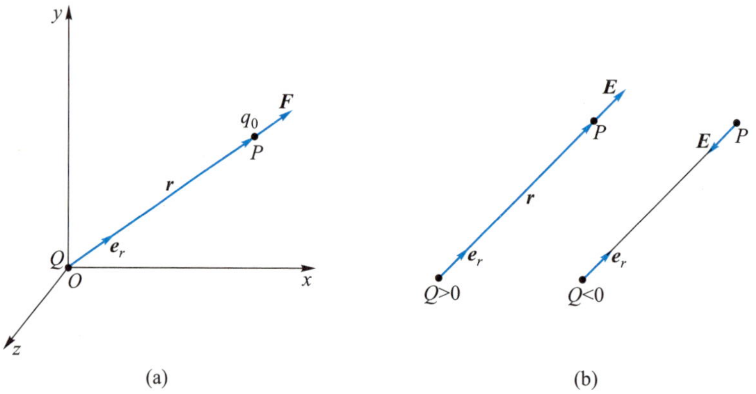

图 5-4　点电荷的电场强度

如图 5-5 所示,若将正点电荷 Q 放在原点 O,并以 r 为半径作一球面,则球面上各处 $\boldsymbol{E}$ 的大小相等,$\boldsymbol{E}$ 的方向均沿径矢 $\boldsymbol{r}$,故真空中点电荷的电场是具有对称性的非均匀场.

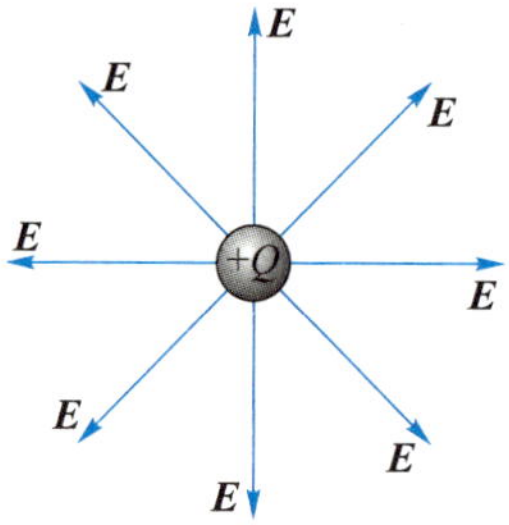

图 5-5　点电荷的电场具有对称性

四、电场强度叠加原理

一般来说,空间可能存在由许多个点电荷组成的点电荷系,那么点电荷系的电场强度如何计算呢?下面我们先介绍由力的叠加原理得到的电场强度叠加原理.

设真空中一点电荷系由正电荷 Q_1、Q_2 和负电荷 $-Q_3$ 三个点电荷组成[图 5-6(a)],在场点 P 处放置一试验电荷 q_0,且 Q_1、Q_2 和 $-Q_3$ 到点 P 的矢量为 $\boldsymbol{r}_1$、$\boldsymbol{r}_2$ 和 $\boldsymbol{r}_3$.若试验电荷 q_0 受到 Q_1、Q_2 和 $-Q_3$ 的作用力分别为 $\boldsymbol{F}_1$、$\boldsymbol{F}_2$ 和 $\boldsymbol{F}_3$,根据力的叠加原理可得作用在试验电荷 q_0 上的力 $\boldsymbol{F}$ 为

$$\boldsymbol{F}=\boldsymbol{F}_1+\boldsymbol{F}_2+\boldsymbol{F}_3$$

由库仑定律可知 $\boldsymbol{F}_1$、$\boldsymbol{F}_2$ 和 $\boldsymbol{F}_3$ 分别为

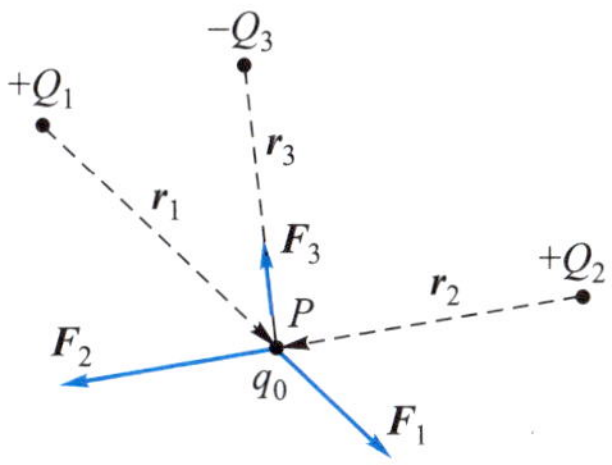

(a)

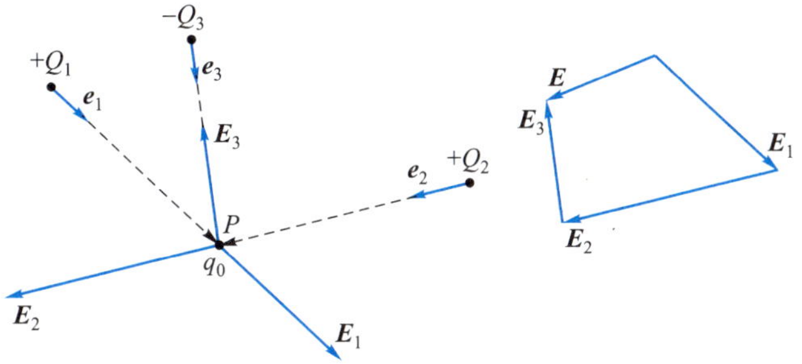

(b)

图 5-6 电场强度的叠加原理

$$\boldsymbol{F}_1=\frac{1}{4\pi\varepsilon_0}\frac{q_0Q_1}{r_1^2}\boldsymbol{e}_1,\quad \boldsymbol{F}_2=\frac{1}{4\pi\varepsilon_0}\frac{q_0Q_2}{r_2^2}\boldsymbol{e}_2,\quad \boldsymbol{F}_3=\frac{-1}{4\pi\varepsilon_0}\frac{q_0Q_3}{r_3^2}\boldsymbol{e}_3$$

式中 $\boldsymbol{e}_1$、$\boldsymbol{e}_2$ 和 $\boldsymbol{e}_3$ 分别为矢量 $\boldsymbol{r}_1$、$\boldsymbol{r}_2$ 和 $\boldsymbol{r}_3$ 的单位矢量.

另外,按照电场强度定义式(5-2),可得点 P 处的电场强度为

$$\boldsymbol{E}=\frac{\boldsymbol{F}}{q_0}=\frac{\boldsymbol{F}_1}{q_0}+\frac{\boldsymbol{F}_2}{q_0}+\frac{\boldsymbol{F}_3}{q_0}$$

于是,点 P 处的电场强度为

$$\boldsymbol{E}=\frac{1}{4\pi\varepsilon_0}\frac{Q_1}{r_1^2}\boldsymbol{e}_1+\frac{1}{4\pi\varepsilon_0}\frac{Q_2}{r_2^2}\boldsymbol{e}_2-\frac{1}{4\pi\varepsilon_0}\frac{Q_3}{r_3^2}\boldsymbol{e}_3$$

式中等式右边第一项、第二项和第三项分别为 Q_1、Q_2 和 $-Q_3$ 各自存在时点 P 处的电场强度[图 5-6(b)],即

$$\boldsymbol{E}_1=\frac{1}{4\pi\varepsilon_0}\frac{Q_1}{r_1^2}\boldsymbol{e}_1,\quad \boldsymbol{E}_2=\frac{1}{4\pi\varepsilon_0}\frac{Q_2}{r_2^2}\boldsymbol{e}_2,\quad \boldsymbol{E}_3=\frac{-1}{4\pi\varepsilon_0}\frac{Q_3}{r_3^2}\boldsymbol{e}_3$$

于是有

$$\boldsymbol{E}=\boldsymbol{E}_1+\boldsymbol{E}_2+\boldsymbol{E}_3 \tag{5-4a}$$

式(5-4a)表明,三个点电荷在点 P 处激发的电场强度等于各个点电荷单独

存在时该处电场强度的矢量和.上述结论虽是从三个点电荷组成的点电荷系得出的,显然不难推广至由任意数目点电荷所组成的点电荷系,故可以得出普遍结论如下:点电荷系所激发的电场中某点处的电场强度等于各个点电荷单独存在时对该点所激发的电场强度的矢量和.这就是电场强度的叠加原理,其数学表达式为

$$\boldsymbol{E}=\sum_{i=1}^{n}\boldsymbol{E}_i=\frac{1}{4\pi\varepsilon_0}\sum_{i=1}^{n}\frac{Q_i}{r_i^2}\boldsymbol{e}_i \tag{5-4b}$$

根据电场强度叠加原理,我们可以计算电荷连续分布的电荷系的电场强度.这只是计算电场强度的一种方法,还有其他的方法,以后我们再陆续介绍.

如图 5-7 所示,有一体积为 V,电荷连续分布的带电体,现在来计算点 P 处的电场强度.首先,我们在带电体上取一电荷元 $\mathrm{d}q$,其线度相对于 V 可视为无限小,从而可将 $\mathrm{d}q$ 作为一个点电荷对待.于是,$\mathrm{d}q$ 在点 P 处激发的电场强度为

$$\mathrm{d}\boldsymbol{E}=\frac{1}{4\pi\varepsilon_0}\frac{\mathrm{d}q}{r^2}\boldsymbol{e}_r$$

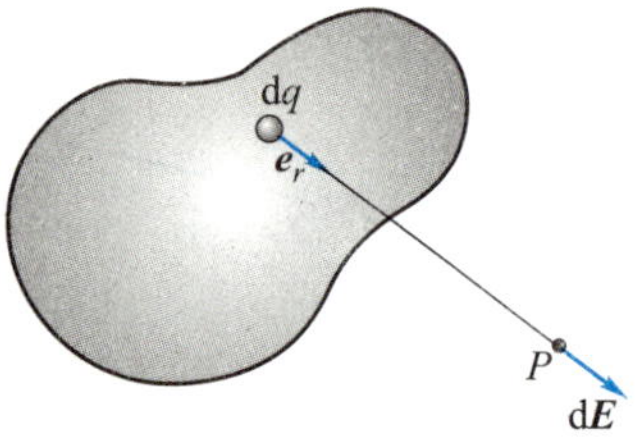

图 5-7 带电体的电场强度

式中 $\boldsymbol{e}_r$ 为由 $\mathrm{d}q$ 指向点 P 的单位矢量.其次,取各电荷元对点 P 处的电场强度,并求矢量积分.于是可得电荷系在点 P 处激发的电场强度 $\boldsymbol{E}$① 为

$$\boldsymbol{E}=\int_V\mathrm{d}\boldsymbol{E}=\int_V\frac{1}{4\pi\varepsilon_0}\frac{\boldsymbol{e}_r}{r^2}\mathrm{d}q \tag{5-5}$$

若 $\mathrm{d}V$ 为电荷元 $\mathrm{d}q$ 的体积元,ρ 为其电荷体密度,则 $\mathrm{d}q=\rho\mathrm{d}V$.于是,式(5-5)亦可写成

$$\boldsymbol{E}=\int_V\frac{1}{4\pi\varepsilon_0}\frac{\rho\boldsymbol{e}_r}{r^2}\mathrm{d}V \tag{5-6a}$$

顺便指出,对于电荷连续分布的线带电体和面带电体来说,电荷元 $\mathrm{d}q$ 可分别表示为 $\mathrm{d}q=\lambda\mathrm{d}l$ 和 $\mathrm{d}q=\sigma\mathrm{d}S$,其中 λ 为电荷线密度,σ 为电荷面密度,则由式(5-5)可得它们的电场强度分别为

$$\boldsymbol{E}=\int_l\frac{1}{4\pi\varepsilon_0}\frac{\lambda\boldsymbol{e}_r}{r^2}\mathrm{d}l,\quad \boldsymbol{E}=\int_S\frac{1}{4\pi\varepsilon_0}\frac{\sigma\boldsymbol{e}_r}{r^2}\mathrm{d}S \tag{5-6b}$$

---

① 为简便起见,本书的体积分用“$\int_V$”,面积分用“$\int_S$”,线积分用“$\int_l$”表示.

五、电偶极子的电场强度

由两个电荷量相等、符号相反、相距为 r_0 的点电荷 $+q$ 和 $-q(q>0)$ 构成的电荷系称为电偶极子.从 $-q$ 指向 $+q$ 的矢量 $\boldsymbol{r}_0$ 为电偶极子的轴，$q\boldsymbol{r}_0$ 称为电偶极子的电偶极矩(简称电矩)，用符号 $\boldsymbol{p}$ 表示，则有 $\boldsymbol{p}=q\boldsymbol{r}_0$.在研究电介质的极化等问题时，常要用到电偶极子的概念，以及电偶极子对电场的影响.下面分别讨论：① 电偶极子轴线延长线上一点的电场强度；② 电偶极子轴线中垂线上一点的电场强度.

(1) 如图 5-8 所示，以电偶极子轴线的中点为坐标原点 O，沿轴的延长线为 Ox 轴，轴上任意点 A 到原点 O 的距离为 x.由式(5-3)可得点电荷 $+q$ 和 $-q$ 在点 A 激发的电场强度分别为

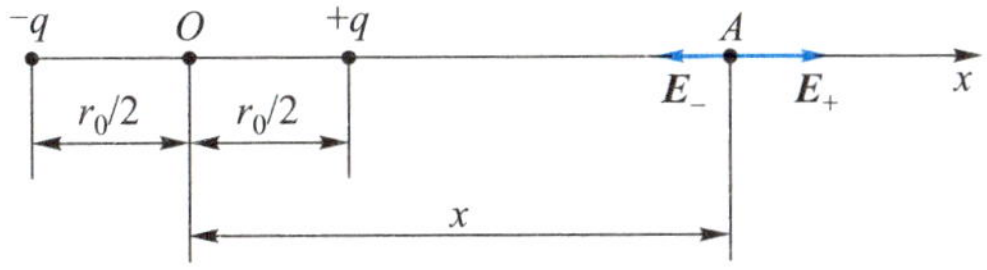

图 5-8

$$\boldsymbol{E}_{+}=\frac{1}{4\pi\varepsilon_0}\frac{q}{(x-r_0/2)^2}\boldsymbol{i}$$

$$\boldsymbol{E}_{-}=-\frac{1}{4\pi\varepsilon_0}\frac{q}{(x+r_0/2)^2}\boldsymbol{i}$$

上两式表明，$\boldsymbol{E}_{+}$和 $\boldsymbol{E}_{-}$的方向都沿 Ox 轴，但方向相反.由电场强度叠加原理可知，点 A 处的 $\boldsymbol{E}$ 为

$$\boldsymbol{E}=\boldsymbol{E}_{+}+\boldsymbol{E}_{-}=\frac{q}{4\pi\varepsilon_0}\frac{2xr_0}{(x^2-r_0^2/4)^2}\boldsymbol{i}$$

当场点 A 到电偶极子的距离比电偶极子中 $-q$ 和 $+q$ 之间的距离大得多时，即 $x\gg r_0$ 时，则 $(x^2-r_0^2/4)\approx x^2$，于是上式可写为

$$\boldsymbol{E}=\frac{1}{4\pi\varepsilon_0}\frac{2qr_0}{x^3}\boldsymbol{i}$$

由于电矩 $\boldsymbol{p}=q\boldsymbol{r}_0=qr_0\boldsymbol{i}$，所以上式为

$$\boldsymbol{E}=\frac{1}{4\pi\varepsilon_0}\frac{2\boldsymbol{p}}{x^3} \tag{5-7}$$

式(5-7)表明，在电偶极子轴线的延长线上任意点 A 处的电场强度 $\boldsymbol{E}$ 的大小与电偶极子的电矩 $\boldsymbol{p}$ 的大小成正比，与电偶极子中点 O 到点 A 的距离 x 的三次方

成反比；电场强度 $\boldsymbol{E}$ 的方向与电矩 $\boldsymbol{p}$ 的方向相同.

（2）以电偶极子轴线的中点为坐标原点 O，并取 Ox 轴和 Oy 轴如图 5-9 所示. 由式(5-3)可得点电荷 $+q$ 和 $-q$ 对中垂线上任意点 B 的电场强度分别为

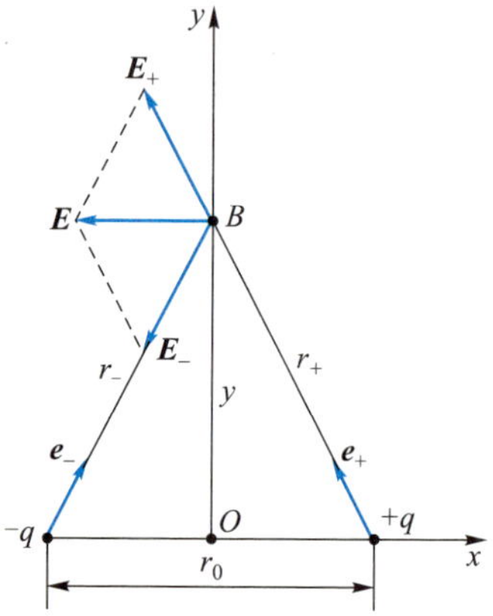

图 5-9

$$\boldsymbol{E}_+=\frac{1}{4\pi\varepsilon_0}\frac{q}{r_+^2}\boldsymbol{e}_+ \tag{1}$$

$$\boldsymbol{E}_-=-\frac{1}{4\pi\varepsilon_0}\frac{q}{r_-^2}\boldsymbol{e}_- \tag{2}$$

式中 r_+ 和 r_- 分别是 $+q$ 和 $-q$ 与点 B 间的距离，$\boldsymbol{e}_+$ 和 $\boldsymbol{e}_-$ 分别是从 $+q$ 和 $-q$ 指向点 B 的单位矢量. 从图中可以看出 $r_-=r_+$，且令其为 r，即有

$$r_+=r_-=r=\sqrt{y^2+\left(\frac{r_0}{2}\right)^2} \tag{3}$$

而单位矢量 $\boldsymbol{e}_+=\boldsymbol{r}_+/r_+=\boldsymbol{r}_+/r$，其中 $\boldsymbol{r}_+$ 为

$$\boldsymbol{r}_+=\left(-\frac{r_0}{2}\boldsymbol{i}+y\boldsymbol{j}\right)$$

所以，单位矢量 $\boldsymbol{e}_+=\left(-\frac{r_0}{2}\boldsymbol{i}+y\boldsymbol{j}\right)/r$，于是式(1)可写为

$$\boldsymbol{E}_+=\frac{1}{4\pi\varepsilon_0}\frac{q}{r^3}\left(y\boldsymbol{j}-\frac{r_0}{2}\boldsymbol{i}\right) \tag{4}$$

同时，$\boldsymbol{e}_-=\left(\frac{r_0}{2}\boldsymbol{i}+y\boldsymbol{j}\right)/r$，所以式(2)可写为

$$\boldsymbol{E}_-=-\frac{1}{4\pi\varepsilon_0}\frac{q}{r^3}\left(y\boldsymbol{j}+\frac{r_0}{2}\boldsymbol{i}\right) \tag{5}$$

根据电场强度叠加原理，可得点 B 处的电场强度 $\boldsymbol{E}$ 为

$$\boldsymbol{E}=\boldsymbol{E}_++\boldsymbol{E}_-=-\frac{1}{4\pi\varepsilon_0}\frac{qr_0\boldsymbol{i}}{r^3}$$

将式(3)代入上式，且电偶极矩 $\boldsymbol{p}=qr_0\boldsymbol{i}$，故有

$$\boldsymbol{E}=-\frac{1}{4\pi\varepsilon_0}\frac{\boldsymbol{p}}{\left(y^2+\frac{r_0^2}{4}\right)^{3/2}}$$

当 $y \gg r_0$ 时，$y^2+(r_0/2)^2 \approx y^2$，于是上式为

$$\boldsymbol{E} = -\frac{1}{4\pi\varepsilon_0}\frac{\boldsymbol{p}}{y^3} \tag{5-8}$$

式(5-8)表明，在电偶极子的中垂线上任意点 B 处的电场强度 $\boldsymbol{E}$ 的大小与电矩 $\boldsymbol{p}$ 的大小成正比，与电偶极子的中点到点 B 的距离 y 的三次方成反比；电场强度 $\boldsymbol{E}$ 的方向与电矩 $\boldsymbol{p}$ 的方向相反①.

例 1

如图 5-10 所示，正电荷 q 均匀地分布在半径为 R 的圆环上. 计算通过环心点 O，并垂直圆环平面的轴线上任一点 P 处的电场强度.

解 设坐标原点与环心相重合，点 P 与环心 O 的距离为 x. 由题意知圆环上的电荷是均匀分布的，故其电荷线密度 $\lambda = q/2\pi R$. 在环上取线元 $\mathrm{d}l$，其电荷元 $\mathrm{d}q = \lambda \mathrm{d}l$. 此电荷元对点 P 处激起的电场强度为

$$\mathrm{d}\boldsymbol{E} = \frac{1}{4\pi\varepsilon_0}\frac{\lambda \mathrm{d}l}{r^2}\boldsymbol{e}_r$$

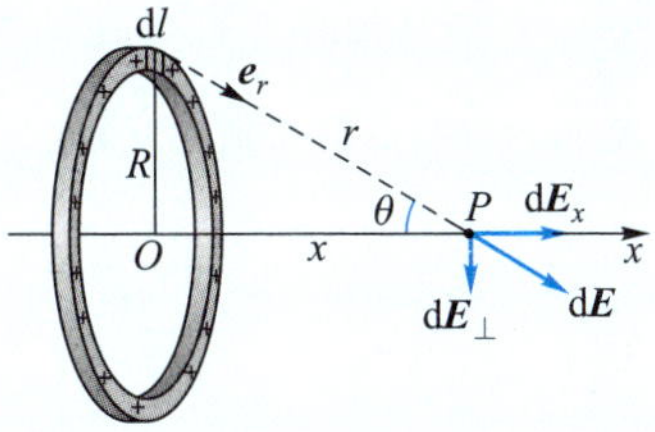

图 5-10

由于电荷分布的对称性，圆环上各电荷元对点 P 处激起的电场强度 $\mathrm{d}\boldsymbol{E}$ 的分布也具有对称性，且它们在垂直于 x 轴方向上的分量 $\mathrm{d}E_{\perp}$ 将互相抵消，即 $\int \mathrm{d}E_{\perp} = 0$；而各电荷元在点 P 的电场强度 $\mathrm{d}\boldsymbol{E}$ 沿 x 轴的分量 $\mathrm{d}E_x$ 都具有相同的方向，且 $\mathrm{d}E_x = \mathrm{d}E\cos\theta$. 故点 P 的电场强度为

$$E = \int_l \mathrm{d}E_x = \int_l \mathrm{d}E\cos\theta = \frac{\lambda x}{4\pi\varepsilon_0 r^3}\int_0^{2\pi R}\mathrm{d}l \tag{1}$$

式中 $r=(x^2+R^2)^{1/2}$，$\lambda = q/2\pi R$，于是有

$$E = \frac{1}{4\pi\varepsilon_0}\frac{\lambda x}{(x^2+R^2)^{3/2}}2\pi R$$

即

$$E = \frac{1}{4\pi\varepsilon_0}\frac{qx}{(x^2+R^2)^{3/2}} \tag{2}$$

上式表明，均匀带电圆环对轴线上任意点处的电场强度，是该点距环心 O 的距离 x 的函数，即 $E=E(x)$. 下面对几个特殊点处的情况作一些讨论.

① 如果点 B 不在中垂线上，而是在 xy 平面上某任意点，则对该点处电场强度的计算可参见本章第 5-7 节的例 2.

(1) 若 $x>>R$,则 $(x^2+R^2)^{3/2}\approx x^3$,这时有

$$E\approx\frac{1}{4\pi\varepsilon_0}\frac{q}{x^2} \tag{3}$$

即在远离圆环的地方,可把带电圆环看成点电荷.这与前面对点电荷的论述相一致.

(2) 若 $x\approx 0, E\approx 0$,这表明环心处的电场强度为零.

(3) 由 $\mathrm{d}E/\mathrm{d}x=0$ 可求得电场强度极大的位置,故有

$$\frac{\mathrm{d}}{\mathrm{d}x}\left[\frac{1}{4\pi\varepsilon_0}\frac{qx}{(x^2+R^2)^{3/2}}\right]=0$$

得

$$x=\pm\frac{\sqrt{2}}{2}R \tag{4}$$

这表明,圆环轴线上具有最大电场强度的位置,位于原点 O 两侧的 $+\frac{\sqrt{2}}{2}R$ 和 $-\frac{\sqrt{2}}{2}R$ 处.图 5-11是带电圆环轴线上 E-x 的分布图.

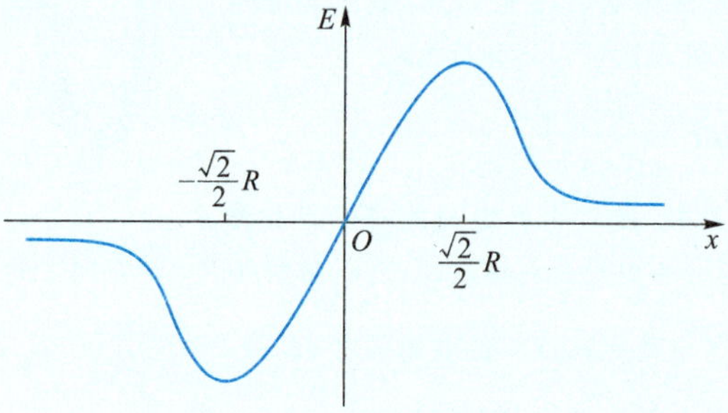

图 5-11

例 2

如图 5-12 所示,一半径为 R,电荷均匀分布的薄圆盘的电荷面密度为 σ.求通过盘心且垂直盘面的轴线上任意一点处的电场强度.

解 取如图所示的坐标系,薄圆盘的平面在 yz 平面内,盘心位于坐标原点 O.由于圆盘上的电荷分布是均匀的,故圆盘上的电荷为 $q=\sigma\pi R^2$.

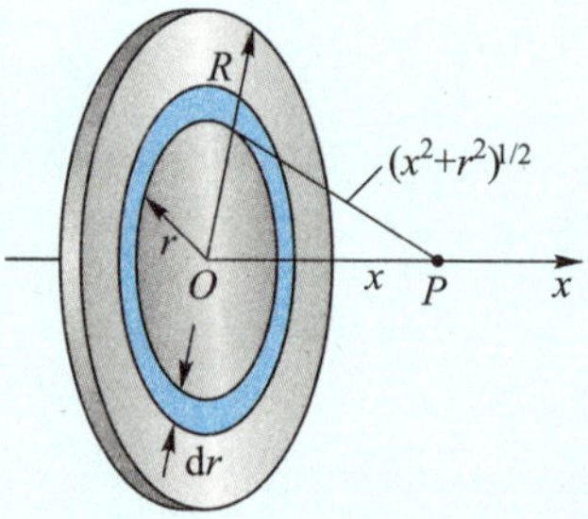

图 5-12

我们把圆盘分成许多细圆环带,其中半径为 r、宽度为 $\mathrm{d}r$ 的环带面积为 $2\pi r\mathrm{d}r$,此环带上的电荷为 $\mathrm{d}q=\sigma\cdot 2\pi r\mathrm{d}r$.由例 1 可知,环带上的电荷对 x 轴上点 P 处激起的电场强度为

$$\mathrm{d}E_x=\frac{x\mathrm{d}q}{4\pi\varepsilon_0(x^2+r^2)^{3/2}}=\frac{\sigma}{2\varepsilon_0}\frac{xr\mathrm{d}r}{(x^2+r^2)^{3/2}}$$

由于圆盘上所有带电的环带在点 P 处的电场强度都沿 x 轴同一方向，故由上式可得带电圆盘的轴线上点 P 处的电场强度为

$$E=\int \mathrm{d}E_x=\frac{\sigma x}{2\varepsilon_0}\int_0^R\frac{r\mathrm{d}r}{(x^2+r^2)^{3/2}}=\frac{\sigma x}{2\varepsilon_0}\left(\frac{1}{\sqrt{x^2}}-\frac{1}{\sqrt{x^2+R^2}}\right)\tag{1}$$

讨论：如果 $x\ll R$，带电圆盘可看作是“无限大”的均匀带电平面，这时

$$\left(\frac{1}{\sqrt{x^2}}-\frac{1}{\sqrt{x^2+R^2}}\right)\approx\frac{1}{\sqrt{x^2}}$$

于是式(1)为

$$E=\begin{cases}\dfrac{\sigma}{2\varepsilon_0}, & x>0\\[2ex] -\dfrac{\sigma}{2\varepsilon_0}, & x<0\end{cases}\tag{2}$$

上式表明，很大的均匀带电平面附近的电场强度 $\boldsymbol{E}$ 的值是一个常量，$\boldsymbol{E}$ 的方向与平面垂直。因此，很大的均匀带电平面附近的电场可看作均匀电场。

此外，若有两个相互平行、彼此相隔很近的平面，它们的电荷面密度各为 $\pm\sigma$。利用上述结论及电场强度的叠加原理，很容易求得两平行带电平面中部的电场强度为 $E=\sigma/\varepsilon_0$。这是获得均匀电场的一种常用方法，我们还将在电容器中提及。均匀电场又称匀强电场，在这种电场中 $\boldsymbol{E}$ 处处相等。

如果薄圆盘上的电荷面密度是不均匀的，但遵守以下规律：$\sigma=\sigma_0 r/R$，式中 r 是盘上一点距盘心的距离，那么，通过盘心且垂直于盘面的轴线上任意点 P 的电场强度又是多少呢？读者如有兴趣，可自己算一下。

5-3 电场强度通量 高斯定理

上一节我们研究了描述电场性质的一个重要物理量——电场强度，并从叠加原理出发讨论了点电荷系和带电体的电场强度。为了更形象地描述电场，这一节将在介绍电场线[①]的基础上，引进电场强度通量的概念；并导出静电场的重要定理——高斯定理。

① 电场线以前称为电力线，按 2019 年全国科学技术名词审定委员会公布的物理学名词改用现名。力线名称最早是由英国实验物理学家法拉第提出的。法拉第是第一位认识场的物质性的科学家。

一、电场线

图 5-13 是几种带电系统的电场线. 在电场线上每一点处电场强度 $\boldsymbol{E}$ 的方向沿着该点的切线,并以电场线箭头的指向表示电场强度的方向. 例如,在图 5-13(a)、(b)所示的点电荷附近,电场线呈径向分布,电场线是从正电荷出发会聚于负电荷;图 5-13(d)是电偶极子的电场线,图中 M、N 两点处 $\boldsymbol{E}$ 的方向都与该点电场线的切线方向相同.

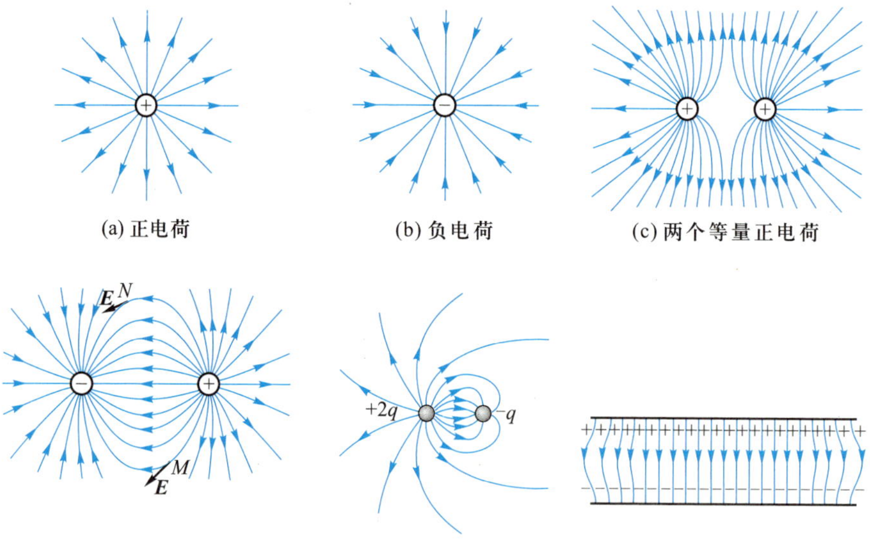

(a) 正电荷　(b) 负电荷　(c) 两个等量正电荷　(d) 两个等量异号电荷　(e) 两个不等量异号电荷　(f) 带等值异号电荷的两平行板

图 5-13　几种典型电场的电场线分布图

静电场的电场线有如下特点:① 电场线总是始于正电荷,终止于负电荷,不形成闭合曲线;② 任何两条电场线都不能相交,这是因为电场中每一点处的电场强度只能有一个确定的方向.

电场线不仅能表示电场强度的方向,而且电场线在空间的密度分布还能表示电场强度的大小.在某区域内,电场线的密度较大,则该处 $\boldsymbol{E}$ 较强;电场线的密度较小,则该处 $\boldsymbol{E}$ 较弱.

为了给出电场线密度和电场强度间的数量关系,我们对电场线的密度作如下规定:在电场中任一点,想象地作一个面积元 $\mathrm{d}S$,并使它与该点的 $\boldsymbol{E}$ 垂直(图 5-14),$\mathrm{d}S$ 面上各点的 $\boldsymbol{E}$ 可认为是相同的,则通过面积元 $\mathrm{d}S$ 的电场线数 $\mathrm{d}N$ 与该点的 $\boldsymbol{E}$ 的大小有如下关系:

$$\frac{\mathrm{d}N}{\mathrm{d}S}=E \quad (5-9)$$

这就是说,通过电场中某点垂直于 $\boldsymbol{E}$ 的单位面积的电场线数等于该点处电场强度 $\boldsymbol{E}$ 的大小. $\mathrm{d}N/\mathrm{d}S$ 也叫做电场线密度.

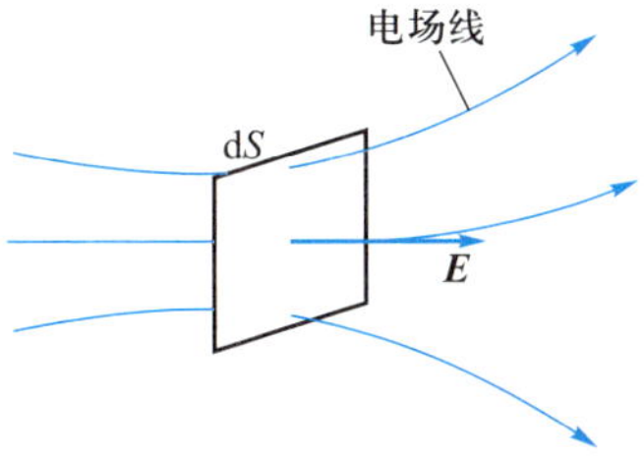

图 5-14 电场线密度与电场强度

虽然电场中并不存在电场线,但引入电场线概念可以形象地描绘出电场的总体情况,对于分析某些实际问题很有帮助.在研究某些复杂的电场时,常用模拟的方法把它们的电场线画出来,这对诸如研究电子管内部的电场、高压电器设备附近的电场分布是非常直观有用的.

二、电场强度通量

我们把通过电场中某一个面的电场线数目,叫做通过这个面的电场强度通量,用符号 Φ_e 表示.下面先讨论匀强电场中的电场强度通量 Φ_e.设在匀强电场中取一个平面 S,并使它和电场强度方向垂直[图 5-15(a)].由于匀强电场的电场强度处处相等,所以电场线密度也应处处相等.这样,通过面 S 的电场强度通量为

$$\Phi_e=ES \quad (5-10)$$

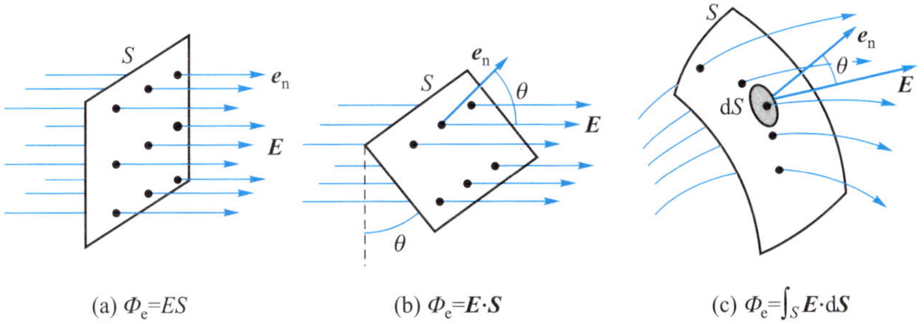

图 5-15 电场强度通量的计算

如果平面 S 与匀强电场的 $\boldsymbol{E}$ 不垂直,那么面 S 在电场空间可取许多方位.为了把面 S 在电场中的大小和方位同时表示出来,我们引入面积矢量 $\boldsymbol{S}$,其大小为 S,其方向用单位法线矢量 $\boldsymbol{e}_n$ 来表示,则有 $\boldsymbol{S}=S\boldsymbol{e}_n$.在图5-15(b)中,$\boldsymbol{e}_n$ 与 $\boldsymbol{E}$ 之间的夹角为 θ.因此,这时通过面 S 的电场强度通量为

$$\Phi_e=ES\cos\theta \quad (5-11a)$$

由矢量标积的定义可知,$ES\cos\theta$ 为矢量 $\boldsymbol{E}$ 和 $\boldsymbol{S}$ 的标积,故上式可用矢量表示为

$$\Phi_e=\boldsymbol{E}\cdot\boldsymbol{S}=\boldsymbol{E}\cdot\boldsymbol{e}_n S \quad (5-11b)$$

如果电场是非匀强电场，并且面 S 是任意曲面[图 5-15(c)]，则可以把曲面分成无限多个面积元 dS，每个面积元 dS 都可看成是一个小平面，在面积元 dS 上，$\boldsymbol{E}$ 也处处相等.仿照上面的办法，若 $\boldsymbol{e}_n$ 为面积元 dS 的单位法线矢量，则 $\boldsymbol{e}_n dS=d\boldsymbol{S}$.如果 $\boldsymbol{e}_n$ 与 $\boldsymbol{E}$ 成 θ 角，则通过面积元 dS 的电场强度通量为

$$d\Phi_e = EdS\cos\theta = \boldsymbol{E}\cdot d\boldsymbol{S} \tag{5-12}$$

所以通过曲面 S 的电场强度通量 Φ_e，就等于通过面 S 上所有面积元 dS 电场强度通量 $d\Phi_e$ 的总和，即

$$\Phi_e = \int_S d\Phi_e = \int_S E\cos\theta dS = \int_S \boldsymbol{E}\cdot d\boldsymbol{S} \tag{5-13}$$

如果曲面是闭合曲面，式(5-13)中的曲面积分应换成对闭合曲面积分，闭合曲面积分用“$\oint_S$”表示，故通过闭合曲面的电场强度通量为

$$\Phi_e = \oint_S E\cos\theta dS = \oint_S \boldsymbol{E}\cdot d\boldsymbol{S} \tag{5-14}$$

一般来说，通过闭合曲面的电场线，有些是“穿进”的，有些是“穿出”的.这也就是说，通过曲面上各个面积元的电场强度通量 $d\Phi_e$ 有正、有负.为此规定：曲面上某点的法线矢量的方向是垂直指向曲面外侧的①.依照这个规定，如图 5-16 所示，在曲面的 A 处，电场线从外穿进曲面里，$\theta>\pi/2$，所以 $d\Phi_e$ 为负；在 B 处，电场线从曲面里向外穿出，$\theta<\pi/2$，所以 $d\Phi_e$ 为正；而在 C 处，电场线与曲面相切，$\theta=\pi/2$，所以 $d\Phi_e$ 为零.

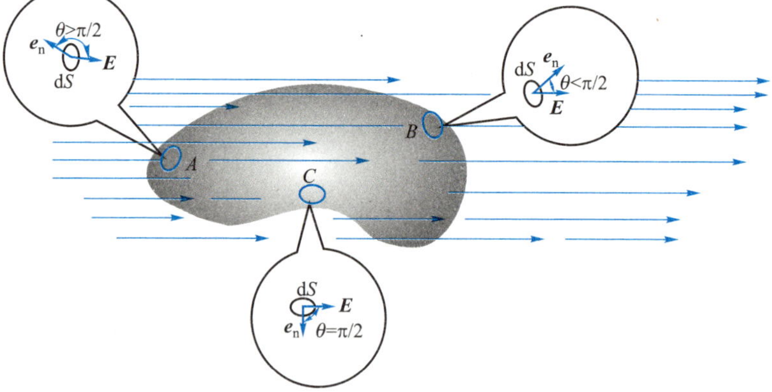

图 5-16　通过闭合曲面上不同地方面积元的电场强度通量正负的判别

① 我们知道，闭合曲面把空间分成两部分，即闭合曲面内和闭合曲面外.因此，闭合曲面上任意面积元 $d\boldsymbol{S}$ 的法线矢量，就有外法线矢量和内法线矢量之分.在研究诸如电场强度通量、高斯定理这类问题时，我们规定闭合曲面上面积元 $d\boldsymbol{S}$ 的外法线矢量为正法线矢量.

例 1

三棱柱体放在如图 5-17 所示的匀强电场中.求通过此三棱柱体的电场强度通量.

解　三棱柱体的表面为一闭合曲面,由 5 个平面构成.其中 $MNPOM$ 所围的面积为 S_1,$MNQM$ 和 $OPRO$ 所围的面积为 S_2 和 S_3,$MORQM$ 和 $NPRQN$ 所围的面积为 S_4 和 S_5.那么,在此匀强电场中通过 S_1、S_2、S_3、S_4 和 S_5 的电场强度通量分别为 Φ_{e1}、Φ_{e2}、Φ_{e3}、Φ_{e4}和 Φ_{e5},故通过闭合曲面的电场强度通量为

$$\Phi_e=\Phi_{e1}+\Phi_{e2}+\Phi_{e3}+\Phi_{e4}+\Phi_{e5}$$

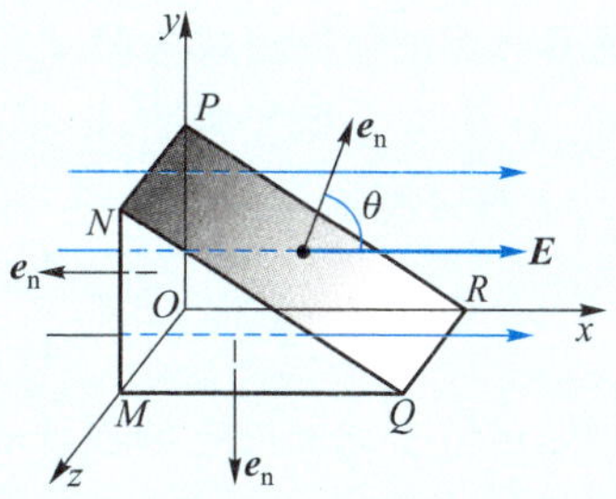

图 5-17

由式(5-13)可求得通过 S_1 的电场强度通量为

$$\Phi_{e1}=\int_{S_1}\boldsymbol{E}\cdot \mathrm{d}\boldsymbol{S}$$

从图中可见,面 S_1 的正法线矢量 $\boldsymbol{e}_n$ 的方向与 $\boldsymbol{E}$ 的方向之间夹角为 π,故

$$\Phi_{e1}=ES_1\cos\pi=-ES_1$$

而面 S_2、S_3 和 S_4 的正法线矢量 $\boldsymbol{e}_n$ 均与 $\boldsymbol{E}$ 垂直,故

$$\Phi_{e2}=\Phi_{e3}=\Phi_{e4}=\int_S\boldsymbol{E}\cdot \mathrm{d}\boldsymbol{S}=0$$

对于面 S_5,其正法线矢量 $\boldsymbol{e}_n$ 与 $\boldsymbol{E}$ 的夹角 $0<\theta<\pi/2$,故

$$\Phi_{e5}=\int_{S_5}\boldsymbol{E}\cdot \mathrm{d}\boldsymbol{S}=E\cos\theta S_5$$

而 $S_5\cos\theta=S_1$,所以

$$\Phi_5=ES_1$$

把它们代入有

$$\Phi_e=\Phi_{e1}+\Phi_{e2}+\Phi_{e3}+\Phi_{e4}+\Phi_{e5}=-ES_1+ES_1=0$$

上述结果表明,在匀强电场中穿入三棱柱体的电场线与穿出三棱柱体的电场线相等,即穿过闭合曲面(三棱柱体表面)的电场强度通量为零.

三、高斯定理

既然静电场是由电荷所激发的,那么,通过电场空间某一给定闭合曲面的电场强度通量与激发电场的场源电荷必有确定的关系.这就是著名的高斯定理.我们先从简单情况开始,逐步导出这个定理.

设真空中有一个正点电荷 q,被置于半径为 R 的球面中心处(图 5-18).由点电荷电场强度公式(5-3)可知,球面上各点电场强度 $\boldsymbol{E}$ 的大小均等于

$$E=\frac{1}{4\pi\varepsilon_0}\frac{q}{R^2}$$

$\boldsymbol{E}$ 的方向则沿径矢方向向外.在球面上任取一面积元 dS,其正单位法线矢量 $\boldsymbol{e}_n$ 与场强 $\boldsymbol{E}$ 的方向相同,即 $\boldsymbol{E}$ 与面积元垂直.根据式(5-12),通过 dS 的电场强度通量为

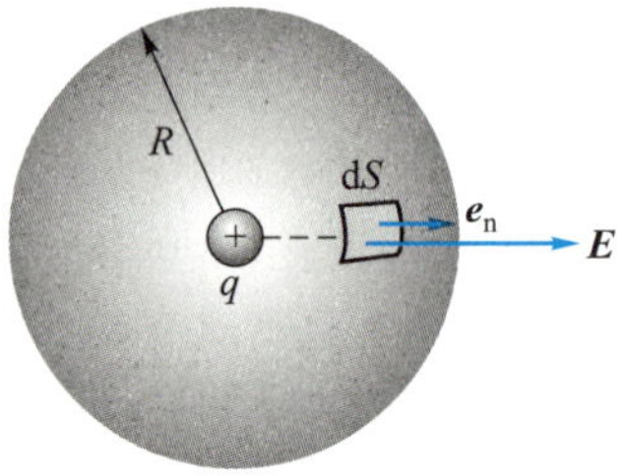

图 5-18 推导高斯定理用图

$$\mathrm{d}\Phi_e=\boldsymbol{E}\cdot\mathrm{d}\boldsymbol{S}=E\mathrm{d}S=\frac{1}{4\pi\varepsilon_0}\frac{q}{R^2}\mathrm{d}S$$

于是通过整个球面的电场强度通量为

$$\Phi_e=\oint_S\mathrm{d}\Phi_e=\oint_S\boldsymbol{E}\cdot\mathrm{d}\boldsymbol{S}=\frac{1}{4\pi\varepsilon_0}\frac{q}{R^2}\oint_S\mathrm{d}S=\frac{1}{4\pi\varepsilon_0}\frac{q}{R^2}4\pi R^2$$

得

$$\Phi_e=\oint_S\boldsymbol{E}\cdot\mathrm{d}\boldsymbol{S}=\frac{q}{\varepsilon_0}\tag{5-15}$$

即通过球面的电场强度通量等于球面所包围的电荷 q 除以真空电容率.于是,从电场线的观点看来,若 q 为正电荷,从 q 穿出球面的电场线数为q/ε_0;若 q 为负电荷,则穿入球面并会聚于 q 的电场线数为 q/ε_0.

C. F. 高斯(Carl Friedrich Gauss, 1777—1855),德国数学家、天文学家和物理学家.高斯在数学上建树颇丰,有"数学王子"美称.他与另一位德国物理学家 W.E.韦伯(Wilhelm Eduard Weber, 1804—1891)制成第一台有线电报机和建立了地磁观测台.高斯还创立了电磁学量的绝对单位制.

文档:静电学的数学研究

上面讨论的是一种很特殊的情况,包围点电荷的闭合曲面是以点电荷为球心的球面.如果包围点电荷的闭合曲面形状是任意的,式(5-15)仍能成立.下面小号字内容将予以证明.

如图 5-19 所示,点电荷 q 放在点 O 处,它被任意形状的闭合曲面所包围.我们将此闭合曲面分成许多面积元.设点电荷 q 至某一面积元 dS 的矢量为 $\boldsymbol{r}$,此面积元的正法线矢量 $\boldsymbol{e}_n$ 与面积元所在处电场强度 $\boldsymbol{E}$ 之间的夹角为 θ.由式(5-12)可知,穿过面积元 dS 的电场强度通量为

$$\mathrm{d}\Phi_e=\boldsymbol{E}\cdot\mathrm{d}\boldsymbol{S}=E\mathrm{d}S\cos\theta$$

将点电荷的电场强度公式(5-3)代入上式,有

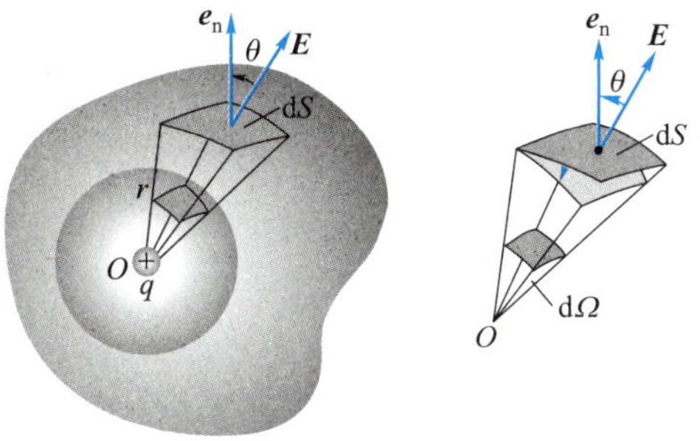

图 5-19 穿过包围点电荷的任意闭合曲面的电场强度通量

$$\mathrm{d}\Phi_e=\frac{q}{4\pi\varepsilon_0}\frac{\mathrm{d}S\cos\theta}{r^2}=\frac{q}{4\pi\varepsilon_0}\frac{\mathrm{d}S'}{r^2}$$

从数学上可知，$\mathrm{d}S\cos\theta/r^2$ 为面积元 $\mathrm{d}S$ 对点 O 所张开的立体角 $\mathrm{d}\Omega$，即 $\mathrm{d}\Omega=\mathrm{d}S\cos\theta/r^2$，故上式为

$$\mathrm{d}\Phi_e=\frac{q}{4\pi\varepsilon_0}\mathrm{d}\Omega$$

由上式可以看出，在点电荷的电场中，通过任意面积元 $\mathrm{d}S$ 的电场强度通量，只与点电荷 q 以及面积元 $\mathrm{d}S$ 对 q 所在点张开的立体角的大小有关.于是包围 q 的任意闭合曲面的电场强度通量为

$$\Phi_e=\oint_S\mathrm{d}\Phi_e=\oint_S\boldsymbol{E}\cdot\mathrm{d}\boldsymbol{S}=\frac{q}{4\pi\varepsilon_0}\oint_S\mathrm{d}\Omega$$

式中立体角对闭合曲面的积分 $\oint_S\mathrm{d}\Omega=4\pi$.于是上式为

$$\Phi_e=\oint_S\boldsymbol{E}\cdot\mathrm{d}\boldsymbol{S}=\frac{q}{\varepsilon_0}$$

这与式(5-15)是相同的.

从以上讨论中可以看出，在点电荷 q 的电场中，通过包围 q 的闭合曲面的电场强度通量与闭合曲面的形状无关，其值都等于 q/ε_0.当 $q>0$ 时，$\Phi_e>0$，这表示电场线从闭合曲面内向外穿出，或者说电场线从正电荷发出；当 $q<0$ 时，$\Phi_e<0$，这表示电场线从外面穿进闭合曲面，或者说电场线会聚于负电荷.

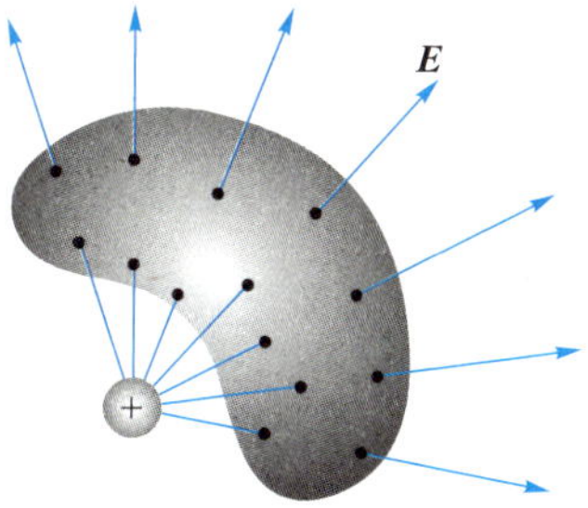

图 5-20 点电荷在闭合曲面之外

如果点电荷位于闭合曲面之外(图 5-20)，那么通过此闭合曲面的电场强度通量又将为多少呢？从图中可以看出，进入闭合曲面的电场线数与穿出闭合曲面的电场线数相等，故穿过闭合曲

面的电场强度通量为零.由此不难推断,若在电场中所取的闭合曲面内不含有电荷,或者所含电荷的代数和为零时,穿过此闭合曲面的电场强度通量必为零,即

$$\Phi_e = \oint_S \boldsymbol{E} \cdot \mathrm{d}\boldsymbol{S} = 0 \quad (\text{闭合曲面内不含净电荷})$$

下面我们进一步讨论在闭合曲面内含有任意电荷系时,穿过闭合曲面的电场强度通量.

我们已知任意电荷系可看作诸点电荷的集合体,而由电场强度的叠加原理知道,诸点电荷在电场空间某点激发的电场强度应是各点电荷在该点激发的电场强度的矢量和,因此,穿过电场中任意闭合曲面的电场强度通量应为

$$\begin{aligned}\oint_S \boldsymbol{E}\cdot\mathrm{d}\boldsymbol{S} &= \oint \boldsymbol{E}_1\cdot\mathrm{d}\boldsymbol{S} + \oint \boldsymbol{E}_2\cdot\mathrm{d}\boldsymbol{S} + \cdots + \oint \boldsymbol{E}_n\cdot\mathrm{d}\boldsymbol{S} \\ &= \Phi_{e1} + \Phi_{e2} + \cdots + \Phi_{en}\end{aligned}$$

式中 $\Phi_{e1},\Phi_{e2},\cdots,\Phi_{en}$ 是电荷 $q_1,q_2,\cdots,q_n$ 各自激发的电场穿过闭合曲面的电场强度通量.由上面的讨论已知,当电荷 q_i 在闭合曲面内时,电场强度通量 $\Phi_{ei}>0$;当电荷 q_i 在闭合曲面外时,电场强度通量 $\Phi_{ei}=0$.所以,穿过闭合曲面的电场强度通量仅与此闭合曲面内的电荷有关.于是,有

$$\oint \boldsymbol{E} \cdot \mathrm{d}\boldsymbol{S} = \frac{1}{\varepsilon_0} \sum_{i=1}^{n} q_i^{\mathrm{in}} \tag{5-16}$$

式中 $\sum\limits_{i=1}^{n} q_i^{\mathrm{in}}$ 是闭合曲面内所含电荷的代数和.式(5-16)表明:在真空静电场中,穿过任意闭合曲面的电场强度通量等于该闭合曲面所包围的所有电荷的代数和除以 ε_0.这就是真空中静电场的高斯定理.在高斯定理中,我们常把所选取的闭合曲面称为高斯面,所以,穿过任意高斯面的电场强度通量只与高斯面所包围的电荷系有关,而与高斯面的形状无关,也与电荷系的电荷分布情况无关.

应当指出,虽然高斯定理是在库仑定律的基础上得出的,但库仑定律是从电荷间的作用反映静电场的性质,而高斯定理则是从场和场源电荷间的关系反映静电场的性质.从场的研究方面来看,高斯定理比库仑定律更基本,应用范围更广泛.库仑定律只适用于静电场,而高斯定理不但适用于静电场,而且对变化的电场也是适用的,它是电磁场理论的基本方程之一.关于这一点,我们将在第八章电磁感应与电磁场中论述.

四、高斯定理应用举例

高斯定理的一个应用就是计算带电体周围电场的电场强度①.当所论及的

---

① 高斯定理还有许多其他方面的应用,如在本书第六章第6-1节中将用高斯定理讨论静电平衡时导体的电荷分布和电场分布.

电场是均匀的电场,或者电场的分布是对称的时,这就为我们选取合适的闭合曲面(即高斯面)提供了条件,从而使面积分变得简单易算.所以分析电场的对称性是取高斯面求电场强度的一个重要的问题.下面举几个例子,说明如何应用高斯定理来计算对称分布的电场的电场强度或电荷分布.

例 2

设有一半径为 R,均匀带电荷量为 Q 的球面.求球面内部和外部任意点的电场强度.

解 电荷 Q 可近似认为均匀分布在半径为 R 的球面上.由于电荷分布是球对称的,所以 $\boldsymbol{E}$ 的分布也是球对称的.因此,如以半径 r 作一球面,则在同一球面上各点 $\boldsymbol{E}$ 的大小相等,且 $\boldsymbol{E}$ 与球面上各处的面积元相垂直.

取点 P 在如图 5-21(a)所示的球面内部,以球心到点 P 的距离为 $r(<R)$,以 r 为半径作的球面——高斯面内没有电荷,即 $\sum q=0$.由高斯定理式(5-16)可得

$$\oint_S \boldsymbol{E}\cdot\mathrm{d}\boldsymbol{S} = E\cdot 4\pi r^2 = 0$$

有

$$E=0 \qquad (r<R) \tag{1}$$

上式表明,均匀带电球面内部的电场强度为零.

如图 5-21(b)所示,因为电荷 Q 均匀分布在半径为 R 的球面上,所以,以球心到球面外部点 P 的距离 $r(>R)$ 为半径作一球面.此球面上的电场强度 $\boldsymbol{E}$ 的分布是对称分布,故可取此球面为高斯面,它所包围的电荷为 Q.由高斯定理可得

$$\oint_S \boldsymbol{E}\cdot\mathrm{d}\boldsymbol{S} = E\cdot 4\pi r^2 = \frac{Q}{\varepsilon_0}$$

于是点 P 的电场强度为

$$E=\frac{1}{4\pi\varepsilon_0}\frac{Q}{r^2} \qquad (r>R) \tag{2}$$

上式表明,均匀带电球面在其外部的电场强度,与等量电荷全部集中在球心时的电场强度相同.

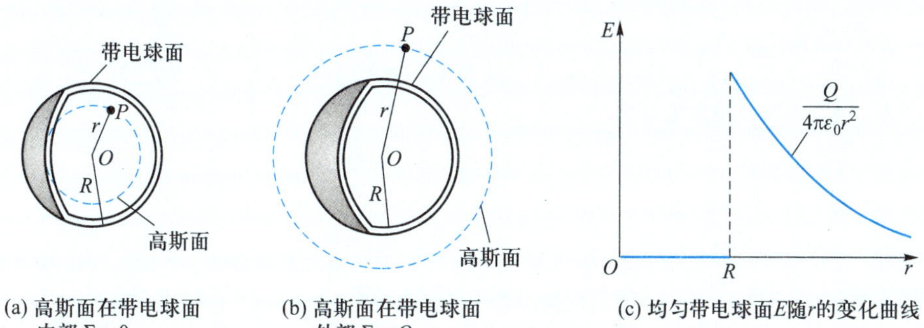

(a) 高斯面在带电球面内部,$\Sigma q=0$ (b) 高斯面在带电球面外部,$\Sigma q=Q$ (c) 均匀带电球面E随r的变化曲线

图 5-21

由式(1)和式(2)可作图 5-21(c)所示的 $E-r$ 曲线.从曲线上可以看出,球面内($r<R$)的 E 为零,球面外($r>R$)的 E 与 r^2 成反比,球面处($r=R$)的电场强度有跃变.

例 3

设有一无限长①均匀带电直线,单位长度上的电荷(即电荷线密度)为 λ.求距离该直线为 r 处某点的电场强度.

解 由于带电直线无限长,且电荷分布是均匀的,所以其电场的 $\boldsymbol{E}$ 沿垂直于该直线的径矢方向,而且在距直线等距离处各点的 $\boldsymbol{E}$ 的大小相等.这就是说,无限长均匀带电直线的电场是轴对称的.如图 5-22 所示,直线沿 z 轴放置;点 P 在 xy 平面上,距 z 轴为 r.我们取以 z 轴为轴线的正圆柱面为高斯面,它的高度为 h,底面半径为 r.由于 $\boldsymbol{E}$ 与上、下底面的法线垂直,所以通过圆柱两个底面的电场强度通量为零,而通过圆柱侧面的电场强度通量为 $E\cdot 2\pi rh$.又,此高斯面所包围的电荷为 λh.所以,根据高斯定理有

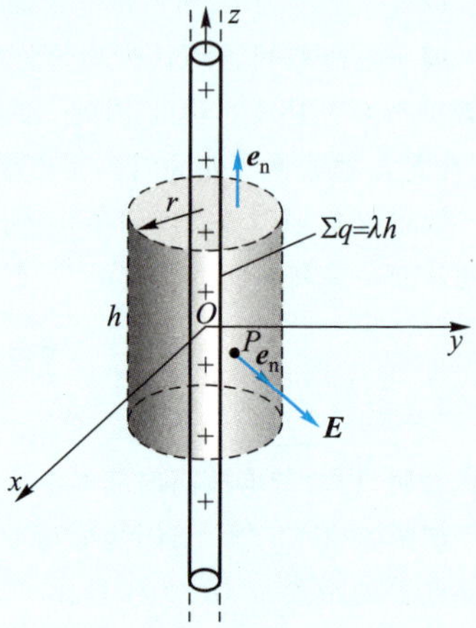

图 5-22

$$E\cdot 2\pi rh=\frac{\lambda h}{\varepsilon_0}$$

由此可得

$$E=\frac{\lambda}{2\pi\varepsilon_0 r}$$

即无限长均匀带电直线外一点的电场强度,与该点到带电直线的垂直距离 r 成反比,与电荷线密度 λ 成正比.

例 4

设有一无限大的均匀带电平面,单位面积上所带的电荷(即电荷面密度)为 σ.求距离该平面为 r 处某点的电场强度.

---

① 实际上并不存在数学意义上的"无限长"直线、"无限大"平面.但是,如果在一长为 l 的直线中部或在某平面中部附近有一点 P,点 P 到直线(或平面)的垂直距离 r 远小于线长(或平面的线度),即 $l\gg r$,那么从点 P 来看,直线的两端似乎都向无限远处延伸,平面也看不到边.在这种情况下,直线可看作是"无限长"的,平面可看作是"无限大"的.因此所谓"无限长"直线或"无限大"平面都是抽象的物理模型,只有当场点很接近带电直线(或平面)时,才能把直线(或平面)当成是"无限长"直线(或"无限大"平面)来处理.

解 本题曾在第 5-2 节例 2 中,用电场强度叠加原理进行过计算.现在用高斯定理再计算此题,就能体会到对具有对称性的电场,用高斯定理计算电场强度要方便多了.由于均匀带电平面是无限大的,带电平面两侧附近的电场具有对称性,所以平面两侧的电场强度垂直于该平面(图 5-23).取如图所示的高斯面,此高斯面是个圆柱面,它穿过带电平面,且对带电平面是对称的.其侧面的法线与电场强度垂直,所以,通过侧面的电场强度通量为零.而底面的法线与电场强度平行,且底面上电场强度大小相等,所以通过两底面的电场强度通量各为 ES,此处 S 是底面的面积.已知带电平面的电荷面密度为 σ,根据高斯定理可有

$$2ES=\frac{\sigma S}{\varepsilon_0}$$

得

$$E=\frac{\sigma}{2\varepsilon_0} \tag{1}$$

上式表明,无限大均匀带电平面的 $\boldsymbol{E}$ 与场点到平面的距离无关,而且 $\boldsymbol{E}$ 的方向与带电平面垂直.无限大带电平面两侧的电场为均匀电场.

利用上述结果,可求得两带等量异号电荷的无限大平行平面之间的电场强度.设两无限大平行平面 A 和 B 的电荷面密度分别为 $+\sigma$ 和 $-\sigma$.它们所建立的电场强度分别为 $\boldsymbol{E}_A$ 和 $\boldsymbol{E}_B$,大小均为 $\sigma/2\varepsilon_0$;而它们的方向,在两个平面之间是相同的,在两平面之外则相反,如图 5-23(b)所示.由电场强度叠加原理可得两无限大均匀带电平面之外的电场强度 $E=0$;而两带电平面之间的电场强度 $\boldsymbol{E}$ 的大小为

$$E=\frac{\sigma}{\varepsilon_0} \tag{2}$$

$\boldsymbol{E}$ 的方向由带正电的平面指向带负电的平面.由上述结果可以看出,两无限大均匀带电平面之间的电场是均匀电场.

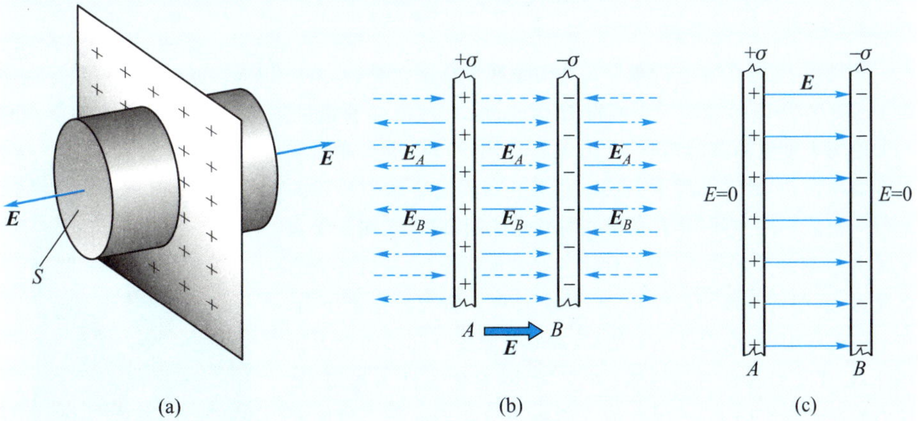

图 5-23

例 5

地球大气中电场强度的大小随高度的增加而减小.若在地面上方 $h_1=200$ m 处,$E_1=100\ N\cdot C^{-1}$,在 $h_2=300$ m 处,$E_2=50\ N\cdot C^{-1}$,$\boldsymbol{E}$ 的方向均垂直指向地面.试估算在此范围内地球大气中的平均电荷体密度.

解 设地球半径为 R,分别取半径为 $R+h_1$ 和 $R+h_2$ 的球形高斯面.若两高斯面包围的总电荷分别为 Q_1 和 Q_2,则对两高斯面分别运用高斯定理,有

$$-E_1 4\pi(R+h_1)^2=\frac{Q_1}{\varepsilon_0} \tag{1}$$

$$-E_2 4\pi(R+h_2)^2=\frac{Q_2}{\varepsilon_0} \tag{2}$$

(1)、(2)两式相减,考虑到 $R\gg h_1$,$R\gg h_2$,有

$$-4\pi R^2(E_2-E_1)=\frac{Q_2-Q_1}{\varepsilon_0}\approx\frac{\bar{\rho}\cdot 4\pi R^2(h_2-h_1)}{\varepsilon_0}$$

所以

$$\bar{\rho}=\varepsilon_0\frac{E_1-E_2}{h_2-h_1}=8.85\times10^{-12}\times\frac{100-50}{300-200}\ C\cdot m^{-3}=4.43\times10^{-12}\ C\cdot m^{-3}$$

$\bar{\rho}>0$,表明大气带正电荷.

从上面所举的几个例子以及其他类似的问题可以看出,在应用高斯定理求电场强度时,高斯面上的电场分布必须具有对称性.只有在这种情况下,才能用式(5-16)形式的高斯定理较简便地求得电场强度.

*5-4 密立根测定电子电荷的实验

在历史上,电子的电荷最早是美国物理学家密立根(R.A.Millikan,1868—1953)领导的小组于 1907—1913 年从实验中测得的.为此,他于 1923 年获诺贝尔物理学奖.这个实验要观察均匀电场中带电油滴的运动,实验装置如图 5-24 所示.油滴从喷雾器喷出,并通过平板顶上的一个小孔落到两个水平放置的平行平板之间的空间.由于喷嘴处的摩擦作用,或由于油滴受到 X 射线、γ 射线等的作用,都会使得一些油滴带电.设一油滴带的电荷为 $-q$,如果两板间没有电场,则油滴将在重力作用下下落.在下落过程中,油滴速度逐渐增加,此时它除受到向下的重力作用外,还要受到两板间的流体(即空气)对它的黏性力作用,黏性力方向是竖直向上的,因此油滴将很快地达到以恒定的速度(即终极速度)v_1 下落.终极速度 v_1 依赖于油滴的尺寸、油质和流体的性质等因素.如以 $\boldsymbol{P}$ 代表油滴所受的重力,$\boldsymbol{F}_f$ 代表油滴

密立根

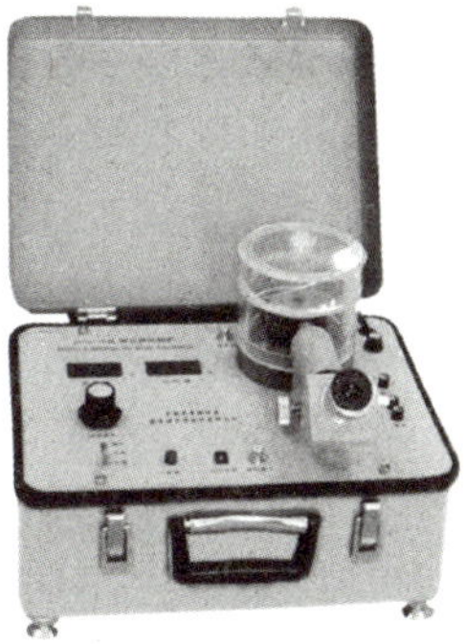

MOD-5B 型密立根
油滴仪

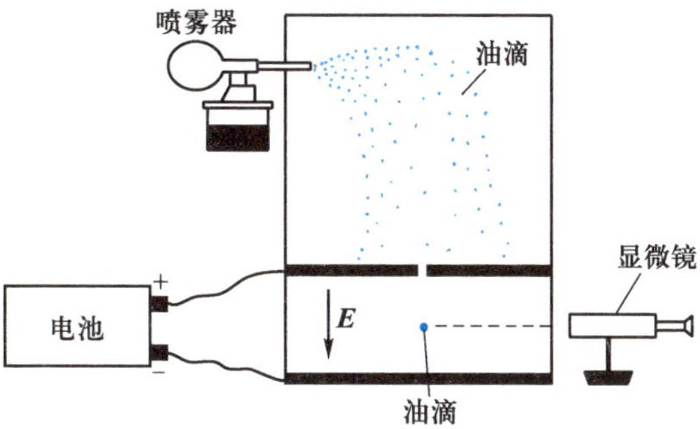

图 5-24 测定电子电荷的密立根
油滴实验装置示意图

在空气中所受的黏性力，当没有外电场作用，且油滴达到终极速度时，有

$$\boldsymbol{P}+\boldsymbol{F}_{\mathrm{f}}=0$$

式中 $F_{\mathrm{f}}=6\pi\eta r v_1$，$r$ 为油滴的半径，η 为气体的黏度.如以 m 代表油滴的质量，于是有

$$v_1=\frac{mg}{6\pi\eta r} \tag{5-17}$$

油滴的质量 m 很小，不能从实验直接测得，但是油滴的终极速度 v_1 和半径 r 可由显微镜观察测得，η 是已知的，所以由式(5-17)可算出油滴的质量.

当两板加以如图所示的给定电压时，两板间就存在电场强度大小为 E、方向竖直向下的静电场.这时带电的油滴又要受到 $\boldsymbol{F}_{\mathrm{e}}=-q\boldsymbol{E}$ 的电场力作用.在这种情况下，油滴将受到重力 $\boldsymbol{P}$、黏性力 $\boldsymbol{F}_{\mathrm{f}}$ 和电场力 $\boldsymbol{F}_{\mathrm{e}}$ 三个力的作用.改变两板间的电压，即改变两板间的 $\boldsymbol{E}$，可使油滴达到新的终极速度 $\boldsymbol{v}_2$.此时，作用在油滴上的合力又为零了，有

$$\boldsymbol{P}+\boldsymbol{F}_{\mathrm{f}}+\boldsymbol{F}_{\mathrm{e}}=0$$

即

$$mg-6\pi\eta r v_2-qE=0$$

于是有

$$v_2=\frac{-qE+mg}{6\pi\eta r} \tag{5-18}$$

从式(5-17)和式(5-18)中消去 mg，可求得油滴所带的电荷为

$$q=\frac{6\pi\eta r(v_1-v_2)}{E} \tag{5-19}$$

由于 r、v_1、v_2 和 E 均可由实验测定，而 η 是已知的，故可由上式求出油滴所带的电荷.

应当指出，各个油滴所带电荷的符号和多少是很不相同的，所以，在实验过程中，必须改变加在两平行板间的电压，才能选出某个欲测的油滴来.量度具有不同电荷的油滴的终极速度 v_1 和 v_2 以及相应的电场强度，就可以算出油滴可能具有的电荷了.在 1907 年到 1913 年期间，密立根及其合作者经过长时期的实验研究，得出了所测电荷 q 是电子电荷的绝对值 $e=1.602\times10^{-19}$ C 的整数倍的结论，即

$$q=ne,\quad n=1,2,3,\cdots$$

在这以后，人们还做了很多其他实验，都得出了与密立根实验相同的结果.因此，可以认为在自然界中所观察到的电荷均为电子电荷的绝对值 e 的整数倍.这也是自然界中一条基本的定律，它表明电荷是量子化的.直到现在，人们还没有找到足够的实验证据来否定这条定律.①

最后讲述一些有关油滴实验的事.密立根在实验早期是用水滴进行测量的，因水滴易于蒸发，实验结果很不稳定.1913 年密立根的博士生哈维 · 弗雷彻(Harvey Fletcher)用油滴替代水滴，并改进了实验设备.他们一起进行实验得出较水滴要稳定得多的结果.论文以密立根署名发表，后来弗雷彻以博士论文单独具名发表.

中国学者李耀邦(1884—1940)在芝加哥大学跟随密立根从事电荷的测定工作.1914 年，他用紫胶替代油滴，测得的 e 平均值较之油滴实验结果要精确得多.他并于 1914 年以《以密立根方法利用固体球测定 e 值》为题发表了他的博士论文，该论文刊登在《物理评论》上.

5-5 静电场的环路定理　电势能

在牛顿力学中，我们曾论证了保守力——万有引力和弹性力对质点做功只与起始和终了位置有关，而与路径无关这一重要特性，并由此而引入相应的势能概念.那么静电场力——库仑力的情况怎样呢？是否也具有保守力做功的特性而可引入电势能的概念？

一、静电场力所做的功

如图 5-25 所示，一正点电荷 q 固定于原点 O，试验电荷 q_0 在 q 的电场中由点 A 沿任意路径 ACB 到达点 B.在路径上的点 C 处取位移元 $\mathrm{d}\boldsymbol{l}$，从原点 O 到点 C 的位矢为 $\boldsymbol{r}$.电场力对 q_0 做的元功为

$$\mathrm{d}W=q_0\boldsymbol{E}\cdot\mathrm{d}\boldsymbol{l}$$

已知点电荷的电场强度为

$$\boldsymbol{E}=\frac{1}{4\pi\varepsilon_0}\frac{q}{r^2}\boldsymbol{e}_r$$

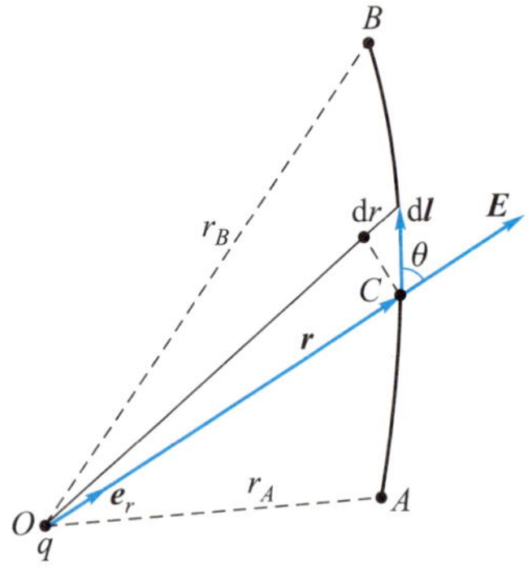

图 5-25　非匀强电场中电场力所做的功

① 在粒子物理学的研究中，从现有的理论认识上提出了一种叫做夸克(quark)的粒子，它的电荷可为 $2e/3$ 或 $e/3$.虽然可以通过实验手段观察到夸克的存在和它的一些行为，但自由状态下的夸克至今尚未在实验中被观测到.

式中 $\boldsymbol{e}_r$ 为沿位矢的单位矢量，于是元功可写为

$$\mathrm{d}W=\frac{1}{4\pi\varepsilon_0}\frac{qq_0}{r^2}\boldsymbol{e}_r\cdot\mathrm{d}\boldsymbol{l}$$

从图 5-25 可以看出，$\boldsymbol{e}_r\cdot\mathrm{d}\boldsymbol{l}=\mathrm{d}l\cos\theta=\mathrm{d}r$，式中 θ 是 $\boldsymbol{E}$ 与 $\mathrm{d}\boldsymbol{l}$ 之间的夹角. 所以上式可写成

$$\mathrm{d}W=\frac{1}{4\pi\varepsilon_0}\frac{qq_0}{r^2}\mathrm{d}r$$

于是，在试验电荷 q_0 从点 A 移至点 B 的过程中，电场力所做的功为

$$W=\int\mathrm{d}W=\frac{qq_0}{4\pi\varepsilon_0}\int_{r_A}^{r_B}\frac{\mathrm{d}r}{r^2}=\frac{qq_0}{4\pi\varepsilon_0}\left(\frac{1}{r_A}-\frac{1}{r_B}\right)\tag{5-20}$$

式中 r_A 和 r_B 分别为试验电荷移动时的起点和终点距点电荷 q 的距离. 上式表明，在点电荷 q 的非匀强电场中，电场力对试验电荷 q_0 所做的功，只与其移动时的起始和终了位置有关，而与所经历的路径无关.

任意带电体都可看成由许多点电荷组成的点电荷系. 由电场强度叠加原理已知，点电荷系的电场强度 $\boldsymbol{E}$ 为各点电荷电场强度的叠加，即 $\boldsymbol{E}=\boldsymbol{E}_1+\boldsymbol{E}_2+\cdots$，因此任意点电荷系的电场力对试验电荷 q_0 所做的功，等于组成此点电荷系的各点电荷的电场力所做功的代数和，即

$$W=q_0\int_l\boldsymbol{E}\cdot\mathrm{d}\boldsymbol{l}=q_0\int_l\boldsymbol{E}_1\cdot\mathrm{d}\boldsymbol{l}+q_0\int_l\boldsymbol{E}_2\cdot\mathrm{d}\boldsymbol{l}+\cdots$$

上式中每一项都与路径无关，所以它们的代数和也必然与路径无关. 由此得出如下结论：一试验电荷 q_0 在静电场中从一点沿任意路径运动到另一点时，静电场力对它所做的功，仅与试验电荷 q_0 及路径的起点和终点位置有关，而与该路径的形状无关.

二、静电场的环路定理

在静电场中，若将试验电荷 q_0 沿闭合路径移动一周，电场力做的功可表示为

$$W=\oint_l q_0\boldsymbol{E}\cdot\mathrm{d}\boldsymbol{l}=q_0\oint_l\boldsymbol{E}\cdot\mathrm{d}\boldsymbol{l}$$

由电场力做功与路径无关，只与起始和终了位置有关这一性质出发，下面即将证明：将试验电荷沿闭合路径移动一周，电场力的功为零，即

$$q_0\oint_l\boldsymbol{E}\cdot\mathrm{d}\boldsymbol{l}=0\tag{5-21}$$

如图 5-26 所示，设试验电荷 q_0 在静电场中运动，经历的闭合路径为 $ABCDA$，则电场力做的功为

$$W = q_0\oint_l \boldsymbol{E}\cdot d\boldsymbol{l} = q_0\int_{ABC} \boldsymbol{E}\cdot d\boldsymbol{l} + q_0\int_{CDA} \boldsymbol{E}\cdot d\boldsymbol{l} \tag{5-22}$$

由于

$$\int_{CDA} \boldsymbol{E}\cdot d\boldsymbol{l} = -\int_{ADC} \boldsymbol{E}\cdot d\boldsymbol{l}$$

而且电场力做的功与路径无关，即

$$q_0\int_{ADC} \boldsymbol{E}\cdot d\boldsymbol{l} = q_0\int_{ABC} \boldsymbol{E}\cdot d\boldsymbol{l}$$

所以，把它们代入式(5-22)得

$$q_0\oint_l \boldsymbol{E}\cdot d\boldsymbol{l} = q_0\int_{ABC} \boldsymbol{E}\cdot d\boldsymbol{l} - q_0\int_{ADC} \boldsymbol{E}\cdot d\boldsymbol{l} = 0$$

此结果即式(5-21).

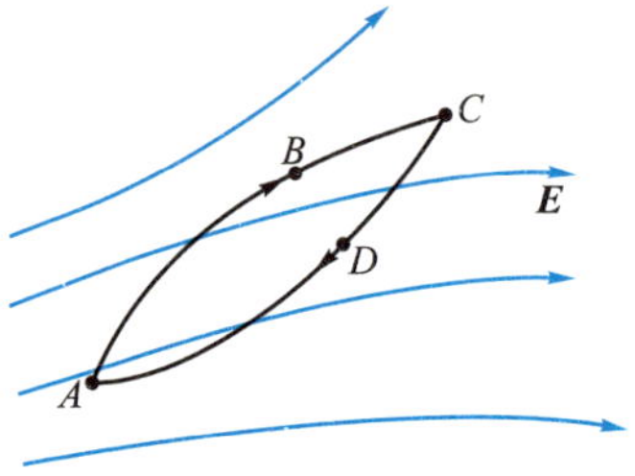

图 5-26　q_0 沿闭合路径移动一周电场力做的功为零

在式(5-21)中，由于试验电荷 q_0 不为零，故式(5-21)成立的条件必须为

$$\oint_l \boldsymbol{E}\cdot d\boldsymbol{l} = 0 \tag{5-23}$$

上式表明，在静电场中，电场强度 $\boldsymbol{E}$ 沿任意闭合路径的线积分为零. $\boldsymbol{E}$ 沿任意闭合路径的线积分又叫做 $\boldsymbol{E}$ 的环流，故上式也表明，在静电场中电场强度 $\boldsymbol{E}$ 的环流为零，这叫做静电场的环路定理. 它与高斯定理一样，也是描述静电场性质的一个重要定理.

至此，我们明白了静电场力与万有引力、弹性力一样，也都是保守力；静电场也是保守场.

三、电势能

在力学中，由于重力、弹性力这一类保守力做功具有与路径无关的特点，我们曾引进重力势能和弹性势能. 从上面的讨论中我们知道，静电场力也是保守力，它对试验电荷所做的功也具有与路径无关的特性，因此电荷在静电场中的一定位置上具有一定的电势能，这个电势能是属于电荷-电场系统的. 这样静电场力对电荷所做的功就等于电荷电势能改变量的负值. 如果以 E_{pA}①和 E_{pB} 分别表示试

① 按照国家标准《量和单位》的规定，电势能的符号用 E_p 表示，电场强度用符号 $\boldsymbol{E}$ 表示，请读者注意区别.

验电荷 q_0 在电场中点 A 和点 B 处的电势能，则试验电荷从 A 移动到 B，静电场力对它做的功为

$$W_{AB}=E_{pA}-E_{pB}=-(E_{pB}-E_{pA})$$

或

$$q_0\int_{AB}\boldsymbol{E}\cdot\mathrm{d}\boldsymbol{l}=E_{pA}-E_{pB}=-(E_{pB}-E_{pA}) \tag{5-24}$$

电势能也和重力势能一样，是一个相对的量.因此，要决定电荷在电场中某一点电势能的值，也必须先选择一个电势能参考点，并设电荷在该点的电势能为零.这个参考点的选择是任意的，处理问题时怎样方便就怎样选取.在式(5-24)中，若选 q_0 在点 B 处的电势能为零，即 $E_{pB}=0$，则有

$$E_{pA}=q_0\int_{AB}\boldsymbol{E}\cdot\mathrm{d}\boldsymbol{l}\quad(E_{pB}=0) \tag{5-25}$$

这表明，试验电荷 q_0 在电场中某点处的电势能，就等于把它从该点移到零电势能处静电场力所做的功.

在国际单位制中，电势能的单位名称是焦耳，符号为 J.

5-6 电　　势

一、电势

电势是描述静电场性质的另一个重要物理量.在式(5-24)中，如取

$$V_A=E_{pA}/q_0,\quad V_B=E_{pB}/q_0$$

V_A 和 V_B 分别称为点 A 和点 B 的电势，那么式(5-24)可写成

$$V_A=\int_{AB}\boldsymbol{E}\cdot\mathrm{d}\boldsymbol{l}+V_B \tag{5-26}$$

从上式可以看出，要确定点 A 的电势，不仅要知道将单位正试验电荷从点 A 移至点 B 时电场力所做的功，而且还要知道点 B 的电势.所以点 B 的电势 V_B 常叫做参考电势.原则上参考电势 V_B 可取任意值.但是为方便起见，对电荷分布在有限空间的情况来说，点 B 通常取在无限远处，并令无限远处的电势能和电势为零，即 $E_{pB}=0$，$V_B=0$.于是，电场中点 A 的电势为

$$V_A=\int_{A\infty}\boldsymbol{E}\cdot\mathrm{d}\boldsymbol{l} \tag{5-27}$$

上式表明，电场中某一点 A 的电势 V_A，在数值上等于把单位正试验电荷从点 A 移到无限远处时，静电场力所做的功.上式亦可写成

$$V_A = -\int_{\infty A} \boldsymbol{E} \cdot \mathrm{d}\boldsymbol{l}$$

这样,电场中某一点 A 的电势,在数值上也等于把单位正试验电荷从无限远处移到点 A 时,静电场力所做功的负值.

电势是标量.在国际单位制中,电势的单位名称是伏特,简称伏,符号为 V①.

电场中点 A 和点 B 两点间的电势差用符号 U_{AB} 表示.则式(5-26)可写成

$$U_{AB} = V_A - V_B = -(V_B - V_A) = \int_{AB} \boldsymbol{E} \cdot \mathrm{d}\boldsymbol{l} \tag{5-28}$$

这就是说,静电场中 A、B 两点的电势差 U_{AB},在数值上等于把单位正试验电荷从点 A 移到点 B 时,静电场力做的功.因此,如果知道了 A、B 两点间的电势差 U_{AB},就可以很方便地求得把电荷 q 从点 A 移到点 B 时,静电场力所做的功 W_{AB}.即

$$W_{AB} = q\int_{AB} \boldsymbol{E} \cdot \mathrm{d}\boldsymbol{l} = qU_{AB} = q(V_A - V_B) = -q(V_B - V_A) \tag{5-29}$$

表 5-1 显示生物电的常见电势差只有 10^{-3} V 的量级,医学上心电图测量的基本原理就是,通过测量心脏活动引起的人体体表不同部位的微小电势差随时间的变化情况,来检查心脏功能有无异常.

表 5-1 几种常见的电势差

生 物 电	10^{-3} V
普通干电池	1.5 V
汽车电源	12 V
家用电源	110 或 220 V
特高压交流输电	已达 1.0×10^{6} V
特高压直流输电	已达 1.1×10^{6} V
闪 电	$10^{8}\sim10^{9}$ V

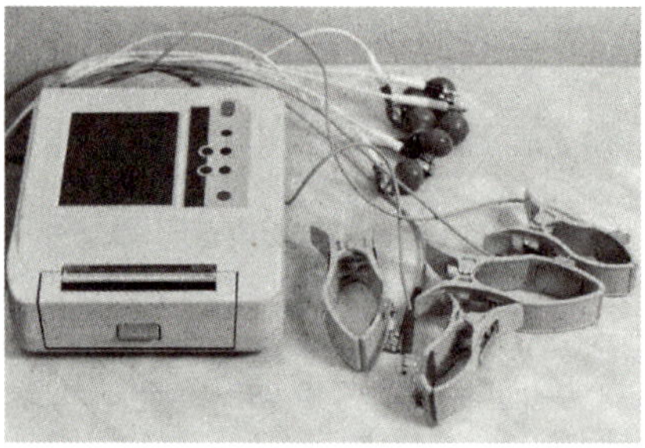

心电图测量仪

① 伏特这个单位名称,是为纪念意大利物理学家伏打(A.Volta,1745—1827)而命名的.他对电流的早期研究作出了重要贡献,率先提出了电的接触学说,发现了由两种不同的第一类导体(金属)和第二类导体(电解液)构成的最初电源,并由此发明伏打电堆和伏打电池,成功地实现了将化学能转化为电能.他的发明成为后一段时期内获得稳定电流的唯一手段,为后来的一些关键性实验(如奥斯特电流磁效应实验和法拉第电磁感应实验等)提供了必需的电源.

顺便指出，在原子物理、核物理中，电子、质子等粒子的能量常以电子伏（符号为 eV）为单位，1 eV 表示电子通过 1 V 电势差时所获得的能量.eV 与 J 间的关系为

$$1\ \mathrm{eV}=1.602\times10^{-19}\ \mathrm{J}$$

在实用中，常取大地的电势为零.这样，任何导体接地后，就认为它的电势也为零.如某点相对于大地的电势差为 380 V，那么该点的电势就为 380 V.在电子仪器中，常取机壳或公共地线的电势为零，各点的电势值就等于它们与公共地线（或机壳）之间的电势差；只要测出这些电势差的数值，就可判定仪器工作是否正常.

我国于 2008 年投入运行的长治—荆门 1 000 kV 交流输电系统，仍是目前世界上电压等级最高的交流输电系统.

特高压交流输电

特高压直流输电

2018 年，我国自主设计建设的世界首个±1 100 kV 特高压直流输电工程准东—皖南特高压输电工程启用送电.它是目前世界上电压等级最高、输送距离最远的直流输电系统.

二、点电荷电场的电势

设在点电荷 q 的电场中，点 A 距点电荷 q 的距离为 r.由式（5－27）和式（5－3）可得点 A 的电势为

$$V=\int_r^{\infty}\boldsymbol{E}\cdot\mathrm{d}\boldsymbol{l}=\frac{q}{4\pi\varepsilon_0}\frac{1}{r}\tag{5-30}$$

上式表明，当 $q>0$ 时，电场中各点的电势都是正值，随 r 的增加而减小；但当 $q<0$ 时，电场中各点的电势则都是负值，而在无限远处的电势虽为零，但电势却最高.

三、电势的叠加原理

如图 5-27 所示，真空中有一点电荷系，各电荷分别为 $q_1, q_2, \cdots, q_i, \cdots, q_n$，其中有的是正电荷，有的是负电荷.这个点电荷系所激发的电场中某点的电势如何计算呢？

从电场强度叠加原理我们知道，点电荷系的电场中某点的电场强度 $\boldsymbol{E}$，等于各个点电荷单独存在时在该点建立的电场强度的矢量和，即

$$\boldsymbol{E}=\boldsymbol{E}_1+\boldsymbol{E}_2+\cdots+\boldsymbol{E}_i+\cdots+\boldsymbol{E}_n$$

于是，根据电势的定义式(5-27)，可得点电荷系电场中点 A 的电势为

$$\begin{aligned}V_A&=\int_{A\infty}\boldsymbol{E}\cdot\mathrm{d}\boldsymbol{l}\\&=\int_{A\infty}\boldsymbol{E}_1\cdot\mathrm{d}\boldsymbol{l}+\int_{A\infty}\boldsymbol{E}_2\cdot\mathrm{d}\boldsymbol{l}+\cdots+\int_{A\infty}\boldsymbol{E}_n\cdot\mathrm{d}\boldsymbol{l}\\&=V_1+V_2+\cdots+V_n\end{aligned}$$

式中 $V_1, V_2, \cdots, V_n$ 分别为点电荷 $q_1, q_2, \cdots, q_n$ 独立激发的电场中点 A 的电势.由点电荷电势的计算式(5-30)，上式可写成

$$V_A=\sum_{i=1}^{n}\frac{1}{4\pi\varepsilon_0}\frac{q_i}{r_i} \qquad (5-31)$$

上式表明，点电荷系所激发的电场中某点的电势，等于各点电荷单独存在时在该点建立的电势的代数和.这一结论叫做静电场的电势叠加原理.

若一带电体上的电荷是连续分布的，则可把它分成如图 5-28 所示的无限多个电荷元，电荷元 $\mathrm{d}q$ 在电场中点 A 的电势为

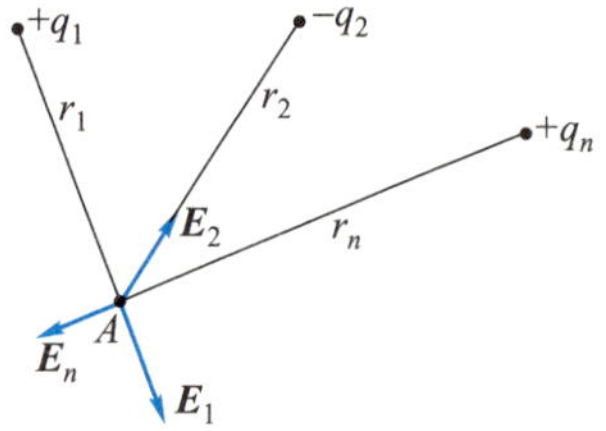

图 5-27 电势叠加原理用图

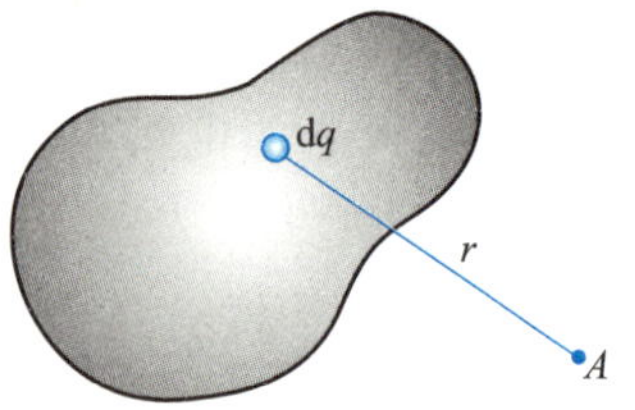

图 5-28 电荷连续分布带电体的电势

$$\mathrm{d}V=\frac{1}{4\pi\varepsilon_0}\frac{\mathrm{d}q}{r}$$

而该点的电势则为这些电荷元电势的叠加，即

$$V=\frac{1}{4\pi\varepsilon_0}\int\frac{\mathrm{d}q}{r} \tag{5-32}$$

在真空中，当电荷系的电荷分布已知时，计算电势的方法有两种.

(1) 利用式(5-26)

$$V_A=\int_{AB}\boldsymbol{E}\cdot\mathrm{d}\boldsymbol{l}+V_B$$

计算点 A 的电势.但应注意参考点 B 的电势的选取，只有电荷分布在有限空间里，才能选点 B 在无限远处，且其电势为零($V_\infty=0$)；还应注意，在积分路径上 $\boldsymbol{E}$ 的函数表达式必须是知道的.

(2) 利用式(5-32)所表达的点电荷电势的叠加原理计算，即

$$V=\frac{1}{4\pi\varepsilon_0}\int\frac{\mathrm{d}q}{r}$$

下面举几个用上述两种方法计算电势的例子，供大家分析比较.

例 1

在玻尔的氢原子模型中①，处于最低能量状态的电子位于以原子核(一个质子)为中心的半径为 0.529×10^{-10} m 的圆轨道上.求质子在该轨道处产生的电势和电子在此轨道上的电势能.

解 电子在圆轨道上各点与核的距离 $r=0.529\times10^{-10}$ m，因此，质子在该处产生的电势为

$$V=\frac{e}{4\pi\varepsilon_0 r}=\frac{1.60\times10^{-19}}{4\times3.14\times8.85\times10^{-12}\times0.529\times10^{-10}}\ \mathrm{V}$$
$$=27.2\ \mathrm{V}$$

电子在该轨道上的电势能为

$$E_\mathrm{p}=(-e)V=-27.2\ \mathrm{eV}$$
$$=-1.60\times10^{-19}\times27.2\ \mathrm{J}=-4.35\times10^{-18}\ \mathrm{J}$$

在讨论电子等微观粒子时，常用电子伏(eV)作为能量单位.

例 2

如图 5-29 所示，正电荷 q 均匀地分布在半径为 R 的细圆环上，环心在点 O.试计算在环的轴线上坐标为 x 处点 P 的电势.

---

① 参见本书下册第十五章第 15-4 节.

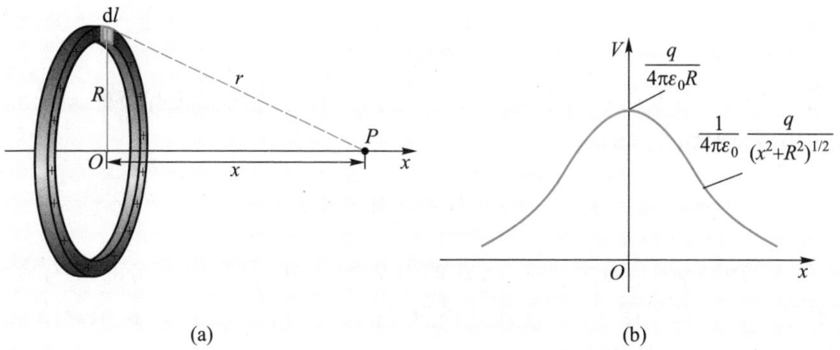

图 5-29

解　设圆环在如图 5-29(a)所示的 yz 平面上，坐标原点与环心 O 相重合．在圆环上取一线元 dl，其电荷线密度为 λ，故电荷元 $dq=\lambda dl=\frac{q}{2\pi R}dl$．把它代入式(5-32)，有

$$V_P=\frac{1}{4\pi\varepsilon_0}\int_l \frac{q}{2\pi R}\frac{1}{r}dl=\frac{1}{4\pi\varepsilon_0}\frac{q}{r}=\frac{1}{4\pi\varepsilon_0}\frac{q}{\sqrt{x^2+R^2}} \qquad (1)$$

图 5-29(b)给出了 x 轴上的电势 V 随坐标 x 而变化的曲线．

利用上述结果，容易计算出通过一均匀带电圆平面中心且垂直圆平面的轴线上任意点的电势．

如图 5-30 所示，圆平面的半径为 R，其中心与坐标原点 O 相重合，点 P 距原点为 x．圆平面的电荷面密度为 $\sigma=Q/\pi R^2$．把它分成许多个小圆环，图中画出了一个半径为 r、宽为 dr 的小圆环，该圆环的电荷为 $dq=\sigma 2\pi r dr$．

利用本例式(1)的结果，可得带电圆平面在点 P 的电势为

$$V=\frac{1}{4\pi\varepsilon_0}\int_0^R\frac{\sigma 2\pi r dr}{\sqrt{x^2+r^2}}=\frac{\sigma}{2\varepsilon_0}\int_0^R\frac{r dr}{\sqrt{x^2+r^2}}$$

$$=\frac{\sigma}{2\varepsilon_0}(\sqrt{x^2+R^2}-x) \qquad (2)$$

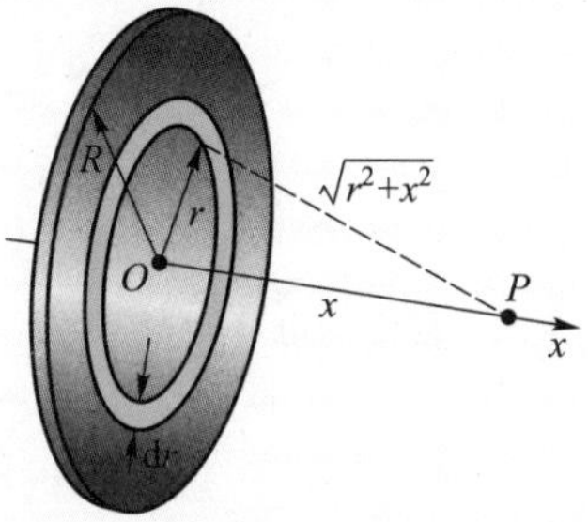

图 5-30

显然，当 $x>>R$ 时，$\sqrt{x^2+R^2}\approx x+\frac{R^2}{2x}$．由式(2)，有

$$V\approx\frac{\sigma}{2\varepsilon_0}\frac{R^2}{2x}=\frac{1}{4\pi\varepsilon_0}\frac{\sigma\pi R^2}{x}=\frac{1}{4\pi\varepsilon_0}\frac{Q}{x} \quad (x\gg R)$$

式中 $Q=\sigma\pi R^2$ 为圆平面所带的电荷．由这个结果可以看出，场点 P 距场源很远时，也可以把带电圆平面视为点电荷．

例 3

在真空中，有一电荷为 Q，半径为 R 的均匀带电球面.试求：(1) 球面外任意两点间的电势差；(2) 球面内任意两点间的电势差；(3) 球面外任意点的电势；(4) 球面内任意点的电势.

解 (1) 从第 5-3 节的例 2，已知均匀带电球面外任意点的电场强度为

$$\boldsymbol{E}=\frac{1}{4\pi\varepsilon_0}\frac{Q}{r^2}\boldsymbol{e}_r \tag{1}$$

$\boldsymbol{e}_r$ 为沿径矢的单位矢量.若在如图 5-31(a)所示的径向取 A、B 两点，它们与球心的距离分别为 r_A 和 r_B，那么，由式(5-28)可得 A、B 两点之间的电势差为

$$V_A - V_B = \int_{r_A}^{r_B}\boldsymbol{E}\cdot \mathrm{d}\boldsymbol{r}$$

从图 5-31(a)中可见 $\mathrm{d}\boldsymbol{r}=\mathrm{d}r\boldsymbol{e}_r$，把式(1)代入上式，积分后得

$$V_A - V_B = \frac{Q}{4\pi\varepsilon_0}\int_{r_A}^{r_B}\frac{\mathrm{d}r}{r^2}\boldsymbol{e}_r\cdot\boldsymbol{e}_r = \frac{Q}{4\pi\varepsilon_0}\int_{r_A}^{r_B}\frac{\mathrm{d}r}{r^2} = \frac{Q}{4\pi\varepsilon_0}\left(\frac{1}{r_A}-\frac{1}{r_B}\right) \tag{2}$$

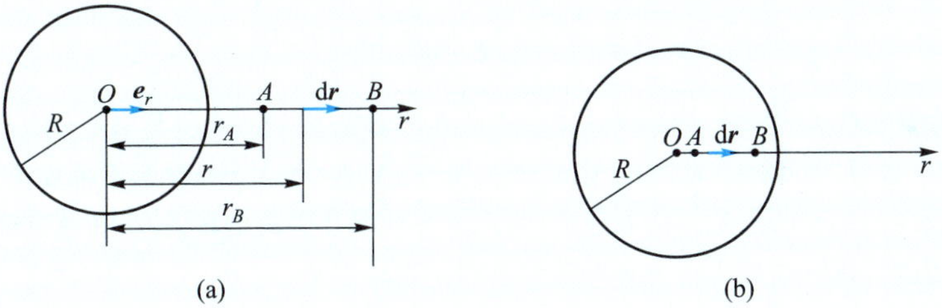

图 5-31

上式表明，均匀带电球面外两点的电势差，与球面上电荷全部集中于球心时该两点的电势差是一样的.

(2) 从第 5-3 节的例 2，已知均匀带电球面内部任意点的电场强度为

$$\boldsymbol{E}=0 \tag{3}$$

故由式(5-28)可得如图 5-31(b)所示的球面内 A、B 两点间的电势差为

$$V_A - V_B = \int_{r_A}^{r_B}\boldsymbol{E}\cdot \mathrm{d}\boldsymbol{r} = 0 \tag{4}$$

这表明，球面内各处的电势均相等，球面为一等势体.至于这个等电势的值，下面将要给出.

(3) 若取 $r_B\approx\infty$ 时，$V_\infty=0$，那么由式(2)可得，均匀带电球面外任意点的电势为

$$V(r)=\frac{Q}{4\pi\varepsilon_0 r}\quad (r\geqslant R) \tag{5}$$

上式表明，均匀带电球面外任意点的电势，与球面上电荷全部集中于球心时的电势是一样的.

(4) 由于带电球面为一等势体，故球面内的电势应与球面上的电势相等.球面上的电势为

$$V(R)=\frac{Q}{4\pi\varepsilon_0 R} \tag{6}$$

这也就是球面内各处的电势.由式(5)和式(6)可得均匀带电球面内、外的电势分布曲线，如图 5-32 所示.

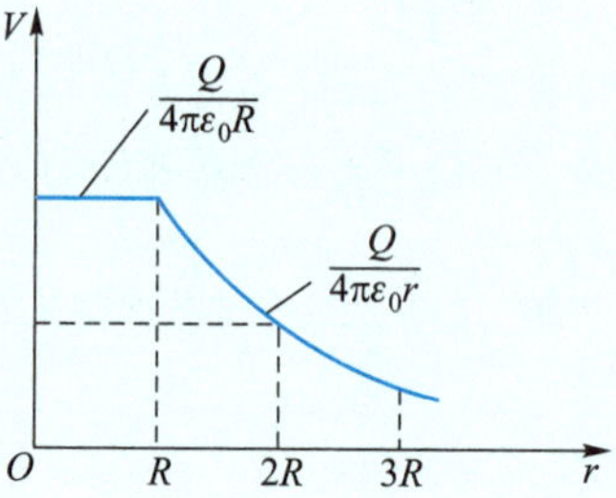

图 5-32

例 4

"无限长"带电直导线的电势.在第 5-3 节的例 3，我们曾用高斯定理计算了电荷线密度为 λ 的"无限长"均匀带电直导线的电场强度.这里我们来计算该带电直导线的电势.

解 由第 5-6 节的式(5-26)

$$V_A=\int_{AB}\boldsymbol{E}\cdot\mathrm{d}\boldsymbol{l}+V_B$$

要确定电场中点 A 的电势，必须要选定参考点 B 的电势 V_B.前面在计算电荷分布在有限空间(如带电球面、电偶极子等)的电势时，曾选取"无限远"处作为电势为零的参考点，这种选取也是符合实际的.但是，对"无限长"带电直导线所建立的电场，其中任意点的电势是否仍能选取"无限远"处为零电势的参考点呢？显然这是不能允许的.因为，我们不能使带电直导线伸至"无限远"的同时，又把"无限远"处选定为电势为零的参考点，所以必须另选零电势的参考点.从原则上来说，除"无限远"处外，其他地方都可选.但就本题而言，可选取图5-33中点 B 处的电势 V_B 为零电势的参考点，即 $V_B=0$，则点 P 的电势为

$$V_P=\int_r^{r_B}\boldsymbol{E}\cdot\mathrm{d}\boldsymbol{r} \tag{1}$$

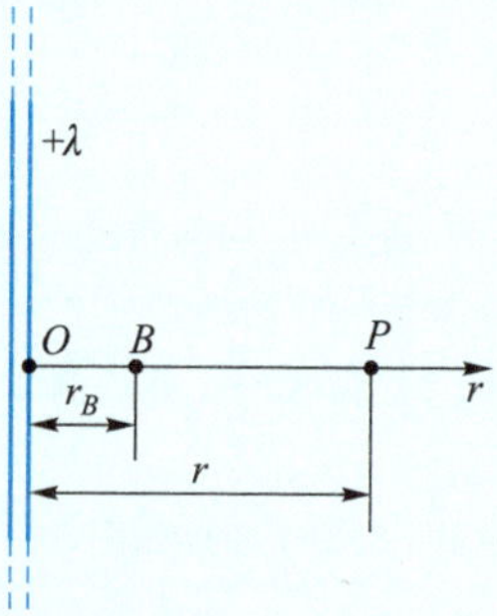

图 5-33

由第 5-3 节的例 3 中已知，"无限长"均匀带电直导线的电场强度为

$$\boldsymbol{E}=\frac{\lambda}{2\pi\varepsilon_0 r}\boldsymbol{e}_r$$

把它代入式(1)，可得选点 B 为零电势的参考点时，点 P 的电势为

$$V_P=\frac{\lambda}{2\pi\varepsilon_0}\int_r^{r_B}\frac{\mathrm{d}r}{r}=\frac{\lambda}{2\pi\varepsilon_0}\ln\frac{r_B}{r}\quad(V_B=0)$$

5-7 电场强度与电势梯度

一、等势面

前面,我们曾用电场线来形象地描绘电场中电场强度的分布.这里,我们将用等势面来形象地描绘电场中电势的分布,并指出两者的联系.

电场中电势相等的点所构成的面,叫做等势面.当电荷 q 沿等势面运动时,电场力对电荷不做功,即 $q\boldsymbol{E}\cdot\mathrm{d}\boldsymbol{l}=0$.由于 q、$\boldsymbol{E}$ 和 $\mathrm{d}\boldsymbol{l}$ 均不为零,故上式成立的条件是:$\boldsymbol{E}$ 必须与 $\mathrm{d}\boldsymbol{l}$ 垂直,即某点的电场强度与通过该点的等势面垂直.

前面曾用电场线的疏密程度来表示电场的强弱,这里我们也可以用等势面的疏密程度来表示电场的强弱.为此,对等势面的疏密作这样的规定:电场中任意两个相邻等势面之间的电势差都相等.根据这样的规定,图 5-34 示出了一些典型电场的等势面和电场线的图形.图中实线代表电场线,虚线代表等势面.从图可以看出,等势面愈密的地方,电场强度也愈大,这一点将在下面证明.

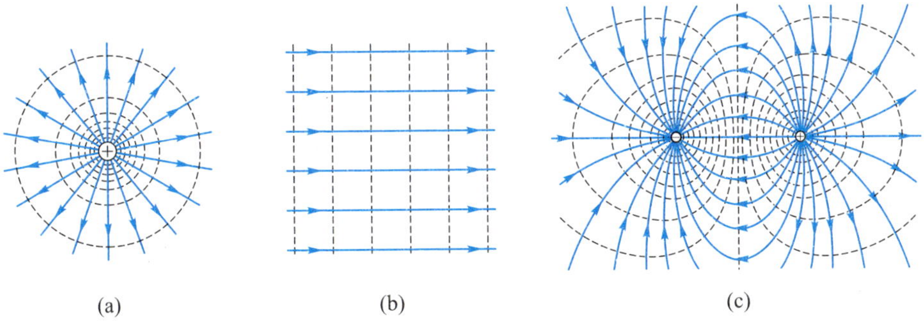

图 5-34 电场线与等势面

虚线为等势面,实线为电场线

在实用中,由于电势差易于测量,因此常常是先测出电场中等电势的各点,并把这些点连起来,画出电场的等势面,再根据某点的电场强度与通过该点的等势面相垂直的特点而画出电场线,从而对电场有较全面的定性的直观了解.

二、电场强度与电势梯度

如图 5-35 所示，设想在静电场中有两个靠得很近的等势面Ⅰ和Ⅱ，它们的电势分别为 V 和 $V+\Delta V$. 在两等势面上分别取点 A 和点 B，这两点非常靠近，间距为 Δl，因此，它们之间的电场强度 $\boldsymbol{E}$ 可以认为是不变的. 设 $\Delta\boldsymbol{l}$ 与 $\boldsymbol{E}$ 之间的夹角为 θ，则将单位正电荷由点 A 移到点 B，电场力所做的功由式(5-28)得

$$-\Delta V=\boldsymbol{E}\cdot\Delta\boldsymbol{l}=E\Delta l\cos\theta \qquad (5-33)$$

而电场强度 $\boldsymbol{E}$ 在 $\Delta\boldsymbol{l}$ 上的分量为 $E\cos\theta=E_l$，所以有

$$E_l=-\frac{\Delta V}{\Delta l} \qquad (5-34)$$

式中 $\Delta V/\Delta l$ 为电势沿 $\Delta\boldsymbol{l}$ 方向的单位长度上电势的变化率.

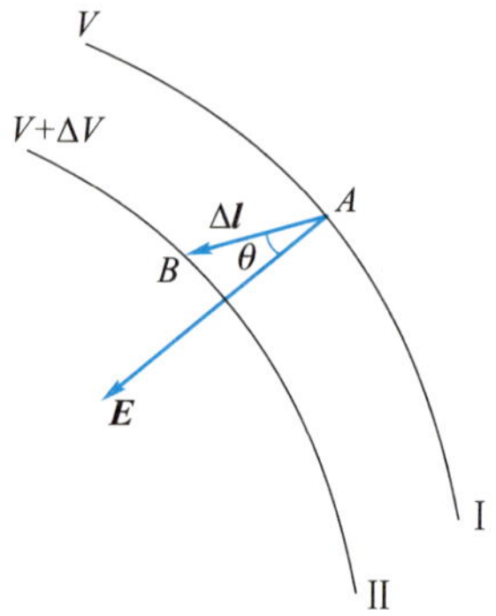

图 5-35　E 和 V 的关系

从式(5-34)可以看出，等势面密集处的电场强度大，等势面稀疏处的电场强度小. 因此从等势面的分布可以定性地看出电场强度的强弱分布情况.

若把 Δl 取得极小，则 $\Delta V/\Delta l$ 的极限值可写作

$$\lim_{\Delta l\to 0}\frac{\Delta V}{\Delta l}=\frac{\mathrm{d}V}{\mathrm{d}l}$$

于是，式(5-34)可写为

$$E_l=-\frac{\mathrm{d}V}{\mathrm{d}l} \qquad (5-35)$$

$\mathrm{d}V/\mathrm{d}l$ 是沿 $\boldsymbol{l}$ 方向单位长度的电势变化率. 式(5-35)表明，电场中某一点的电场强度沿任一方向的分量，等于这一点的电势沿该方向的电势变化率的负值. 这就是电场强度与电势的关系.

显然，电势沿不同方向的单位长度的变化率是不同的. 这里，我们只讨论电势沿两个有代表性方向的单位长度的变化率. 我们知道，等势面上各点的电势是相等的. 因此，电场中某一点的电势在沿等势面任一方向上的 $\mathrm{d}V/\mathrm{d}l_t=0$. 这说明，等势面上任一点电场强度的切向分量为零，即 $E_t=0$. 此外，如图 5-36 所示，由于两等势面相距很近，且两等势面法线方向的单位矢量为 $\boldsymbol{e}_n$，它的方向通常规定由低电势指向高电势. 于是由式(5-35)可知，电场强度沿法线方向的分量 E_n 为

$$E_n=-\frac{\mathrm{d}V}{\mathrm{d}l_n}$$

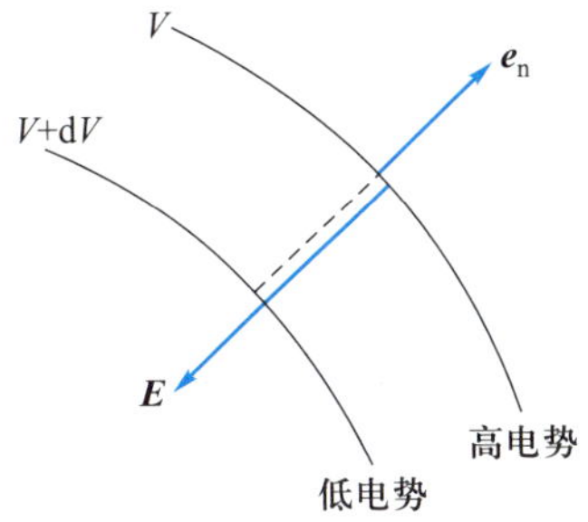

图 5-36 电场中一点的场强方向与等势面法线方向相反

式中 $\mathrm{d}V/\mathrm{d}l_n$ 是沿法线方向单位长度上电势的变化率;而且不难明白,它比任何方向上的空间变化率都大,是电势空间变化率的最大值.此外,因为等势面上任一点电场强度的切向分量为零,所以,电场中任意点 $\boldsymbol{E}$ 的大小就是该点 $\boldsymbol{E}$ 的法向分量 E_n.于是,有

$$E=-\frac{\mathrm{d}V}{\mathrm{d}l_n}$$

式中负号表示,当 $\frac{\mathrm{d}V}{\mathrm{d}l_n}<0$ 时,$E>0$,即 $\boldsymbol{E}$ 的方向总是由高电势指向低电势,$\boldsymbol{E}$ 的方向与 $\boldsymbol{e}_n$ 的方向相反.写成矢量式,则有

$$\boldsymbol{E}=-\frac{\mathrm{d}V}{\mathrm{d}l_n}\boldsymbol{e}_n \tag{5-36}$$

上式表明,在电场中任意一点的电场强度 $\boldsymbol{E}$,等于该点的电势沿等势面法线方向的变化率的负值.这也就是说,在电场中任一点 $\boldsymbol{E}$ 的大小,等于该点电势沿等势面法线方向的空间变化率,$\boldsymbol{E}$ 的方向与法线方向相反.式(5-36)是电场强度与电势关系的矢量表达式,较之式(5-35)更具普遍性.式(5-36)也是电场强度常用伏每米(即 $\mathrm{V\cdot m^{-1}}$)作为其单位名称的缘由.

一般说来,在直角坐标系中,电势 V 是坐标 x、y 和 z 的函数.因此,如果把 x 轴、y 轴和 z 轴正方向分别取作 $\Delta\boldsymbol{l}$ 的方向,则由式(5-35)可得,电场强度在这三个方向上的分量分别为

$$E_x=-\frac{\partial V}{\partial x},\quad E_y=-\frac{\partial V}{\partial y},\quad E_z=-\frac{\partial V}{\partial z} \tag{5-37}$$

于是电场强度与电势关系的矢量表达式可写成

$$\boldsymbol{E}=-\left(\frac{\partial V}{\partial x}\boldsymbol{i}+\frac{\partial V}{\partial y}\boldsymbol{j}+\frac{\partial V}{\partial z}\boldsymbol{k}\right)=-\frac{\mathrm{d}V}{\mathrm{d}l_n}\boldsymbol{e}_n \tag{5-38}$$

应当指出,电势 V 是标量,与矢量 $\boldsymbol{E}$ 相比,V 比较容易计算,因此在实际计算时,常是先计算电势 V,然后再用式(5-38)来求出电场强度 $\boldsymbol{E}$.

在数学上,常把标量函数 $f(x,y,z)$ 的梯度 $\mathrm{grad}\,f$ 定义为

$$\mathrm{grad}\,f=\frac{\partial f}{\partial x}\boldsymbol{i}+\frac{\partial f}{\partial y}\boldsymbol{j}+\frac{\partial f}{\partial z}\boldsymbol{k}$$

$\mathrm{grad}\,f$ 是坐标 x,y,z 的矢量函数,也可以写成 ∇f.因此式(5-38)可写为

$$E=-\text{grad}\ V=-\nabla V$$

即电场强度 $\boldsymbol{E}$ 等于电势梯度的负值.

例 1

用电场强度与电势的关系,求均匀带电细圆环轴线上一点的电场强度.

解 在第 5-6 节的例 2 中,我们已求得在 x 轴上点 P 的电势为

$$V=\frac{1}{4\pi\varepsilon_0}\frac{q}{(x^2+R^2)^{1/2}}$$

式中 R 为圆环的半径.由式(5-37)可得点 P 的电场强度为

$$E=E_x=-\frac{\partial V}{\partial x}=-\frac{\partial}{\partial x}\left[\frac{1}{4\pi\varepsilon_0}\frac{q}{(x^2+R^2)^{1/2}}\right]$$

$$=\frac{1}{4\pi\varepsilon_0}\frac{qx}{(x^2+R^2)^{3/2}}$$

这个结果虽与第 5-2 节例 1 的结果相同,但计算要简便得多.

例 2

求电偶极子电场中任意一点 A 的电势和电场强度.

解 图 5-37 所示的电偶极子的电偶极矩为 $\boldsymbol{p}=q\boldsymbol{r}_0$.设点 A 与 $-q$ 和 $+q$ 均在 Oxy 平面内,点 A 到 $-q$ 和 $+q$ 的距离分别为 r_- 和 r_+,点 A 到电偶极子中心点 O 的距离为 r.$+q$ 及 $-q$ 在点 A 的电势分别为

$$V_+=\frac{1}{4\pi\varepsilon_0}\frac{q}{r_+}$$

和

$$V_-=-\frac{1}{4\pi\varepsilon_0}\frac{q}{r_-}$$

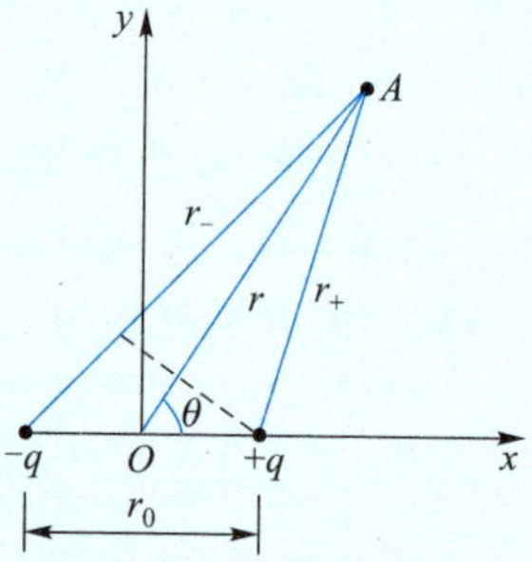

图 5-37

根据电势的叠加原理,点 A 的电势为

$$V=V_++V_-=\frac{q}{4\pi\varepsilon_0}\left(\frac{1}{r_+}-\frac{1}{r_-}\right)=\frac{q}{4\pi\varepsilon_0}\left(\frac{r_--r_+}{r_+r_-}\right)$$

对电偶极子来说,$r_0\ll r$,所以 $r_--r_+\approx r_0\cos\theta$,及 $r_-r_+\approx r^2$.于是,上式可写成

$$V\approx\frac{q}{4\pi\varepsilon_0}\frac{r_0\cos\theta}{r^2}=\frac{1}{4\pi\varepsilon_0}\frac{p\cos\theta}{r^2}\qquad(1)$$

这表明,在电偶极子的电场中,远离电偶极子一点的电势与电偶极矩 $\boldsymbol{p}$ 的大小成正比,与 $\boldsymbol{p}$ 和 $\boldsymbol{r}$ 之间夹角的余弦成正比,而与 r 的二次方成反比.

式(1)也可用点 A 的坐标 x、y 写成

$$V=\frac{p}{4\pi\varepsilon_0}\frac{x}{(x^2+y^2)^{3/2}}$$

故由上式和式(5-37)可得点 **A** 的电场强度 **E** 在 x、y 轴的分量分别为

$$E_x=-\frac{\partial V}{\partial x}=-\frac{p}{4\pi\varepsilon_0}\frac{y^2-2x^2}{(x^2+y^2)^{5/2}}$$

$$E_y=-\frac{\partial V}{\partial y}=\frac{p}{4\pi\varepsilon_0}\frac{3xy}{(x^2+y^2)^{5/2}}$$

于是,点 A 的电场强度 **E** 的值为

$$E=\frac{p}{4\pi\varepsilon_0}\frac{(4x^2+y^2)^{1/2}}{(x^2+y^2)^2} \tag{2}$$

当 $y=0$ 时,即点 A 在电偶极子的延长线上,有

$$E=\frac{2p}{4\pi\varepsilon_0}\frac{1}{x^3} \tag{3}$$

当 $x=0$ 时,即点 A 在电偶极子的中垂线上,有

$$E=\frac{p}{4\pi\varepsilon_0}\frac{1}{y^3} \tag{4}$$

式(3)和式(4)与第 5-2 节所得的结果也是相同的.

*5-8 静电场中的电偶极子

在研究电介质的极化机理、电场对有极分子的作用等问题时,电场对电偶极子的作用以及电偶极子对电场的影响都是十分重要的问题.

一、外电场对电偶极子的力矩和取向作用

如图 5-38 所示,在电场强度为 **E** 的均匀电场中,放置一电偶极矩为 $\boldsymbol{p}=q\boldsymbol{r}_0$ 的电偶极子.电场作用在$+q$ 和$-q$ 上的力分别为 $\boldsymbol{F}_+=q\boldsymbol{E}$ 和 $\boldsymbol{F}_-=-q\boldsymbol{E}$.于是作用在电偶极子上的合力为

$$\boldsymbol{F}=\boldsymbol{F}_++\boldsymbol{F}_-=q\boldsymbol{E}-q\boldsymbol{E}=0$$

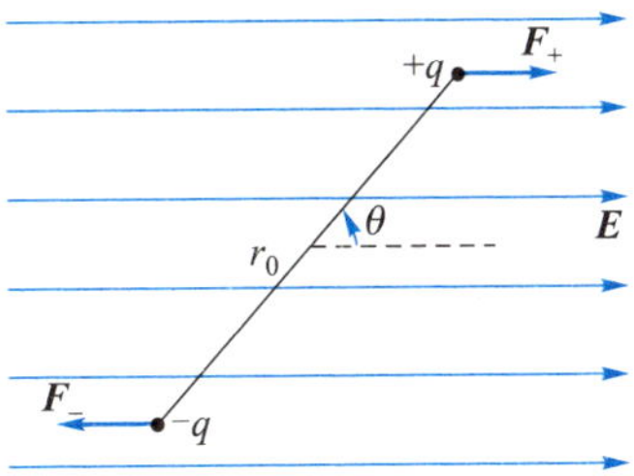

图 5-38 在均匀电场中电偶极子所受的力矩

这表明,在均匀电场中,电偶极子不受电场力的作用.但是,由于力 $\boldsymbol{F}_+$和 $\boldsymbol{F}_-$的作用线不在同一直线上,它们构成力矩.根据力矩的定义,电偶极子所受的力矩为

$$M=qr_0E\sin\theta=pE\sin\theta \tag{5-39}$$

上式的矢量形式为

$$\boldsymbol{M}=\boldsymbol{p}\times\boldsymbol{E} \tag{5-40}$$

在力矩作用下,电偶极子将在图示情况下作顺时针转动.当 $\theta=0$,即电偶极子的电矩 **p** 的方向与电场强度 **E** 的方向相同时,电偶极子所受力矩为零,这个位

置是电偶极子的稳定平衡位置.应当指出，当 $\theta=\pi$，即 $\boldsymbol{p}$ 的方向与 $\boldsymbol{E}$ 的方向相反时，电偶极子所受的力矩虽也为零，但这时电偶极子处于非稳定平衡位置，只要 θ 稍微偏离这个位置，电偶极子将在力矩作用下，使 $\boldsymbol{p}$ 的方向转至与 $\boldsymbol{E}$ 的方向相一致.关于这一点，下面我们还将从电势能的角度作些讨论.

如果电偶极子放在不均匀电场中，这时作用在 $+q$ 和 $-q$ 上的力为

$$\boldsymbol{F}=\boldsymbol{F}_{+}+\boldsymbol{F}_{-}=q\boldsymbol{E}_{+}-q\boldsymbol{E}_{-}\neq 0$$

所以，在非均匀电场中，电偶极子不仅要转动，而且还会在电场力作用下发生移动.

二、电偶极子在电场中的电势能和平衡位置

仍如图 5-38 所示，电矩为 $\boldsymbol{p}=q\boldsymbol{r}_0$ 的电偶极子处于电场强度为 $\boldsymbol{E}$ 的均匀电场中.设 $+q$ 和 $-q$ 所在处的电势分别为 V_+ 和 V_-，则此电偶极子的电势能为

$$E_{\mathrm{p}}=qV_{+}-qV_{-}=-q\left(-\frac{V_{+}-V_{-}}{r_0\cos\theta}\right)r_0\cos\theta=-qr_0E\cos\theta$$

有

$$E_{\mathrm{p}}=-\boldsymbol{p}\cdot\boldsymbol{E} \tag{5-41}$$

上式表明，在均匀电场中电偶极子的电势能与电偶极矩在电场中的方位有关.当电偶极子的电偶极矩 $\boldsymbol{p}$ 的方向与 $\boldsymbol{E}$ 一致时($\theta=0$)，其电势能 $E_{\mathrm{p}}=-pE$，此时，电势能最低；当 $\boldsymbol{p}$ 与 $\boldsymbol{E}$ 垂直时($\theta=\pi/2$)，其电势能为零；当 $\boldsymbol{p}$ 的方向与 $\boldsymbol{E}$ 的相反时($\theta=\pi$)，其电势能 $E_{\mathrm{p}}=pE$，此时，电势能最大.从能量的观点来看，能量越低，系统的状态越稳定.由此可见，电偶极子电势能最低的位置，即为稳定平衡位置.这就是说，在电场中的电偶极子，一般情况下总具有使自己的 $\boldsymbol{p}$ 转向 $\theta=0$ 的趋势.电偶极子的这个特性对理解电介质中有极分子的极化现象是非常重要的，我们将在第六章第 6-2 节中讲到.

问题

5-1　什么是电荷的量子化？你能举出其他量子化的物理量吗？

5-2　两静止点电荷之间的相互作用力遵守牛顿第三定律吗？

5-3　设电荷均匀分布在一空心的球面上，若把另一点电荷放在球心上，这个电荷能处于平衡状态吗？如果把它放在偏离球心的位置上，又将如何呢？

5-4　在电场中某一点的电场强度定义为 $\boldsymbol{E}=\dfrac{\boldsymbol{F}}{q_0}$.若该点没有试验电荷，那么该点的电场强度又如何？为什么？

5-5　有人说，点电荷在电场中一定是沿电场线运动的，电场线就是电荷的运动轨迹，这样说对吗？为什么？

5-6　我们分别介绍了静电场的库仑力的叠加原理和电场强度的叠加原理.这两个叠加原理是彼此独立没有联系的吗？

5-7 在点电荷的电场强度公式

$$\boldsymbol{E}=\frac{1}{4\pi\varepsilon_0}\frac{q}{r^2}\boldsymbol{e}_r$$

中,如果 $r\to 0$,则电场强度 E 将趋于无限大.对此,你有什么看法呢?

5-8 电场是矢量场,你能列出另外两个矢量场的名字来吗?如果你目前尚列不出,学完大学物理后应当能列出来,对吗?

5-9 在均匀电场中,一点电荷由静止释放,它能沿电场线运动吗?如把点电荷放在非均匀电场中,结果又如何呢?

5-10 电场线能相交吗?为什么?

5-11 如果在一曲面上每点的电场强度 $\boldsymbol{E}=0$,那么穿过此曲面的电场强度通量 Φ_e 也为零吗?如果穿过曲面的电场强度通量 $\Phi_e=0$,那么,能否说此曲面上每一点的电场强度 $\boldsymbol{E}$ 也必为零呢?

5-12 若穿过一闭合曲面的电场强度通量不为零,则在此闭合曲面上的电场强度是否一定处处不为零?

5-13 在高斯定理 $\oint_S \boldsymbol{E}\cdot \mathrm{d}\boldsymbol{S}=\sum q/\varepsilon_0$ 中,$\sum q$ 是闭合曲面内的电荷代数和,那么,闭合曲面上每一点的电场强度 $\boldsymbol{E}$ 是否仅由 $\sum q$ 所确定?

5-14 如果在一高斯面内没有净电荷,那么,此高斯面上每一点的电场强度 $\boldsymbol{E}$ 必为零吗?穿过此高斯面的电场强度通量又如何呢?

5-15 一点电荷放在球形高斯面的球心处.试讨论下列情形中电场强度通量的变化情况:(1) 若此球形高斯面被一与它相切的正方体表面所代替;(2) 点电荷离开球心,但仍在球内;(3) 另一个电荷放在球面外;(4) 另一个电荷放在球面内.

5-16 在应用高斯定理计算电场强度时,高斯面应怎样选取?

5-17 下列几个带电体能否用高斯定理来计算电场强度?为什么?作为近似计算,应如何考虑呢?

(1) 电偶极子;

(2) 长为 l 的均匀带电直线;

(3) 半径为 R 的均匀带电圆盘.

5-18 静电场与万有引力场一样,都是保守场.你能像得出静电场的高斯定理那样,也得出万有引力场的高斯定理吗?

5-19 你能对描述静电场和万有引力场的物理量以及研究方法作一比较,从而认识它们之间的异同吗?若将万有引力场的高斯定理写成 $\Phi_g=\oint_S \boldsymbol{g}\cdot \mathrm{d}\boldsymbol{S}=-C\sum m_i$,$\sum m_i$ 表示什么?$\boldsymbol{g}$ 表示什么?C 等于多少?

5-20 在点电荷的电场中,一正电荷在电场力作用下沿径向运动,其电势是增加、减少还是不变?

5-21 电荷 q 从电场中的点 A 移到点 B,若使点 B 的电势比点 A 的电势低,而点 B 的电势能又比点 A 的电势能要大,这可能吗?说明之.

5-22 当我们认为地球的电势为零时，是否意味着地球没有净电荷呢？

5-23 在雷雨季节，两带正、负电荷的云团间的电势差可达 10^{10} V，在它们之间产生闪电可通过 30 C 的电荷.请说明在此过程中闪电所消耗的电能相当于 10 kW 发电机在多长时间里发出的电能.

5-24 已知无限长带电直线的电场强度为 $E(r)=\dfrac{1}{2\pi\varepsilon_0}\dfrac{\lambda}{r}$.我们能否利用

$$V_A = \int_{A\infty} \boldsymbol{E}\cdot \mathrm{d}\boldsymbol{l} + V_\infty$$

并使无限远处的电势为零（$V_\infty=0$），来计算"无限长"带电直线附近点 A 的电势？

5-25 在电场中，电场强度为零的点，电势是否一定为零？电势为零的点，电场强度是否一定为零？试举例说明.

5-26 利用 $E_l=-\dfrac{\mathrm{d}V}{\mathrm{d}l}$讨论：若某空间内电场强度处处为零，则该空间内各点的电势必处处相等.

5-27 在电场中，两点的电势差为零，如在两点间选一路径，在这路径上，电场强度也处处为零吗？试说明.

5-28 设有两个电偶极矩分别为 $\boldsymbol{p}_1$ 和 $\boldsymbol{p}_2$ 的电偶极子，如果它们重叠在一起，此带电系统的电偶极矩为多少？

*5-29 电偶极子在均匀电场中总要使自己转向稳定平衡的位置.若此电偶极子处在非均匀电场中，它将怎样运动呢？你能说明吗？

*5-30 富兰克林从实验中发现：在一带电的空腔导体球壳内，放置一带电的通草球，通草球不受电力作用，而放在球壳外面则要受电力作用.富兰克林不得其解.化学家普利斯特利则猜想，这是电荷间的作用力和万有引力一样也与距离的二次方成反比的缘故.你同意这个看法吗？你能否试着用第四章第 4-8 节的方法来帮助富兰克林解决困惑并证明普利斯特利的猜想呢？

*5-31 假想两点电荷之间的库仑力与它们之间距离的三次方成反比，那么，库仑力是否仍然是保守力？静电场的高斯定理是否仍然成立？静电场的环路定理是否仍然成立？

习题

5-1 电荷面密度均为 $+\sigma$ 的两块"无限大"均匀带电的平行平板如图(a)所示放置，其周围空间各点电场强度 $\boldsymbol{E}$（设电场强度方向向右为正、向左为负）随位置坐标 x 变化的关系曲线为（　　）.

5-2 下列说法正确的是（　　）.

（A）闭合曲面上各点电场强度都为零时，曲面内一定没有电荷

（B）闭合曲面上各点电场强度都为零时，曲面内电荷的代数和必定为零

（C）闭合曲面的电场强度通量为零时，曲面上各点的电场强度必定为零

（D）闭合曲面的电场强度通量不为零时，曲面上任意一点的电场强度都不可能为零

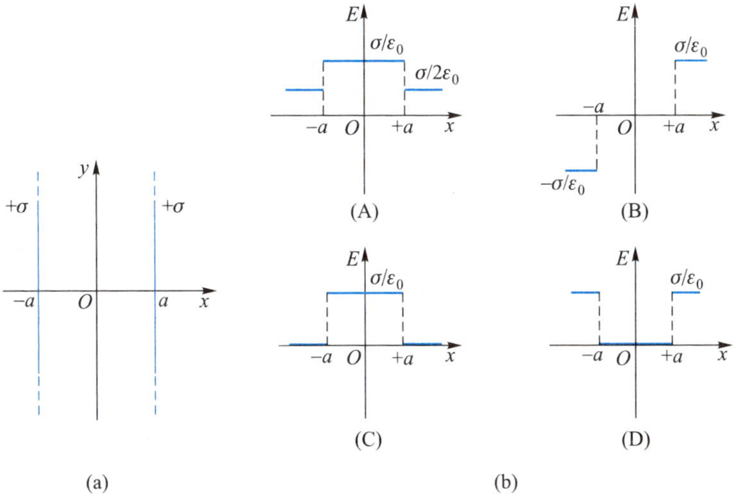

习题 5-1 图

5-3 下列说法正确的是(　　).

(A) 电场强度为零的点,电势也一定为零

(B) 电场强度不为零的点,电势也一定不为零

(C) 电势为零的点,电场强度也一定为零

(D) 电势在某一区域内为常量,则电场强度在该区域内必定为零

*5-4 在一个带负电的带电棒附近有一个电偶极子,其电偶极矩 $\boldsymbol{p}$ 的方向如图所示.当电偶极子被释放后,该电偶极子将(　　).

习题 5-4 图

(A) 沿逆时针方向旋转至电偶极矩 $\boldsymbol{p}$ 水平指向棒尖端而停止

(B) 沿逆时针方向旋转至电偶极矩 $\boldsymbol{p}$ 水平指向棒尖端,同时沿电场线方向朝着棒尖端移动

(C) 沿逆时针方向旋转至电偶极矩 $\boldsymbol{p}$ 水平指向棒尖端,同时逆电场线方向远离棒尖端移动

(D) 沿顺时针方向旋转至电偶极矩 $\boldsymbol{p}$ 水平方向沿棒尖端朝外,同时沿电场线方向朝着棒尖端移动

5-5 精密实验表明,电子和质子的电荷绝对值与元电荷差值的范围不会超过 $\pm 10^{-21}e$,而中子电荷与零差值的范围也不会超过 $\pm 10^{-21}e$.从最极端的情况考虑,一个由 8 个电子、8 个质子和 8 个中子构成的氧原子所带的最大可能净电荷是多少?若将原子视作质点,试比较两个氧原子间的库仑力和万有引力的大小.

5-6 1964 年,盖耳曼等人提出粒子由更基本的夸克构成,中子就由一个带 $2e/3$ 的上夸克和两个带 $-e/3$ 的下夸克构成.若将夸克作为经典粒子处理(夸克线度约为 10^{-20} m),中子内的两个下夸克之间相距 2.60×10^{-15} m，求它们之间的相互作用力.

5-7 质量为 m、电荷为 $-e$ 的电子以圆轨道绕氢核旋转，其动能为 E_k.证明电子的旋转频率满足

$$\nu^2=\frac{32\varepsilon_0^2E_k^3}{me^4}$$

式中 ε_0 是真空电容率.电子的运动可视为遵守经典力学定律.

5-8 在氯化铯晶体中，一价氯离子 Cl^- 与其最邻近的八个一价铯离子 Cs^+ 构成如图所示的立方晶格结构.(1) 求氯离子所受的库仑力；(2) 假设图中箭头所指处缺少一个铯离子(称为晶格缺陷)，求此时氯离子所受的库仑力.

*5-9 如图所示，电荷 Q 均匀分布在半径为 R 的圆环上，现在环中央放置一个电荷量为 q 的点电荷，试求由于 q 的出现而在环中出现的张力.

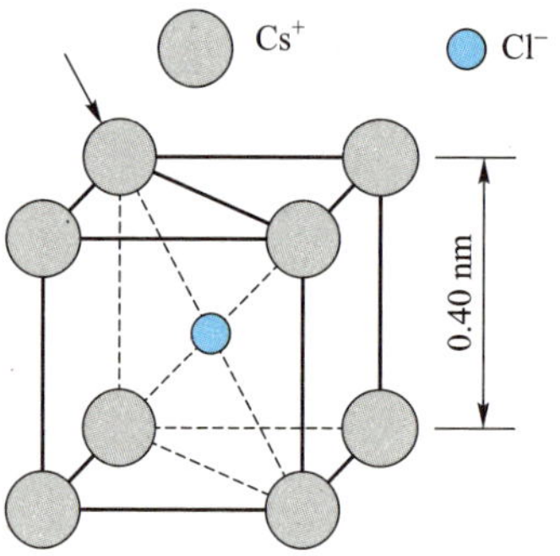

习题 5-8 图

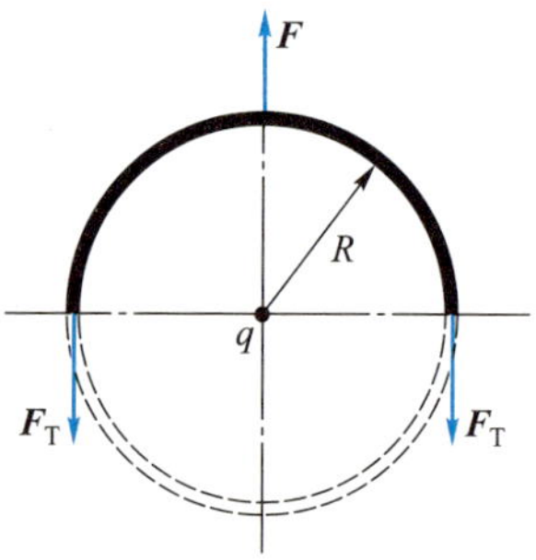

习题 5-9 图

5-10 若电荷 Q 均匀地分布在长为 L 的细棒上，求证：

(1) 在棒的延长线上，且离棒中心为 r 处的电场强度为

$$E=\frac{1}{\pi\varepsilon_0}\frac{Q}{4r^2-L^2}$$

(2) 在棒的垂直平分线上，且离棒为 r 处的电场强度为

$$E=\frac{1}{2\pi\varepsilon_0 r}\frac{Q}{\sqrt{4r^2+L^2}}$$

若棒为无限长(即 $L\to\infty$)，试将结果与无限长均匀带电直导线的电场强度相比较.

5-11 一半径为 R 的半球壳均匀地带有电荷，电荷面密度为 σ.求球心处电场强度的大小.

5-12 水分子(H_2O)中氧原子和氢原子的等效电荷中心如图所示.假设氧原子和氢原子的等效电荷中心间距为 r_0，试计算在分子的对称轴线上，距分子较远处的电场强度.

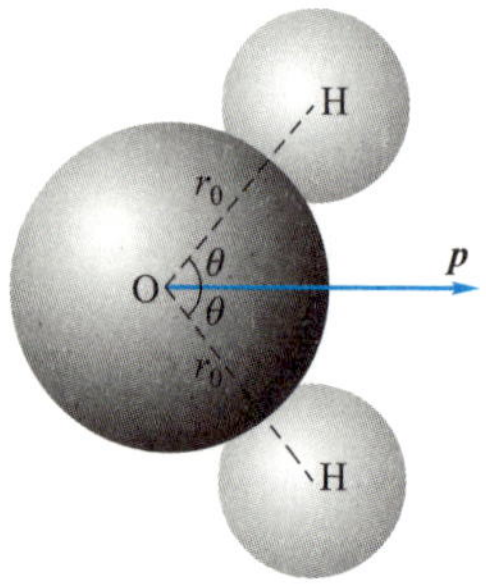

习题 5-12 图

5-13 两根无限长平行直导线相距为 r，均匀带有等量异号

电荷，电荷线密度为 λ.(1) 求两导线构成的平面上任意一点的电场强度(设该点到其中一导线的垂直距离为 x);(2) 求一根导线上单位长度导线受到另一根导线上电荷作用的电场力.

5-14 如图所示为电四极子，电四极子是由两个大小相等、方向相反的电偶极子组成的.试求在两个电偶极子延长线上距中心为 z 的一点 P 的电场强度(假设 $z \gg d$).

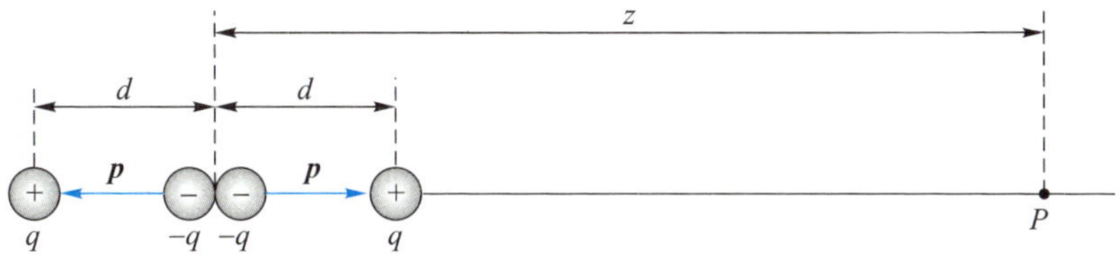

习题 5-14 图

5-15 设匀强电场的电场强度 $\boldsymbol{E}$ 与半径为 R 的半球面的对称轴平行，试计算通过此半球面的电场强度通量.

5-16 如图所示，边长为 a 的立方体的表面分别平行于 Oxy、Oyz 和 Ozx 平面，立方体的一个顶点为坐标原点.现将立方体置于电场强度为 $\boldsymbol{E}=(E_1+kx)\boldsymbol{i}+E_2\boldsymbol{j}$ 的非均匀电场中，求立方体各表面及立方体的电场强度通量(k、E_1、E_2 均为常量).

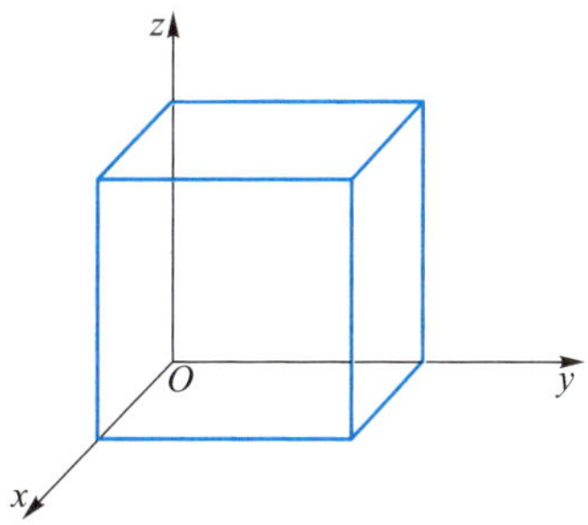

习题 5-16 图

5-17 地球周围的大气犹如一部大电机，由于雷雨云和大气气流的作用，在晴天区域大气电离层总是带有大量的正电荷，地球表面必然带有负电荷.晴天大气电场的平均电场强度约为 120 $\mathrm{V\cdot m^{-1}}$，方向指向地面.试求地球表面单位面积所带的电荷(以每平方厘米的电子数表示).

5-18 设在半径为 R 的球体内，其电荷对称分布，电荷体密度为

$$\begin{cases}\rho=kr, & 0\leqslant r\leqslant R\\ \rho=0, & r>R\end{cases}$$

式中 k 为一常量.试分别用高斯定理和电场叠加原理求电场强度 $\boldsymbol{E}$ 与 r 的函数关系.

5-19 如图所示，一无限大均匀带电薄平板的电荷面密度为 σ.在平板中部有一个半径为 r 的小圆孔.求圆孔中心轴线上与平板相距为 x 的一点 P 的电场强度.

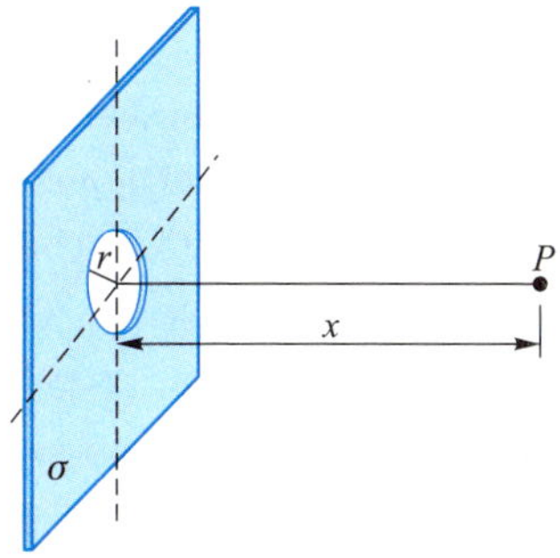

习题 5-19 图

5-20 如图所示，在电荷体密度为 ρ 的均匀带电球体中，存在一个球形空腔.如将带电体球心 O 指向球形空腔球心 O' 的矢量用 $\boldsymbol{a}$ 表示，试证明球形空腔中任意点的电场强度为

$$E=\frac{\rho}{3\varepsilon_0}a$$

5-21 如图所示，空间有两个球，球心间距离小于它们的半径之和，因而两球部分重叠，且 $\overrightarrow{OO'}=a$.若让两个球都均匀充满电荷，电荷体密度分别为 ρ 和 $-\rho$，则重叠部分由于正负电荷中和而无电荷.求重叠区域内的电场强度.

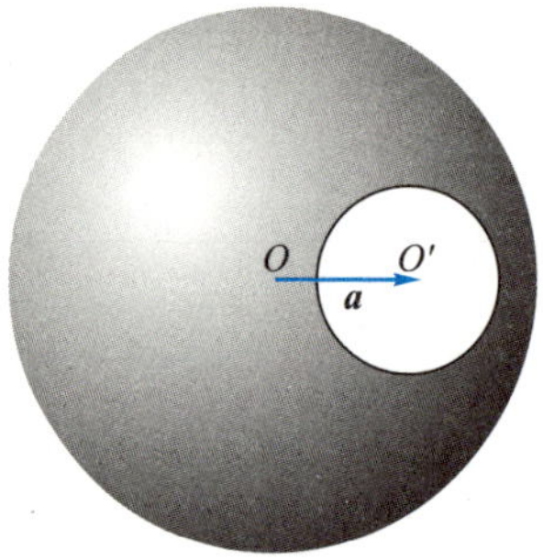

习题 5-20 图

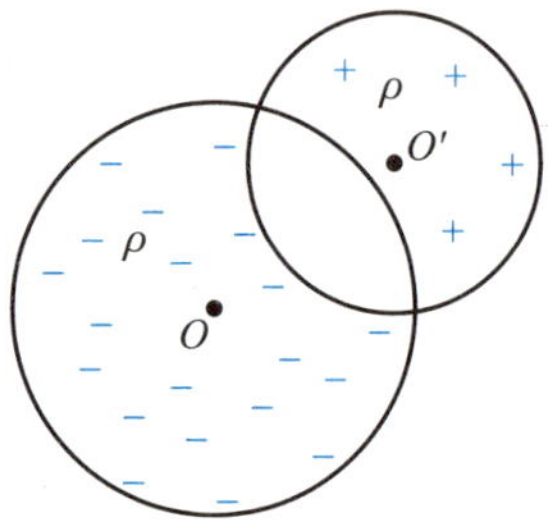

习题 5-21 图

5-22 一个内外半径分别为 R_1 和 R_2 的均匀带电球壳，其电荷为 Q_1，球壳外同心罩一个半径为 R_3 的均匀带电球面，其电荷为 Q_2.求电场分布.电场强度是否为与球心距离 r 的连续函数？试分析.

5-23 半径为 R 的无限长直圆柱体内均匀分布着电荷，电荷体密度为 ρ.试求离轴线为 r 处的电场强度 E，并画出 $E-r$ 曲线.

5-24 两个带有等量异号电荷的无限长同轴圆柱面，半径分别为 R_1 和 $R_2(R_2>R_1)$，单位长度所带的电荷为 λ.求离轴线为 r 处的电场强度：(1) $r<R_1$，(2) $R_1<r<R_2$，(3) $r>R_2$.

5-25 如图所示，三个点电荷 Q_1、Q_2、Q_3 沿一条直线等间距分布，且 $Q_1=Q_3=Q$.已知其中任一点电荷所受合力均为零，求在固定 Q_1、Q_3 的情况下，将 Q_2 从点 O 移到无穷远处外力所做的功.

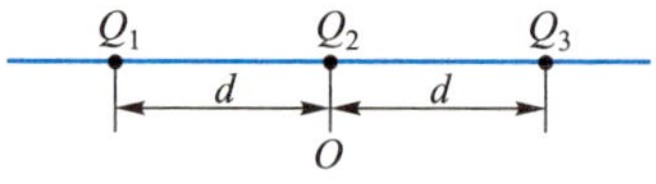

习题 5-25 图

5-26 已知均匀带电直线附近的电场强度近似为

$$E=\frac{\lambda}{2\pi\varepsilon_0 r}e_r$$

式中 λ 为电荷线密度.(1) 求在 $r=r_1$ 和 $r=r_2$ 两点间的电势差；(2) 在点电荷的电场中，我们曾取 $r\to\infty$ 处的电势为零，求均匀带电直线附近的电势时能否这样取？试说明.

5-27 水分子电偶极矩 p 的大小为 6.17×10^{-30} C · m.求在下述情况下，距离分子为 $r=5.00\times10^{-9}$ m 处的电势.(1) $\theta=0°$；(2) $\theta=45°$；(3) $\theta=90°$.θ 为 r 与 p 之间的夹角.

5-28 一个球形雨滴半径为 0.40 mm，带有电荷量 1.6 pC，它表面的电势有多大？两个这样的雨滴相遇后合并为一个较大的雨滴，这个雨滴表面的电势又是多大？

5-29 卢瑟福曾提出原子的一种早期模型，其中具有 $-Ze$ 电荷的电子形成均匀带电球体，属于核的 $+Ze$ 点电荷在球心.对于氢原子($Z=1$)，这种模型中电子的球体半径为 $r_0=0.53\times10^{-10}$ m.(1) 试求电荷量 $Q=-e=-1.6\times10^{-19}$ C，半径 $r_0=0.53\times10^{-10}$ m 的均匀带电球体在球心产生的电势;(2) 原子核的电势能是多少?

5-30 电荷面密度分别为$+\sigma$和$-\sigma$的两块"无限大"均匀带电的平行平板,如图所示放置,取坐标原点O为零电势点,求空间各点的电势分布,并画出电势随位置坐标x变化的关系曲线.

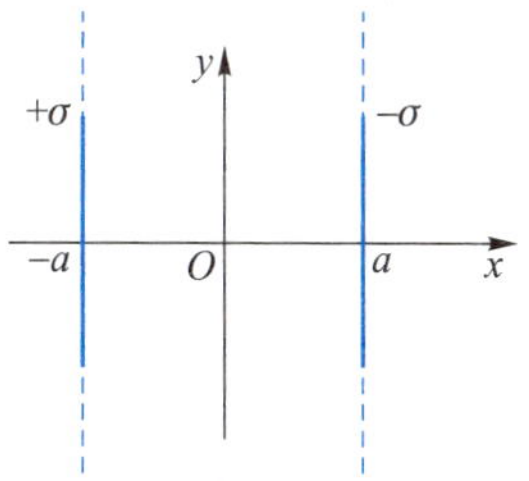

习题 5-30 图

5-31 两个同心球面的半径分别为R_1和R_2,各自带有电荷Q_1和Q_2.求:(1) 各区域电势的分布,并画出分布曲线;(2) 两球面上的电势差.

5-32 一半径为R的无限长带电细棒,其内部的电荷均匀分布,电荷体密度为ρ.现取棒表面为零电势,求空间电势分布,并画出电势分布曲线.

*5-33 一圆盘半径$R=3.00\times10^{-2}$ m,圆盘均匀带电,电荷面密度$\sigma=2.00\times10^{-5}$ C·m^{-2}.(1) 求轴线上的电势分布;(2) 根据电场强度和电势梯度的关系求电场分布;(3) 计算离盘心 30.0 cm 处的电势和电场强度.

5-34 两根同长的同轴圆柱面($R_1=3.00\times10^{-2}$ m,$R_2=0.10$ m),带有等量异号的电荷,两者的电势差为 450 V.求:(1) 圆柱面单位长度所带的电荷;(2) $r=0.05$ m 处的电场强度.

*5-35 盖革计数器是一种探测电离辐射的装置,如图所示,金属圆筒和与之同轴的金属丝之间加有很高的电压.当α粒子等带电粒子进入圆筒内时,能够使筒内惰性气体电离,释放出的自由电子在电场的作用下飞向金属筒中央的金属丝,并在途中电离出更多的电子.由此形成的电流经由外电路检测并直接转化为计数,这就是盖革计数器的基本原理.设一盖革计数器金属丝的半径为1.45×10^{-4} m,金属圆筒的半径为1.80×10^{-2} m,若要在距离中心轴线1.20×10^{-2} m 处产生2.00×10^{4} V·m^{-1}的电场,圆筒与金属丝之间需要施加多大的电压?圆筒内最大的电场强度为多少?

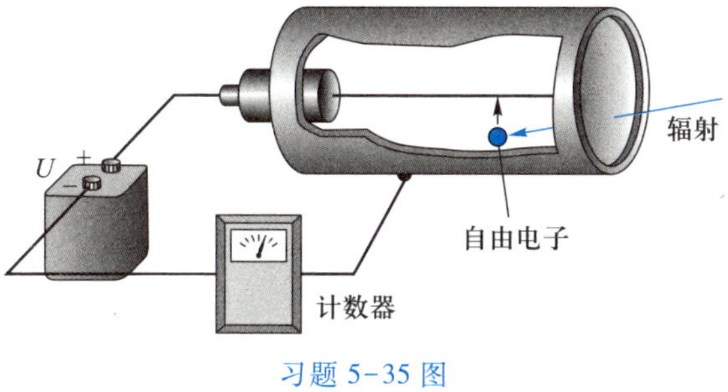

习题 5-35 图

5-36 轻原子核(如氢及其同位素氘、氚的原子核)结合成为较重原子核的过程叫做核聚变.核聚变可以释放出巨大的能量.例如四个氢原子核(质子)结合成一个氦原子核(α粒子)时,可以放出 25.9 MeV 的能量,即

$$4{}_1^1\mathrm{H}\longrightarrow{}_2^4\mathrm{He}+2{}_1^0\mathrm{e}+25.9\ \mathrm{MeV}$$

这类聚变反应提供了太阳发光、发热的能源.如果我们能够在地球上实现核聚变,就能获得丰富的廉价清洁能源.但是要实现核聚变难度相当大,只有在极高的温度下,原子热运动的速率

非常大时，才能使原子核相碰而结合，故核聚变又称热核反应. 试问：(1) 一个质子(^1_1H)以怎样的动能(用电子伏表示)才能从很远处到达与另一个质子相接触的距离？(2) 平均热运动动能达到此值时，气体温度有多高(质子的平均半径约为 1.0×10^{-15} m)？

5-37　如图所示，在一次典型的闪电中，两个放电点间的电势差约为 10^9 V，被迁移的电荷约为30 C. (1) 若释放出来的能量都用来使 0 ℃ 的冰熔化成 0 ℃ 的水，则可熔化多少冰？(冰的熔化热 $L=3.34\times10^5\ \mathrm{J\cdot kg^{-1}}$.) (2) 假设每一个家庭 1 年消耗的能量为 3 000 kW · h，则可为多少个家庭提供 1 年的能量消耗？

习题 5-37 图

*5-38　两个半径为 R 的圆环分别带有等量异号电荷 $\pm q$，圆环如图所示相对点 O 对称平行放置，其间距为 l，并且有 $l\ll R$. (1) 以两环的对称中心 O 为坐标原点，两环圆心连线为 x 轴，试求 x 轴上的电势分布；(2) 若取无穷远处为零电势，证明当 $x\gg R$ 时，轴线上的电势 $V=\dfrac{ql}{4\pi\varepsilon_0 x^2}$.

5-39　如图所示，在 Oxy 平面上倒扣着半径为 R 的半球面，在半球面上电荷均匀分布，其电荷面密度为 σ. 点 A 的坐标为 $(0, R/2)$，点 B 的坐标为 $(3R/2, 0)$，求电势差 U_{AB}.

5-40　在玻尔的氢原子模型中，电子沿半径为 0.53×10^{-10} m 的圆周绕原子核旋转. (1) 若把电子从原子中拉出来，则需要克服电场力做多少功？(2) 电子的电离能为多少？

*5-41　质子的半径约为 1.0×10^{-15} m，假设两个具有大小相等、方向相反的动量的质子发生对撞，试估算每个质子最少需要多少动能？(不考虑相对论效应.)

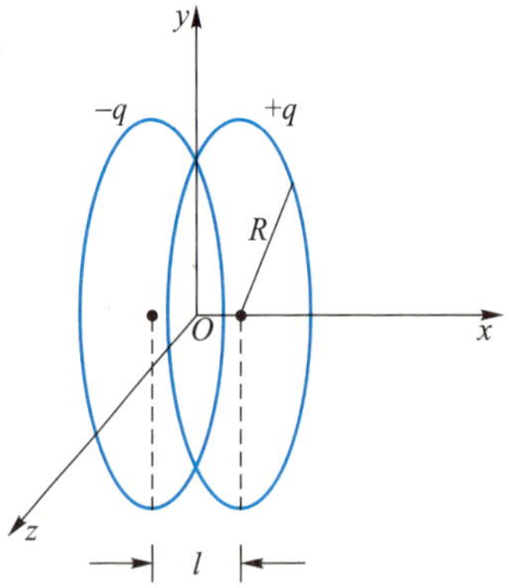

习题 5-38 图

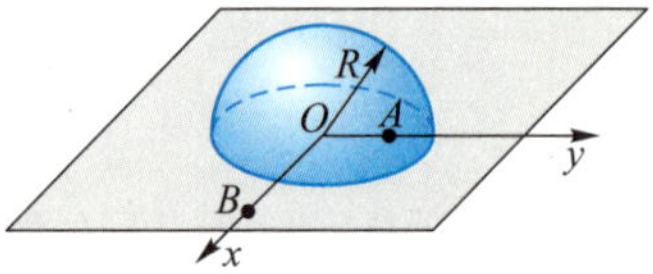

习题 5-39 图

5-42　有人设想用月球上的材料在地球周围轨道上建立空间站. 假定在月球表面用电子枪将这些材料发射出去，并限制每次发射的最大质量为 m，电子枪的加速电压为 U，且这些材料加速后正好能达到脱离月球的逃逸速度. 问每次发射出去的材料需带有多少电荷量？(设月球质量为 $m_月$，半径为 $R_月$.)

第六章　静电场中的导体与电介质

在上一章中，我们讨论了真空中的静电场.实际上，在静电场中总有导体或电介质（也叫绝缘体）存在，而且在静电的应用中也都要涉及导体和电介质对电场的影响.

本章的主要内容有：导体的静电平衡条件，静电场中导体的电学性质，电介质的极化现象和相对电容率 ε_r 的物理意义，有电介质时的高斯定理，电容器及其连接，电场的能量等，最后还将介绍静电的一些应用.由此可以看到，本章所讨论的问题，不仅在理论上有重大意义，使我们对静电场的认识更加深入，而且在应用上也有重大意义.

6-1　静电场中的导体

一、静电平衡条件

金属导体由大量带负电的自由电子和带正电的晶格格点构成.当导体不带电或者不受外电场影响时，导体中的自由电子只作微观的无规热运动，而没有宏观的定向运动.若把金属导体放在外电场中，导体中的自由电子在作无规热运动的同时，还将在电场力作用下作宏观定向运动，从而使导体中的电荷重新分布.这个现象叫做静电感应现象.在电场中，导体电荷重新分布的过程一直持续到导体内部的电场强度等于零，即 $\boldsymbol{E}=0$ 时为止.这时，导体内没有电荷作定向运动，导体处于静电平衡状态.

在静电平衡时，不仅导体内部没有电荷作定向运动，导体表面也没有电荷作定向运动，这就要求导体表面电场强度的方向应与表面垂直.假若导体表面处电场强度的方向与导体表面不垂直，则电场强度沿表面将有切向分量，自由电子受到与该切向分量相应的电场力的作用，将沿表面运动，这样就不是静电平衡状态

了.所以,导体处于静电平衡状态时,必须满足以下两个条件:

(1) 导体内部任何一点处的电场强度为零;

(2) 导体表面处电场强度的方向,都与导体表面垂直.

导体的静电平衡条件也可以用电势来表述.由于在静电平衡时,导体内部的电场强度为零,因此,如在导体内取任意两点 A 和 B,这两点间的电势差 U 为零,即

$$U=\int_{AB}\boldsymbol{E}\cdot\mathrm{d}\boldsymbol{l}=0$$

这表明,在静电平衡时,导体内任意两点间的电势是相等的.至于导体的表面,由于在静电平衡时,导体表面的电场强度 $\boldsymbol{E}$ 与表面垂直,其切向分量 E_t 为零,因此导体表面上任意两点的电势差亦应为零.故在静电平衡时,导体表面为一等势面.不言而喻,在静电平衡时导体内部与导体表面的电势是相等的,否则就仍会发生电荷的定向运动.总之,当导体处于静电平衡时,导体上的电势处处相等,导体为一等势体.

二、静电平衡时导体上电荷的分布

在静电平衡时,带电导体的电荷分布可运用高斯定理来进行讨论.如图 6-1 所示,一带电实心导体处于平衡状态.由于在静电平衡时,导体内的 $\boldsymbol{E}$ 为零,所以通过导体内任意高斯面的电场强度通量亦必为零,即

$$\oint_S\boldsymbol{E}\cdot\mathrm{d}\boldsymbol{S}=0$$

于是,此高斯面内所包围的电荷的代数和必然为零.因为高斯面是任意作出的,所以可得到如下结论:在静电平衡时,导体所带的电荷只能分布在导体的表面上,导体内没有净电荷.

如果一空腔导体带有电荷$+q$(图 6-2),这些电荷在空腔导体的内外表面上如何分布呢?若在导体内取高斯面 S,由于在静电平衡时,导体内的电场强度为零,所以有

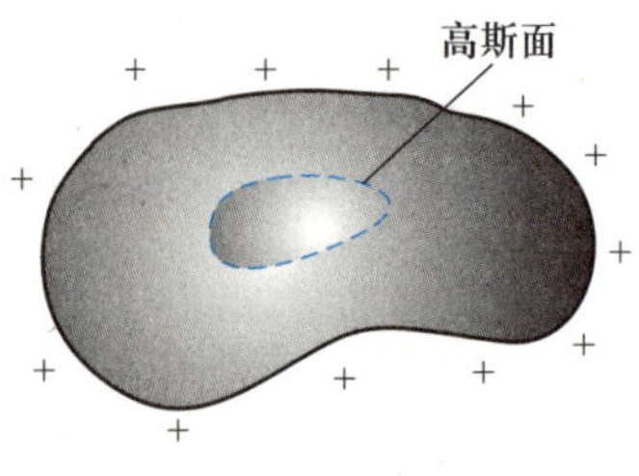

图 6-1 带电导体的电荷分布在导体表面上

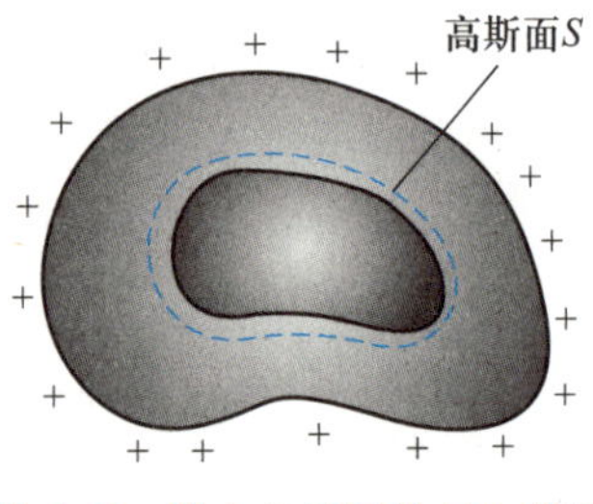

图 6-2 带电空腔导体的电荷只分布在导体的外表面上

$$\oint_S \boldsymbol{E} \cdot \mathrm{d}\boldsymbol{S} = \frac{\sum q_i}{\varepsilon_0} = 0$$

这说明在空腔的内表面上没有净电荷.然而在空腔内表面上是否有可能出现符号相反的正、负电荷,而使内表面上净电荷为零的情况呢?按静电平衡条件可知,空腔内表面不会出现任何形式的分布电荷.电荷只能全部分布在空腔导体的外表面上.读者试按静电平衡条件给予说明.

下面讨论带电导体表面的电荷面密度与其邻近处电场强度的关系.如图 6-3 所示,设空间有 A、B、C 等许多导体处于静电平衡状态.在导体 A 表面上取一圆形面积元 ΔS,当 ΔS 足够小时,ΔS 上的电荷分布可当作是均匀的,其电荷面密度为 σ,于是 ΔS 上的电荷为 $\Delta q=\sigma\Delta S$.以面积元 ΔS 为底面积作一如图 6-3 所示的扁圆柱形高斯面,下底面处于导体 A 内部.由于导体内电场强度为零,所以通过下底面的电场强度通量为零;在侧面上,电场强度要么为零,要么与侧面的法线垂直,所以通过侧面的电场强度通量也为零;只有在上底面上,电场强度 $\boldsymbol{E}$ 与 ΔS 垂直,所以通过上底面的电场强度通量为 $E\Delta S$,这也就是通过扁圆柱形高斯面的电场强度通量.根据高斯定理可有

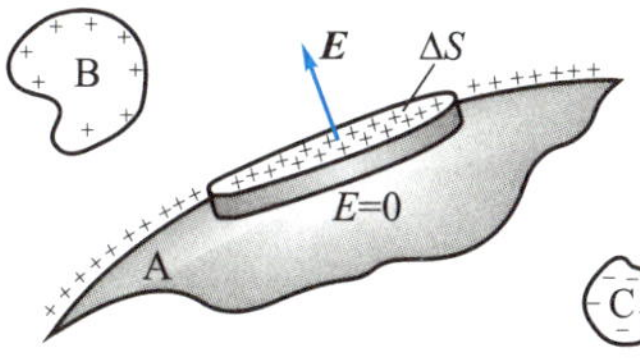

图 6-3 带电导体表面外的电场

$$\oint_S \boldsymbol{E} \cdot \mathrm{d}\boldsymbol{S} = E\Delta S = \frac{\sigma \Delta S}{\varepsilon_0}$$

得

$$E = \frac{\sigma}{\varepsilon_0} \tag{6-1}$$

上式表明,带电导体处于静电平衡时,导体表面之外非常邻近表面处总的电场强度 $\boldsymbol{E}$ 虽与其他带电导体有关,但其数值仅与该处电荷面密度 σ 成正比,其方向与导体表面垂直.当表面带正电荷时,$\boldsymbol{E}$ 的方向垂直表面向外;当表面带负电荷时,$\boldsymbol{E}$ 的方向则垂直表面指向导体.

式(6-1)只给出导体表面的电荷面密度与表面附近的电场强度之间的关系.至于带电导体达到静电平衡后导体表面的电荷是如何分布的,则是一个复杂问题,定量研究是很困难的,因为导体表面的电荷分布不仅与导体本身的形状有关,而且还与导体周围的环境有关.即使对于孤立导体,其表面电荷面密度 σ 与曲率半径 ρ 之间也不存在单一的函数关系.实验表明,图 6-4 所示的带电非球形导体达到静电平衡时,导体虽为一等势体,导体表面为一等势面,但在 A 附近,曲率半径较小,其电荷面密度和电场强度的值较大,而在 B 附近,曲率半径较大,其电荷面密度和电场强度的值较小.图 6-5 给出带有等量异号电荷的一个非

球形导体和一块平板导体的电场线图像.从图中可以看出,曲率半径较小的带电导体表面附近,电场线密集,电场较强,尖端附近的电场最强.

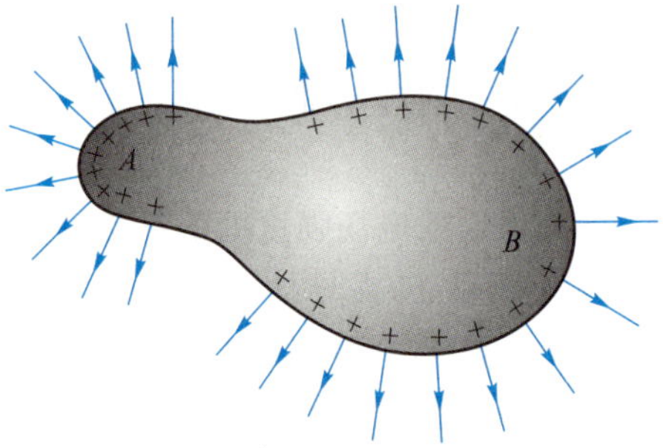

图 6-4　带电导体表面曲率半径较小处附近的电场要强些

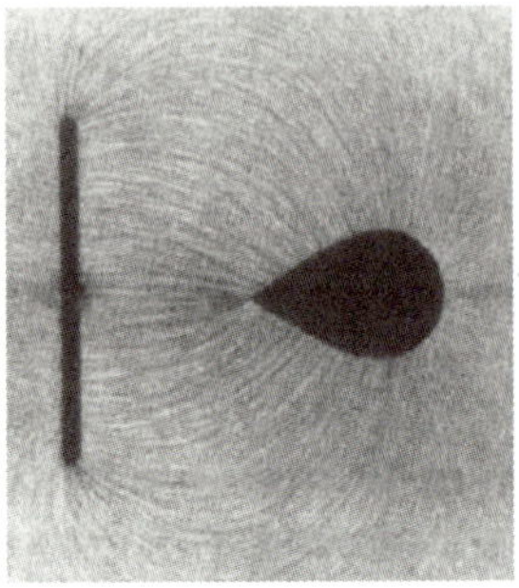

图 6-5　带电导体尖端附近的电场最强

带电尖端附近的电场强度特别大,可使尖端附近的空气发生电离而成为导体.在电场不过分强的情况下,带电尖端经由电离化的空气而放电的过程,是比较平稳地无声息地进行的;但在电场很强的情况下,放电就会以暴烈的火花放电的形式出现,并在短暂的时间内释放出大量的能量.这两种形式的放电现象就是所谓的尖端放电现象.例如,阴雨潮湿天气时常可在高压输电线表面附近看到淡蓝色的辉光(电晕),这就是一种平稳的尖端放电现象.

尖端放电会使电能白白损耗,还会干扰精密测量和通信.因此在许多高压电器设备中,所有金属元件都应避免带有尖棱,最好做成球形,并尽量使导体表面光滑而平坦,这都是为了避免尖端放电的产生.然而尖端放电也有很广的用途,在本章第 6-7 节中还将作一点介绍.

三、静电屏蔽

在静电场中,因导体的存在使某些特定的区域不受电场影响的现象称为静电屏蔽.怎样才能实现静电屏蔽呢? 在如图 6-6 所示的静电场中,放置一个空腔导体.由前面的讨论可知,在静电平衡时,由静电感应产生的感应电荷只分布在导体的外表面上,导体内和空腔中的电场强度处处为零.这就是说,空腔内的整个区域都将不受外电场的影响.这时导体和空腔内部的电势处处相等,构成一个等势体.

此外,我们有时还需要屏蔽电荷激发的电场对外界的影响.这时可采用如图 6-7所示的方法,在电荷$+q$ 外面放置一个外表面接地的空腔导体.这就使得导体外表面所产生的感应正电荷与从地上来的负电荷中和,使空腔导体外表面不带电，这样，接地的空腔导体内的电荷激发的电场对导体外就不会产生任何影响了.

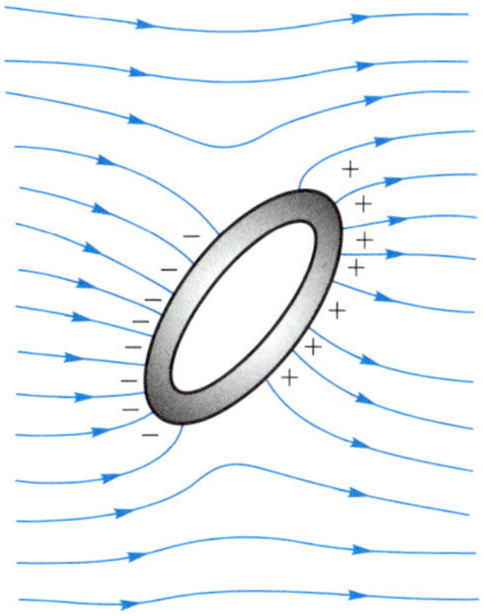

图 6-6 用空腔导体屏蔽外电场

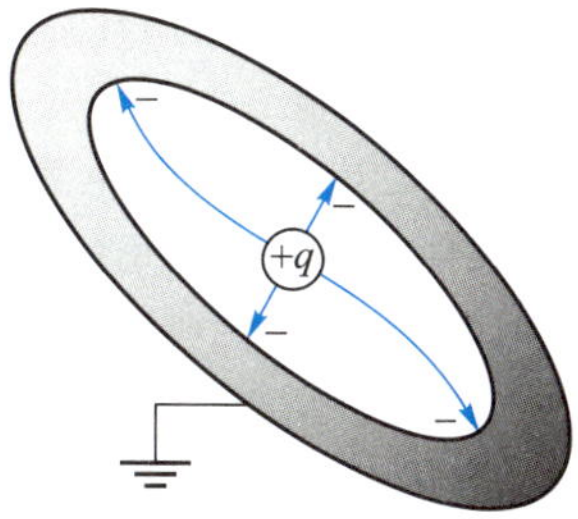

图 6-7 接地空腔导体屏蔽内电场

综上所述，空腔导体（无论接地与否）将使空腔内空间不受外电场的影响，而接地空腔导体将使外部空间不受空腔内电场的影响.这就是空腔导体的静电屏蔽作用.

在实际工作中，常用编织得相当紧密的金属网来代替金属壳体.例如，高压设备周围的金属网，校测电子仪器的金属网屏蔽室都能起到静电屏蔽的作用.

利用静电平衡条件下空腔导体是等势体以及静电屏蔽的道理，人们可在高压输电线路上进行带电维修和检测等工作.我们设想若工作人员没有采取防护措施登上数十米高的铁塔，接近特高压直流输电线（如 800 kV）时，人体通过铁塔与大地相连接，人体与高压线间有非常大的电势差，因而它们之间存在很强的电场，电场能使人体周围空气电离而放电，从而危及人体安全.然而，利用空腔导体屏蔽外电场的原理，工作人员穿上用细铜丝（或导电纤维）和纤维编织制成的导电性能良好的工作服（通常也叫屏蔽服、均压服），使之构成一导体网壳.这就相当于把人体置于空腔导体内部，使电场不能深入到人体，从而保证了工作人员的人身安全.即使在工作人员接触电线的瞬间，放电也只在手套与电线之间发生.之后，人体与电线便有了相同的电势，检修人员就可以在不停电的情况下，安全地、自由地在特高压输电线上工作了.此外，即使输电线通

检修人员身穿屏蔽服在 800 kV 特高压输电线上检修

过的是交流电，在输电线周围存在很强的交变电磁场，但电磁场所产生的感应电流也只在屏蔽服上流过，从而也能避免感应电流对人体的危害.

例

有一外半径 R_1 为 10 cm，内半径 R_2 为 7 cm 的金属球壳，在球壳中放一半径 R_3 为 5 cm的同心金属球（图 6-8）.若使球壳和球均带有 $q=10^{-8}$ C 的正电荷，问两球体上的电荷如何分布？球心的电势为多少？

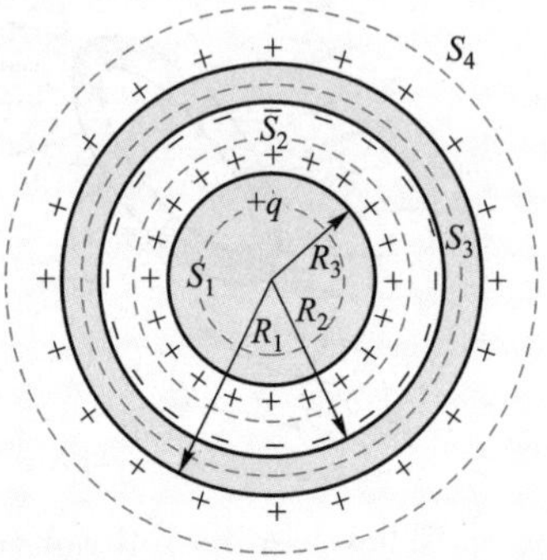

图 6-8

解　为了计算球心的电势，必须先计算出各点的电场强度.由于在所讨论的范围内，电场具有球对称性，因此可用高斯定理计算各点的电场强度.

先从球内开始.如取以 $r<R_3$ 的球面 S_1 为高斯面，则由导体的静电平衡条件知，球内的电场强度为

$$E_1=0 \quad (r<R_3) \tag{1}$$

在球与球壳之间，作 $R_3<r<R_2$ 的球面 S_2 为高斯面，在此高斯面内的电荷仅是半径为 R_3 的球上的电荷$+q$.由高斯定理，得

$$\oint_{S_2} \boldsymbol{E}_2 \cdot \mathrm{d}\boldsymbol{S} = E_2 \cdot 4\pi r^2 = \frac{q}{\varepsilon_0}$$

则球与球壳间的电场强度为

$$E_2=\frac{1}{4\pi\varepsilon_0}\frac{q}{r^2} \quad (R_3<r<R_2) \tag{2}$$

而对于所有 $R_2<r<R_1$ 的球面 S_3 上的各点，由静电平衡条件知其电场强度应为零，即

$$E_3=0 \quad (R_2<r<R_1) \tag{3}$$

由高斯定理可知，球面 S_3 内所含有电荷的代数和 $\sum q=0$.已知球的电荷为$+q$，所以球壳的内表面上的电荷必为$-q$.这样，球壳的外表面上的电荷就应是$+2q$.

再在球壳外面取 $r>R_1$ 的球面 S_4 为高斯面，在此高斯面内含有的电荷为 $\sum q=q-q+2q=2q$.所以由高斯定理可得 $r>R_1$ 处的电场强度为

$$E_4=\frac{1}{4\pi\varepsilon_0}\frac{2q}{r^2} \quad (r>R_1) \tag{4}$$

由电势的定义式（5-27），球心 O 的电势为

$$V_O=\int_0^{\infty}\boldsymbol{E}\cdot\mathrm{d}\boldsymbol{l}=\int_0^{R_3}\boldsymbol{E}_1\cdot\mathrm{d}\boldsymbol{l}+\int_{R_3}^{R_2}\boldsymbol{E}_2\cdot\mathrm{d}\boldsymbol{l}+\int_{R_2}^{R_1}\boldsymbol{E}_3\cdot\mathrm{d}\boldsymbol{l}+\int_{R_1}^{\infty}\boldsymbol{E}_4\cdot\mathrm{d}\boldsymbol{l}$$

把式(1)、式(2)、式(3)、式(4)代入上式,可得

$$V_O = 0 + \int_{R_3}^{R_2} \frac{1}{4\pi\varepsilon_0}\frac{q}{r^2}\,\mathrm{d}r + 0 + \int_{R_1}^{\infty}\frac{1}{4\pi\varepsilon_0}\frac{2q}{r^2}\,\mathrm{d}r$$

$$=\frac{q}{4\pi\varepsilon_0}\left(\frac{1}{R_3}-\frac{1}{R_2}+\frac{2}{R_1}\right)$$

将已知数据代入上式,有

$$V_O = 9\times10^9\times10^{-8}\times\left(\frac{1}{0.05}-\frac{1}{0.07}+\frac{2}{0.1}\right)\ \mathrm{V} = 2.31\times10^3\ \mathrm{V}$$

6-2 静电场中的电介质

静电场与物质的相互作用,既表现在静电场对物质的影响,也表现在物质对静电场的影响.前一节我们主要讨论了静电场中的导体对电场的影响,这一节在讨论电介质对静电场的影响以后,再讨论电介质的极化机理、电极化强度的概念以及极化电荷与自由电荷的关系.

一、电介质对电场的影响 相对电容率

从第五章第 5-3 节的例 4 中式(2)已知,在真空中,两无限大电荷面密度分别为$+\sigma$ 和$-\sigma$ 的平行平板之间的电场强度为 $E_0=\sigma/\varepsilon_0$,其中 ε_0 为真空电容率.现若维持两板上的电荷面密度 σ 不变,而在两板之间充满均匀的各向同性的电介质①,则从实验测得两板间电场强度 $\boldsymbol{E}$ 的值仅为真空时两板间电场强度 E_0 的 $1/\varepsilon_{\mathrm{r}}(\varepsilon_{\mathrm{r}}>1)$,即

$$E=\frac{E_0}{\varepsilon_{\mathrm{r}}} \tag{6-2}$$

式中 ε_{r} 叫做电介质的相对电容率.相对电容率 ε_{r} 与真空电容率 ε_0 的乘积 $\varepsilon_0\varepsilon_{\mathrm{r}}=\varepsilon$ 就叫做电容率②.几种常见电介质的相对电容率见第 6-4 节的表 6-2.

---

① 各个方向物理性质都相同的物质叫做各向同性物质;否则,就叫做各向异性物质,如晶体.本章讨论各向同性电介质.

② 按 2019 年全国科学技术名词审定委员会公布的物理学名词,ε、ε_0和 ε_{r} 分别又称为介电常量、真空介电常量和相对介电常量(为不推荐用名).

二、电介质的极化

从物质的微观结构来看，金属中存在自由电子，它们在外电场作用下可在金属中作定向运动；而在构成电介质的分子中，电子和原子核结合得较为紧密，电子处于束缚状态，所以，在电介质内几乎不存在自由电子（或正离子）．当把电介质放到外电场中时，电介质中的电子等带电粒子，也只能在电场力的作用下作微观的相对位移．只有在击穿的情形下，电介质中的一些电子才被解除束缚而作宏观定向运动，使电介质丧失绝缘性．这就是电介质和导体在电学性能上的主要区别．

电介质可分成两类：有些材料，如氢、甲烷、石蜡、聚苯乙烯等，它们的分子正、负电荷中心在无外电场时是重合的，这种分子叫做无极分子（图 6-9）；有些材料，如水、有机玻璃、纤维素、聚氯乙烯等，即使在外电场不存在时，它们的分子正、负电荷中心也是不重合的，这种分子相当于一个有着固有电偶极矩的电偶极子，所以这种分子叫做有极分子（图 6-10）．表 6-1 列出了几种分子的电偶极矩．下面分别对无极分子和有极分子予以讨论．

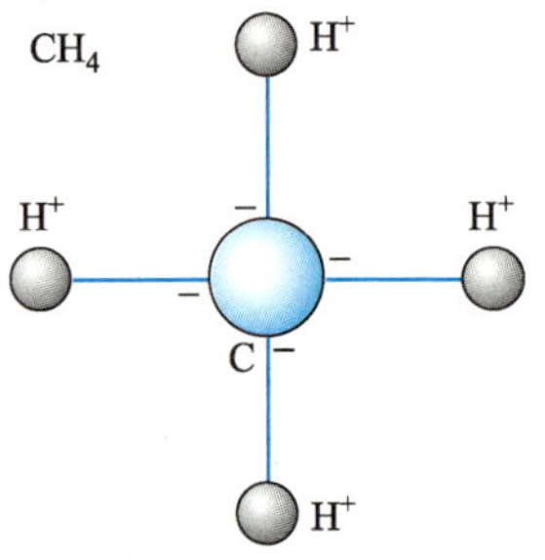

图 6-9 甲烷分子正、负电荷中心重合

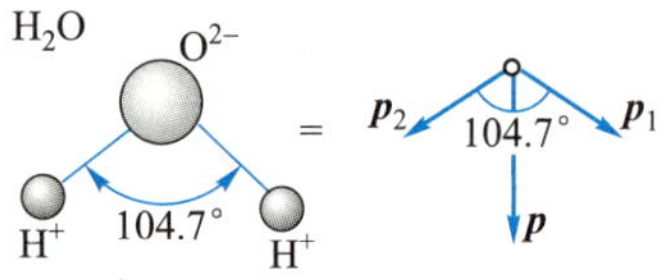

图 6-10 水分子正、负电荷中心不重合，相当于一个电偶极子

表 6-1 几种分子的电偶极矩

分子	电偶极矩/(10^{-30} C·m)	分子	电偶极矩/(10^{-30} C·m)
HCl	3.43	SO_2	5.30
CO	0.40	NH_3	5.0
H_2O	6.20	CO_2, H_2, CCl_4	0

1. 无极分子

如图 6-11(b)所示，在外电场 $\boldsymbol{E}$ 的作用下，无极分子中的正、负电荷将偏离原来的位置，正、负电荷中心将产生相对位移 $\boldsymbol{r}_0$[图 6-11(c)]，位移的大小与电场强度大小有关.这时，每个分子可以看作一个电偶极子.电偶极子的电偶极矩 $\boldsymbol{p}$ 的方向和外电场 $\boldsymbol{E}$ 的方向将大体一致，这种电偶极矩叫做诱导电偶极矩.这样，在电介质内，如果电介质的密度是均匀的，任一小体积内所含有的异号电荷数量相等，即电荷体密度仍然保持为零.但在电介质与外电场垂直的两个表面上却要分别出现正电荷和负电荷[图 6-11(e)].必须注意，这种正电荷或负电荷是不能用诸如接地之类的导电方法使它们脱离电介质中原子核的束缚而单独存在的，所以把它们叫做极化电荷或束缚电荷，以与自由电荷相区别.这种在外电场作用下电介质表面产生极化电荷的现象，叫做电介质的极化现象.

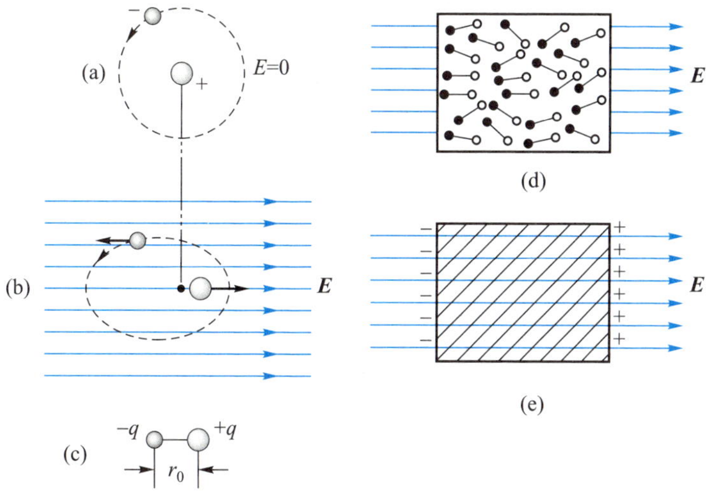

图 6-11 无极分子介质的极化

(a) $E=0$ 时，正负电荷中心重合；(b) 在外电场中，正、负电荷中心发生相对位移；(c) 在外电场中的无极分子等效为一个电偶极子；(d) 无极分子的电偶极矩趋于外电场方向；(e) 电介质表面出现极化电荷

当外电场撤销后，无极分子的正、负电荷中心一般又将重合而恢复原状，极化现象也随之消失.

2. 有极分子

对于由有极分子构成的电介质来说，产生极化的过程则与上述无极分子的极化过程有所不同.虽然每个分子都可当作一个电偶极子，并有一定的固有电偶极矩,但在没有外电场的情况下,由于分子的热运动,电介质中各电偶极子的电偶极矩的排列是无序的,所以电介质对外不呈现电性[图 6-12(a)].在有外电场作用的情况下,电偶极子都要受到力矩($\boldsymbol{M}=\boldsymbol{p}\times\boldsymbol{E}$)的作用.在此力矩的作用下,电介质中各电偶极子的电偶极矩将转向外电场的方向[图 6-12(b)].我们在第 5-9 节已讨论过只有当电偶极矩 $\boldsymbol{p}$ 的方向与外电场的电场强度 $\boldsymbol{E}$ 的方向相同时,作用于电偶极子的力矩才为零,电偶极子才处于稳定平衡状态.然而,由于分子的热运动,各电偶极矩并不能十分整齐地依照外电场的方向排列起来.尽管如此,对整个电介质来说,如果电介质是均匀的,则在电介质表面上,也还是有极化电荷出现的[如图 6-12(c)、(d)所示的匀强电场中的两垂直于电场方向的表面].若撤去外电场,由于分子的热运动,这些电偶极子的电偶极矩的排列又将变成无序状态了.

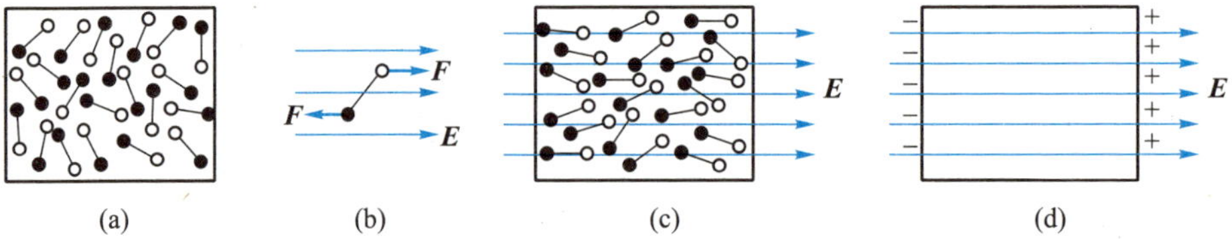

图 6-12 有极分子介质的极化

(a) $E=0$ 时,有极分子的无序排列;(b) 在外电场中,有极分子受到力矩作用;(c) 在外电场中,有极分子趋于沿外电场方向排列;(d) 电介质表面出现极化电荷

综上所述,在静电场中,虽然不同电介质极化的微观机理不尽相同,但是在宏观上,都表现为在电介质表面上出现极化面电荷,即产生极化现象(在不均匀电介质内部还会出现极化体电荷).所以,在静电学范围内,我们如果不去更深入地讨论电介质的极化机理,就不需要把这两类电介质分开讨论.

3. 电晕现象

在潮湿或阴雨的日子里,高压输电线(如 220 kV、550 kV 等)附近常可看到有淡蓝色辉光的放电现象,这称为电晕现象.关于电晕现象的产生可作如下定性解释.阴雨天气的大气中存在着较多的水分子,水分子是具有固有电偶极矩的有极分子.此外,由第 5-3 节的例 3 可知,长直带电的输电线附近的电场是非均匀电场.水分子在此非均匀电场的作用下,一方面要使其固有电偶极矩转向外电场方向,同时还要向输电线移动(参见第 5-8 节),从而凝聚在输电线的表面上形成细小的水滴.由于重力和电场力的共同作用,水滴的形状因而变长并出现尖端.而带电水滴的尖端附近的电场强度特别大,可使大气中的气体分子电离,以致形成放电现象.这就是在阴雨天常看到高压输电线附近有淡蓝色辉光,即出现电晕现象的原因①.

三、电极化强度

在电介质中任取一宏观小体积 ΔV,在没有外电场时,电介质未被极化,此小体积中所有分子的电偶极矩 $\boldsymbol{p}$ 的矢量和为零,即 $\sum \boldsymbol{p}=0$.当外电场存在时,电介质将被极化,此小体积中分子电偶极矩 $\boldsymbol{p}$ 的矢量和将不为零,即 $\sum \boldsymbol{p}\neq 0$.外电场越强,分子电偶极矩的矢量和越大.因此,我们用单位体积中分子电偶极矩的矢量和来表示电介质的极化程度,有

$$\boldsymbol{P}=\frac{\sum \boldsymbol{p}}{\Delta V}$$

式中 $\boldsymbol{P}$ 叫做电极化强度,它的单位是$\mathrm{C\cdot m^{-2}}$.如果电介质中各处的 $\boldsymbol{P}$ 均相同,则这种电介质是被均匀极化了.

电介质极化时,极化的程度越高(即 $\boldsymbol{P}$ 越大),电介质表面上的极化电荷面密度 σ'也越大.它们之间的关系是怎样的呢?我们仍以电荷面密度分别为$+\sigma_0$和$-\sigma_0$的两平行平板间充满均匀电介质为例来进行讨论.

如图 6-13 所示,在电介质中取一长为 l、底面积为 ΔS 的柱体,柱体两底面的极化电荷面密度分别为$-\sigma'$和$+\sigma'$.柱体内所有整齐排列的分子电偶极矩的矢量和的大小为

$$\sum p=\sigma'\Delta Sl$$

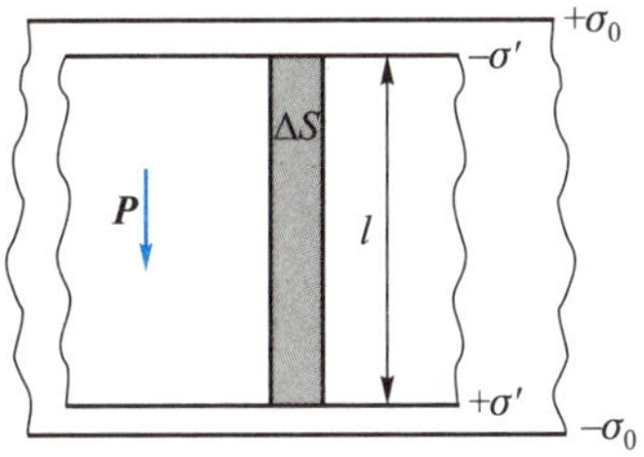

图 6-13 电极化强度与极化电荷面密度的关系

因此,由电极化强度的定义可知,电极化强度的大小为

$$P=\frac{\sum p}{\Delta V}=\frac{\sigma'\Delta Sl}{\Delta Sl}=\sigma' \tag{6-3}$$

上式表明,两平行平板间电介质的电极化强度的大小,与电介质表面极化电荷面密度的大小相等.

四、极化电荷与自由电荷的关系

如图 6-14 所示,在两无限大平行平板之间放入电介质,两板上自由电荷

① 较详细的讨论可参阅马文蔚等主编《物理学原理在工程技术中的应用》(第四版)之“高压输电线的电晕放电”.

的电荷面密度分别为$\pm\sigma_0$.在放入电介质以前，自由电荷在两板间激发的电场强度$\boldsymbol{E}_0$的值为$E_0=\sigma_0/\varepsilon_0$.当两板间充满电介质后，如两板上的$\pm\sigma_0$保持不变，则电介质由于极化，就在它的两个垂直于$\boldsymbol{E}_0$的表面上分别出现正、负极化电荷，其电荷面密度为$\sigma'$.极化电荷建立的电场强度$\boldsymbol{E}'$的值为$E'=\sigma'/\varepsilon_0$.电介质中的电场强度$\boldsymbol{E}$应为

$$\boldsymbol{E}=\boldsymbol{E}_0+\boldsymbol{E}'$$

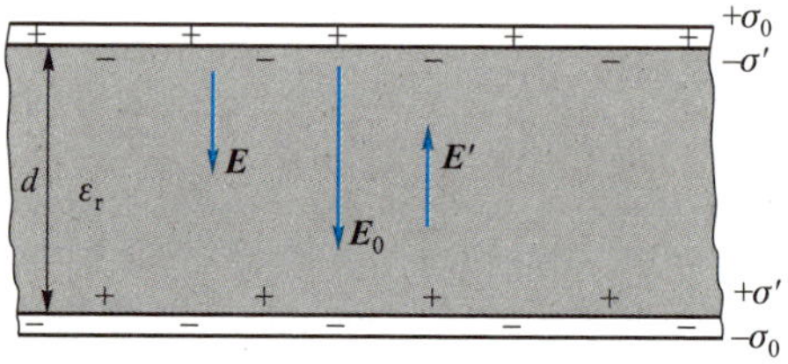

图 6-14 电介质中的电场强度$\boldsymbol{E}$是自由电荷电场强度$\boldsymbol{E}_0$与极化电荷电场强度$\boldsymbol{E}'$的叠加

考虑到$\boldsymbol{E}'$的方向与$\boldsymbol{E}_0$的方向相反，以及E与E_0的关系式(6-2)，可得电介质中电场强度E的值为

$$E=E_0-E'=\frac{E_0}{\varepsilon_r}$$

有

$$E'=\frac{\varepsilon_r-1}{\varepsilon_r}E_0$$

从而可得

$$\sigma'=\frac{\varepsilon_r-1}{\varepsilon_r}\sigma_0 \tag{6-4a}$$

由于$Q_0=\sigma_0 S$，$Q'=\sigma' S$，故上式亦可写成

$$Q'=\frac{\varepsilon_r-1}{\varepsilon_r}Q_0 \tag{6-4b}$$

式(6-4a)给出了在两平板间电介质中，极化电荷的电荷面密度σ'与自由电荷的电荷面密度σ_0和电介质的相对电容率ε_r之间的关系.大家知道，电介质的ε_r总是大于1的，所以σ'总比σ_0要小.

将$E_0=\sigma_0/\varepsilon_0$，$E=E_0/\varepsilon_r$以及$\sigma'=P$代入式(6-4a)，可得电介质中电极化强度$P$与电场强度$E$之间的关系为

$$P=(\varepsilon_r-1)\varepsilon_0 E$$

写成矢量有

$$\boldsymbol{P}=(\varepsilon_r-1)\varepsilon_0\boldsymbol{E} \tag{6-5}$$

尽管这里的式(6-5)是从两平板间电介质的特殊情形下得到的,但它对于各向同性的电介质均适用.式(6-5)表明:电介质中的 $\boldsymbol{P}$ 与 $\boldsymbol{E}$ 呈线性关系.如取 $\chi_e=\varepsilon_r-1$,上式亦为

$$\boldsymbol{P}=\chi_e\varepsilon_0\boldsymbol{E}$$

式中 χ_e 称为电介质的电极化率.

顺便指出,上面讨论的是电介质在静电场中极化的情形.在交变电场中,情形就有些不同.以有极分子为例,由于电偶极子的转向需要时间,在外电场变化频率较低时,电偶极子还来得及跟上电场的变化而不断转向,故 ε_r 的值和在恒定电场下的数值相比差别不大.但当频率大到某一程度时,电偶极子就来不及跟随电场方向的改变而转向,这时相对电容率 ε_r 就要下降.所以在高频条件下,电介质的相对电容率 ε_r 是和外电场的频率 f 有关的.

6-3 电位移 有电介质时的高斯定理

上一章我们只研究了真空中静电场的高斯定理.当静电场中有电介质时,在高斯面内不仅会有自由电荷,而且还会有极化电荷.这时,高斯定理应有些什么变化呢?

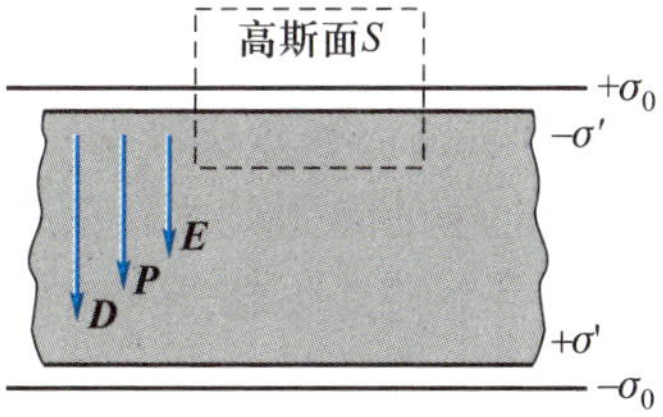

图 6-15 有电介质时的高斯定理

我们仍以两平行带电平板间充满均匀电介质为例来进行讨论.在如图 6-15 所示的情形中,取一闭合的正柱面作为高斯面,高斯面的两端面与极板平行,其中一个端面在电介质内,端面的面积为 S.设平板上的自由电荷的电荷面密度为 σ_0,电介质表面上的极化电荷的电荷面密度为 σ'.对此高斯面来说,由高斯定理,有

$$\oint_S \boldsymbol{E}\cdot \mathrm{d}\boldsymbol{S}=\frac{1}{\varepsilon_0}(Q_0-Q') \tag{6-6}$$

式中 Q_0 和 Q' 分别为 $Q_0=\sigma_0 S$ 和 $Q'=\sigma' S$.我们不希望在式(6-6)中出现极化电荷,由式(6-4b)可知 $Q_0-Q'=Q_0/\varepsilon_r$,把它代入上式有

$$\oint_S \boldsymbol{E}\cdot \mathrm{d}\boldsymbol{S}=\frac{Q_0}{\varepsilon_0\varepsilon_r}$$

或

$$\oint_S \varepsilon_0\varepsilon_r\boldsymbol{E}\cdot \mathrm{d}\boldsymbol{S}=Q_0 \tag{6-7a}$$

现在不妨令

$$\boldsymbol{D}=\varepsilon_0\varepsilon_r\boldsymbol{E}=\varepsilon\boldsymbol{E} \tag{6-8}$$

式中 $\varepsilon_0\varepsilon_r=\varepsilon$ 为电介质的电容率.那么式(6-7a)可写成

$$\oint_S \boldsymbol{D}\cdot\mathrm{d}\boldsymbol{S}=Q_0 \tag{6-7b}$$

式中 $\boldsymbol{D}$ 称为电位移，它的单位为 $\mathrm{C\cdot m^{-2}}$，而 $\oint_S \boldsymbol{D}\cdot\mathrm{d}\boldsymbol{S}$ 则是通过任意闭合曲面 S 的电位移通量.

式(6-7*b*)虽是从两平行带电平板间充有电介质这一情形得出的，但可以证明在一般情况下它也是正确的.所以，有电介质时的高斯定理可叙述为：在静电场中，通过任意闭合曲面的电位移通量等于该闭合曲面内所包围的自由电荷的代数和，其数学表达式为

$$\oint_S \boldsymbol{D}\cdot\mathrm{d}\boldsymbol{S}=\sum_{i=1}^{n}Q_{0i} \tag{6-9}$$

由式(6-9)可以看出，通过闭合曲面的电位移通量只和自由电荷联系在一起.

在电场中放入电介质以后，电介质中电场强度的分布既和自由电荷分布有关，又和极化电荷分布有关，而极化电荷分布常是很复杂的.现在引入电位移这一物理量后，电介质高斯定理只与自由电荷有关了，所以用式(6-9)来处理电介质中电场的问题就比较简单.但要注意，从描述有电介质时的电场规律来说，$\boldsymbol{D}$ 只是一个辅助矢量.在我们的教学范围内，描述电场基本性质的物理量仍是电场强度 $\boldsymbol{E}$ 和电势 V.若把一试验电荷 q_0 放到电场中去，决定它受力的是电场强度 $\boldsymbol{E}$，而不是电位移 $\boldsymbol{D}$.①

下面简述一下电介质中电场强度 $\boldsymbol{E}$、电极化强度 $\boldsymbol{P}$ 和电位移 $\boldsymbol{D}$ 之间关系.从电位移和电场强度的关系

$$\boldsymbol{D}=\varepsilon_0\varepsilon_r\boldsymbol{E}$$

及式(6-5)

$$\boldsymbol{P}=(\varepsilon_r-1)\varepsilon_0\boldsymbol{E}$$

可得

$$\boldsymbol{D}=\boldsymbol{P}+\varepsilon_0\boldsymbol{E}$$

---

① 有关电介质应用的一个例子，可参阅马文蔚等主编《物理学原理在工程技术中应用》(第四版)之“宇宙飞船中燃料的控制”.

上式表明 $\boldsymbol{D}$ 是两个矢量之和.可见,$\boldsymbol{D}$ 是在考虑了电介质极化这个因素的情形下,被用来简化对电场规律的描述和应用的.

例 1

把一块相对电容率 $\varepsilon_r=3$ 的电介质,放在间距 $d=1$ mm 的两平行带电平板之间.放入之前,两板间的电势差是 1 000 V.若放入电介质后两平板上的电荷面密度保持不变,试求两板间电介质内的电场强度 E、电极化强度 P、平板和电介质的电荷面密度、电介质内的电位移 D.

解 放入电介质前,两板间的电场强度为

$$E_0=\frac{U}{d}=10^3\ \text{kV}\cdot\text{m}^{-1}$$

放入电介质后,电介质中的电场强度为

$$E=\frac{E_0}{\varepsilon_r}=3.33\times10^2\ \text{kV}\cdot\text{m}^{-1}$$

由式(6-5)知,电介质的电极化强度为

$$P=(\varepsilon_r-1)\varepsilon_0E=5.89\times10^{-6}\ \text{C}\cdot\text{m}^{-2}$$

无论两板间是否放入电介质,两板上自由电荷的电荷面密度的值均为

$$\sigma_0=\varepsilon_0E_0=8.85\times10^{-6}\ \text{C}\cdot\text{m}^{-2}$$

由式(6-3),电介质中极化电荷的电荷面密度的值为

$$\sigma'=P=5.89\times10^{-6}\ \text{C}\cdot\text{m}^{-2}$$

根据式(6-8),电介质中的电位移为

$$D=\varepsilon_0\varepsilon_rE=\varepsilon_0E_0=\sigma_0=8.85\times10^{-6}\ \text{C}\cdot\text{m}^{-2}$$

例 2

图 6-16 所示由半径为 R_1 的长直圆柱导体和同轴的半径为 R_2 的薄导体圆筒组成,在长直导体与导体圆筒之间充以相对电容率为 ε_r 的电介质.设长直导体和圆筒沿轴线方向的电荷线密度分别为$+\lambda$ 和$-\lambda$.求:(1) 电介质中的电场强度、电位移和电极化强度;(2) 电介质内、外表面的极化电荷的电荷面密度.

解 (1) 由于电荷分布是均匀对称的,所以电介质中的电场也是柱对称的,电场强度的方向沿柱面的径矢方向.作一与圆柱导体同轴的柱形高斯面,其半径为 $r(R_1<r<R_2)$、长为 l.因为电介质中的电位移 $\boldsymbol{D}$ 与柱形高斯面的两底面的法线垂直,所以通过这两底面的电位移通量为零.根据电介质中的高斯定理,有

$$\oint_S \boldsymbol{D}\cdot\mathrm{d}\boldsymbol{S}=\lambda l$$

即

$$D\cdot2\pi rl=\lambda l$$

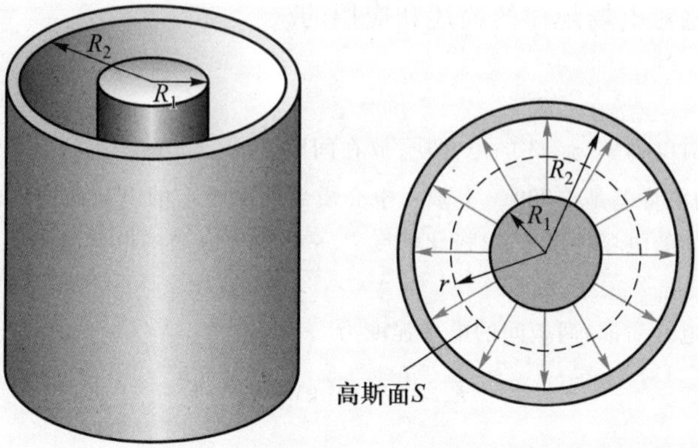

图 6-16

得
$$D=\frac{\lambda}{2\pi r} \tag{1}$$

由 $E=D/\varepsilon_0\varepsilon_r$ 得，电介质中的电场强度为

$$E=\frac{\lambda}{2\pi\varepsilon_0\varepsilon_r r}\quad (R_1<r<R_2) \tag{2}$$

电介质中的电极化强度为

$$P=(\varepsilon_r-1)\varepsilon_0 E=\frac{\varepsilon_r-1}{2\pi\varepsilon_r r}\lambda$$

或将式(1)和式(2)代入 $P=D-\varepsilon_0 E$，也可以得到相同的结果.

(2) 由式(2)可知，电介质两表面处的电场强度分别为

$$E_1=\frac{\lambda}{2\pi\varepsilon_0\varepsilon_r R_1}\quad (r=R_1)$$

和
$$E_2=\frac{\lambda}{2\pi\varepsilon_0\varepsilon_r R_2}\quad (r=R_2)$$

所以，电介质两表面的极化电荷的电荷面密度的值分别为

$$-\sigma'_1=(\varepsilon_r-1)\varepsilon_0 E_1=(\varepsilon_r-1)\frac{\lambda}{2\pi\varepsilon_r R_1}$$

$$\sigma'_2=(\varepsilon_r-1)\varepsilon_0 E_2=(\varepsilon_r-1)\frac{\lambda}{2\pi\varepsilon_r R_2}$$

6-4 电容 电容器

电容是电学中的一个重要物理量,它反映了导体贮存电荷和贮存电能的本领.这一节我们先讨论孤立导体①的电容,然后讨论电容器及其电容,最后讨论电容器的连接.

一、孤立导体的电容

在真空中,有一个带有电荷 Q 的孤立导体,其电势 V(相对于无限远处的零电势而言)正比于所带的电荷 Q,而且还与导体的形状和尺寸有关.例如,在真空中,有一半径为 R、电荷为 Q 的球形孤立导体,它的电势为

$$V=\frac{1}{4\pi\varepsilon_0}\frac{Q}{R}$$

从上式可以看出,当电势一定时,球的半径越大,它所带电荷也越多.然而,当此球形孤立导体的半径一定时,它所带的电荷若增加一倍,则其电势也相应地增加一倍,但 Q/V 却是一个常量.上述结果虽然是对球形孤立导体而言的,但对任意形状的孤立导体也是如此.于是,我们把孤立导体所带的电荷 Q 与其电势 V 的比值叫做孤立导体的电容,电容的符号为 C,则有

$$C=\frac{Q}{V} \tag{6-10}$$

由于孤立导体的电势总是正比于电荷,所以它们的比值既不依赖于 V,也不依赖于 Q,仅与导体的形状和尺寸有关.对于在真空中的球形孤立导体来说,其电容为

$$C=\frac{Q}{V}=\frac{Q}{\dfrac{1}{4\pi\varepsilon_0}\dfrac{Q}{R}}=4\pi\varepsilon_0 R$$

由上式可以看出,真空中球形孤立导体的电容正比于球的半径.

应当明确,电容是表述导体电学性质的物理量,它与导体是否带电无关,就像导体的电阻与导体是否通有电流无关一样.

在国际单位制中,电容的单位名称为法拉(farad)②,符号为 F.在实际应用

---

① 如果处在真空中的导体远离其他导体,使它们之间不发生电的影响,则这种处于真空中的导体叫做孤立导体.孤立导体也是一种理想模型.

② 电容的单位名称法拉是为纪念英国物理学家法拉第而取名的.

中，法拉太大，常用微法（μF）、皮法（pF）等作为电容的单位，它们之间的关系为

$$1\mathrm{F}=10^{6}\ \mu\mathrm{F}=10^{12}\ \mathrm{pF}$$

二、电容器

我们把两个能够带有等值异号电荷的导体所组成的系统，叫做电容器.电容器可以贮存电荷，以后将看到电容器充电时可以贮存能量.如图 6-17 所示，两个导体 A、B 放在真空中，它们所带的电荷分别为 $+Q$ 和 $-Q$，如果它们的电势分别为 V_1 和 V_2，那么它们之间的电势差则为

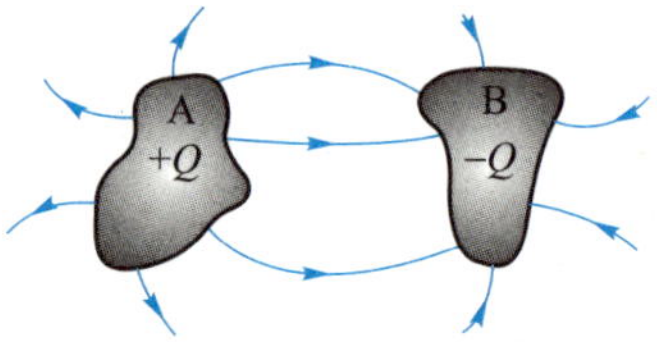

图 6-17 两个带有等值异号电荷的导体

$$U=V_1-V_2$$

电容器的电容定义为：两导体中任何一个导体所带的电荷（Q）与两导体间电势差 U 的比值，即

$$C=\frac{Q}{U} \tag{6-11}$$

导体 A 和 B 常称为电容器的两个电极或极板.

如果电容器的一个极板在无限远处，取无限远处电势为零，则式（6-11）对电容器电容的定义与式（6-10）对孤立导体电容的定义一致.也就是说，孤立导体也可看成电容器的一个极板，而另一极板在无限远处.

电容器是现代电工技术和电子技术中的重要元件，其大小、形状不一，种类繁多，有大到比人还高的巨型电容器，也有小到肉眼无法看见的微型电容器.在超大规模集成电路中，1 cm^2 中可以容纳数以万计的电容器，而随着纳米（nm）材料的发展，现在几十微米级的电容器已经出现，电子技术正日益向微型化发展.同时，电容器的大型化也日趋成熟，人们利用高功率电容器已获得高强度的脉冲激光束，为实现人工控制热核聚变的美好前景提供了条件.

根据不同需要，电容器的形状以及电容器内所填充的电介质也不同.表 6-2给出了一些常见的电介质的相对电容率.除空气的相对电容率近似等于 1 外，其他电介质的相对电容率均大于 1.像乙烯等材料，其柔软性好，可卷成体积不大的圆柱形，是制造高电容值电容器的好材料.钛酸锶钡的相对电容率可达 10^4，可用以制造电容特大、体积特小的电容器，从而有助于实现电子设备的小型化.

表 6-2 一些常见电介质的相对电容率和击穿场强(室温)

电介质	相对电容率 ε_r	击穿场强/(10^3 V · mm^{-1})	电介质	相对电容率 ε_r	击穿场强/(10^3 V · mm^{-1})
真空	1.000 000	—	聚四氟乙烯	2.1	60
空气(0℃)	1.000 59	3	硼硅酸玻璃	5~10	10~50
水	80	—	石英	3.78	8
变压器油	2.2~2.5	12	钛酸锶	223	8
瓷器	6	12	钛酸锶钡	约 10^4	5~30
酚醛塑料	4.9	24	纸	3.7	16
合成橡胶	6.60	12	涂以石蜡的纸	3.5	11
聚苯乙烯	3.56	24	硅铜油	2.5	15

显然,电容器的电容不仅依赖于电容器的形状,而且还和极板间电介质的相对电容率有关.当极板上加一定的电压时,极板间就有一定的电场强度,电压越大,电场强度也越大.当电场强度增大到某一最大值 E_b 时,电介质中的分子发生电离,从而使电介质失去绝缘性,这时我们就说电介质被击穿了.电介质能承受的最大电场强度 E_b 称为电介质的击穿场强(也称介电强度),此时两极板的电压称为击穿电压 U_b.对于平行平板电容器来说,击穿场强 E_b 与击穿电压 U_b 之间的关系为

$$E_b=\frac{U_b}{d}$$

式中 d 为两极板之间的距离.表 6-2 已给出一些电介质的击穿场强.电介质被击穿的因素很多,它与材料的物质结构、杂质缺陷、电极形状、电极间电压、环境条件以及电极表面状况有关.

例 1

平行平板电容器.如图 6-18 所示,平行平板电容器由两个彼此靠得很近的平行极板 A、B 所组成,两极板的面积均为 S,两极板间距为 d,极板间充满相对电容率为 ε_r 的电介质.求此电容器的电容.

解 设两极板分别带有$+Q$和$-Q$的电荷，于是每块极板上的电荷面密度为$\sigma=Q/S$，两极板之间的电场为均匀电场，由电介质中的高斯定理可得，极板间的电位移和电场强度为

$$D=\sigma,\quad E=\frac{\sigma}{\varepsilon_0\varepsilon_r}=\frac{Q}{\varepsilon_0\varepsilon_r S}$$

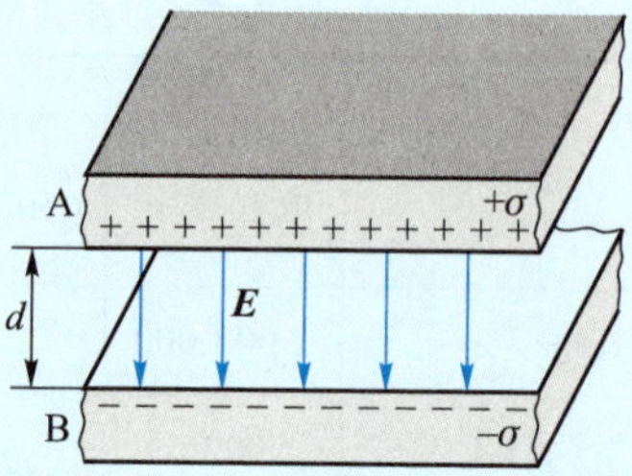

图 6-18 平行平板电容器

应当指出，在上面的论述中，我们略去了极板的边缘效应，即把两极板边缘附近的电场仍近似视为均匀电场.这种近似处理的方法是可行的，因为实用的电容器极板间的距离d比起极板的线度要小得多，边缘附近不均匀电场所导致的误差完全可以略去.于是极板间的电势差为

$$U=\int_{AB}\boldsymbol{E}\cdot\mathrm{d}\boldsymbol{l}=Ed=\frac{Qd}{\varepsilon_0\varepsilon_r S}$$

由电容器电容的定义式(6-11)可得，平板电容器的电容为

$$C=\frac{Q}{U}=\frac{\varepsilon_0\varepsilon_r S}{d}$$

从上式可见，平行平板电容器的电容与极板的面积成正比，与极板间的距离成反比.电容C的大小与电容器是否带电无关，只与电容器本身的结构形状有关.

例如，图 6-19 所示的示波管中，偏转电极可视为平行平板空气电容器.常见的偏转板尺寸为 3.0 cm×3.0 cm，两板间距为 5.0 mm 左右，用上面的电容公式计算可得，其电容为

$$C=\frac{\varepsilon_0 S}{d}=\frac{8.85\times10^{-12}\times3.0\times3.0\times10^{-4}}{5.0\times10^{-3}}\ \mathrm{F}=1.6\times10^{-12}\ \mathrm{F}=1.6\ \mathrm{pF}$$

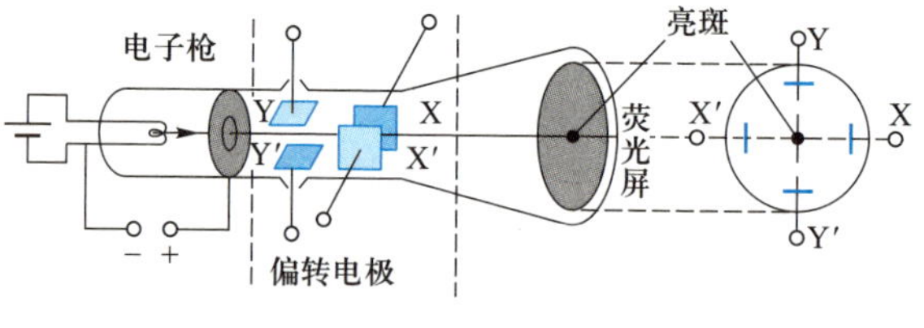

图 6-19 示波管

例 2

圆柱形电容器.如图 6-16 所示，圆柱形电容器是由半径分别为R_1和R_2的两同轴圆柱导体面所构成，且圆柱面的长度l比半径R_2大得多.两圆柱面之间充满相对电容率为ε_r的电介质.求此圆柱形电容器的电容.

解 因为 $l \gg R_2$，所以可把两圆柱面间的电场看成是无限长圆柱面的电场.设内、外圆柱面各带有 $+Q$ 和 $-Q$ 的电荷，则沿轴线方向的电荷线密度 $\lambda = Q/l$.由本章第6-3节例2已知，两圆柱面之间距圆柱的轴线为 r 处的电场强度 $\boldsymbol{E}$ 的大小为

$$E=\frac{\lambda}{2\pi\varepsilon_0\varepsilon_r r}=\frac{Q}{2\pi\varepsilon_0\varepsilon_r l}\frac{1}{r}$$

电场强度的方向垂直于圆柱轴线.于是，两圆柱面间的电势差为

$$U=\int_l \boldsymbol{E}\cdot \mathrm{d}\boldsymbol{r}=\int_{R_1}^{R_2}\frac{Q}{2\pi\varepsilon_0\varepsilon_r l}\frac{\mathrm{d}r}{r}=\frac{Q}{2\pi\varepsilon_0\varepsilon_r l}\ln\frac{R_2}{R_1}$$

根据式(6-11)可得，圆柱形电容器的电容为

$$C=\frac{Q}{U}=\frac{2\pi\varepsilon_0\varepsilon_r l}{\ln\dfrac{R_2}{R_1}} \tag{1}$$

可见，圆柱面越长，电容 C 越大；两圆柱面间的间隙越小，电容 C 也越大.如果以 d 表示两圆柱面间的间隙，有 $d+R_1=R_2$.当 $d \ll R_1$ 时，有

$$\ln\frac{R_2}{R_1}=\ln\frac{R_1+d}{R_1}\approx\frac{d}{R_1}$$

于是式(1)可写成

$$C\approx\frac{2\pi\varepsilon_0\varepsilon_r lR_1}{d}$$

式中 $2\pi R_1 l$ 为圆柱面的侧面积 S，则上式又可写成

$$C\approx\frac{\varepsilon_0\varepsilon_r S}{d} \tag{2}$$

此即本节例1的平行平板电容器的电容.可见，当两圆柱面之间的间隙远小于圆柱面半径，即 $d \ll R_1$ 时，圆柱形电容器可当作平行平板电容器.

例如，一种传输视频信号的同轴电缆(图6-20)中心铜线的半径为0.3 mm，网状导电层的半径为1.9 mm，它们之间有相对电容率为2.3的塑料绝缘体.运用上面的公式可求得，其单位长度的电容为

$$\begin{aligned}C_l&=\frac{2\pi\varepsilon_0\varepsilon_r}{\ln\ (R_2/R_1)}\\&=\frac{2\times3.14\times8.85\times10^{-12}\times2.3}{\ln\ (1.9/0.3)}\ \mathrm{F\cdot m^{-1}}\\&\approx6.9\times10^{-11}\ \mathrm{F\cdot m^{-1}}\\&=69\ \mathrm{pF\cdot m^{-1}}\end{aligned}$$

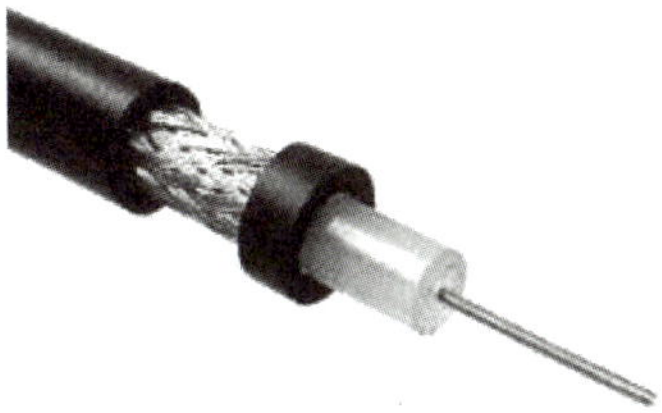

图6-20 同轴电缆

例 3

球形电容器.如图 6-21 所示,球形电容器是由半径分别为 R_1 和 R_2 的两个同心导体球壳所组成的,求此球形电容器的电容.

解 设内球壳带正电(+Q),外球壳带负电(-Q),内、外球壳之间的电势差为 U.由高斯定理可求得,两球壳之间点 P 的电场强度为

$$\boldsymbol{E}=\frac{Q}{4\pi\varepsilon_0 r^2}\boldsymbol{e}_r \quad (R_1<r<R_2)$$

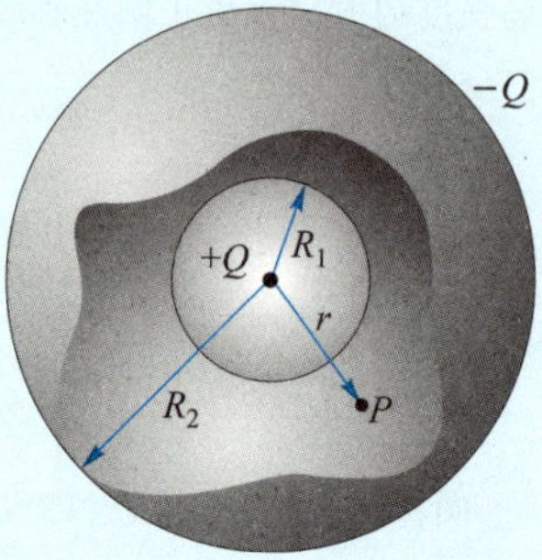

图 6-21 球形电容器

所以,两球壳之间的电势差为

$$U=\int_l \boldsymbol{E}\cdot \mathrm{d}\boldsymbol{l}=\frac{Q}{4\pi\varepsilon_0}\int_{R_1}^{R_2}\frac{\mathrm{d}r}{r^2}=\frac{Q}{4\pi\varepsilon_0}\left(\frac{1}{R_1}-\frac{1}{R_2}\right)$$

于是,由电容器电容的定义式(6-11)可求得,球形电容器的电容为

$$C=\frac{Q}{U}=4\pi\varepsilon_0\left(\frac{R_1R_2}{R_2-R_1}\right)$$

若 $R_2\to\infty$,则有

$$C=4\pi\varepsilon_0 R_1$$

此即前述球形孤立导体的电容.

例如,辉光球(图 6-22)有时也可看成一个球形电容器,一般情况下其外半径为几十厘米,内半径为厘米量级.由球形电容器公式可算出,其电容为 10^{-10} F 的量级.

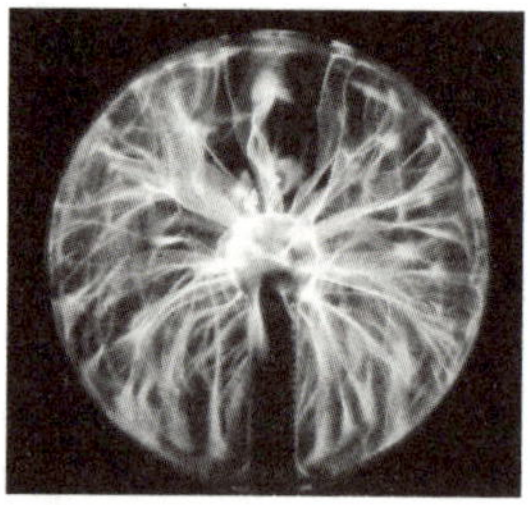

图 6-22 辉光球

例 4

设有两根半径都为 R 的平行长直导线,它们的中心之间相距为 d,且 $d>>R$.求长直导线单位长度的电容.

解 如图 6-23 所示，设导线 A、B 间的电势差为 U，它们的电荷线密度分别为 $+\lambda$ 和 $-\lambda$. 由第 5-3 节的例 3 可知，两导线中心 OO' 连线上，距 O 为 x 处点 P 的电场强度 $\boldsymbol{E}$ 的大小为

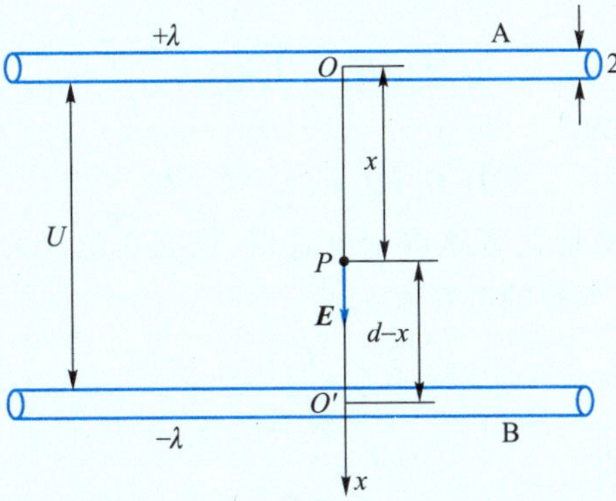

图 6-23

$$E=\frac{1}{2\pi\varepsilon_0}\left(\frac{\lambda}{x}+\frac{\lambda}{d-x}\right) \quad (R<x<d-R)$$

$\boldsymbol{E}$ 的方向沿 x 轴正向，而导线内部 $\boldsymbol{E}=0$. 两导线之间的电势差为

$$U=\int_l \boldsymbol{E}\cdot \mathrm{d}\boldsymbol{l}=\int_R^{d-R} E\mathrm{d}x$$
$$=\frac{\lambda}{2\pi\varepsilon_0}\int_R^{d-R}\left(\frac{1}{x}+\frac{1}{d-x}\right)\mathrm{d}x$$

上式积分后为

$$U=\frac{\lambda}{\pi\varepsilon_0}\ln\frac{d-R}{R}$$

考虑到 $d>>R$，上式近似写为

$$U\approx\frac{\lambda}{\pi\varepsilon_0}\ln\frac{d}{R}$$

于是，两长直导线单位长度的电容为

$$C_l=\frac{\lambda}{U}\approx\frac{\pi\varepsilon_0}{\ln\dfrac{d}{R}}$$

三、电容器的并联和串联

在实际的电路设计和使用中，常需要把一些电容器组合起来才便于使用. 电容器最基本的组合方式是并联和串联. 下面讨论电容器并联和串联的等效电容的计算方法.

1. 电容器的并联

如图 6-24 所示，将两个电容器 C_1、C_2 的极板一一对应地连接起来，这种连接叫做并联.将它们接在电压为 U 的电路上，则 C_1、C_2 上的电荷分别为 Q_1、Q_2.根据式(6-11)有

$$Q_1=C_1U,\quad Q_2=C_2U$$

两电容器上总电荷 Q 为

$$Q=Q_1+Q_2=(C_1+C_2)U$$

若用一个电容器来等效地代替这两个电容器，使它在电压为 U 时，所带电荷也为 Q，那么这个等效电容器的电容 C 为

$$C=\frac{Q}{U}$$

把它与前式相比较可得

$$C=C_1+C_2 \tag{6-12}$$

这说明，当几个电容器并联时，其等效电容等于这几个电容器的电容之和.

可见，并联电容器组的等效电容比电容器组中任何一个电容器的电容都大，但每一电容器上的电压却是相等的.

2. 电容器的串联

如图 6-25 所示，将两个电容器的极板首尾相连接，这种连接叫做串联.设加在串联电容器组上的电压为 U，则两端的极板分别带有 $+Q$ 和 $-Q$ 的电荷.由于

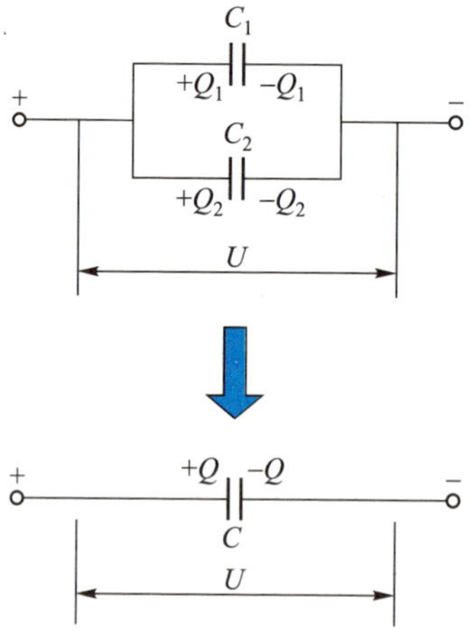

图 6-24 C_1 和 C_2 两个电容器并联，C 为它们的等效电容

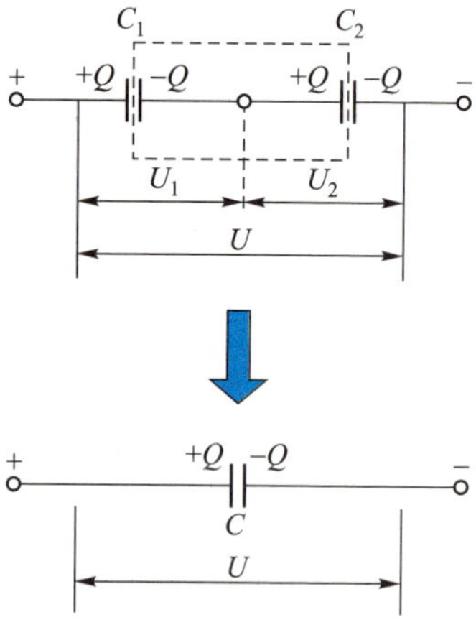

图 6-25 两个电容器 C_1 和 C_2 串联，C 为它们的等效电容

静电感应，虚线框内的两块极板所带的电荷分别为 $-Q$ 和 $+Q$.这就是说，串联电容器组中每个电容器极板上所带的电荷是相等的.根据式(6-11)可得每个电容器的电压为

$$U_1=\frac{Q}{C_1},\quad U_2=\frac{Q}{C_2}$$

而总电压 U 则为各电容器上的电压 U_1、U_2 之和，即

$$U=U_1+U_2=\left(\frac{1}{C_1}+\frac{1}{C_2}\right)Q$$

如果用一个电容为 C 的电容器来等效地代替串联电容器组，使它两端的电压为 U 时，它所带的电荷也为 Q，则有

$$U=\frac{Q}{C}$$

把它与前式相比较可得

$$\frac{1}{C}=\frac{1}{C_1}+\frac{1}{C_2} \qquad (6-13)$$

这说明，串联电容器组的等效电容的倒数等于电容器组中各电容的倒数之和.

如果把式(6-13)改写为

$$C=\frac{C_1C_2}{C_1+C_2}$$

容易看出，串联电容器组的等效电容比电容器组中任何一个电容器的电容都小，但每一电容器上的电压却小于总电压.

*四、触摸屏的基本工作原理

现在，手机、平板电脑等大多采用电容式的触摸屏.图 6-26 是一部平板电脑，其屏幕后面有两层导电薄膜，薄膜上均匀分布着很多网络状的电极.每一对电极构成一个电容.当手指触摸屏上某处时，相当于在该处连接了一个电容.由此引起的变化可被电路检测到，并由芯片判断出位置，进而完成手指的操作.冬天戴的手套是绝缘的，由于手套一般较厚，手指与平板电脑内导电薄膜之间形成的电容太小(电容两极板之间的距离太大了)，其影响难以被电路检测到，因此这时触摸屏就不能正常工作了.而平板电脑上的贴膜虽然也是绝缘的，但是因为很薄，只相当于在手指与平板电脑内导电薄膜之间增加了一层薄膜介质，还在一定程度上增大了连接的电容，所以并不影响使用.这就是触摸屏的基本工作原理.

图 6-26 平板电脑触摸屏

6-5 静电场的能量 能量密度

这一节讨论静电场的能量.我们将以平行平板电容器的带电过程为例,讨论通过外力做功把其他形式的能量转化为电能的机理.在带电过程中,平板电容器内建立起了电场,从而可导出电场能量的计算公式.

一、电容器的电能

如图 6-27 所示,有一电容为 C 的电容器正处于充电过程中,设在某时刻两极板之间的电势差为 u,此时若继续把 $+\mathrm{d}q$ 电荷从带负电的极板移到带正电的极板,则外力因克服静电场力而需做的功为

$$\mathrm{d}W=u\mathrm{d}q=\frac{1}{C}q\mathrm{d}q$$

当电容器两极板的电势差为 U,且极板上分别带有 $\pm Q$ 的电荷时,外力做的总功为

$$W=\frac{1}{C}\int_0^Q q\mathrm{d}q=\frac{Q^2}{2C}=\frac{1}{2}QU=\frac{1}{2}CU^2 \tag{6-14a}$$

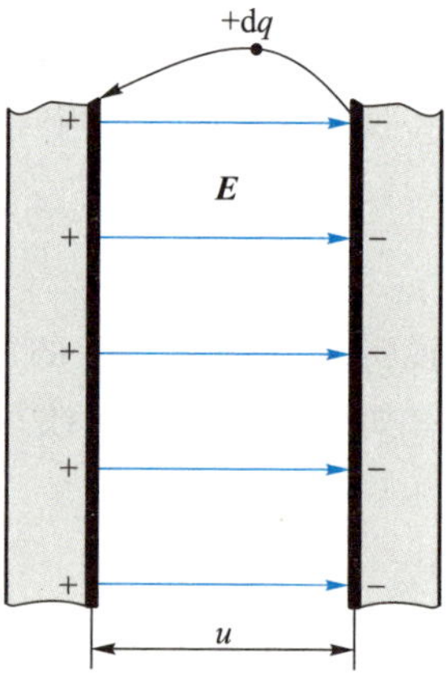

图 6-27 把 $+\mathrm{d}q$ 电荷从带负电极板移到带正电极板,外力做的功为 $\mathrm{d}W=u\mathrm{d}q$

根据广义的功能原理,这功将使电容器的能量增加,也就是电容器贮存了电能 W_e①.于是,有

$$W_e=\frac{1}{2}\frac{Q^2}{C}=\frac{1}{2}QU=\frac{1}{2}CU^2 \tag{6-14b}$$

从上述讨论可见,在电容器的带电过程中,外力通过克服静电场力做功,把非静电能转化为电容器的电能了.

二、静电场的能量 能量密度

电容器的能量贮存在哪里呢?我们以平行平板电容器为例进行讨论.

① 前面电势能的符号为 E_p.今后为与电场强度的符号 E 区分起见,电场能量的符号取 W_e,后面内容中磁场能量的符号取 W_m.

对于极板面积为 S、间距为 d 的平板电容器，若不计边缘效应，则电场所占有的空间体积为 Sd，于是此电容器贮存的能量也可以写成

$$W_e=\frac{1}{2}CU^2=\frac{1}{2}\frac{\varepsilon S}{d}(Ed)^2=\frac{1}{2}\varepsilon E^2Sd \tag{6-15}$$

仔细看来，式(6-14)和式(6-15)的物理意义是不同的.式(6-14)表明，电容器之所以贮存有能量，是因为在外力作用下将电荷 Q 从一个极板移至另一极板，因此电容器能量的携带者是电荷.而式(6-15)却表明，在外力做功的情况下，原来没有电场的电容器两极板间建立了有确定电场强度的静电场，因此电容器能量的携带者应当是电场.我们知道，静电场总是伴随着静止电荷而产生，两者形影不离，所以在静电学范围内，上述两种观点是等效的，没有区别.但对于变化的电磁场来说，情况就不如此了.我们知道电磁波是变化的电场和磁场在空间的传播.电磁波不仅含有电场能量 W_e 而且含有磁场能量 W_m.理论和实验都已确认，在电磁波的传播过程中，并没有电荷伴随着传播，所以不能说电磁波能量的携带者是电荷，而只能说电磁波能量的携带者是电场和磁场.因此如果某一空间具有电场，那么该空间就具有电场能量.基于上述理由，我们说式(6-15)比式(6-14)更具有普遍的意义.

单位体积电场所具有的电场能量

$$w_e=\frac{1}{2}\varepsilon E^2 \tag{6-16}$$

叫做电场的能量密度.式(6-16)表明，电场的能量密度与电场强度的二次方成正比.电场强度越大的区域，电场的能量密度也越大.式(6-16)虽然是从平板电容器这个特例中求得的，但可以证明，对于任意电场(包括电磁波的电场)，这个结论也是正确的.

我们知道，物质与运动是不可分的，凡是物质都在运动，都具有能量.电场具有能量表明，电场确是一种物质.

例 1

如图 6-28 所示，球形电容器的内、外半径分别为 R_1 和 R_2，所带电荷为 $\pm Q$.若在两球壳间充以电容率为 ε 的电介质，问此电容器贮存的电场能量为多少?

解 若球形电容器极板上的电荷是均匀分布的，则球壳间电场亦是对称分布的.由高斯定理可求得，球壳间的电场强度为

$$\boldsymbol{E}=\frac{1}{4\pi\varepsilon}\frac{Q}{r^2}\boldsymbol{e}_r \quad (R_1<r<R_2)$$

故球壳间的电场能量密度为

$$w_e=\frac{1}{2}\varepsilon E^2=\frac{Q^2}{32\pi^2\varepsilon r^4}$$

取半径为 r、厚为 dr 的球壳，其体积元为 $dV=4\pi r^2 dr$，在此体积元内电场的能量为

$$dW_e=w_e dV=\frac{Q^2}{8\pi\varepsilon r^2}dr$$

故球壳间电场的总能量为

$$W_e=\int dW_e=\frac{Q^2}{8\pi\varepsilon}\int_{R_1}^{R_2}\frac{dr}{r^2}=\frac{Q^2}{8\pi\varepsilon}\left(\frac{1}{R_1}-\frac{1}{R_2}\right)$$

$$=\frac{1}{2}\frac{Q^2}{4\pi\varepsilon\dfrac{R_2R_1}{R_2-R_1}}$$

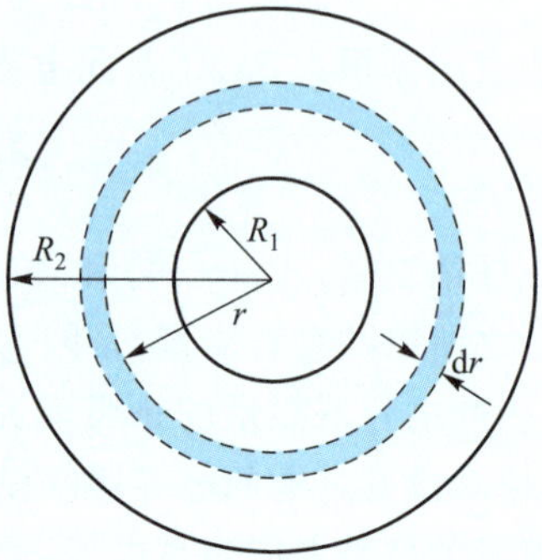

图 6-28

此外，由第 6-4 节的例 3 已知，球形电容器的电容为 $C=4\pi\varepsilon[R_1R_2/(R_2-R_1)]$．所以由电容器贮存电能的式子(6-14b)

$$W_e=\frac{1}{2}\frac{Q^2}{C}$$

也能得到相同的答案．然而大家应明了，电容器的能量是贮存于电容器内的电场之中的．

如果 $R_2\to\infty$，此带电系统即为一半径为 R_1、电荷为 Q 的球形孤立导体．由上述答案可知，它激发的电场所贮存的能量为

$$W_e=\frac{Q^2}{8\pi\varepsilon R_1}$$

例 2

在图 6-16 所示的圆柱形电容器中，长直圆柱导体与导体圆筒之间充满空气，且已知空气的击穿场强是 $E_b=3\times10^6\ V\cdot m^{-1}$．设导体圆筒的半径为 $R_2=10^{-2}$ m．在空气不被击穿的情况下，长直圆柱导体的半径 R_1 取多大值可使电容器贮存的能量最多？

解　由第 6-3 节例 2 的式(1)可知，两圆柱面间的电场强度为

$$E=\frac{\lambda}{2\pi\varepsilon_0 r}\quad(R_1<r<R_2)\tag{1}$$

λ 为长直圆柱导体单位长度上的电荷．从上式可以看出，$E\propto\frac{1}{r}$，故在长直圆柱体表面附近，即 $r=R_1$ 处电场最强．因此，我们设想若此处的电场强度为击穿场强 E_b 时，圆柱形电容器既可带电荷最多，又不会使空气介质被击穿．于是有

$$E_b=\frac{\lambda_{max}}{2\pi\varepsilon_0 R_1}\tag{2}$$

由上式可得 $\lambda_{max}=2\pi\varepsilon_0 R_1 E_b$，显然，$\lambda_{max}$是由 E_b 和 R_1 所决定的.

由电容器的能量式 $W_e=QU/2$ 可知，单位长度圆柱形电容器所贮存的能量为

$$W'_e=\frac{1}{2}\lambda U \tag{3}$$

式中 U 为两极间的电势差.由电势差的定义式有

$$U=\int_{R_1}^{R_2}\boldsymbol{E}\cdot \mathrm{d}\boldsymbol{r}$$

把式(1)代入上式，得

$$U=\frac{\lambda}{2\pi\varepsilon_0}\int_{R_1}^{R_2}\frac{\mathrm{d}r}{r}=\frac{\lambda}{2\pi\varepsilon_0}\ln\frac{R_2}{R_1} \tag{4}$$

把上式代入式(3)，有

$$W'_e=\frac{\lambda^2}{4\pi\varepsilon_0}\ln\frac{R_2}{R_1}$$

再以式(2)中的 λ_{max}代入上式得，电容器电荷最多又使空气介质不致被击穿时的能量为

$$W'_e=\pi\varepsilon_0 E_b^2 R_1^2\ln\frac{R_2}{R_1} \tag{5}$$

式(5)表明，在 E_b 已知时，W'_e 仅随 R_1 而异.显然，欲使圆柱形电容器贮能最多，且空气介质又不致被击穿，R_1 的值需满足 $\mathrm{d}W'_e/\mathrm{d}R_1=0$ 的条件.由式(5)得

$$\frac{\mathrm{d}W'_e}{\mathrm{d}R_1}=\pi\varepsilon_0 E_b^2 R_1\left(2\ln\frac{R_2}{R_1}-1\right)=0$$

有

$$2\ln\frac{R_2}{R_1}-1=0$$

即

$$R_1=\frac{R_2}{\sqrt{\mathrm{e}}} \tag{6}$$

时，圆柱形电容器所贮能量最大，且空气又不致被击穿.由已知数据 $R_2=10^{-2}$ m 可得，内半径为 $R_1=10^{-2}/\sqrt{\mathrm{e}}$ m $=6.07\times10^{-3}$ m.

我们还可以算出空气不被击穿时，圆柱形电容器两极间的最大电势差.将式(6)和式(2)代入式(4)，得

$$U_{max}=E_b R_1\ln\frac{R_2}{R_1}=E_b\frac{R_2}{\sqrt{\mathrm{e}}}\ln\frac{R_2}{R_2/\sqrt{\mathrm{e}}}=\frac{E_b R_2}{2\sqrt{\mathrm{e}}}$$

将已知数据代入，得

$$U_{max}=\frac{3\times10^6\times10^{-2}}{2\sqrt{\mathrm{e}}}\ \mathrm{V}=9.10\times10^3\ \mathrm{V}$$

上述计算结果表明，对以空气为介质的圆柱形电容器，当外半径为 10^{-2} m 时，其内半径须为 6.07×10^{-3} m，才能使所贮存的能量最多.此时，两极的最大电压为 9.10×10^3 V.

*6-6 电容器的充放电

在一般的直流电路中，只含有电源和电阻.如果在电路中加入一个电容器，它在电路中将起充放电作用，并使电路中的电流发生变化.这也称为暂态过程.

一、电容器的充电

图 6-29 所示为由电容器 C、电阻 R 和内电阻略去不计的电动势为$\mathscr{E}$的电源组成的一闭合电路.在开关 S 未闭合前，电容器没有被充电，极板上没有电荷.当开关 S 闭合后，电路被接通.在电路接通的瞬时，电容器上尚无电荷，即 $t=0$ 时，$q=0$，电容器两极板间尚无电势差，此时导线内有电流 I_0，致使在电阻上的电压 I_0R 等于电源电动势$\mathscr{E}$.这是电容器刚开始充电的瞬时情形.过后，电荷逐渐在电容器的极板上积累起来，极板间电势差相应增加，电路中电流逐渐减小，在时刻 t 时，电流为 I.如以顺时针方向为回路的绕行方向，并沿回路绕行一周，回路上各部分电势降之和应等于零，即

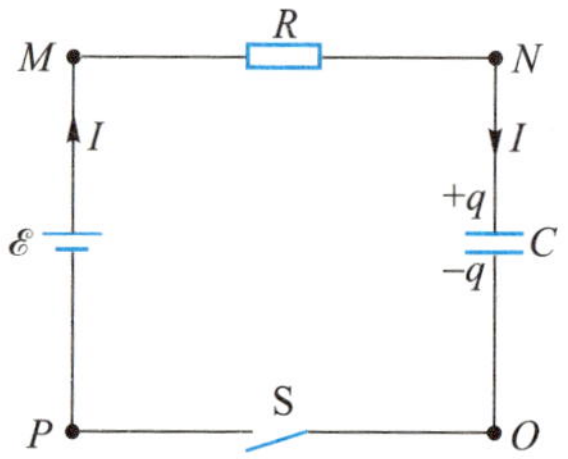

图 6-29 电容器的充电

$$\oint_l \mathrm{d}U = U_{MN}+U_{NO}+U_{OP}+U_{PM}=0$$

由欧姆定律知道，电阻 R 的电势降 $U_{MN}=IR$，而电容器 C 上的电势降 $U_{NO}=q/C$，开关 S 的电势降 $U_{OP}=0$，电源的电势降为 $U_{PM}=-\mathscr{E}$，把它们代入上式，有

$$IR+\frac{q}{C}-\mathscr{E}=0$$

式中 R、C 和$\mathscr{E}$均为常量，q 为电容器在电流为 I 时的电荷.如在时间 $\mathrm{d}t$ 内，流过电路的电荷量为 $\mathrm{d}q$，那么电路中的电流为 $I=\mathrm{d}q/\mathrm{d}t$，所以上式可写为

$$R\frac{\mathrm{d}q}{\mathrm{d}t}+\frac{q}{C}-\mathscr{E}=0$$

或

$$\frac{\mathrm{d}q}{q-C\mathscr{E}}=-\frac{1}{RC}\mathrm{d}t$$

考虑到 $t=0$ 时 $q=0$，故上式积分后可得

$$q=C\mathscr{E}\left(1-\mathrm{e}^{-\frac{t}{RC}}\right)$$

从上式可以看到，当 $t\to\infty$ 时，q 趋于 $C\mathscr{E}$.这就是说，当电容器长时间充电以后，电容器所带的电荷趋于极大值 $C\mathscr{E}$.我们用 q_0 来代表它，有 $q_0=C\mathscr{E}$.这样，上式可写为

$$q=q_0\left(1-\mathrm{e}^{-\frac{t}{RC}}\right) \tag{6-17}$$

于是电容器充电时电路中的电流为

$$I=\frac{\mathrm{d}q}{\mathrm{d}t}=\frac{q_0}{RC}\mathrm{e}^{-\frac{t}{RC}}$$

考虑到 $q_0=C\mathscr{E}$，上式写为

$$I=\frac{\mathscr{E}}{R}\mathrm{e}^{-\frac{t}{RC}}=I_0\mathrm{e}^{-\frac{t}{RC}} \tag{6-18}$$

式中 I_0 为电流的最大值，也就是 $t=0$ 时的电流值.

由式(6-17)和式(6-18)可作如图 6-30 所示的图线.从图 6-30(a)中可以看出，随着充电时间的增长，电容器上的电荷亦增多，当时间趋于无限大时，电容器上的电荷达到极大值 $q_0=C\mathscr{E}$.当 $t=RC$ 时，电容器上的电荷 q 约为极大值 q_0 的$\left(1-\frac{1}{\mathrm{e}}\right)$倍，即

$$q=q_0\left(1-\frac{1}{\mathrm{e}}\right)\approx 0.63q_0$$

从图 6-30(b)中还可以看出，在电容器的充电过程中，在 $t=0$ 时电流具有最大值 I_0，然后随着时间的增长，电流按指数衰减，直至为零.

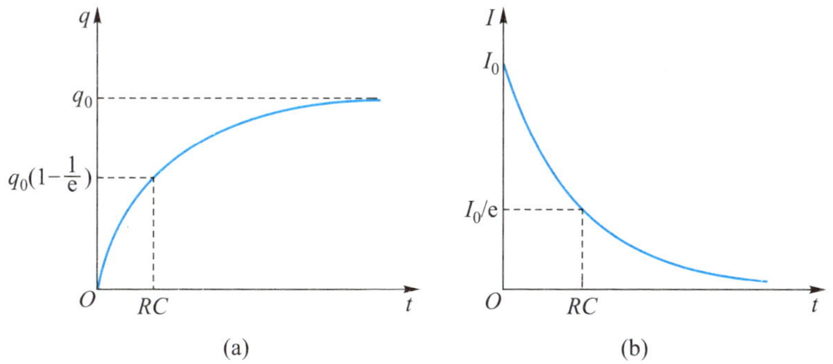

图 6-30　充电时，电容器上的电荷和电路中的电流随时间而变化

表 6-3 给出几个时刻所对应的 $\mathrm{e}^{-\frac{t}{RC}}$ 和$(1-\mathrm{e}^{-\frac{t}{RC}})$的数值.从理论上讲，电容器充电时，其电荷到最大值 q_0 所需的时间要趋于无限长.若令 $RC=\tau$，则从表 6-3 中可以看到，当 $t=3\tau$ 时，q 已达到 q_0 的 95%；当 $t=5\tau$ 时，q 已达到 q_0 的 99.3%.因此，实际上电容器充电时，可以认为充电的时间 $t=(3\sim5)\tau$ 时，电容器的充电过程就已完成了.由此可见，乘积 RC 可以反映出充电过程的特征，故 $\tau=RC$ 叫做 RC 电路的时间常量.

表 6-3

	$t=0$	$t=0.69\tau$	$t=\tau$	$t=3\tau$	$t=5\tau$
$\frac{q}{q_0}=1-\mathrm{e}^{-\frac{t}{RC}}$	0	0.50	0.63	0.95	0.993
$\frac{I}{I_0}=\mathrm{e}^{-\frac{t}{RC}}$	1	0.50	0.37	0.05	0.007

二、电容器的放电

如图 6-31 所示，开关闭合前，电容器的电荷为 q_0，两极板间的电势差为 $U_0=q_0/C$.当开关闭合后，电容器放电，有电流通过电阻 R.在某一时刻，如以顺时针方向为回路的绕行方向，并沿回路绕行一周，回路上各部分电势降之和应等于零，有

$$IR-\frac{q}{C}=0$$

在电容器放电过程中，其电荷随时间增长而减少，故 $I=-\mathrm{d}q/\mathrm{d}t$，上式可写为

$$R\frac{\mathrm{d}q}{\mathrm{d}t}=-\frac{q}{C}$$

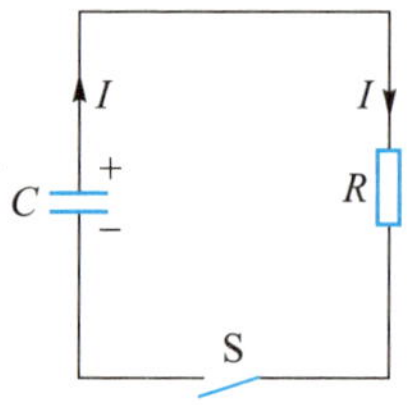

图 6-31 电容器的放电

式中 R 和 C 都是常量，而且在 $t=0$ 时电容器的电荷为 q_0，故上式的积分为

$$q=q_0\mathrm{e}^{-\frac{t}{RC}} \tag{6-19}$$

式中 RC 为时间常量 τ. 由式(6-19)进而可知放电时电路中电流随时间变化的情况.由 $I=-\frac{\mathrm{d}q}{\mathrm{d}t}$，有

$$I=\frac{q_0}{RC}\mathrm{e}^{-\frac{t}{RC}}=I_0\mathrm{e}^{-\frac{t}{RC}} \tag{6-20}$$

式中$\frac{q_0}{RC}=\frac{U_0}{R}=I_0$，为 $t=0$ 时刻(即开关刚闭合)电路中的电流.

由式(6-19)和式(6-20)可作如图 6-32 所示的图线.从图 6-32(a)中可以看出，电容器在放电过程中，其电荷 q 随时间 t 的增长按指数规律在减少，而减少的快慢与时间常量 RC 有关.当 $t=RC$ 时，$q=q_0/\mathrm{e}$，因此，RC 为电容上的电荷减少到起始电荷 q_0 的 $1/\mathrm{e}$ 倍所需要的时间.所以 RC 越大，则电容器放电时电荷减少得越慢.从图 6-32(b)中可以看出，随着放电时间的增长，电路中的电流亦按指数规律衰减.这就是我们在实验中所观察到的，当开关闭合时灯泡先亮一下，然后逐渐暗下去的原因.

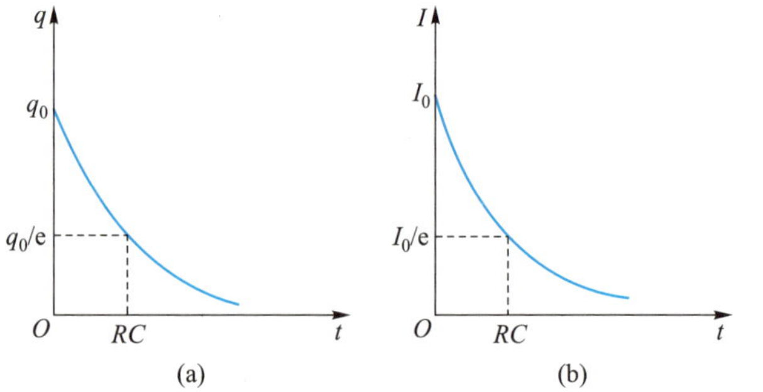

图 6-32 放电时，电容器上的电荷和电路中的电流随时间而变化

从表 6-3 中我们已看到，$t=3\tau$时，$e^{-\frac{t}{RC}}=0.05$；$t=5\tau$时，$e^{-\frac{t}{RC}}=0.007$.因此，由式(6-20)可以看出，在 $t=3\tau$时，$I=0.05I_0$；在 $t=5\tau$时，$I=0.007I_0$.所以可以认为，电容器放电的时间 $t=(3\sim5)\tau$时，电路中的放电过程实际上已经结束了.

*6-7 静电的应用①

一、范德格拉夫静电起电机

静电加速器是加速质子、α 粒子、电子等带电粒子的一种装置，静电加速器的电压可高达数百万伏，它主要是靠静电起电机产生的.静电起电机中最常用的一种是 1931 年由范德格拉夫(R.J.van de Graaff，1901—1967)研制出来的，故亦称范德格拉夫静电起电机.图6-33是静电起电机的工作原理图.图中金属球壳 A 是起电机的高压电极，它由绝缘支柱C 支撑着.球壳内和绝缘支柱底部装有一对转轴 D 和 D′，转轴上装有传送电荷的输电带(绝缘带 B)，并由电动机驱使它们转动.在输电带附近装有一排针尖 E(叫喷电针尖)，而针尖与直流高压电源的正极相接，且相对地面的电压高达几万伏，故而在喷电针尖 E 附近电场很强，气体易发生电离，产生尖端放电现象.在强电场作用下，带正电的电荷从喷电针尖飞向输电带 B，并附着在输电带上随输电带一起向上运动.当输电带 B 上的正电荷进入金属球壳 A 时，遇到一排与金属球壳相连的针尖 F(叫刮电针尖)，因静电感应使刮电针尖 F 带负电，同时使球壳 A 带正电并分布在球壳的外表面上.由于针尖 F 附近电场很强，产生尖端放电使刮电针尖上的负电荷与输电带上的正电荷中和，因而使输电带 B 恢复到不带电的状态而向下运动.就这样，随着输电带的不断运转，金属球壳外表面所积累的正电荷越来越多，其对地的电压也就越来越高，成为高压正电极.同样道理，如果喷电针尖 E 与直流高压电源的负极相接，则将使金属球壳成为高压负电极.不同极性的高压电极，可分别用来加速不同电性的带电粒子.

由于尖端放电、漏电、电晕等原因，金属球壳的对地电压不可能很高，即使把金属球壳放到有几个大气压的氮气中，其对地电压也只能达到数百万伏.

如果在金属球壳内放一离子源，离子将被加速而成为高能离子束.近代范德格拉夫静电加速器可将氮和氧的离子加速到具有 100 MeV 的动能.目前静电加速器除用于核物理的研究外，在医学、化学、生物学和材料的辐射处理等方面都有广泛的应用.

---

① 静电的应用很广泛，本节仅介绍几例.读者如有兴趣可参阅马文蔚等主编《物理学原理在工程技术中的应用》(第四版)之“电容电感与动压测量”“静电透镜”“静电复印”等.

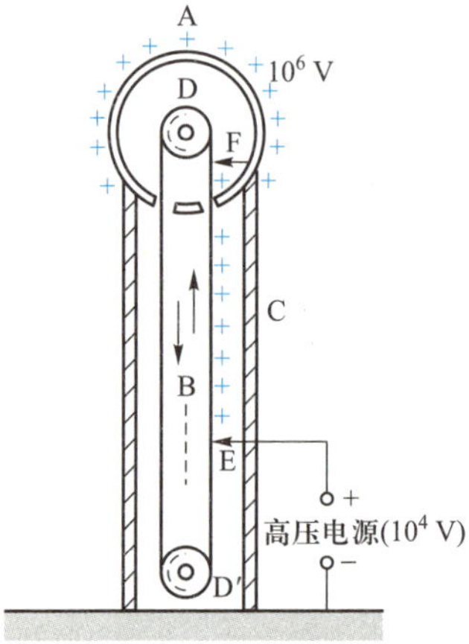

图 6-33　范德格拉夫静电起电机原理图

双手抚摸范德格拉夫静电起电机的球壳，她的头发多美啊！

二、静电除尘

图 6-34 是一种静电除尘装置示意图.它主要由一只金属圆筒 B 和一根悬挂在圆筒轴线上的多角形的金属细棒 A 所组成.其工作原理如下：圆筒 B 接地，金属细棒 A 接高压负极（一般有几万伏），于是在圆筒 B 和金属棒 A 之间形成很强的径向对称的电场.在细棒附近电场最强，它能使气体电离，产生自由电子和带正电的离子.正离子被吸引到带负电的细棒 A 上并被中和，而自由电子则被吸引向带正电的圆筒 B.电子在向圆筒 B 运动的过程中与尘埃粒子相碰，使尘埃带负电.在电场力作用下，带负电的尘埃被吸引到圆筒上，并黏附在那里.定期清理圆筒可将尘埃聚集起来并予以处理.在烟道中采用这种装置能净化气流，减少尘埃对大气的污染，还可以从这些尘埃中回收许多重要的原料，如从发电厂的煤尘中可提取半导体材料锗以及橡胶工业所需的炭黑等.所以说，静电除尘的效益是很高的，可以一举数得.

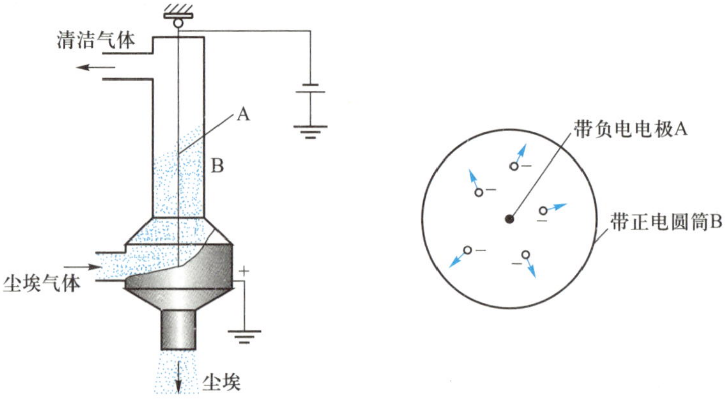

图 6-34　静电除尘装置示意图

三、静电分离

图 6-35 是一种分离矿石的装置，它可以将粉碎后的石英和磷酸盐的混合物分开来.当混合物从料斗落入振动筛后，混合物在振动筛中不断地来回振动，石英与磷酸盐彼此不断地发生摩擦，从而使石英颗粒带负电，磷酸盐颗粒带正电，然后它们从如图所示的电场中下落.由于它们所受的电场力方向相反，因此它们彼此能够分隔开来，从而达到分离的目的.我们可作一估算：如电场强度 $E=5\times10^5\ \mathrm{V\cdot m^{-1}}$，石英颗粒和磷酸盐颗粒的荷质比（$q/m$）为 $10^{-5}\ \mathrm{C\cdot kg^{-1}}$，若欲使它们分开的距离不小于 20 cm，它们在电场中下落的竖直距离至少是多少？

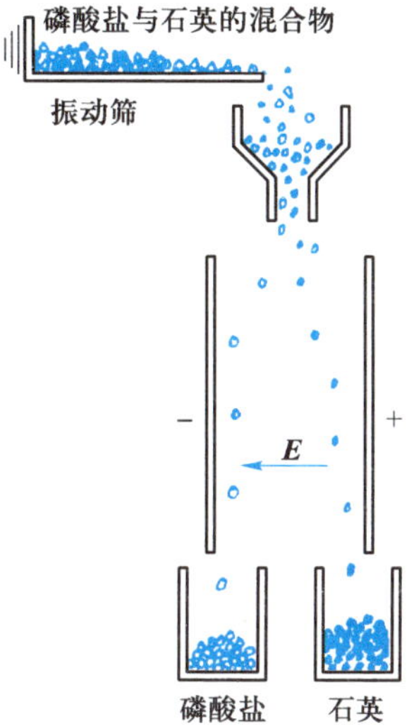

图 6-35　依赖静电力作用使矿石分离

设想石英和磷酸盐颗粒进入电场时的初速度很小，可略去不计.它们在进入电场范围后，将受到重力和电场力作用，且电场力与重力垂直.由以上条件，可得如下方程：

$$y=\frac{1}{2}gt^2,\quad x=\frac{1}{2}at^2$$

式中 $a=qE/m$.解以上两式得

$$y=\frac{gx}{(q/m)E}$$

代入所设数据，有

$$y=\frac{9.8\times0.2}{10^{-5}\times5\times10^5}\ \mathrm{m}=0.392\ \mathrm{m}\approx0.4\ \mathrm{m}$$

即矿石在静电场中至少要竖直下落 0.4 m.

问题

6-1　有人说："某一高压输电线的电压有 500 kV，因此你不可与之接触."这句话是对还是不对？维修工人在高压输电线上是如何工作的呢？

6-2　一个绝缘的金属筒上面开一小孔，通过小孔放入一个用丝线悬挂的带正电的小球.试讨论在下列各种情形下，金属筒外壁带何种电荷？

（1）小球跟筒的内壁不接触；（2）小球跟筒的内壁接触；（3）小球不跟筒接触，但人用手接触一下筒的外壁，松开手后再把小球移出筒外.

6-3　将一个带电的小金属球与一个不带电的大金属球相接触，小球上的电荷会全部转移到大球上去吗？

6-4　为什么高压电器设备上金属部件的表面要尽可能不带棱角？

6-5 在高压电器设备周围,常围上一接地的金属栅网,以保证栅网外的人身安全.试说明其道理.

6-6 在导体处于静电平衡时,如果导体表面某处电荷面密度为 σ,那么在导体表面附近的电场强度为 $E=\sigma/\varepsilon_0$;而在均匀无限大带电平面的两侧,其电场强度则是 $E=\sigma/2\varepsilon_0$,为何减小了一半呢?

6-7 在绝缘支柱上放置一个闭合的金属球壳,球壳内有一人.当球壳带电并且电荷越来越多时,他观察到的球壳表面的电荷面密度、球壳内的场强是怎样的?当一个带有跟球壳相异电荷的巨大带电体移近球壳时,此人又将观察到什么现象?此人处在球壳内是否安全?

6-8 有人说:"因为 $C=Q/U$,所以电容器的电容与其所带电荷成正比."这话对吗?如电容器两极的电势差增加一倍,Q/U 将如何变化呢?

6-9 在下列情况下,平行平板电容器的电势差、电荷、电场强度和所贮存的能量将如何变化.(1) 断开电源,并使极板间距加倍,此时极板间为真空;(2) 断开电源,并使极板间充满相对电容率 $\varepsilon_r=2.5$ 的油;(3) 保持电源与电容器两极相连,使极板间距加倍,此时极板间为真空;(4) 保持电源与电容器两极相连,使极板间充满相对电容率 $\varepsilon_r=2.5$ 的油.

6-10 一平行平板电容器被一电源充电后,将电源断开,然后将一厚度为两极板间距一半的金属板放在两极板之间.试问下述各量如何变化?(1) 电容;(2) 极板上的面电荷;(3) 极板间的电势差;(4) 极板间的电场强度;(5) 电场的能量.

6-11 如果圆柱形电容器的内半径增大,使两柱面之间的距离减小为原来的一半,那么此电容器的电容是否增大为原来的两倍?

6-12 假使一个薄金属板放在平行平板电容器的两极板中间,金属板的厚度较之两极板之间的距离小很多,可略去不计.试问金属板放入电容器之后,电容有无变化?如金属板不放在电容器两极板中间,情况又如何?

6-13 电介质的极化现象和导体的静电感应现象有些什么区别?

6-14 怎样从物理概念上来说明自由电荷与极化电荷的差别?

6-15 从第 6-2 节已知,在电场强度为 $\boldsymbol{E}$ 的电场中,电偶极矩为 $\boldsymbol{p}$ 的电偶极子所受的力矩为 $\boldsymbol{M}=\boldsymbol{p}\times\boldsymbol{E}$.由上式可知,有极分子的电偶极矩 $\boldsymbol{p}$ 的方向与 $\boldsymbol{E}$ 的方向相反时,有极分子所受的力矩为零.为什么有极分子 $\boldsymbol{p}$ 的方向与电场强度 $\boldsymbol{E}$ 的方向相反的状态,不能当作有极分子的稳定平衡状态呢?

6-16 电势的定义是单位电荷具有的电势能.为什么带电电容器的能量是 $\frac{1}{2}QU$,而不是 QU 呢?

6-17 (1) 一个带电的金属球壳里充满了均匀电介质,外面是真空,此球壳的电势是否等于 $\frac{1}{4\pi\varepsilon_0}\frac{Q}{\varepsilon_r R}$?为什么?(2) 若球壳内为真空,球壳外是无限大均匀电介质,此时球壳的电势为多少?Q 为球壳上的自由电荷,R 为球壳的半径,ε_r 为介质的相对电容率.

6-18 把两个电容分别为 C_1、C_2 的电容器串联后进行充电,然后断开电源,把它们改成并联,问它们的电场能是增加还是减少?为什么?

习题

6-1　将一个带正电的带电体 A 从远处移到一个不带电的导体 B 附近，导体 B 的电势将(　　).

(A) 升高　　(B) 降低

(C) 不会发生变化　　(D) 无法确定

6-2　将一个带负电的物体 M 靠近一个不带电的导体 N，N 的左端感应出正电荷，右端感应出负电荷，如图所示.若将导体 N 的左端接地，则(　　).

(A) N 上的负电荷入地　　(B) N 上的正电荷入地

(C) N 上的所有电荷入地　　(D) N 上所有的感应电荷入地

6-3　如图所示，将一个电荷量为 q 的点电荷放在一个半径为 R 的不带电的导体球附近，点电荷距导体球球心为 d.设无限远处为零电势，则在导体球球心 O 有(　　).

(A) $E=0, V=\dfrac{q}{4\pi\varepsilon_0 d}$　　(B) $E=\dfrac{q}{4\pi\varepsilon_0 d^2}, V=\dfrac{q}{4\pi\varepsilon_0 d}$

(C) $E=0, V=0$　　(D) $E=\dfrac{q}{4\pi\varepsilon_0 d^2}, V=\dfrac{q}{4\pi\varepsilon_0 R}$

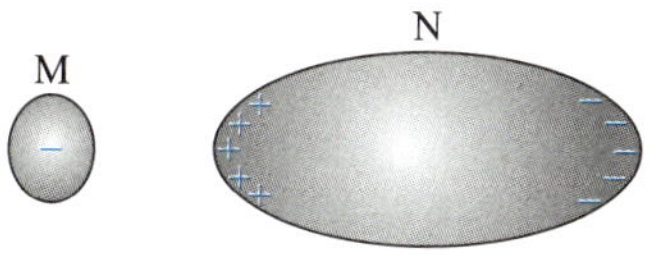

习题 6-2 图

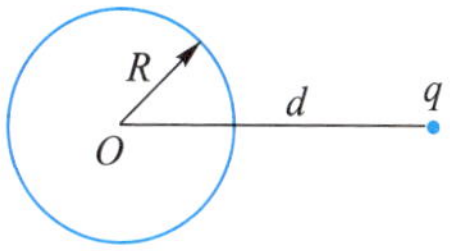

习题 6-3 图

6-4　根据电介质中的高斯定理，在电介质中电位移矢量沿任意一个闭合曲面的积分等于这个曲面所包围自由电荷的代数和.下列推论正确的是(　　).

(A) 若电位移矢量沿任意一个闭合曲面的积分等于零，曲面内一定没有自由电荷

(B) 若电位移矢量沿任意一个闭合曲面的积分等于零，曲面内电荷的代数和一定等于零

(C) 若电位移矢量沿任意一个闭合曲面的积分不等于零，曲面内一定有极化电荷

(D) 介质中的高斯定理表明电位移矢量仅仅与自由电荷的分布有关

(E) 介质中的电位移矢量与自由电荷和极化电荷的分布有关

6-5　下列概念正确的是(　　).

(A) 电介质充满整个电场并且自由电荷的分布不发生变化时，介质中的电场强度一定等于没有电介质时该点电场强度的 $1/\varepsilon_r$

(B) 电介质中的电场强度一定等于没有介质时该点电场强度的 $1/\varepsilon_r$

(C) 在电介质充满整个电场时，电介质中的电场强度一定等于没有电介质时该点电场强度的 $1/\varepsilon_r$

(D) 电介质中的电场强度一定等于没有介质时该点电场强度的 ε_r 倍

6-6　不带电的导体球 A 含有两个球形空腔，两空腔中心分别有一个点电荷 q_b、q_c，导体球外距导体球较远的 r 处还有一个点电荷 q_d（如图所示）. 试求点电荷 q_b、q_c、q_d 各自受到的电场力.

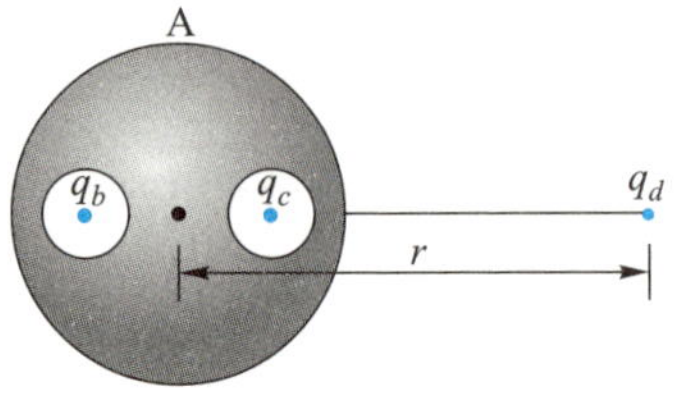

习题 6-6 图

6-7　一个真空二极管的主要构件是一个半径 $R_1=5.0\times10^{-4}$ m 的圆柱形阴极和一个套在阴极外、半径为 $R_2=4.5\times10^{-3}$ m 的同轴圆筒形阳极. 阳极电势比阴极电势高 300 V，阴极与阳极的长均为 $L=2.5\times10^{-2}$ m. 假设电子从阴极射出时的初速度为零，求：(1) 该电子到达阳极时所具有的动能和速率；(2) 电子刚从阴极射出时所受的电场力.

6-8　一个导体球半径为 R_1，外罩一个半径为 R_2 的同心薄导体球壳，外球壳所带总电荷为 Q，而内球的电势为 V_0. 求此系统的电势和电场分布.

*6-9　如图所示，一个半径为 a、电荷为 Q 的导体球，现将一个半径为 b、均匀带电荷为 q 的圆环放在球旁，圆环的轴线通过球心，环心到球心的距离为 r，试求导体球心的电势.

6-10　如图所示，在一个半径为 $R_1=6.0$ cm 的金属球 A 外面套一个同心的金属球壳 B. 已知球壳 B 的内、外半径分别为 $R_2=8.0$ cm，$R_3=10.0$ cm. 设球 A 带有总电荷 $Q_A=3.0\times10^{-8}$ C，球壳 B 带有总电荷 $Q_B=2.0\times10^{-8}$ C. (1) 求球壳 B 内、外表面上所带的电荷以及球 A 和球壳 B 的电势；*(2) 将球壳 B 接地后断开，再把金属球 A 接地，求金属球 A 和球壳 B 内、外表面上所带的电荷以及球 A 和球壳 B 的电势.

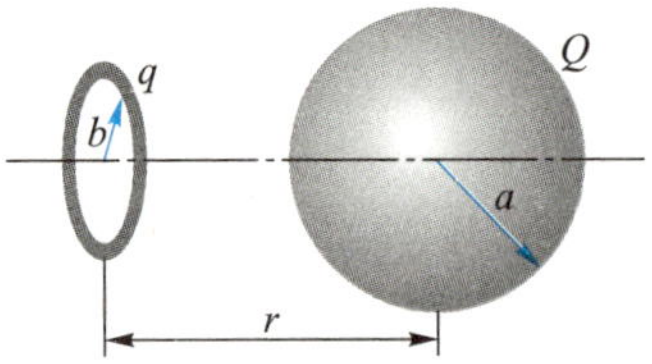

习题 6-9 图

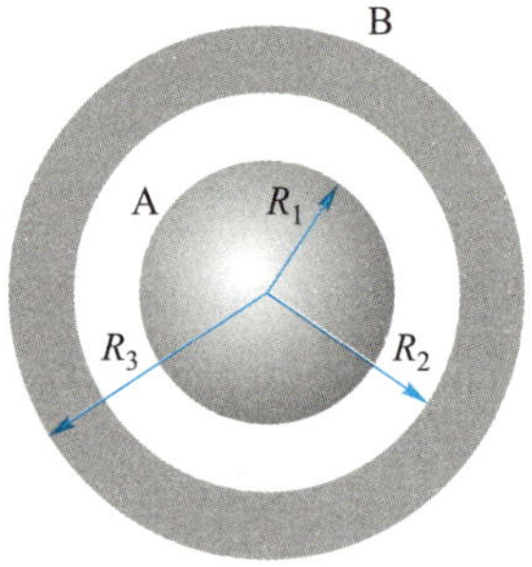

习题 6-10 图

6-11　同轴传输线由长直圆柱形导线和同轴的导体圆筒构成，导线的半径为 R_1，电势为 V_1，圆筒的半径为 R_2，电势为 V_2，如图所示. 试求它们之间距离轴线 r 处（$R_1<r<R_2$）的电场强度.

6-12　一根半径为 a 的长直导线外面套有内半径为 b 的同轴导体圆筒，导线与导体圆筒间相互绝缘. 已知导线的电势为 V，圆筒接地电势为零. 试求导线与圆筒间的电场强度以及圆筒上的电荷线密度.

6-13　如图所示，两块分别带电荷为 Q_1、Q_2 的导体平板平行相对放置，假设导体平板面积为 S，两块导体平板间距为 d，并且 $\sqrt{S}\gg d$. 试证明：(1) 相向的两面，电荷面密度大小相等符号相反；(2) 相背的两面，电荷面密度大小相等符号相同.

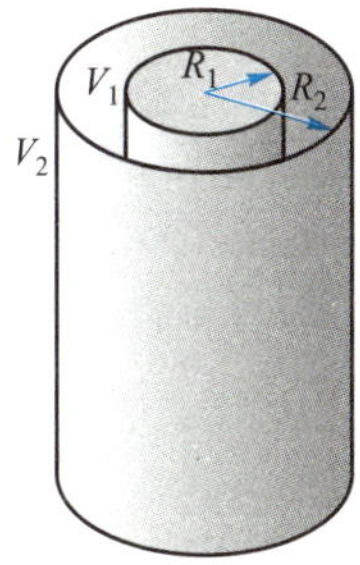

习题 6-11 图

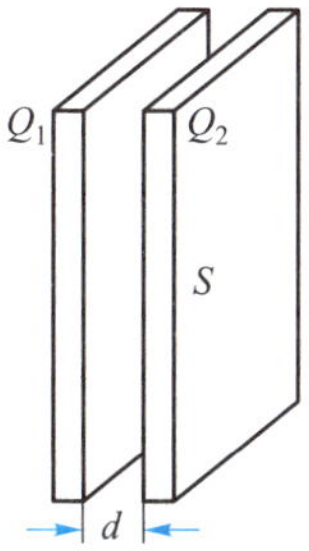

习题 6-13 图

6-14 将带电荷为 Q 的导体板 A 从远处移至不带电的导体板 B 附近(如图所示),两导体板几何形状完全相同,面积均为 S,移近后两导体板距离为 $d(d\ll\sqrt{S})$.(1) 忽略边缘效应,求两导体板间的电势差;(2) 若将 B 接地,结果又将如何?

6-15 如图所示,球形金属腔带电荷为 $Q(Q>0)$,内半径为 a,外半径为 b,腔内距球心 O 为 r 处有一点电荷 q,求球心的电势.

6-16 如图所示,在真空中将半径为 R 的金属球接地,在与球心 O 相距为 $r(r>R)$ 处放置一点电荷 q,不计接地导线上电荷的影响,求金属球表面上的感应电荷.

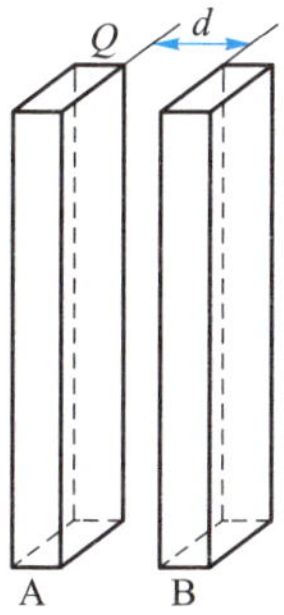

习题 6-14 图

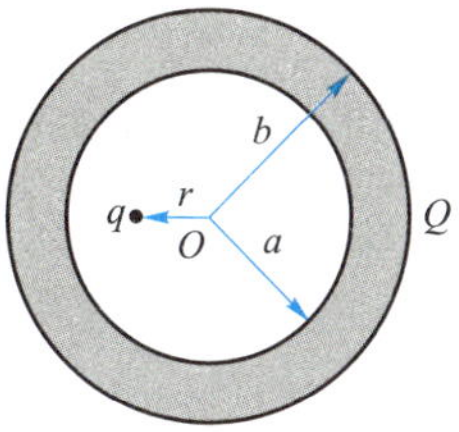

习题 6-15 图

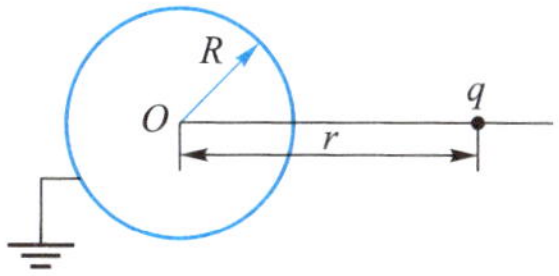

习题 6-16 图

*6-17 珀塞耳教授在他的《电磁学》中写道:“如果从地球上移去一滴水中所有的电子,则地球的电势将会升高几百万伏.”我们不妨将地球视为导体球,取无限远处为零电势,请证明他这句话.

6-18 地球和电离层可当作球形电容器,它们之间相距约 100 km,试估算地球-电离层系统的电容.假设地球与电离层之间为真空.

6-19 两根输电导线的半径为 3.26 mm,两导线中心相距 0.50 m.导线位于地面上空很高处,因而大地的影响可以忽略,求输电导线单位长度的电容.

6-20 电容式计算机键盘的每一个键下面连接一小块金属片,金属片与底板上的另一块金属片间保持一定的空气间隙,构成一小电容器(如图所示).当按键按下时电容发生变化,并通过与之相连的电子线路向计算机发出相应的信号.设金属片面积为 50.0 mm^2,两金属片之间的距离为 0.600 mm.如果电路能检测出的电容变化量是 0.250 pF,那么按键需要按下多大的距离才能给出必要的信号？

6-21 人体细胞膜的外表面和内表面分别带有正、负电荷.设一球形细胞膜的厚度为 5.0 nm，细胞膜的相对电容率为 5.4，内、外表面的电荷面密度为 $\mp 5.0\times10^{-4}$ C · m^{-2}，细胞的半径为 1.0×10^{-5} m，求：(1) 细胞膜的内、外表面之间的电势差；(2) 该细胞膜的电容.

6-22 如图所示，在点 A 和点 B 之间有 5 个电容器.(1) 求 A、B 两点之间的等效电容；(2) 若 A、B 之间的电势差为 12 V，求 U_{AC}、U_{CD} 和 U_{DB}.

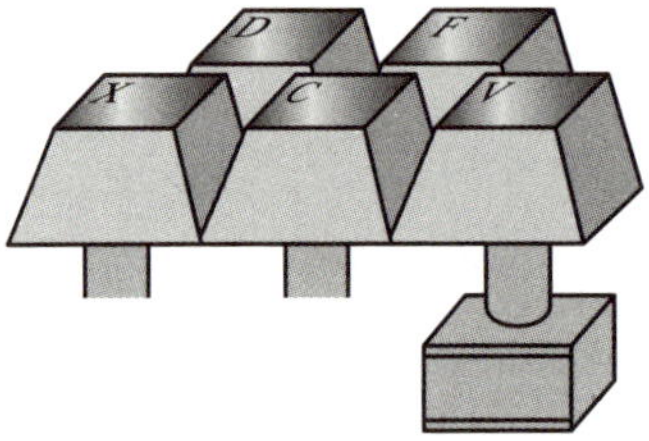

习题 6-20 图

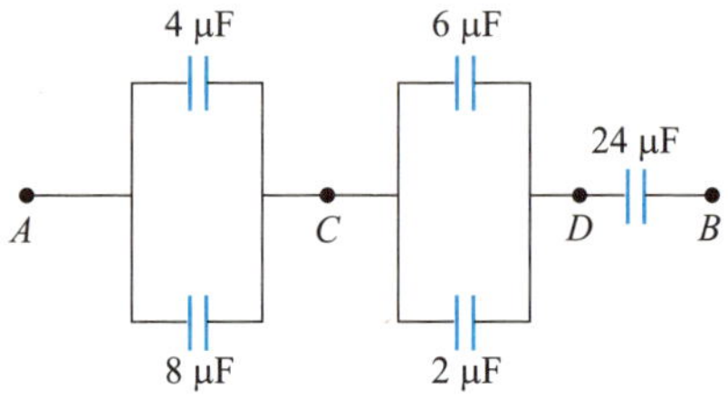

习题 6-22 图

6-23 盖革-米勒管可用来测量电离辐射.该管的基本结构如图所示，半径为 R_1 的长直导线作为一个电极，半径为 R_2 的同轴圆柱筒作为另一个电极.它们之间充以相对电容率 $\varepsilon_r\approx 1$ 的气体.当电离粒子通过气体时，能使其电离.当两极间有电势差时，极板间有电流，从而可测出电离粒子的数量.以 E_1 表示半径为 R_1 的长直导线附近的电场强度.(1) 求极板间电势的关系式；(2) 若 $E_1=2.0\times10^6$ V · m^{-1}，$R_1=0.30$ mm，$R_2=20.0$ mm，则两极板间的电势差为多少？

6-24 一片二氧化钛晶片的面积为 1.0 cm^2，厚度为 0.10 mm，把平行平板电容器的两极板紧贴在晶片两侧.(1)求电容器的电容；(2)当在电容器的两极板上加 12 V 电压时，极板上的电荷为多少？此时自由电荷和极化电荷的面密度各为多少？(3)求电容器内的电场强度.

6-25 如图所示，半径 $R=0.10$ m 的导体球带有电荷 $Q=1.0\times10^{-8}$ C，导体球外有两层均匀介质，一层介质的 $\varepsilon_r=5.0$，厚度 $d=0.10$ m，另一层介质为空气，充满其余空间.求：(1)离球心为 $r=5$ cm，15 cm，25 cm处的电位移 $\boldsymbol{D}$ 和电场强度 $\boldsymbol{E}$；(2)离球心为 $r=5$ cm，15 cm，25 cm 处的电势；(3)极化电荷面密度.

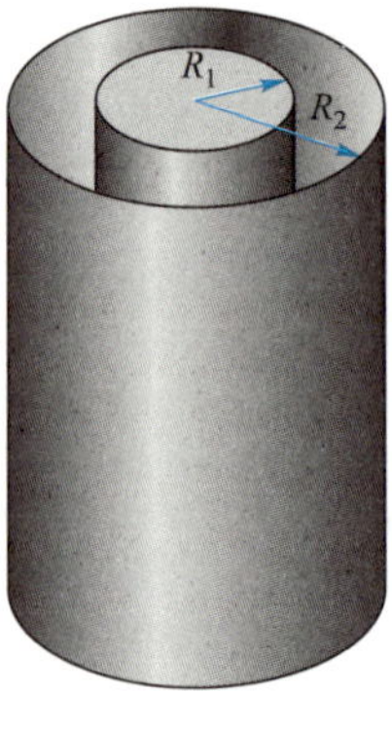

习题 6-23 图

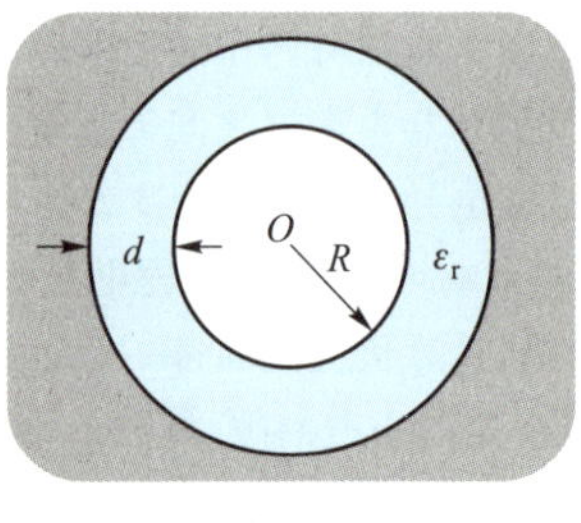

习题 6-25 图

6-26 某些细胞壁两侧带有等量的异号电荷.设某细胞壁厚为 5.2×10^{-9} m,两表面所带电荷的电荷面密度分别为 $\pm5.2\times10^{-3}\,\mathrm{C\cdot m^{-2}}$,内表面为正电荷.如果细胞壁物质的相对电容率为 6.0,求:(1) 细胞壁内的电场强度;(2) 细胞壁两表面间的电势差.

6-27 一个平板电容器充电后,极板上的电荷面密度为 $\sigma_0=4.5\times10^{-3}\,\mathrm{C\cdot m^{-2}}$,现将两极板与电源断开,然后再把相对电容率为 $\varepsilon_r=2.0$ 的电介质插入两极板之间.此时电介质中的电位移 $\boldsymbol{D}$、电场强度 $\boldsymbol{E}$ 和极化强度 $\boldsymbol{P}$ 各为多少?

6-28 两块面积为 S 的导体板构成一平板电容器,导体极板间距离为 d.将平板电容器两极板接到电压为 U 的电源上,接通电源后在导体极板间的一半插入电容率为 ε 的电介质,略去边缘效应.(1) 试比较 A、B 两点的电场强度各为未插入电介质时的多少倍?(2) 假如电容器充满电后,先断开电源,再在导体极板间的一半插入电介质,则结果又将如何?

6-29 如图所示,一个空气平板电容器的极板面积为 S,间距为 d.现将该电容器接到电压为 U 的电源上充电,当(1)充足电后,(2)然后平行插入一块面积相同、厚度为 $\delta(\delta<d)$、相对电容率为 ε_r 的电介质板,(3)将上述电介质换为同样大小的导体板时,分别求极板上的电荷 Q、极板间的电场强度 $\boldsymbol{E}$ 和电容器的电容 C.

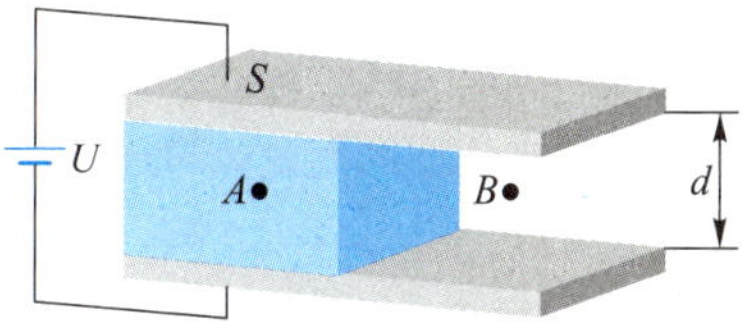

习题 6-28 图

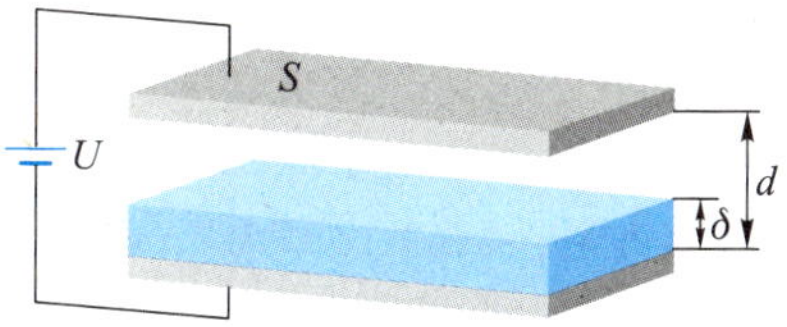

习题 6-29 图

6-30 在一根半径为 R_1 的长直导线外套有氯丁橡胶绝缘护套,护套外半径为 R_2,相对电容率为 ε_r.设沿轴线导线的电荷线密度为 λ,试求介质层内的电位移 $\boldsymbol{D}$、电场强度 $\boldsymbol{E}$ 和极化强度 $\boldsymbol{P}$.

*6-31 如图所示,球形电极浮在相对电容率为 $\varepsilon_r=3.0$ 的油槽中.球的一半浸没在油中,另一半在空气中.已知电极所带净电荷 $Q_0=2.0\times10^{-6}$ C,问球的上、下部分各有多少电荷?

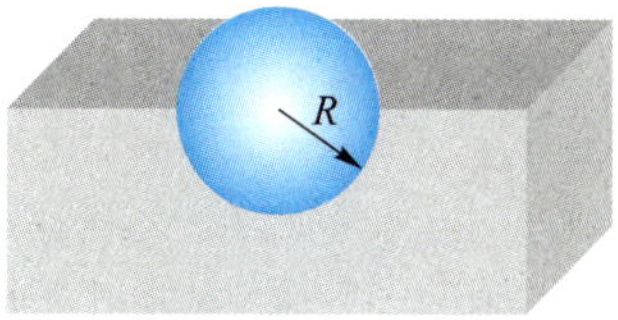

习题 6-31 图

6-32 为了实时检测纺织品、纸张等材料的厚度(待测材料可视作相对电容率为 ε_r 的电介质),通常在生产流水线上设置如图所示的传感装置,其中 A、B 为平板电容器的导体极板,d_0 为两极板间的距离.试说明检测原理,并推出直接测量量电容 C 与间接测量量厚度 d 之间的函数关系.如果要检测钢板等金属材料的厚度,结果又将如何?

6-33 利用电容传感器测量油料液面高度,其原理如图所示.导体圆管 A 与储油罐 B 相连,圆管的内径为 D,管中心同轴插入一根外径为 d 的导体棒 C,d、D 均远小于管长 L 并且导体圆管与导体棒相互绝缘.试证明:当导体圆管与导体棒之间连接电压为 U 的电源时,圆管上的电荷与液面高度成线性关系(油料的相对电容率为 ε_r).

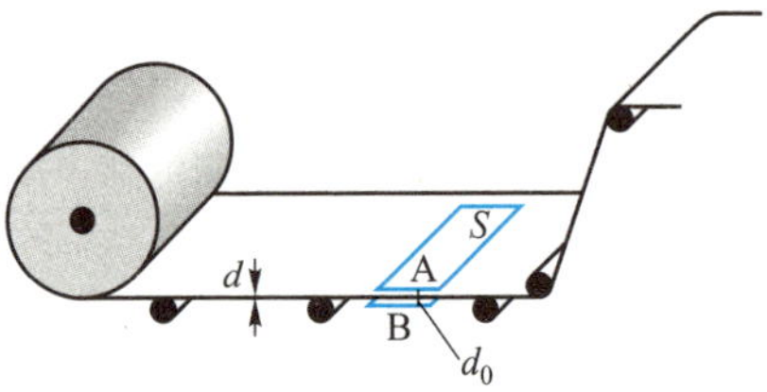

习题 6-32 图

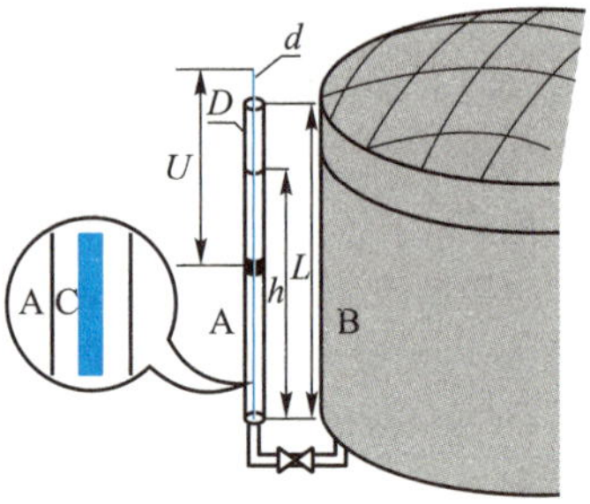

习题 6-33 图

6-34 共轴的两导体圆筒,内筒的外半径为 R_1,外筒的内半径为 $R_2(R_2<2R_1)$,其间有两层均匀电介质,内层电介质的电容率为 ε_1,外层电介质的电容率为 $\varepsilon_2=\varepsilon_1/2$,两层介质的交界面是半径为 R 的圆柱面.已知两种电介质的击穿场强相等,都为 E_m.试证明:两导体圆筒间的最大电势差为 $U_m=\dfrac{1}{2}RE_m\ln(R_2^2/RR_1)$.

6-35 一个电容为 0.50 μF 的平行平板电容器,两极板间被厚度为 0.01 mm 的聚四氟乙烯薄膜所隔开.求:(1)该电容器的额定电压;(2)电容器贮存的最大能量.

6-36 一个空气平板电容器,空气层厚为 1.5 cm,两极间电压为 40 kV,该电容器会被击穿吗?现将一厚度为 0.30 cm 的玻璃板插入此电容器,并与两极平行.若该玻璃的相对电容率为 7.0,击穿电场强度为 10 $MV\cdot m^{-1}$,则此时电容器会被击穿吗?

6-37 某介质的相对电容率 $\varepsilon_r=2.8$,击穿电场强度为 $18\times10^6\ V\cdot m^{-1}$.如果用它来作平板电容器的电介质,要制作电容为 0.047 μF,而耐压为 4.0 kV 的电容器,它的极板面积至少要多大?

*6-38 设想电子是球形的,其静止能量 m_0c^2 来自于它的静电能量.电子电荷不同的分布模型会得出不同的电子半径,现分别假设(1)电子电荷均匀分布在球面上,(2)电子电荷均匀分布在球体内,试估算电子的半径.

*6-39 在达到静电平衡时,导体上的电荷分布总是使得电场的能量为最小值,这称为汤姆孙定理.以一个有厚度的金属球壳为例,当金属球壳带电时,电荷为球对称均匀分布.试论证:只有电荷全都分布在金属球壳外表面时,其电场能量才能达到最小值.

*6-40 一个空气平板电容器,极板面积为 S,极板间距为 d,充电至带电 Q 后与电源断开,然后用外力缓缓地将两极板间距拉开到 $2d$.求:(1)电容器能量的改变;(2)此过程中外力所做的功,并讨论此过程中的功能转化关系.

*6-41 一个用于脉冲激光器的电容需要贮存 100 kJ 的能量,若设计成空气平板电容器,两极板之间的空间体积最小是多少?已知空气的击穿场强为 $3.0\times10^6\ V\cdot m^{-1}$.如果电容器的两极板之间充满相对电容率为 5.0,击穿场强为 $3.0\times10^8\ V\cdot m^{-1}$的介质,介质电容器的最小体积是多少?空气平板电容器的最小体积是它的多少倍?

第七章　恒定磁场

人们发现磁现象要比发现电现象早得多.早在公元前数百年,古籍中就有了磁石(Fe_3O_4)能吸铁的记述.我国东汉时期的王充指出古代的“司南勺”是个指南器,并在11世纪的《武经总要》(成书于1044年)中叙述了制造指南针的方法.12世纪初,我国已将指南针用于航海船上.指南针传入欧洲则是12世纪末(1190年)了.

奥斯特(Hans Christian Oersted, 1777—1851),丹麦物理学家.他深信自然界不同现象之间是相互联系的.从这个思想出发,他发现了电流对磁针的作用,从而导致了19世纪中叶电磁理论的统一和发展.法拉第在评论奥斯特的实验时说:“它突然打开了科学领域中一扇黑暗的大门.”

文档:奥斯特

但直到1820年,人们虽曾在自然现象中观察到闪电能使钢针磁化或使磁针退磁等现象,但也没能把电现象与磁现象联系起来.因此,长期以来,人们普遍认为电现象和磁现象是互不相关的.在电磁学发展史上,1820年是取得光辉成就的一年.丹麦物理学家奥斯特崇尚康德①的各种自然现象是相互关联的学说,他认为闪电过后钢针被磁化绝非偶然现象,他还认为电流流过导体既然能产生热效应、化学效应,为什么不能产生磁效应呢.为此,他从1807年到1820年间,用了近13年的时间,寻找电流对磁针的作用,但因方法不对而未获结果.直到1820年4月的一次实验,他终于发现在通电直导线附近的小磁针确有偏转.不久,他又发现磁铁也可使通电导线发生偏转.奥斯特的电流与磁体间相互作用的实验于同年7月21日以论文形式发表后,在欧洲物理学界

① 康德(Immanuel Kant,1724—1804),德国哲学家.他提倡各种自然现象是相互联系的学说.这个学说对当时欧洲的一些科学工作者很有影响.

引起了极大的关注.特别是法国物理学家的工作,将奥斯特的发现推进到了新的更高阶段.同年9月4日安培得知奥斯特的实验后,于9月18日进而发现圆电流与磁针有相似的作用,9月25日又报告了两平行通电直导线间和两圆电流间也都存在相互作用,安培还发现了直电流附近小磁针取向的右手螺旋定则,而所有这些都是在一个星期里完成的.这一年的12月毕奥和萨伐尔发表了长直载流导线所激发的磁场正比于电流 I,而反比于与导线的垂直距离 r 的实验结果.虽然不久在这个实验的基础上,拉普拉斯又从数学上找出了电流元磁场的公式,但由于主要的实验工作是毕奥和萨伐尔完成的,所以通常就称该公式为毕奥-萨伐尔定律.法国物理学家关于电流磁效应的实验和理论研究成果传到了英国以后,英国同行备受鼓舞.法拉第认为既然"电能生磁",那么"磁也应能生电".从1821年开始,法拉第就从事"磁变电"的研究,直到1831年8月才发现了电磁感应现象,从而为现代电磁理论和现代电工学的发展和应用奠定了基础.

本章着重讨论恒定电流(或相对参考系以恒定速度运动的电荷)激发磁场的规律和性质.主要内容有:恒定电流的电流密度,欧姆定律的微分形式,电源的电动势,描述磁场的物理量——磁感强度 $\boldsymbol{B}$;电流激发磁场的规律——毕奥-萨伐尔定律;反映磁场性质的基本定理——磁场的高斯定理和安培环路定理;以及磁场对运动电荷的作用力——洛伦兹力和磁场对电流的作用力——安培力;磁场中的磁介质等.

7-1　恒 定 电 流

一、电流　电流密度

虽然金属导体中的自由电子总是在不停地作无规则热运动,但它们沿任意方向运动的概率是相等的,所以,导体在静电平衡时,其内部的电场强度 $\boldsymbol{E}=0$,这时导体内没有电荷作定向运动,因而导体内不能形成电流.然而,如在导体两端加上电势差(即电压)后,就可使导体内出现电场,这样导体内的自由电子除作热运动外,还要在电场力作用下作宏观的定向运动,从而形成了电流.

概而言之,电流是由大量电荷作定向运动形成的.一般地说,电荷的携带者可以是自由电子、质子、正负离子,这些带电粒子亦称为载流子.由带电粒子定向运动形成的电流叫做传导电流.而带电物体作机械运动时形成的电流叫做运流电流.

在金属导体内,载流子是自由电子,它作定向移动的方向是由低电势到高电势.但在历史上,人们把正电荷从高电势向低电势移动的方向规定为电流的方向,因此电流的方向与负电荷的移动方向恰好相反.

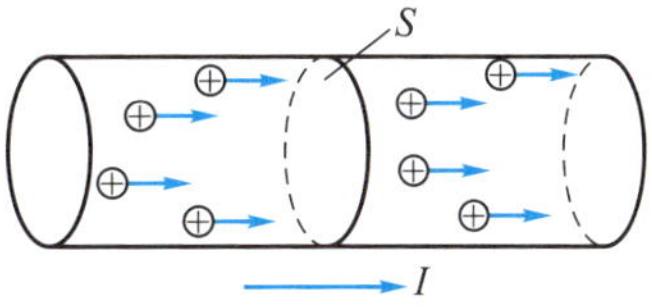

图 7-1 导体中的电流

如图 7-1 所示,在截面积为 S 的一段导体中,有正电荷从左向右移动.若在时间间隔 $\mathrm{d}t$ 内,通过截面 S 的电荷为 $\mathrm{d}q$,则在导体中的电流 I 为通过截面 S 的电荷随时间的变化率,即

$$I=\frac{\mathrm{d}q}{\mathrm{d}t} \tag{7-1}$$

如果导体中的电流不随时间而变化,这种电流叫做恒定电流.

电流 I 的单位名称为安培①,其符号为 A,$1\ \mathrm{A}=1\ \mathrm{C}\cdot\mathrm{s}^{-1}$.常用的电流单位还有 mA 和 μA,

$$1\ \mu\mathrm{A}=10^{-3}\ \mathrm{mA}=10^{-6}\ \mathrm{A}$$

应当指出,电流是标量,不是矢量.虽然人们在实际应用中常说"电流的方向",但这只是指一群"正电荷的流向"而已.

当电流在大块导体中流动时,导体内各处的电流分布将是不均匀的.图 7-2 为半球形接地电极,图中仿照画电场线的办法用带有箭头的线段标示电流的流向,这称为电流线,电流线的密度表示电流的大小.从图中可以看到,在半球形电极外侧的导体中,电流的分布是不均匀的.

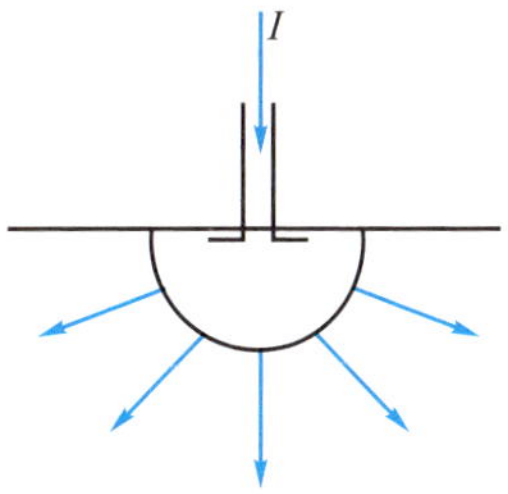

图 7-2 半球形电极附近导体(大地)中电流的分布.靠近电极,电流线密度大;远离电极,电流线密度小.各点电流线方向也不尽相同.

为了细致地描述导体内各点电流分布的情况,引入一个新的物理量——电流密度 $\boldsymbol{j}$.电流密度是矢量,电流密度的方向和大小规定如下:导体中任意一点电流密度 $\boldsymbol{j}$ 的方向为该点正电荷的运动方向;$\boldsymbol{j}$ 的大小等于单位时间内通过该点附近垂直于正电荷运动方向的单位面积的电荷.

如图 7-3 所示,设想在导体中点 P 处取一

① 安培的定义参见附录二.

面积元$\Delta \boldsymbol{S}$,并使$\Delta \boldsymbol{S}$的单位法线矢量$\boldsymbol{e}_n$与正电荷的运动方向(即电流密度$\boldsymbol{j}$的方向)间成α角.若在时间Δt内有正电荷ΔQ通过面积元ΔS,那么按上述规定可得,点P处电流密度的大小为

$$j=\frac{\Delta Q}{\Delta t\Delta S\cos\alpha}=\frac{\Delta I}{\Delta S\cos\alpha} \tag{7-2}$$

式中$\Delta S\cos\alpha$为面积元$\Delta \boldsymbol{S}$在垂直于电流密度方向上的投影.则上式可写成

$$\Delta I=\boldsymbol{j}\cdot\Delta\boldsymbol{S} \tag{7-3a}$$

通过导体任一有限截面$\boldsymbol{S}$的电流为

$$I=\int_S \boldsymbol{j}\cdot\mathrm{d}\boldsymbol{S} \tag{7-3b}$$

下面我们来简略讨论金属导体中的电流和电流密度与自由电子的数密度和漂移速度之间的关系.

从导电机制来看,金属中大量的自由电子除了作热运动以外,还在电场力的作用下,沿着与电场强度$\boldsymbol{E}$相反的方向作定向运动.我们把自由电子在电场力作用下作定向运动的平均速度叫做漂移速度,用符号$\boldsymbol{v}_d$表示.正是由于漂移速度的存在,才在导体中形成了宏观电流.漂移速度$\boldsymbol{v}_d$的大小也叫漂移速率.如图7-4所示,设导体中自由电子的数密度为n,每个电子的漂移速度均为$\boldsymbol{v}_d$.在导体内取一面积元ΔS,且ΔS与$\boldsymbol{v}_d$垂直,于是在时间间隔Δt内,在任一长为$v_d\Delta t$、截面积为ΔS的柱体里的自由电子都要通过截面ΔS,即有$nv_d\Delta t\Delta S$个电子通过ΔS.考虑到每个电子电荷的绝对值为e,故在时间Δt内通过ΔS的电荷为$\Delta q=env_d\Delta t\Delta S$.由式(7-1)和式(7-2)可得,导体中$\Delta S$处的电流和电流密度为

$$\Delta I=env_d\Delta S \tag{7-4}$$

和

$$j=env_d \tag{7-5}$$

上述两式均表明,金属导体中的电流和电流密度均与自由电子的数密度和自由电子的漂移速率成正比.

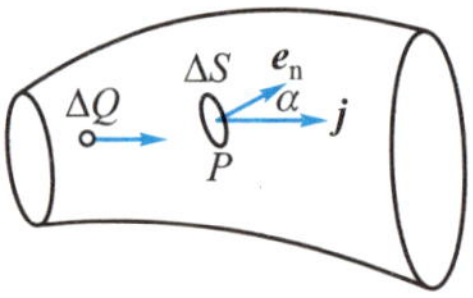

图 7-3 电流密度

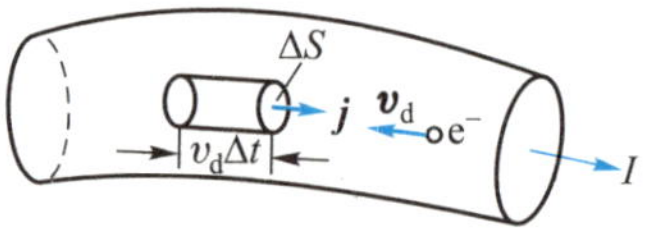

图 7-4 电流与电子漂移速度的关系

式(7-4)和式(7-5)对一般导体或半导体也适用,只不过把电子的电荷换成载流子的电荷q,把自由电子的漂移速率换成载流子的平均定向运动速率v就可以了.

例 1

(1) 设每个铜原子贡献一个自由电子,问铜导线中自由电子的数密度为多少?

(2) 在一般家用线路中,容许的电流最大值为 15 A,铜导线的半径为 0.81 mm.试问在这种情况下,自由电子的漂移速率是多少?

(3) 若铜导线中电流密度是均匀的,则电流密度的值是多少?

解 (1) 设以 ρ 表示铜的质量密度,$\rho=8.95\times10^{3}\ \mathrm{kg\cdot m^{-3}}$,$M$ 表示铜的摩尔质量,$M=63.5\times10^{-3}\ \mathrm{kg\cdot mol^{-1}}$,$N_A$ 表示阿伏伽德罗常量,那么铜导线内自由电子的数密度为

$$n=\frac{N_A\rho}{M}=\frac{6.02\times10^{23}\times8.95\times10^{3}}{63.5\times10^{-3}}\ \mathrm{m^{-3}}=8.48\times10^{28}\ \mathrm{m^{-3}}$$

(2) 已知电子电荷的绝对值为 $e=1.60\times10^{-19}$ C.由式(7-4)可得,自由电子的漂移速率为

$$v_d=\frac{I}{enS}=5.36\times10^{-4}\ \mathrm{m\cdot s^{-1}}\approx2\ \mathrm{m\cdot h^{-1}}$$

显然,自由电子的漂移速率比蜗牛的爬行速率还要略小一点.

(3) 电流密度为

$$j=\frac{I}{S}=\frac{15}{\pi\times(8.1\times10^{-4})^2}\ \mathrm{A\cdot m^{-2}}=7.28\times10^{6}\ \mathrm{A\cdot m^{-2}}$$

*二、电流的连续性方程 恒定电流条件

考虑如图 7-5(a)所示的闭合曲面,并规定曲面上任意点的法线方向总是向外.这样,在单位时间内从闭合曲面内向外流出的电荷,即通过闭合曲面向外的总传导电流为

$$\frac{\mathrm{d}Q}{\mathrm{d}t}=I=\oint_S \boldsymbol{j}\cdot\mathrm{d}\boldsymbol{S}$$

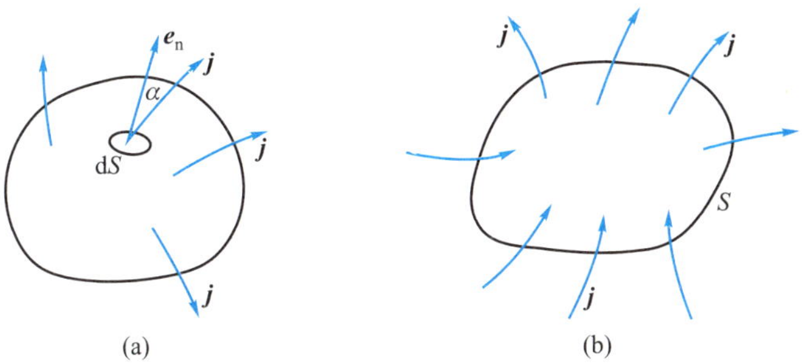

图 7-5 电流连续性方程和恒定电流条件

然而，根据电荷守恒定律，在单位时间内通过闭合曲面向外流出的电荷，应等于此闭合曲面内单位时间所减少的电荷. 如以$\frac{\mathrm{d}Q_{\mathrm{i}}}{\mathrm{d}t}$表示闭合曲面内单位时间减少的电荷，则有

$$\frac{\mathrm{d}Q}{\mathrm{d}t}=-\frac{\mathrm{d}Q_{\mathrm{i}}}{\mathrm{d}t}$$

把它与上式相比较，可得

$$\oint_S \boldsymbol{j}\cdot\mathrm{d}\boldsymbol{S}=-\frac{\mathrm{d}Q_{\mathrm{i}}}{\mathrm{d}t} \tag{7-6a}$$

它表明，单位时间内通过闭合曲面向外流出的电荷，等于此时间内闭合曲面里电荷的减少量. 这就是通常所说的电流的连续性. 上式叫做电流的连续性方程.

下面我们从电流连续性方程出发，讨论恒定电流存在的条件. 如图 7-5(b) 所示，我们在导体中取一个任意闭合曲面 S，如果此闭合曲面内的电荷不随时间变化，既不增加也不减少，即

$$\frac{\mathrm{d}Q_{\mathrm{i}}}{\mathrm{d}t}=0$$

则可得

$$\oint_S \boldsymbol{j}\cdot\mathrm{d}\boldsymbol{S}=0 \quad 或 \quad \oint_S \mathrm{d}I=0 \tag{7-6b}$$

上式表明，在闭合曲面内，若电荷不随时间变化，则电流密度矢量 $\boldsymbol{j}$ 对闭合曲面的面积分为零. 这就是说，从闭合曲面 S 上某一部分流入的电流，等于从闭合曲面 S 其他部分流出的电流. 总之，当导体中任意闭合曲面满足式(7-6b)时，闭合曲面内没有电荷被积累起来，此时通过闭合曲面的电流也是恒定的. 故式(7-6b)为恒定电流条件.

*三、欧姆定律的微分形式

按金属导电的机理，导体中各点的电流密度应与导体中的电场分布有关. 现在就来定量讨论这个问题. 如图 7-6 所示，在导体中取一长为 $\mathrm{d}l$、截面积为 $\mathrm{d}S$ 的柱体元，$\mathrm{d}S$ 上的电流密度 $\boldsymbol{j}$ 与 $\mathrm{d}S$ 相垂直. 设柱体元两端面之间的电压为 $\mathrm{d}U$，由欧姆定律可知，通过柱体元端面 $\mathrm{d}S$ 的电流为

$$\mathrm{d}I=\frac{\mathrm{d}U}{R}$$

式中 R 为柱体元的电阻. 导体的电阻率为 ρ，则有 $R=\rho\mathrm{d}l/\mathrm{d}S$. 于是上式可写为

$$\mathrm{d}I=\frac{1}{\rho}\frac{\mathrm{d}U}{\mathrm{d}l}\mathrm{d}S$$

有

$$\frac{\mathrm{d}I}{\mathrm{d}S}=\frac{1}{\rho}\frac{\mathrm{d}U}{\mathrm{d}l}$$

因为 $j=\mathrm{d}I/\mathrm{d}S$，$\mathrm{d}U=E\mathrm{d}l$，所以由上式可得

$$j=\frac{1}{\rho}E=\gamma E$$

式中 γ 叫做电导率，E 是导体内的电场强度. 考虑到上式中电流密度和电场强度均为矢量，且方向相同，故有

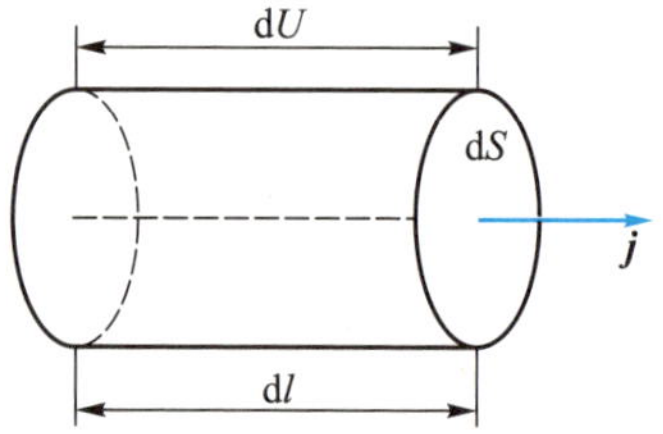

图 7-6　$\boldsymbol{j}$ 与 $\boldsymbol{E}$ 之间的关系

$$j=\frac{1}{\rho}E=\gamma E \tag{7-7}$$

这就是欧姆定律的微分形式.它表明,通过导体中任一点的电流密度 $\boldsymbol{j}$ 与电场强度 $\boldsymbol{E}$ 成正比,电场强度大的地方,电流密度也大;两者方向相同,大小成正比关系.可见,电流密度和导体材料的性质有关,而与导体的形状和大小无关.一般来说,在导体内的电场强度 $E<10^2\ \mathrm{V\cdot m^{-1}}$ 的情况下,金属导体的电阻率 ρ(或电导率 γ)可以视为常量,此时,式(7-7)中 $\boldsymbol{j}$ 与 $\boldsymbol{E}$ 之间的关系为线性关系.当金属导体内的 $E>10^3\sim10^4\ \mathrm{V\cdot m^{-1}}$ 时,电导率 γ 也要受 E 的影响,即 $\gamma=\gamma(E)$,这时 $\boldsymbol{j}$ 与 $\boldsymbol{E}$ 之间就是非线性关系了.

根据式(7-6a)和式(7-7),在恒定电流的情况下,在导体内部任取一闭合曲面 S,有

$$\oint_S \boldsymbol{j}\cdot\mathrm{d}\boldsymbol{S}=\oint_S \gamma\boldsymbol{E}\cdot\mathrm{d}\boldsymbol{S}=0$$

如果导体的电导率 γ 是均匀的,则对导体内任一闭合曲面 S,有

$$\oint_S \boldsymbol{E}\cdot\mathrm{d}\boldsymbol{S}=0$$

根据高斯定理[式(5-16)]①,结合上式可知,在恒定电流的情况下,电导率均匀的导体内部没有净电荷,电荷只能分布在导体的表面处(或分界面上).

例 2

如图 7-7 所示,一内半径为 R_1、外半径为 R_2 的金属圆柱筒,长度为 l,电阻率为 ρ.若圆柱筒内缘的电势高于外缘的电势,则它们的电势差为 U 时,圆柱体中沿径向的电流为多少?

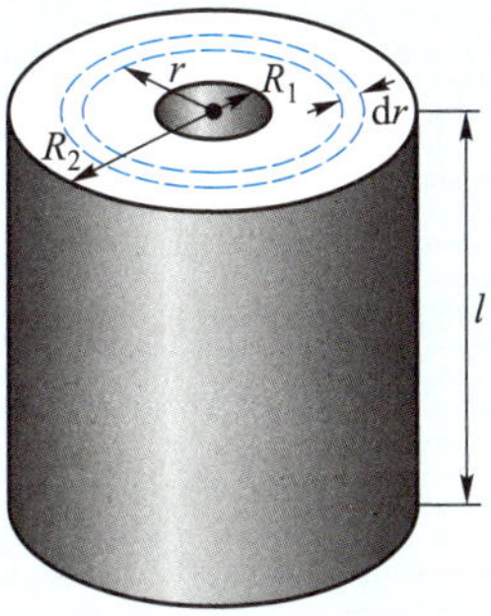

图 7-7

解 以半径 r 和 $r+\mathrm{d}r$ 作两个圆柱面,则圆柱面的面积为 $S=2\pi rl$.由电阻的定义可得,两圆柱面间的电阻为

$$\mathrm{d}R=\rho\frac{\mathrm{d}r}{S}=\rho\frac{\mathrm{d}r}{2\pi rl}$$

于是,圆柱筒的径向总电阻为

$$R=\int_{R_1}^{R_2}\rho\frac{\mathrm{d}r}{2\pi rl}=\frac{\rho}{2\pi l}\int_{R_1}^{R_2}\frac{\mathrm{d}r}{r}$$

即

$$R=\frac{\rho}{2\pi l}\ln\frac{R_2}{R_1}$$

由于圆柱筒内外缘之间的电势差为 U,因此由欧姆定律可求得,圆柱筒的径向电流为

$$I=\frac{U}{R}=\frac{U}{\dfrac{\rho}{2\pi l}\ln\dfrac{R_2}{R_1}}$$

① 恒定电流场 $\boldsymbol{E}$ 也满足静电场的高斯定理和环路定理.

7-2 电源 电动势

不难设想,若在导体两端维持恒定的电势差,那么导体中就会有恒定的电流流过.怎样才能维持恒定的电势差呢?

在图 7-8(a)所示的导电回路中,如开始时极板 A 和 B 分别带有正、负电荷,则 A、B 之间有电势差,这时在导线中有电场.在电场力作用下,正电荷从极板 A 通过导线移到极板 B,并与极板 B 上的负电荷中和,直至两极板间的电势差消失.

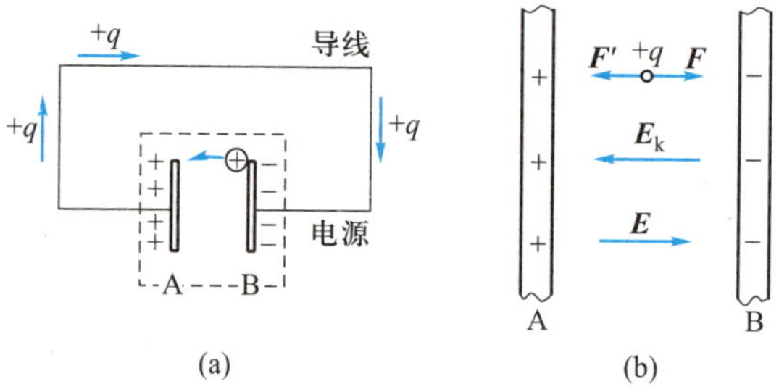

图 7-8 电源内的非静电力把正电荷从负极板移至正极板

但是,如果我们能把正电荷从负极板 B 沿着两极板间另一路径,移至正极板 A 上,并使两极板维持正、负电荷量不变,这样两极板间就有恒定的电势差,导线中也就有恒定的电流通过.显然,要把正电荷从极板 B 移至极板 A 必须有非静电力 $\boldsymbol{F}'$作用才行.这种能提供非静电力的装置称为电源.在电源内部,依靠非静电力 $\boldsymbol{F}'$克服静电力 $\boldsymbol{F}$ 对正电荷做功,才能使正电荷从极板 B 经电源内部输送到极板 A 上去[图 7-8(b)].可见,电源中非静电力 $\boldsymbol{F}'$的做功过程,就是把其他形式的能量转化为电能的过程.

为了表述不同电源转化能量的能力,人们引入了电动势这一物理量.我们定义单位正电荷绕闭合回路一周时,非静电力所做的功为电源的电动势.如以 $\boldsymbol{E}_k$ 表示非静电电场强度①,W 为非静电力所做的功,$\mathscr{E}$表示电源电动势,那么由上述电动势的定义,有

---

① 非静电电场强度 $\boldsymbol{E}_k$ 是一种等效说法,它是指作用在单位正电荷上的非静电力.在电源内部,$\boldsymbol{E}_k$ 的方向与静电电场强度 $\boldsymbol{E}$ 的方向相反.

$$\mathscr{E}=\frac{W}{q}=\oint \boldsymbol{E}_{\mathrm{k}}\cdot \mathrm{d}\boldsymbol{l} \tag{7-8}$$

考虑到在如图 7-8(a)所示的闭合回路中,外电路的导线中没有非静电场,非静电电场强度 $\boldsymbol{E}_{\mathrm{k}}$ 只存在于电源内部,故在外电路上有

$$\int_{外}\boldsymbol{E}_{\mathrm{k}}\cdot \mathrm{d}\boldsymbol{l}=0$$

这样,式(7-8)可改写为

$$\mathscr{E}=\oint_{l}\boldsymbol{E}_{\mathrm{k}}\cdot \mathrm{d}\boldsymbol{l}=\int_{内}\boldsymbol{E}_{\mathrm{k}}\cdot \mathrm{d}\boldsymbol{l} \tag{7-9}$$

式(7-9)表示电源电动势的大小等于把单位正电荷从负极经电源内部移至正极时非静电力所做的功.

电动势虽不是矢量,但为了便于判断在电流通过时非静电力是做正功还是做负功,通常把电源内部电势升高的方向,即从负极经电源内部到正极的方向,规定为电动势的方向.电动势的单位和电势的单位相同.

电源电动势的大小只取决于电源本身的性质.一定的电源具有一定的电动势,与外电路无关.

7-3 磁场 磁感强度

从静电场的研究中我们已经知道,在静止电荷周围的空间存在着电场,静止电荷间的相互作用是通过电场来传递的.可是,运动电荷间除了仍具有电场力作用之外,还具有一种场的作用,这种场称为磁场.磁场是存在于运动电荷(包括电流)周围空间的一种特殊物质.磁场对位于其中的运动电荷(或电流)有力的作用.因此,运动电荷与运动电荷之间、电流与电流之间、电流(或运动电荷)与磁铁之间的相互作用,都可以看成是它们中任意一个所激发的磁场对另一个施加作用力的结果.

在静电学中,为了考察空间某处是否有电场存在,可以在该处放一静止试验电荷 q_0,若 q_0 受到力 $\boldsymbol{F}$ 的作用,我们就可以说该处存在电场,并以电场强度 $\boldsymbol{E}=\boldsymbol{F}/q_0$ 来定量地描述该处的电场.与此类似,我们将从磁场对运动电荷的作用力,引出磁感强度 $\boldsymbol{B}$ 来定量地描述磁场.但是,磁场作用在运动电荷上的力不仅与电荷的多少有关,而且还与电荷运动的速度大小及方向有关.所以,磁场作用在运动电荷上的力比电场作用在静止电荷上的力要复杂得多.因此,对 $\boldsymbol{B}$ 的定义比对 $\boldsymbol{E}$ 的定义也要复杂些.下面我们以运动电荷在磁场力的作用下发生偏转这

一事实为对象,进行分析研究.

在图 7-9(a)所示的实验装置示意图中,1 与 2 为两组匝数较多的平行线圈.当两线圈内通以流向相同的电流时,在两线圈轴线中心附近的区域可获得比较均匀的磁场①.其间放置一个充有少量氩气的圆形玻璃泡,泡内的电子枪 M 可发射不同速率的电子束,而在电子束所经过的路径上,由于氩气被电离而发出辉光,从而可显示出电子束的偏转情况.图 7-9(b)为实物装置图.此外,玻璃泡也能绕水平轴 OO'旋转,使电子的运动方向随之改变,这样,通过分析电子束的偏转情况就可知道电子所受磁场力的大小和方向了.

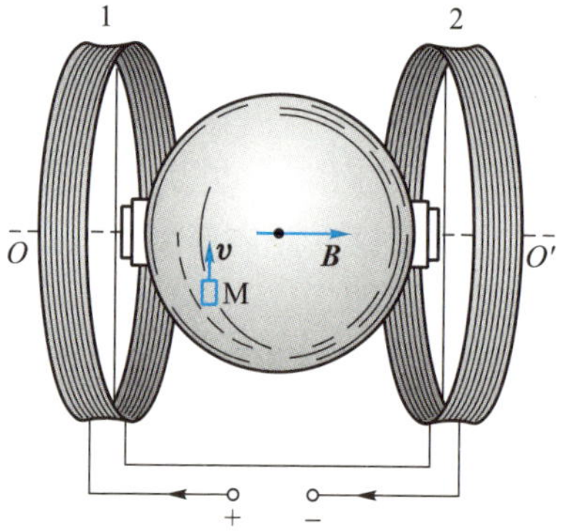

(a)

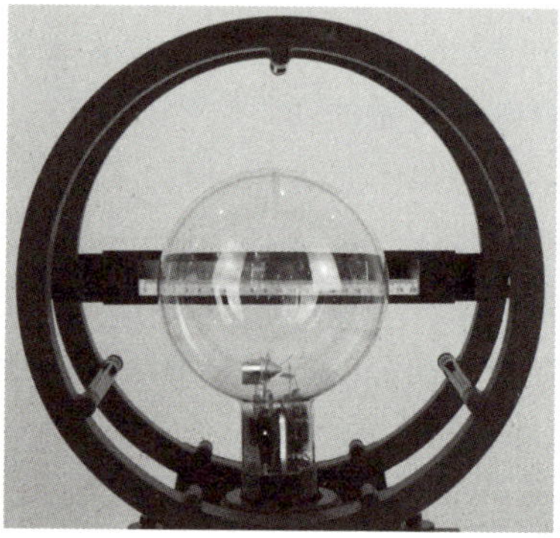

(b)

图 7-9 运动电荷在磁场中的运动情况

上面讲的是电子束在磁场中运动的情况.对于带正电的运动电荷,它们所受磁场力的方向与负电荷所受磁场力的方向相反.

进一步的实验发现,电荷在磁场中运动时,它所受的磁场力不仅与电荷的正、负有关,而且还与电荷运动速度的大小和方向有密切关系.依此,定义磁感强度② $\boldsymbol{B}$ 的方向和大小如下:

(1) 正电荷 $+q$ 以速度 $\boldsymbol{v}$ 经过磁场中某点,若它不受磁场力作用(即 $F=0$),则规定此时正电荷的速度方向为磁感强度 $\boldsymbol{B}$ 的方向[图 7-10(a)].这个方向与将小磁针置于此处时小磁针 N 极的指向是一致的.

(2) 当正电荷经过磁场中某点的速度 $\boldsymbol{v}$ 的方向与磁感强度 $\boldsymbol{B}$ 的方向垂直时[图 7-10(b)],它所受的磁场力最大,为 $F_{\perp}$,且 $F_{\perp}$ 与乘积 qv 成正比.显然,若电

① 这种在局部区域产生均匀磁场的平行通电线圈叫做亥姆霍兹线圈.本章习题 7-14 将计算它的磁感强度.

② 描述磁场的强度的物理量,似以用"磁场强度"为最好,但由于历史等方面的原因,现在一般都用"磁感[应]强度"这个物理量来描述.

荷经过此处的速率不同，则 $F_{\perp}$ 值也不同；然而，对磁场中某一定点来说，比值 $F_{\perp}/qv$ 却必是一定的.这种比值在磁场中不同位置处有不同的量值，它如实地反映了磁场的空间分布.我们把这个比值规定为磁场中某点的磁感强度 $\boldsymbol{B}$ 的大小，即

$$B=\frac{F_{\perp}}{qv} \tag{7-10}$$

这就如同用 $E=F/q_0$ 来描述电场的强弱一样，现在我们用 $B=F_{\perp}/qv$ 来描述磁场的强弱.从图 7-10(b)中还可以看出，对以速度 $\boldsymbol{v}$ 运动的负电荷来说，其所受磁场力的方向，则与正电荷所受磁场力的方向相反，大小却是相同的.

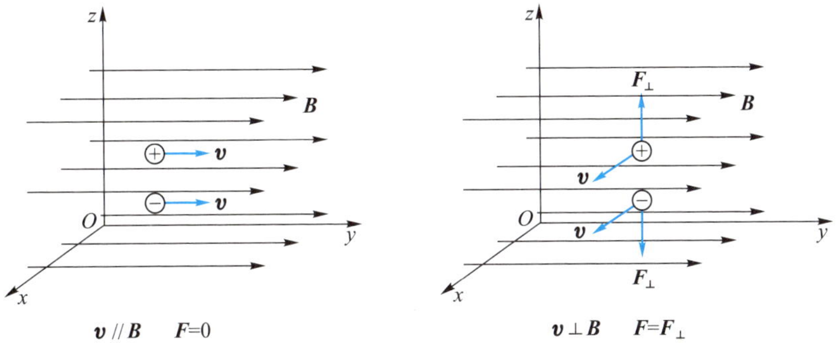

(a) 电荷的运动方向与磁场方向一致时，电荷所受的磁场作用力为零

(b) 电荷的运动方向与磁场方向垂直时，电荷所受的磁场作用力最大

图 7-10　运动电荷在磁场中所受的磁场力与电荷的符号及运动方向有关

由上述讨论可以知道，磁场力 $\boldsymbol{F}$ 既与运动电荷的速度 $\boldsymbol{v}$ 垂直，又与磁感强度 $\boldsymbol{B}$ 垂直，且相互构成右手螺旋关系，故它们间的矢量关系式可写成

$$\boldsymbol{F}=q\boldsymbol{v}\times\boldsymbol{B} \tag{7-11}$$

如 $\boldsymbol{v}$ 与 $\boldsymbol{B}$ 之间夹角为 θ，那么 $\boldsymbol{F}$ 的大小为 $F=qvB\sin\theta$.显然，当 $\theta=0$ 或 π，即 $\boldsymbol{v}/\!/\boldsymbol{B}$ 时，$\boldsymbol{F}=0$；当 $\theta=\pi/2$，即 $\boldsymbol{v}\perp\boldsymbol{B}$ 时，$\boldsymbol{F}=\boldsymbol{F}_{\perp}$，这与实验结果都是一致的.最后还需指出，对正电荷($q>0$)来说，$\boldsymbol{F}$ 的方向与 $\boldsymbol{v}\times\boldsymbol{B}$ 的方向相同；而负电荷($q<0$)的 $\boldsymbol{F}$ 方向则与 $\boldsymbol{v}\times\boldsymbol{B}$ 的方向相反.

在国际单位制中，B 的单位是 $\mathrm{N\cdot s\cdot C^{-1}\cdot m^{-1}}$ 或 $\mathrm{N\cdot A^{-1}\cdot m^{-1}}$，其名称为特斯拉①，符号为 T，即

$$1\ \mathrm{T}=1\ \mathrm{N\cdot A^{-1}\cdot m^{-1}}$$

① 1956 年国际电气技术学会用特斯拉作为磁感强度的单位名称.至于为何用特斯拉作为磁感强度的单位名称，将于本书第八章第 8-1 节末予以介绍.

表 7-1 中列出了自然界中的一些磁场的近似值.

表 7-1　自然界中的一些磁场(近似值)

中子星的磁场	10^{8} T(估算)	地球两极附近的磁场	6×10^{-5} T
超导电磁铁的磁场	5~40 T	太阳在地球轨道上的磁场	3×10^{-9} T
大型电磁铁的磁场	1~2 T	人体的磁场	10^{-12} T
地球赤道附近的磁场	3×10^{-5} T		

顺便指出,如果磁场中某一区域内各点的磁感强度 $\boldsymbol{B}$ 都相同,即该区域内各点 $\boldsymbol{B}$ 的方向一致、大小相等,那么,该区域内的磁场就叫做均匀磁场.不符合上述情况的磁场就是非均匀磁场.下面将讨论的长直密绕螺线管内中部的磁场,就是常见的均匀磁场.

7-4　毕奥-萨伐尔定律

这一节我们将介绍恒定电流激发磁场的规律.恒定电流的磁场亦称为静磁场或恒定磁场.在静磁场中,任意一点的磁感强度 $\boldsymbol{B}$ 仅是空间坐标的函数,而与时间无关.

一、毕奥-萨伐尔定律

在静电场中计算任意带电体在某点的电场强度 $\boldsymbol{E}$ 时,我们曾把带电体先分成无限多个电荷元 $\mathrm{d}q$,求出每个电荷元在该点的电场强度 $\mathrm{d}\boldsymbol{E}$,而所有电荷元在该点的 $\mathrm{d}\boldsymbol{E}$ 的叠加,即为此带电体在该点的电场强度 $\boldsymbol{E}$.现在对于载流导线来说,可以仿此思路,把流过某一线元矢量 $\mathrm{d}\boldsymbol{l}$ 的电流 I 与 $\mathrm{d}\boldsymbol{l}$ 的乘积称为电流元,而且把电流元中电流的流向就作为线元矢量的方向.那么,我们就可以把一载流导线看成是由许多个电流元 $I\mathrm{d}\boldsymbol{l}$ 连接而成的.这样,载流导线在磁场中某点所激发的磁感强度 $\boldsymbol{B}$,就是这导线的所有电流元在该点 $\mathrm{d}\boldsymbol{B}$ 的叠加.那么,电流元 $I\mathrm{d}\boldsymbol{l}$ 与它所激发的磁感强度 $\mathrm{d}\boldsymbol{B}$ 之间的关系如何呢?

如图 7-11 所示,载流导线上有一电流元 $I\mathrm{d}\boldsymbol{l}$,在真空中某点 P 处的磁感强度 $\mathrm{d}\boldsymbol{B}$ 的大小,与电流元的大小 $I\mathrm{d}l$ 成正比,与电流元 $I\mathrm{d}\boldsymbol{l}$ 和电流元到点 P 的矢量 $\boldsymbol{r}$ 间的夹角 θ 的正弦成正比,并与电流元到点 P 的距离 r 的二次方成反比,即

文档:毕奥

$$\mathrm{d}B=\frac{\mu_0}{4\pi}\frac{I\mathrm{d}l\sin\theta}{r^2} \tag{7-12a}$$

式中 μ_0 叫做真空磁导率.在国际单位制中,其值为 $\mu_0=4\pi\times10^{-7}\ \mathrm{N}\cdot\mathrm{A}^{-2}$.而 $\mathrm{d}\boldsymbol{B}$ 的方向垂直于 $\mathrm{d}\boldsymbol{l}$ 和 $\boldsymbol{r}$ 所组成的平面,并沿矢积 $\mathrm{d}\boldsymbol{l}\times\boldsymbol{r}$ 的方向,即由 $I\mathrm{d}\boldsymbol{l}$ 经小于 180° 的角转向 $\boldsymbol{r}$ 时的右螺旋前进方向(图 7-11).

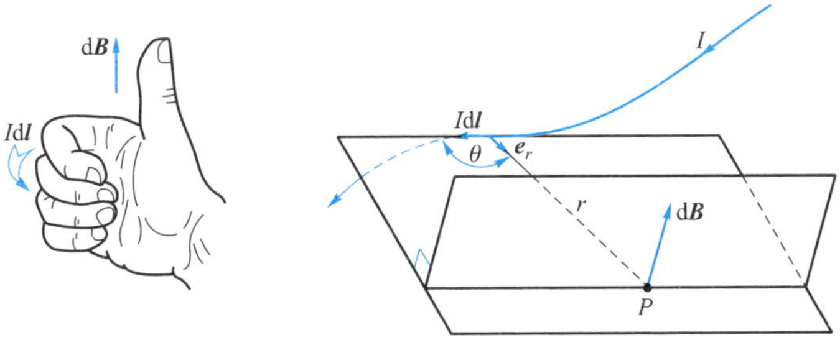

文档:萨伐尔

图 7-11 电流元的磁感强度的方向

若用矢量式表示,则有

$$\mathrm{d}\boldsymbol{B}=\frac{\mu_0}{4\pi}\frac{I\mathrm{d}\boldsymbol{l}\times\boldsymbol{e}_r}{r^2} \tag{7-12b}$$

式中 $\boldsymbol{e}_r$ 为沿矢量 $\boldsymbol{r}$ 的单位矢量.式(7-12)就是毕奥-萨伐尔定律.由于 $\boldsymbol{e}_r=\boldsymbol{r}/r$,故毕奥-萨伐尔定律也可以写成

$$\mathrm{d}\boldsymbol{B}=\frac{\mu_0}{4\pi}\frac{I\mathrm{d}\boldsymbol{l}\times\boldsymbol{r}}{r^3} \tag{7-12c}$$

这样,任意载流导线在点 P 处的磁感强度 $\boldsymbol{B}$ 可以由式(7-12)求得:

$$\boldsymbol{B}=\int\mathrm{d}\boldsymbol{B}=\int\frac{\mu_0 I}{4\pi}\frac{\mathrm{d}\boldsymbol{l}\times\boldsymbol{e}_r}{r^2} \tag{7-13}$$

本章开始时曾指出,毕奥-萨伐尔定律虽是以毕奥和萨伐尔的实验为基础,又由拉普拉斯①经过科学抽象得到的,但它不能由实验直接证明,然而由这个定律出发得出的结果都很好地和实验相符合.下面应用毕奥-萨伐尔定律来讨论几种载流导体所激起的磁场.

二、毕奥-萨伐尔定律应用举例

例 1

载流长直导线的磁场.在真空中有一通有电流 I 的长直导线 CD,试求此长直导线附近任意一点 P 处的磁感强度 $\boldsymbol{B}$.已知点 P 与长直导线间的垂直距离为 r_0.

① 拉普拉斯(Pierre Simon M.de Laplace,1749—1827),法国数学家和天文学家.

解　选取如图 7-12 所示的坐标系，其中 Oy 轴通过点 P，Oz 轴沿载流长直导线 CD.在载流长直导线上取一电流元 $I\mathrm{d}z$，根据毕奥-萨伐尔定律，此电流元在点 P 所激起的磁感强度 $\mathrm{d}\boldsymbol{B}$ 的大小为

$$\mathrm{d}B=\frac{\mu_0}{4\pi}\frac{I\mathrm{d}z\sin\theta}{r^2}$$

式中 θ 为电流元 $I\mathrm{d}z$ 与矢量 $\boldsymbol{r}$ 之间的夹角.$\mathrm{d}\boldsymbol{B}$ 的方向垂直于 $I\mathrm{d}z$ 与 $\boldsymbol{r}$ 所组成的平面（即 yOz 平面），沿 Ox 轴负方向.从图中可以看出，长直导线上各个电流元的 $\mathrm{d}\boldsymbol{B}$ 的方向都相同.因此点 P 的磁感强度的大小就等于各个电流元的磁感强度之和，用积分表示，有

$$B=\int\mathrm{d}B=\frac{\mu_0}{4\pi}\int_{CD}\frac{I\mathrm{d}z\sin\theta}{r^2}$$

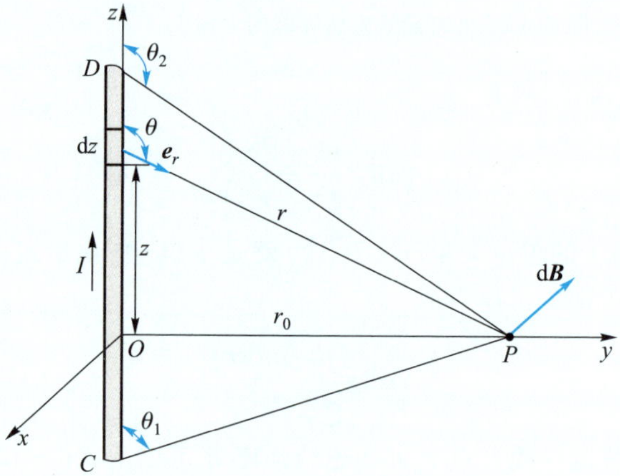

图 7-12

从图中可以看出 z、r 和 θ 之间有如下关系：

$$z=-r_0\cot\theta,\quad r=r_0/\sin\theta$$

于是，$\mathrm{d}z=r_0\mathrm{d}\theta/\sin^2\theta$，因而上式可写成

$$B=\frac{\mu_0 I}{4\pi r_0}\int_{\theta_1}^{\theta_2}\sin\theta\mathrm{d}\theta$$

θ_1 和 θ_2 分别是直电流的始点 C 和终点 D 处电流流向与该处到点 P 的矢量 $\boldsymbol{r}$ 间的夹角（图7-12）.由上式的积分得

$$B=\frac{\mu_0 I}{4\pi r_0}(\cos\theta_1-\cos\theta_2)\tag{1}$$

若载流长直导线可视为“无限长”直导线，则可近似取 $\theta_1=0$，$\theta_2=\pi$.这样由上式可得

$$B=\frac{\mu_0 I}{2\pi r_0}\tag{2}$$

这就是“无限长”载流直导线附近的磁感强度，它表明，其磁感强度与电流 I 成正比，与场点到导线的垂直距离成反比. 可以指出，上述结论与毕奥-萨伐尔早期的实验结果是一致的.

电流钳（也叫电流枪）是一种测量导线内电流的仪器. 使用时无须将其接入电路，只要将钳形口夹在导线四周，通过测量导线内电流产生的磁场的强弱就可以知道电流的大小. 这实际上利用了毕奥-萨伐尔定律 B 正比于 I 的结果，而 B 的测量则利用电流钳中的霍耳元件进行①.

例 2

圆形载流导线轴线上的磁场. 设在真空中，有一半径为 R 的载流导线，通过的电流为 I，这通常称为圆电流. 试求通过圆心并垂直于圆形导线平面的轴线上任意点 P 处的磁感强度.

解 选取如图 7-13 所示的坐标系，其中 Ox 轴通过圆心 O，并垂直于圆形导线的平面.

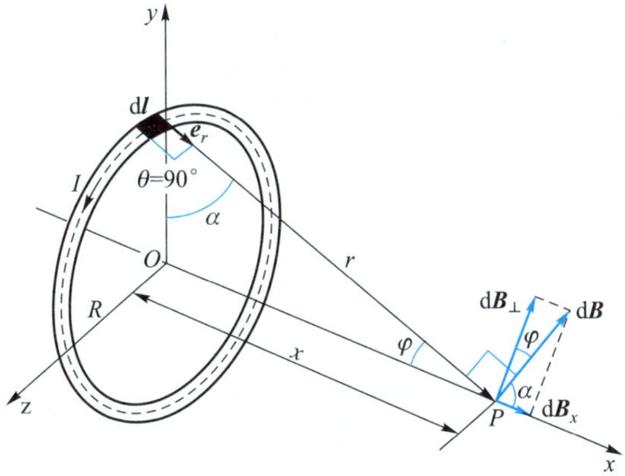

图 7-13

在圆形导线上任取一电流元 $I\mathrm{d}\boldsymbol{l}$，该电流元到点 P 的矢量为 $\boldsymbol{r}$，它在点 P 处所激起的磁感强度为

$$\mathrm{d}\boldsymbol{B}=\frac{\mu_0}{4\pi}\frac{I\mathrm{d}\boldsymbol{l}\times\boldsymbol{e}_r}{r^2}$$

由于 $\mathrm{d}\boldsymbol{l}$ 与 $\boldsymbol{r}$ 的单位矢量 $\boldsymbol{e}_r$ 垂直，因此 $\theta=90°$，则 $\mathrm{d}\boldsymbol{B}$ 的值为

$$\mathrm{d}B=\frac{\mu_0}{4\pi}\frac{I\mathrm{d}l}{r^2}$$

① 参见本章第 7-7 节中的霍耳效应.

而 d$\boldsymbol{B}$ 的方向垂直于电流元 $I\mathrm{d}\boldsymbol{l}$ 与矢量 $\boldsymbol{r}$ 所组成的平面，即 d$\boldsymbol{B}$ 与 Ox 轴的夹角为 α.因此，我们可以把 d$\boldsymbol{B}$ 分解成两个分量：一是沿 Ox 轴的分量 $\mathrm{d}B_x=\mathrm{d}B\cos\alpha$；另一是垂直于 Ox 轴的分量 $\mathrm{d}B_\perp=\mathrm{d}B\sin\alpha$.考虑到圆上任一直径两端的电流元对 Ox 轴的对称性，故所有电流元在点 P 处的磁感强度的分量 $\mathrm{d}B_\perp$ 的总和应等于零.所以，点 P 处磁感强度的值为

$$B=\int_l \mathrm{d}B_x=\int_l \mathrm{d}B\cos\alpha=\int_l \frac{\mu_0}{4\pi}\frac{I\mathrm{d}l}{r^2}\cos\alpha$$

由于 $\cos\alpha=R/r$，且对给定点 P 来说，r、I 和 R 都是常量，故有

$$B=\frac{\mu_0}{4\pi}\frac{IR}{r^3}\int_0^{2\pi R}\mathrm{d}l=\frac{\mu_0}{2}\frac{R^2I}{r^3}=\frac{\mu_0}{2}\frac{R^2I}{(R^2+x^2)^{3/2}} \tag{1}$$

$\boldsymbol{B}$ 的方向垂直于圆形导线平面且沿 Ox 轴正向.

由式(1)可以看出，当 $x=0$ 时，圆心点 O 处的磁感强度 $\boldsymbol{B}$ 的值为

$$B=\frac{\mu_0}{2}\frac{I}{R} \tag{2}$$

$\boldsymbol{B}$ 的方向垂直于圆形导线平面且沿 Ox 轴正向.

若 $x\gg R$，即场点 P 在远离原点 O 的 Ox 轴上，则 $(R^2+x^2)^{3/2}\approx x^3$.由式(1)可得

$$B=\frac{\mu_0IR^2}{2x^3}$$

圆电流的面积为 $S=\pi R^2$，上式可写成

$$B=\frac{\mu_0}{2\pi}\frac{IS}{x^3} \tag{3}$$

三、磁矩

在静电场中，我们曾讨论过电偶极子的电场，并引入电矩 $\boldsymbol{p}$ 这一物理量.与此相似，我们将引入磁矩 $\boldsymbol{m}$ 来描述载流线圈的性质.如图 7-14 所示，一平面圆电流的面积为 S，电流为 I，$\boldsymbol{e}_n$ 为圆电流平面的正法线单位矢量，它与电流 I 的流向遵守右手螺旋定则，即右手四指顺着电流流动方向回转时，大拇指的指向为圆电流正法线单位矢量 $\boldsymbol{e}_n$ 的方向.我们定义圆电流的磁矩为

$$\boldsymbol{m}=IS\boldsymbol{e}_n \tag{7-14}$$

$\boldsymbol{m}$ 的方向与圆电流的正法线单位矢量 $\boldsymbol{e}_n$ 的方向相同，$\boldsymbol{m}$ 的量值为 IS.应当指出，上式对任意形状的平面载流线圈都是适用的.

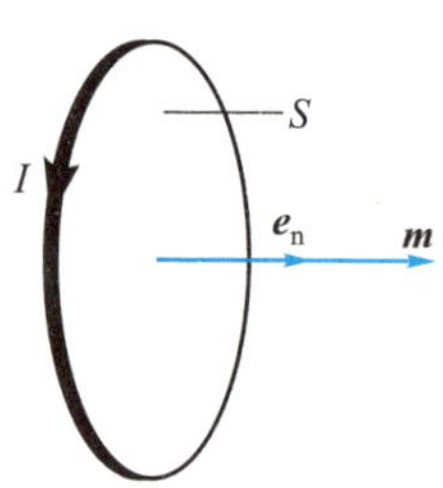

图 7-14 磁矩

依此，例 2 中圆电流的磁感强度式(3)可写成如下矢量形式：

$$B=\frac{\mu_0}{2\pi}\frac{\boldsymbol{m}}{x^3}=\frac{\mu_0}{2\pi}\frac{m}{x^3}\boldsymbol{e}_n$$

例 3

载流直螺线管内部的磁场.如图 7-15 所示,有一长为 l、半径为 R 的载流密绕直螺线管,螺线管的总匝数为 N,通有电流 I.设把螺线管放在真空中,求管内轴线上任意点 P 处的磁感强度.

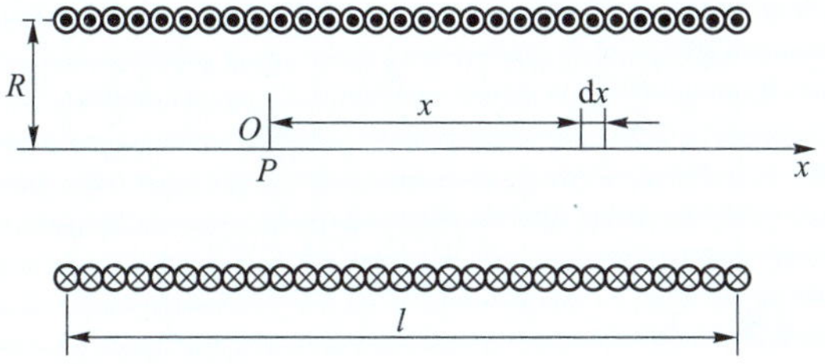

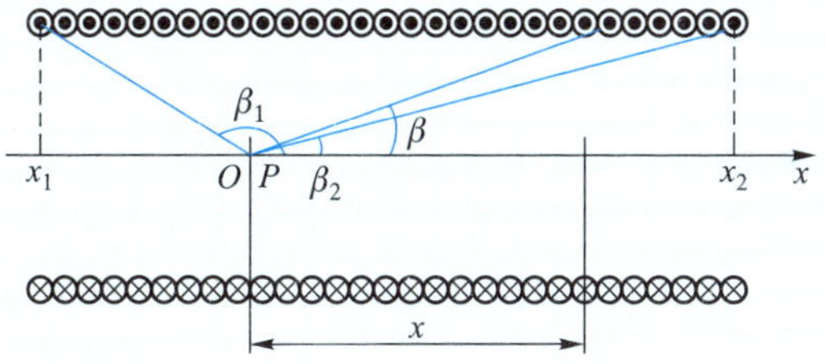

图 7-15

解 因为直螺线管上线圈是密绕的,所以每匝线圈上的电流可近似当作闭合的圆电流.于是,轴线上任意点 P 处的磁感强度 $\boldsymbol{B}$,可以认为是 N 个圆电流在该点各自激发的磁感强度的叠加.现取图 7-15(a)中轴线上的点 P 为坐标原点 O,并以轴线为 Ox 轴.在螺线管上取长为 $\mathrm{d}x$ 的一小段,匝数为 $\frac{N}{l}\mathrm{d}x$,其中 $\frac{N}{l}=n$ 为单位长度的匝数.这一小段载流线圈相当于通有电流 $In\mathrm{d}x$ 的圆形线圈.利用例 2 中的式(1)可得,它们在 Ox 轴上点 P 处的磁感强度 $\mathrm{d}\boldsymbol{B}$ 的值为

$$\mathrm{d}B=\frac{\mu_0}{2}\frac{R^2In\mathrm{d}x}{(R^2+x^2)^{3/2}} \tag{1}$$

$\mathrm{d}\boldsymbol{B}$ 的方向沿 Ox 轴正向.考虑到螺线管上各小段载流线圈在 Ox 轴上点 P 所激发的磁感强度的方向相同,均沿 Ox 轴正向,所以整个载流螺线管在点 P 处的磁感强度为

$$B = \int \mathrm{d}B = \frac{\mu_0 nI}{2}\int_{x_1}^{x_2}\frac{R^2\mathrm{d}x}{(R^2+x^2)^{3/2}} \tag{2}$$

为便于积分，用角变量 β 替换 x，β 为点 P 到各小段线圈的连线与 Ox 轴之间的夹角.从图 7-15(b)中可以看出

$$x = R\cot\beta,\quad (R^2+x^2) = R^2(1+\cot^2\beta) = R^2\csc^2\beta$$

及

$$\mathrm{d}x = -R\csc^2\beta\mathrm{d}\beta$$

把它们代入式(2)，得

$$B = -\frac{\mu_0 nI}{2}\int_{\beta_1}^{\beta_2}\frac{R^3\csc^2\beta\mathrm{d}\beta}{R^3\csc^3\beta} = -\frac{\mu_0 nI}{2}\int_{\beta_1}^{\beta_2}\sin\beta\mathrm{d}\beta$$

积分有

$$B = \frac{\mu_0 nI}{2}(\cos\beta_2 - \cos\beta_1) \tag{3}$$

β_1 和 β_2 的几何意义见图 7-15(b).

下面讨论几种特殊情况.

(1) 如点 P 处于管内轴线上的中点，在这种情况下，$\beta_1=\pi-\beta_2$，$\cos\beta_1=-\cos\beta_2$，而 $\cos\beta_2=\dfrac{l/2}{\sqrt{(l/2)^2+R^2}}$.由式(3)可得

$$B = \mu_0 nI\cos\beta_2 = \frac{\mu_0 nI}{2}\frac{l}{(l^2/4+R^2)^{1/2}}$$

若 $l \gg R$，即很细而很长的螺线管可看作是无限长的，则由上式可得，管内轴线上中点处的磁感强度的值为

$$B = \mu_0 nI$$

上述结果还可以由式(3)直接得到.对"无限长"的螺线管来说，可以取 $\beta_1=\pi$ 及 $\beta_2=0$，代入式(3)，亦得

$$B = \mu_0 nI \tag{4}$$

$\boldsymbol{B}$ 的方向沿 Ox 轴正向.

(2) 如点 P 处于半"无限长"载流螺线管的一端，则 $\beta_1=\dfrac{\pi}{2}$，$\beta_2=0$，或 $\beta_1=\pi$，$\beta_2=\pi/2$，由式(3)可得螺线管两端的磁感强度的值均为

$$B = \frac{1}{2}\mu_0 nI \tag{5}$$

比较上述结果可以看出，半"无限长"螺线管轴线上端点的磁感强度只有管内轴线中点磁感强度的一半.

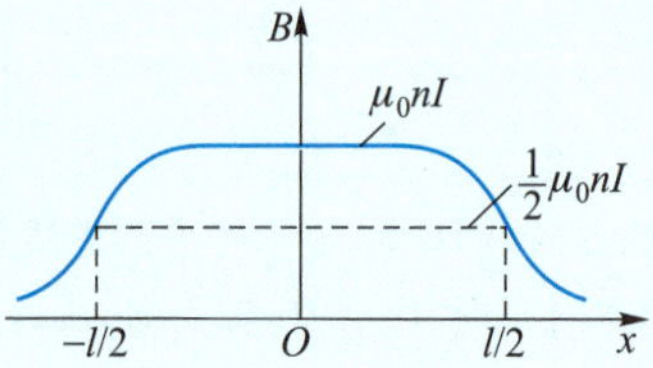

图 7-16

图 7-16 给出了长直螺线管内轴线上磁感强度的分布.从图 7-16 中可以看出，密绕载流长直螺线管内轴线中部附近的磁场可以视为均

匀磁场.对于无限长密绕载流螺线管,管内非轴线上的磁场与轴线上相等,而管外磁场为零.①

欧洲核子研究组织(CERN)有一个世界上最大的超导螺线管.螺线管直径 6 m,长 13 m,总质量超过 10 000 吨.螺线管上缠绕的超导导线总长达 1 947 km,可通以 56 kA 的电流,产生的磁场可达 4 T,用于 μ 子探测.

世界上最大的超导螺线管

四、运动电荷的磁场

我们知道导体中的电流是由导体中大量自由电子作定向运动形成的,因此,可以认为电流所激起的磁场,其实是由运动电荷所激发的.运动电荷能激发磁场已为许多实验所直接证实.

至于运动电荷所激发的磁感强度,很容易由毕奥-萨伐尔定律求得.

设一电流元 $I\mathrm{d}\boldsymbol{l}$ 的截面积为 S,此电流元中作定向运动的电荷数密度为 n,为简便计,这里以正电荷为研究对象,每个电荷均为 q,且定向运动速度均为 $\boldsymbol{v}$.由式(7-5)知,此电流元中的电流密度 $\boldsymbol{j}=nq\boldsymbol{v}$.因此,有

$$I\mathrm{d}\boldsymbol{l}=\boldsymbol{j}S\mathrm{d}l=nq\boldsymbol{v}S\mathrm{d}l$$

于是,毕奥-萨伐尔定律的表达式(7-12c)可写成

$$\mathrm{d}\boldsymbol{B}=\frac{\mu_0}{4\pi}\frac{nS\mathrm{d}lq\boldsymbol{v}\times\boldsymbol{r}}{r^3}$$

式中 $S\mathrm{d}l=\mathrm{d}V$ 为电流元的体积,$n\mathrm{d}V=\mathrm{d}N$ 为电流元中作定向运动的电荷数.那么,一个以速度 $\boldsymbol{v}$ 运动的电荷,在距它 $\boldsymbol{r}$ 处所激发的磁感强度为

$$\boldsymbol{B}=\frac{\mathrm{d}\boldsymbol{B}}{\mathrm{d}N}=\frac{\mu_0}{4\pi}\frac{q\boldsymbol{v}\times\boldsymbol{r}}{r^3} \tag{7-15a}$$

由于 $\boldsymbol{e}_r$ 是矢量 $\boldsymbol{r}$ 的单位矢量,故上式亦可写成

$$\boldsymbol{B}=\frac{\mu_0}{4\pi}\frac{q\boldsymbol{v}\times\boldsymbol{e}_r}{r^2} \tag{7-15b}$$

显然,$\boldsymbol{B}$ 的方向垂直于 $\boldsymbol{v}$ 和 $\boldsymbol{r}$ 组成的平面.当 q 为正电荷时,$\boldsymbol{B}$ 的方向为矢积 $\boldsymbol{v}\times\boldsymbol{r}$

---

① 运用本章第 7-6 节的安培环路定理可以证明.

的方向[图 7-17(a)];当 q 为负电荷时,$\boldsymbol{B}$ 的方向与矢积 $\boldsymbol{v}\times\boldsymbol{r}$ 的方向相反[图7-17(b)].

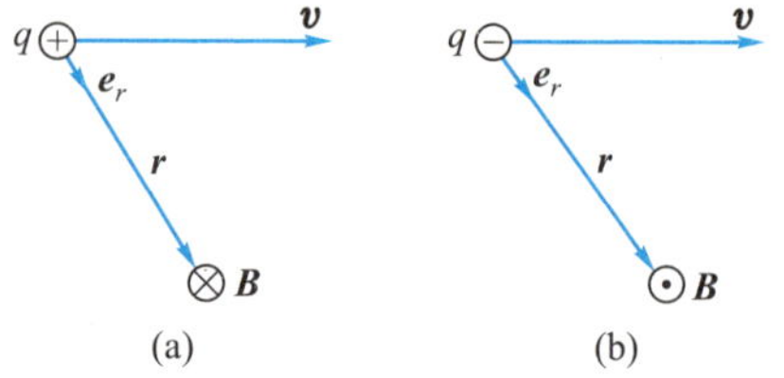

图 7-17 运动电荷的磁场方向

应当指出,运动电荷的磁场表达式(7-15)是有一定适用范围的,它只适用于运动电荷的速率 v 远小于光速 c(即 $v/c\ll 1$)的情况.对于 v 接近于 c 的情形,式(7-15)就不适用了,这时,运动电荷的磁场应当考虑到相对论性效应①.

例 4

设半径为 R 的带电薄圆盘的电荷面密度为 σ,并以角速度 ω 绕通过盘心且垂直盘面的轴转动,求圆盘中心处的磁感强度.

解 1 设圆盘带正电荷,且绕轴 O 逆时针旋转.在如图 7-18 所示的圆盘上取一半径分别为 r 和 $r+\mathrm{d}r$ 的细环带,此环带的电荷为 $\mathrm{d}q=\sigma\cdot 2\pi r\mathrm{d}r$.考虑到圆盘以角速度 ω 绕轴 O 旋转,即转速为 $n=\omega/2\pi$,于是与此转动细环带相当的圆电流为

$$\mathrm{d}I=n\mathrm{d}q=\frac{\omega}{2\pi}\sigma\cdot 2\pi r\mathrm{d}r=\sigma\omega r\mathrm{d}r$$

由本节例 2 知,圆电流在圆心处的磁感强度的值为 $B=\mu_0 I/2R$,其中 I 为圆电流,R 为圆电流半径.因此,圆盘上细环带在盘心 O 处的磁感强度的值为

$$\mathrm{d}B=\frac{\mu_0}{2r}\mathrm{d}I=\frac{\mu_0\sigma\omega}{2}\mathrm{d}r \tag{1}$$

于是整个圆盘转动时,在盘心 O 处的磁感强度的值为

$$B=\int\mathrm{d}B=\frac{\mu_0\sigma\omega}{2}\int_0^R\mathrm{d}r=\frac{\mu_0\omega\sigma R}{2} \tag{2}$$

已设圆盘带正电,故 $\boldsymbol{B}$ 的方向垂直纸面向外.

解 2 利用式(7-15b)有

$$\mathrm{d}B=\frac{\mu_0}{4\pi}\frac{\mathrm{d}qv}{r^2}$$

其中 $\mathrm{d}q=\sigma\cdot 2\pi r\mathrm{d}r, v=r\omega$,故上式为

$$\mathrm{d}B=\frac{\mu_0\sigma\omega}{2}\mathrm{d}r$$

此即式(1),所以亦能得到同式(2)一样的结果.

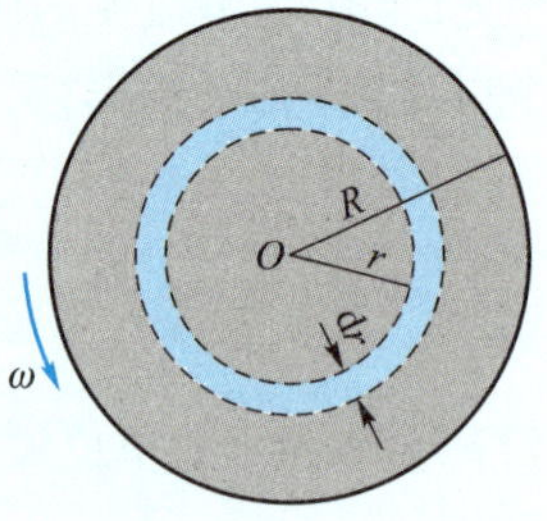

图 7-18

① 读者如有兴趣可参阅陆果《基础物理学教程》(第二版)上卷第 255 页(高等教育出版社,2006 年).

*例 5

求直线运动的电荷的磁场.

解　如图 7-19 所示,点电荷$+q$以速度$\boldsymbol{v}$匀速运动.当$+q$位于原点时,根据式(7-15b)可得,空间任一点 P 的磁感强度大小为

$$B=\frac{\mu_0}{4\pi}\frac{qv\sin\theta}{r^2}$$

式中 θ 为 $\boldsymbol{v}$ 与 $\boldsymbol{r}$ 之间的夹角.

当 $\theta=0$ 或 $\theta=\pi$ 时,$B=0$,即在运动电荷的正前方和正后方,该电荷产生的磁场为零.对一定的 r,$\theta=\pi/2$ 时,B 最大.磁感线的方向都在垂直于 $\boldsymbol{v}$ 的平面内($\boldsymbol{v}\times\boldsymbol{r}$的方向),磁感线为一个个同心圆,圆心在运动直线上,圆面与速度方向垂直.

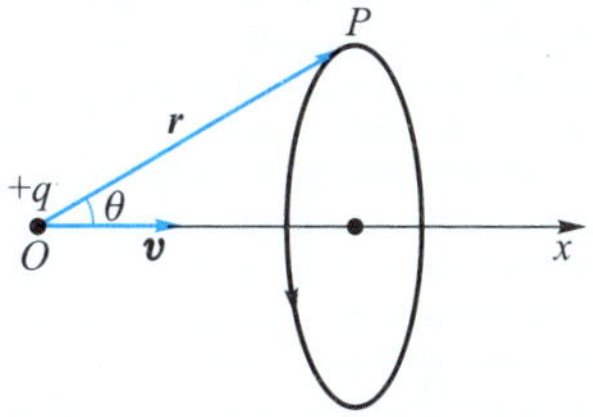

图 7-19　运动电荷的磁场

7-5　磁通量　磁场的高斯定理

一、磁感线

为了形象地反映磁场的分布情况,就像在静电场中用电场线来反映静电场分布那样,我们将用一些设想的曲线来表示磁场的分布.我们知道,给定磁场中某一点磁感强度 $\boldsymbol{B}$ 的大小和方向都是确定的,因此,我们规定曲线上每一点的切线方向就是该点的磁感强度 $\boldsymbol{B}$ 的方向,而曲线的疏密程度则表示该点磁感强度 $\boldsymbol{B}$ 的大小.这样的曲线叫做磁感线或 $\boldsymbol{B}$ 线.和电场线一样,磁感线也是人为地画出来的,并非磁场中真的有这种线存在.

磁场中的磁感线可借助小磁针或铁屑显示出来.如果在垂直于载流长直导线的玻璃板上撒上一些铁屑,这些铁屑将被磁场磁化,可以当作一些细小的磁针,它们在磁场中会形成如图 7-20(a)和(b)所示的分布图样.由载流长直导线的磁感线图形可以看出,磁感线的回转方向和电流之间的关系遵从右手螺旋定则,即用右手握住导线,使大拇指伸直并指向电流方向,这时其他四指弯曲的方向就是磁感线的回转方向[图 7-20(c)].

图 7-21 是圆电流和载流长直螺线管的磁感线图形.它们的磁感线方向,也可由右手螺旋定则来确定.不过这时要用右手握住螺线管(或圆电流),使四指弯曲的方向沿着电流方向,而大拇指伸直的方向就是螺线管内(或圆电流中心处)磁感线的方向.

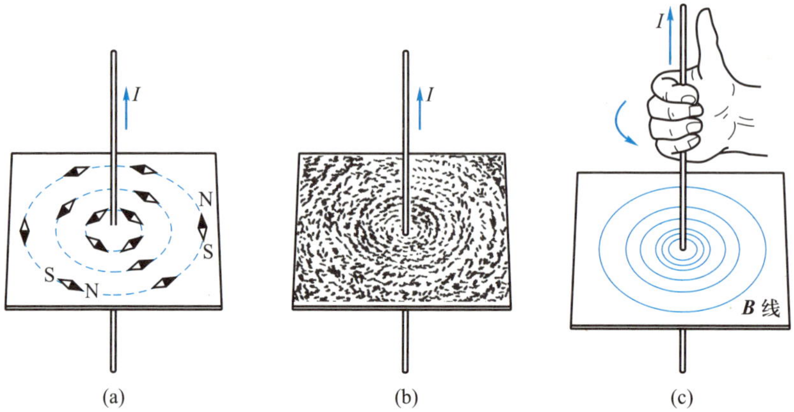

图 7-20　载流长直导线的磁感线

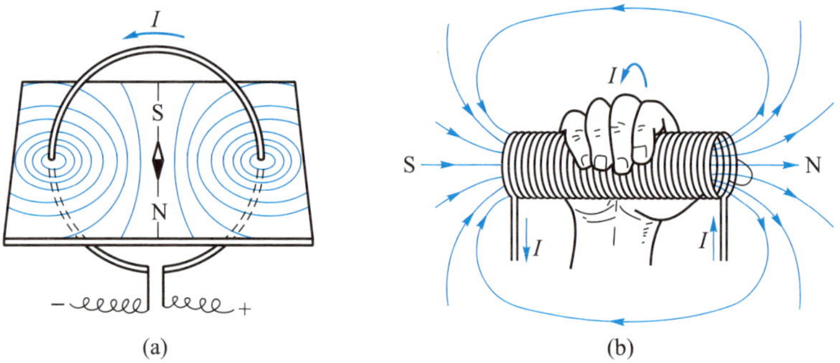

图 7-21　圆电流和载流长直螺线管的磁感线

由上述几种典型的载流导线磁感线的图形可以看出,磁感线具有如下特性:

(1) 由于磁场中某点的磁场方向是确定的,因此磁场中的磁感线不会相交.磁感线的这一特性和电场线是一样的.

(2) 载流导线周围的磁感线都是围绕电流的闭合曲线,没有起点,也没有终点.磁感线的这个特性和静电场中的电场线不同,静电场中的电场线起始于正电荷,终止于负电荷.

二、磁通量　磁场的高斯定理

为了使磁感线不但能表示磁场方向,而且能描述磁场的强弱,像静电场中规定电场线的密度那样,对磁感线的密度规定如下:磁场中某点处垂直于 $\boldsymbol{B}$ 矢量的单位面积上通过的磁感线数目(磁感线密度)等于该点 $\boldsymbol{B}$ 的值.因此,B 大的地方,磁感线就密集;B 小的地方,磁感线就稀疏.对均匀磁场来说,磁场中的磁感线相互平行,各处磁感线密度相等;对非均匀磁场来说,磁感线相互不平行,各处磁感线密度不相等.

通过磁场中某一曲面的磁感线数叫做通过此曲面的磁通量，用符号 Φ 表示.

如图 7-22(a)所示，在磁感强度为 $\boldsymbol{B}$ 的均匀磁场中，取一面积矢量 $\boldsymbol{S}$，其大小为 S，其方向用它的单位法线矢量 $\boldsymbol{e}_n$ 来表示，有 $\boldsymbol{S}=S\boldsymbol{e}_n$，在图中 $\boldsymbol{e}_n$ 与 $\boldsymbol{B}$ 之间的夹角为 θ.按照磁通量的定义，通过面 S 的磁通量为

$$\Phi = BS\cos\theta \tag{7-16a}$$

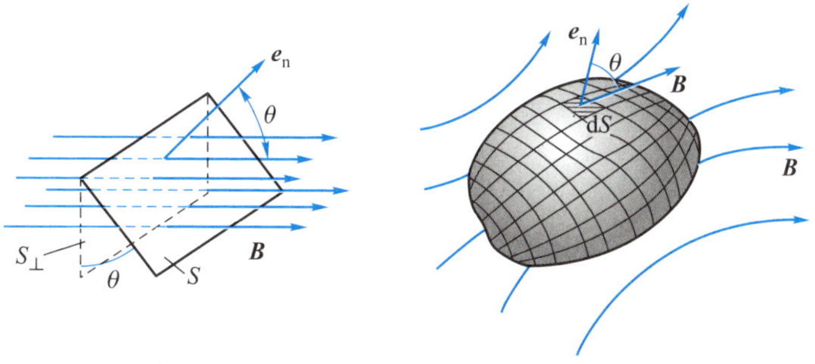

图 7-22 磁通量

用矢量来表示，上式可写为

$$\Phi = \boldsymbol{B}\cdot\boldsymbol{S} = \boldsymbol{B}\cdot\boldsymbol{e}_n S \tag{7-16b}$$

在不均匀磁场中，通过任意曲面的磁通量怎样计算呢？

在如图 7-22(b)所示的曲面上，取一面积元矢量 $d\boldsymbol{S}$，它所在处的磁感强度 $\boldsymbol{B}$ 与单位法线矢量 $\boldsymbol{e}_n$ 之间的夹角为 θ，则通过面积元 $d\boldsymbol{S}$ 的磁通量为

$$d\Phi = BdS\cos\theta = \boldsymbol{B}\cdot d\boldsymbol{S}$$

而通过某一有限曲面的磁通量 Φ 就等于通过这些面积元 $d\boldsymbol{S}$ 的磁通量 $d\Phi$ 的总和，即

$$\Phi = \int_S d\Phi = \int_S B\cos\theta dS = \int_S \boldsymbol{B}\cdot d\boldsymbol{S} \tag{7-17}$$

对于闭合曲面来说，人们规定其正法线单位矢量 $\boldsymbol{e}_n$ 的方向垂直于曲面向外.依照这个规定，当磁感线从曲面内穿出时$\left(\theta<\dfrac{\pi}{2}, \cos\theta>0\right)$，磁通量是正的；而当磁感线从曲面外穿入时$\left(\theta>\dfrac{\pi}{2}, \cos\theta<0\right)$，磁通量是负的.由于磁感线是闭合的，因此对任一闭合曲面来说，有多少条磁感线进入闭合曲面，就一定有多少条

磁感线穿出闭合曲面.也就是说,通过任意闭合曲面的磁通量必等于零,即

$$\oint_S B\cos\theta \mathrm{d}S=0$$

或

$$\oint_S \boldsymbol{B}\cdot \mathrm{d}\boldsymbol{S}=0 \tag{7-18}$$

上述结论也叫做磁场的高斯定理,它是表述磁场性质的重要定理之一.虽然式(7-18)和静电场的高斯定理$\left(\oint_S \boldsymbol{E}\cdot \mathrm{d}\boldsymbol{S}=\sum q/\varepsilon_0\right)$在形式上相似,但两者有着本质上的区别.通过任意闭合曲面的电场强度通量可以不为零,而通过任意闭合曲面的磁通量必为零.

在国际单位制中,Φ 的单位名称为韦伯①,符号为 Wb,有

$$1\ \mathrm{Wb}=1\ \mathrm{T}\times 1\ \mathrm{m}^2$$

简介磁单极子问题

在前面的讨论中,我们知道任意一根磁棒无论多么短都有 N 极和 S 极,单独磁极(或者说单独磁荷)是不存在的.然而 1931 年狄拉克在分析量子理论后预言,既然宇宙中存在基本电荷,那么宇宙中也应有基本"磁荷",也就是说宇宙中存在磁单极子.狄拉克还认为有了磁单极子,电磁理论将更对称和谐;有助于对宇宙起源的认识;能促进科学技术的新发展等.

狄拉克(P.A.M.Dirac,1902—1984)英国理论物理学家,由于对量子力学的贡献,于 1933 年获诺贝尔物理学奖.他正确地预言了正电子的存在和正负电子对的湮没和产生.他提出的存在磁单极子的预言,虽仍未被实验所证实,但已是当代物理学引人关注的问题之一.

此后,许多科学家从很多方面去寻找磁单极子.从地球上的铁矿石到太空中的铁陨石,甚至分析阿波罗飞船从月球取回的岩石等,都未能找到磁单极子.虽然直到现在人们仍未真正找到磁单极子,但是科学家们还在改进仪器和实验方法,继续为寻找磁单极子而默默地努力着.也有一些科学家认为磁单极子是不存在的.我们企盼着终将有一个合乎事实的结论.

---

① 韦伯(W.E.Weber,1804—1891),德国物理学家.他与高斯合作于 1833 年制成第一台有线电报机,1834 年又一起组织了磁学联合会,并创建了地磁观测网.

7-6 安培环路定理

一、安培环路定理

在第五章中,我们在静电场的环路定理中曾指出:电场线是有头有尾的,电场强度 $\boldsymbol{E}$ 沿任意闭合路径的积分等于零,即 $\oint_l \boldsymbol{E}\cdot \mathrm{d}\boldsymbol{l}=0$,这是静电场的一个重要特征.那么,磁场中的磁感强度 $\boldsymbol{B}$ 沿任意闭合路径的积分 $\oint_l \boldsymbol{B}\cdot \mathrm{d}\boldsymbol{l}$ 等于什么呢?

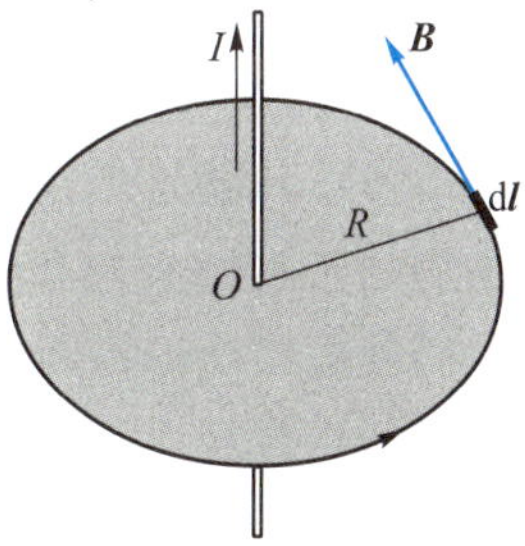

图 7-23 无限长载流直导线 $\boldsymbol{B}$ 的环流

下面先研究真空中一无限长载流直导线的磁场.如图 7-23 所示,取一平面与载流直导线垂直,并以这平面与导线的交点 O 为圆心,在平面上作一半径为 R 的圆.由第 7-4 节例 1 的式(2)可知,在这圆周上任意一点的磁感强度 $\boldsymbol{B}$ 的大小均为 $B=\mu_0 I/2\pi R$.若选定圆周的绕向为逆时针方向,则圆周上每一点 $\boldsymbol{B}$ 的方向与线元 $\mathrm{d}\boldsymbol{l}$ 的方向相同,即 $\boldsymbol{B}$ 与 $\mathrm{d}\boldsymbol{l}$ 之间的夹角 $\theta=0^\circ$.这样,$\boldsymbol{B}$ 沿着上述圆周的积分为

$$\oint_l \boldsymbol{B}\cdot \mathrm{d}\boldsymbol{l}=\oint_l B\cos\theta \mathrm{d}l=\oint_l \frac{\mu_0 I}{2\pi R}\mathrm{d}l=\frac{\mu_0 I}{2\pi R}\oint_l \mathrm{d}l$$

上式右端的积分值为圆周的周长 $2\pi R$,所以

$$\oint_l B\cdot \mathrm{d}\boldsymbol{l}=\mu_0 I \tag{7-19a}$$

上式表明,在恒定磁场中,磁感强度 $\boldsymbol{B}$ 沿闭合路径的线积分,等于此闭合路径所包围的电流与真空磁导率的乘积.$\boldsymbol{B}$ 沿闭合路径的线积分又叫做 $\boldsymbol{B}$ 的环流.

应当指出,在式(7-19a)中,积分回路 l 的绕行方向与电流的流向呈右手螺旋关系.若绕行方向不变,电流反向,则

$$\oint_l \boldsymbol{B}\cdot \mathrm{d}\boldsymbol{l}=-\mu_0 I=\mu_0(-I)$$

这时可以认为,对逆时针绕行的回路 l 来讲,电流是负的.

式(7-19a)是从特例得出的.如果 $\boldsymbol{B}$ 的环流沿任意闭合路径,而且其中不止一个电流,那么可以证明(见后面的小字证明):在真空的恒定磁场中,磁感强度 $\boldsymbol{B}$ 沿任一闭合路径的积分(即 $\boldsymbol{B}$ 的环流)的值,等于 μ_0 乘以该闭合路径所包围的各电流的代数和,即

$$\oint_l \boldsymbol{B} \cdot \mathrm{d}\boldsymbol{l} = \mu_0 \sum_{i=1}^{n} I_i \tag{7-19b}$$

这就是真空中磁场的环路定理,也称为安培环路定理.它是电流与磁场之间的基本规律之一.在式(7-19b)中,若电流流向与积分回路呈右手螺旋关系,则电流取正值,反之则取负值.

由式(7-19b)可以看出,不管闭合路径外面的电流如何分布,只要闭合路径没有包围电流,或者所包围电流的代数和等于零,总有 $\oint_l \boldsymbol{B} \cdot \mathrm{d}\boldsymbol{l} = 0$.但是,应当注意,$\boldsymbol{B}$ 的环流为零一般并不意味着闭合路径上各点的磁感强度都为零.

由安培环路定理还可以看出,因为磁场中 $\boldsymbol{B}$ 的环流一般不等于零,所以,恒定磁场的基本性质与静电场是不同的.静电场是保守场,磁场是涡旋场.

用静电场中的高斯定理可以求得电荷对称分布时的电场强度.同样,我们可以应用恒定磁场中的安培环路定理来求某些对称性分布电流的磁感强度.把真空中磁场的安培环路定理和真空中静电场的高斯定理对照列出,就不难明白这一点了.

磁场的安培环路定理 $\oint_l \boldsymbol{B} \cdot \mathrm{d}\boldsymbol{l} = \mu_0 \sum_{i=1}^{n} I_i$

静电场的高斯定理 $\oint_S \boldsymbol{E} \cdot \mathrm{d}\boldsymbol{S} = \sum_{i=1}^{n} \frac{q_i}{\varepsilon_0}$

安培(André-Marie Ampère,1775—1836),法国物理学家,对数学和化学也有贡献.他在电磁理论的建立和发展方面建树颇丰.1820 年 9 月他提出了物质磁性起源的分子电流假设,并在 1821—1825 年精巧实验的基础上导出两电流元间相互作用力的公式,这个公式为毕奥-萨伐尔定律和安培力公式之结合.

文档:安培

安培环路定理的一种证明.①

如图 7-24(a)所示,一通有电流 I 的长直载流导线垂直于纸平面,且电流流向垂直纸平

① 为简单起见,这里证明的是载流长直导线的情形,任意载流导线情况下的证明可参阅赵凯华、陈熙谋《新概念物理教程 电磁学》(第二版)第 121 页(高等教育出版社,2006 年).

面向内.在纸平面上取两个闭合路径 C_1 和 C_2,其中闭合路径 C_1 内包围的电流为 I,而在闭合路径 C_2 内没有电流.从图 7-24(b)可以看出,因为磁感强度 $\boldsymbol{B}$ 的方向总是沿着环绕直导线的圆形回路的切线方向,所以对闭合路径 C_1 或 C_2 上任意一线元 $\mathrm{d}\boldsymbol{l}$,磁感强度 $\boldsymbol{B}$ 与 $\mathrm{d}\boldsymbol{l}$ 的点积为

$$\boldsymbol{B}\cdot\mathrm{d}\boldsymbol{l}=B\mathrm{d}l\cos\alpha=Br\mathrm{d}\varphi$$

式中 r 为载流导线至线元 $\mathrm{d}l$ 的距离.根据第 7-4 节例 1 的式(2),上式可写成

$$\boldsymbol{B}\cdot\mathrm{d}\boldsymbol{l}=\frac{\mu_0 I}{2\pi r}r\mathrm{d}\varphi=\frac{\mu_0 I}{2\pi}\mathrm{d}\varphi \qquad (1)$$

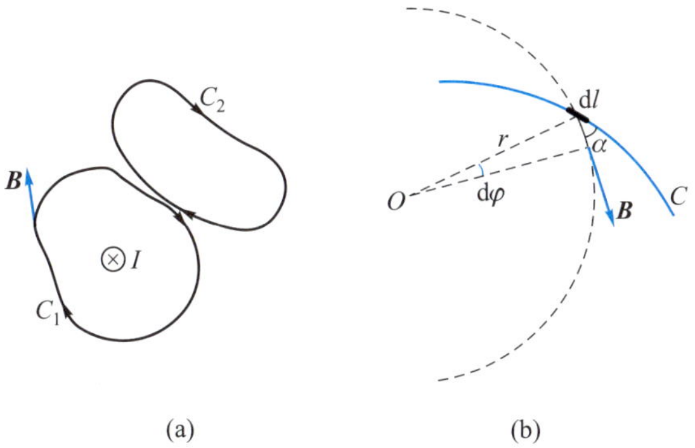

图 7-24　$\boldsymbol{B}$ 沿任意闭合路径的环流

对于图 7-24(a)中的闭合路径 C_1,角 φ 将由 0 增至 2π.于是,磁感强度 $\boldsymbol{B}$ 沿闭合路径 C_1 的环流为

$$\oint_{C_1}\boldsymbol{B}\cdot\mathrm{d}\boldsymbol{l}=\frac{\mu_0 I}{2\pi}\oint\mathrm{d}\varphi=\frac{\mu_0 I}{2\pi}2\pi=\mu_0 I \qquad (2)$$

可见,真空中磁感强度 $\boldsymbol{B}$ 沿闭合路径的环流等于闭合路径所包围的电流乘以 μ_0,而与闭合路径的形状无关.

然而,对于图 7-24(a)中的闭合路径 C_2,将得到不同的结果.我们从闭合路径 C_2 上某一点出发绕行一周后,角 φ 的净增量为零,即

$$\oint\mathrm{d}\varphi=0$$

于是,由式(1)可得

$$\oint_{C_2}\boldsymbol{B}\cdot\mathrm{d}\boldsymbol{l}=0 \qquad (3)$$

比较式(2)和式(3)可以看出,它们是有差别的.这是由于闭合路径 C_1 包围了电流,而闭合路径 C_2 却未包围电流.于是我们可以得到普遍的安培环路定理:沿任意闭合路径的磁感强度 $\boldsymbol{B}$ 的环流为

$$\oint \boldsymbol{B} \cdot \mathrm{d}\boldsymbol{l} = \mu_0 \sum I_i$$

式中 $\sum I_i$ 是该闭合路径所包围电流的代数和.

二、安培环路定理的应用举例

例 1

载流螺绕环内的磁场. 图 7-25(a) 为一螺绕环,环内为真空.环上均匀地密绕有 N 匝线圈,线圈中的电流为 I. 由于环上的线圈绕得很密集,环外的磁场很微弱,可以略去不计,磁场几乎全部集中在螺绕环内.此时,呈对称分布的电流使磁场也具有对称性,导致环内的磁感线形成同心圆,且同一圆周上各点的磁感强度 $\boldsymbol{B}$ 的大小相等,方向沿圆周的切向.

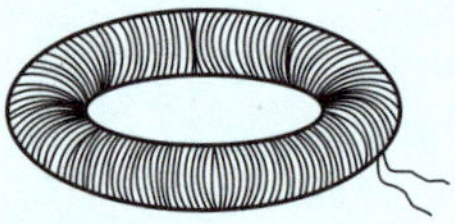

(a) 螺绕环

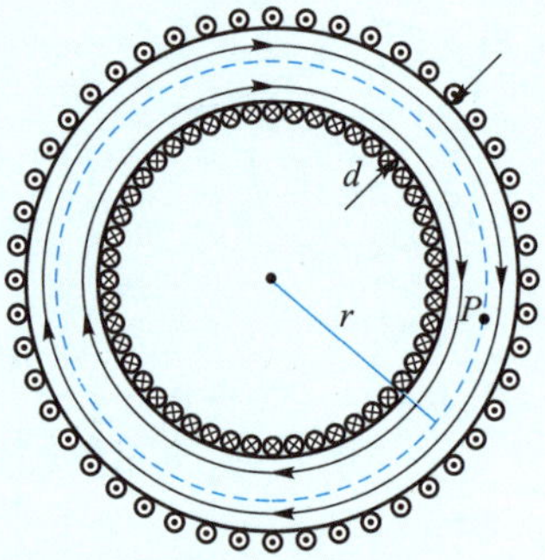

(b) 螺绕环内的磁场

图 7-25

现通过环内点 P,以半径 r 作一圆形闭合路径[图 7-25(b)].显然闭合路径上各点的磁感强度方向都和闭合路径相切,各点 $\boldsymbol{B}$ 的值都相等.根据安培环路定理有

$$\oint_l \boldsymbol{B} \cdot \mathrm{d}\boldsymbol{l} = B \cdot 2\pi r = \mu_0 NI$$

可得

$$B = \frac{\mu_0 NI}{2\pi r}$$

从上式可以看出,螺绕环内的横截面上各点的磁感强度是不同的.如果 L 表示螺绕环中心线所在的圆形闭合路径的长度,那么,螺绕环中心线上一点处的磁感强度为

$$B = \mu_0 \frac{NI}{L} = \mu_0 nI$$

式中 n 为环上单位长度线圈的匝数.当螺绕环中心线的直径比线圈的直径大得多,即 $2r \gg d$ 时,管内的磁场可近似看成是均匀的,管内任意点的磁感强度均可用上式表示.长直螺线管也可以看成 r 趋于无穷大的螺绕环,其外部 $B=0$.

“东方超环”(Experimental and Advanced Superconducting Tokamak,EAST)是我国自行设计、研制的全超导托卡马克核聚变实验装置①,其中一个核心部件就是复杂的超导螺绕环.

东方超环

例 2

无限长载流圆柱体的磁场.在第 7-4 节中,我们用毕奥-萨伐尔定律计算了无限长载流直导线的磁场,当时认为通过导线的电流是线电流,而实际上,导线都有一定的半径,流过导线的电流是分布在整个截面内的.

设在半径为 R 的圆柱形导体中,电流沿轴向流动,且电流在截面上的分布是均匀的.如果圆柱形导体很长,那么在导体的中部,磁场的分布可视为是对称的.下面先用安培环路定理来求圆柱体外的磁感强度.

如图 7-26 所示,设点 P 离圆柱体轴线的垂直距离为 r,且 $r>R$.通过点 P 作半径为 r 的圆,圆面与圆柱体的轴线垂直.由于对称性,在以 r 为半径的圆周上,$\boldsymbol{B}$ 的值相等,方向都沿圆的切线,故 $\boldsymbol{B}\cdot\mathrm{d}\boldsymbol{l}=B\mathrm{d}l$.于是根据安培环路定理有

$$\oint_l \boldsymbol{B}\cdot\mathrm{d}\boldsymbol{l}=\oint_l B\mathrm{d}l=B\oint_l \mathrm{d}l=B\cdot 2\pi r=\mu_0 I$$

得

$$B=\frac{\mu_0 I}{2\pi r}\quad (r>R)$$

把上式与无限长载流直导线的磁场相比较可以看出,无限长载流圆柱体外的磁感强度与无限长载流直导线的磁感强度是相同的.

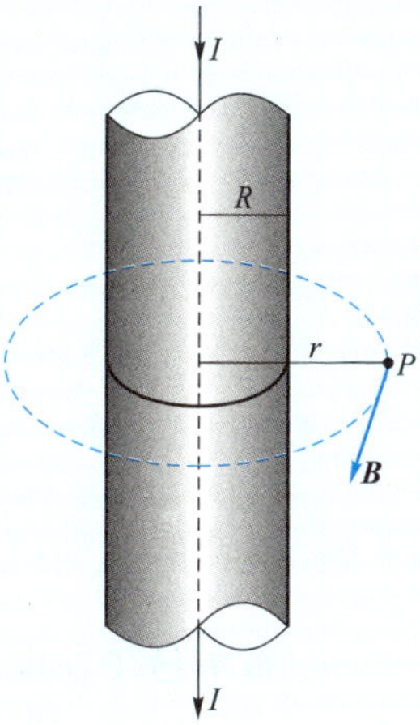

图 7-26

现在来计算圆柱体内距轴线垂直距离为 r 处($r<R$)的磁感强度.如图 7-27(a)所示,通过点 P 作半径为 r 的圆,圆面与圆柱体的轴线垂直.由于磁场的对称性,圆周上各点 $\boldsymbol{B}$ 的值相等,方向均与圆周相切.故根据安培环路定理②有

$$\oint \boldsymbol{B}\cdot\mathrm{d}\boldsymbol{l}=B\cdot 2\pi r=\mu_0\sum I_i$$

式中 $\sum I_i$ 是以 r 为半径的圆所包围的电流.如果在圆柱体内电流密度是均匀的,即 $j=I/\pi R^2$,那么,通过截面积 πr^2 的电流 $\sum I_i=j\pi r^2=Ir^2/R^2$.于是上式可写为

① 参见本书下册第十四章第 14-7 节.

② 在表 7-2 中,我们将看到铜(抗磁质)、铝(顺磁质)这类金属导体,它们的磁化率是很小的.在一般情况下,顺磁质和抗磁质因磁化所产生的附加磁场,与电流的磁场相比较是很弱的,因此非铁磁导体的磁化效应常可略去不计.参见本章第 7-9 节关于表 7-2 的说明.

$$\oint_l \boldsymbol{B}\cdot \mathrm{d}\boldsymbol{l}=B\cdot 2\pi r=\mu_0\frac{Ir^2}{R^2}$$

得

$$B=\frac{\mu_0 Ir}{2\pi R^2}\quad (r<R)$$

由上述结果可得图 7-27(b)所示的图线,它给出了 $\boldsymbol{B}$ 的值随 $\boldsymbol{r}$ 变化的情形.

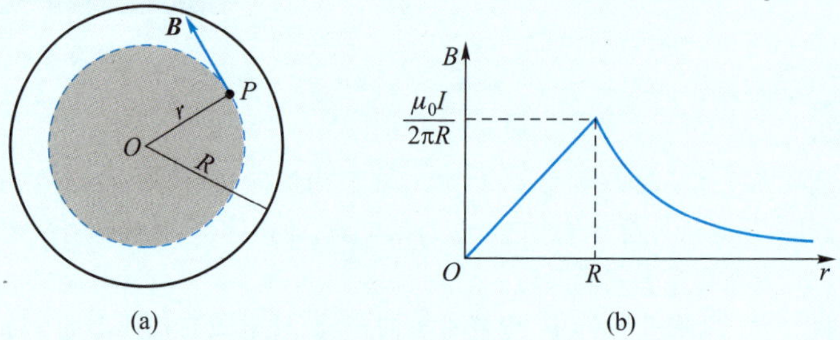

图 7-27

7-7 带电粒子在电场和磁场中的运动

前面介绍了电流激发磁场的毕奥-萨伐尔定律,以及磁场的两个基本定理:磁场的高斯定理和安培环路定理.这一节将在介绍运动电荷在电场和磁场中受力作用的基础上,分别讨论带电粒子在磁场中运动以及带电粒子在电场和磁场中运动的一些例子.通过这些例子,我们可以了解电磁学的一些基本原理在科学技术中的应用.

一、带电粒子在电场和磁场中所受的力

从电场的讨论中,我们知道若电场中点 P 的电场强度为 $\boldsymbol{E}$,则处于该点的电荷为 $+q$ 的带电粒子所受的电场力为

$$\boldsymbol{F}_{\mathrm{e}}=q\boldsymbol{E}$$

此外,从式(7-11)知道,若点 P 处的磁感强度为 $\boldsymbol{B}$,且电荷为 $+q$ 的带电粒子以速度 $\boldsymbol{v}$ 通过点 P,如图 7-28 所示,则作用在带电粒子上的磁场力为

$$\boldsymbol{F}_{\mathrm{m}}=q\boldsymbol{v}\times\boldsymbol{B}\qquad(7-20)$$

式中 $\boldsymbol{F}_{\mathrm{m}}$ 叫做洛伦兹力.洛伦兹力 $\boldsymbol{F}_{\mathrm{m}}$ 的方向垂直于运动电荷的速度 $\boldsymbol{v}$ 和磁感强度 $\boldsymbol{B}$ 所组成的平面,且符合右手螺旋定则:即以右手四指由 $\boldsymbol{v}$ 经小于 180°的角弯向 $\boldsymbol{B}$,此时,拇指的指向就是正电荷所受洛伦兹力的方向.由式(7-20)还可以看

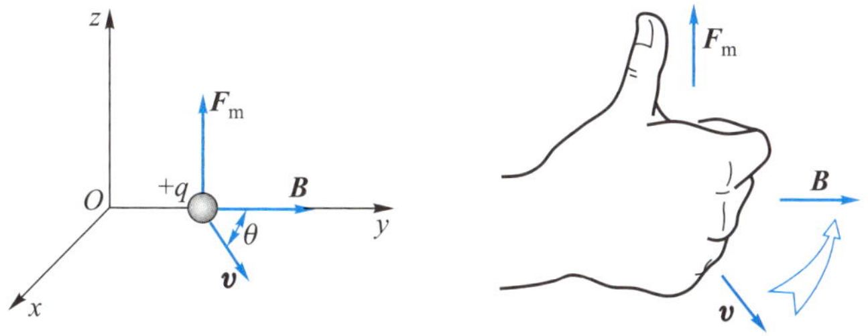

图 7-28 洛伦兹力

出，当电荷为 $+q$ 时，$\boldsymbol{F}_m$ 的方向与 $\boldsymbol{v}\times\boldsymbol{B}$ 的方向相同；当电荷为 $-q$ 时，$\boldsymbol{F}_m$ 的方向则与 $\boldsymbol{v}\times\boldsymbol{B}$ 的方向相反.

在普遍的情况下，带电粒子若既在电场又在磁场中运动时，则作用在带电粒子上的力应为电场力 $q\boldsymbol{E}$ 和洛伦兹力① $q\boldsymbol{v}\times\boldsymbol{B}$ 之和，即

$$\boldsymbol{F}=q\boldsymbol{E}+q\boldsymbol{v}\times\boldsymbol{B} \tag{7-21}$$

二、带电粒子在磁场中运动举例

1. 回旋半径和回旋频率

设电荷为 $+q$、质量为 m 的带电粒子，以初速度 $\boldsymbol{v}_0$ 进入磁感强度为 $\boldsymbol{B}$ 的均匀磁场中，且 $\boldsymbol{v}_0$ 与 $\boldsymbol{B}$ 垂直，如图 7-29 所示②. 若略去重力作用，则作用在带电粒子上的力仅为洛伦兹力 $\boldsymbol{F}$，其值为 $F=qv_0B$，而 $\boldsymbol{F}$ 的方向垂直于 $\boldsymbol{v}_0$ 与 $\boldsymbol{B}$ 所构成的平面. 所以，带电粒子进入磁场后将以速率 v_0 作匀速圆周运动. 根据牛顿第二定律容易求得

$$R=\frac{mv_0}{qB} \tag{7-22}$$

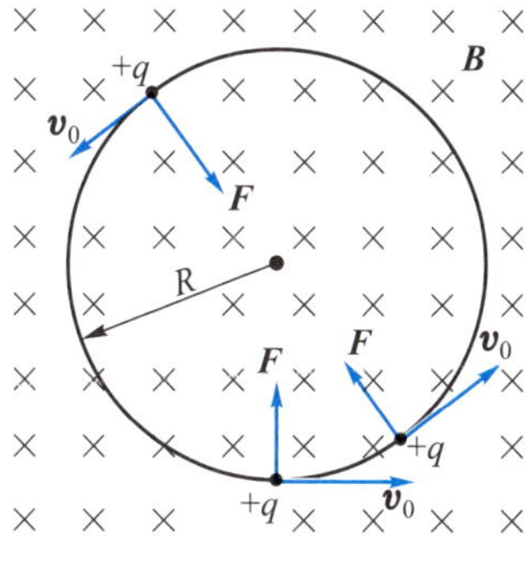

图 7-29 带电粒子的 $\boldsymbol{v}_0$ 与 $\boldsymbol{B}$ 垂直时的运动

式中 R 称为回旋半径，它与带电粒子速度 $\boldsymbol{v}_0$ 的值成正比，与磁感强度 $\boldsymbol{B}$ 的值成反比.

粒子运行一周所需要的时间叫做回旋周期，

① 一般也称 $\boldsymbol{F}=q\boldsymbol{E}+q\boldsymbol{v}\times\boldsymbol{B}$ 为洛伦兹力，而将最早由洛伦兹提出的 $\boldsymbol{F}_m=q\boldsymbol{v}\times\boldsymbol{B}$ 称为磁场力. 本书仍称 $q\boldsymbol{v}\times\boldsymbol{B}$ 为洛伦兹力.

② 为在图上表示 $\boldsymbol{B}$ 的方向，符号"×"表示 $\boldsymbol{B}$ 的方向垂直纸面向里；符号" · "表示 $\boldsymbol{B}$ 的方向垂直纸面向外. 其他矢量也可这样表示.

用符号 T 表示，即

$$T=\frac{2\pi R}{v_0}=\frac{2\pi m}{qB} \tag{7-23a}$$

单位时间内粒子所运行的圈数叫做回旋频率，用符号 f 表示，即

$$f=\frac{1}{T}=\frac{qB}{2\pi m} \tag{7-23b}$$

应当指出，以上种种结论只适用于带电粒子速度远小于光速的非相对论情形.如带电粒子的速度接近于光速，上述公式虽然仍可沿用，但粒子的质量 m 不再为常量，而是随速度趋于光速而增加的，因而回旋周期将变长，回旋频率将减小.考虑到这种情况，人们便研制了同步回旋加速器等.

2. 磁聚焦

前面讨论了带电粒子的初速度 $\boldsymbol{v}_0$ 与磁感强度 $\boldsymbol{B}$ 垂直时带电粒子作圆周运动的情形，下面讨论 $\boldsymbol{v}_0$ 与 $\boldsymbol{B}$ 之间有任意夹角时带电粒子的运动规律.如图7-30所示，设均匀磁场中的磁感强度 $\boldsymbol{B}$ 的方向沿 z 轴正向，带电粒子的初速度 $\boldsymbol{v}_0$ 与 $\boldsymbol{B}$ 之间的夹角为 θ.于是，可将初速度 $\boldsymbol{v}_0$ 分解为：平行于 $\boldsymbol{B}$ 的纵向分矢量 $\boldsymbol{v}_{/\!/}$ 和垂直于 $\boldsymbol{B}$ 的横向分矢量 $\boldsymbol{v}_{\perp}$.它们的值分别为 $v_{/\!/}=v_0\cos\theta$ 和 $v_{\perp}=v_0\sin\theta$.我们已经清楚，速度的横向分矢量 $\boldsymbol{v}_{\perp}$ 在磁场作用下将使粒子在垂直于 $\boldsymbol{B}$ 的平面内作匀速圆周运动；而速度的纵向分矢量 $\boldsymbol{v}_{/\!/}$ 则不受磁场的影响，使粒子沿 z 轴作匀速直线运动.带电粒子同时参与这两个运动的结果是，它将沿螺旋线向前运动.显然，螺旋线的半径为

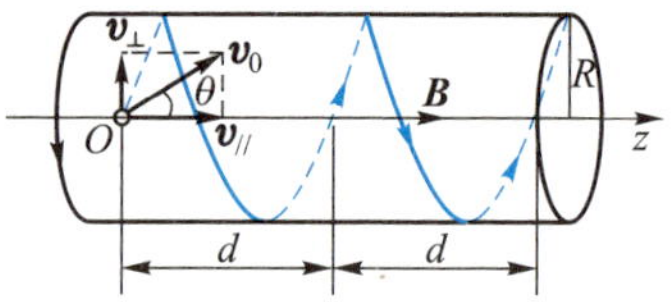

图 7-30 带电粒子在均匀磁场中的螺旋运动

$$R=\frac{mv_{\perp}}{qB}$$

回旋周期为

$$T=\frac{2\pi R}{v_{\perp}}=\frac{2\pi m}{qB}$$

而且，若把带电粒子回旋一周所前进的距离叫做螺距，则其值为

$$d=v_{/\!/}T=\frac{2\pi m v_{/\!/}}{qB}$$

上式表明，螺距 d 与 $v_{\perp}$ 无关，只与 $v_{/\!/}$ 成正比.

利用上述结果可实现磁聚焦.如图 7-31 所示,在均匀磁场中某点 A 发射一束初速度相差不大的带电粒子,它们的 $\boldsymbol{v}_0$ 与 $\boldsymbol{B}$ 之间的夹角 θ 不尽相同,但都很小,于是这些粒子的横向速度 $\boldsymbol{v}_\perp$ 略有差异,而纵向速度 $\boldsymbol{v}_{/\!/}$ 却近似相等.这样这些带电粒子沿半径不同的螺旋线运动,但它们的螺距却是近似相等的,即经距离 d 后都相交于屏上同一点 P.这个现象与光束通过光学透镜聚焦的现象很相似,故称为磁聚焦现象.磁聚焦在电子光学中有着广泛的应用.

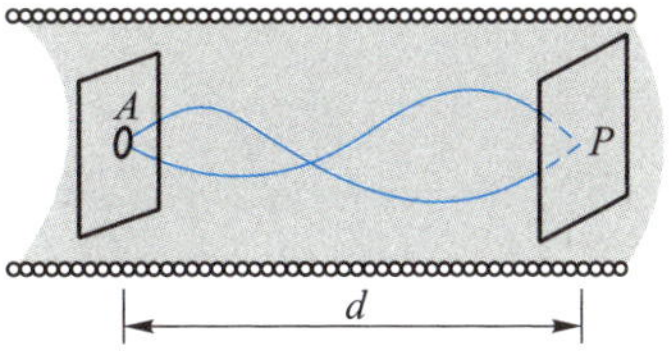

图 7-31　磁聚焦的原理

3. 磁镜简介与范艾仑辐射带

两个相距一段距离的同轴线圈①通电后,可产生如图 7-32 所示两端强、中间弱的非均匀磁场.从图中可以看出,带电粒子在点 P_1 和点 P_2 所受的磁场力总有指向磁场较弱方向的分力,因此,粒子在磁场的作用下绕磁感线旋转并往复运动,就好像光被镜面反射一样.这就是磁镜简介.②

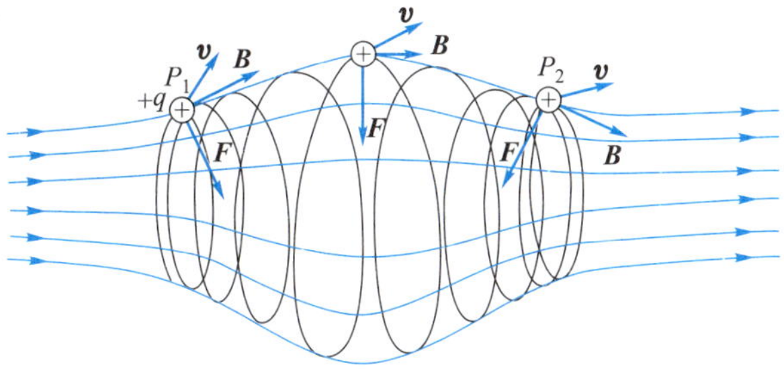

图 7-32　磁镜简介示意图

如图 7-33 所示,地磁场捕获的能量高达几兆电子伏(10^6 eV)的电子和几百兆电子伏(11^8 eV)的质子绕磁感线在南北两极之间来回运动.这些电子通常在地磁场的外侧区域运动,而质子则被限制在内侧区域运动.这些高能粒子存在的区域叫做范艾仑(J. A. Van Allen)辐射带.如果这些粒子在两极附近进入地球的大气层,就会使空气分子电离发光,这就是美丽神秘的极光.

范艾仑辐射带对航天器的影响很大.例如,哈勃太空望远镜飞经辐射带时,往往要关闭望远镜的窗口,以避免因辐射可能导致的仪器损坏.

① 也叫亥姆霍兹线圈,参见本章习题 7-14.

② 参见本书下册第十四章第 14-7 节.

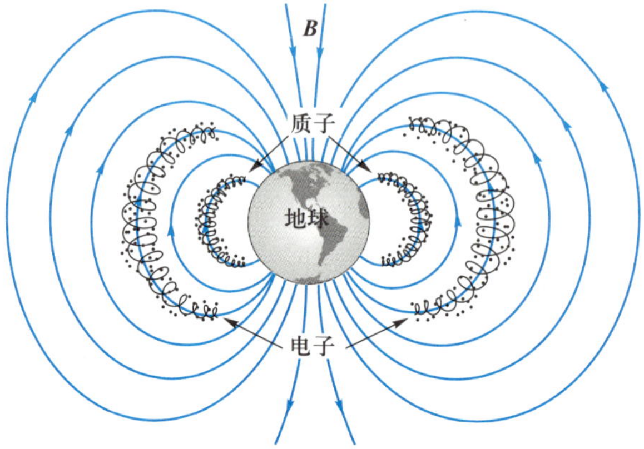

图 7-33　范艾仑辐射带

4. 电子的反粒子　电子偶

在高能粒子物理中，常用带电粒子在云室中的径迹来观察和区分粒子的性质. 图 7-34 是几个带电粒子在云室中的径迹，云室处于强磁场中，磁感强度 $\boldsymbol{B}$ 的方向垂直于纸平面向里. 从图中可以看出，其中一个是电荷 $+q_1$ 的径迹，另一个是电荷 $-q_2$ 的径迹. 从图中我们还可以看出，它们的轨道半径是逐渐减小的，这是带电粒子在运动过程中与云室内的气体分子不断发生碰撞，致使其速率逐渐减小的缘故.

图 7-34　带电粒子在云室中的径迹

电子是 J.J.汤姆孙于 1897 年发现的，其荷质比（$-e/m$）也是 J.J.汤姆孙测出的. 但电子是否有反粒子呢？即是否存在质量和电荷量均与电子相同，只是所带电荷符号与电子相反的粒子（$+e$）呢？1930 年前，人们还从来没有提出过这种近乎异想天开的疑问. 狄拉克于 1928 年首先从理论上预言了自然界存在电子的反粒子①——正电子. 接着，1932 年美国物理学家安德森（C. D. Anderson，1905—1991）在分析宇宙射线穿过云室中的铅板后所产生的带电粒子径迹的照片时，发现了正电子，并因此于 1936 年获得诺贝尔物理学奖. 这样，狄拉克关于正电子的预言就被实验所证实了. 从此，由狄拉克开创的反粒子、反物质的研究蓬勃发展，其意义十分深远. 图 7-35 是显示正电子存在的云室照片及其摹描图. 云室处于垂直纸平面的强磁场中，图下部的水平细带为铅

① 目前除发现电子具有反粒子外，还发现了反质子、反中子、反介子、反超子等，并且已能从加速器中得到由反粒子组成的反氘核、反氦核、反氢原子等.

板，宇宙线中的 γ 射线（即 γ 光子）从铅板下部射入.从图中可以看到在铅板上方有三对人字形的径迹；仔细分析这些径迹可以看到，每对径迹都是对称的，分别偏向相反方向，而且每对径迹是由质量相等、电荷相等但电荷符号相反的两个带电粒子形成的，其中一个为电子，另一个为正电子.理论和实验都表明，正电子总是伴随着电子一起出现，犹如成双成对的配偶，故称为电子-正电子偶，简称电子偶（或电子对）.

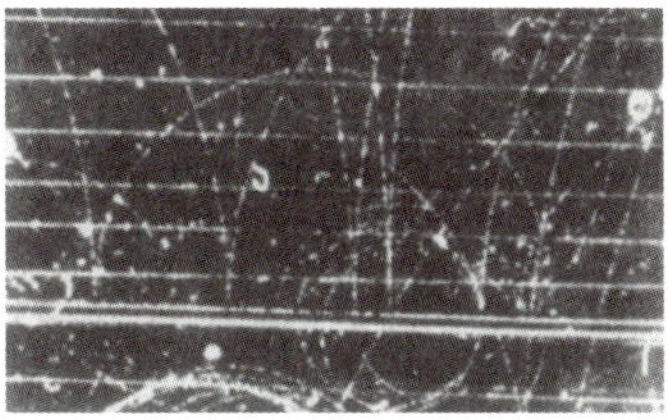
(a)

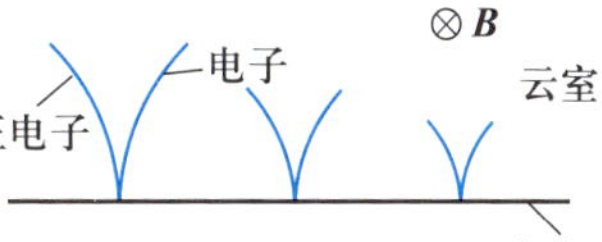

(b)

图 7-35　电子偶

还应当指出，电子偶不仅可以由 γ 光子与核或能量很高的带电粒子相撞，以及其他正反粒子湮没等多种方式来产生，而且电子与正电子相撞还会产生一对光子或其他正反粒子，此时电子偶就不存在了，这叫做电子偶的湮没.而对所有上述各种过程的观测，都需要利用带电粒子在磁场中的运动规律.

三、带电粒子在电场和磁场中运动举例

1. 质谱仪

质谱仪是用物理方法分析同位素的仪器，是由英国实验化学家和物理学家阿斯顿（F.W.Aston，1877—1945）在 1919 年创制的.当年用它发现了氯和汞的同位素，以后几年内又发现了许多种同位素，特别是一些非放射性的同位素.为此，阿斯顿于 1922 年获诺贝尔化学奖.阿斯顿仅拥有学士学位，他的成才主要得力于在长期的实验室平凡工作中力求进取的精神和毅力.

图 7-36 是一种质谱仪的示意图.从离子源（图中未画出）产生的正离子，以速度 v 经过狭缝 S_1 和 S_2 之后，进入速度选择器.设速度选择器中 P_1、P_2 之间的均匀电场的电场强度为 $\boldsymbol{E}$，而垂直纸面向外的均匀磁场的磁感强度为 $\boldsymbol{B}$.正离子同时受到电场力和磁场力的作用，当电荷为 $+q$ 的正离子的速度满足 $v=E/B$ 时，它们就能径直穿过 P_1、P_2 而从狭缝 S_3 射出.

正离子由 S_3 射出后，进入另一个磁感强度为 $\boldsymbol{B}'$ 的匀强磁场区域，磁场的方向也是垂直纸面向外的，但在此区域中没有电场.这时正离子在磁场力作用下，将以半径 R 作匀速圆周运动.若离子的质量为 m，则有

$$qvB'=m\frac{v^2}{R}$$

所以

$$m=\frac{qB'R}{v}$$

由于B'和离子的速度v是已知的，且假定每个离子的电荷都是相等的，因此从上式可以看出，离子的质量和它的轨道半径成正比.

如果这些离子中有不同质量的同位素，它们的轨道半径就不一样，将分别射到照相底片上不同的位置，形成若干线状谱中的细条纹，每一条纹相当于一定质量的离子.从条纹的位置可以推算出轨道半径R，从而算出它们相应的质量，所以这种仪器叫做质谱仪.图 7-37 表示锗的质谱，条纹表示质量数为 70，72，…的锗的同位素^{70}Ge，^{72}Ge，….

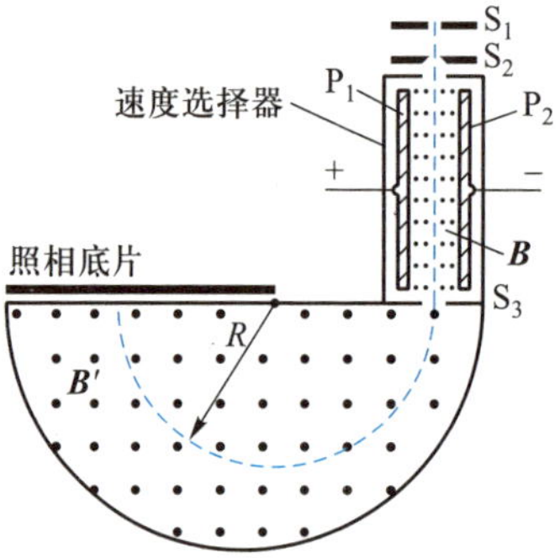

图 7-36 质谱仪的示意图

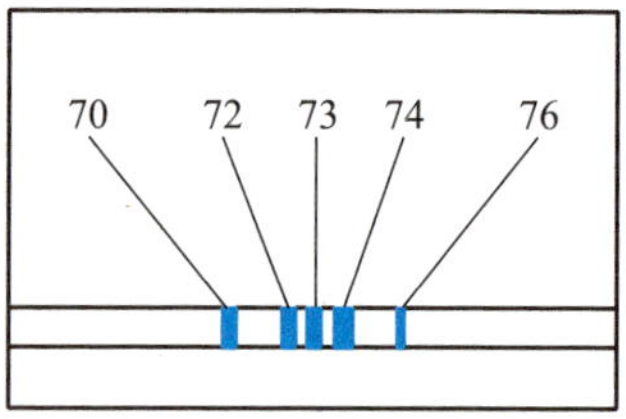

图 7-37 锗的质谱

采用某种收集装置代替照相底片，就能进而得知各种同位素的相对成分.阿斯顿等人因此曾先后发现天然存在的镁(Mg)元素中，同位素^{24}Mg占 78.99%，^{25}Mg占 10.00%，^{26}Mg占 11.01%.利用质谱仪既可发现新同位素及其所占百分比，又能从同位素分离中获得某一特需的同位素产品，其最大优点在于，整个过程不需其他物质参与，简捷可靠.

2. 回旋加速器

在研究原子核的结构时，需要有几百万、几千万甚至几十亿电子伏能量的带电粒子来轰击它们，使它们产生核反应.要使带电粒子获得这样高的能量，一种可能的途径是在电场和磁场的共同作用下，使粒子经过多次加速来达到目的.第一台回旋加速器是美国物理学家劳伦斯(E.O.Lawrence，1901—1958)于 1932 年研制成功的，可将质子和氘核①加速到 1 MeV(10^6 eV)的能量.为此，劳伦斯于 1939 年获得诺贝尔物理学奖.下面简述回旋加速器的工作原理.

图 7-38 是回旋加速器原理图，它的主要部分是作为电极的两个金属半圆形

① 氘核(deuteron)是重氢的原子核(^2_1H)，它含有结合紧密的质子和中子各一个.

真空盒 D_1 和 D_2，它们放在高真空的容器内.然后将它们放在电磁铁所产生的强大均匀磁场 $\boldsymbol{B}$ 中，磁场方向与半圆形盒 D_1 和 D_2 的平面垂直.当两电极间加有高频交变电压时，两电极缝隙之间就存在高频交变电场 $\boldsymbol{E}$，致使极缝间电场的方向在相等的时间间隔 t 内迅速地交替改变.如果有一带正电荷 q 的粒子，从极缝间的粒子源

1932 年劳伦斯研制的第一台回旋加速器的 D 形室

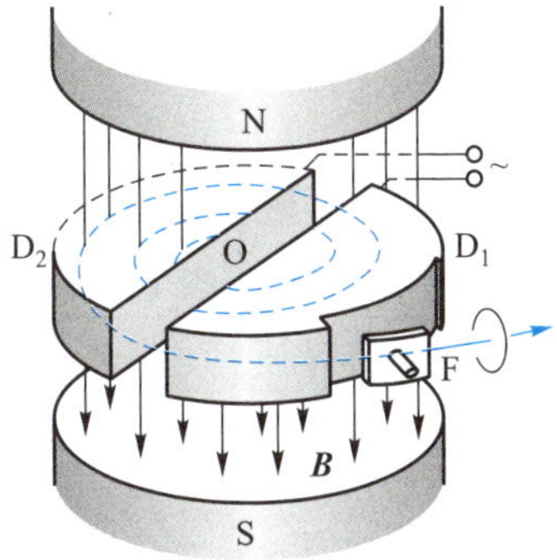

图 7-38　回旋加速器原理图

O 中释放出来，那么，这个粒子在电场力的作用下，被加速而进入半圆形盒 D_1.设这时粒子的速率已达 v_1，由于盒内无电场，且磁场的方向垂直于粒子的运动方向，因此粒子在 D_1 内作匀速圆周运动.经时间 t 后，粒子恰好到达缝隙，这时交变电压也将改变符号，即极缝间的电场正好也改变了方向，所以粒子又会在电场力的作用下加速进入半圆形盒 D_2，粒子的速率由 v_1 增加至 v_2，在 D_2 内的轨道半径也相应地增大.由式(7-23b)已知粒子的回旋频率为

$$f=\frac{qB}{2\pi m}$$

式中 m 为粒子的质量.上式表明，粒子回旋频率与圆轨道半径无关，与粒子速率无关.这样，带正电的粒子在交变电场和均匀磁场的作用下，多次累积式地被加速而沿着螺旋形的平面轨道运动，直到粒子能量足够高时到达半圆形电极的边缘，通过铝箔覆盖着的小窗 F 被引出加速器.高能粒子在科学技术中有广泛的应用领域，如核工业、农业、医学、考古学等.

当粒子到达半圆形盒的边缘时，粒子的轨道半径即为盒的半径 R_0，此时粒子的速率为(式 7-22)

$$v=\frac{qBR_0}{m}$$

粒子的动能为

$$E_k=\frac{1}{2}mv^2=\frac{q^2B^2R_0^2}{2m}$$

我国于 1994 年建成的第一台强流质子加速器，可产生数十种中短寿命的放射性同位素

从上式可以看出，某一带电粒子在回旋加速器中所获得的动能，与电极半径的二次方成正比，与磁感强度 B 的二次方成正比.可见，要使粒子的能量更高，就得建造巨型的强大的电磁铁，而这显然会受到技术上、经济上的制约.

在本节讲述回旋频率时曾指出，当粒子的速率增加到与光速相近时，其质量要随速率的增加而增大.由狭义相对论可知，粒子的质量 m 与速率之间的关系为 $m=m_0/\sqrt{1-(v/c)^2}$，其中 m_0 为粒子的静质量.因此，在回旋加速器中粒子的回旋频率应为

$$f=\frac{qB}{2\pi m_0}\sqrt{1-\left(\frac{v}{c}\right)^2}$$

由上式可见，随着粒子速率的增加，其回旋频率要减小，粒子在半圆形盒中的运动周期 T 就要变长，不能与交变电压的周期相一致.也就是说，这时加速器已不能继续使粒子加速了.因此，欲使粒子达到被加速的目的，必须适时地改变交变电压的频率（或周期）使之与粒子速率的变化始终保持相适应的同步状态，以得到稳定加速.这种加速器就称为同步回旋加速器.最早，同步回旋加速器是于 1944—1945 年由美国核物理学家麦克米伦①（E.M.Mcmillan，1907—1991）提出的.欧洲核子研究组织（CERN）已投入运行的质子同步回旋加速器可将质子加速到 600 MeV.现在 CERN 的粒子对撞机可将粒子加速到 100 GeV 以上.2012 年，CERN 的大型强子对撞机通过实验发现了希格斯玻色子，希格斯玻色子亦称上帝粒子，其能量为 125~126 GeV.预言该粒子存在的两位物理学家弗朗索瓦 · 恩格勒和彼得 · 希格斯因此获得了 2013 年的诺贝尔物理学奖.加速器的用途十分广泛，有的可产生高能激光源；有的可模拟宇宙的起源；大量的低能量的电子加速器在人们的日常生活中的应用更是非常广泛，如农业中的育种、工业中的探伤，以及医学中的检测和治疗等.

CERN 的 600 MeV 同步回旋加速器

① 麦克米伦于 1940 年发现第一个超铀元素——镎，他与之后对超铀元素发现有重大贡献的西博格（G.T.Seaborg，1912—1999）共获 1951 年的诺贝尔化学奖.

大型强子对撞机位于法瑞边境上地下深100米的环形隧道中，隧道总长17英里

大型强子对撞机内部

3. 霍耳效应

前面我们讨论了带电粒子在空间电场和磁场中运动时受力的情况.那么，在具有载流子的导体或半导体中，若同时存在电场和磁场，情况将会怎样呢？

如图7-39所示，把一块宽为 b、厚为 d 的导电板放在磁感强度为 $\boldsymbol{B}$ 的磁场中，并在导电板中通以纵向电流 I，此时在板的横向两侧面 A、A' 之间就呈现出一定的电势差 U_H.这一现象称为霍耳效应①，所产生的电势差 U_H 称为霍耳电压.实验表明，霍耳电压的值为

$$U_{H}=K\frac{IB}{d} \tag{7-24}$$

式中 K 称为霍耳系数.如果撤去磁场，或者撤去电流，霍耳电压也就随之消失.

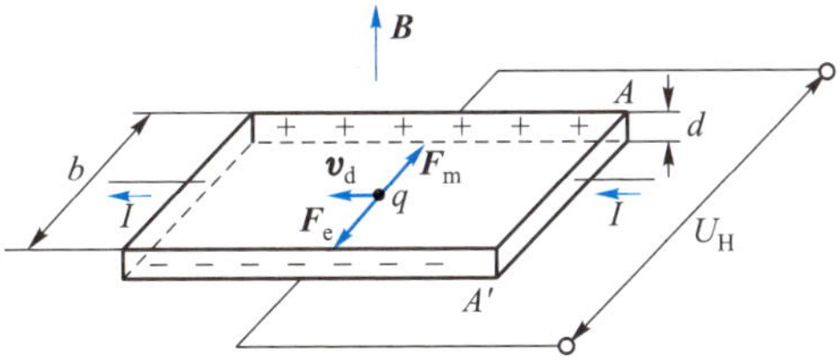

图7-39　霍耳效应示意图

现在可用洛伦兹力来解释霍耳效应.在图7-39中，设导体板中的载流子为正电荷 q，其漂移速度为 $\boldsymbol{v}_d$.于是载流子在磁场中要受洛伦兹力 $\boldsymbol{F}_m$ 的作用，其值为 $F_m=qv_dB$.在洛伦兹力的作用下，导体板内的载流子将向板的 A 端移动，从而使 A、A' 两侧面上分别有正、负电荷的积累.这样，便在 A、A' 之间建立起电场强度

① 霍耳效应是霍耳（E.H.Hall，1855—1938）于1879年发现的.值得注意的是，当时电子尚未被发现.他当时是美国约翰·霍普金斯大学著名教授罗兰（H.A.Rowland，1848—1901）的研究生.在此前，罗兰曾做了带电旋转盘的磁效应实验，第一次揭示了运动电荷也能激发磁场.

为 $\boldsymbol{E}$ 的电场，于是，载流子就要受到一个与洛伦兹力方向相反的电场力 $\boldsymbol{F}_e$.随着 A、A'上电荷的积累，$\boldsymbol{F}_e$ 也不断增大.当电场力增大到正好等于洛伦兹力时，就达到了动平衡.这时导体板两侧面 A、A'之间的横向电场称为霍耳电场 E_H，它与霍耳电压 U_H 之间的关系为

$$E_H=\frac{U_H}{b}$$

由于动平衡时电场力与洛伦兹力相等，有

$$qE_H=qv_dB$$

于是

$$\frac{U_H}{b}=v_dB \tag{7-25a}$$

上式给出了霍耳电压 U_H、磁感强度 B 以及载流子漂移速度 v_d 之间的关系.考虑到 v_d 与电流 I 的关系即式(7-4)，有

$$I=qnv_dS=qnv_dbd$$

于是可将式(7-25a)改写，霍耳电压为

$$U_H=\frac{IB}{nqd} \tag{7-25b}$$

对于一定的材料，载流子数密度 n 和电荷 q 都是一定的.上式与式(7-24)相比较可得，霍耳系数为

$$K=\frac{1}{nq} \tag{7-26}$$

可见 K 与载流子数密度 n 成反比.

以上我们讨论了载流子带正电的情况，所得霍耳电压和霍耳系数亦是正的.如果载流子带负电，则产生的霍耳电压和霍耳系数便是负的.所以从霍耳电压的正负，可以判断载流子带的是正电还是负电.

在金属导体中，由于自由电子的数密度很大，因此金属导体的霍耳系数很小，相应的霍耳电压也就很弱.在半导体①中，载流子数密度要低得多，因而半导体的霍耳系数比金属导体大得多，所以半导体能产生很强的霍耳效应.

利用霍耳效应制成的霍耳元件，作为一种特殊的半导体器件，在生产和科研中得到了广泛的应用，如判别材料的导电类型、确定载流子数密度与温度的关系、测量温度、测量磁场、测量电流等.磁流体发电的原理也是依赖于霍耳效应的②.

---

① 在半导体中，载流子是带正电的空穴和带负电的电子.有关半导体的载流子可参见本书下册第十五章.

② 参阅马文蔚等主编《物理学原理在工程技术中的应用》(第四版)之“磁流体发电”.

运动自行车车轮的转速测量原理.运动自行车的车轮辐条上常装有一磁铁,随车轮一同转动,车轮每转动一圈,磁铁就会在经过固定在车轮侧面的霍耳元件附近时引起一个霍耳电压脉冲.通过记录脉冲频率就可知道自行车轮的转速,进而转换成车速和已运动的距离,显示在车龙头上的电子显示器中.其他许多转动机械的转速也可利用与此相似的方法进行测量.

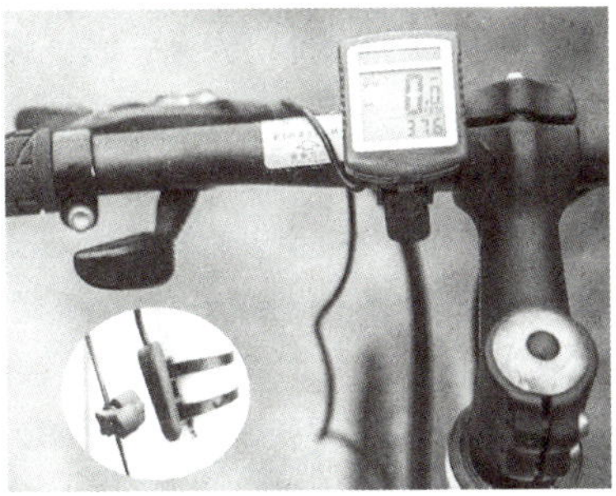

运动自行车的转速测量

量子霍耳效应

由式(7-25b),令 $R_H=\frac{U_H}{I}$,则有

$$R_H=\frac{U_H}{I}=\frac{B}{nqd}$$

显然,R_H 具有电阻的量纲,故亦称为霍耳电阻.从上式可见,在给定电流 I 和导体厚度 d 的情况下,霍耳电阻随磁感强度 B 的增加而线性地增加.然而,1980 年德国物理学家克利青(Klaus von Klitzing,1943—),在研究 1.5 K 低温和强磁场下半导体的霍耳效应时,发现霍耳电压 U_H 与 B 的关系如图 7-40 所示.从图中可以看出,U_H 与 B 之间的关系不再是线性的,而是量子化的.按照霍耳效应的量子理论,霍耳电阻 R_H 应为

克利青和薛其坤

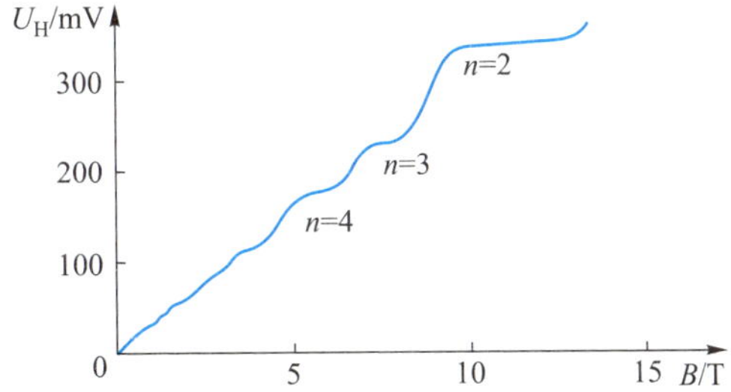

图 7-40　在 1.39 K 的低温和强磁场下,霍耳电压是量子化的

$$R_H=\frac{h}{ne^2}\quad(n=1,2,3,\cdots)$$

式中 h 为普朗克常量,e 为元电荷,它们的值可以从物理常量表中查得.所以霍耳电阻为

$$R_H=\frac{25\ 812.806}{n}\ \Omega$$

当 $n=1$ 时,霍耳电阻为 25 812.806 Ω.由于量子霍耳电阻可以精确地测定,因此 1990 年人们

把由量子霍耳效应所确定的电阻 25 812.806 Ω 作为标准电阻.克利青因发现量子霍耳效应，于 1985 年获得诺贝尔物理学奖.

分数量子霍耳效应

1982 年，美籍华人物理学家崔琦（1939—　）和德国物理学家施特默（H.L.Störmer，1949—　）在研究超低温和强磁场环境下的量子霍耳效应时，在温度低到 0.16 K、磁感强度相当于地球磁感强度的 100 万倍的超低温和超强磁场的极限情况下，发现了分数量子霍耳效应（n 为分数）.美国物理学家劳克林（R.B.Laughlin，1950—　）于 1983 年对崔琦和施特默的实验作了理论分析，并提出分数量子霍耳效应的理论.他们三位由于对量子物理学的贡献，共同获得 1998 年的诺贝尔物理学奖.

崔琦

量子反常霍耳效应的实验发现

霍耳效应通常都是通过加外磁场实现的.2010 年前后，有物理学家从理论上预言了一种内部绝缘、表面导电的材料，如果在其中掺入磁性原子，可以无须外加强磁场，就能产生量子霍耳效应，此即量子反常霍耳效应.中科院院士薛其坤带领的团队经过多年努力，成功地在生长的磁性薄膜中测量到了量子反常霍耳效应.由于这一发现具有很高的理论意义和潜在的应用价值，他们的团队获得了 2018 年度国家自然科学一等奖.

文档：崔琦

7-8　载流导线在磁场中所受的力

一、安培力

如图 7-41(a) 所示，在平行纸面向下的均匀磁场中有一电流元 $I\mathrm{d}\boldsymbol{l}$，它与磁感强度 $\boldsymbol{B}$ 之间的夹角为 φ.设电流元中自由电子的漂移速度均为 $\boldsymbol{v}_\mathrm{d}$，且 $\boldsymbol{v}_\mathrm{d}$ 与 $\boldsymbol{B}$ 之间的夹角为 θ，而 $\theta=\pi-\varphi$.

根据洛伦兹力公式(7-20)，电流元中的一个自由电子所受的洛伦兹力的大小为 $F=ev_\mathrm{d}B\sin\theta$，因为电子带负电，所以此力的方向垂直纸面向里.如果电流元的截面积为 S，自由电子的数密度为 n，那么，电流元中的自由电子数为 $nS\mathrm{d}l$.这样，电流元所受的力等于电流元中 $nS\mathrm{d}l$ 个电子所受的洛伦兹力的总和.因为作用在每个电子上的力的大小、方向都相同，所以磁场作用在电流元上的力为

$$\mathrm{d}F=nS\mathrm{d}lev_\mathrm{d}B\sin\theta$$

即

$$\mathrm{d}F=nev_\mathrm{d}S\mathrm{d}lB\sin\theta$$

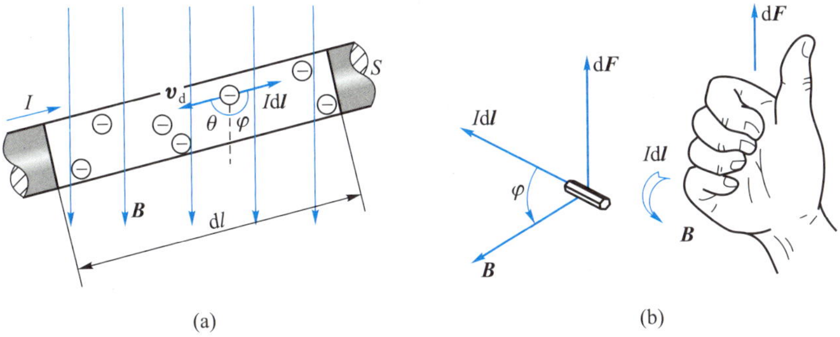

图 7-41 磁场对电场元的作用力

从式(7-4)已知,通过导线的电流为 $I=nev_dS$,所以上式可写成

$$dF=IdlB\sin\theta$$

由于 $\sin\theta=\sin\varphi$,故上式亦可写成

$$dF=IdlB\sin\varphi \tag{7-27a}$$

上式表明:磁场对电流元 $I\mathrm{d}\boldsymbol{l}$ 作用的力,在数值上等于电流元的大小、电流元所在处的磁感强度大小以及电流元 $I\mathrm{d}\boldsymbol{l}$ 和磁感强度 $\boldsymbol{B}$ 之间的夹角 φ 的正弦之乘积,这个规律叫做安培定律.磁场对电流元作用的力,通常叫安培力.安培力的方向可以这样判定:即右手四指由 $I\mathrm{d}\boldsymbol{l}$ 经小于 180°的角弯向 $\boldsymbol{B}$,这时大拇指的指向就是安培力的方向[图 7-41(b)].

若用矢量式表示安培定律,则有

$$\mathrm{d}\boldsymbol{F}=I\mathrm{d}\boldsymbol{l}\times\boldsymbol{B} \tag{7-27b}$$

显然,安培力 $\mathrm{d}\boldsymbol{F}$ 垂直于 $I\mathrm{d}\boldsymbol{l}$ 和 $\boldsymbol{B}$ 所组成的平面,且 $\mathrm{d}\boldsymbol{F}$ 的方向与矢积 $I\mathrm{d}\boldsymbol{l}\times\boldsymbol{B}$ 的方向一致.

有限长载流导线所受的安培力,等于各电流元所受安培力的矢量叠加,即

$$\boldsymbol{F}=\int_l \mathrm{d}\boldsymbol{F}=\int_l I\mathrm{d}\boldsymbol{l}\times\boldsymbol{B} \tag{7-28}$$

上式说明,安培力是作用在整个载流导线上,而不是集中作用于一点上的.

例 1

如图 7-42 所示,一个通有电流的闭合回路放在磁感强度为 $\boldsymbol{B}$ 的均匀磁场中,回路的平面与磁感强度 $\boldsymbol{B}$ 垂直.此回路由直导线 AB 和半径为 r 的圆弧导线 BCA 组成.若回路的电流为 I,其流向为顺时针方向,问磁场作用于整个回路的力为多少?

解 整个回路所受的力为导线 AB 和 BCA 所受力之矢量和.由式(7-28)可知,作用在直导线 AB 上的力 $\boldsymbol{F}_1$ 的大小为

$$F_1=BI\ |AB|$$

$\boldsymbol{F}_1$ 的方向与 Oy 轴的正向相反，竖直向下.

在圆弧导线 BCA 上取一线元 $\mathrm{d}\boldsymbol{l}$. 由式(7-27b)可知作用在此线元上的力为 $\mathrm{d}\boldsymbol{F}_2$，即

$$\mathrm{d}\boldsymbol{F}_2=I\mathrm{d}\boldsymbol{l}\times\boldsymbol{B}$$

$\mathrm{d}\boldsymbol{F}_2$ 的方向为矢积 $\mathrm{d}\boldsymbol{l}\times\boldsymbol{B}$ 的方向（如图所示），$\mathrm{d}\boldsymbol{F}_2$ 的大小为

$$\mathrm{d}F_2=BI\mathrm{d}l$$

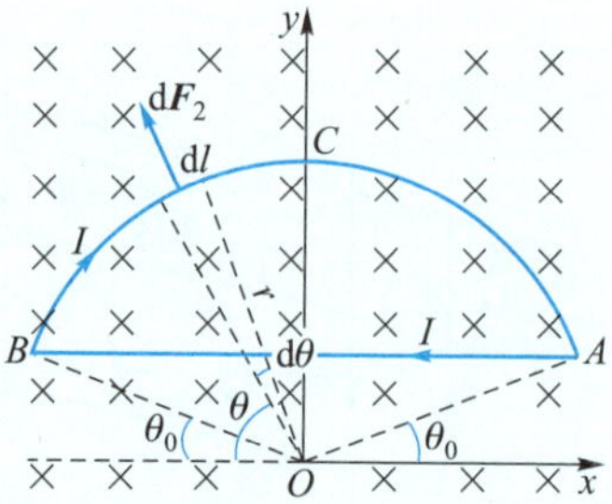

图 7-42

考虑到圆弧导线 BCA 上各线元所受的力均在 xy 平面内，故可将 BCA 上各线元所受的力分解成水平和竖直两个分量 $\mathrm{d}F_{2x}$ 和 $\mathrm{d}F_{2y}$.

从对称性可知，圆弧上所有线元沿 Ox 轴方向受力的总和为零，即 $\boldsymbol{F}_{2x}=\int\mathrm{d}F_{2x}=0$，而沿 Oy 轴方向的所有分力均竖直向上. 于是圆弧上所有线元的合力 $\boldsymbol{F}_2$ 的大小为

$$F_2=F_{2y}=\int\mathrm{d}F_{2y}=\int\mathrm{d}F_2\sin\theta=\int BI\mathrm{d}l\sin\theta$$

式中 θ 为 $\mathrm{d}\boldsymbol{F}_2$ 与 Ox 轴间的夹角. 从图中可以看出 $\mathrm{d}l=r\mathrm{d}\theta$，此处 r 为圆弧的半径. 于是上式可写成

$$F_2=BIr\int\sin\theta\mathrm{d}\theta$$

从图中还可以看出，θ 的上、下限是：在弧的一端点 B 处 $\theta=\theta_0$，在弧的另一端点 A 处 $\theta=\pi-\theta_0$. 上式的积分为

$$\begin{aligned}F_2&=BIr\int_{\theta_0}^{\pi-\theta_0}\sin\theta\mathrm{d}\theta\\&=BIr[\cos\theta_0-\cos(\pi-\theta_0)]\\&=BI(2r\cos\theta_0)\end{aligned}$$

式中 $2r\cos\theta_0=|AB|$，于是上式为

$$F_2=BI\ |AB|$$

$\boldsymbol{F}_2$ 的方向沿 Oy 轴正向.

从上述计算结果可以看出，载流直导线 AB 与载流圆弧导线 BCA 在磁场中所受的力 $\boldsymbol{F}_1$ 和 $\boldsymbol{F}_2$ 大小相等，方向相反，即 $\boldsymbol{F}_2=-\boldsymbol{F}_1$. 这样，图 7-42 所示的闭合回路所受的磁场力，即 $\boldsymbol{F}_1$ 与 $\boldsymbol{F}_2$ 之和为零. 这表明，在均匀磁场中，当载流导线闭合回路的平面与磁感强度垂直时，此闭合回路的整体所受磁场力为零（注意此时回路上每一部分都受磁场力作用，而使回路被绷紧了）. 上述结论不仅对图 7-42 所示的闭合回路是正确的，而且对其他形状的闭合回路也是正确的. 读者可以选用一些简单几何形状的闭合回路，给出自己的验证.

文档：不规则形状的载流导线受力实例

对于任意形状的载流闭合线圈，只要其处于均匀磁场 $\boldsymbol{B}_0$ 中，根据安培力公式，其所受的外磁场的作用力为

$$\boldsymbol{F}=\oint_l I\mathrm{d}\boldsymbol{l}\times\boldsymbol{B}=I\left(\oint_l \mathrm{d}\boldsymbol{l}\right)\times\boldsymbol{B}_0=0$$

这一结果可以直接应用.

例 2

载流导线间的磁场力①. 如图7-43所示，一无限长载流直导线与一半径为 R 的圆电流处于同一平面内，它们的电流分别为 I_1 和 I_2，直导线与圆心相距为 d，且 $R<d$. 求作用在圆电流上的磁场力.

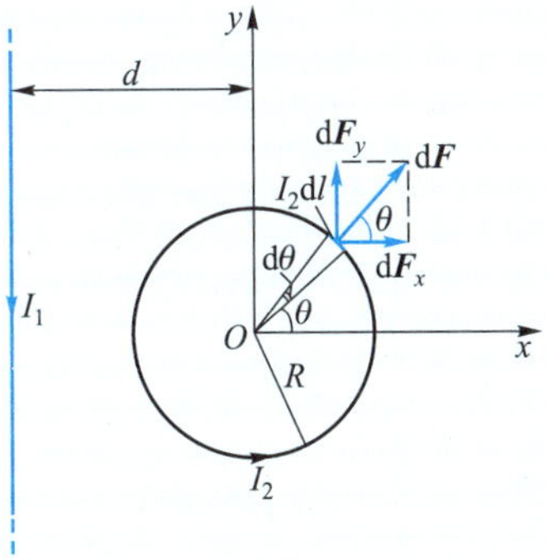

图 7-43

解 在圆电流上取如图所示的电流元 $I_2\mathrm{d}l$. 无限长载流直导线的磁场为非均匀磁场，圆电流所在处的磁感强度的方向垂直纸面向外. 由第 7-4 节例 1 的式(2)可得，电流元 $I_2\mathrm{d}l$ 所在处的磁感强度的大小为

$$B=\frac{\mu_0}{2\pi}\frac{I_1}{d+R\cos\theta}$$

所以，此电流元所受的磁场力 $\mathrm{d}\boldsymbol{F}$ 的大小为

$$\mathrm{d}F=BI_2\mathrm{d}l=\frac{\mu_0 I_1 I_2}{2\pi}\frac{\mathrm{d}l}{d+R\cos\theta}$$

由图中可知 $\mathrm{d}l=R\mathrm{d}\theta$，上式可写为

① 应当强调指出，一般所述的载流导线都认为是粗细略去不计的线电流(即导线半径 $r\ll d$). 然而在许多情况下，不仅需考虑导线的截面积，而且还需考虑截面的形状. 由于截面形状而影响平行直导线间作用力的一个很有意义的实际例子，可参阅马文蔚等主编《物理学原理在工程技术中的应用》(第四版)之“电力系统中母线截面形状与安培力的关系”.

$$dF=\frac{\mu_0 I_1 I_2}{2\pi}\frac{R\mathrm{d}\theta}{d+R\cos\theta}$$

则 d$\boldsymbol{F}$ 沿 Ox 轴和 Oy 轴的分量大小分别为

$$dF_x=dF\cos\theta=\frac{\mu_0 I_1 I_2 R}{2\pi}\frac{\cos\theta\mathrm{d}\theta}{d+R\cos\theta}$$

和

$$dF_y=dF\sin\theta=\frac{\mu_0 I_1 I_2 R}{2\pi}\frac{\sin\theta\mathrm{d}\theta}{d+R\cos\theta}$$

这样，圆电流所受磁场力沿 Ox 轴和 Oy 轴的分量大小分别为

$$F_x=\frac{\mu_0 I_1 I_2 R}{2\pi}\int_0^{2\pi}\frac{\cos\theta}{d+R\cos\theta}\mathrm{d}\theta=\mu_0 I_1 I_2\left(1-\frac{d}{\sqrt{d^2-R^2}}\right)$$

$$F_y=\frac{\mu_0 I_1 I_2 R}{2\pi}\int_0^{2\pi}\frac{\sin\theta}{d+R\cos\theta}\mathrm{d}\theta=0$$

于是，圆电流所受的磁场力为

$$\boldsymbol{F}=\boldsymbol{F}_x=\mu_0 I_1 I_2\left(1-\frac{d}{\sqrt{d^2-R^2}}\right)\boldsymbol{i}$$

由图可知，因为 $d>R$，所以$\left(1-d/\sqrt{d^2-R^2}\right)<0$. 于是由上式可知，$\boldsymbol{F}_x$ 的方向与 Ox 轴的正向相反，即圆电流所受的磁场力指向无限长载流直导线.

例 3

电磁弹射原理①. 如图 7-44 所示，两条平行的圆柱形导体轨道长为 L，半径为 R，轨道间距为 $d(L\gg d)$，两轨道之间的棒状金属弹射体质量为 m，轨道和弹射体与外电源组成回路，通以大电流 I.(1) 求弹射体受到的安培力；(2) 如果弹射体从轨道的中部开始运动，加速的距离为 $L/2$，那么离开轨道时的出射速度是多少？

解 轨道电流产生的磁场相当于两根半无限长载流直导线产生的磁场，即

$$B=\frac{\mu_0 I}{4\pi}\left(\frac{1}{R+x}+\frac{1}{R+d-x}\right)$$

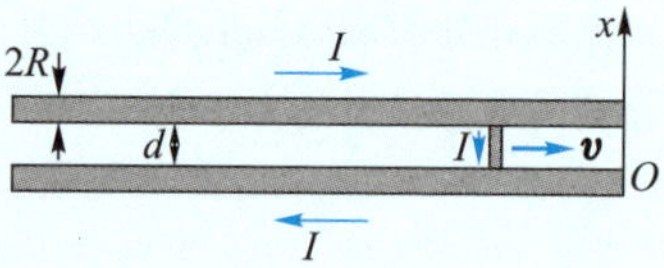

图 7-44 电磁弹射原理

弹射体受到的安培力为

$$F=\int_0^d IB\mathrm{d}x=\frac{\mu_0 I^2}{2\pi}\ln\frac{R+d}{R}$$

如果电流 I 保持不变，弹射体从轨道的中部开始加速，出射时的速度为 v，则有

$$\frac{1}{2}mv^2=F\frac{L}{2}$$

① 参阅马文蔚等主编《物理学原理在工程技术中的应用》（第四版）之“电磁炮的基本原理”.

弹射体离开轨道时的出射速度为

$$v=\left(\frac{\mu_0 I^2 L}{2\pi m}\ln\frac{R+d}{R}\right)^{\frac{1}{2}}$$

航空母舰上使用的电磁弹射系统以及电磁轨道炮都是以上述原理为基础的.当然,要使质量以吨计算的航母舰载机获得起飞所需的速度,所需的电流极大,且要由高功率的电源及其贮能装置提供,技术比较复杂,耗资也很大.但它与蒸汽弹射相比,具有装置体积较小,效率较高,可调性较强等优点,目前我国正在研制中.

航母舰载机的电磁弹射

二、磁场作用于载流线圈的磁力矩

如图 7-45 所示,在磁感强度为 $\boldsymbol{B}$ 的均匀磁场中,有一刚性矩形载流线圈 $MNOP$,它的边长分别为 l_1 和 l_2,电流为 I,流向为 $M\to N\to O\to P\to M$.设线圈平面的正法向单位矢量 $\boldsymbol{e}_n$ 的方向与磁感强度 $\boldsymbol{B}$ 方向之间的夹角为 θ,即线圈平面与 $\boldsymbol{B}$ 之间夹角为 $\phi(\phi+\theta=\pi/2)$,并且 MN 边及 OP 边均与 $\boldsymbol{B}$ 垂直.

根据式(7-28)可以求得,磁场对导线 NO 段和 PM 段作用力的大小分别为

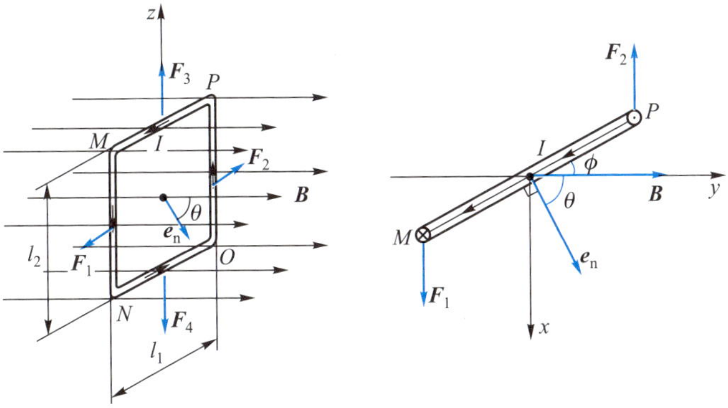

图 7-45　矩形载流线圈在均匀磁场中所受的磁力矩

$$F_4 = BIl_1 \sin \phi$$

$$F_3 = BIl_1 \sin(\pi - \phi) = BIl_1 \sin \phi$$

$\boldsymbol{F}_3$ 和 $\boldsymbol{F}_4$ 这两个力大小相等、方向相反，并且在同一直线上，所以对整个线圈来讲，它们的合力及合力矩都为零.

而导线 MN 段和 OP 段所受磁场作用力的大小则分别为

$$F_1 = BIl_2, \quad F_2 = BIl_2$$

这两个力大小相等，方向亦相反，但不在同一直线上，它们的合力虽为零，但对线圈要产生磁力矩① $M = F_1 l_1 \cos \phi$. 由于 $\phi = \pi/2 - \theta$，所以 $\cos \phi = \sin \theta$，则有

$$M = F_1 l_1 \sin \theta = BIl_2 l_1 \sin \theta$$

或

$$M = BIS \sin \theta \tag{7-29a}$$

式中 $S = l_1 l_2$ 为矩形线圈的面积. 大家记得，线圈的磁矩为 $\boldsymbol{m} = IS\boldsymbol{e}_n$. 因为角 θ 是 $\boldsymbol{e}_n$ 与磁感强度 $\boldsymbol{B}$ 之间的夹角，所以上式用矢量表示为

$$\boldsymbol{M} = IS\boldsymbol{e}_n \times \boldsymbol{B} = \boldsymbol{m} \times \boldsymbol{B} \tag{7-29b}$$

如果线圈不只一匝，而是 N 匝，那么线圈所受的磁力矩应为

$$\boldsymbol{M} = NIS\boldsymbol{e}_n \times \boldsymbol{B} \tag{7-29c}$$

下面讨论几种情况.

（1）当载流线圈的 $\boldsymbol{e}_n$ 方向与磁感强度 $\boldsymbol{B}$ 的方向相同（即 $\theta = 0°$），亦即磁通量为正向极大时，$M = 0$，磁力矩为零. 此时线圈处于平衡状态[图 7-46(a)].

（2）当载流线圈的 $\boldsymbol{e}_n$ 方向与磁感强度 $\boldsymbol{B}$ 的方向垂直（即 $\theta = 90°$），亦即磁通量为零时，$M = NISB$，磁力矩最大[图 7-46(b)].

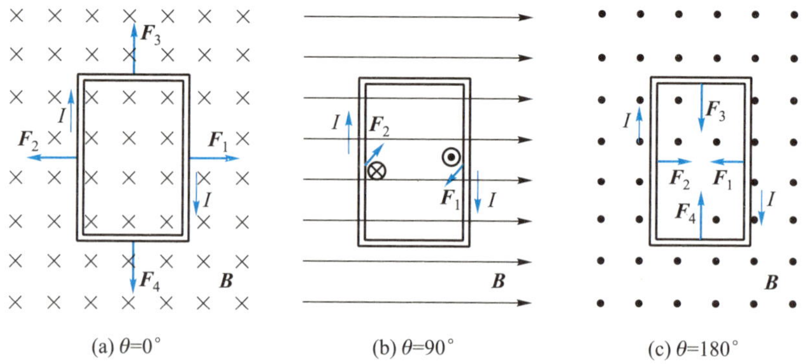

图 7-46　载流线圈的 $\boldsymbol{e}_n$ 方向与磁场方向成不同角度时的磁力矩

① 大小相等，方向相反，但作用线不在同一直线上的两个力称为力偶. 力偶对任意两个互相平行的转轴的力矩都相等.

(3) 当载流线圈的 e_n 方向与磁感强度 B 的方向相反(即 $\theta=180°$)时，$M=0$，这时也没有磁力矩作用在线圈上[图 7-46(c)]. 不过，在这种情况下，只要线圈稍稍偏过一个微小角度，它就会在磁力矩作用下离开这个位置，而稳定在 $\theta=0°$时的平衡状态. 所以常把 $\theta=180°$时线圈的状态叫做不稳定平衡状态，而把 $\theta=0°$时线圈的状态叫做稳定平衡状态. 总之，磁场对载流线圈作用的磁力矩，总是要使线圈转到它的 e_n 方向与磁场方向相一致的稳定平衡位置.

应当指出，式(7-29)虽然是从矩形线圈推导出来的，但可以证明它对任意形状的平面线圈都是适用的.

例 4

如图 7-47(a)所示，半径为 0.20 m，电流为 20 A，可绕 Oy 轴旋转的圆形载流线圈放在均匀磁场中，磁感强度 B 的大小为 0.08 T，方向沿 Ox 轴正向. 问线圈受力情况怎样？线圈所受的磁力矩又为多少？

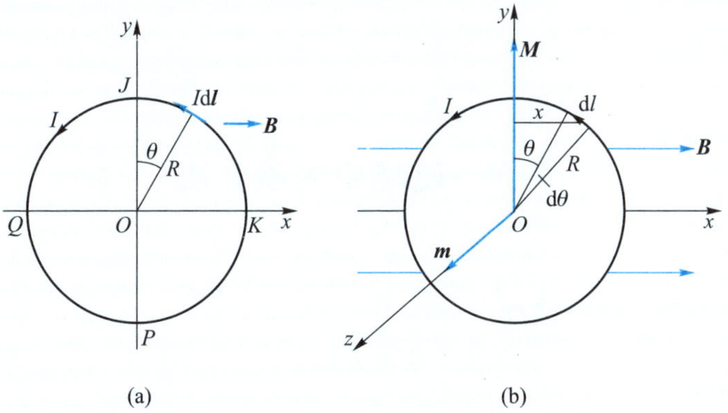

图 7-47

解　把圆线圈分为 PKJ 和 JQP 两部分. 由例 2 可知，半圆 PKJ 所受的力 F_1 为

$$F_1=-BI(2R)k=-0.64k\ \mathrm{N}$$

即 F_1的方向与 Oz 轴的正向相反，垂直纸面向里. 作用在半圆 JQP 上的力 F_2为

$$F_2=BI(2R)k=0.64k\ \mathrm{N}$$

即 F_2的方向与 Oz 轴的正向相同，垂直纸面向外. 因此，作用在圆形载流线圈上的合力为零.

虽然作用在线圈上的合力为零，但力矩并不为零. 如图 7-47(b)所示，按照力矩的定义，对 Oy 轴而言，作用在电流元 $I\mathrm{d}l$ 上的磁力矩 $\mathrm{d}M$ 的大小为

$$\mathrm{d}M=x\mathrm{d}F=I\mathrm{d}lBx\sin\theta$$

由图可以看出，$x=R\sin\theta$，$dl=Rd\theta$，上式可写为

$$dM=IBR^2\sin^2\theta d\theta$$

于是，作用在整个线圈上的磁力矩 $\boldsymbol{M}$ 的大小为

$$M=IBR^2\int_0^{2\pi}\sin^2\theta d\theta=IB\pi R^2$$

磁力矩 $\boldsymbol{M}$ 的方向沿 Oy 轴正向.代入已知数据可得 $M=0.2\ \mathrm{N\cdot m}$

上述结果如用式(7-29b)是很容易得到的.从图 7-47(b)中可以看出，此线圈的磁矩 $\boldsymbol{m}$ 为

$$\boldsymbol{m}=IS\boldsymbol{k}=I\pi R^2\boldsymbol{k}$$

而磁感强度 $\boldsymbol{B}$ 为

$$\boldsymbol{B}=B\boldsymbol{i}$$

所以，根据式(7-29b)得

$$\boldsymbol{M}=\boldsymbol{m}\times\boldsymbol{B}=I\pi R^2B\boldsymbol{k}\times\boldsymbol{i}$$

由矢量的矢积知 $\boldsymbol{k}\times\boldsymbol{i}=\boldsymbol{j}$，故上式可写成

$$\boldsymbol{M}=IB\pi R^2\boldsymbol{j}$$

这与上面的结果是一致的.

7-9　磁场中的磁介质

一、磁介质　磁化强度

1. 磁介质

前面讨论了运动电荷或电流在真空中所激发磁场的性质和规律.而在实际情形中，运动电荷或电流的周围一般都存在着各种各样的物质，这些物质与磁场是会互有影响的.处于磁场中的物质要被磁场磁化.一切能够被磁化的物质称为磁介质.而磁化了的磁介质也要激起附加磁场，对原磁场产生影响.

应当指出的是，磁介质对磁场的影响远比电介质对电场的影响要复杂得多.不同的磁介质在磁场中的表现是很不相同的.假设在真空中某点的磁感强度为 $\boldsymbol{B}_0$，放入磁介质后，因磁介质被磁化而建立的附加磁感强度为 $\boldsymbol{B}'$，那么该点的磁感强度 $\boldsymbol{B}$ 应为这两个磁感强度的矢量和，即

$$\boldsymbol{B}=\boldsymbol{B}_0+\boldsymbol{B}'$$

实验表明，附加磁感强度 $\boldsymbol{B}'$ 的方向和大小随磁介质而异.有一类磁介质，$\boldsymbol{B}'$ 的方向与 $\boldsymbol{B}_0$ 的方向相同，使得 $B>B_0$，这种磁介质叫做顺磁质，如铝、氧、锰等；还有一

类磁介质，$\boldsymbol{B}'$的方向与 $\boldsymbol{B}_0$ 的方向相反，使得 $B<B_0$，这种磁介质叫做抗磁质，如铜、铋、氢等.但无论是顺磁质还是抗磁质，附加磁感强度的值 B'都比 B_0 小得多（约几万分之一或几十万分之一），它对原来磁场的影响极为微弱. 所以，顺磁质和抗磁质统称为弱磁性物质.实验还指出，另外有一类磁介质，它的附加磁感强度 $\boldsymbol{B}'$的方向虽与顺磁质一样，是和 $\boldsymbol{B}_0$ 的方向相同的，但 $\boldsymbol{B}'$的值却要比 $\boldsymbol{B}_0$ 的值大很多（可达 $10^2 \sim 10^4$ 倍），即 $B \gg B_0$，并且不是常量.这类磁介质能显著地增强磁场，是强磁性物质.我们把这类磁介质叫做铁磁质，如铁、镍、钴及其合金等.利用强磁性材料产生的磁力，可使列车悬浮运行.

青岛的磁悬浮试验列车
时速可达 600 km/h

2. 顺磁质和抗磁质的磁化

下面用安培的分子电流学说简单说明顺磁性和抗磁性的起源.

在物质的分子中，每个电子都绕原子核作轨道运动，从而具有轨道磁矩；此外，电子本身还在自旋，因而也会具有自旋磁矩.一个分子内所有电子全部磁矩的矢量和，称为分子的固有磁矩，简称分子磁矩，用符号 $\boldsymbol{m}$ 表示.分子磁矩可用一个等效的圆电流 I 来表示，这就是安培当年为解释磁性起源而设想的分子电流的现代解释，如图 7-48 所示.这里需要明确的是，分子电流与导体中导电的传导电流是有区别的，构成分子电流的电子只作绕核运动，它们不是自由电子.

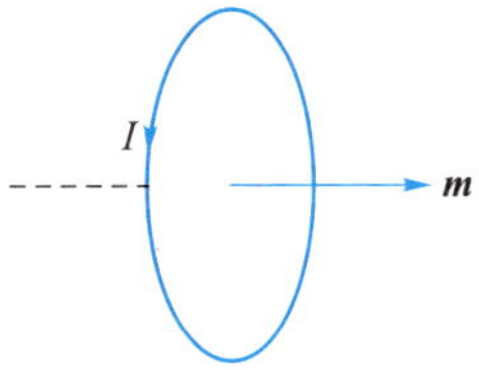

图 7-48 分子圆电流与分子磁矩

在顺磁质中，每个分子都具有磁矩 $\boldsymbol{m}$，当没有外磁场时，各分子磁矩 $\boldsymbol{m}$ 的取向是无规的，因而在顺磁质中任一宏观小体积内，所有分子磁矩的矢量和为零，致使顺磁质对外不显现磁性，处于未被磁化的状态[图 7-49(a)].

当顺磁质处在外磁场中时，各分子磁矩都要受到磁力矩的作用. 从式(7-29)可知，在磁力矩作用下，各分子磁矩的取向都具有转到与外磁场方向相同的趋势[图 7-49(b)]，这样，顺磁质就被磁化了.显然，在顺磁质中因磁化而出现的附加磁感强度 $\boldsymbol{B}'$与外磁场的磁感强度 $\boldsymbol{B}_0$ 的方向相同. 于是，在外磁场中，顺磁质内的磁感强度 $\boldsymbol{B}$ 的大小为

$$B = B_0 + B'$$

对抗磁质来说，当没有外磁场作用时，虽然分子中每个电子的轨道磁矩与自旋磁矩都不等于零，但分子中全部电子的轨道磁矩与自旋磁矩的矢量和却等于零，即分子固有磁矩为零（$\boldsymbol{m}=0$）. 所以，在没有外磁场时，抗磁质并不显现出磁

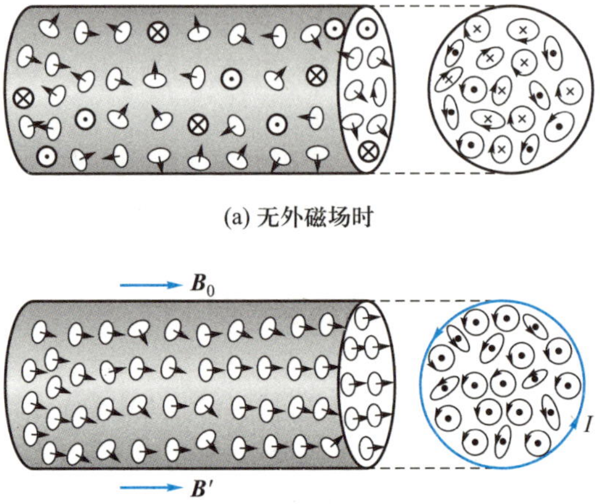

(a) 无外磁场时

(b) 有外磁场时

图 7-49 顺磁质中分子磁矩的取向

性.但在外磁场作用下,分子中每个电子的轨道运动和自旋运动都将发生变化,从而引起附加磁矩 $\Delta \boldsymbol{m}$,而且附加磁矩 $\Delta \boldsymbol{m}$ 的方向必与外磁场 $\boldsymbol{B}_0$ 的方向相反.

如图 7-50(a)所示,设一电子以半径 r、角速度 $\boldsymbol{\omega}$ 绕核作逆时针轨道运动,电子的磁矩 $\boldsymbol{m}'$的方向与外磁场的磁感强度 $\boldsymbol{B}_0$ 的方向相反.可以证明,电子在洛伦兹力 $\boldsymbol{F}$ 的作用下,其附加磁矩 $\Delta \boldsymbol{m}'$与 $\boldsymbol{B}_0$ 的方向相反①.如果上述电子以角速

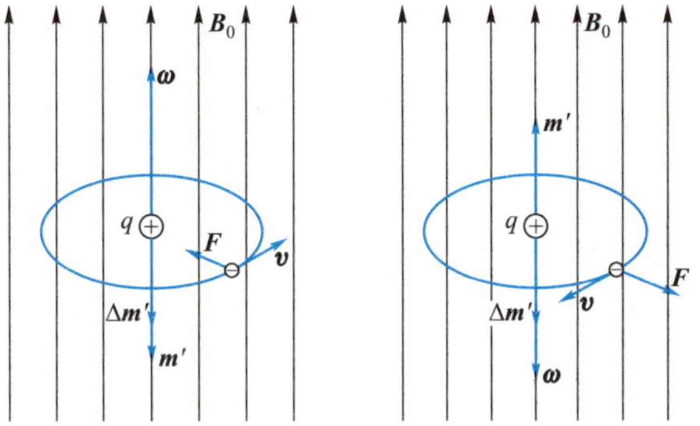

(a) $\boldsymbol{\omega}$,$\boldsymbol{B}_0$ 同向　　(b) $\boldsymbol{\omega}$,$\boldsymbol{B}_0$ 反向

图 7-50 抗磁质中附加磁矩与外磁场方向相反

① 可以证得:$\Delta \boldsymbol{m}' = -\dfrac{e^2 r^2}{4m_e}\boldsymbol{B}_0$,其中 e 为元电荷,m_e 为电子的质量.如有兴趣可参阅赵凯华、陈熙谋《新概念物理教程 电磁学》(第二版)第 257 页(高等教育出版社,2006 年).

度 $\boldsymbol{\omega}$ 绕核作顺时针转动,同样可以证明,其 $\Delta\boldsymbol{m}'$ 亦与 $\boldsymbol{B}_0$ 的方向相反[图 7-50(b)].由于分子中每个电子的附加磁矩 $\Delta\boldsymbol{m}'$ 都与外磁场的磁感强度 $\boldsymbol{B}_0$ 的方向相反,所有分子的附加磁矩 $\Delta\boldsymbol{m}$ 的方向亦与 $\boldsymbol{B}_0$ 的方向相反,因此在抗磁质中,就要出现与外磁场 $\boldsymbol{B}_0$ 方向相反的附加磁场 $\boldsymbol{B}'$.于是,在外磁场中,抗磁质内的磁感强度 $\boldsymbol{B}$ 的值,要比 B_0 略小一点,即

$$B = B_0 - B'$$

3. 磁化强度

从上面的讨论可以看到,磁介质的磁化,就其实质来说,或是由于在外磁场作用下分子磁矩的取向发生了变化,或是在外磁场作用下产生附加磁矩,而且前者也可归结为产生附加磁矩.因此,我们可以用磁介质中单位体积内分子的合磁矩来表示介质的磁化情况,这叫做磁化强度,用符号 $\boldsymbol{M}$ 表示.在均匀磁介质中取小体积 ΔV,在此体积内分子磁矩的矢量和为 $\sum \boldsymbol{m}_i$,那么磁化强度为

$$\boldsymbol{M} = \frac{\sum \boldsymbol{m}_i}{\Delta V} \tag{7-30}$$

在国际单位制中,磁化强度的单位名称为安培每米,符号为 $\mathrm{A \cdot m^{-1}}$.

二、磁介质中的安培环路定理　磁场强度

如图 7-51(a)所示,设单位长度有 n 匝线圈的无限长直螺线管内充满着各向同性均匀磁介质,线圈内的电流为 I,电流 I 在螺线管内激发的磁感强度为 $\boldsymbol{B}_0$ ($B_0 = \mu_0 nI$).而磁介质在磁场 $\boldsymbol{B}_0$ 中被磁化,从而使磁介质内的分子磁矩在磁场 $\boldsymbol{B}_0$ 的作用下作有规则排列[图 7-51(b)].从图中可以看出,在磁介质内部各处的分子电流总是方向相反,相互抵消,只在边缘上形成近似环形电流,这个电流称为磁化电流.

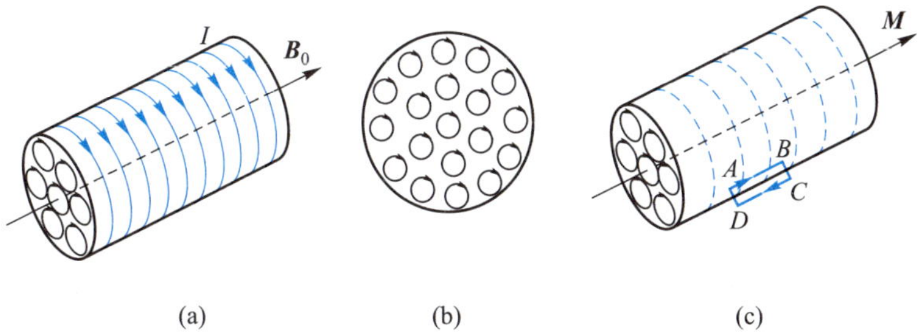

图 7-51　导出磁介质中的安培环路定理用图

我们把圆柱形磁介质表面上沿柱体母线方向单位长度的磁化电流,称为磁化电流线密度 i_s.那么,在长为 L、截面积为 S 的磁介质内,由于被磁化而具有的

磁矩值为 $\sum m_i = i_s LS$. 于是由磁化强度定义式(7-30)可得,磁化电流线密度和磁化强度之间的关系为

$$i_s = M$$

若在如图 7-51(c)所示的圆柱形磁介质内外横跨边缘处选取 $ABCDA$ 矩形环路,并设 $|AB| = l$,则磁化强度 $\boldsymbol{M}$ 沿此环路的积分为

$$\oint_l \boldsymbol{M} \cdot \mathrm{d}\boldsymbol{l} = M\,|AB| = i_s l = I_s \tag{7-31}$$

此外,对 $ABCDA$ 环路来说,由安培环路定理可有

$$\oint_l \boldsymbol{B} \cdot \mathrm{d}\boldsymbol{l} = \mu_0 \sum I_i$$

式中 $\sum I_i$ 为环路所包围线圈流过的传导电流 I 与磁化电流 I_s 之和,故上式可写成

$$\oint_l \boldsymbol{B} \cdot \mathrm{d}\boldsymbol{l} = \mu_0 I + \mu_0 I_s$$

将式(7-31)代入上式,可得

$$\oint_l \boldsymbol{B} \cdot \mathrm{d}\boldsymbol{l} = \mu_0 I + \mu_0 \oint_l \boldsymbol{M} \cdot \mathrm{d}\boldsymbol{l}$$

或写成

$$\oint_l \left(\frac{\boldsymbol{B}}{\mu_0} - \boldsymbol{M} \right) \cdot \mathrm{d}\boldsymbol{l} = I$$

引进辅助量 $\boldsymbol{H}$,且令

$$\boldsymbol{H} = \frac{\boldsymbol{B}}{\mu_0} - \boldsymbol{M} \tag{7-32}$$

式中 $\boldsymbol{H}$ 称为磁场强度,于是得

$$\oint_l \boldsymbol{H} \cdot \mathrm{d}\boldsymbol{l} = I \tag{7-33}$$

这就是磁介质中的安培环路定理.它说明:磁场强度沿任意闭合回路的线积分,等于该回路所包围的传导电流的代数和.

在国际单位制中,磁场强度 H 的单位名称是安培每米,符号是 $\mathrm{A \cdot m^{-1}}$.

在磁介质中,满足 $\boldsymbol{M} \propto \boldsymbol{H}$ 的磁介质称为线性磁介质.于是有

$$\boldsymbol{M} = \chi_m \boldsymbol{H}$$

式中 χ_m 是个量纲为 1 的量,叫做磁介质的磁化率,它是随磁介质的种类而异的,且与温度有关.①

---

① 根据居里定律,对于顺磁质,温度越高,χ_m 越小.这是因为温度越高,分子的热运动越剧烈,顺磁质的分子磁矩就越不容易整齐排列.可参见本章习题 7-44.

将上式代入 $\boldsymbol{H}$ 的定义式(7-32),有

$$\boldsymbol{H}=\frac{\boldsymbol{B}}{\mu_0}-\boldsymbol{M}=\frac{\boldsymbol{B}}{\mu_0}-\chi_m\boldsymbol{H}$$

即

$$\boldsymbol{B}=\mu_0(1+\chi_m)\boldsymbol{H}$$

可令式中 $1+\chi_m=\mu_r$,且称 μ_r 为磁介质的相对磁导率,则上式可写为

$$\boldsymbol{B}=\mu_0\mu_r\boldsymbol{H} \tag{7-34a}$$

令 $\mu_0\mu_r=\mu$,并称 μ 为磁导率,上式即可写为

$$\boldsymbol{B}=\mu\boldsymbol{H} \tag{7-34b}$$

在真空中,$\boldsymbol{M}=0$,故 $\chi_m=0$,$\mu_r=1$,$\boldsymbol{B}=\mu_0\boldsymbol{H}$.如磁介质为顺磁质,由实验知道,其 $\chi_m>0$,故 $\mu_r>1$.对抗磁质来说,其 $\chi_m<0$,故 $\mu_r<1$.表 7-2 给出几种顺磁质和抗磁质磁化率的实验值.

显然,顺磁质和抗磁质确是两种弱磁性物质,它们的磁化率 χ_m 都很小,它们的相对磁导率 $\mu_r(=1+\chi_m)$ 与真空的相对磁导率($\mu_r=1$)十分接近.因此,一般在讨论电流磁场的问题时,常可略去顺磁质、抗磁质磁化的影响.

表 7-2 几种顺磁质和抗磁质磁化率 χ_m 的实验值

(27 ℃,1.013×10^5 Pa)

顺　磁　质	$\chi_m(=\mu_r-1)$	抗　磁　质	$\chi_m(=\mu_r-1)$
氧	2.09×10^{-6}	氮	-5.0×10^{-9}
铝	2.3×10^{-5}	铜	-9.8×10^{-6}
钨	6.8×10^{-5}	铅	-1.7×10^{-5}
钛	7.06×10^{-5}	汞	-2.9×10^{-5}

最后,我们说明一下引进辅助量 $\boldsymbol{H}$ 的好处.由式(7-33)知道,在磁介质中,磁场强度的环流为

$$\oint_l \boldsymbol{H}\cdot \mathrm{d}\boldsymbol{l}=I$$

而磁感强度的环流则为

$$\oint_l \boldsymbol{B}\cdot \mathrm{d}\boldsymbol{l}=\mu_0\mu_r I$$

可见,磁场中磁感强度的环流与磁介质有关,而磁场强度的环流则只与传导电流有关.所以,这就像引入电位移 $\boldsymbol{D}$ 后,能够使我们比较方便地处理电介质中的电场问题一样,引入磁场强度 $\boldsymbol{H}$ 这个物理量后,能够使我们比较方便地处理磁介质中的磁场问题.下面举一个例题.

例

如图 7-52 所示，两个半径分别为 r 和 R 的“无限长”同轴圆筒形导体之间充以相对磁导率为 μ_r 的磁介质.当两圆筒通有相反方向的电流 I 时，试求：(1) 磁介质中任意点 P 的磁感强度的大小；(2) 圆筒外面一点 Q 的磁感强度的大小.

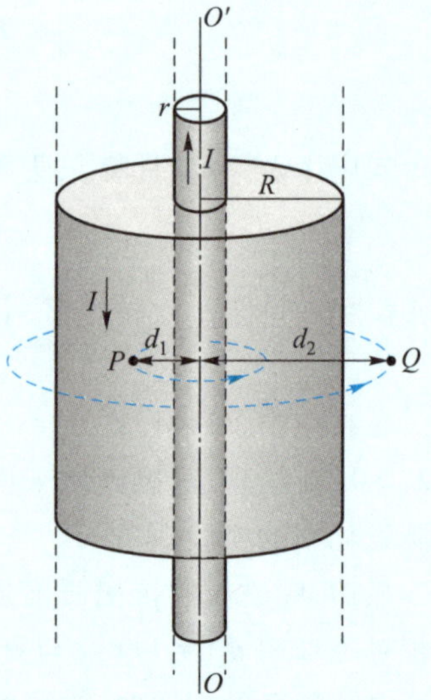

图 7-52

解 (1) 这两个“无限长”的同轴圆筒有电流通过时，它们的磁场是轴对称分布的.设磁介质中点 P 到轴线 OO' 的垂直距离为 d_1，并以 d_1 为半径作一圆，根据式(7-33)，有

$$\oint_l \boldsymbol{H}\cdot \mathrm{d}\boldsymbol{l} = H\int_0^{2\pi d_1}\mathrm{d}l = H\cdot 2\pi d_1 = I$$

所以
$$H = \frac{I}{2\pi d_1}$$

由式(7-34)可得，点 P 的磁感强度的大小为

$$B = \mu_0\mu_r H = \frac{\mu_0\mu_r I}{2\pi d_1}$$

(2) 设从点 Q 到轴线 $O'O$ 的垂直距离为 d_2，并以 d_2 为半径作一圆，显然此闭合路径所包围的传导电流的代数和为零，即 $\sum I = 0$.根据式(7-33)，有

$$\oint_l \boldsymbol{H}\cdot \mathrm{d}\boldsymbol{l} = H\int_0^{2\pi d_2}\mathrm{d}l = 0$$

所以
$$H = 0$$

由式(7-34)可得，点 Q 的磁感强度 $B=0$.

连接电脑等设备所用的电缆线通常就是同轴圆筒形导体，工作时通有相反方向的电流，它们在线外不产生磁场.

三、铁磁质

铁磁质是另一类磁介质，在实际中经常使用它.在电磁铁、电动机、变压器和电表的线圈中都要放置铁磁性物质，借以增强磁性及增强磁场.为什么铁磁质能大大地增强磁场呢？下面我们用磁畴概念加以说明.

1. 磁畴

从物质的原子结构观点来看，铁磁质内电子间因自旋引起的相互作用是非常强烈的，在这种作用下，铁磁质内部形成了一些微小的自发磁化区域，叫做磁畴.每一个磁畴中，各个电子的自旋磁矩排列得很整齐，因此它具有很强的磁性.

磁畴的体积为 $10^{-12}\sim10^{-9}\ m^3$,内含 $10^{17}\sim10^{20}$ 个原子.当没有外磁场时,铁磁质内各个磁畴的排列方向是无序的,所以铁磁质对外不显磁性[图 7-53(a)].当铁磁质处于外磁场中时,各个磁畴的磁矩在外磁场的作用下都趋向于沿外磁场方向排列[图 7-53(b)],从而整个磁畴趋向外磁场方向.所以铁磁质在外磁场中的磁化程度非常大,它所建立的附加磁感强度 $\boldsymbol{B}'$ 比外磁场的磁感强度 $\boldsymbol{B}_0$ 在数值上一般要大几十倍到数千倍,甚至达数百万倍.

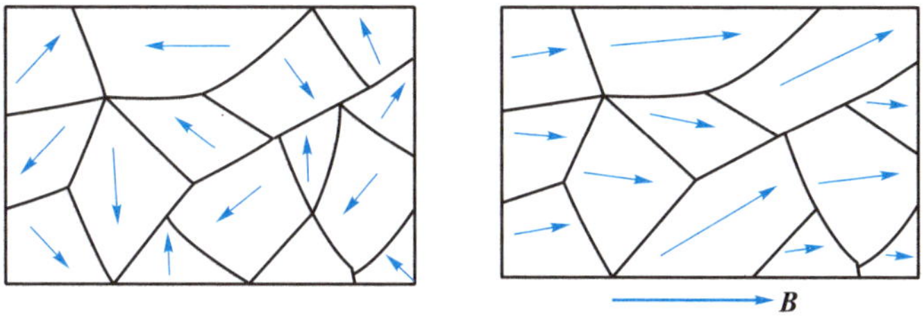

(a) 无外磁场　(b) 有外磁场

图 7-53　磁畴

从实验中还知道,铁磁质的磁化和温度有关.随着温度的升高,它的磁化能力逐渐减小,当温度升高到某一温度时,铁磁性就会完全消失,铁磁质退化成顺磁质.这个温度叫做居里温度或居里点.这是因为铁磁质中自发磁化区域因剧烈的分子热运动而遭破坏,磁畴也就瓦解了,铁磁质的铁磁性消失,从而过渡到顺磁质.从实验中知道,铁的居里温度是 1 043 K,78%坡莫合金的居里温度是 873 K,45%坡莫合金的居里温度是 673 K,而钕铁硼的居里温度只有 585 K,这在一定程度上限制了它在高温环境下的应用.

2. 磁化曲线　磁滞回线

顺磁质的磁导率 μ 很小,但是一个常量,不随外磁场的改变而变化,故顺磁质的 B 与 H 的关系是线性关系(图 7-54).但铁磁质却不是这样,不仅它的磁导率比顺磁质的磁导率大得多,而且当外磁场改变时,它的磁导率 μ 还随磁场强度 $\boldsymbol{H}$ 的改变而变化.图 7-55 中的 ONP 线段是从实验得出的某一铁磁质开始磁化时的 $B-H$ 曲线,也叫初始磁化曲线.从曲线中可以看出 B 与 H 之间是非线性关系.当 H 从零(即点 O)逐渐增大时,B 急剧地增加,这是磁畴在磁场作用下迅速沿外磁场方向排列的缘故;到达点 N 以后,再增大外磁场强度 H 时,B 增加得就比较慢了;当达到点 P 以后,再增大外磁场强度 H 时,B 的增加就十分缓慢,呈现出磁化已达饱和的程度.点 P 所对应的 B 值一般叫做饱和磁感强度 B_m,这时在铁磁质中,几乎所有磁畴都已沿着外磁场方向排列了.这时的磁场强度用 $+H_m$ 表示.

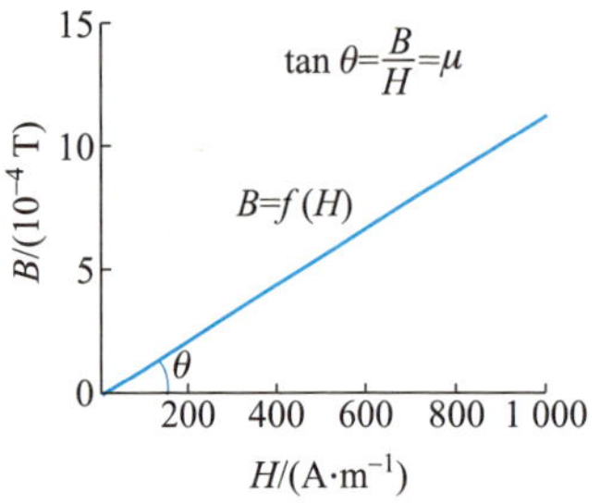

图 7-54 顺磁质的 $B-H$ 曲线

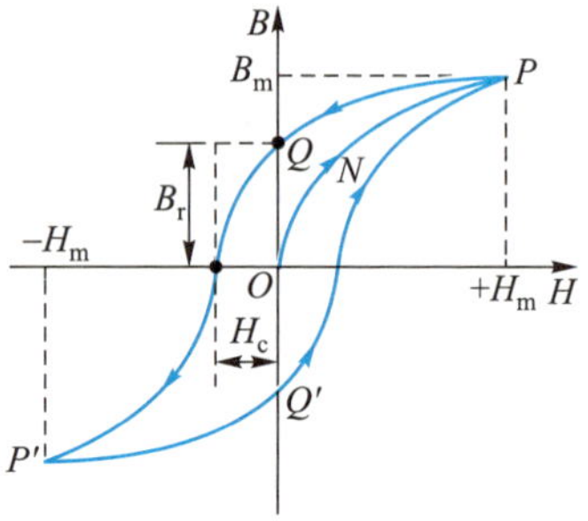

图 7-55 磁滞回线

当磁场强度达到 $+H_m$ 后就开始减小，那么，在 H 减小的过程中，$B-H$ 曲线是否仍按原来的初始磁化曲线退回来呢？实验表明，当外磁场强度由 $+H_m$ 逐渐减小时，磁感强度 B 并不沿初始曲线 ONP 减小，而是沿图 7-55 中另一条曲线 PQ 比较缓慢地减小.这种 B 的变化落后于 H 的变化的现象，叫做磁滞现象，简称磁滞.

由于磁滞，当磁场强度减小到零（即 $H=0$）时，磁感强度 B 并不等于零，而是仍有一定的数值 B_r，故 B_r 叫做剩余磁感强度，简称剩磁.这是铁磁质所特有的性质.如果一铁磁质有剩磁存在，这就表明它已被磁化过.由图可以看出，随着反向磁场的增加，B 逐渐减小，当达到 $H=-H_c$ 时，B 等于零，这时铁磁质的剩磁就消失了，铁磁质也就不显现磁性.通常把 H_c 叫做矫顽力，它表示铁磁质抵抗去磁的能力.当反向磁场继续不断增强到 $-H_m$ 时，材料的反向磁化同样能达到饱和点 P'.此后，反向磁场逐渐减弱到零，$B-H$ 曲线便沿 $P'Q'$ 变化.以后，正向磁场增强到 $+H_m$ 时，$B-H$ 曲线就沿 $Q'P$ 变化，从而完成一个循环.由于磁滞，$B-H$ 曲线就形成了一个闭合曲线，这个闭合曲线叫做磁滞回线.研究磁滞现象不仅可以了解铁磁质的特性，而且也有实用价值，因为铁磁材料往往是应用于交变磁场中的.需要指出，铁磁质在交变磁场中被反复磁化时，磁滞效应是要损耗能量的，而所损耗的能量与磁滞回线所包围的面积有关，面积越大，能量的损耗也越多.

3. 铁磁性材料

前面已经指出铁磁性物质属强磁性材料，它在电工设备和科学研究中的应用非常广泛，按它们的化学成分和性能的不同，可以分为金属磁性材料和非金属磁性材料（铁氧体）两大族.

（1）金属磁性材料

金属磁性材料是指由金属合金或化合物制成的磁性材料，绝大部分是以铁、镍或钴为基础，再加入其他元素经过高温熔炼、机械加工和热处理而制成.这种磁性材料在高温、低频、大功率等条件下有广泛的应用.但在高频范围内，它的应用则受到限制.金属磁性材料还可分为硬磁、软磁和压磁材料等.实验表明,不同铁磁性物质的磁滞回线形状有很大差异.图 7-56 给出软磁和硬磁两种金属磁性材料的磁滞回线.软磁材料的特点是相对磁导率 μ_r 和饱和磁感强度 B_m 一般都比较大,但矫顽力 H_c 比硬磁材料小得多,磁滞回线所包围的面积很小,磁滞特性不显著[图 7-56(a)].软磁材料在磁场中很容易被磁化,而因为它的矫顽力很小,所以也容易去磁.因此,软磁材料是很适合于制造电磁铁、变压器、交流电动机、交流发电机等电器中的铁芯的.表 7-3 列出几种软磁材料的性能.

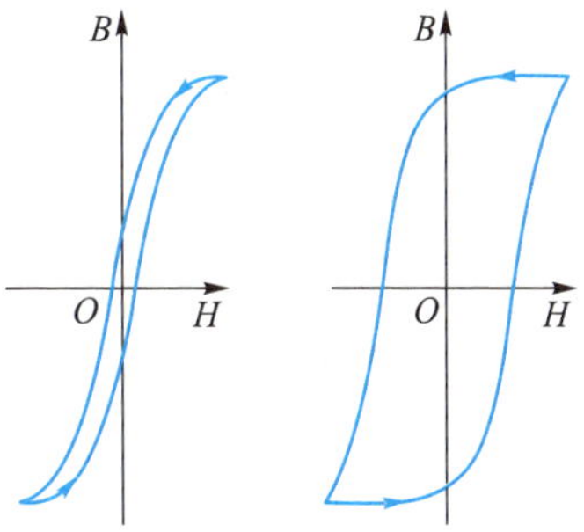

(a) 软磁材料　(b) 硬磁材料

图 7-56　金属磁性材料的磁滞回线

表 7-3　几种软磁材料的性能

软 磁 材 料	μ_r(最大值)	B_m/T	H_c/(A·m^{-1})	居里点/K
工程纯铁(含 0.2%杂质)	9×10^3	2.16	48~103	1043
78%坡莫合金	100×10^3	1.08	3.9	873
硅钢(热轧)	7×10^3	1.95	19.8	1003

硬磁材料又称永磁材料,它的特点是剩磁 B_r 和矫顽力 H_c 都比较大,磁滞回线所包围的面积也就大,磁滞特性非常显著[图7-56(b)].把硬磁材料放在外磁场中充磁后,仍能保留较强的磁性,并且这种剩余磁性不易被消除,因此硬磁材料适宜于制造永磁体.在各种电表及其他一些电器设备中,人们常用永磁体来获得稳定的磁场.表 7-4 列出几种硬磁材料的性能.其中,钕铁硼合金是一种磁性极强的硬磁材料,应用广泛.我国拥有丰富的稀土资源钕,这给制造此类铁磁性材料提供了很大的方便.

表 7-4　几种硬磁材料的性能

硬 磁 材 料	B_r/T	H_c/(A·m^{-1})
钡铁氧体	0.38	1.34×10^5
碳钢(含 1%碳)	0.9	4.1×10^3
钕铁硼合金	1.07	8.8×10^5

文档：丁肇中

1998年6月3日，由美国“发现者号”航天飞机携带的、美籍华裔物理学家丁肇中(1936—　，1976年诺贝尔物理学奖获得者)组织领导探测宇宙中反物质和暗物质所用的阿尔法磁谱仪1上的环形永磁体，是由中国科学院电工研究所等单位用稀土材料钕铁硼Nd-Fe-B研制的，环中心的磁感强度达到0.137 T(地球磁场的2 800倍).该永磁体的直径为1.2 m，重2.6吨.这是人类第一次将大型永磁体送入宇宙空间，对宇宙中的带电粒子进行直接观测.虽然未获预期的结果，但它给人类开拓了一个全新的科学领域.李政道对这项研究曾说：“暗物质①是笼罩20世纪末和21世纪初现代物理学的最大乌云，它预示着物理学的又一次革命.”在丁肇中的主持下，永磁体又于2011年5月16日随同阿尔法磁谱仪2搭乘美国“奋进号”航天飞机进入国际空间站，预计将工作20年之久，继续寻找反物质、暗物质和精确测定宇宙中同位素的比例.人们企盼能获得预期成果.山东大学、中山大学、东南大学为磁谱仪2的散热系统、热控系统、地面模拟系统等进行了设计研制，东南大学并对采集的大量数据进行了计算机分析，台湾中山科学院设计了电子控制系统.

丁肇中访问东南大学商讨AMS
(阿尔法磁谱仪)合作事宜

阿尔法磁谱仪2的环形永磁体

压磁材料具有较强的磁致伸缩性能.所谓磁致伸缩是指铁磁性物体的形状和体积在磁场变化时也会发生变化，特别是物体在磁场方向上的长度会改变.当交变磁场作用在这种铁磁性物体上时，它随着磁场的增强，可以伸长或者缩短，如钴钢伸长，而镍则缩短.不过长度的变化是十分微小的，约为其原长的

① 简单地说，暗物质是指不可见但能产生引力相互作用的物质，至今尚未被实验发现，是否真正存在还是一个谜.

1/100 000.磁致伸缩在技术上有重要的应用,如作为机电换能器用于钻孔、清洗,也可作为声电换能器用于探测海洋深度、鱼群等.

(2) 非金属磁性材料——铁氧体

铁氧体,又叫铁淦氧,是一族化合物的总称,它由三氧化二铁(Fe_2O_3)和其他二价的金属氧化物(如 NiO、ZnO、MnO 等)的粉末混合烧结而成.由于它的制造工艺过程类似陶瓷,因此常叫做磁性瓷.

铁氧体的特点是不仅具有高磁导率,而且有很高的电阻率.它的电阻率在 $10^4 \sim 10^{11}\ \Omega \cdot m$ 之间,有的则高达 $10^{14}\ \Omega \cdot m$,比金属磁性材料的电阻率(约为 $10^{-7}\ \Omega \cdot m$)要大得多.所以铁氧体的涡流损失小,常用于高频技术中.图 7-57 是矩磁铁氧体的磁滞回线,从图中可以看出回线近似矩形.电子计算机就是利用矩形回线的特点将矩磁铁氧体作为记忆元件的.正向和反向两个稳定状态可代表“0”与“1”,故可作为二进制记忆元件①.此外,在电子技术中人们也广泛利用铁氧体作为天线和电感器中的磁芯.

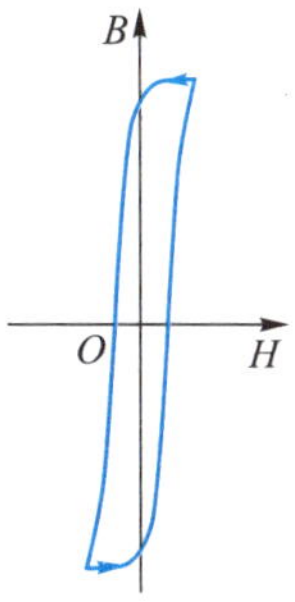

图 7-57 矩磁铁氧体的磁滞回线

4. 磁屏蔽

把磁导率不同的两种磁介质放到磁场中,在它们的交界面上磁场要发生突变,这时磁感强度 $\boldsymbol{B}$ 的大小和方向都要发生变化,也就是说,磁导率不同引起了磁感线折射.例如,当磁感线从空气进入铁磁质时,磁感线对法线的偏离很大,强烈地收缩.图 7-58 是磁屏蔽示意图.图中 A 为一磁导率很大的软磁材料(如坡莫合金或铁铝合金)做成的罩,放在外磁场中.由于罩的磁导率 μ 比 μ_0 大得多,因此绝大部分磁感线从罩壳的壁内通过,而罩壳内的空腔中,磁感线是很少的.这就达到了磁屏蔽的目的.为了防止外界磁场的干扰,人们常在示波管、显像管中电子束聚焦部分的外部加上磁屏蔽罩,从而起到磁屏蔽的作用.

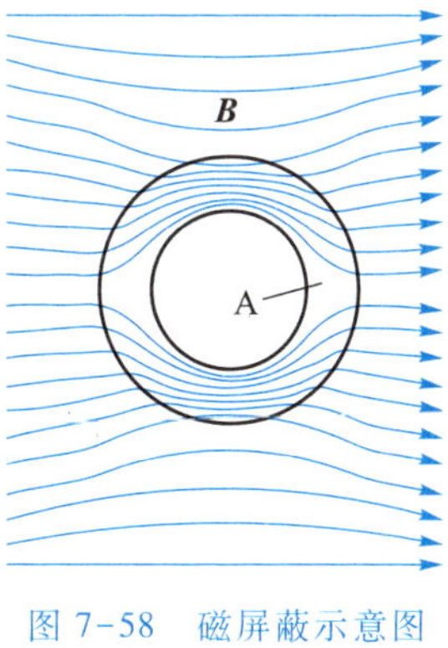

图 7-58 磁屏蔽示意图

① 利用铁氧体可制成二进制记忆元件的磁盘,以实现信息的磁记录,有关这方面的内容可参阅马文蔚等主编《物理学原理在工程技术中的应用》(第四版)之“磁盘与磁记录”.

问题

7-1 两根截面积不相同而材料相同的金属导体如图所示串接在一起，两端加一定电压.问通过这两根导体的电流密度是否相同？两导体内的电场强度是否相同？如果两导体长度相等，两导体上的电压是否相同？两导体的分界面上是否可能有电荷积累？

7-2 一根铜线表面涂以银层，若在导线两端加上给定的电压，此时铜线和银层中的电场强度、电流密度以及电流是否都相同？

7-3 电池组所给的电动势的方向是否取决于通过电池组的电流的流向？

7-4 你能说出一些有关电流元 $I\mathrm{d}\boldsymbol{l}$ 激发磁场 $\mathrm{d}\boldsymbol{B}$ 与电荷元 $\mathrm{d}q$ 激发电场 $\mathrm{d}\boldsymbol{E}$ 的异同吗？

7-5 有一电流元 $I\mathrm{d}\boldsymbol{l}$ 位于直角坐标系的原点 O，电流的流向沿 Oz 轴正向.场点 P 的磁感强度 $\mathrm{d}\boldsymbol{B}$ 在 Ox 轴上的分量是下面三个答案中的哪一个？

(1) 0；(2) $-k\dfrac{Iy\mathrm{d}l}{(x^2+y^2+z^2)^{3/2}}$；(3) $k\dfrac{Ix\mathrm{d}l}{(x^2+y^2+z^2)^{3/2}}$.

7-6 在球面上竖直和水平的两个圆中通以相等的电流，电流流向如图所示.问球心 O 处磁感强度的方向是怎样的？

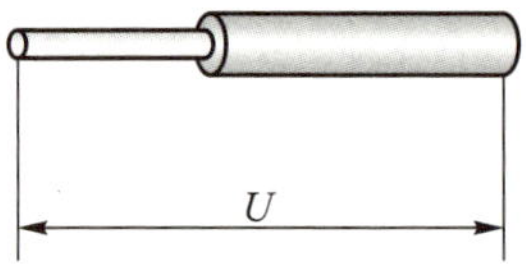

问题 7-1 图

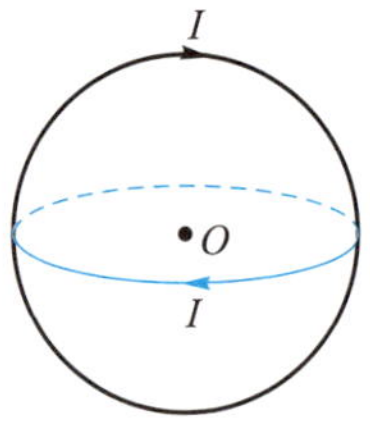

问题 7-6 图

7-7 如果在 A、B 两点之间有一根直导线通以电流 I，或者在两点之间有一根圆弧形导线也通以电流 I.试问它们在场点 P 所激发的磁感强度有何差别？

7-8 如果用一个闭合曲面将一条形磁铁的极包起来.通过此闭合曲面的磁通量是多少？若磁单极被找到，并用同样的闭合曲面把它包围起来，情况又将如何呢？

7-9 两根无限长的平行载流直导线中电流的流向相同.如果取一平面垂直于这两根导线，那么此平面上的磁感线分布大致是怎样的？

7-10 电流分布如图所示，图中有三个环路 1、2 和 3.磁感强度沿其中每一个环路的线积分各为多少？

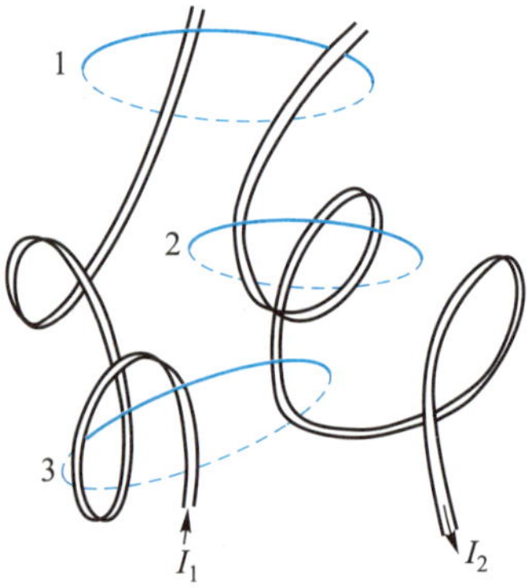

问题 7-10 图

7-11 在下面三种情况下，能否用安培环路定理来求磁感强度？为什么？(1) 有限长载流直导线产生的磁场;(2) 圆电流产生的磁场;(3) 两个无限长同轴载流圆柱面之间的磁场.

7-12 如图所示,在一个圆形电流的平面内取一个同心的圆形闭合回路,并使这两个圆同轴,且互相平行.因为此闭合回路内不包含电流,所以把安培环路定理用于上述闭合回路,可得

$$\oint_l \boldsymbol{B} \cdot \mathrm{d}\boldsymbol{l}=0$$

由此结果能否说,在闭合回路上各点的磁感强度为零?

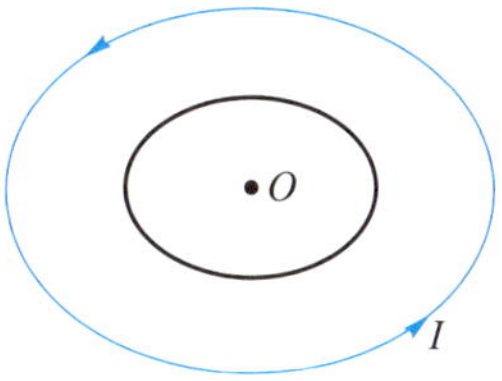

问题 7-12 图

7-13 如图所示,设在水平面内有许多根长直载流导线彼此紧挨着排成一行,每根导线中的电流相同.你能求出邻近平面中部 A、B 两点的磁感强度吗? A、B 两点附近的磁场可看作均匀磁场吗?

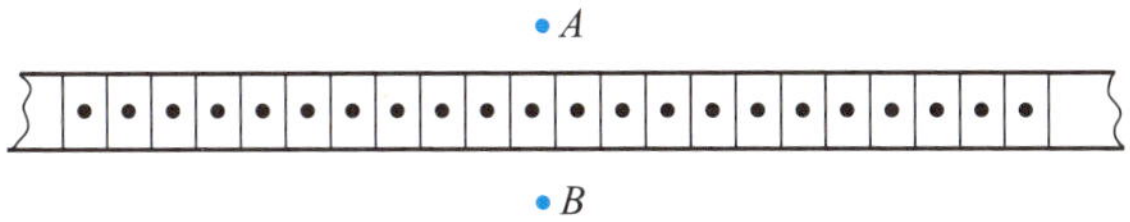

问题 7-13 图

7-14 如果一个电子在通过空间某一区域时,电子运动的路径不发生偏转,那么我们能否说这个区域没有磁场?

7-15 公式 $\boldsymbol{F}=q\boldsymbol{v}\times\boldsymbol{B}$ 中的三个矢量,哪些矢量始终是正交的? 哪些矢量之间可以有任意角度?

7-16 一质子束发生了侧向偏转,造成这个偏转的原因可否是电场? 可否是磁场? 你怎样判断是哪一种场对它的作用?

7-17 均匀磁场的磁感强度 $\boldsymbol{B}$ 的方向垂直纸面向里,如果两个电子以大小相等、方向相反的速度沿水平方向射出,试问这两个电子作何运动? 如果一个是电子,一个是正电子,它们的运动又将如何?

7-18 在均匀磁场中有一电子枪,它可发射出速率分别为 v 和 $2v$ 的两个电子.这两个电子的速度方向相同,且均与 $\boldsymbol{B}$ 垂直.试问这两个电子各绕行一周所需的时间是否有差别?

7-19 如图所示,在立方体的角上有一些速度大小为 v 的正电荷 q,速度的方向如图中箭头所示.在立方体的区域内,有一个磁感强度为 $\boldsymbol{B}$ 的均匀磁场,它的方向沿 y 轴的正方向.试问作用在每个电荷上的力的大小和方向如何?

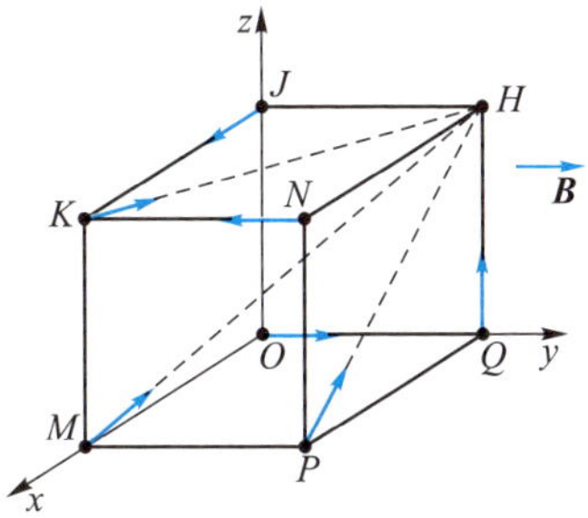

问题 7-19 图

7-20 在无限长的载流直导线附近取两点 A 和 B,A、B 到导线的垂直距离均相等.若将一电流元 $I\mathrm{d}\boldsymbol{l}$ 先后放置在这两点上,试问此电流元所受到的磁力是否一定相同?

7-21 安培定律 $\mathrm{d}\boldsymbol{F}=I\mathrm{d}\boldsymbol{l}\times\boldsymbol{B}$ 中的三个矢量,哪两个矢量始终是正交的? 哪两个矢量之间可以有任意角度?

7-22 一根有限长的载流直导线在均匀磁场中沿着磁感线移动，磁力对它是否总是做功？什么情况下磁力做功？什么情况下磁力不做功？

7-23 如图所示，在空间有三根同样的导线，它们相互间的距离相等，通过它们的电流大小相等、流向相同.设除了相互作用的磁力以外，其他的影响可以忽略，它们将如何运动？

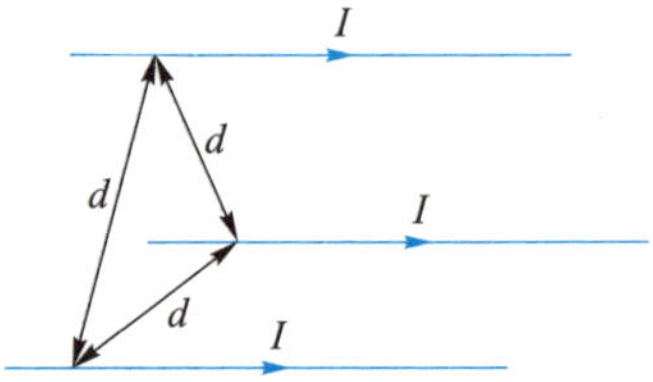

问题 7-23 图

7-24 在均匀磁场中，有两个面积相等、通过电流相同的线圈，一个是三角形，另一个是矩形.这两个线圈所受的最大磁力矩是否相等？磁力的合力是否相等？

7-25 如均匀磁场的方向竖直向下，一个矩形导线回路的平面与水平面一致.试问这个回路上的电流沿哪个方向流动时，它才处于稳定平衡状态？

7-26 如图所示，两个圆电流 A 和 B 平行放置.试问这两个圆电流间是吸引还是排斥？

7-27 若在上题两圆电流 A 和 B 之间放置一个平行的圆电流 C(如图所示)，则这个圆电流如何运动？

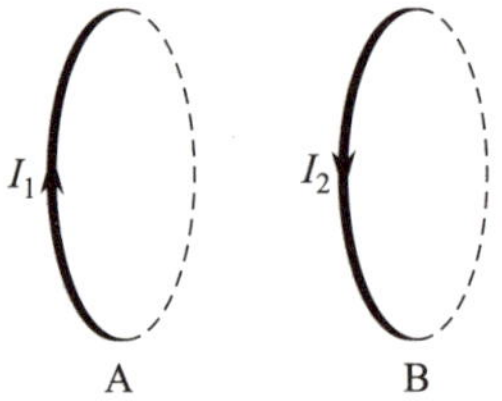

问题 7-26 图

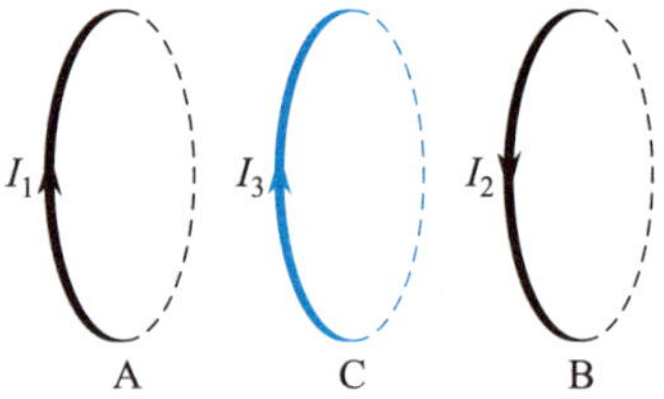

问题 7-27 图

7-28 在均匀磁场中，载流线圈的取向与其所受磁力矩有何关系？在什么情况下，磁力矩最大？在什么情况下，磁力矩最小？载流线圈处于稳定平衡时，其取向又如何？

7-29 如何使一根磁针的磁性反转过来？

7-30 为什么装指南针的盒子不是用铁，而是用胶木等材料做成的？

7-31 在工厂里搬运烧到赤红的钢锭时，为什么不能用装有电磁铁的起重机？

7-32 变压器的铁芯总是用片状硅钢叠加起来，而且片间还要涂上绝缘材料，并被压紧.如果铁芯用整块硅钢，那么工艺就简单多了，成本也将大大降低.为什么我们不采用后面这种方法呢？

*7-33 为什么常温下顺磁质的磁化率总是很小？

习题

7-1 两根长度相同的细导线分别密绕在半径为 R 和 r 的两个长直圆筒上，形成两个螺线管.两个螺线管的长度相同，且 $R=2r$，螺线管中通过的电流均为 I，螺线管中的磁感强度大

小 B_R、B_r 满足(　　).

(A) $B_R=2B_r$　　(B) $B_R=B_r$　　(C) $2B_R=B_r$　　(D) $B_R=4B_r$

7-2　一个半径为 r 的半球面如图所示放在均匀磁场中,通过半球面的磁通量为(　　).

(A) $2\pi r^2 B$　　(B) $\pi r^2 B$

(C) $2\pi r^2 B\cos\alpha$　　(D) $\pi r^2 B\cos\alpha$

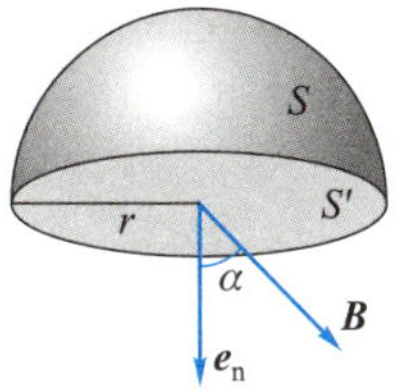

习题 7-2 图

7-3　下列说法正确的是(　　).

(A) 闭合回路上各点磁感强度都为零时,回路内一定没有电流穿过

(B) 闭合回路上各点磁感强度都为零时,回路内穿过电流的代数和必定为零

(C) 磁感强度沿闭合回路的积分为零时,回路上各点的磁感强度必定为零

(D) 磁感强度沿闭合回路的积分不为零时,回路上任意一点的磁感强度都不可能为零

7-4　在图(a)和(b)中各有一半径相同的圆形回路 L_1、L_2,圆周内有电流 I_1、I_2,其分布相同,且均在真空中,但在图(b)中 L_2 回路外有电流 I_3,P_1、P_2 为两圆形回路上的对应点,则(　　).

(A) $\oint_{L_1}\boldsymbol{B}\cdot\mathrm{d}\boldsymbol{l}=\oint_{L_2}\boldsymbol{B}\cdot\mathrm{d}\boldsymbol{l}$,$B_{P_1}=B_{P_2}$

(B) $\oint_{L_1}\boldsymbol{B}\cdot\mathrm{d}\boldsymbol{l}\neq\oint_{L_2}\boldsymbol{B}\cdot\mathrm{d}\boldsymbol{l}$,$B_{P_1}=B_{P_2}$

(C) $\oint_{L_1}\boldsymbol{B}\cdot\mathrm{d}\boldsymbol{l}=\oint_{L_2}\boldsymbol{B}\cdot\mathrm{d}\boldsymbol{l}$,$B_{P_1}\neq B_{P_2}$

(D) $\oint_{L_1}\boldsymbol{B}\cdot\mathrm{d}\boldsymbol{l}\neq\oint_{L_2}\boldsymbol{B}\cdot\mathrm{d}\boldsymbol{l}$,$B_{P_1}\neq B_{P_2}$

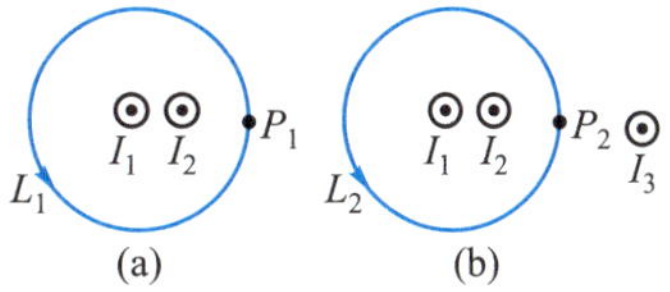

习题 7-4 图

7-5　半径为 R 的圆柱形无限长载流直导线置于均匀无限大磁介质之中.若导线中流过的恒定电流为 I,磁介质的相对磁导率为 $\mu_r(\mu_r<1)$,则与导线接触的磁介质表面上的磁化电流线密度为(　　).

(A) $-(\mu_r-1)I/2\pi R$　　(B) $(\mu_r-1)I/2\pi R$

(C) $\mu_r I/2\pi R$　　(D) $I/2\pi\mu_r R$

7-6　图示为北京正负电子对撞机,其贮存环是周长为 240 m 的近似圆形轨道,当环中电子移动产生的电流为 8 mA 时,则在整个环中有多少电子在运行?已知电子的速率接近光速.

习题 7-6 图

7-7　已知铜的摩尔质量 $M=63.75\ \mathrm{g\cdot mol^{-1}}$,密度 $\rho=8.9\ \mathrm{g\cdot cm^{-3}}$,在铜导线里,假设每个铜原子贡献出 1 个自由电子.(1) 为了技术上的安全,铜导线内的最大电流密度 $j_m=6.0\ \mathrm{A\cdot mm^{-2}}$,求此时导线内电子的漂移速率;(2) 在室温下,电子热运动的平均速率

是电子漂移速率的多少倍?

7-8 两个同轴圆柱面导体的长度均为 20 m,内圆柱面的半径为 3.0 mm,外圆柱面的半径为 9.0 mm.若两圆柱面之间有10 μA的电流沿径向流过,求通过半径为 6.0 mm 的圆柱面的电流密度.

7-9 已知地球北极地磁场磁感强度 **B** 的大小为6.0×10^{-5} T,如图所示.假设此地磁场是由地球赤道上一个圆电流所激发的,则此电流有多大?流向如何?

7-10 如图所示,两根导线沿半径方向接到铁环的 a、b 两点,并与很远处的电源相连接.求环心点 O 的磁感强度.

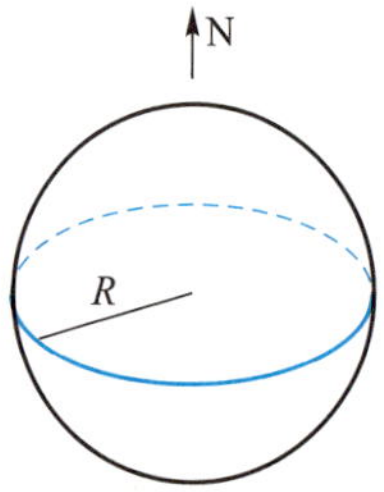

习题 7-9 图

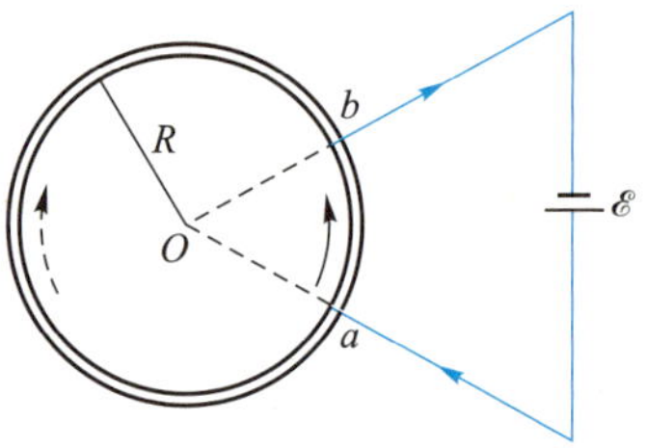

习题 7-10 图

7-11 如图所示,几种载流导线在平面内分布,电流均为 I,它们在点 O 的磁感强度各为多少?

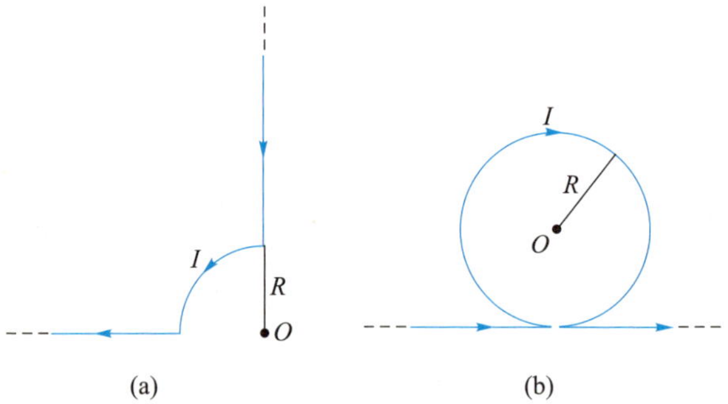

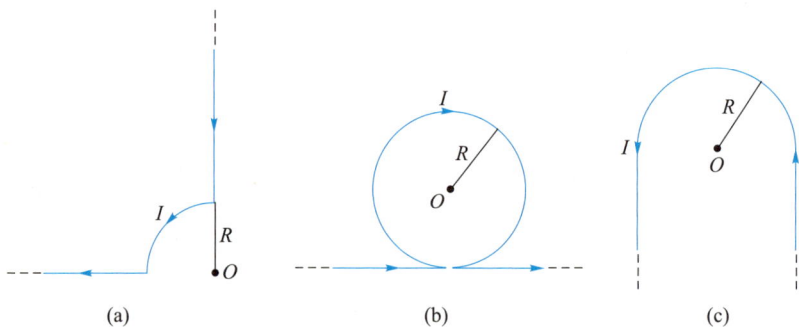

习题 7-11 图

7-12 载流导线形状如图所示(图中直线部分导线延伸到无限远),求点 O 的磁感强度 **B**.

7-13 如图所示,一个半径为 R 的无限长半圆柱面导体,沿长度方向的电流 I 在柱面上均匀分布,求半圆柱面轴线 OO'上的磁感强度.

7-14 实验中常用的所谓亥姆霍兹线圈可在局部区域内产生一近似均匀磁场,其装置简图如图所示.一对完全相同、彼此平行的线圈,它们的半径均为 R,通过的电流均为 I,且两线圈中电流的流向相同.试证明:当两线圈中心之间的距离 d 等于线圈的半径 R 时,在两线圈中心连线的中点附近区域,磁场可看成是均匀磁场.

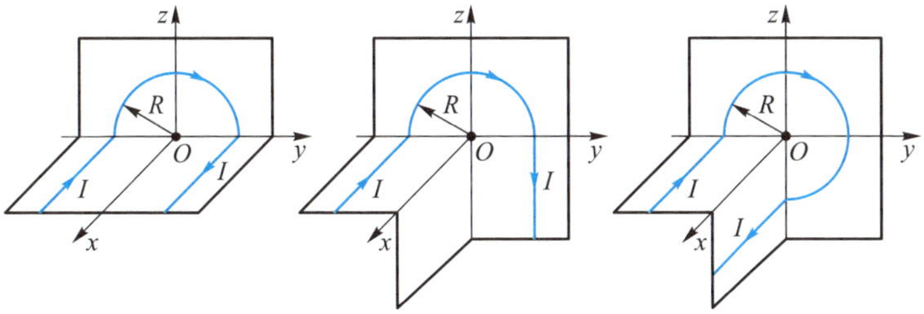

习题 7-12 图

7-15 如图所示,载流长直导线的电流为 I,试求通过矩形面积的磁通量.

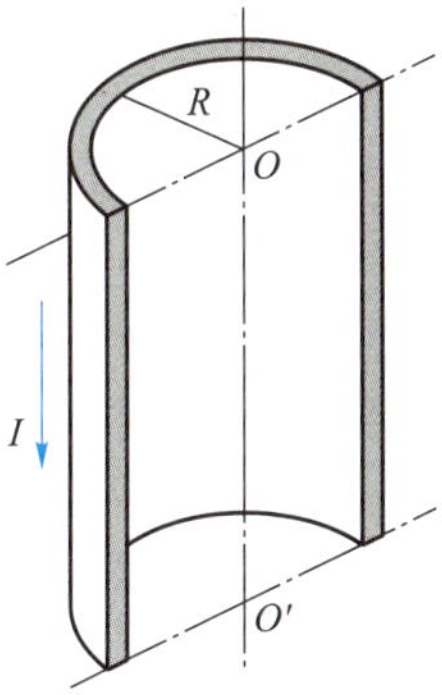

习题 7-13 图

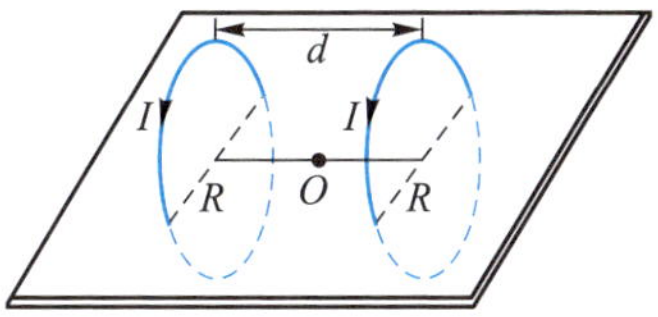

习题 7-14 图

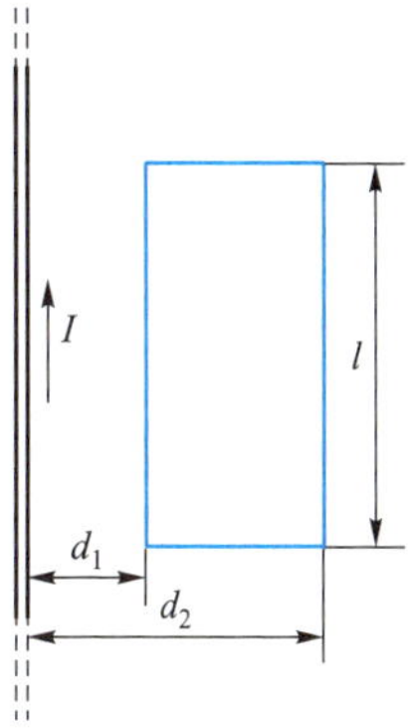

习题 7-15 图

7-16 已知 10 mm^2 裸铜线允许通过 50 A 电流而不致导线过热,假设电流在导线横截面上均匀分布.求:(1) 导线内、外磁感强度的分布;(2) 导线表面的磁感强度.

7-17 有一同轴电缆,其尺寸如图所示.两导体中的电流均为 I,但电流的流向相反,导体的磁性可不考虑.试计算以下各处的磁感强度:(1) $r<R_1$;(2) $R_1<r<R_2$;(3) $R_2<r<R_3$;(4) $r>R_3$.画出 $B-r$ 图线.

7-18 如图所示,N 匝线圈均匀密绕在截面为长方形的中空环形骨架上,求通入电流 I 后,环内、外磁感强度的分布.

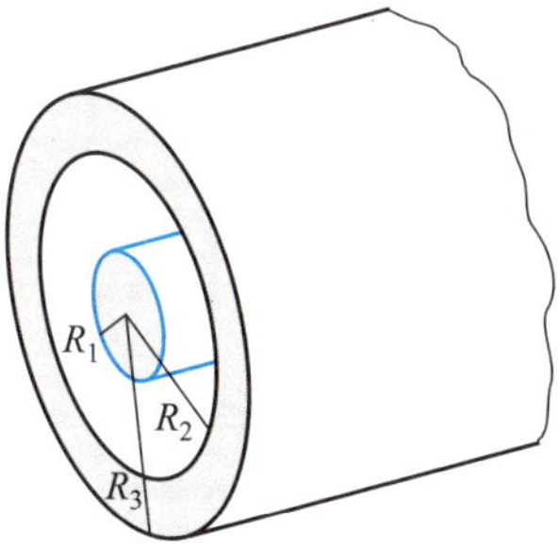

习题 7-17 图

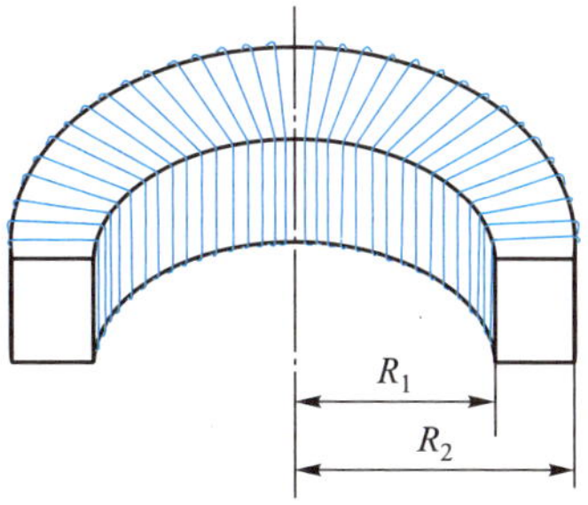

习题 7-18 图

7-19　半径为 R 的长直导体圆筒表面有一层均匀分布的面电流,面电流绕轴线沿螺旋线流动,其方向始终与轴线方向成 α 角.设电流线密度为 j,求长直导体圆筒轴线上的磁感强度.

7-20　电流 I 均匀地流过半径为 R 的圆形长直导线,试计算单位长度导线中通过图中所示剖面的磁通量.

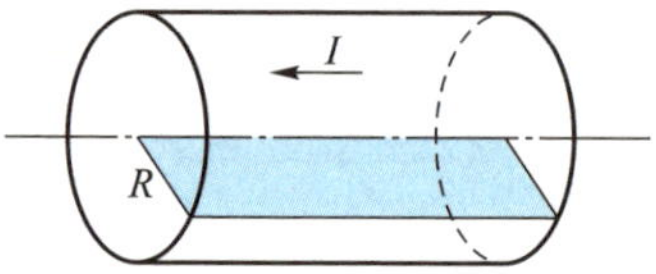

习题 7-20 图

7-21　设电流均匀流过无限大导电平面,其电流线密度为 j,求导电平面两侧的磁感强度.

7-22　设有两个无限大平行载流平面,它们的电流线密度均为 j,电流流向相反,求:(1) 两载流平面之间的磁感强度;(2) 两载流平面之外空间的磁感强度.

7-23　氢原子可以看成电子在平面内绕核作匀速圆周运动的带电系统.已知电子电荷为 $-e$,质量为 m_e,电子作圆周运动的角动量为 L,求电子沿圆周轨道运动的轨道磁矩.

7-24　将一根带电导线弯成半径为 R 的圆环,电荷线密度为 $\lambda(\lambda>0)$,圆环绕过圆心且与圆环面垂直的轴以角速度 ω 转动,求轴线上任一点的磁感强度.

7-25　如图所示,两个点电荷 $q=+8.00\ \mu C$,$q'=-5.00\ \mu C$.某一时刻它们分别位于 M、N 点,速度分别为 $\boldsymbol{v}=9.00\times10^4\boldsymbol{i}\ m\cdot s^{-1}$ 和 $\boldsymbol{v}'=6.50\times10^4\boldsymbol{j}\ m\cdot s^{-1}$.求此时点 O 的磁感强度.

*7-26　如图所示,半径为 R 的圆片均匀带电,电荷面密度为 σ,令该圆片以角速度 ω 绕通过其中心且垂直于圆片的轴旋转.求轴线上距圆片中心为 x 处的点 P 的磁感强度和旋转圆片的磁矩.

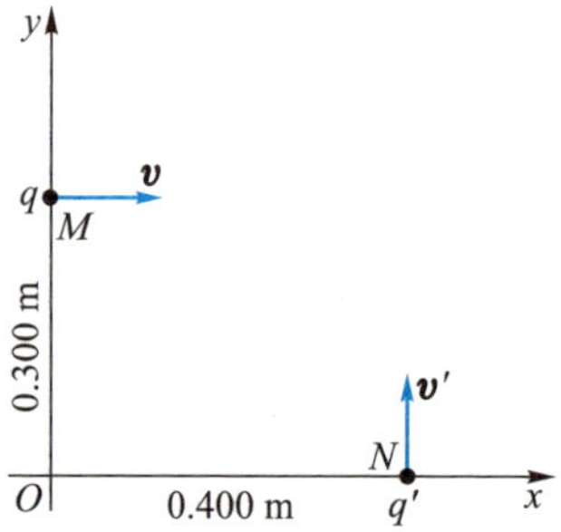

习题 7-25 图

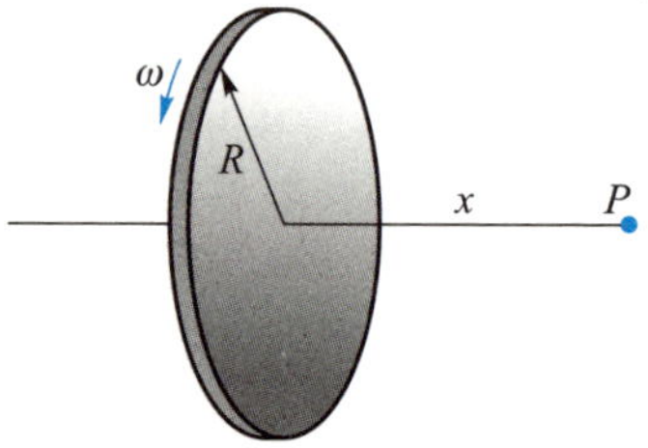

习题 7-26 图

7-27　在氢原子中,设电子以轨道角动量 $L=h/2\pi$ 绕质子作圆周运动,其半径为 $a_0=5.29\times10^{-11}$ m.求质子所在处的磁感强度.

7-28　质子和电子以相同的速度垂直飞入磁感强度为 $\boldsymbol{B}$ 的匀强磁场中,试求质子轨道半径与电子轨道半径之比.

7-29　如图所示,在 $B=0.01$ T 的均匀磁场中,电子以 $v=10^4\ m\cdot s^{-1}$ 的速度在磁场中通过点 A 运动,电子运动速度和磁场 $\boldsymbol{B}$ 的夹角为 30°.求电子的轨道半径和旋转频率.

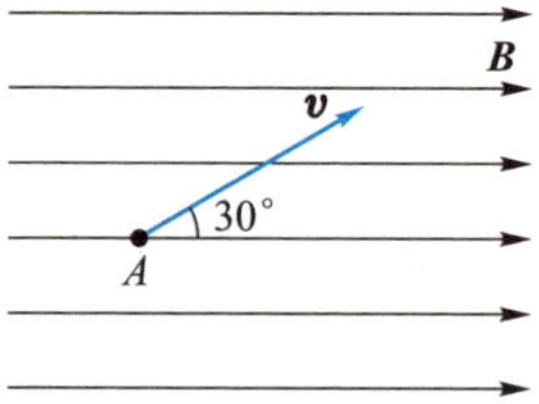

习题 7-29 图

7-30 已知地面上空某处地磁场的磁感强度 $B=0.4\times10^{-4}$ T,方向向北.若宇宙射线中有一速度 $v=5.0\times10^{7}$ m·s^{-1}的质子垂直地面通过该处,求:(1) 洛伦兹力的方向;(2) 洛伦兹力的大小,并与该质子受到的万有引力相比较.

*7-31 一个电荷 q 以速度 $\boldsymbol{v}$ 沿 x 轴匀速运动($v\ll c$),某一时刻位于原点,试验证它在空间产生的磁感强度 $\boldsymbol{B}$ 与电场强度 $\boldsymbol{E}$ 间的关系为 $\boldsymbol{B}=\mu_0\varepsilon_0\boldsymbol{v}\times\boldsymbol{E}$.(注:这一关系在 $v\to c$ 时也适用,且由于$\dfrac{1}{\sqrt{\mu_0\varepsilon_0}}=c$,有 $\boldsymbol{B}=\dfrac{1}{c^2}\boldsymbol{v}\times\boldsymbol{E}$.)

7-32 试证明霍耳电场强度与恒定电场强度之比

$$E_{\mathrm{H}}/E_{\mathrm{c}}=B/ne\rho$$

式中 ρ 为材料的电阻率,n 为载流子的数密度.

7-33 霍耳效应可用来测量血流的速度,其原理如图所示.在动脉血管两侧分别安装电极并加以磁场.设血管直径为 2.0 mm,磁感强度为 0.080 T,毫伏表测出血管上下两端的电压为0.10 mV,则血流的速度为多大?

*7-34 磁力可以用来输送导电液体,如液态金属、血液等,而不需要机械活动组件.如图所示是输送液态钠的管道,在长 $l=2.00$ cm 的部分加一横向磁场 $\boldsymbol{B}$,其磁感强度为 1.50 T,同时在垂直于磁场和管道的方向加一电流,其电流密度为 $\boldsymbol{j}$.(1) 证明在管内液体 l 段两端由磁力产生的压强差为 $\Delta p=jlB$,此压强差将驱动液体沿管道流动;(2) 要在 l 段两端产生 1.00 atm(1 atm=101 325 Pa)的压强差,电流密度应为多大?

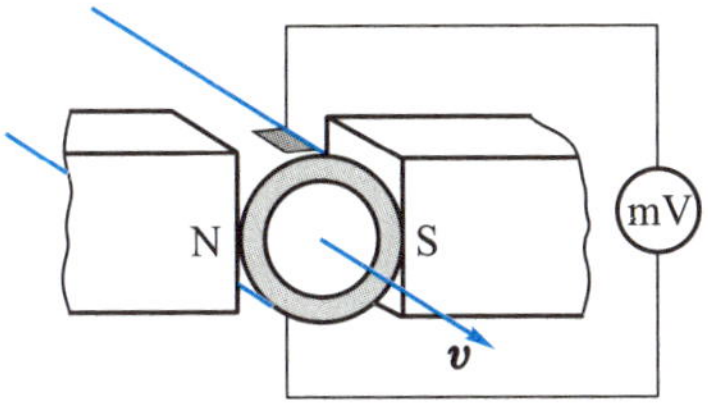

习题 7-33 图

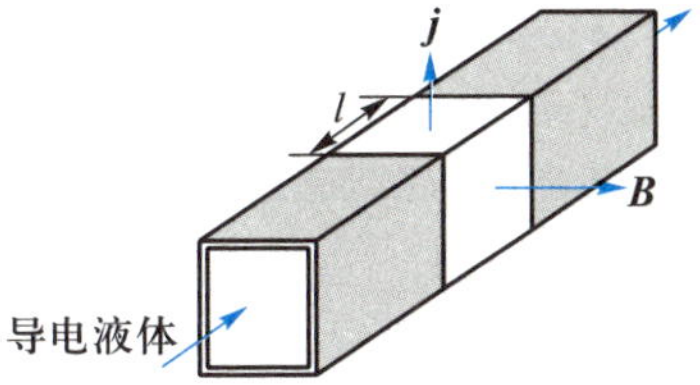

习题 7-34 图

7-35 带电粒子在过饱和液体中运动会留下一串气泡,显示出粒子运动的径迹.设在气泡室中,有一个质子垂直于磁场飞过,留下一个半径为 3.5 cm 的圆弧径迹,测得磁感强度为 0.20 T,求此质子的动量和能量.

7-36 从太阳射来的速度为 0.80×10^{7} m·s^{-1}的电子进入地球赤道上空高层范艾仑辐射带中,该处磁场为 4.0×10^{-7} T,此电子回转轨道半径为多少?若电子沿地球磁场的磁感线旋进到地磁北极附近,地磁北极附近磁场为 2.0×10^{-5} T,其轨道半径又为多少?

7-37 如图所示,一根长直导线载有电流 $I_1=30$ A,矩形回路载有电流 $I_2=20$ A.试计算作用在回路上的合力.已知 $d=1.0$ cm,$b=8.0$ cm,$l=0.12$ m.

7-38 如图所示,在粗糙斜面上放有一长为 l 的木制圆柱,其上固定一平面绕组,共 N 匝.圆柱体的轴线位于绕组平面内,整个装置的质量为 m,处于磁感强度大小为 B、方向竖直向上的均匀磁场中.如果绕组的平面与斜面平行,那么当圆柱体静止在斜面上不动时通过回路的电流等于多少?

7-39 将一电流均匀分布的无限大载流平面放入磁感强度为 $\boldsymbol{B}_0$ 的均匀磁场中,电流方向与磁场垂直,放入后,平面两侧磁场的磁感强度分别为 $\boldsymbol{B}_1$ 和 $\boldsymbol{B}_2$,如图所示.求该载流平面上单位面积所受的磁场力的大小和方向.

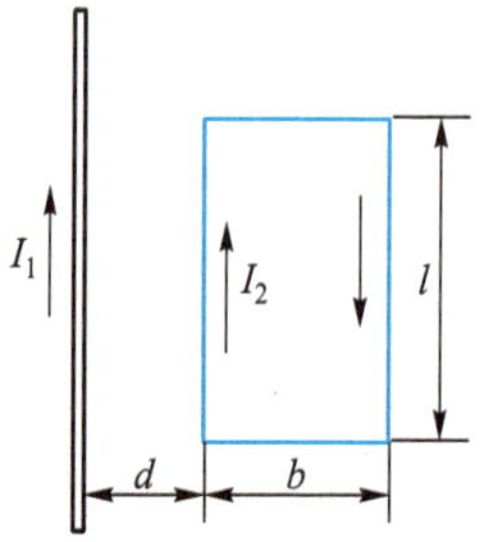

习题 7-37 图

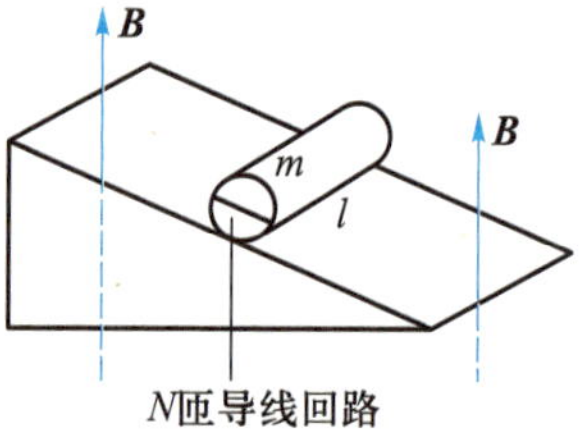

习题 7-38 图

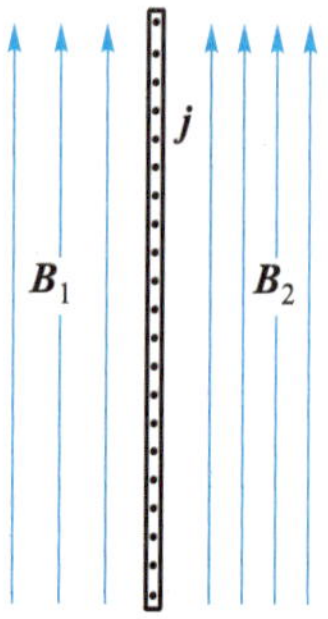

习题 7-39 图

7-40 在直径为 1.0 cm 的铜棒上,切割下一个圆盘.设想这个圆盘的厚度只有一个原子线度那么大,这样在圆盘上约有 6.2×10^{14} 个铜原子,每个铜原子有 27 个电子,每个电子的自旋磁矩为 $\mu_e=9.3\times10^{-24}\ \mathrm{A\cdot m^2}$.我们假设所有电子的自旋磁矩方向都相同,且平行于铜棒的轴线.(1) 求圆盘的磁矩;(2) 如果这磁矩是由圆盘上的电流产生的,那么圆盘边缘上需要有多大的电流?

7-41 如图所示,一根长直同轴电缆内、外导体之间充满磁介质,磁介质的相对磁导率为 $\mu_r(\mu_r>1)$,导体的磁化可以略去不计.电缆沿轴向有恒定电流 I 通过,内外导体上电流的方向相反.求:(1) 空间各区域内的磁感强度和磁化强度;(2) 磁介质表面的磁化电流.

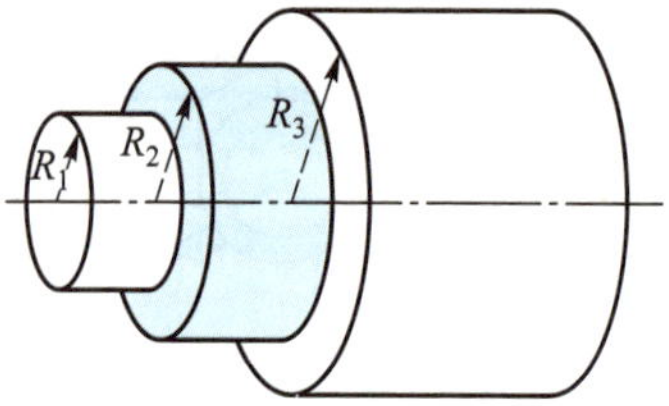

习题 7-41 图

7-42 设长为 $L=5.0$ cm,截面积为 $S=1.0\ \mathrm{cm^2}$ 的铁棒中所有铁原子的磁矩都沿轴向整齐排列,且每个铁原子的磁矩 $m_0=1.8\times10^{-23}\ \mathrm{A\cdot m^2}$.(1) 求铁棒的磁矩;(2) 如果要使铁棒与磁感强度 $B_0=1.5$ T 的外磁场正交,需用多大的力矩?已知铁的密度 $\rho=7.8\ \mathrm{g\cdot cm^{-3}}$,铁的摩尔质量 $M_{Fe}=55.85\ \mathrm{g\cdot mol^{-1}}$.

7-43 在实验室中,为了测试某种磁性材料的相对磁导率 μ_r,常将这种材料做成截面为矩形的圆环形样品,然后用漆包线绕成一螺绕环.设圆环的平均周长为 0.10 m,横截面积为 $0.50\times10^{-4}\ \mathrm{m^2}$,线圈共绕了 200 匝.当线圈通过 0.10 A 的电流时,测得穿过圆环横截面的磁通量为 6.0×10^{-5} Wb,求此时该材料的相对磁导率 μ_r.

*7-44 一氧化氮(NO)是一种顺磁性介质,其分子磁矩的大小具有 $10^{-23}\ \mathrm{J\cdot T^{-1}}$ 的量级.设这种分子的环境温度为 300 K,并处于 1.0 T 的外磁场中,试计算将一个 NO 分子的磁矩从与外磁场相反的方向转动到与外磁场相同的方向上,磁场所做的功的量级,并与分子的热运动动能的量级加以比较(根据热学知识,常温下 NO 分子的平均动能具有 10^{-21} J 的量级).

第八章　电磁感应　电磁场

在 1820 年奥斯特发现电流的磁现象之后不久，英国实验物理学家法拉第即于 1821 年重复了奥斯特和安培的实验，并对磁棒的一极绕载流导线旋转进行了研究.法拉第和奥斯特一样，也笃信自然力的统一.1824 年，他提出了“磁能否产生电”的想法.7 年后，法拉第发现了电磁感应现象，后经诺伊曼①、麦克斯韦等人的工作，给出了电磁感应定律的数学表达式.电磁感应现象的发现进一步揭示了自然界电现象和磁现象之间的联系，为麦克斯韦电磁场理论的建立奠定了坚实的基础，并且还标志着新的技术革命和工业革命即将到来，使现代电力工业、电子技术以及无线电通信等得以建立和发展.

本章的主要内容有：在电磁感应现象的基础上讨论电磁感应定律，以及动生电动势和感生电动势；介绍自感和互感，磁场的能量，以及麦克斯韦关于有旋电场和位移电流的假设，并简要介绍电磁场理论的基本概念.

8-1　电磁感应定律

一、电磁感应现象

1831 年 8 月 29 日法拉第首次发现，处在随时间而变化的电流附近的闭合回路中有感应电流产生.在兴奋之余，他又做了一系列实验，用不同的方式证实电磁感应现象的存在及其规律.下面择取几个表明电磁感应现象的实验，并说明产生这一现象的条件.

（1）如图 8-1 所示，线圈 A 和 B 绕在一个环形铁芯上，B 与开关 S 和电源相接，A 接有电流计 G.在开关 S 闭合和打开的瞬间，与线圈 A 连接的电流计的

① 诺伊曼（F.E.Neumann，1798—1895），德国理论物理学家.

指针将发生偏转,但两种情况下电流的流向相反.

(2) 取一个如图 8-2 所示的线圈 A,把它的两端和一个电流计 G 连成一个闭合回路.若将一根磁铁插入线圈或从线圈中抽出,或者磁铁不动,线圈向着(或背离)磁铁运动,即两者发生相对运动时,电流计的指针都将发生偏转.电流计指针的偏转方向,与两者的相对运动情况有关.

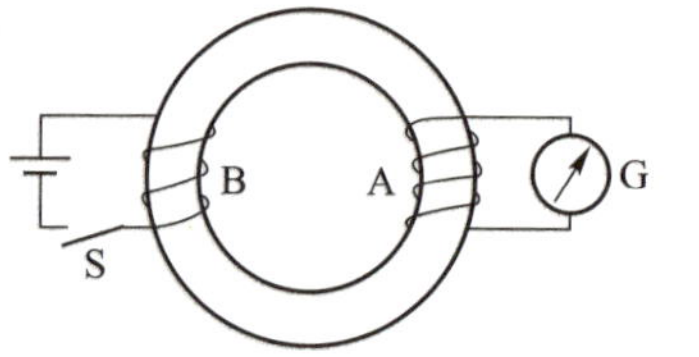

图 8-1 开关 S 闭合和打开的瞬间,电流计的指针发生偏转

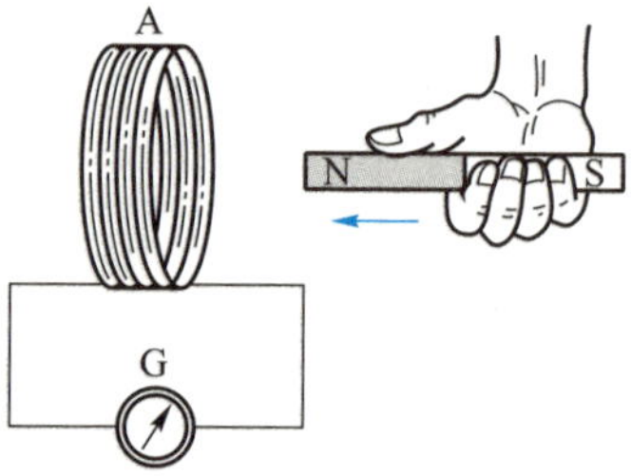

图 8-2 磁铁与线圈有相对运动时,电流计的指针发生偏转

此外,法拉第还做了一些诸如闭合线圈在磁场中转动、闭合回路中某一段导线在磁场内运动等一系列的实验,也都发现回路中有感应电流.这里就不一一赘述了.

法拉第(Michael Faraday,1791—1867),伟大的英国物理学家和化学家.他创造性地提出场的思想,磁场这一名称是法拉第最早引入的.他是电磁理论的创始人之一,于 1831 年发现电磁感应现象,后又相继发现电解定律,物质的抗磁性和顺磁性,以及光的偏振面在磁场中的旋转.

文档:法拉第

从上述实验可以看出,无论是使闭合回路(或称探测线圈)保持不动,而使闭合回路(或线圈)中的磁场发生变化;或者是磁场保持不变,而使闭合回路(或线圈)在磁场中运动,都可以在闭合回路(或线圈)中引起电流.这就是说,尽管在闭合回路(或线圈)中引起电流的方式有所不同,但都可归结出一个共同点,即通过闭合回路(或线圈)的磁通量都发生了变化.这里要特别强调一下,关键不是磁通量本身,而是磁通量的变化,才是引发电磁感应现象的必要条件.于是,可以得出如下结论:当穿过一个闭合导体回路所围面积的磁通量发生变化时,不管这种变化是由于什么原因所引起的,回路中就有电流.这种现象叫做电磁感应现象.回路中所出现的电流叫做感应电流.在回路中出现电流,表明回路中有电动势存在.这种在回路中由于磁通量的变化而引起的电动势,叫做感应电动势.

二、电磁感应定律

电磁感应定律现可表述为:当穿过闭合回路所围面积的磁通量发生变化时,不论这种变化是什么原因引起的,回路中都会建立起感应电动势,且此感应电动势等于磁通量对时间变化率的负值,即

$$\mathscr{E}_i = -\frac{\mathrm{d}\Phi}{\mathrm{d}t} \tag{8-1a}$$

在国际单位制中,$\mathscr{E}_i$ 的单位为伏特,Φ 的单位为韦伯,t 的单位为秒.至于式中负号的物理意义,将在下面楞次①定律中再予讨论.

楞次

应当指出,式(8-1a)中的 Φ 是穿过回路所围面积的磁通量.如果回路是由 N 匝密绕线圈组成,而穿过每匝线圈的磁通量都等于 Φ,那么穿过 N 匝密绕线圈的磁通匝数则为 $N\Phi$,磁通匝数也叫磁链.对此,电磁感应定律就可写成

$$\mathscr{E}_i = -\frac{\mathrm{d}(N\Phi)}{\mathrm{d}t} \tag{8-1b}$$

如果闭合回路的电阻为 R,那么根据闭合回路欧姆定律 $\mathscr{E}=IR$,回路中的感应电流为

$$I_i = -\frac{1}{R}\frac{\mathrm{d}\Phi}{\mathrm{d}t} \tag{8-2}$$

利用上式以及 $I=\mathrm{d}q/\mathrm{d}t$,可计算出在时间间隔 $\Delta t=t_2-t_1$ 内,由于电磁感应,流过回路的电荷.设在时刻 t_1 穿过回路所围面积的磁通量为 Φ_1,在时刻 t_2 穿过回路所围面积的磁通量为 Φ_2,于是在 Δt 时间内,流过回路的感应电荷为

$$q = \int_{t_1}^{t_2} I\mathrm{d}t = -\frac{1}{R}\int_{\Phi_1}^{\Phi_2}\mathrm{d}\Phi = \frac{1}{R}(\Phi_1 - \Phi_2) \tag{8-3}$$

比较式(8-2)和式(8-3)可以看出,感应电流与回路中磁通量随时间的变化率(即变化的快慢)有关,变化率越大,感应电流越强;但感应电荷则只与回路中磁通量的变化量有关,而与磁通量随时间的变化率无关.在计算感应电荷时,式(8-3)取绝对值.从式(8-3)还可以看出,对于给定电阻 R 的闭合回路来说,如果从实验中测出流过此回路的电荷 q,那么就可以知道此回路内磁通量的变化.这就是磁强计的设计原理.在地质勘探和地震监测等部门中,磁强计常用来探测

① 楞次(H.F.E.Lenz,1804—1865),俄国物理学家和地球物理学家.他于1833年11月发表了含有后来被称为楞次定律的论文,文中提出了一个能确定感应电流、感应电动势方向的规则(即楞次定律).

地磁场的变化.

电磁感应定律还具有其他十分广泛的应用,如日常生活中的电磁炉、现代乐器中的电吉他、信息领域的磁记录①、科研用的电子感应加速器等.

三、楞次定律

现在来说明式(8-1)中负号的物理意义.为分析方便起见,作如下规定:回路的绕行方向与回路的正法线 $\boldsymbol{e}_n$ 的方向之间的关系遵守右手螺旋定则(图 8-3);回路中的感应电动势取负值(即$\mathscr{E}_i<0$)时,感应电动势的方向与回路的绕行方向相反;感应电动势取正值(即$\mathscr{E}_i>0$)时,感应电动势的方向与回路的绕行方向相同.下面我们用上述规定来具体确定感应电动势的正负值.

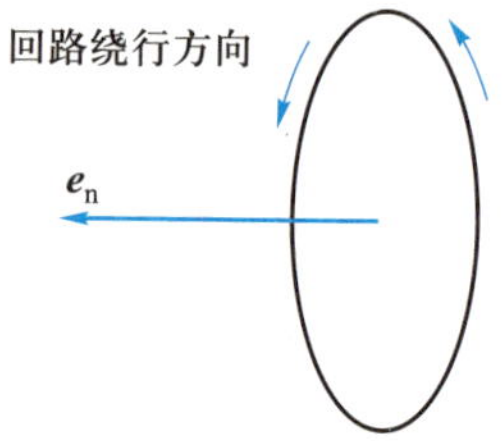

图 8-3 回路正法线 $\boldsymbol{e}_n$ 方向的确定

首先,讨论图 8-2 中磁铁插入线圈的情况.如图 8-4(a)所示,取回路的绕行方向为顺时针方向,线圈中各匝回路的正法线 $\boldsymbol{e}_n$ 的方向与磁感强度 $\boldsymbol{B}$ 的方向相同,所以穿过线圈所包围面积的磁通量为正值,即 $\Phi>0$.当磁铁插入线圈时,穿过线圈的磁通量增加,故磁通量随时间的变化率 $\mathrm{d}\Phi/\mathrm{d}t>0$.由式(8-1)可知,$\mathscr{E}_i<0$,即线圈中各匝回路的感应电动势的方向与回路的绕行方向相反.此时,线圈中感应电流所激发的磁场与 $\boldsymbol{B}$ 的方向相反,它阻碍磁铁向线圈运动.

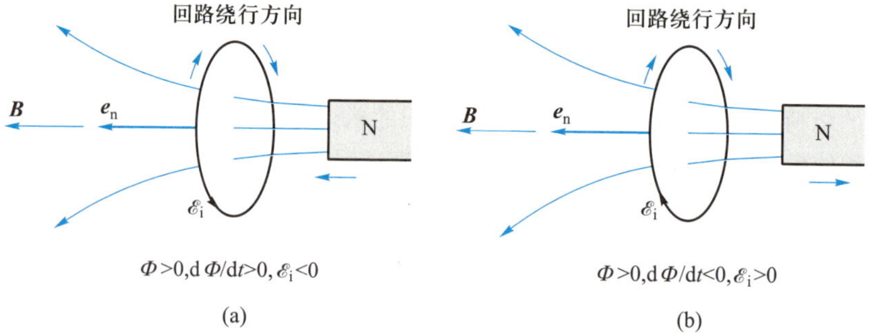

图 8-4 感应电动势方向的确定

当磁铁从线圈中抽出时,如图 8-4(b)所示,穿过线圈的磁通量虽仍为正值,即 $\Phi>0$,但因为磁铁从线圈中抽出,所以穿过线圈的磁通量将有所减少,故有 $\mathrm{d}\Phi/\mathrm{d}t<0$.由式(8-1)可知,感应电动势$\mathscr{E}_i>0$,为正值.这就是说,$\mathscr{E}_i$ 的方向与

① 参阅马文蔚等主编《物理学原理在工程技术中的应用》(第四版)之“磁盘与磁记录”.

回路的绕行方向相同.此时,感应电流所激发的磁场与 $\boldsymbol{B}$ 的方向相同,它阻碍磁铁远离线圈运动.

综上所述,可以得出如下规律:当穿过闭合的导线回路所包围面积的磁通量发生变化时,在回路中就会有感应电流,此感应电流的方向总是使它自己的磁场穿过回路面积的磁通量,去抵偿引起感应电流的磁通量的改变.或者用另一种方式来表述:闭合的导线回路中所出现的感应电流,总是使它自己所激发的磁场反抗任何引发电磁感应的原因(反抗相对运动、磁场变化或线圈变形等).这个规律叫做楞次定律.

实质上,楞次定律是能量守恒定律的一种表现.如在图 8-5 的情形中,由于电磁感应,在磁场中运动的导线 OP 所受之安培力,其作用总是反抗导线 OP 运动的.因此,要移动导线,就需要外力对它做功,这样,就把某种形式的能量(如机械能、电能)转化为其他形式的能量(如电能、热能等).假如感应电流所产生的作用,不是反抗导线的运动,而是帮助导线运动,那么,只要我们开始用一力使导线作微小的移动,以后它就会越来越快地运动下去.也就是,我们可以用微小的功来获得无穷大的机械能,这不就成了第一类永动机了吗?显然,这与能量守恒定律相违背.因此,感应电流的方向必须是楞次定律所规定的方向.电磁感应定律式(8-1a)中的负号,正表明了电磁感应现象和能量守恒定律之间的必然联系.

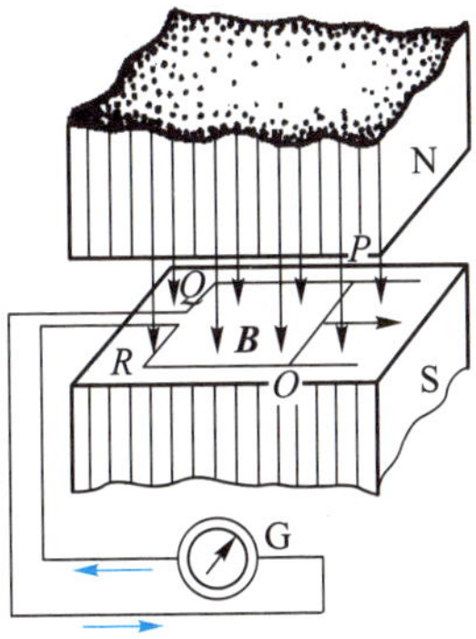

图 8-5 闭合回路中导线 OP 在磁场中运动时,回路中有感应电流

例 1

交流发电机的原理.在如图 8-6 所示的均匀磁场中,置有面积为 S 的可绕 OO' 轴转动的 N 匝线圈.若线圈以角速度 ω 作匀速转动,求线圈中的感应电动势.

解 设在 $t=0$ 时,线圈平面的正法线 $\boldsymbol{e}_n$ 的方向与磁感强度 $\boldsymbol{B}$ 的方向相同,那么,在 t 时刻,$\boldsymbol{e}_n$ 与 $\boldsymbol{B}$ 之间的夹角为 $\theta=\omega t$.此时,穿过 N 匝线圈的磁链为

$$N\Phi = NBS\cos\theta = NBS\cos\omega t$$

由式(8-1b)可得,线圈中的感应电动势为

$$\mathscr{E} = -\frac{\mathrm{d}(N\Phi)}{\mathrm{d}t} = NBS\omega\sin\omega t$$

式中 N、B、S 和 ω 均是常量.令 $\mathscr{E}_m=NBS\omega$,上式可写为

$$\mathscr{E}=\mathscr{E}_m\sin\omega t$$

线圈单位时间转动的周数用 f 表示，因此有 $\omega=2\pi f$. 上式亦可写为

$$\mathscr{E}=\mathscr{E}_m\sin 2\pi ft$$

由上述计算可知，在均匀磁场中，匀速转动的线圈内所建立的感应电动势是时间的正弦函数. $\mathscr{E}_m$ 为感应电动势的最大值[图 8-7(a)]，叫做电动势的振幅. 它与磁场的磁感强度、线圈的面积、匝数和转动的角速度成正比.

当外电路的电阻 R 较之线圈的电阻 R_i 大很多，即 $R\gg R_i$ 时，则根据欧姆定律，闭合回路中的感应电流为

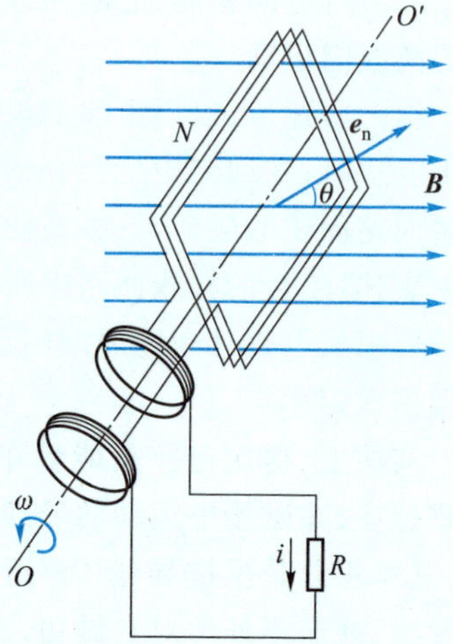

图 8-6

$$i=\frac{\mathscr{E}_m}{R}\sin\omega t=i_m\sin\omega t$$

式中 $i_m=\dfrac{\mathscr{E}_m}{R}$ 为感应电流的振幅[图 8-7(b)]. 可见，在均匀磁场中，匀速转动的线圈内的感应电流也是时间的正弦函数. 这种电流叫做正弦交变电流，简称交流电.

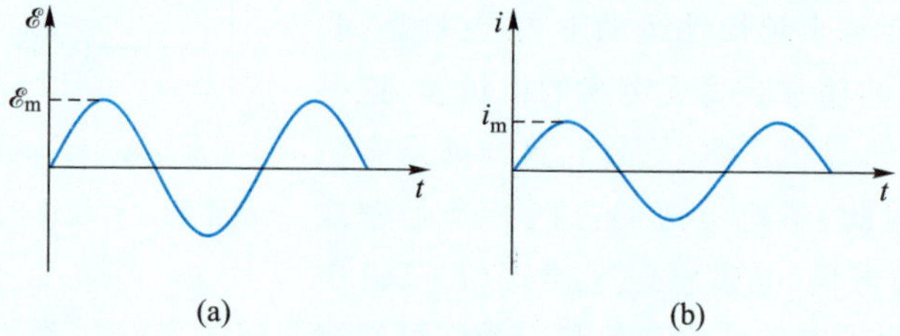

图 8-7

长江三峡水电站的大坝坝顶总长 3 035 m，坝顶高程 185 m，正常蓄水位 175 m，总库容 393×10^8 m^3，装有 32 台单机容量为 70 万 kW 的发电机组，年发电量约 1 000 亿度.

上面分析的是交流发电机的基本工作原理.实际上大功率的交流发电机输出交流电的线圈是固定不动的,转动的部分则是提供磁场的电磁铁线圈(即转子),它以角速度 ω 绕 OO' 轴转动,而形成所谓旋转磁场.这种结构的发电机是由特斯拉发明的.

青年特斯拉也许
正在构思旋转磁场

矗立在尼亚加拉大瀑布
美国一侧特斯拉的雕像

矗立在尼亚加拉大瀑布
加拿大一侧特斯拉的雕像

下面介绍一点特斯拉①与交流电机:

特斯拉(N.Tesla,1856—1943),美籍克罗地亚人.在学校时,老师用爱迪生发明的直流电机给学生做演示实验.爱迪生直流电机是线圈在固定磁铁的 N 极和 S 极之间旋转,从而使电机的集电环产生火花放电,需要经常修理,否则电机不能连续使用.对使用者而言,这是很不方便的.于是特斯拉就想能否有不用集电环的电机呢? 这个问题困扰着他很多年.1881 年,他在布达佩斯的公园散步时突然想到,如果把磁铁与线圈对调一下,使磁铁在线圈中旋转,不是就可以不使用集电环了吗? 这就是旋转磁场的由来.这也成为他后来发明交流电机系统的起点.想法是对的,但要实现它可就没有那么容易了.1884 年 28 岁的特斯拉带着旋转磁场和交流电机的理想来到美国.他设计并制作了最初的交流电机及传输系统.后来,终于在西屋电气公司创立者威斯汀豪斯的支持下,他在 1891 年,也就在布达佩斯公园散步时想到旋转磁场的 10 年后,终于在尼亚加拉大瀑布的美国一侧建成了多相交流电机和输变电系统.从此交流电机系统被世界各国所采用.特斯拉为人类广泛而安全地进入电气化时代做出了巨大贡献.这个故事对我们有两点启示:一是科学和技术的创新始于问题,二是坚持不懈的努力.值得高兴的是,历经了千辛万苦,特斯拉的理想最终得以实现.

例 2

图 8-8 是电子计算机内作为存贮元件的环形磁芯,磁芯是用矩形磁滞回线的铁氧体材料制成的.环形磁芯上绕有两个截面积均为 $S=4.5\times10^{-2}\ \mathrm{mm}^2$ 的线圈 a 和 b.当线圈 a 中有脉冲电流 i 通过时,在 $\Delta t=0.45\times10^{-6}$ s 时间内,磁芯内的磁感强度由 $+B$ 翻转为 $-B$.设

① 特斯拉也是美国的一个电动汽车及能源公司,为纪念物理学家特斯拉而命名.

$B=0.17$ T,线圈 b 的匝数 $N=2$.求在磁芯内的磁感强度翻转过程中,线圈 b 中产生的感应电动势.

解 在上章关于磁介质的讨论中已经知道,铁氧体是铁磁质,其磁导率是很大的.磁芯内的磁感强度可认为是均匀的,而且磁芯内的磁感线是如图所示的环形虚线.这样,在 Δt 时间内,通过线圈 b 的磁链的增量为 $\Delta\Psi=2NBS$.由电磁感应定律可得,线圈 b 中的感应电动势的大小为

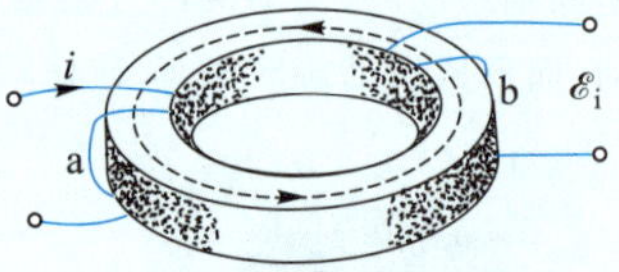

图 8-8

$$\mathscr{E}_i=\left|\frac{\Delta\Psi}{\Delta t}\right|=\frac{2NBS}{\Delta t}$$

将已知数据代入上式可得 $\mathscr{E}_i=6.8\times10^{-2}$ V $=68$ mV.

8-2 动生电动势和感生电动势

上一节中我们曾指出,不论什么原因,只要使穿过回路的磁通量发生变化,回路中就会有感应电动势.这样,从表达磁通量的式(7-17)可以看出,穿过回路所围面积 S 的磁通量是由磁感强度、回路面积的大小以及回路在磁场中的取向三个因素决定的,因此,只要这三个因素中任何一个发生变化,都可使磁通量变化,从而引起感应电动势.为便于区分,通常把由于磁感强度变化而引起的感应电动势,称为感生电动势;而把由于回路所围面积的大小变化或回路取向变化而引起的感应电动势,称为动生电动势.下面分别讨论这两种电动势.

一、动生电动势

如图 8-9 所示,在磁感强度为 $\boldsymbol{B}$ 的均匀磁场中,一根长为 l 的导线 OP 以速度 $\boldsymbol{v}$ 向右运动,且 $\boldsymbol{v}$ 与 $\boldsymbol{B}$ 垂直.导线内每个自由电子都受到洛伦兹力 $\boldsymbol{F}_m$ 的作用,由式(7-20)有

$$\boldsymbol{F}_m=(-e)\,\boldsymbol{v}\times\boldsymbol{B}$$

式中 $(-e)$ 为电子的电荷量,$\boldsymbol{F}_m$ 的方向与 $\boldsymbol{v}\times\boldsymbol{B}$ 的方向相反,由 P 指向 O.这个力是非静电力,它驱使电子沿导线由 P 向 O 移动,致使 O 端积累了负电,P 端则积累了正电,从而在导线内建立起静电场.当作用在电子上的静电场力 $\boldsymbol{F}_e$ 与洛伦兹力 $\boldsymbol{F}_m$ 相平衡(即 $\boldsymbol{F}_e+\boldsymbol{F}_m=0$)时,$O$、$P$ 两端间便有稳定的电势差.由于洛伦兹力是非静电力,因

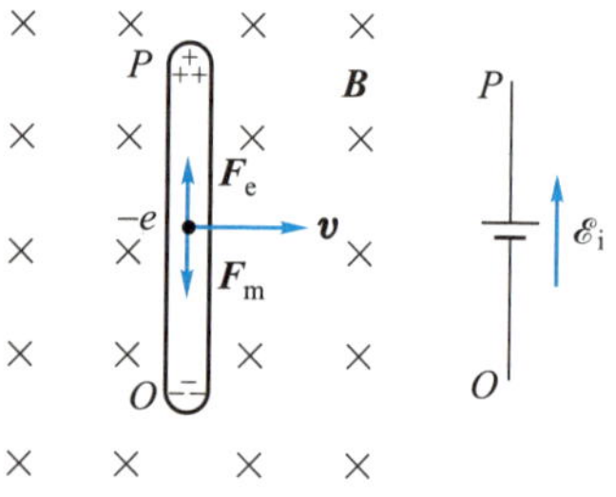

图 8-9 动生电动势

此，如以 $\boldsymbol{E}_k$ 表示非静电的电场强度，则有

$$\boldsymbol{E}_k=\frac{\boldsymbol{F}_m}{-e}=\boldsymbol{v}\times\boldsymbol{B}$$

$\boldsymbol{E}_k$ 与 $\boldsymbol{F}_m$ 的方向相反，而与 $\boldsymbol{v}\times\boldsymbol{B}$ 的方向相同.由电动势的定义式(7-8)可得，在磁场中运动的导线 OP 所产生的动生电动势为

$$\mathscr{E}_i=\int_{OP}\boldsymbol{E}_k\cdot d\boldsymbol{l}=\int_{OP}(\boldsymbol{v}\times\boldsymbol{B})\cdot d\boldsymbol{l} \tag{8-4}$$

考虑到 $\boldsymbol{v}$ 与 $\boldsymbol{B}$ 垂直，且矢积 $\boldsymbol{v}\times\boldsymbol{B}$ 的方向与 $d\boldsymbol{l}$ 的方向相同，以及 $\boldsymbol{v}$ 与 $\boldsymbol{B}$ 均为常矢量，故上式可写为

$$\mathscr{E}_i=\int_0^l vB\,dl=vBl$$

导线 OP 上动生电动势的方向由 O 指向 P(图 8-9).应当注意，此式只能用来计算在均匀磁场中直导线以恒定速度垂直磁场运动时所产生的动生电动势.对任意形状的导线在非均匀磁场中运动时所产生的动生电动势，则要由式(8-4)来进行计算.

例 1

一根长度为 L 的铜棒，在磁感强度为 $\boldsymbol{B}$ 的均匀磁场中，以角速度 ω 在与磁场方向垂直的平面上绕棒的一端 O 作匀速转动(图 8-10)，试求在铜棒两端的感应电动势.

解 在铜棒上取极小的一段线元 $d\boldsymbol{l}$，其速度为 $\boldsymbol{v}$，并且 $\boldsymbol{v}$、$\boldsymbol{B}$、$d\boldsymbol{l}$ 互相垂直(图 8-10).于是，由式(8-4)得 $d\boldsymbol{l}$ 两端的动生电动势为

$$d\mathscr{E}_i=(\boldsymbol{v}\times\boldsymbol{B})\cdot d\boldsymbol{l}=Bv\,dl=Bl\omega\,dl$$

铜棒两端的动生电动势为各线元的动生电动势之和，即

$$\mathscr{E}_i=\int_l d\mathscr{E}_i=\int_0^L B\omega l\,dl=\frac{1}{2}B\omega L^2$$

动生电动势的方向由 O 指向 P，O 端带负电，P 端带正电.

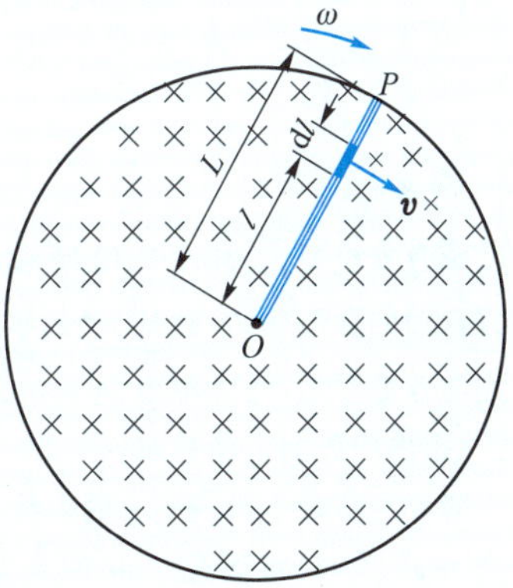

图 8-10

例 2

如图 8-11 所示，导线矩形框的平面与磁感强度为 $\boldsymbol{B}$ 的均匀磁场相垂直.在该矩形框上，有一根质量为 m、长为 l 的可移动的细导体棒 MN；矩形框还接有一个电阻 R，其值比导线的电阻值要大很多.若开始时(即 $t=0$)，细导体棒以速度 $\boldsymbol{v}_0$ 沿如图所示的方向运动，试求

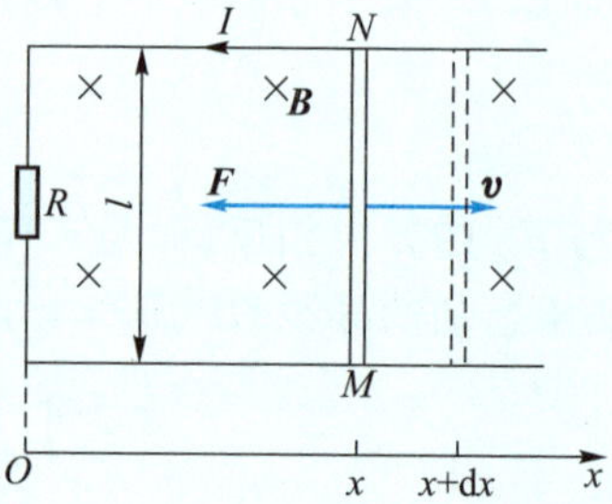

图 8-11

棒的速率与时间的函数关系.

解 按如图所示的坐标轴,棒的初速度 $\boldsymbol{v}_0$ 的方向与 Ox 轴的正向相同.由动生电动势式(8-4)可得,棒中(即矩形导线框)的动生电动势为$\mathscr{E}_i=Blv$,其方向由棒的 M 端指向 N 端,所以矩形导线框中的感应电流沿逆时针方向绕行,其值为 $I=\mathscr{E}_i/R=Blv/R$.同时,由安培定律式(7-28)可得,作用在棒上的安培力 $\boldsymbol{F}$ 的大小为

$$F = IBl = \frac{B^2 l^2 v}{R}$$

而 $\boldsymbol{F}$ 的方向则与 Ox 轴正向相反.按照牛顿第二定律,棒的运动方程应为

$$m\frac{\mathrm{d}v}{\mathrm{d}t} = -\frac{B^2 l^2 v}{R}$$

有

$$\frac{\mathrm{d}v}{v} = -\frac{B^2 l^2}{mR}\mathrm{d}t$$

由题意知,$t=0$ 时,$v=v_0$,且 B、l、m、R 均为常量,故由上式积分可得

$$\ln\frac{v}{v_0} = -\frac{B^2 l^2}{mR}t$$

则棒在时刻 t 的速率为

$$v = v_0 \mathrm{e}^{-(B^2 l^2/mR)t}$$

例 3

圆盘发电机①.如图 8-12 所示,一个半径为 R_1 的薄铜圆盘,以角速度 ω 绕通过盘心且垂直盘面的金属轴 Oz 转动,轴的半径为 R_2.圆盘放在磁感强度为 $\boldsymbol{B}$ 的均匀磁场中,$\boldsymbol{B}$ 的方向亦与盘面垂直.两个集电刷 a、b 分别与圆盘的边缘和转轴相连.试计算它们之间的电势差,并指出何处的电势较高.

解 在圆盘上沿径矢 $\boldsymbol{r}$ 取一线元 $\mathrm{d}\boldsymbol{r}$,此线元 $\mathrm{d}\boldsymbol{r}$ 的速度 $\boldsymbol{v}$ 的值为 $v=r\omega$,$\boldsymbol{v}$ 的方向与 $\mathrm{d}\boldsymbol{r}$ 垂直.由式(8-4)可得线元 $\mathrm{d}\boldsymbol{r}$ 的动生电动势为

$$\mathrm{d}\mathscr{E}_i = (\boldsymbol{v}\times\boldsymbol{B})\cdot\mathrm{d}\boldsymbol{r}$$

由于 $\boldsymbol{v}$ 与 $\boldsymbol{B}$ 垂直,且 $\boldsymbol{v}\times\boldsymbol{B}$ 的方向与 $\mathrm{d}\boldsymbol{r}$ 的方向相同,因此有

$$\mathrm{d}\mathscr{E}_i = vB\mathrm{d}r = r\omega B\mathrm{d}r$$

沿圆盘的径向积分可得,圆盘边缘与转轴之间的动生电动势为

$$\mathscr{E}_i = \int_{R_2}^{R_1} r\omega B\mathrm{d}r = \frac{1}{2}\omega B(R_1^2 - R_2^2)$$

① 世界上第一台发电机是法拉第发明的圆盘发电机.

在未接外电路的情形下，$\mathscr{E}_i$ 便是集电刷 a、b 间的电势差；并且由 $\boldsymbol{v}\times\boldsymbol{B}$ 的指向可知，圆盘边缘的电势高于圆盘中心转轴的电势.

利用电磁感应定律式（8-1）也可求得同样结果.如在图 8-12 中，在某时刻取一虚拟的闭合回路$MLNOM$，其绕行方向亦沿 $MLNOM$，于是，此闭合回路所围面积的正法线单位矢量 $\boldsymbol{e}_n$ 的方向与 $\boldsymbol{B}$ 的方向相同.所以通过此闭合回路所围面积的磁通量为

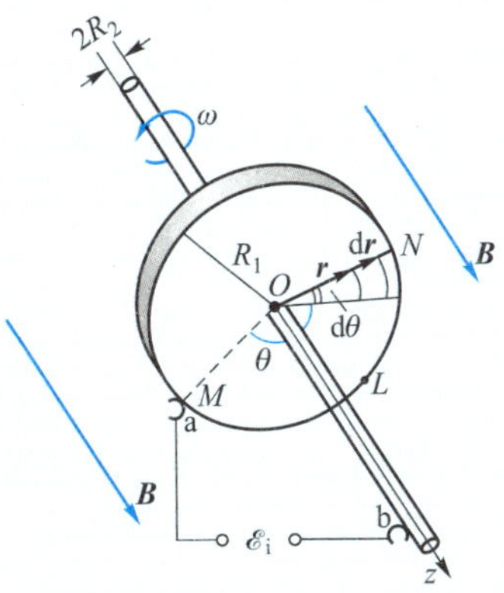

图 8-12

$$\Phi = B\frac{\theta}{2\pi}\pi(R_1^2-R_2^2) = \frac{1}{2}B(R_1^2-R_2^2)\theta$$

若在这个闭合回路中，与集电刷 a 相触的点 M 可视为固定点，点 N 则是运动的，则闭合回路所围的面积也随时间而变.相应地 OM 与 ON 之间的夹角 θ 亦随时间而改变.现设在$t=0$时，点 N 与点 M 相重合，即 $\theta=0$，那么在 $t=t$ 时，$\theta=\omega t$.因此，上式可写成

$$\Phi = \frac{1}{2}B(R_1^2-R_2^2)\omega t$$

由式（8-1）得

$$\mathscr{E}_i = -\frac{\mathrm{d}\Phi}{\mathrm{d}t} = -\frac{1}{2}B(R_1^2-R_2^2)\omega$$

$\mathscr{E}_i$ 的值与上述结果相同，式中负号表示 $MLNOM$ 回路中感应电动势的方向与回路的绕行方向相反.由于回路中只有线段 ON 运动，故上述感应电动势即为线段 ON 中的动生电动势，且电动势的方向由点 O 指向点 N，这与前述结果也是一致的.

事实上，本节的例 1 也可仿此利用式（8-1）求得.作为一次练习，同学们不妨一试.而从这两个例题中我们已能看到，式（8-4）与式（8-1）是完全一致的，从而表明运用洛伦兹力解释动生电动势的起源是可行的、有效的.

二、感生电动势

在第 8-1 节的电磁感应实验中，我们已看到，把一闭合导体回路放置在变化的磁场中时，穿过此闭合回路的磁通量发生变化，从而在回路中要激起感应电流.大家知道，要形成电流，不仅要有可以移动的电荷，而且还要有迫使电荷作定向运动的电场.但是由穿过闭合导体回路的磁通量变化而引起的电场不可能是静电场，于是麦克斯韦在分析了一些电磁感应现象以后，提出了如下假设：变化的磁场在其周围空间要激发一种电场，这个电场叫做感生电场，用符号 $\boldsymbol{E}_k$ 表示.感生电场与静电场一样都对电荷有力的作用.它们之间的不同之处是：静电场存

在于静止电荷周围的空间内，感生电场则是由变化的磁场所激发，不是由电荷所激发；静电场的电场线是始于正电荷、终于负电荷的，而感生电场的电场线则是闭合的．正是由于感生电场的存在，才在闭合回路中形成感生电动势．由电动势的定义式（7-8）知，感生电动势等于感生电场 $\boldsymbol{E}_k$ 沿任意闭合回路的线积分，即

$$\mathscr{E}_i = \oint_l \boldsymbol{E}_k \cdot d\boldsymbol{l} = -\frac{d\Phi}{dt} \tag{8-5}$$

应当明确，这个由麦克斯韦感生电场的假设而得到的感生电动势表达式，不只对由导体所构成的闭合回路，甚至对真空，也都是适用的．这就是说，只要穿过空间内某一闭合回路所围面积的磁通量发生变化，那么此闭合回路上的感生电动势总是等于感生电场 $\boldsymbol{E}_k$ 沿该闭合回路的环流．

由此，可以进一步说明感生电场的性质．我们记得，静电场是一种保守场，沿任意闭合回路静电场的电场强度环流恒为零，即式（5-23）．而感生电场与静电场不同，它沿任意闭合回路的环流一般不等于零，即式（8-5）．这就是说，感生电场不是保守场．由于静电场的电场线是有头有尾的，而感生电场的电场线是闭合的，故感生电场也称为有旋电场．

最后，因为磁通量为

$$\Phi = \int_S \boldsymbol{B} \cdot d\boldsymbol{S}$$

所以，式（8-5）也可写成

$$\mathscr{E}_i = \oint_l \boldsymbol{E}_k \cdot d\boldsymbol{l} = -\frac{d}{dt}\int_S \boldsymbol{B} \cdot d\boldsymbol{S}$$

若闭合回路是静止的，它所围的面积 S 也不随时间变化，则上式亦可写成

$$\mathscr{E}_i = \oint_l \boldsymbol{E}_k \cdot d\boldsymbol{l} = -\int_S \frac{\partial \boldsymbol{B}}{\partial t} \cdot d\boldsymbol{S} \tag{8-6}$$

式中 $\partial \boldsymbol{B}/\partial t$ 是闭合回路所围面积内某点的磁感强度随时间的变化率．式（8-6）表明，只要存在着变化的磁场，就一定会有感生电场；而且 $\partial \boldsymbol{B}/\partial t$ 与 $\boldsymbol{E}_k$ 在方向上应遵从左手螺旋关系．

*三、电子感应加速器

建立感生电场需由变化的磁场提供能量，而感生电场又为电能的利用开辟了新的途径．作为感生电场的一个实用例子，我们来较详细地分析一下电子感应加速器的工作原理．

电子感应加速器，简称感应加速器，是回旋加速器的一种．它是由美国物理学家克斯特（D.W.Kerst，1912—1993）在 1940 年研制成功的．不过电子感应加速器与上一章所讲的回旋加

速器不同，它是利用变化磁场激发的感生电场来加速电子的.

图 8-13 是电子感应加速器基本结构的原理图，在电磁铁的两磁极间放一个环形真空室. 电磁铁是由频率为几十赫兹的交变电流来激磁的，且磁极间的磁场呈对称分布. 当两磁极间的磁场发生变化时，两极间任意闭合回路的磁通量亦将随时间发生变化，从而在回路上激起感生电场(图 8-14). 此时若用电子枪将电子沿回路的切线方向射入环形真空室，电子就将在感生电场作用下被加速. 与此同时，电子还要受到磁场对它的洛伦兹力作用，从而将沿着环形真空室内的圆形轨道运动.

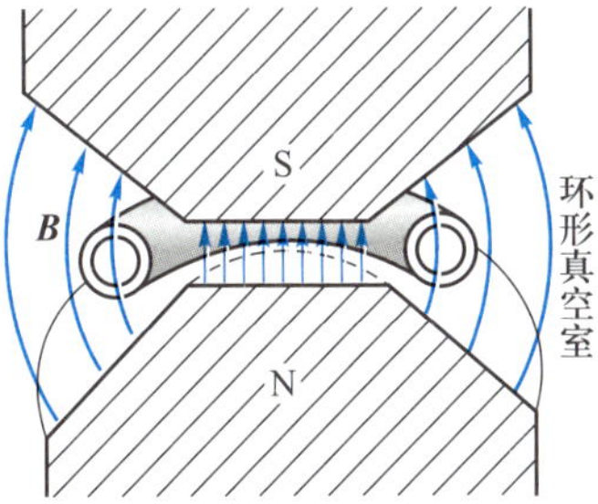

图 8-13　电子感应加速器结构原理图

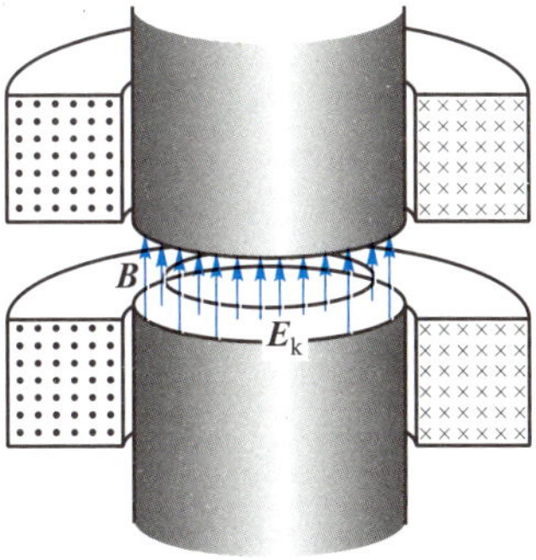

图 8-14　环绕着变化磁场的感生电场

为使电子在电子感应加速器中不断地被加速，这里必须考虑两个问题. 第一个问题是：如何使电子的运动稳定在某个圆形轨道上. 第二个问题是：如何使电子在圆形轨道上只被加速，而不被减速. 现在先来讨论第一个问题.

图 8-15 中的电子以速率 v 在半径为 R 的圆形轨道上运动，圆形轨道所在处的磁感强度为 B_R. 由洛伦兹力公式和牛顿第二定律，有

$$evB_R = m\frac{v^2}{R}$$

得

$$R = \frac{mv}{eB_R} = \frac{p}{eB_R} \tag{1}$$

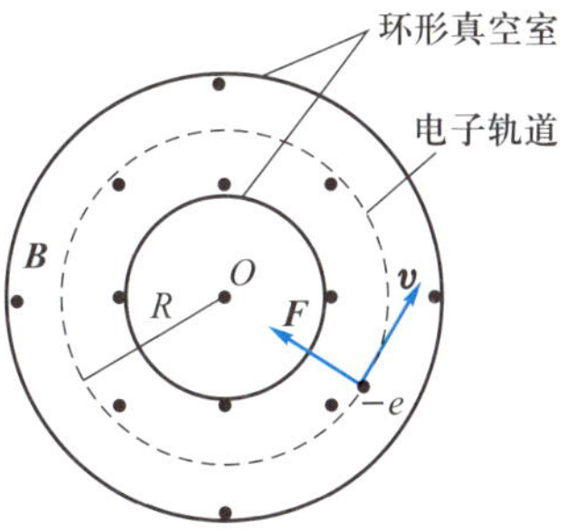

图 8-15　电子在环形真空室内运动

从上式可以看出，要使电子沿给定半径 R 作圆周运动，必须使磁感强度 B_R 随电子的动量 p 成比例地增加才行. 怎样才能做到这一点呢？由式(1)有

$$\frac{\mathrm{d}p}{\mathrm{d}t} = Re\frac{\mathrm{d}B_R}{\mathrm{d}t} \tag{2}$$

电子的 $\mathrm{d}p/\mathrm{d}t$ 只能来自感生电场对它的作用力，有

$$\frac{\mathrm{d}p}{\mathrm{d}t} = F = eE_k \tag{3}$$

式中 E_k 为感生电场的电场强度，$\boldsymbol{E}_k$ 的方向与圆形轨道处处相切. 根据感生电动势的式

(8-5),如果只考虑数值关系,有

$$2\pi R E_{k} = \frac{d\Phi}{dt} \quad 或 \quad E_{k} = \frac{1}{2\pi R}\frac{d\Phi}{dt}$$

式中 $d\Phi/dt$ 为穿过电子圆轨道所包围面积的磁通量随时间的变化率.设此面积内磁感强度的平均值为 $\bar{B}$,则

$$\Phi = \pi R^{2}\bar{B}$$

把它代入上式,得

$$E_{k} = \frac{\pi R^{2}}{2\pi R}\frac{d\bar{B}}{dt} = \frac{R}{2}\frac{d\bar{B}}{dt}$$

于是由式(3),得

$$\frac{dp}{dt} = eE_{k} = \frac{eR}{2}\frac{d\bar{B}}{dt}$$

把上式与式(2)相比较,得

$$\frac{dB_{R}}{dt} = \frac{1}{2}\frac{d\bar{B}}{dt} \tag{4}$$

上式表明,要使电子能在稳定的轨道上被加速,则真空环形室内电子圆轨道所在处的磁感强度随时间的增长率,应该是电子圆轨道所包围的面积内磁场的平均磁感强度随时间增长率的一半.克斯特正是解决了这个“2 比 1”的问题,使电子能在稳定轨道上加速,才研制出这种加速器的.

下面我们再来讨论第二个问题.由于电磁铁的激磁电流是随时间正弦变化的,所以磁感强度亦是时间的正弦函数(图 8-16).仔细分析一下在一个周期内磁感强度的变化,可以看出,若第一个 1/4 周期中感生电场对电子作顺时针方向的加速,那么从第二个 1/4 周期开始,感生电场则对电子作逆时针方向加速,直至第二个 1/4 周期结束.所以,较妥当的选择是在第一个1/4周期内完成对电子的加速过程.这也就是说,为使电子加速获得最好的效果,应在 $t=0$ 时将电子注入,在 $t=T/4$ 前,将被加速的电子引出轨道射在靶子上.

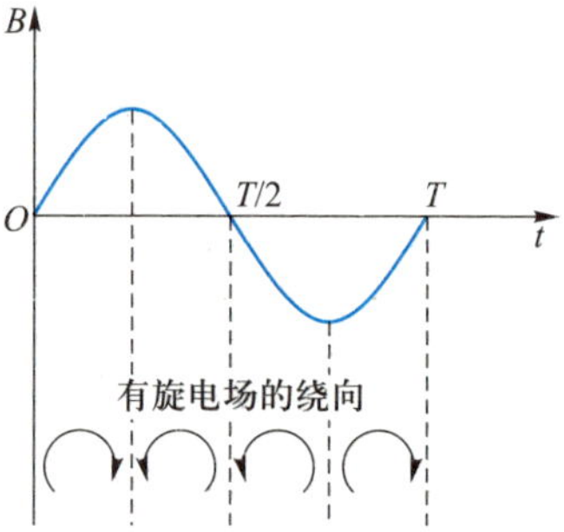

图 8-16 在一个周期内,磁感强度随时间作正弦式的变化

这里可能产生这样一个问题:交变电流的频率只有几十赫(我国为 50 Hz),1/4 周期约为 10^{-3} s(我国为 5×10^{-3} s),在这样短的时间里,能使电子加速到很大的速率吗?表面看来,1/4 周期的时间是很短的,但是可设法使电子注入时已有一定的速率(例如用电子枪使电子通过50 kV 电压的预加速),使得在1/4周期内,电子在圆形轨道上可转过上百万圈.而每转一圈电子被感生电场加速一次,因此电子在 1/4 周期里可获得很高的速率和能量.

最后应当指出,用电子感应加速器来加速电子,要受到电子因加速运动而辐射能量的影响.因此,用电子感应加速器还不能把电子加速到极高的能量.一般小型电子感应加速器可将

电子加速到 10^5 eV,大型的可达 100 MeV.现在利用电子感应加速器已可使电子的速度达到 0.999 986c.利用高能电子束(β 射线)打击在靶子上,便可得到能量较高的 X 射线,它可用于研究某些核反应和制备一些放射性同位素.小型电子感应加速器所产生的 X 射线可用于工业探伤和癌症医治等.

*四、涡电流

感应电流不仅能够在导电回路内出现,而且当大块导体与磁场有相对运动或处在变化的磁场中时,在导体中也会激起感应电流.这种在大块导体内流动的感应电流,叫做涡电流,简称涡流.涡电流在工程技术上有广泛的应用.

如图 8-17 所示,把一块铜或铝等非铁磁性物质制成的金属板悬挂在电磁铁的两极之间,当电磁铁的线圈没有通电时,两极间没有磁场,这时要经过相当长的时间,才能使摆动着的摆停止下来.当电磁铁的线圈通电后,两极间有了磁场,这时摆动着的摆很快就停止下来.这是因为当摆朝着两个磁极间的磁场运动时,穿过金属板的磁通量增加,在板中产生了涡电流(涡电流的方向如图中虚线所示),而它要受到磁场安培力的作用,其方向恰与摆的运动方向相反,因而阻碍摆的运动;同样,当摆由两极间的磁场离开时,磁场对金属板的作用力的方向也与摆的运动方向相反.磁场对金属板的这种阻尼作用,叫做电磁阻尼.在一些电磁仪表中,常利用电磁阻尼使摆动的指针迅速地停止在平衡位置上.电度表中的制动铝盘,也是利用了电磁阻尼效应的.

涡流的应用很广.例如,机场等场所的安检门(图 8-18)中的电流 I_0 会产生磁场 $\boldsymbol{B}_0$,当携有金属物件的旅客通过时,金属物体内产生涡流,涡流产生的变化磁场 $\boldsymbol{B}$ 被探测线圈接收到时,探测线圈内因产生感生电流 I' 而触发蜂鸣器.

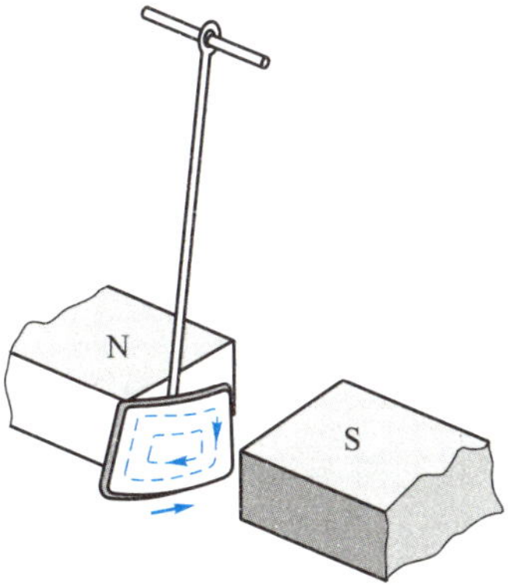

图 8-17 阻尼摆

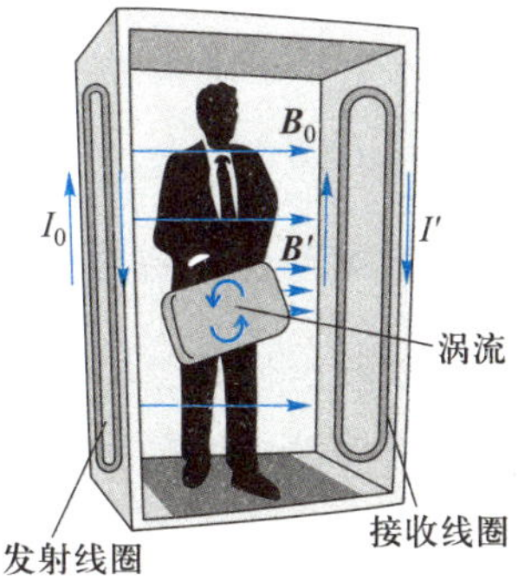

图 8-18 安检门

上面讲了涡电流的有用的一面.但是,事物总是有利有弊的,在有些情况下,涡电流发热是很有害的.例如,变压器和电机中的铁芯由于处在交变电流的磁场中,因而在铁芯内部要出现涡电流,从而使铁芯发热.这样,不仅浪费了电能,而且由于不断发热,铁芯的温度就要升高,引起导线间绝缘材料性能的下降.当温度过高时,绝缘材料就会被烧坏,使变压器或电机损坏,造成事故.因此,对变压器、电机这类设备,应当尽量减少涡电流.为此,变压器和电机中的铁芯都是用一片片彼此绝缘的硅钢片叠合而成的.这样,虽然穿过整个铁芯的磁通量不变,但对每一片硅钢片来说,穿过它的磁通量变化率就相应地减少,因而小片里的感应电动势就减小,而涡电流也就减小了.减少涡电流的另一措施是选择电阻率较高的材料做成铁芯.变压器、电机的铁芯用硅钢片而不用铁片的原因之一,就是因为前者的电阻率比后者要大得多.对于高频器件,如收音机中的磁性天线、中频变压器等,由于线圈中电流变化的频率很高,为了减少涡电流损耗,常采用电阻率很高的半导体磁性材料(铁氧体)做成磁芯.这样,不仅可以使涡电流损耗大大降低,而且由于铁氧体具有高磁导率,还可以把这些器件做得很小.

8-3 自感和互感

我们已经明确,不论以什么方式,只要能使穿过闭合回路的磁通量发生变化,此闭合回路中就一定会有感应电动势出现.但是,引起磁通量变化的原因是多种多样的,必须依据情况作具体分析.

如图 8-19 所示,在通有电流 I_1 的闭合回路 1 的附近,有另一个通有电流 I_2 的闭合回路 2.我们将仅由回路 1 中电流 I_1 的变化而在回路 1 自身中引起的感应电动势称为自感电动势,用符号$\mathscr{E}_L$ 表示;而把仅由回路 2 中电流 I_2 的变化而在回路 1 中引起的感应电动势称为互感电动势,用符号$\mathscr{E}_{12}$表示.下面分别讨论这两种感应电动势.

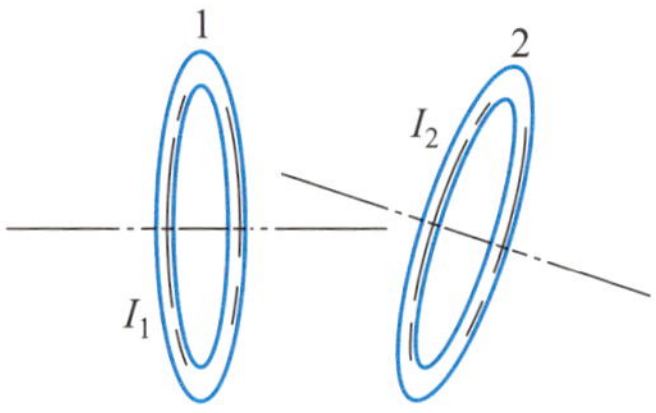

图 8-19 两邻近的载流闭合回路

一、自感电动势 自感

考虑一个闭合回路,设其中的电流为 I.根据毕奥-萨伐尔定律,此电流在空间任意一点的磁感强度都与 I 成正比,因此,穿过回路本身所围面积的磁通量也与 I 成正比,即

$$\Phi = LI \tag{8-7}$$

式中 L 为比例系数,叫做自感.实验表明,自感 L 只与回路的形状、大小以及周围介质的磁导率有关.由式(8-7)可以看出,如果 I 为单位电流,则 $L=\Phi$.可见,某回路的自感,在数值上等于回路中的电流为一个单位时,穿过此回路所围面积的磁通量.

根据电磁感应定律，由式(8-7)可求得自感电动势

$$\mathscr{E}_L=-\frac{\mathrm{d}\Phi}{\mathrm{d}t}=-\left(L\frac{\mathrm{d}I}{\mathrm{d}t}+I\frac{\mathrm{d}L}{\mathrm{d}t}\right)$$

如果回路的形状、大小和周围介质的磁导率都不随时间变化，那么 L 为一常量，故 $\mathrm{d}L/\mathrm{d}t=0$，由此得

$$\mathscr{E}_L=-L\frac{\mathrm{d}I}{\mathrm{d}t} \tag{8-8}$$

由上式可以看出，自感的意义也可以这样来理解：某回路的自感，在数值上等于回路中的电流随时间的变化率为一个单位时，在回路中所引起的自感电动势的绝对值.

式(8-8)中的负号，是楞次定律的数学表示.它指出，自感电动势将反抗回路中电流的改变.也就是说，电流增加时，自感电动势与原来电流的方向相反；电流减小时，自感电动势与原来电流的方向相同.必须强调指出，自感电动势所反抗的是电流的变化，而不是电流本身.自感的单位名称是亨利①，其符号是 H.

文档：亨利

通常，自感由实验测定，只是在某些简单的情形下才可由其定义计算出来.

在工程技术和日常生活中，自感现象的应用是很广泛的，如无线电技术和电工中常用的扼流圈，日光灯上用的镇流器等就是实例.但是在有些情况下，自感现象会带来危害，必须采取措施予以防止.例如，在有较大自感的电网中，当电路突然断开时，由于自感而产生的很大的自感电动势，在电网的电闸开关间形成一个较高的电压，常常大到“击穿”空气隙而产生电弧，对电网有损坏作用.又如，电机和强力电磁铁在电路中都相当于自感很大的线圈，因此，在断开电路的瞬时，会在电路中出现暂态的过大电流，从而造成事故.为了减小这种危险，一般都是先增加电阻使电流减小，然后再断开电路②.所以，大电流电力系统中的开关，都附加有“灭弧”的装置.

例 1

一长直密绕螺线管长度为 l，横截面积为 S，线圈的总匝数为 N，管中磁介质的磁导率为 μ.试求其自感.

解 对于长直螺线管，当有电流 I 通过时，可以把管内的磁场近似看作是均匀的，其磁

① 美国物理学家亨利(J.Henry，1797—1878)在 1830 年就已观察到自感现象，直到 1832 年 7 月才将题为《长螺线管中的电自感》的论文，发表在《美国科学杂志》上.亨利与法拉第是各自独立地发现电磁感应现象的，但发表稍晚些.实用的电磁铁继电器是亨利发明的，他还指导莫尔斯发明了第一架实用电报机.为纪念亨利的贡献，自感的单位名称以亨利命名.

② 关于含有自感 L 和电阻 R 的电路中电流的增长和衰减的情况，可参见本章第 8-4 节.

感强度 $\boldsymbol{B}$ 的大小为

$$B=\mu nI$$

式中 n 为单位长度上线圈的匝数，$\boldsymbol{B}$ 的方向可看成与螺线管的轴线平行.因此，穿过螺线管每一匝线圈的磁通量 Φ 都等于

$$\Phi=BS=\mu nIS$$

而穿过螺线管的磁通匝数为

$$N\Phi=N\mu nIS=\mu n^2 lSI$$

由 $N\Phi=LI$，得

$$L=\mu n^2 V$$

式中 V 为长直螺线管的体积.可见，欲获得较大自感的螺线管，通常采用较细导线制成的绕组，以增加单位长度上的匝数 n；并选取较大磁导率 μ 的磁介质放置在螺线管内，以增加其自感.从这个例题中可以明显看出，螺线管的自感值只与其自身条件有关.

例 2

如图 8-20 所示，两个同轴圆筒形导体的半径分别为 R_1 和 R_2，通过它们的电流均为 I，但电流的流向相反.设在两圆筒间充满磁导率为 μ 的均匀磁介质.试求其自感.

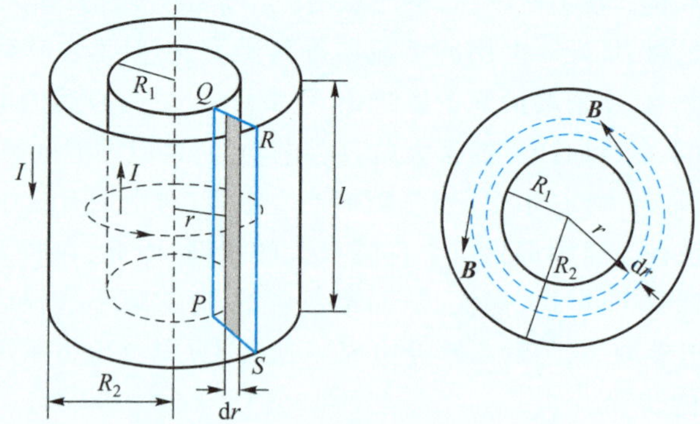

图 8-20

解 由第 7-9 节的例题知，两圆筒之间任一点的磁感强度为

$$B=\frac{\mu I}{2\pi r}$$

如图所示，若在两圆筒之间取一长为 l 的面 $PQRS$，并将此面积分成许多小面积元，则穿过面积元 $\mathrm{d}S=l\mathrm{d}r$ 的磁通量为

$$\mathrm{d}\Phi=\boldsymbol{B}\cdot\mathrm{d}\boldsymbol{S}$$

因为 $\boldsymbol{B}$ 与面积元 $\mathrm{d}\boldsymbol{S}$ 间的夹角为零，所以有

$$\mathrm{d}\Phi=Bl\mathrm{d}r$$

于是,穿过面 $PQRS$ 的磁通量就为

$$\Phi = \int \mathrm{d}\Phi = \int_{R_1}^{R_2} \frac{\mu I}{2\pi r} l \mathrm{d}r = \frac{\mu I l}{2\pi} \ln \frac{R_2}{R_1}$$

由自感的定义可得,长度为 l 的两个同轴圆筒形导体的自感为

$$L = \frac{\Phi}{I} = \frac{\mu l}{2\pi} \ln \frac{R_2}{R_1}$$

单位长度的自感则为$\frac{\mu}{2\pi}\ln\frac{R_2}{R_1}$.

二、互感电动势 互感

假定有两个邻近的线圈 1 和 2(图 8-21),当其他条件不变,只是其中一个线圈中的电流发生变化时,在另一个线圈中就会引起互感电动势.这两个回路通常叫做互感耦合回路.

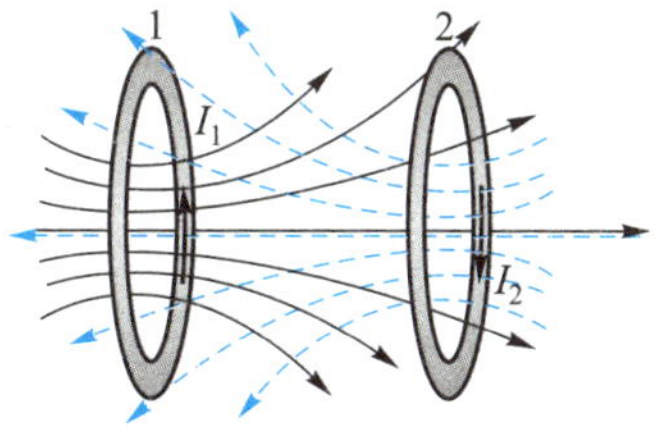

图 8-21 互感

设线圈 1 中的电流 I_1 所激发的磁场穿过线圈 2 的磁通量是 Φ_{21}.而根据毕奥-萨伐尔定律,在空间的任意一点,I_1 所建立的磁感强度都与 I_1 成正比,因此,I_1 的磁场穿过线圈 2 的磁通量也必然与 I_1 成正比,所以有

$$\Phi_{21} = M_{21} I_1$$

式中 M_{21} 是比例系数.

同理,线圈 2 中的电流 I_2 所激发的磁场穿过线圈 1 的磁通量 Φ_{12},应与 I_2 成正比,所以有

$$\Phi_{12} = M_{12} I_2$$

式中 M_{12} 是比例系数.

M_{21} 和 M_{12} 只与两个线圈的形状、大小、匝数、相对位置以及周围介质的磁导率有关,因此把它叫做两线圈的互感.理论和实验都证明,在两线圈的形状、大小、匝数、相对位置以及周围介质的磁导率都保持不变时,M_{21} 和 M_{12} 是相等的,即 $M_{21} = M_{12} = M$①,则上述两式可简化为

$$\Phi_{21} = MI_1, \quad \Phi_{12} = MI_2 \tag{8-9}$$

从上面两式可以看出,两个线圈的互感 M,在数值上等于其中一个线圈中的电流为一个单位时,穿过另一个线圈所围面积的磁通量.

---

① 关于互感 $M_{21} = M_{12} = M$ 的证明,可参阅赵凯华、陈熙谋《新概念物理教程 电磁学》(第二版)第 207 页(高等教育出版社,2006 年).

由此可得，当线圈 1 中的电流 I_1 发生变化时，根据电磁感应定律，在线圈 2 中引起的互感电动势为

$$\mathscr{E}_{21}=-\frac{\mathrm{d}\Phi_{21}}{\mathrm{d}t}=-M\frac{\mathrm{d}I_1}{\mathrm{d}t} \tag{8-10a}$$

同理，当线圈 2 中的电流 I_2 发生变化时，在线圈 1 中引起的互感电动势为

$$\mathscr{E}_{12}=-\frac{\mathrm{d}\Phi_{12}}{\mathrm{d}t}=-M\frac{\mathrm{d}I_2}{\mathrm{d}t} \tag{8-10b}$$

由上面两式可以看出，互感 M 的意义也可以这样来理解：两个线圈的互感 M，在数值上等于一个线圈中的电流随时间的变化率为一个单位时，在另一个线圈中所引起的互感电动势的绝对值.另外还可以看出，当一个线圈中的电流随时间的变化率一定时，互感越大，则在另一个线圈中引起的互感电动势就越大；反之，互感越小，在另一个线圈中引起的互感电动势就越小.所以，互感是表明相互感应强弱的一个物理量，或者说是两个电路耦合程度的量度.互感的单位名称亦为亨利（H）.

式（8-10）中的负号表示，在一个线圈中所引起的互感电动势，要反抗另一个线圈中电流的变化.

利用互感现象可以把交变的电信号或电能由一个电路转移到另一个电路，而无须把这两个电路连接起来.这种转移能量的方法在电工、无线电技术中得到广泛的应用.当然，互感现象有时也需予以避免，使之不产生有害的干扰.为此，常采用磁屏蔽的方法将某些器件保护起来.

互感通常由实验测定，只是对于某些比较简单的情况，才能根据定义用计算的方法求得.

例 3

两同轴长直密绕螺线管的互感.如图 8-22 所示，有两个长度均为 l，半径分别为 r_1 和 r_2（且 $r_1<r_2$），匝数分别为 N_1 和 N_2 的同轴长直密绕螺线管.试计算它们的互感.

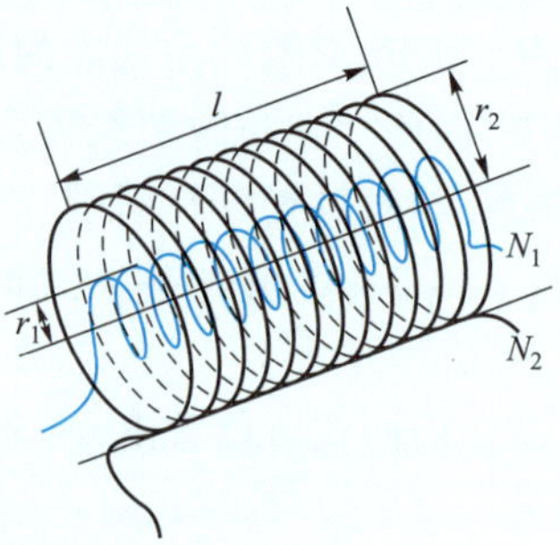

图 8-22

解　从题意知，这两个同轴长直螺线管是半径不等的密绕螺线管，而且它们的形状、大小、磁介质和相对位置均固定不变.因此，我们可以先设想在某一线圈中通以电流 I，再求出穿过另一线圈的磁通量 Φ，然后按互感的定义式 $M=\Phi/I$，求出它们的互感.

按以上分析，设电流 I_1 通过半径为 r_1 的螺线管，则此螺线管内的磁感强度为

$$B_1=\mu_0\frac{N_1}{l}I_1=\mu_0 n_1 I_1 \tag{1}$$

应当注意,考虑到螺线管是密绕的,所以在两螺线管之间的区域内的磁感强度为零.于是,穿过半径为 r_2 的螺线管的磁通匝数

$$N_2\Phi_{21}=N_2B_1(\pi r_1^2)=n_2lB_1(\pi r_1^2)$$

把式(1)代入,有

$$N_2\Phi_{21}=\mu_0 n_1 n_2 l(\pi r_1^2)I_1$$

由式(8-9)可得互感为

$$M_{21}=\frac{N_2\Phi_{21}}{I_1}=\mu_0 n_1 n_2 l(\pi r_1^2) \tag{2}$$

我们还可以设电流 I_2 通过半径为 r_2 的螺线管,从而来计算互感 M_{12}.当电流 I_2 通过半径为 r_2 的螺线管时,在此螺线管内的磁感强度为

$$B_2=\mu_0\frac{N_2}{l}I_2=\mu_0 n_2 I_2$$

而穿过半径为 r_1 的螺线管的磁通匝数为

$$N_1\Phi_{12}=N_1B_2(\pi r_1^2)=\mu_0 n_1 n_2 l(\pi r_1^2)I_2$$

同样由式(8-9)亦得

$$M_{12}=\frac{N_1\Phi_{12}}{I_2}=\mu_0 n_1 n_2 l(\pi r_1^2) \tag{3}$$

从式(2)和式(3)可以看出,不仅 $M_{12}=M_{21}=M$,而且对两个大小、形状和相对位置给定的同轴长直密绕螺线管来说,它们的互感是确定的.

例 4

如图 8-23(a)所示,在磁导率为 μ 的均匀无限大的磁介质中,一根无限长直导线与一个宽、长分别为 b 和 l 的矩形线圈处在同一平面内,长直导线与矩形线圈的一侧平行,且相距为 d.求它们的互感.若将长直导线与矩形线圈按图 8-23(b)所示放置,则它们的互感又为多少?

解 对图 8-23(a)来说,设在无限长直导线中通以恒定电流 I,由第 7-4 节的例 1 可知,在距长直导线垂直距离为 x 处的磁感强度为

$$B=\frac{\mu I}{2\pi x}$$

于是,穿过矩形线圈的磁通量为

$$\Phi=\int_S \boldsymbol{B}\cdot \mathrm{d}\boldsymbol{S}=\int_d^{d+b}\frac{\mu I}{2\pi x}l\mathrm{d}x=\frac{\mu Il}{2\pi}\ln\frac{d+b}{d}$$

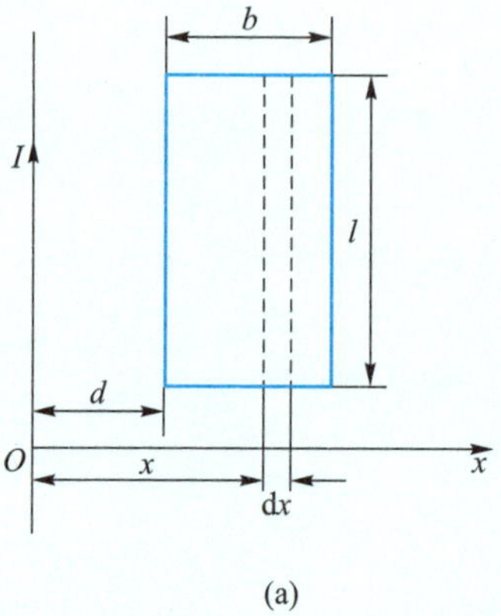

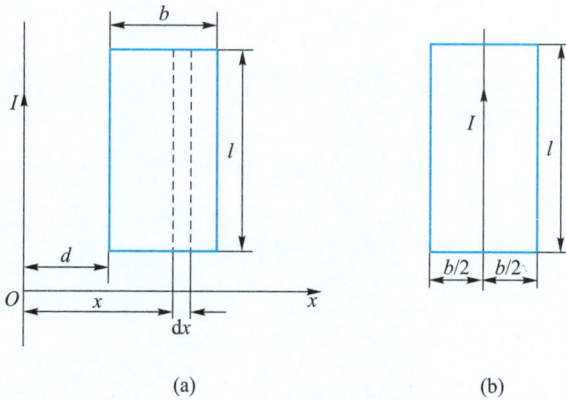

图 8-23

由式(8-9)可得它们的互感为

$$M=\frac{\Phi}{I}=\frac{\mu l}{2\pi}\ln\frac{d+b}{d}$$

而对图 8-23(b)来说，若仍设无限长直导线中的电流为 I，则由于无限长载流直导线所激发的磁场的对称性，穿过矩形线圈的磁通量为零，即 $\Phi=0$. 所以它们的互感为零，即 $M=0$.

由上述结果可以看出，无限长直导线与矩形线圈的互感，不仅与它们的形状、大小、周围介质的磁导率有关，还与它们的相对位置有关.这正是我们在定义互感时所曾指出的.

下面我们说一下与互感有关的无线充电.

图 8-24 是一支电动牙刷.充电时其底座内的充电线圈(可视为螺线管)与交流电源相连，而牙刷内的感应线圈与蓄电池相连，牙刷通过互感效应使电池充电.手机无线充电也是基于同样的原理(图 8-25)，充电时只要将手机平放在充电器上面即可，也许未来电动汽车也可以采取这样的充电方式.

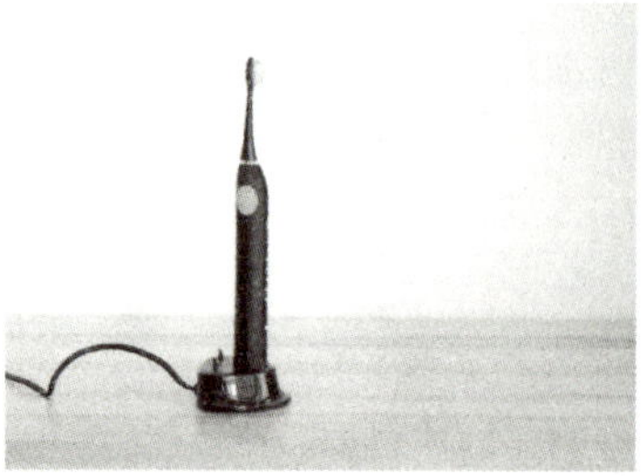

图 8-24　电动牙刷

图 8-25　手机无线充电器

*8-4 RL 电路

在第六章中，曾讨论了含有电容的电路中电流增长和衰减时的情况.这一节，我们讨论含有电感的电路中电流变化的规律.这也是一种暂态过程.

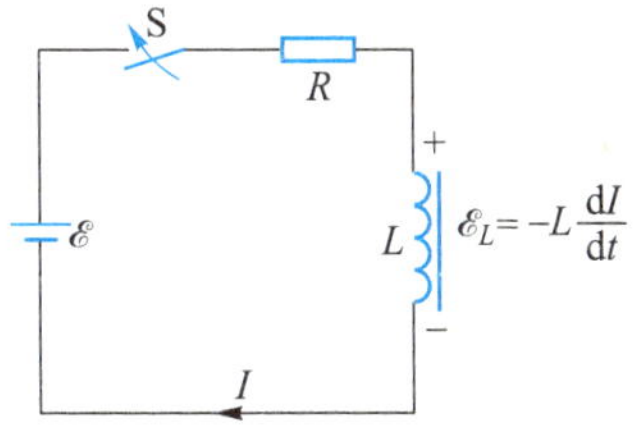

图 8-26 RL 电路电流的增长

先讨论电流增长时的情况.在如图8-26 所示的电路中，电源的电动势为$\mathscr{E}$，电阻为 R，线圈的自感为 L.闭合开关 S，线圈中的自感电动势$\mathscr{E}_L$ 的方向与电路中电流增长的方向相反，电路中的电流将逐步增长，而自感电动势为

$$\mathscr{E}_L=-L\frac{\mathrm{d}I}{\mathrm{d}t}$$

由闭合电路欧姆定律，有

$$\mathscr{E}+\mathscr{E}_L=RI$$

即

$$\mathscr{E}-L\frac{\mathrm{d}I}{\mathrm{d}t}=RI \tag{8-11}$$

上式也可以写成

$$\frac{\mathrm{d}I}{I-\dfrac{\mathscr{E}}{R}}=-\frac{R}{L}\mathrm{d}t$$

考虑到 $t=0$ 时，$I=0$，上式积分后，可得

$$\ln\frac{I-\dfrac{\mathscr{E}}{R}}{-\dfrac{\mathscr{E}}{R}}=-\frac{R}{L}t$$

上式亦可写成

$$I=\frac{\mathscr{E}}{R}\left(1-\mathrm{e}^{-\frac{R}{L}t}\right) \tag{8-12}$$

上式括号中第二项 $\mathrm{e}^{-\frac{R}{L}t}$随时间的增加而作指数衰减.当 $t\to\infty$ 时，$I=\mathscr{E}/R$，此时电流达到稳定极值.当 $t=\tau=L/R$ 时，$I\approx0.63\,\mathscr{E}/R$，$\tau$叫做 RL 电路的时间常量或弛豫时间.这就是说，当 $t=\tau$ 时，电流可达到稳定值的 63%.从式(8-12)可以看出，当 $t=3\tau$ 时，$\left(1-\mathrm{e}^{-\frac{R}{L}t}\right)\approx0.95$；$t=5\tau$时，$\left(1-\mathrm{e}^{-\frac{R}{L}t}\right)\approx0.993$.因此，我们可以认为 $t=(3\sim5)\tau$ 时，RL 电路中电流已达到稳定值.显然，时间常量τ与 R 和 L 有关，R 越小，L 越大，达到电流稳定值所需的时间越长，电流增长得越慢.图8-27 给出了 RL 电路在不同τ情形下的电流增长曲线.

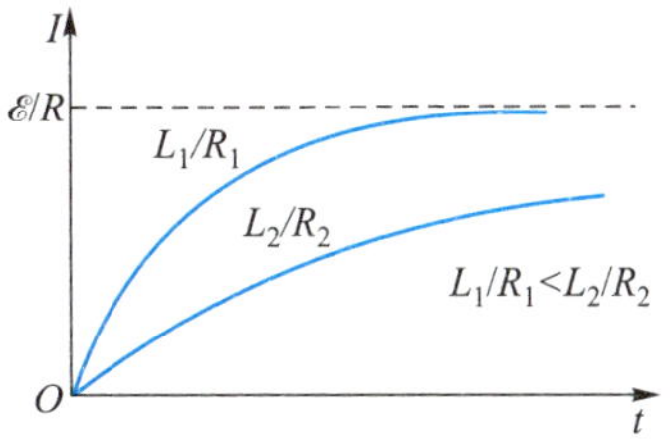

图 8-27 RL 电路电流增长曲线

下面讨论在 RL 电路中电流衰减时的情况.如图 8-28(a)所示,将开关 S 与位置 1 接通相当长时间后,电路中的电流已达到稳定值 $\mathscr{E}/R$.然后,迅速把开关拨到位置 2,这时电路中仅有自感电动势 $\mathscr{E}_L$.由闭合电路欧姆定律,有

$$\mathscr{E}_L = RI$$

即

$$-L\frac{\mathrm{d}I}{\mathrm{d}t} = RI$$

可得

$$\frac{\mathrm{d}I}{I} = -\frac{R}{L}\mathrm{d}t$$

令电源从电路中撤出去的时刻(即 $t=0$ 时),电路中的电流为 $\mathscr{E}/R$,那么,上式的积分为

$$I = \frac{\mathscr{E}}{R}\mathrm{e}^{-\frac{R}{L}t} \tag{8-13}$$

上式表明,电路中的电流不会突然减小到零,而是逐渐衰减到零.这是因为,自感电动势反抗电路中电流的减小;电阻越小、自感越大,电流衰减得越慢.当 t 等于时间常量 τ 时(即 $t=\tau=L/R$),电流将衰减为初始电流的 $1/\mathrm{e}$,即 $I\approx 0.37\mathscr{E}/R$.从式(8-13)可以看出,当 $t=3\tau$ 时,$\mathrm{e}^{-\frac{R}{L}t}\approx 0.05$;$t=5\tau$ 时,$\mathrm{e}^{-\frac{R}{L}t}\approx 0.007$.因此,在 $t=(3\sim5)\tau$ 时,我们可以认为 RL 电路中的电流已衰减到零.图 8-28(b)给出了 RL 电路中电流衰减时的电流与时间的关系曲线.

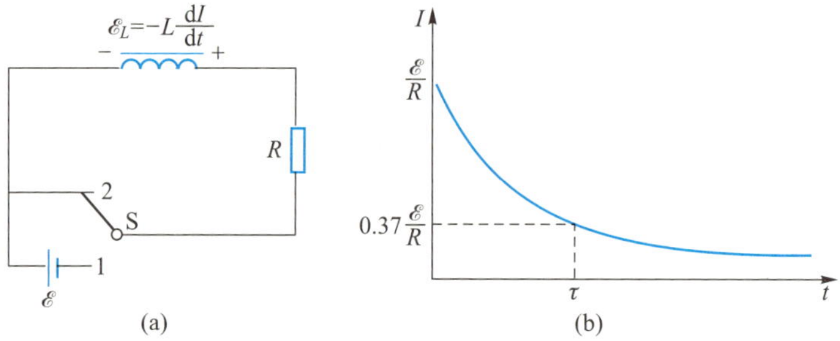

图 8-28　RL 电路电流的衰减

8-5　磁场的能量　磁场能量密度

我们曾在第 6-5 节中看到,对电容充电过程中所做的功等于贮存在电容中的能量,其值为

$$W_{\mathrm{e}} = \frac{1}{2}QU = \frac{1}{2}CU^2$$

而且电容中的能量是贮存在两极板之间的电场中的.在一般情况下,电场内某点处的电场强度为 E,那么该点附近的电场能量密度为

$$w_e=\frac{1}{2}\varepsilon E^2$$

在电流激发磁场的过程中,也是要供给能量的,所以磁场中也应具有能量.因此,我们可以仿照研究静电场能量的方法来讨论磁场的能量.

仍如图 8-26 所示,电路中含有一个自感为 L 的线圈,电阻为 R,电源的电动势为$\mathscr{E}$.在开关 S 未闭合时,电路中没有电流,线圈内也没有磁场.而开关闭合后,线圈中的电流逐渐增大,最后电流达到稳定值.在电流增大的过程中,线圈中有自感电动势,它会阻止磁场的建立,与此同时,在电阻 R 上释出焦耳热.因此,电流在线圈内建立磁场的过程中,电源供给的能量分成两个部分:一部分转化为热能,另一部分则转化为线圈内的磁场能量.现在来定量研究电路中电流增长时能量的转化情况.

对式(8-11)的两边同乘以 $I\mathrm{d}t$,有

$$\mathscr{E}I\mathrm{d}t-LI\mathrm{d}I=RI^2\mathrm{d}t$$

若在 $t=0$ 时,$I=0$,在 $t=t$ 时,电流增长到 I,则上式的积分为

$$\int_0^t \mathscr{E}I\mathrm{d}t=\frac{1}{2}LI^2+\int_0^t RI^2\mathrm{d}t \tag{8-14}$$

式中左端的积分为电源在由 0 到 t 这段时间内所做的功,也就是电源所供给的能量;右端的积分为在这段时间内回路中的导体所放出的焦耳热;而 $LI^2/2$ 则为电源反抗自感电动势所做的功.由于当电路中的电流从 0 增长到 I 时,电路附近的空间只是逐渐建立起一定强度的磁场,而没有其他的变化,因此电源因反抗自感电动势做功所消耗的能量,显然在建立磁场的过程中转化成了磁场的能量.这是很容易说明的.因为不难算得,当电源一旦被撤去时(此时电路仍是闭合的),电路中所出现感应电流的能量,在数值上仍是 $LI^2/2$.这个能量是由于磁场的消失而转化得来的.所以,对自感为 L 的线圈来说,当其电流为 I 时,磁场的能量为

$$W_m=\frac{1}{2}LI^2 \tag{8-15}$$

我们知道,磁场的性质是用磁感强度来描述的.既然如此,那么磁场能量也可以用磁感强度来表示.为简单起见,我们以长直螺线管为例进行讨论.体积为 V 的长直螺线管的自感 $L=\mu n^2V$,螺线管中通有电流 I 时,螺线管中磁场的磁感强度为 $B=\mu nI$,把它们代入式(8-15)可得,螺线管内的磁场能量为

$$W_m=\frac{1}{2}LI^2=\frac{1}{2}\mu n^2V\left(\frac{B}{\mu n}\right)^2=\frac{1}{2}\frac{B^2}{\mu}V$$

上式表明,磁场能量与磁感强度、磁导率和磁场所占的体积有关.由此又可得出

单位体积磁场的能量——磁场能量密度 w_m 为

$$w_m = \frac{W_m}{V} = \frac{1}{2}\frac{B^2}{\mu}$$

式中 w_m 的单位为 $J \cdot m^{-3}$.上式表明,磁场能量密度与磁感强度的二次方成正比.对于均匀的磁介质,由于 $B=\mu H$,上式又可以写成

$$w_m = \frac{1}{2}\mu H^2 = \frac{1}{2}BH \tag{8-16}$$

必须指出,上式虽然是从长直螺线管这一特例导出的,但是可以证明,在任意的磁场中某处的磁场能量密度都可以用上式表示,式中的 B 和 H 分别为该处的磁感强度和磁场强度.总之,式(8-16)说明:任何磁场都具有能量,磁场的能量存在于磁场的整个体积之中.

例

同轴电缆的磁能和自感.如图 8-29 所示,同轴电缆中金属芯线的半径为 R_1,共轴金属圆筒的半径为 R_2,中间充以磁导率为 μ 的磁介质.芯线与圆筒分别和电池两极相接,芯线与圆筒上的电流大小相等、方向相反.设可略去金属芯线内的磁场,求此同轴电缆芯线与圆筒之间单位长度上的磁能和自感.

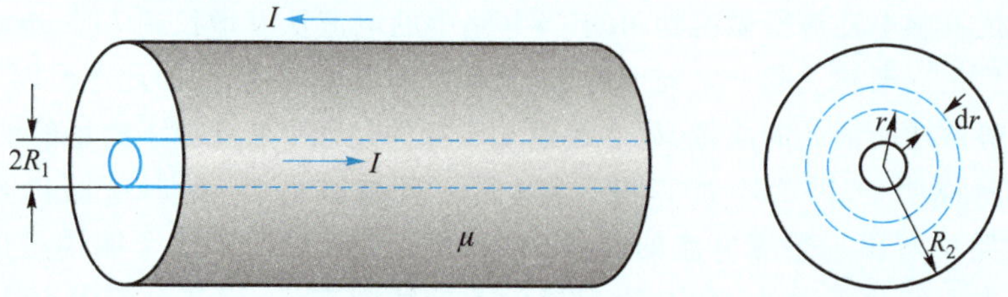

图 8-29

解 由题意知电缆芯线内的磁场强度为零,由安培环路定理可知电缆外部的磁场强度亦为零,这样,只在芯线与圆筒之间存在磁场.在电缆内距轴线的垂直距离为 r 处的磁场强度为

$$H = \frac{I}{2\pi r}$$

故由式(8-16)可得,在芯线与圆筒之间 r 处附近磁场的能量密度为

$$w_m = \frac{1}{2}\mu H^2 = \frac{\mu}{2}\left(\frac{I}{2\pi r}\right)^2 = \frac{\mu I^2}{8\pi^2 r^2}$$

磁场的总能量为

$$W_m = \int_V w_m \mathrm{d}V = \frac{\mu I^2}{8\pi^2}\int_V \frac{1}{r^2}\mathrm{d}V$$

对于单位长度的电缆,取一薄层圆筒形体积元 $\mathrm{d}V=2\pi r\mathrm{d}r$,代入上式得,单位长度同轴电缆的磁场能量为

$$W'_m = \frac{\mu I^2}{8\pi^2}\int_{R_1}^{R_2}\frac{2\pi r\mathrm{d}r}{r^2} = \frac{\mu I^2}{4\pi}\ln\frac{R_2}{R_1}$$

由磁能公式(8-15) $W_m=\frac{1}{2}LI^2$ 可得,单位长度同轴电缆的自感为

$$L'=\frac{\mu}{2\pi}\ln\frac{R_2}{R_1}$$

这与第 8-3 节例 2 的计较结果一致.

若同轴电缆内充满非均匀磁介质,其磁导率 $\mu=k\frac{r}{R_1}$,k 为一常量,则单位长度同轴电缆的磁场能量和自感分别为

$$W'_m=\frac{kI^2}{4\pi R_1}(R_2-R_1)$$

和

$$L'=\frac{k}{2\pi R_1}(R_2-R_1)$$

读者可自己核算一下.

8-6　位移电流　电磁场基本方程的积分形式

自从 1820 年奥斯特发现电现象与磁现象之间的联系以后,由于安培、法拉第、亨利等人的工作,电磁学的理论有了很大发展.到了 19 世纪 50 年代,电磁技术也有了明显的进步,各种各样的电流表、电压表也被制造出来了,发电机、电动机和弧光灯已从实验室步入生活和生产领域,有线电报也从实验室的研究走向社会的应用.这时,在电磁学范围内已建立了许多定律、定理和公式,然而,人们迫切地企盼能像经典力学归纳出牛顿运动定律和万有引力定律那样,也能对众多的电磁学定律进行归纳总结,找出电磁学的基本方程.正是在这种情况下,麦克斯韦总结了从库仑到安培、法拉第以来电磁学的全部成就,并发展了法拉第的场的思想,针对变化磁场能激发电场以及变化电场能激发磁场的现象,提出了有旋电场和位移电流的概念,从而于 1864 年底归纳出电磁场的基本方程,即麦克斯韦电磁场的基本方程.在此基础上,麦克斯韦还预言了电磁波的存在,并指出电磁波在真空中的传播速度为

$$c=\frac{1}{(\mu_0\varepsilon_0)^{1/2}}$$

式中 ε_0 和 μ_0 分别是真空电容率和真空磁导率.将 ε_0 和 μ_0 的值代入上式,可得电磁波在真空中的传播速度为 $3\times10^8\ \mathrm{m\cdot s^{-1}}$,这个值与光速是相同的.过后不久,赫兹从实验中证实了麦克斯韦关于电磁波的预言,赫兹的实验给予麦克斯韦电磁理论以决定性支持.麦克斯韦电磁理论奠定了经典电动力学的基础,也为电工技术、无线电技术、现代通信和信息技术的发展开辟了广阔前景.至今,麦克斯韦电磁理论对宏观、高速和低速的情况都仍能适用.顺便指出,现代量子理论认为带电体之间的电磁作用是相互交换光子的结果,从而使人们对麦克斯韦电磁理论的理解又前进了一步(限于课程教学要求,对这个问题就不作进一步说明了).

麦克斯韦(James Clerk Maxwell,1831—1879),英国物理学家,经典电磁理论的奠基人,气体动理论创始人之一.他提出了有旋电场和位移电流概念,建立了经典电磁理论,这个理论统一了电磁现象的所有基本定律,并预言了以光速传播的电磁波的存在.1873 年,他的《电磁学通论》问世了,这本书凝聚着杜费、富兰克林、库仑、奥斯特、安培、法拉第……的心血,这是一本划时代的巨著,它与牛顿的《自然哲学的数学原理》并驾齐驱,它是人类探索电磁规律的一个里程碑.在气体动理论方面,他还提出了气体分子按速率分布的统计规律.

文档:麦克斯韦

一、位移电流　全电流安培环路定理

在第 7-9 节中,我们曾讨论了在恒定电流磁场中的安培环路定理

$$\oint_l \boldsymbol{H}\cdot \mathrm{d}\boldsymbol{l}=I=\int_S \boldsymbol{j}\cdot \mathrm{d}\boldsymbol{S}$$

这个定理表明,磁场强度沿任一闭合回路的环流等于此闭合回路所围传导电流的代数和.在非恒定电流的情况下,这个定律是否仍可以适用呢?为讨论这个问题,我们可以先从电流连续性的问题谈起.

在一个不含有电容器的闭合电路中,通常传导电流是连续的.这就是说,在任一时刻,流过导体上某一截面的电流是与流过其他任何截面的电流是相等的.但在含有电容器的电路中情况就不同了.无论电容器被充电还是放电,传导电流都不能在电容器的两极板之间流过,这时传导电流不连续了.

如图 8-30(a)所示,电容器在放电过程中,电路导线中的电流 I 是非恒定电流,它随时间而变化.如图 8-30(b)所示,若在极板 A 的附近取一个闭合回路 L,则以此回路 L 为边界可作两个曲面 S_1 和 S_2.其中 S_1 与导线相交,S_2 在两极板之间,不与导线相交;S_1 和 S_2 构成一个闭合曲面.现以曲面 S_1 作为衡量有无电流

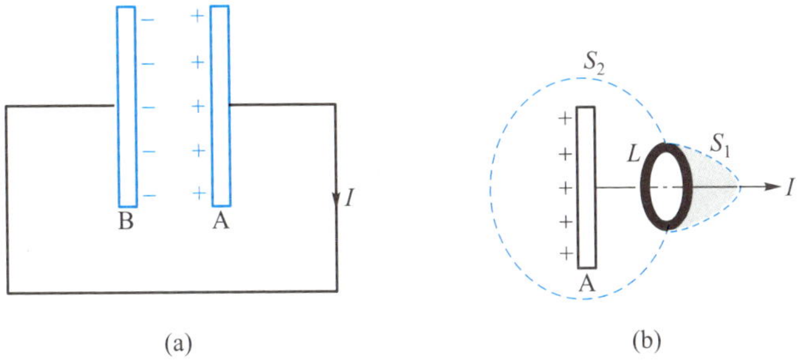

图 8-30 含有电容的电路中,传导电流不连续

穿过 L 所包围面积的依据,则因为它与导线相交,故知穿过 L 所围面积(即 S_1 面)的电流为 I,所以由安培环路定理有

$$\oint_L \boldsymbol{H} \cdot \mathrm{d}\boldsymbol{l} = I$$

而若以曲面 S_2 为依据,则没有电流通过 S_2,于是由安培环路定理有

$$\oint_L \boldsymbol{H} \cdot \mathrm{d}\boldsymbol{l} = 0$$

这就突出表明,在非恒定电流的磁场中,磁场强度沿回路 L 的环流与如何选取以闭合回路 L 为边界的曲面有关.选取不同的曲面,环流有不同的值.这说明,在非恒定电流的情况下,安培环路定理是不适用的,必须寻求新的规律.

在科学史上,解决这类问题一般有两条途径:一是在大量实验事实的基础上,提出新概念,建立与实验事实相符合的新理论;另一是在原有理论的基础上,提出合理的假设,对原有的理论作必要的修正,使矛盾得到解决,并用实验检验假设的合理性.而在科学发展的一定阶段上,往往遵循第二条途径.麦克斯韦提出位移电流的假设,就是为修正安培环路定理,使之也适合非恒定电流的情形.

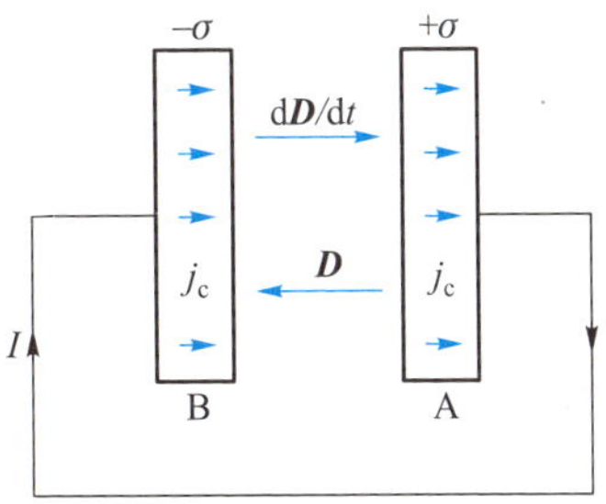

图 8-31 位移电流

在图 8-31 所示的电容器放电电路中,设某一时刻电容器的板 A 上有电荷 $+q$,其电荷面密度为 $+\sigma$;板 B 上有电荷 $-q$,其电荷面密度为 $-\sigma$.当电容器放电时,设正电荷由板 A 沿导线

向板 B 流动，则在 $\mathrm{d}t$ 时间内通过电路中任一截面的电荷为 $\mathrm{d}q$，而这个 $\mathrm{d}q$ 也就是电容器极板上失去（或获得）的电荷. 所以，极板上电荷对时间的变化率 $\mathrm{d}q/\mathrm{d}t$ 也就是电路中的传导电流. 若板的面积为 S，则极板内的传导电流为

$$I_c=\frac{\mathrm{d}q}{\mathrm{d}t}=\frac{\mathrm{d}(S\sigma)}{\mathrm{d}t}=S\frac{\mathrm{d}\sigma}{\mathrm{d}t}$$

传导电流密度为

$$j_c=\frac{\mathrm{d}\sigma}{\mathrm{d}t}$$

至于在电容器两极板之间的空间（真空或电介质）中，由于没有自由电荷的移动，传导电流为零，即对整个电路来说，传导电流是不连续的.

但是，在电容器的放电过程中，极板上的电荷面密度 σ 随时间变化的同时，两板间电场中电位移的大小 $D=\sigma$ 和电位移通量 $\Psi=SD$ 也随时间而变化. 它们随时间的变化率分别为

$$\frac{\mathrm{d}D}{\mathrm{d}t}=\frac{\mathrm{d}\sigma}{\mathrm{d}t},\quad \frac{\mathrm{d}\Psi}{\mathrm{d}t}=S\frac{\mathrm{d}\sigma}{\mathrm{d}t}$$

从上述结果可以明显看出：板间电位移矢量随时间的变化率 $\mathrm{d}\boldsymbol{D}/\mathrm{d}t$，在数值上等于板内传导电流密度；板间电位移通量随时间的变化率 $\mathrm{d}\Psi/\mathrm{d}t$，在数值上等于板内传导电流. 并且当电容器放电时，由于板上电荷面密度 σ 减小，两板间的电场减弱，因此，$\mathrm{d}\boldsymbol{D}/\mathrm{d}t$ 的方向与 $\boldsymbol{D}$ 的方向相反. 在图 8-31 中，$\boldsymbol{D}$ 的方向是由右向左的，而 $\mathrm{d}\boldsymbol{D}/\mathrm{d}t$ 的方向则是由左向右的，恰与板内传导电流密度的方向相同. 因此，可以设想，如果以 $\mathrm{d}\boldsymbol{D}/\mathrm{d}t$ 表示某种电流密度，那么，它就可以代替在两板间中断了的传导电流密度，从而保持了电流的连续性.

麦克斯韦把电位移 $\boldsymbol{D}$ 的时间变化率 $\mathrm{d}\boldsymbol{D}/\mathrm{d}t$ 称为位移电流密度 $\boldsymbol{j}_d$；电位移通量 Ψ 的时间变化率 $\mathrm{d}\Psi/\mathrm{d}t$ 称为位移电流 I_d. 因此有

$$\boldsymbol{j}_d=\frac{\partial \boldsymbol{D}}{\partial t},\quad I_d=\frac{\mathrm{d}\Psi}{\mathrm{d}t} \tag{8-17}$$

麦克斯韦并假设位移电流和传导电流一样，也会在其周围空间激起磁场. 这样，在有电容器的电路中，在电容器极板表面中断了的传导电流 I_c，可以由位移电流 I_d 继续下去，两者一起构成电流的连续性.

就一般性质来说，麦克斯韦认为电路中可同时存在传导电流 I_c 和位移电流 I_d，那么它们之和为

$$I_s=I_c+I_d$$

式中 I_s 叫做全电流，全电流在任意电路中总是连续的. 于是，在一般情况下，安培

环路定理可修正为

$$\oint_L \boldsymbol{H}\cdot \mathrm{d}\boldsymbol{l} = I_s = I_c + I_d \tag{8-18a}$$

或

$$\oint_L \boldsymbol{H}\cdot \mathrm{d}\boldsymbol{l} = \int_S \left(\boldsymbol{j}_c + \frac{\partial \boldsymbol{D}}{\partial t}\right)\cdot \mathrm{d}\boldsymbol{S} \tag{8-18b}$$

这就表明，磁场强度 $\boldsymbol{H}$ 沿任意闭合回路的环流等于穿过此闭合回路所围曲面的全电流，这就是全电流安培环路定理.从式(8-18)可以看出，传导电流和位移电流所激发的磁场都是有旋磁场.所以，麦克斯韦关于位移电流假设的实质就是认为变化的电场要激发有旋磁场.应当强调指出，在麦克斯韦的位移电流假设基础上所导出的结果，都与实验符合得很好.

例

有一半径为 $R=3.0$ cm 的圆形平行平板空气电容器.现对该电容器充电，使极板上的电荷随时间的变化率，即充电电路上的传导电流 $I_c=\mathrm{d}Q/\mathrm{d}t=2.5$ A.若略去电容器的边缘效应，求：(1) 两极板间的位移电流；(2) 两极板间离开轴线的距离为 $r=2.0$ cm 的点 P 处的磁感强度.

解 (1) 在如图 8-32 所示的两极板间，以半径 r 作一个平行于两极板平面的圆形回路.因为电容器内两极板间的电场可视为均匀电场，其电位移为 $D=\sigma$，所以，穿过以 r 为半径的圆面积的电位移通量为

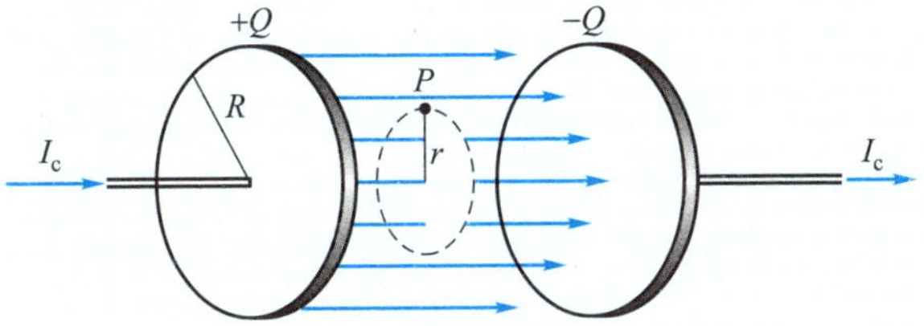

图 8-32

$$\Psi = D(\pi r^2) = \sigma \pi r^2$$

考虑到 $\sigma = Q/\pi R^2$，上式可写成

$$\Psi = \frac{r^2}{R^2}Q$$

这样，由式(8-17)可得，通过圆面积的位移电流为

$$I_d = \frac{\mathrm{d}\Psi}{\mathrm{d}t} = \frac{r^2}{R^2}\frac{\mathrm{d}Q}{\mathrm{d}t} \tag{1}$$

(2) 此外，由于电容器内两极板间没有传导电流，即 $I_c=0$，因此由全电流安培环路定理有

$$\oint_l \boldsymbol{H} \cdot \mathrm{d}\boldsymbol{l} = I_{\mathrm{d}}$$

考虑到两极板间磁场强度 $\boldsymbol{H}$ 对轴线的对称性,故圆形回路上各点的 $\boldsymbol{H}$ 的大小均相同,其方向均与回路上各点相切,则 $\boldsymbol{H}$ 沿上述圆形回路的积分为

$$\oint_l \boldsymbol{H} \cdot \mathrm{d}\boldsymbol{l} = H \cdot 2\pi r \tag{2}$$

于是由式(1)和式(2)便有

$$H = \frac{1}{2\pi} \frac{r}{R^2} \frac{\mathrm{d}Q}{\mathrm{d}t}$$

另外,考虑到电容器两极板间为空气,且略去边缘效应,所以有 $B = \mu_0 H$.于是两极板间与轴线相距 r 的点 P 处的磁感强度为

$$B = \frac{\mu_0}{2\pi} \frac{r}{R^2} \frac{\mathrm{d}Q}{\mathrm{d}t} \tag{3}$$

将已知数据分别代入式(1)和式(3)可得,通过上述圆面积的位移电流和距轴线为 r 的点 P 处的磁感强度的值各为

$$I_{\mathrm{d}} = 1.11\ \mathrm{A}, \quad B = 1.11 \times 10^{-5}\ \mathrm{T}$$

二、电磁场 麦克斯韦电磁场方程的积分形式

至此,我们先后介绍了麦克斯韦关于有旋电场和位移电流这两个假设.前者指出变化的磁场要激发有旋电场,后者则指出变化的电场要激发磁场.这两个假设揭示了电场和磁场之间的内在联系.存在变化电场的空间必存在变化磁场,同样,存在变化磁场的空间也必存在变化电场.这就是说,变化电场和变化磁场是密切地联系在一起的,它们构成一个统一的电磁场整体.这就是麦克斯韦关于电磁场的基本概念.

在研究电现象和磁现象的过程中,我们曾分别得出静止电荷激发的静电场和恒定电流激发的恒定磁场的一些基本方程,即

(1) 静电场的高斯定理

$$\oint_S \boldsymbol{D} \cdot \mathrm{d}\boldsymbol{S} = \int_V \rho \mathrm{d}V = q$$

(2) 静电场的环路定理

$$\oint_l \boldsymbol{E} \cdot \mathrm{d}\boldsymbol{l} = 0$$

(3) 磁场的高斯定理

$$\oint_S \boldsymbol{B} \cdot \mathrm{d}\boldsymbol{S} = 0$$

(4) 安培环路定理

$$\oint_l \boldsymbol{H} \cdot \mathrm{d}\boldsymbol{l} = \int_S \boldsymbol{j} \cdot \mathrm{d}\boldsymbol{S} = I_c$$

麦克斯韦在引入有旋电场和位移电流两个重要概念后,将总电场的环路定理修改为

$$\oint_l \boldsymbol{E} \cdot \mathrm{d}\boldsymbol{l} = -\frac{\mathrm{d}\Phi}{\mathrm{d}t} = -\int_S \frac{\partial \boldsymbol{B}}{\partial t} \cdot \mathrm{d}\boldsymbol{S}$$

将安培环路定理修改为

$$\oint_l \boldsymbol{H} \cdot \mathrm{d}\boldsymbol{l} = I_c + I_d = \int_S \left(\boldsymbol{j}_c + \frac{\partial \boldsymbol{D}}{\partial t}\right) \cdot \mathrm{d}\boldsymbol{S}$$

使它们能适用于一般的电磁场.麦克斯韦还认为静电场的高斯定理和磁场的高斯定理不仅适用于静电场和恒定磁场,也适用于一般的电磁场.于是,由此得到电磁场的四个基本方程,即

$$\oint_S \boldsymbol{D} \cdot \mathrm{d}\boldsymbol{S} = \int_V \rho \mathrm{d}V = q \tag{8-19a}$$

$$\oint_l \boldsymbol{E} \cdot \mathrm{d}\boldsymbol{l} = -\int_S \frac{\partial \boldsymbol{B}}{\partial t} \cdot \mathrm{d}\boldsymbol{S} \tag{8-19b}$$

$$\oint_S \boldsymbol{B} \cdot \mathrm{d}\boldsymbol{S} = 0 \tag{8-19c}$$

$$\oint_l \boldsymbol{H} \cdot \mathrm{d}\boldsymbol{l} = \int_S \left(\boldsymbol{j}_c + \frac{\partial \boldsymbol{D}}{\partial t}\right) \cdot \mathrm{d}\boldsymbol{S} \tag{8-19d}$$

这四个方程就是麦克斯韦方程组的积分形式.

应当指出,除上述积分形式的麦克斯韦方程组外,还相应地有四个微分形式的方程组①,这里不作介绍.

麦克斯韦方程组的形式既简洁又优美,全面地反映了电场和磁场的基本性质,并把电磁场作为一个整体,用统一的观点阐明了电场和磁场之间的联系.因此,麦克斯韦方程组是对电磁场基本规律所作的总结性、统一性的简明而完美的描述.麦克斯韦电磁理论的建立是19世纪物理学发展史上又一个重要的里程碑.正如爱因斯坦所说:"这是自牛顿以来物理学所经历的最深刻和最有成果的一项真正观念上的变革."所以人们常称麦克斯韦是电磁学领域中的牛顿.

令人遗憾的是,麦克斯韦英年早逝,生前未能见证电磁波的发现和其日新月

① 参阅赵凯华、陈熙谋《新概念物理教程　电磁学》(第二版)第407页(高等教育出版社,2006年).

异的应用.他建立的上述方程组被现代人认为是历史上最重要、最有用的科学公式之一.有点巧合的是,在伟大的物理学家麦克斯韦因病逝世的 1879 年,另一位伟大的物理学家爱因斯坦诞生了.

问题

8-1 在电磁感应定律公式$\mathscr{E}_i=-d\Phi/dt$中,负号的意义是什么?你是如何根据负号来确定感应电动势的方向的?

8-2 如图所示,在一根长直导线 L 中通有电流 I,$ABCD$ 为一矩形线圈,试确定在下列情况下,$ABCD$ 上的感应电动势的方向:(1) 矩形线圈在纸面内向右移动;(2) 矩形线圈绕 AD 轴旋转;(3) 矩形线圈以直导线为轴旋转.

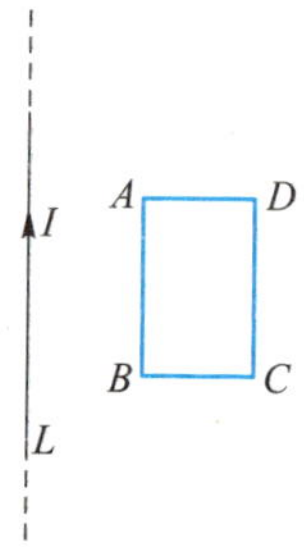

问题 8-2 图

8-3 当我们把条形磁铁沿铜质圆环的轴线插入铜环中时,铜环中有感应电流和感应电场吗?如用塑料圆环替代铜质圆环,环中仍有感应电流和感应电场吗?

8-4 如图所示,铜棒在均匀磁场中作下列各种运动,试问在哪种运动中铜棒上会产生感应电动势?其方向怎样?设磁感强度的方向竖直向下.(1) 铜棒向右平移[图(a)];(2) 铜棒绕通过其中心的轴在垂直于 $\boldsymbol{B}$ 的平面内转动[图(b)];(3) 铜棒绕通过中心的轴在竖直平面内转动[图(c)].

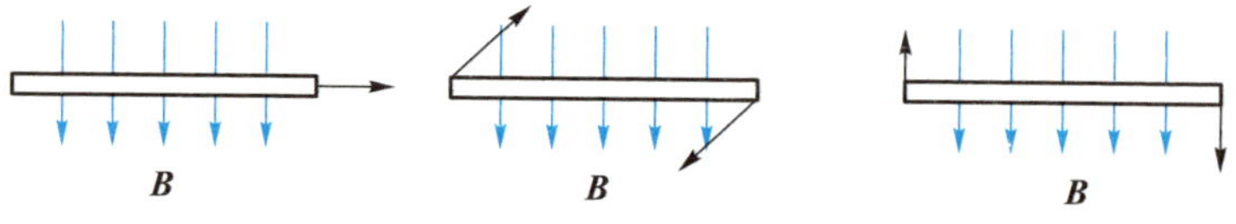

问题 8-4 图

8-5 把一铜环放在均匀磁场中,并使环的平面与磁场的方向垂直.如果使环沿着磁场的方向移动[图(a)],在铜环中是否产生感应电流?为什么?如果磁场是不均匀的[图(b)],是否产生感应电流?为什么?

8-6 一个面积为 S 的导电回路,其正法向单位矢量 $\boldsymbol{e}_n$ 的方向与均匀磁场 $\boldsymbol{B}$ 的方向之间的夹角为 θ,且 B 的值随时间的变化率为 dB/dt.试问角 θ 为何值时,回路中$\mathscr{E}_i$ 的值最大;角 θ 为何值时,$\mathscr{E}_i$ 的值又最小?请解释之.

8-7 把一根条形永久磁铁从闭合长直螺线管中的左端插入,由右端抽出.试用图表示在这个过程中所产生的感应电流的方向.

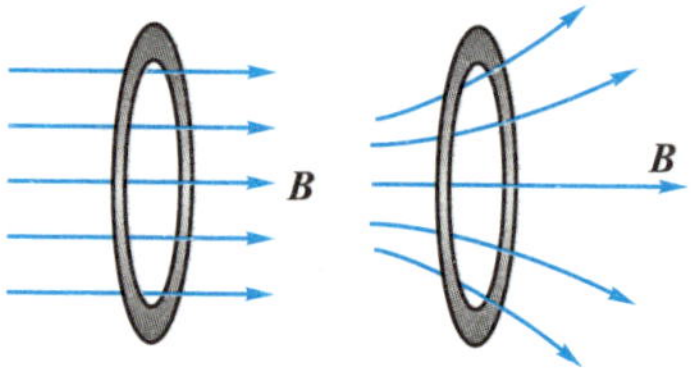

问题 8-5 图

8-8 有人认为可以采用下述方法来测量炮弹的速度.在炮弹的尖端插一根细小的磁性不变化的磁针,那么,炮弹在飞行中连续通过相距为 r 的两个线圈后,由于电磁感应,线圈中会产生时间间隔为 Δt 的两个电流脉冲.你能据此测出炮弹速度的值吗? 如 $r=0.1\ \text{m}$,$\Delta t=2\times10^{-4}\ \text{s}$,炮弹的速度为多少?

8-9 如图所示,在两磁极之间放置一圆形的线圈,线圈的平面与磁场垂直.问在下述各种情况下,线圈中是否产生感应电流? 并指出其方向.(1) 把线圈拉扁时;(2) 把其中一个磁极很快地移去时;(3) 把两个磁极慢慢地同时移去时.

8-10 如图所示,均匀磁场被限制在半径为 R 的圆柱体内,且其中磁感强度随时间的变化率 $\mathrm{d}B/\mathrm{d}t=$常量,试问:在回路 L_1 和 L_2 上各点的 $\mathrm{d}B/\mathrm{d}t$ 是否均为零? 各点的 $\boldsymbol{E}_\mathrm{k}$ 是否均为零? $\oint_{L_1}\boldsymbol{E}_\mathrm{k}\cdot\mathrm{d}\boldsymbol{l}$ 和 $\oint_{L_2}\boldsymbol{E}_\mathrm{k}\cdot\mathrm{d}\boldsymbol{l}$ 各为多少?

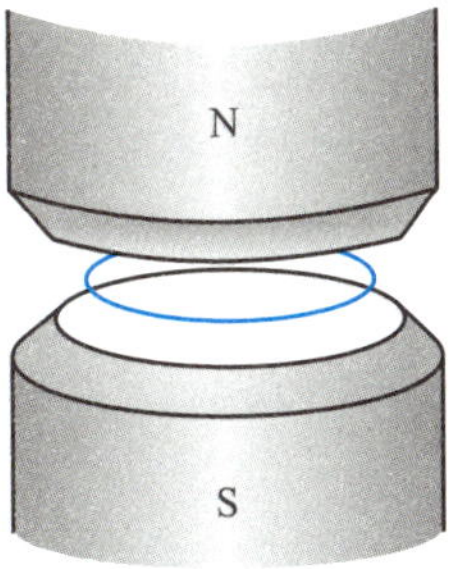

问题 8-9 图

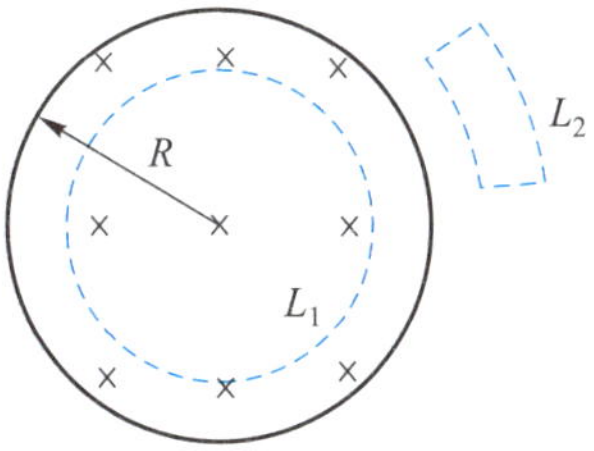

问题 8-10 图

8-11 在磁场变化的空间里,如果没有导体,那么在这个空间中是否存在电场,是否存在感应电动势?

8-12 为什么在电子感应加速器中,只有在 1/4 的周期内才能对电子进行加速?

8-13 一根很长的铜管竖直放置,一根磁棒由管中竖直下落.试述磁棒的运动情况.

8-14 一些矿石具有导电性,在地质勘探中常利用导电矿石产生的涡电流来发现它,这叫做电磁勘探.在示意图中,A 为通有高频电流的初级线圈,B 为次级线圈,并连接电流计 G,从次级线圈中的电流变化可检测磁场的变化.当次级线圈 B 检测到其中磁场发生变化时,技术人员就认为在附近有导电矿石存在.你能说明其道理吗? 利用与问题 8-14 图相似的装置,还可确定地下金属管线和电缆的位置①,你能提供一个设想方案吗?

8-15 如图所示,一个铝质圆盘可以绕固定轴 OO' 转动.为了使圆盘在力矩作用下作匀速转动,常在圆盘的边缘处放一个永久磁铁.圆盘受到力矩作用后先作加速转动,当角速度增加到一定值时,就不再增加.试说明其作用原理.

---

① 参阅马文蔚等主编《物理学原理在工程技术中的应用》(第四版)之"地下金属管线探测".

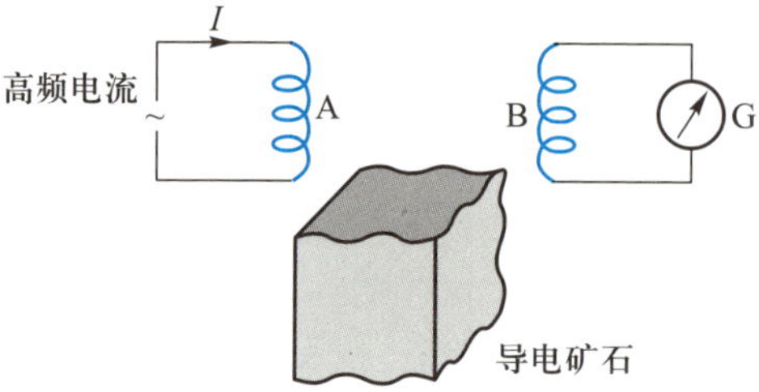

问题 8-14 图

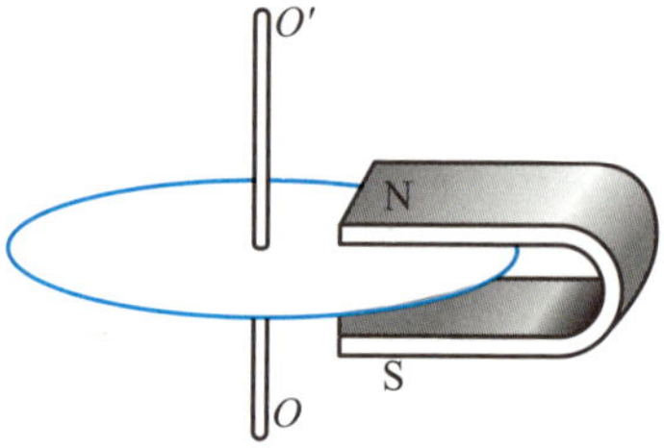

问题 8-15 图

8-16 如图所示为一种汽车上用的车速表的原理图.永久磁铁与发动机的转轴相连,磁铁的旋转使铝质圆盘 A 受到力矩的作用而偏转.当圆盘所受力矩与弹簧 S 的反力矩平衡时,指针 P 即指出车速的大小.试说明这种车速表的工作原理.

8-17 如图所示,设一导体薄片位于与磁感强度 $\boldsymbol{B}$ 垂直的平面上.(1) 如果 $\boldsymbol{B}$ 突然改变,则在点 P 附近 $\boldsymbol{B}$ 的改变可不可以立即检查出来?为什么?(2) 若导体薄片的电阻率为零,这个改变在点 P 是始终检查不出来的,为什么?(若导体薄片是由低电阻率的材料做成的,则在点 P 几乎检查不出导体薄片下侧磁场的变化,这种电阻率很小的导体能屏蔽磁场变化的现象叫做电磁屏蔽.)

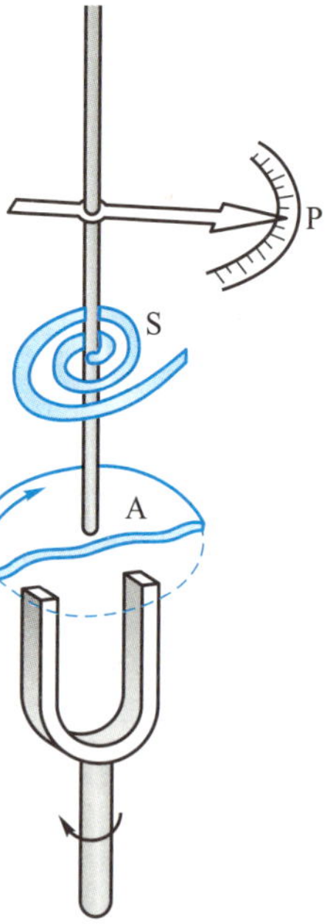

问题 8-16 图

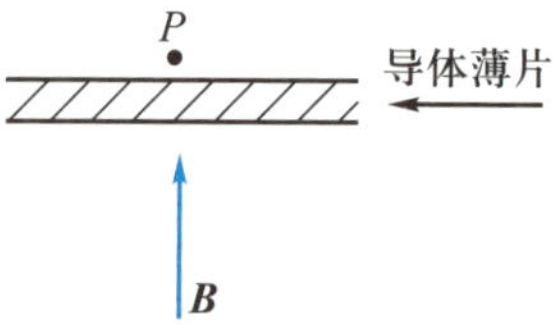

问题 8-17 图

8-18 如果要设计一个自感较大的线圈,应该从哪些方面去考虑?

8-19 自感是由 $L=\Phi/I$ 定义的,能否由此式说明,通过线圈中的电流越小,自感 L 就越大？

8-20 试说明：(1) 当线圈中的电流增加时，自感电动势的方向和电流的方向相同还是相反；(2) 当线圈中的电流减小时，自感电动势的方向和电流的方向相同还是相反.为什么？

8-21 有的电阻元件是用电阻丝绕成的，为了使它只有电阻而没有自感，常用双绕法，如图所示.试说明为什么要这样绕.

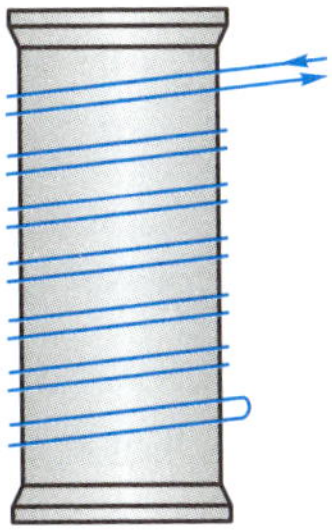

问题 8-21 图

8-22 互感电动势与哪些因素有关？要在两个线圈间获得较大的互感，应该用什么方法？

8-23 两个线圈的长度相同，半径接近相等，试指出在下列三种情况下，哪一种情况的互感最大？哪一种情况的互感最小？(1) 两个线圈靠得很近，轴线在同一直线上；(2) 两个线圈相互垂直，也靠得很近；(3) 一个线圈套在另一个线圈的外面.

8-24 什么叫做位移电流？位移电流与传导电流有什么异同？

*8-25 如果电路中有位移电流，式(7-6a)的电流连续性方程 $\oint_S \boldsymbol{j}\cdot \mathrm{d}\boldsymbol{S} = -\dfrac{\mathrm{d}Q_\mathrm{i}}{\mathrm{d}t}$ 中的 $\boldsymbol{j}$ 是否要包含位移电流密度？为什么？

8-26 试从以下三个方面来比较静电场与有旋电场：(1) 产生的原因；(2) 电场线的分布；(3) 对导体中电荷的作用.

8-27 变化的电场所产生的磁场，是否也一定随时间发生变化？变化的磁场所产生的电场，是否也一定随时间发生变化？

8-28 你是怎样理解麦克斯韦电磁场四个积分方程是电磁场的基本积分方程的？

习题

8-1 一根无限长直导线载有电流 I，一个矩形线圈位于导线平面内沿垂直于载流导线的方向以恒定速率运动，如图所示，则(　　).

(A) 线圈中无感应电流

(B) 线圈中感应电流为顺时针方向

(C) 线圈中感应电流为逆时针方向

(D) 线圈中感应电流方向无法确定

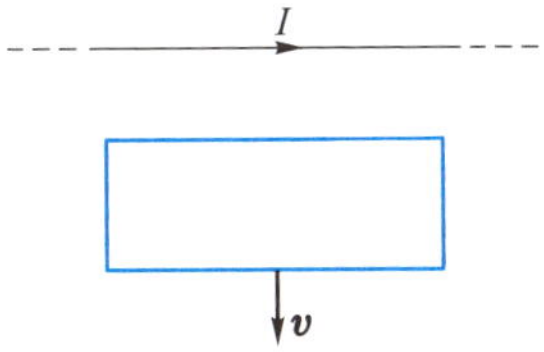

习题 8-1 图

8-2 将形状完全相同的铜环和木环静止放置在交变磁场中，并假设通过两环面的磁通量随时间的变化率相等，不计自感时则(　　).

(A) 铜环中有感应电流，木环中无感应电流

(B) 铜环中有感应电流，木环中有感应电流

(C) 铜环中感应电场强度大，木环中感应电场强度小

(D) 铜环中感应电场强度小，木环中感应电场强度大

8-3 有两个线圈，线圈 1 对线圈 2 的互感为 M_{21}，而线圈 2 对线圈 1 的互感为 M_{12}.若它们分别流过 i_1 和 i_2 的变化电流且 $\left|\frac{\mathrm{d}i_1}{\mathrm{d}t}\right|<\left|\frac{\mathrm{d}i_2}{\mathrm{d}t}\right|$，并设由 i_2 变化在线圈 1 中产生的互感电动势为$\mathscr{E}_{12}$，由 i_1 变化在线圈 2 中产生的互感电动势为$\mathscr{E}_{21}$，则论断正确的是（　　）.

(A) $M_{12}=M_{21}$，$\mathscr{E}_{21}=\mathscr{E}_{12}$　　(B) $M_{12}\neq M_{21}$，$\mathscr{E}_{21}\neq\mathscr{E}_{12}$

(C) $M_{12}=M_{21}$，$\mathscr{E}_{21}>\mathscr{E}_{12}$　　(D) $M_{12}=M_{21}$，$\mathscr{E}_{21}<\mathscr{E}_{12}$

8-4 对位移电流，下述说法正确的是（　　）.

(A) 位移电流的实质是变化的电场

(B) 位移电流和传导电流一样是定向运动的电荷

(C) 位移电流服从传导电流遵循的所有定律

(D) 位移电流的磁效应不服从安培环路定理

8-5 下列概念正确的是（　　）.

(A) 感应电场也是保守场

(B) 感应电场的电场线是一组闭合曲线

(C) $\Phi=LI$，因而线圈的自感与回路的电流成反比

(D) $\Phi=LI$，回路的磁通量越大，回路的自感也一定越大

8-6 一个铁芯上绕有线圈 100 匝，已知铁芯中磁通量与时间的关系为 $\Phi=8.0\times10^{-5}\sin 100\pi t$，式中 Φ 的单位为 Wb，t 的单位为 s.求在 $t=1.0\times10^{-2}$ s 时，线圈中的感应电动势.

8-7 两根相距为 d 的无限长平行直导线，通以大小相等流向相反的电流，且电流均以$\frac{\mathrm{d}I}{\mathrm{d}t}$的变化率增长.若有一边长为 d 的正方形线圈与两导线处于同一平面内，如图所示，求线圈中的感应电动势.

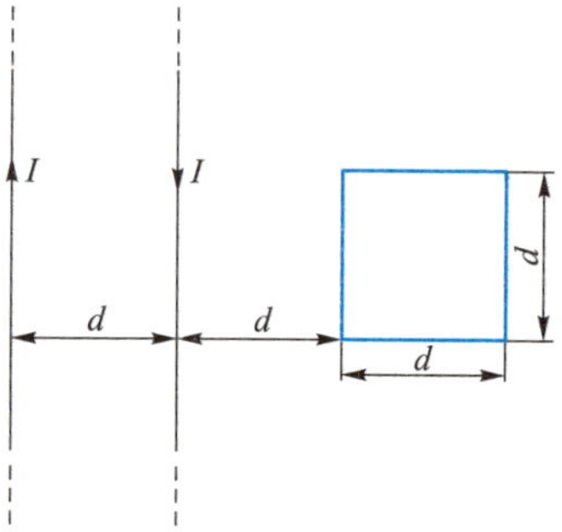

习题 8-7 图

8-8 一个测量磁感强度的线圈，其截面积 $S=4.0\ \mathrm{cm}^2$，匝数 $N=160$ 匝，电阻 $R=50\ \Omega$.线圈与一内阻 $R_i=30\ \Omega$ 的冲击电流计相连.若开始时线圈的平面与均匀磁场的磁感强度 $\boldsymbol{B}$ 相垂直，然后线圈的平面很快地转到与 $\boldsymbol{B}$ 的方向平行.此时从冲击电流计中测得电荷值 $q=4.0\times10^{-5}$ C.问此均匀磁场的磁感强度 $\boldsymbol{B}$ 的值为多少？

8-9 动圈式高斯计是通过测量线圈在磁场中运动产生的电动势，从而得到磁感强度的.设一个高斯计的探头线圈的面积为 1.40 cm^2，线圈匝数为 400 匝，转速为 180 $\mathrm{r\cdot min^{-1}}$.若所测磁场的 $B=0.1$ T，问线圈中能产生的感应电动势的最大值是多少？

8-10 如图所示，一根长直导线中通有 $I=5.0$ A 的电流，在距导线 9.0 cm 处，放一个面积为 0.10 cm^2、10 匝的小圆线圈，线圈中的磁场可看作是均匀的.今在 1.0×10^{-2} s 内把此线圈移至距长直导线 10.0 cm 处.(1) 求线圈中的平均感应电动势；(2) 设线圈的电阻为 $1.0\times10^{-2}\ \Omega$，求通过线圈横截面的感应电荷.

8-11 如图所示，把一根半径为 R 的半圆形导线 OP 置于磁感强度为 $\boldsymbol{B}$ 的均匀磁场中，当导线 OP 以匀速率 v 向右移动时，求导线中感应电动势$\mathscr{E}$的大小.哪一端电势较高？

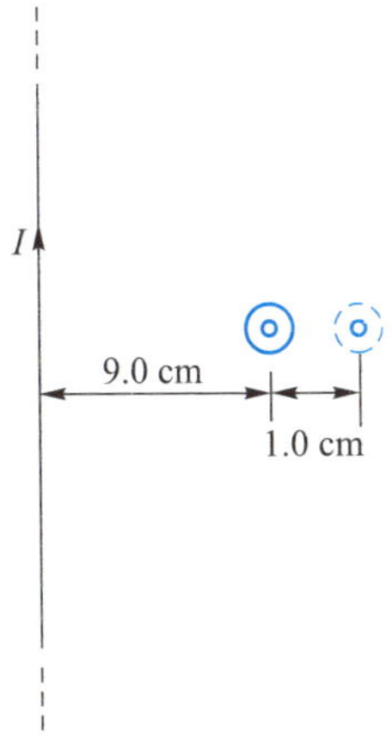

习题 8-10 图

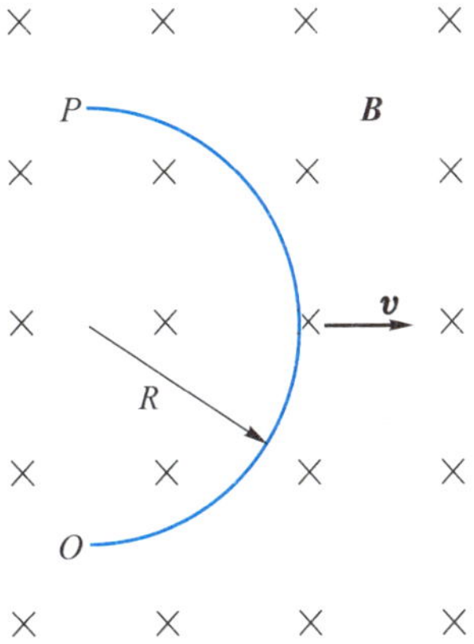

习题 8-11 图

8-12 长度为 L 的铜棒，以距端点 r 处为支点，并以角速度 ω 绕通过支点且垂直于铜棒的轴转动.设磁感强度为 $\boldsymbol{B}$ 的均匀磁场与轴平行，求棒两端的电势差.

8-13 如图所示，长为 L 的导体棒 OP 处于均匀磁场中，并绕 OO'轴以角速度 ω 旋转，棒与转轴间的夹角恒为 θ，磁感强度 $\boldsymbol{B}$ 与转轴平行.求 OP 棒在图示位置处的电动势.

8-14 如图所示，金属杆 AB 以匀速率 $v=2.0\ \text{m}\cdot\text{s}^{-1}$平行于一根长直导线移动，此导线通有电流 $I=40$ A.问此杆中的感应电动势为多大？杆的哪一端电势较高？

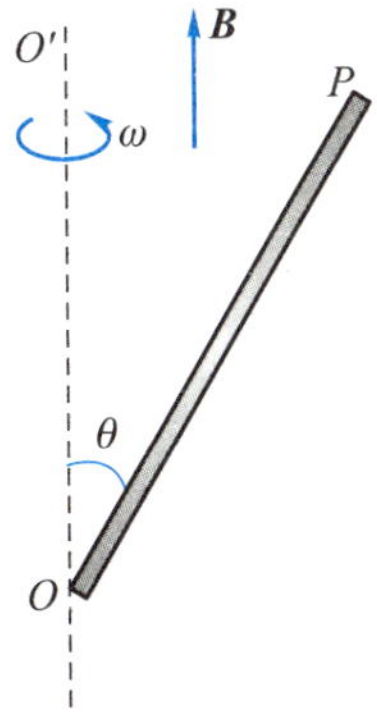

习题 8-13 图

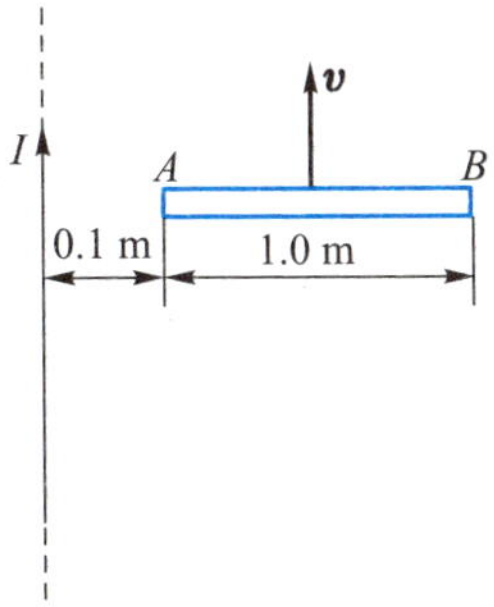

习题 8-14 图

8-15 如图所示，在一根无限长载流直导线的近旁放置一个矩形导体线框.该线框在垂直于导线方向上以匀速率 v 向右移动.求在图示位置处线框中的感应电动势的大小和方向.

8-16 一个长为 l、宽为 b 的矩形导线框架，其质量为 m，电阻为 R.在 $t=0$ 时，框架从距水平面 $y=0$ 的上方 h 处由静止自由下落，如图所示.磁场的分布为：在 $y=0$ 的水平面上方没有磁场;在 $y=0$ 的水平面下方有磁感强度为 $\boldsymbol{B}$ 的均匀磁场,$\boldsymbol{B}$ 的方向垂直纸面向里.已知框架在时刻 t_1 和 t_2 的位置如图中所示.求在下述时间内,框架的速度与时间的关系:(1) $0<t\leqslant t_1$,即框架进入磁场前;(2) $t_1<t\leqslant t_2$,即框架进入磁场,但尚未全部进入磁场;(3) $t>t_2$,即框架全部进入磁场后.

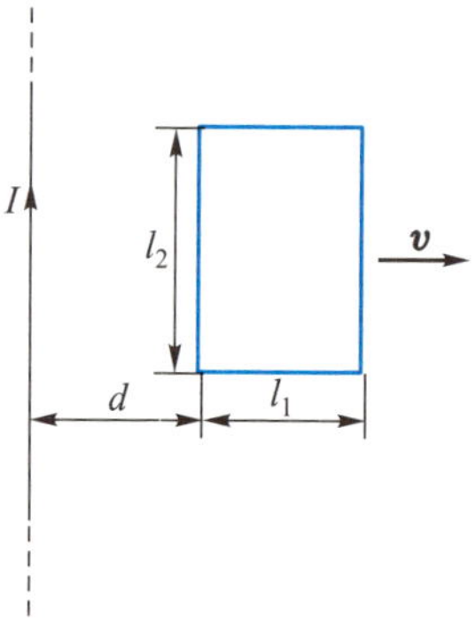

习题 8-15 图

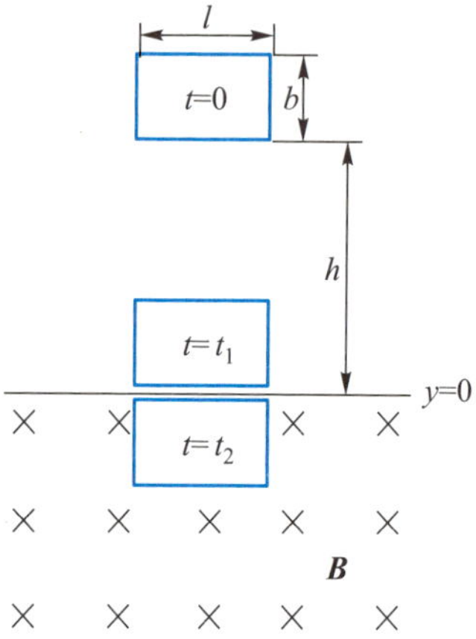

习题 8-16 图

8-17 一个磁感强度为 $\boldsymbol{B}$ 的均匀磁场以恒定的变化率 $\dfrac{\mathrm{d}B}{\mathrm{d}t}$ 在变化.把一块质量为 m 的铜拉成截面半径为 r 的导线,并用它做成一个半径为 R 的圆形回路,圆形回路的平面与磁感强度 $\boldsymbol{B}$ 垂直.试证:这回路中的感应电流为

$$I=\frac{m}{4\pi\rho d}\frac{\mathrm{d}B}{\mathrm{d}t}$$

式中 ρ 为铜的电阻率,d 为铜的密度.

8-18 半径 $R=2.0\ \mathrm{cm}$ 的无限长直载流密绕螺线管,管内磁场可视为均匀磁场,管外磁场可近似看作零.若通电电流均匀变化,使得磁感强度 $\boldsymbol{B}$ 随时间的变化率 $\dfrac{\mathrm{d}B}{\mathrm{d}t}$ 为常量,且为正值.(1) 试求管内外由磁场变化而激发的感生电场分布;(2) 如 $\dfrac{\mathrm{d}B}{\mathrm{d}t}=0.010\ \mathrm{T\cdot s^{-1}}$,求距螺线管中心轴 $r=5.0\ \mathrm{cm}$ 处感生电场的大小和方向.

8-19 在半径为 R 的圆柱形空间中存在着均匀磁场 $\boldsymbol{B}$,其方向与柱的轴线平行.如图所示,一根长为 l 的金属棒放在磁场中,设 $\boldsymbol{B}$ 的大小随时间的变化率 $\dfrac{\mathrm{d}B}{\mathrm{d}t}$ 为常量.试证:棒上感应电动势的大小为

$$\mathscr{E}=\frac{\mathrm{d}B}{\mathrm{d}t}\frac{l}{2}\sqrt{R^2-\left(\frac{l}{2}\right)^2}$$

8-20 截面为长方形的环形均匀密绕螺绕环,其尺寸如图所示,共有 N 匝,求螺绕环的自感 L.

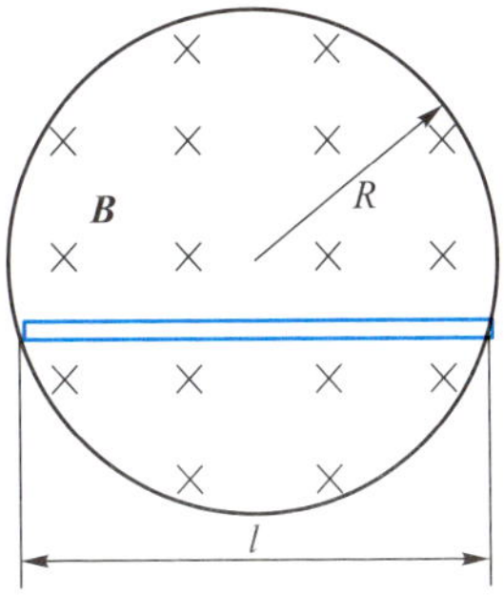

习题 8-19 图

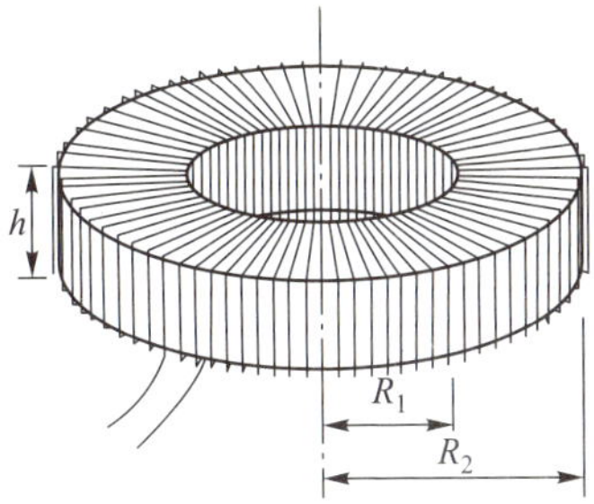

习题 8-20 图

8-21 如图所示，螺线管的管心是两个套在一起的同轴圆柱体，其截面积分别为 S_1 和 S_2，磁导率分别为 μ_1 和 μ_2，管长为 l，匝数为 N，求螺线管的自感（设管的截面积很小）.

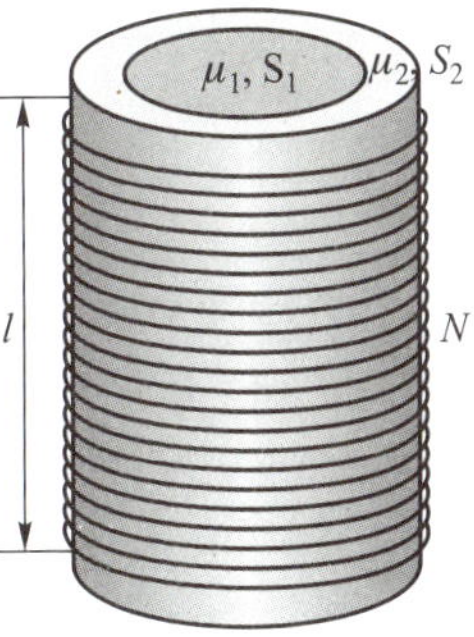

习题 8-21 图

8-22 两根半径均为 a 的平行长直导线，它们的中心距离为 d(d>>a).试求长为 l 的一对导线的自感（导线内部的磁通量可略去不计）.

8-23 如图所示，在一个柱形纸筒上绕有两组相同线圈 AB 和 $A'B'$，每个线圈的自感均为 L，求：(1) A 和 A' 相接时，B 和 B' 间的自感 L_1；(2) A' 和 B 相接时，A 和 B' 间的自感 L_2.

8-24 如图所示，一个面积为 4.0 cm^2 共 50 匝的小圆形线圈 A，放在半径为 20 cm 共 100 匝的大圆形线圈 B 的正中央，两个线圈同心且同平面.设线圈 A 内各点的磁感强度可看作是相同的.求：(1) 两个线圈的互感；(2) 当线圈 B 中电流的变化率为 $-50\ A\cdot s^{-1}$ 时，线圈 A 中感应电动势的大小和方向.

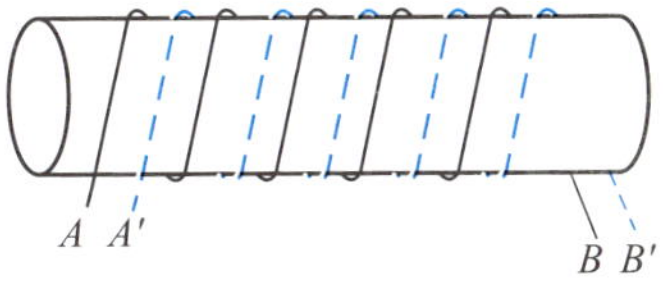

习题 8-23 图

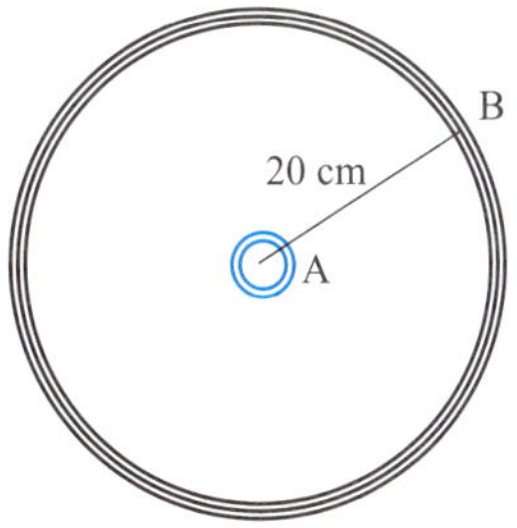

习题 8-24 图

8-25 如图所示，两个同轴单匝圆线圈 A、C 的半径分别为 R 和 r，两个线圈相距为 d.若 r 很小，则可认为线圈 A 在线圈 C 处所产生的磁场是均匀的.求两个线圈的互感.若线圈 C 的匝数为 N 匝，则互感又为多少？

8-26 如图所示，螺绕环 A 中充满了铁磁质，环的截面积 S 为 2.0 cm^2，沿环每厘米绕有 100 匝线圈，通有电流 $I_1=4.0\times10^{-2}$ A.在环上再绕一个线圈 C，共 10 匝，其电阻为0.10 Ω，今将开关 S 突然开启,测得线圈 C 中的感应电荷为 2.0×10^{-3} C.求:当螺绕环中通有电流 I_1 时,铁磁质中的磁感强度 B 和铁磁质的相对磁导率 μ_r.

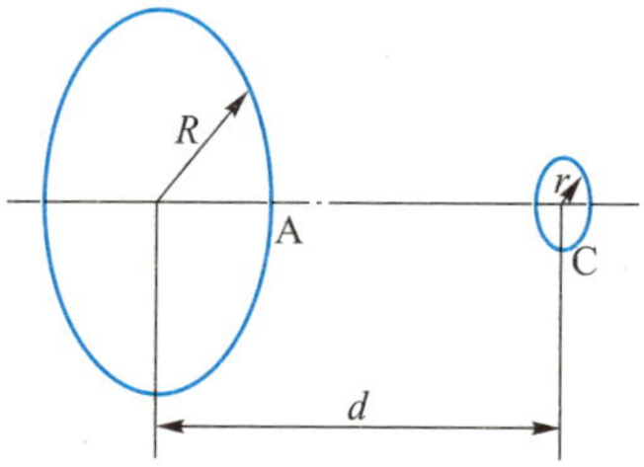

习题 8-25 图

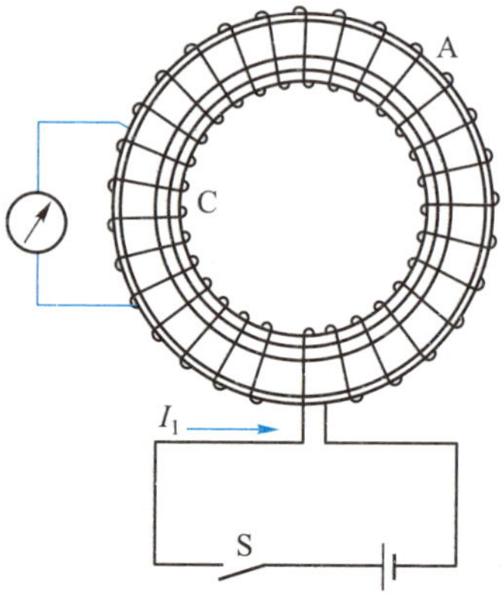

习题 8-26 图

8-27 一个直径为 0.01 m、长为 0.10 m 的长直密绕螺线管,共 1 000 匝线圈,总电阻为 7.76 Ω.问:(1) 如把线圈接到电动势$\mathscr{E}=2.0$ V 的电池上,电流稳定后,线圈中所贮存的磁能是多少?磁能密度是多少? *(2) 从接通电路时算起,要使线圈贮存的磁能为最大时的一半,需经过多少时间?

8-28 一根无限长直导线,截面各处的电流密度相等,总电流为 I.试证:每单位长度导线内所贮存的磁能为 $\mu I^2/16\pi$.

*8-29 在习题 8-22 中,设两根长直导线通以大小为 I、方向相反的电流形成回路,则空间贮存的磁场能量是多少?如果加大两导线之间的距离,那么该磁场能量是增加还是减少?

8-30 未来可能会利用超导线圈中持续大电流建立的磁场来贮存能量.若要贮存 1 kW · h的能量,则利用 1.0 T 的磁场,需要多大体积?若利用线圈中 500 A 的电流贮存上述能量,则该线圈的自感应为多大?

8-31 中子星表面的磁场估计为 10^8 T,该处的磁能密度有多大?

8-32 在真空中,若一个均匀电场中的电场能量密度与一个 0.50 T 的均匀磁场中的磁场能量密度相等,则该电场的电场强度为多少?

8-33 设半径 $R=0.20$ m 的平行平板电容器,两极板之间为真空,极板间距离 $d=0.50$ cm.现以恒定电流 $I=2.0$ A 对电容器充电,求位移电流密度(忽略平板电容器边缘效应,设电场是均匀的).

附录一　矢量

矢量代数在物理学中是常用的数学工具，它可用较为简洁的数学语言表达某些物理量及其变化规律，这对加深理解物理量及物理定律的含义是很有帮助的.这里主要介绍矢量的概念，矢量的合成和分解，矢量的标积和矢积以及矢量的导数和积分.希望读者经常查阅本附录有关内容，以逐步掌握矢量的基本概念和计算方法.

一、标量和矢量

在基础物理学领域内，我们经常遇到两类物理量，一类是标量物理量(简称标量)，如质量、时间、体积等，它们遵循通常的代数运算法则；另一类是矢量物理量(简称矢量)，如位移、速度、力等，它们有方向，它们遵循矢量代数运算法则.

矢量通常用黑体字母 $\boldsymbol{A}$ 或带有箭号的字母 $\vec{A}$ 来表示，在作图时，常用有向线段表示(图 1).线段的长短按一定比例表示矢量的大小，箭头的指向表示矢量的方向.

矢量的大小叫做矢量的模，矢量 $\boldsymbol{A}$ 的模常用符号 $|\boldsymbol{A}|$ 表示.如果有一个矢量，其模与矢量 $\boldsymbol{A}$ 的模相等，方向相反，这时就可用 $-\boldsymbol{A}$ 来表示这个矢量.

如图 2 所示，若把矢量 $\boldsymbol{A}$ 在空间平移，则矢量 $\boldsymbol{A}$ 的大小和方向都不会因平移而改变.矢量的这个性质称为矢量平移的不变性，它是矢量的一个重要性质.

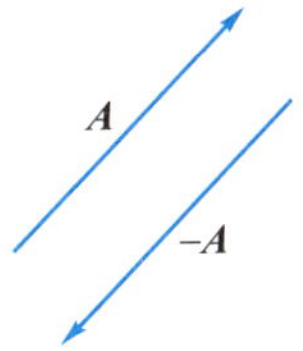

图 1　矢量的图像表示

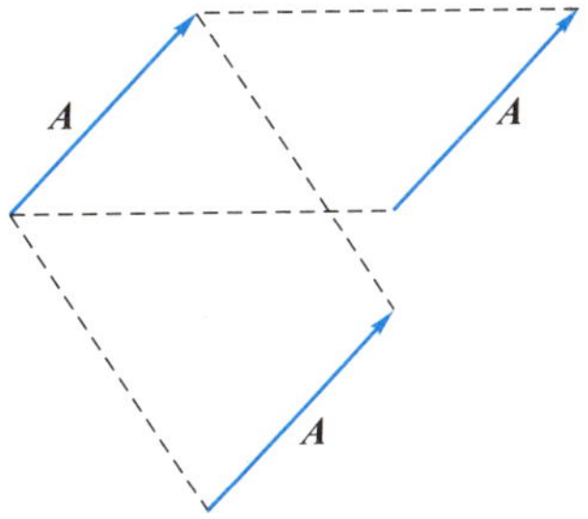

图 2　矢量平移

二、矢量合成的几何法

下面以质点在平面上的位移为例来说明矢量相加的法则. 如图 3 所示，设一质点由点 a 移到点 b，所经的位移为 $\boldsymbol{A}$，然后再从点 b 到点 c 的位移为 $\boldsymbol{B}$；而质点从点 a 直接到点 c 的位移为 $\boldsymbol{C}$. 因此

$$\boldsymbol{A}+\boldsymbol{B}=\boldsymbol{C} \tag{1}$$

这就是矢量相加，也常叫做矢量相加的三角形法则：自矢量 $\boldsymbol{A}$ 的末端画出矢量 $\boldsymbol{B}$，则自矢量 $\boldsymbol{A}$ 的始端到矢量 $\boldsymbol{B}$ 的末端画出矢量 $\boldsymbol{C}$，$\boldsymbol{C}$ 就是 $\boldsymbol{A}$ 和 $\boldsymbol{B}$ 的合矢量.

利用矢量平移不变性，可把图 3 中矢量 $\boldsymbol{B}$ 的始端平移到点 a，这样，点 a 就为 $\boldsymbol{A}$、$\boldsymbol{B}$ 的交点（图 4）. 从图 4 中可以看出，矢量 $\boldsymbol{A}$ 和 $\boldsymbol{B}$ 相加的合矢量是以这两矢量为邻边的平行四边形对角线矢量 $\boldsymbol{C}$. 这个方法叫做矢量相加的平行四边形法则. 要注意，在画此平行四边形时，矢量 $\boldsymbol{A}$、$\boldsymbol{B}$ 和 $\boldsymbol{C}$ 的始端应共处于一点.

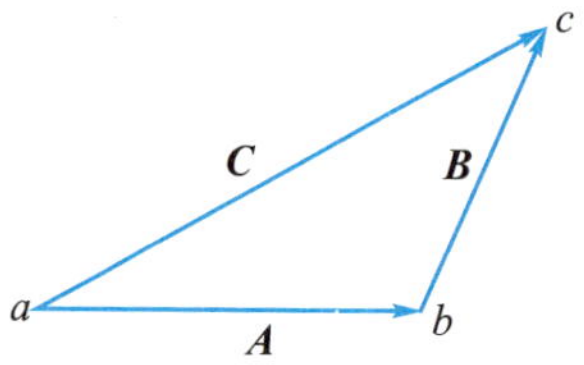

图 3 两矢量合成的三角形法则

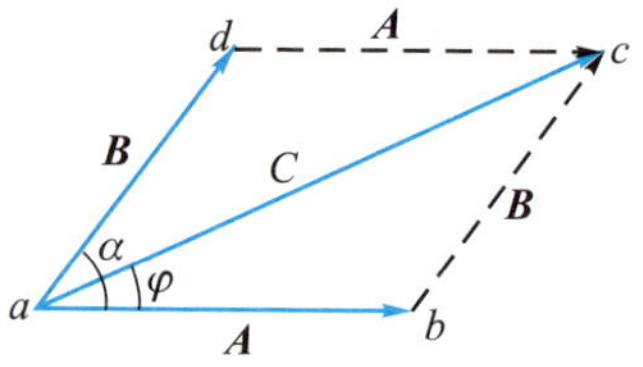

图 4 两矢量合成的平行四边形法则

合矢量的大小和方向，除了上述几何作图法外，还可由计算求得. 在图 4 中，设 α 为矢量 $\boldsymbol{A}$ 和 $\boldsymbol{B}$ 之间小于 π 的夹角，合矢量 $\boldsymbol{C}$ 与矢量 $\boldsymbol{A}$ 的夹角为 φ. 由图 5 可知

$$C=\sqrt{A^2+B^2+2AB\cos\ \alpha} \tag{2a}$$

$$\varphi=\arctan\frac{B\sin\ \alpha}{A+B\cos\ \alpha} \tag{2b}$$

合矢量 $\boldsymbol{C}$ 的大小和方向由式（2a）和式（2b）确定.

对于在同一平面上多矢量的相加，原则上可以逐次采用三角形法则进行，先求出其中两个矢量的合矢量，然后将该合矢量再与第三个矢量相加，求得三个矢量的合矢量……依此类推，即得到多个矢量合成时的多边形法则. 如图 6 所示，或者

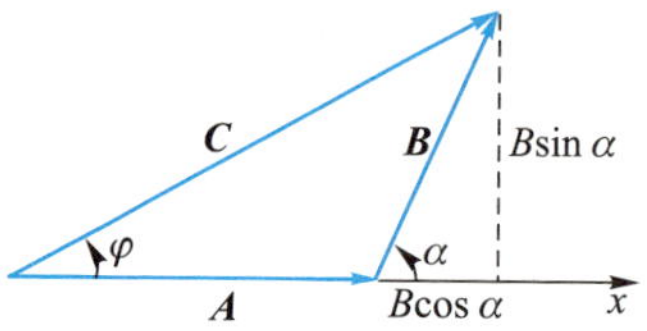

图 5 合矢量 $\boldsymbol{C}$ 的计算

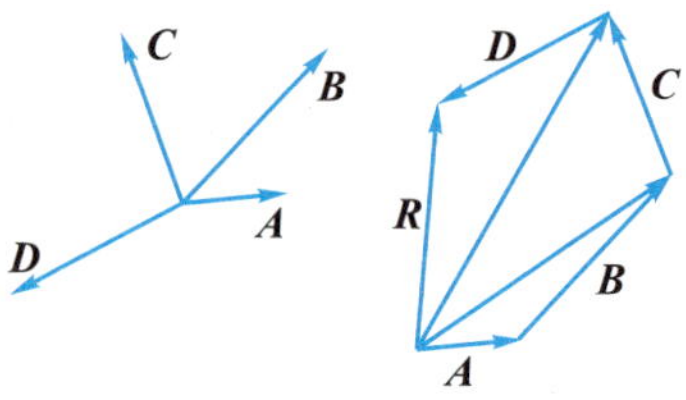

图 6 同平面多矢量相加

从矢量 $\boldsymbol{A}$ 出发，首尾相接地依次画出 $\boldsymbol{B}$、$\boldsymbol{C}$、$\boldsymbol{D}$ 各矢量，然后由第一矢量 $\boldsymbol{A}$ 的始端到最后一个矢量 $\boldsymbol{D}$ 的末端连一有向线段 $\boldsymbol{R}$，这个矢量 $\boldsymbol{R}$ 就是 $\boldsymbol{A}$、$\boldsymbol{B}$、$\boldsymbol{C}$、$\boldsymbol{D}$ 四个矢量的合矢量.

三、矢量合成的解析法

1. 矢量在直角坐标轴上的分矢量和分量

若一个矢量 $\boldsymbol{A}$ 在如图 7 所示的三维直角坐标系中，则它在 x 轴、y 轴和 z 轴上的分矢量分别为 $\boldsymbol{A}_x$、$\boldsymbol{A}_y$ 和 $\boldsymbol{A}_z$，于是有

$$\boldsymbol{A}=\boldsymbol{A}_x+\boldsymbol{A}_y+\boldsymbol{A}_z$$

另外，矢量 $\boldsymbol{A}$ 在 x 轴、y 轴和 z 轴上的分量（即投影）分别为 A_x、A_y 和 A_z. 若以 $\boldsymbol{i}$、$\boldsymbol{j}$ 和 $\boldsymbol{k}$ 分别表示 x 轴、y 轴和 z 轴上的单位矢量，则有

$$\boldsymbol{A}=A_x\boldsymbol{i}+A_y\boldsymbol{j}+A_z\boldsymbol{k} \tag{3}$$

矢量 $\boldsymbol{A}$ 的大小为

$$A=\sqrt{A_x^2+A_y^2+A_z^2}$$

矢量 $\boldsymbol{A}$ 的方向由该矢量与 x 轴、y 轴和 z 轴的夹角 α、β 和 γ 来确定，有

$$\cos\alpha=\frac{A_x}{A},\quad \cos\beta=\frac{A_y}{A},\quad \cos\gamma=\frac{A_z}{A}$$

2. 矢量合成的解析法

运用矢量在直角坐标轴上的分量表示法，可以使矢量加减运算简化. 设平面直角坐标系内有矢量 $\boldsymbol{A}$ 和 $\boldsymbol{B}$，它们与 x 轴的夹角分别为 α 和 β（图 8）. 由图 8 可得，矢量 $\boldsymbol{A}$ 和 $\boldsymbol{B}$ 在两坐标轴上的分量可分别表示为

$$\left.\begin{aligned}A_x&=A\cos\alpha\\A_y&=A\sin\alpha\end{aligned}\right\}\quad\text{及}\quad\left.\begin{aligned}B_x&=B\cos\beta\\B_y&=B\sin\beta\end{aligned}\right\}$$

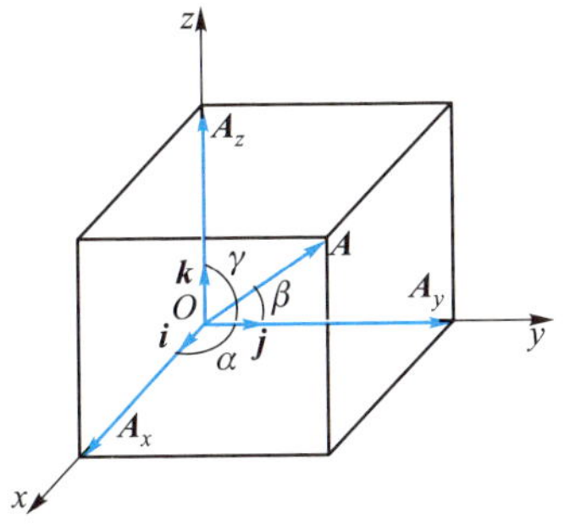

图 7 矢量在三维直角坐标轴上的分矢量

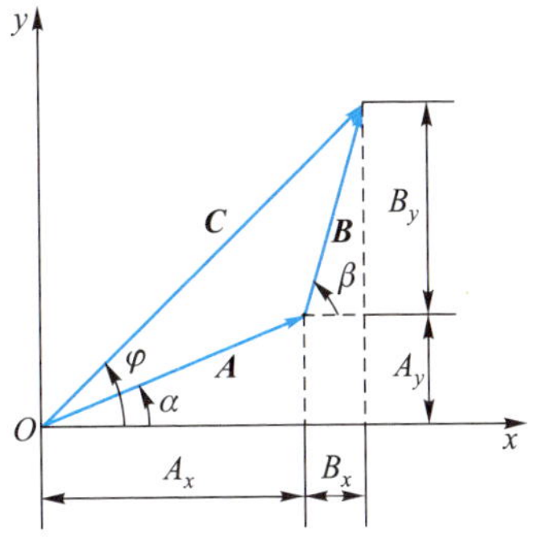

图 8 两矢量合成的解析法

由图 8 可以看出，合矢量 $\boldsymbol{C}$ 在两坐标轴上的分量 C_x 和 C_y 与矢量 $\boldsymbol{A}$、$\boldsymbol{B}$ 的分量之间的关系为

$$\left.\begin{aligned} C_x &= A_x + B_x \\ C_y &= A_y + B_y \end{aligned}\right\} \tag{4}$$

矢量 $\boldsymbol{C}$ 的大小和方向由下列两式确定：

$$\left.\begin{aligned} C &= \sqrt{C_x^2 + C_y^2} \\ \varphi &= \arctan \frac{C_y}{C_x} \end{aligned}\right\} \tag{5}$$

四、矢量的标积和矢积

在物理学中，经常遇到不同矢量的乘积.矢量乘积常见的有两种，一种是标积（或称点积、点乘），一种是矢积（或称叉积、叉乘）.

1. 矢量的标积

设两矢量 $\boldsymbol{A}$ 和 $\boldsymbol{B}$ 之间小于 180°的夹角为 α，矢量 $\boldsymbol{A}$ 和 $\boldsymbol{B}$ 的标积用符号 $\boldsymbol{A}\cdot\boldsymbol{B}$ 表示，并定义

$$\boldsymbol{A}\cdot\boldsymbol{B} = AB\cos\alpha \tag{6}$$

即矢量 $\boldsymbol{A}$ 和 $\boldsymbol{B}$ 的标积是矢量 $\boldsymbol{A}$ 和 $\boldsymbol{B}$ 的大小及它们夹角 α 余弦的乘积，为一个标量.由图 9 可见，$\boldsymbol{A}\cdot\boldsymbol{B}$ 也相当于 $\boldsymbol{A}$ 的大小与 $\boldsymbol{B}$ 沿 $\boldsymbol{A}$ 方向分量的乘积（或相当于 $\boldsymbol{B}$ 的大小与 $\boldsymbol{A}$ 沿 $\boldsymbol{B}$ 方向分量的乘积）.当 $\boldsymbol{A}$ 与 $\boldsymbol{B}$ 同向时（$\alpha=0°$），$\boldsymbol{A}\cdot\boldsymbol{B}=AB$；当 $\boldsymbol{A}$ 与 $\boldsymbol{B}$ 反向时（$\alpha=180°$），$\boldsymbol{A}\cdot\boldsymbol{B}=-AB$；当 $\boldsymbol{A}$ 与 $\boldsymbol{B}$ 互相垂直时（$\alpha=90°$），$\boldsymbol{A}\cdot\boldsymbol{B}=0$.

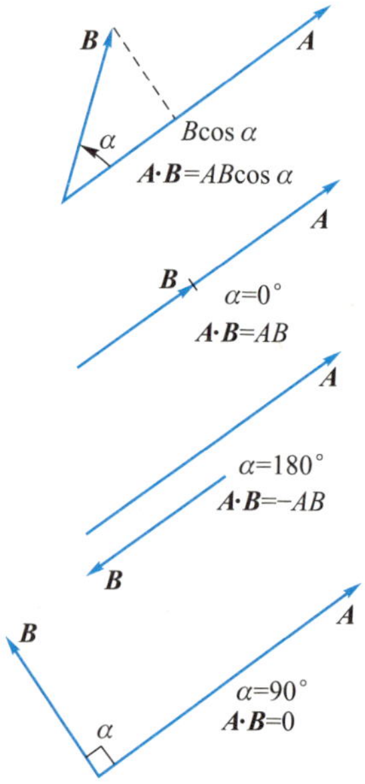

图 9　两矢量的夹角与它们标积的关系

从标积的定义可以得到标积的如下性质：

（1）标积遵守交换律，即

$$\boldsymbol{A}\cdot\boldsymbol{B} = AB\cos\alpha = BA\cos\alpha = \boldsymbol{B}\cdot\boldsymbol{A} \tag{7}$$

（2）标积遵守分配律，即

$$(\boldsymbol{A}+\boldsymbol{B})\cdot\boldsymbol{C} = \boldsymbol{A}\cdot\boldsymbol{C} + \boldsymbol{B}\cdot\boldsymbol{C} \tag{8}$$

在平面直角坐标系中，若有两个矢量 $\boldsymbol{A}$ 和 $\boldsymbol{B}$，它们分别为

$$\boldsymbol{A} = A_x\boldsymbol{i} + A_y\boldsymbol{j} + A_z\boldsymbol{k}, \quad \boldsymbol{B} = B_x\boldsymbol{i} + B_y\boldsymbol{j} + B_z\boldsymbol{k}$$

利用上述标积的性质，可得 $\boldsymbol{i}\cdot\boldsymbol{i}=\boldsymbol{j}\cdot\boldsymbol{j}=\boldsymbol{k}\cdot\boldsymbol{k}=1$，$\boldsymbol{i}\cdot\boldsymbol{j}=\boldsymbol{j}\cdot\boldsymbol{i}=\boldsymbol{i}\cdot\boldsymbol{k}=\boldsymbol{k}\cdot\boldsymbol{i}=\boldsymbol{k}\cdot\boldsymbol{j}=\boldsymbol{j}\cdot\boldsymbol{k}=0$，则 $\boldsymbol{A}$、$\boldsymbol{B}$ 的标积为

$$\boldsymbol{A}\cdot\boldsymbol{B}=A_xB_x+A_yB_y+A_zB_z \tag{9}$$

2. 矢量的矢积

设两矢量 $\boldsymbol{A}$ 和 $\boldsymbol{B}$ 之间小于 180° 的夹角为 α，矢量 $\boldsymbol{A}$ 和 $\boldsymbol{B}$ 的矢积用符号 $\boldsymbol{A}\times\boldsymbol{B}$ 表示，并定义它为另一矢量 $\boldsymbol{C}$，即

$$\boldsymbol{C}=\boldsymbol{A}\times\boldsymbol{B} \tag{10}$$

矢量 $\boldsymbol{C}$ 的大小为

$$C=AB\sin\alpha \tag{11}$$

矢量 $\boldsymbol{C}$ 的方向垂直于 $\boldsymbol{A}$ 和 $\boldsymbol{B}$ 所在的平面，其指向可用右手螺旋定则确定. 如图 10 所示，当右手四指从 $\boldsymbol{A}$ 经小于 180° 的角转向 $\boldsymbol{B}$ 时，右手拇指的指向（即右手螺旋前进的方向）就是 $\boldsymbol{C}$ 的方向. 如果以 $\boldsymbol{A}$ 和 $\boldsymbol{B}$ 构成平行四边形的邻边，则 $\boldsymbol{C}$ 是这样一个矢量，它垂直于四边形所在的平面，且其指向代表着此平面的正法线方向，而它的大小则等于平行四边形的面积.

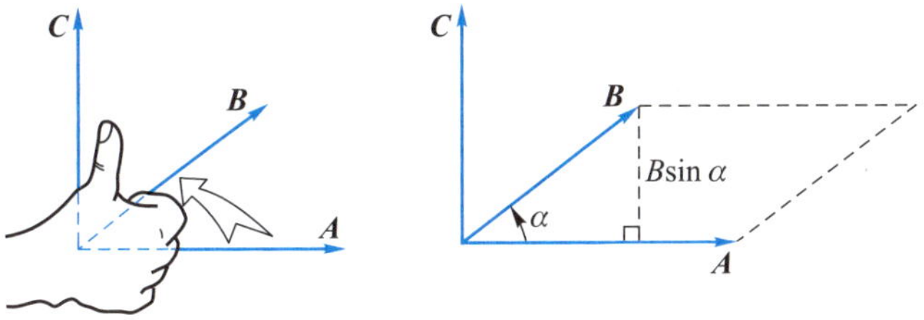

图 10　矢量 $\boldsymbol{A}$ 和 $\boldsymbol{B}$ 的矢积

从矢积的定义可以得到矢积的如下性质：

（1）由于 $\boldsymbol{A}\times\boldsymbol{B}$ 的大小 $AB\sin\alpha$ 与 $\boldsymbol{B}\times\boldsymbol{A}$ 的大小 $BA\sin\alpha$ 相同，但 $\boldsymbol{A}\times\boldsymbol{B}$ 和 $\boldsymbol{B}\times\boldsymbol{A}$ 的方向相反，因此

$$\boldsymbol{A}\times\boldsymbol{B}=-\boldsymbol{B}\times\boldsymbol{A} \tag{12}$$

即矢量的矢积不遵守交换律.

（2）如果矢量 $\boldsymbol{A}$ 和 $\boldsymbol{B}$ 是平行或反平行，即它们之间的夹角 α 为 0° 或 180° 时，由于 $\sin\alpha=0$，所以 $\boldsymbol{A}\times\boldsymbol{B}=0$.

（3）矢积遵守分配律，即

$$\boldsymbol{C}\times(\boldsymbol{A}+\boldsymbol{B})=\boldsymbol{C}\times\boldsymbol{A}+\boldsymbol{C}\times\boldsymbol{B} \tag{13}$$

利用 $\boldsymbol{i}\times\boldsymbol{i}=0$，$\boldsymbol{i}\times\boldsymbol{j}=\boldsymbol{k}$，$\boldsymbol{i}\times\boldsymbol{k}=-\boldsymbol{j}$，以及相应的项，可得

$$\begin{aligned}\boldsymbol{A}\times\boldsymbol{B}&=(A_x\boldsymbol{i}+A_y\boldsymbol{j}+A_z\boldsymbol{k})\times(B_x\boldsymbol{i}+B_y\boldsymbol{j}+B_z\boldsymbol{k})\\&=(A_yB_z-A_zB_y)\boldsymbol{i}+(A_zB_x-A_xB_z)\boldsymbol{j}+(A_xB_y-A_yB_x)\boldsymbol{k}\end{aligned} \tag{14a}$$

上式还可写成行列式：

$$\boldsymbol{A}\times\boldsymbol{B}=\begin{vmatrix}\boldsymbol{i} & \boldsymbol{j} & \boldsymbol{k}\\ A_x & A_y & A_z\\ B_x & B_y & B_z\end{vmatrix}\tag{14b}$$

五、矢量的导数和积分

1. 矢量的导数

在直角坐标系中有一个矢量 $\boldsymbol{A}$，它仅是时间的函数. 随着时间的流逝，矢量 $\boldsymbol{A}$ 的大小和方向都在改变. 设在时刻 t，该矢量为 $\boldsymbol{A}_1(t)$，在时刻 $t+\Delta t$，该矢量为 $\boldsymbol{A}_2(t+\Delta t)$. 那么在 Δt 时间间隔内，其增量为

$$\Delta\boldsymbol{A}=\boldsymbol{A}_2(t+\Delta t)-\boldsymbol{A}_1(t)$$

当 $\Delta t\to 0$ 时，$\Delta\boldsymbol{A}/\Delta t$ 的极限值为

$$\lim_{\Delta t\to 0}\frac{\Delta\boldsymbol{A}}{\Delta t}=\frac{\mathrm{d}\boldsymbol{A}}{\mathrm{d}t}\tag{15}$$

式中 $\dfrac{\mathrm{d}\boldsymbol{A}}{\mathrm{d}t}$ 为矢量 $\boldsymbol{A}$ 对时间 t 的导数. 在一般情况下，矢量 $\boldsymbol{A}$ 不仅是时间 t 的函数，还可以是坐标 x、y、z 等的函数，即是一个多元函数. 关于多元函数的求导，请参阅相关数学书籍.

矢量函数的导数常用其分量函数的导数来表示. 在直角坐标系上，矢量 $\boldsymbol{A}$ 的导数可表示为

$$\frac{\mathrm{d}\boldsymbol{A}}{\mathrm{d}t}=\frac{\mathrm{d}A_x}{\mathrm{d}t}\boldsymbol{i}+\frac{\mathrm{d}A_y}{\mathrm{d}t}\boldsymbol{j}+\frac{\mathrm{d}A_z}{\mathrm{d}t}\boldsymbol{k}\tag{16}$$

利用矢量导数的公式可以证明下列公式：

(1) $\dfrac{\mathrm{d}}{\mathrm{d}t}(\boldsymbol{A}+\boldsymbol{B})=\dfrac{\mathrm{d}\boldsymbol{A}}{\mathrm{d}t}+\dfrac{\mathrm{d}\boldsymbol{B}}{\mathrm{d}t}$

(2) $\dfrac{\mathrm{d}(C\boldsymbol{A})}{\mathrm{d}t}=C\dfrac{\mathrm{d}\boldsymbol{A}}{\mathrm{d}t}$　（C 为常数）

(3) $\dfrac{\mathrm{d}}{\mathrm{d}t}(\boldsymbol{A}\cdot\boldsymbol{B})=\boldsymbol{A}\cdot\dfrac{\mathrm{d}\boldsymbol{B}}{\mathrm{d}t}+\boldsymbol{B}\cdot\dfrac{\mathrm{d}\boldsymbol{A}}{\mathrm{d}t}$

(4) $\dfrac{\mathrm{d}}{\mathrm{d}t}(\boldsymbol{A}\times\boldsymbol{B})=\boldsymbol{A}\times\dfrac{\mathrm{d}\boldsymbol{B}}{\mathrm{d}t}+\dfrac{\mathrm{d}\boldsymbol{A}}{\mathrm{d}t}\times\boldsymbol{B}$

2. 矢量的积分

矢量函数的积分是很复杂的. 下面举两个简单的例子.

设 $\boldsymbol{A}$ 和 $\boldsymbol{B}$ 均在同一平面直角坐标系中，且 $\dfrac{\mathrm{d}\boldsymbol{B}}{\mathrm{d}t}=\boldsymbol{A}$. 于是，有

$$\mathrm{d}\boldsymbol{B}=\boldsymbol{A}\,\mathrm{d}t$$

对上式积分并略去积分常数，得

$$\boldsymbol{B}=\int \boldsymbol{A}\,\mathrm{d}t=\int (A_x\boldsymbol{i}+A_y\boldsymbol{j})\,\mathrm{d}t$$

即

$$\boldsymbol{B}=\left(\int A_x\mathrm{d}t\right)\boldsymbol{i}+\left(\int A_y\mathrm{d}t\right)\boldsymbol{j} \tag{17}$$

式中

$$B_x=\int A_x\mathrm{d}t,\quad B_y=\int A_y\mathrm{d}t$$

如果矢量 $\boldsymbol{A}$ 沿如图 11 所示的曲线变化，那么

$$\int \boldsymbol{A}\cdot\mathrm{d}\boldsymbol{s}$$

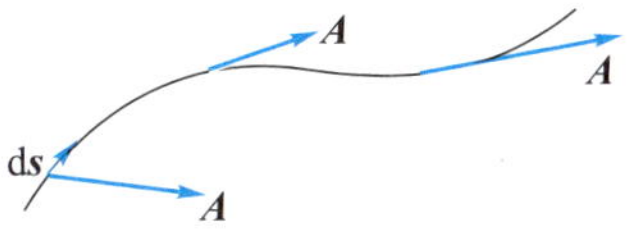

图 11　矢量的线积分

为该矢量沿此曲线的线积分.因为

$$\boldsymbol{A}=A_x\boldsymbol{i}+A_y\boldsymbol{j}+A_z\boldsymbol{k}$$
$$\mathrm{d}\boldsymbol{s}=\mathrm{d}x\boldsymbol{i}+\mathrm{d}y\boldsymbol{j}+\mathrm{d}z\boldsymbol{k}$$

所以

$$\int \boldsymbol{A}\cdot\mathrm{d}\boldsymbol{s}=\int (A_x\boldsymbol{i}+A_y\boldsymbol{j}+A_z\boldsymbol{k})\cdot(\mathrm{d}x\boldsymbol{i}+\mathrm{d}y\boldsymbol{j}+\mathrm{d}z\boldsymbol{k})$$

由于 $\boldsymbol{i}\cdot\boldsymbol{i}=\boldsymbol{j}\cdot\boldsymbol{j}=\boldsymbol{k}\cdot\boldsymbol{k}=1$，$\boldsymbol{i}\cdot\boldsymbol{j}=\boldsymbol{j}\cdot\boldsymbol{k}=\boldsymbol{k}\cdot\boldsymbol{i}=0$，因此可得

$$\int \boldsymbol{A}\cdot\mathrm{d}\boldsymbol{s}=\int A_x\mathrm{d}x+\int A_y\mathrm{d}y+\int A_z\mathrm{d}z \tag{18}$$

若上式中的 $\boldsymbol{A}$ 为力，$\mathrm{d}\boldsymbol{s}$ 为元位移，则式(18)就是变力做功的计算式，读者将在第三章中见到.

附录二　我国法定计量单位和国际单位制(SI)

1985 年 9 月 6 日,我国第六届全国人民代表大会常务委员会第十二次会议通过了《中华人民共和国计量法》,这一法律明确宣布我国实行法定计量单位制度.国际单位制计量单位和国家选定的其他计量单位,为我国法定计量单位.2018 年第二十六届国际计量大会通过的"关于修订国际单位制的 1 号决议"将国际单位制的七个基本单位全部改为由常量定义.此决议自 2019 年 5 月 20 日(世界计量日)起生效.本书选用我国法定计量单位,为此对国际单位制择要予以介绍.

一、国际单位制的基本单位

量的名称	单位名称	单位符号	定　义
时间	秒	s	当铯频率 $\Delta\nu_{Cs}$,也就是铯-133 原子不受干扰的基态超精细跃迁频率,以单位 Hz 即 s^{-1} 表示时,将其固定数值取为 9 192 631 770 来定义秒.
长度	米	m	当真空中光速 c 以单位 $m\cdot s^{-1}$ 表示时,将其固定数值取为 299 792 458 来定义米,其中秒用 $\Delta\nu_{Cs}$ 定义.
质量	千克(公斤)	kg	当普朗克常量 h 以单位 $J\cdot s$ 即 $kg\cdot m^2\cdot s^{-1}$ 表示时,将其固定数值取为 $6.626\ 070\ 15\times10^{-34}$ 来定义千克,其中米和秒用 c 和 $\Delta\nu_{Cs}$ 定义.
电流	安[培]	A	当元电荷 e 以单位 C 即 $A\cdot s$ 表示时,将其固定数值取为 $1.602\ 176\ 634\times10^{-19}$ 来定义安培,其中秒用 $\Delta\nu_{Cs}$ 定义.

续表

量的名称	单位名称	单位符号	定义
热力学温度	开[尔文]	K	当玻耳兹曼常量 k 以单位 J·K^{-1} 即 kg·m^2·s^{-2}·K^{-1}表示时，将其固定数值取为 $1.380\ 649\times10^{-23}$ 来定义开尔文，其中千克、米和秒用 h、c 和 $\Delta\nu_{Cs}$定义.
物质的量	摩[尔]	mol	1 mol 精确包含 $6.022\ 140\ 76\times10^{23}$ 个基本单位.该数称为阿伏伽德罗数，为以单位 mol^{-1} 表示的阿伏伽德罗常量 N_A 的固定数值.一个系统的物质的量，符号为 ν，是该系统包含的特定基本单元数的量度.基本单元可以是原子、分子、离子、电子及其他任意粒子或粒子的特定组合.
发光强度	坎[德拉]	cd	当频率为 540×10^{12} Hz 的单色辐射的光视效能 K_{cd} 以单位 lm·W^{-1} 即 cd·sr·W^{-1} 或 cd·sr·kg^{-1}·m^{-2}·s^3 表示时，将其固定数值取为 683 来定义坎德拉，其中千克、米、秒分别用 h、c 和 $\Delta\nu_{Cs}$ 定义.

注:① 去掉方括号时为单位名称的全称，去掉方括号中的字时即为单位名称的简称；无方括号的单位名称，简称与全称同.

② 圆括号中的名称与它前面的名称是同义词.

二、国际单位制中包括辅助单位在内的具有专门名称的导出单位

量的名称	单位名称	单位符号	用其他 SI 单位表示	用 SI 基本单位表示
[平面]角	弧度	rad		
立体角	球面度	sr		
频率	赫[兹]	Hz		s^{-1}
力	牛[顿]	N		m·kg·s^{-2}
压强，应力	帕[斯卡]	Pa	N·m^{-2}	m^{-1}·kg·s^{-2}
能[量]，功，热量	焦[耳]	J	N·m	m^2·kg·s^{-2}
功率，辐[射能]通量	瓦[特]	W	J·s^{-1}	m^2·kg·s^{-3}

续表

量的名称	单位名称	单位符号	用其他 SI 单位表示	用 SI 基本单位表示
电荷[量]	库[仑]	C		$A \cdot s$
电势,电压,电动势	伏[特]	V	$W \cdot A^{-1}$	$m^2 \cdot kg \cdot s^{-3} \cdot A^{-1}$
电容	法[拉]	F	$C \cdot V^{-1}$	$m^{-2} \cdot kg^{-1} \cdot s^4 \cdot A^2$
电阻	欧[姆]	Ω	$V \cdot A^{-1}$	$m^2 \cdot kg \cdot s^{-3} \cdot A^{-2}$
电导	西[门子]	S	$A \cdot V^{-1}$	$m^{-2} \cdot kg^{-1} \cdot s^3 \cdot A^2$
磁通[量]	韦[伯]	Wb	$V \cdot s$	$m^2 \cdot kg \cdot s^{-2} \cdot A^{-1}$
磁感应强度,磁通[量]密度	特[斯拉]	T	$Wb \cdot m^{-2}$	$kg \cdot s^{-2} \cdot A^{-1}$
电感	亨[利]	H	$Wb \cdot A^{-1}$	$m^2 \cdot kg \cdot s^{-2} \cdot A^{-2}$
摄氏温度	摄氏度	℃		K
光通量	流[明]	lm		$cd \cdot sr$
[光]照度	勒[克斯]	lx	$lm \cdot m^{-2}$	$m^{-2} \cdot cd \cdot sr$
[放射性]活度	贝可[勒尔]	Bq		s^{-1}
吸收剂量	戈[瑞]	Gy	$J \cdot kg^{-1}$	$m^2 \cdot s^{-2}$
剂量当量	希[沃特]	Sv	$J \cdot kg^{-1}$	$m^2 \cdot s^{-2}$

三、可与国际单位制单位并用的我国法定计量单位

量的名称	单位名称	单位符号	与 SI 单位的关系
时 间	分	min	1 min = 60 s
	[小]时	h	1 h = 60 min = 3 600 s
	日(天)	d	1 d = 24 h = 86 400 s
[平面]角	度	°	$1° = (\pi/180)$ rad
	[角]分	′	$1' = (1/60)° = (\pi/10\ 800)$ rad
	[角]秒	″	$1'' = (1/60)' = (\pi/648\ 000)$ rad
体 积	升	L,l	$1\ L = 1\ dm^3 = 10^{-3}\ m^3$

续表

量的名称	单位名称	单位符号	与 SI 单位的关系
质　量	吨	t	$1\ t=10^3\ kg$
	原子质量单位	u	$1\ u\approx1.660\ 539\ 066\ 60\times10^{-27}\ kg$
旋转速度	转每分	r/min	$1\ r/min=(1/60)\ s^{-1}$
长度	海里	n mile	1 n mile=1 852 m(只用于航行)
速度	节	kn	1 kn=1 n mile/h=(1 852/3 600)m/s(只用于航行)
能[量]	电子伏	eV	$1\ eV\approx1.602\ 176\ 634\times10^{-19}\ J$
级差	分贝	dB	
线密度	特[克斯]	tex	$1\ tex=10^{-6}\ kg/m$
面积	公顷	hm^2	$1\ hm^2=10^4\ m^2$

四、国际单位制倍数单位的词头

因数	词头名称	词头符号	因数	词头名称	词头符号
10^{24}	尧[它]	Y	10^{-1}	分	d
10^{21}	泽[它]	Z	10^{-2}	厘	c
10^{18}	艾[可萨]	E	10^{-3}	毫	m
10^{15}	拍[它]	P	10^{-6}	微	μ
10^{12}	太[拉]	T	10^{-9}	纳[诺]	n
10^{9}	吉[咖]	G	10^{-12}	皮[可]	p
10^{6}	兆	M	10^{-15}	飞[母托]	f
10^{3}	千	k	10^{-18}	阿[托]	a
10^{2}	百	h	10^{-21}	仄[普托]	z
10^{1}	十	da	10^{-24}	幺[科托]	y

附录三　空气、水、地球、月球、太阳系的一些常用数据

空气和水的一些常用数据（在 20 ℃、1.013×10^5 Pa 时）

	空　气	水
密　度	$1.20\ \mathrm{kg\cdot m^{-3}}$	$1.00\times10^3\ \mathrm{kg\cdot m^{-3}}$
比热容	$1.00\times10^3\ \mathrm{J\cdot kg^{-1}\cdot K^{-1}}$	$4.18\times10^3\ \mathrm{J\cdot kg^{-1}\cdot K^{-1}}$
声　速	$343\ \mathrm{m\cdot s^{-1}}$	$1.48\times10^3\ \mathrm{m\cdot s^{-1}}$

有关地球和月球的一些常用数据

	地　球	月　球
平均轨道半径	$1\ \mathrm{AU}=1.50\times10^{11}\ \mathrm{m}$	$3.84\times10^8\ \mathrm{m}$
轨道周期	$1\ \mathrm{a}=365.26\ \mathrm{d}$	$27.32\ \mathrm{d}$
赤道半径	$R_E=6.38\times10^6\ \mathrm{m}$	$1.74\times10^6\ \mathrm{m}$
质　量	$m_E=5.97\times10^{24}\ \mathrm{kg}$	$7.35\times10^{22}\ \mathrm{kg}$
密　度	$\rho_E=5.52\times10^3\ \mathrm{kg\cdot m^{-3}}$	$3.35\times10^3\ \mathrm{kg\cdot m^{-3}}$

有关太阳系的一些常用数据

天　体	平均轨道半径/AU	轨道周期/a	赤道半径/R_E	质　量/m_E
太　阳			109.2	3.33×10^5
水　星	0.39	0.24	0.38	0.06
金　星	0.72	0.62	0.95	0.81
地　球	1.00	1.00	1.00	1.00
火　星	1.52	1.88	0.53	0.11

续表

天　体	平均轨道半径/AU	轨道周期/a	赤道半径/R_E	质　量/m_E
木　星	5.20	11.86	11.19	317.89
土　星	9.54	29.46	9.46	95.18
天王星	19.19	84.01	3.98	14.54
海王星	30.06	164.80	3.81	17.13

附录四　希腊字母

小写	大写	英文名称	小写	大写	英文名称
α	A	alpha	ν	N	nu
β	B	beta	ξ	Ξ	xi
γ	Γ	gamma	ο	O	omicron
δ	Δ	delta	π	Π	pi
ε	E	epsilon	ρ	P	rho
ζ	Z	zeta	σ	Σ	sigma
η	H	eta	τ	T	tau
θ	Θ	theta	υ	Υ	upsilon
ι	I	iota	φ(ϕ)	Φ	phi
κ	K	kappa	χ	X	chi
λ	Λ	lambda	ψ	Ψ	psi
μ	M	mu	ω	Ω	omega

附录五　常用物理学常量

物理量	符号	数　值	单位	相对标准不确定度
真空中的光速	c	299 792 458	$m \cdot s^{-1}$	精确
普朗克常量	h	$6.626\ 070\ 15 \times 10^{-34}$	$J \cdot s$	精确
约化普朗克常量	$h/2\pi$	$1.054\ 571\ 817 \cdots \times 10^{-34}$	$J \cdot s$	精确
元电荷	e	$1.602\ 176\ 634 \times 10^{-19}$	C	精确
阿伏伽德罗常量	N_A	$6.022\ 140\ 76 \times 10^{23}$	mol^{-1}	精确
摩尔气体常量	R	$8.314\ 462\ 618 \cdots$	$J \cdot mol^{-1} \cdot K^{-1}$	精确
玻耳兹曼常量	k	$1.380\ 649 \times 10^{-23}$	$J \cdot K^{-1}$	精确
理想气体的摩尔体积（标准状况下）	V_m	$22.413\ 969\ 54 \cdots \times 10^{-3}$	$m^3 \cdot mol^{-1}$	精确
斯特藩-玻耳兹曼常量	σ	$5.670\ 374\ 419 \cdots 10^{-8}$	$W \cdot m^{-2} \cdot K^{-4}$	精确
维恩位移定律常量	b	$2.897\ 771\ 955 \times 10^{-3}$	$m \cdot K$	精确
引力常量	G	$6.674\ 30(15) \times 10^{-11}$	$m^3 \cdot kg^{-1} \cdot s^{-2}$	2.2×10^{-5}
真空磁导率	μ_0	$1.256\ 637\ 062\ 12(19) \times 10^{-6}$	$N \cdot A^{-2}$	1.5×10^{-10}
真空电容率	ε_0	$8.854\ 187\ 812\ 8(13) \times 10^{-12}$	$F \cdot m^{-1}$	1.5×10^{-10}
电子质量	m_e	$9.109\ 383\ 701\ 5(28) \times 10^{-31}$	kg	3.0×10^{-10}
电子荷质比	$-e/m_e$	$-1.758\ 820\ 010\ 76(53) \times 10^{11}$	$C \cdot kg^{-1}$	3.0×10^{-10}
质子质量	m_p	$1.672\ 621\ 923\ 69(51) \times 10^{-27}$	kg	3.1×10^{-10}
中子质量	m_n	$1.674\ 927\ 498\ 04(95) \times 10^{-27}$	kg	5.7×10^{-10}
里德伯常量	R_∞	$1.097\ 373\ 156\ 816\ 0(21) \times 10^{7}$	m^{-1}	1.9×10^{-12}

续表

物理量	符号	数 值	单位	相对标准不确定度
精细结构常数	α	$7.297\ 352\ 569\ 3(11)\times10^{-3}$		1.5×10^{-10}
精细结构常数的倒数	α^{-1}	$137.035\ 999\ 084(21)$		1.5×10^{-10}
玻尔磁子	μ_B	$9.274\ 010\ 078\ 3(28)\times10^{-24}$	$J\cdot T^{-1}$	3.0×10^{-10}
核磁子	μ_N	$5.050\ 783\ 746\ 1(15)\times10^{-27}$	$J\cdot T^{-1}$	3.1×10^{-10}
玻尔半径	a_0	$5.291\ 772\ 109\ 03(80)\times10^{-11}$	m	1.5×10^{-10}
康普顿波长	λ_C	$2.426\ 310\ 238\ 67(73)\times10^{-12}$	m	3.0×10^{-10}
原子质量常量	m_u	$1.660\ 539\ 066\ 60(50)\times10^{-27}$	kg	3.0×10^{-10}

注:表中数据为国际科学联合会理事会科学技术数据委员会(CODATA)2018 年的国际推荐值.

部分习题答案

第　一　章

1-1　(1) B;(2) C

1-2　D

1-3　D

1-4　B

1-5　C

1-6　(1) $-32\ \mathrm{m}$;(2) $48\ \mathrm{m}$;(3) $-48\ \mathrm{m\cdot s^{-1}}$,$-36\ \mathrm{m\cdot s^{-2}}$

1-8　(1) $y=2.0-0.25x^2$;(2) $2\boldsymbol{j}\ \mathrm{m}$,$(4\boldsymbol{i}-2\boldsymbol{j})\ \mathrm{m}$;(3) $(4\boldsymbol{i}-4\boldsymbol{j})\ \mathrm{m}$,$2.47\ \mathrm{m}$;(4) $5.91\ \mathrm{m}$

1-9　(1) $18.0\ \mathrm{m\cdot s^{-1}}$,$\boldsymbol{v}_0$与 $\boldsymbol{x}$ 轴夹角 $\alpha=123°41'$;

(2) $72.1\ \mathrm{m\cdot s^{-2}}$,$\boldsymbol{a}$ 与 x 轴的夹角 $\beta=-33°41'$(或 $326°19'$)

1-10　(1) $(3\sin 0.1\pi t)\boldsymbol{i}+3(1-\cos 0.1\pi t)\boldsymbol{j}$;(2) $0.3\pi\boldsymbol{j}\ \mathrm{m\cdot s^{-1}}$, $-0.03\pi^2\boldsymbol{i}\ \mathrm{m\cdot s^{-2}}$

1-11　(1) $x=\dfrac{1}{2}bv_0t^2$,$y=v_0t$; (2) $x=\dfrac{b}{2v_0}y^2$

1-12　(1) $0.705\ \mathrm{s}$;(2) $0.716\ \mathrm{m}$

1-13　$0.69\ \mathrm{s}$

1-14　$v=1.94\times10^{-3}\ \mathrm{m\cdot s^{-1}}$,$t=3\times60\times60\ \mathrm{s}$,即下午 3 时整

1-15　(1) $6t\boldsymbol{i}+4t\boldsymbol{j}$, $(10+3t^2)\boldsymbol{i}+2t^2\boldsymbol{j}$;(2) $3y=2x-20$

1-16　$x=2t^2-\dfrac{1}{12}t^4-t+0.75$

1-17　$v=\dfrac{A}{B}(1-\mathrm{e}^{-Bt})$,$y=\dfrac{A}{B}t+\dfrac{A}{B^2}(\mathrm{e}^{-Bt}-1)$

1-18　$2\sqrt{x+x^3}\ (\mathrm{m\cdot s^{-1}})$

1-19　(1) $OP=\dfrac{2v_0^2\sin\beta}{g\cos^2\alpha}\cos(\alpha+\beta)$;(2) 略

1-20　$71.11°\geqslant\theta_1\geqslant69.92°$　　$27.92°\geqslant\theta_2\geqslant18.89°$

1-21　(2) $\bar{a}_1\approx0.9003\dfrac{v^2}{R}$,$\bar{a}_2\approx0.9886\dfrac{v^2}{R}$,$\bar{a}_3\approx0.9987\dfrac{v^2}{R}$, $\bar{a}_4\approx1.000\dfrac{v^2}{R}$

1-22 (1) $y=19-\frac{1}{2}x^2$; (2) $2.00\boldsymbol{i}-6.00\boldsymbol{j}$; (3) $2.00\boldsymbol{i}-4.00\boldsymbol{j}$, $\boldsymbol{a}_t=3.58\boldsymbol{e}_t\ \text{m}\cdot\text{s}^{-2}$, $\boldsymbol{a}_n=1.79\boldsymbol{e}_n\ \text{m}\cdot\text{s}^{-2}$; (4) 11.17 m

1-23 (1) 452 m; (2) 12.5°; (3) $a_t=1.88\ \text{m}\cdot\text{s}^{-2}$, $a_n=9.62\ \text{m}\cdot\text{s}^{-2}$

1-24 (1) $a=\frac{\sqrt{R^2b^2+(v_0-bt)^4}}{R}$, $\theta=\arctan\left[-\frac{(v_0-bt)^2}{Rb}\right]$; (2) $t=\frac{v_0}{b}$; (3) $n=\frac{v_0^2}{4\pi bR}$

1-25 (1) $\omega=0.5\ \text{s}^{-1}$, $a_t=1.0\ \text{m}\cdot\text{s}^{-2}$, $a=1.01\ \text{m}\cdot\text{s}^{-2}$; (2) $\theta=5.33$ rad

1-26 (1) $a_n=2.30\times10^2\ \text{m}\cdot\text{s}^{-2}$, $a_t=4.80\ \text{m}\cdot\text{s}^{-2}$;

(2) $\theta=3.15$ rad;

(3) $t=0.55$ s

1-27 (1) $\frac{1}{3}ct^3$; (2) $2ct$, $\frac{c^2t^4}{R}$

1-29 $5.36\ \text{m}\cdot\text{s}^{-1}$

1-30 $v_1\geqslant v_2\left(\frac{l\cos\theta}{h}+\sin\theta\right)$

1-31 (1) 1.05×10^3 s; (2) 5.0×10^2 m

1-32 $x'=0, y'=\frac{1}{2}gt^2$; $a=g$

第 二 章

2-1 D

2-2 A

2-3 C

2-4 B

2-5 A

2-6 49°; 0.99 s

2-7 $F=252\ \text{N}>230\ \text{N}$,食品袋要破裂

2-8 7.2 N

2-9 $\frac{m'v'^2}{2\mu g(m'+m)}$

2-10 $R-\frac{g}{\omega^2}$

2-11 18.44 m, 22.90 m

2-12 (1) $v_0=\sqrt{Rg\tan\theta}$; (2) $\pm m\left(\frac{v^2}{R}\cos\theta-g\sin\theta\right)$

2-13 3.46×10^5 km

2-14 $F_N = m\left[g^2+\left(\dfrac{4\pi^2 Rv^2}{4\pi^2R^2+h^2}\right)^2\right]^{1/2}, \varphi = \arctan\dfrac{4\pi^2Rv^2}{(4\pi^2R^2+h^2)g}$

2-15 40 $m \cdot s^{-1}$, 142 m

2-16 $6.0+4.0t+6.0t^2$, $5.0+6.0t+2.0t^2+2.0t^3$

2-17 (1) 30.0 $m \cdot s^{-1}$; (2) 467 m

2-18 (1) $\sqrt{2gh}\,e^{-by/m}$; (2) 5.76 m

2-19 -2.79×10^5 N

2-20 $\sqrt{2g\cos\alpha/r}, -3mg\cos\alpha$

2-21 (1) $\dfrac{Rv_0}{R+v_0\mu t}$; (2) $\dfrac{R}{\mu v_0}$, $\dfrac{R}{\mu}\ln 2$

2-22 (1) $t\approx 6.11$ s; (2) $y=183$ m

2-23 $\sqrt{\dfrac{6k}{mA}}$

2-24 (1) $h=y_{\max}=\dfrac{1}{2k}\ln\left(\dfrac{g+kv_0^2}{g}\right)$; (2) $v=v_0\left(1+\dfrac{kv_0^2}{g}\right)^{-1/2}$

2-25 $t=\dfrac{mv_m}{2F}\ln 3$, $x=\dfrac{mv_m^2}{2F}\ln\dfrac{4}{3}\approx 0.144\dfrac{mv_m^2}{F}$

2-26 $x=\dfrac{k_2v_0^2}{2g(k_1-\mu k_2)}\ln\left(\dfrac{k_1}{\mu k_2}\right)$

2-27 2.9 $m \cdot s^{-1}$

2-28 $F_{T1}=F_{T2}=\dfrac{2m_1m_2}{m_1+m_2}(g+a), a_1=\dfrac{(m_1-m_2)g-2m_2a}{m_1+m_2}, a_2=-\dfrac{2m_1a+(m_1-m_2)g}{m_1+m_2}$

第 三 章

3-1 C

3-2 D

3-3 C

3-4 D

3-5 C

3-6 2.25×10^5 N

3-7 (1) $-mv_0\sin\alpha\,\boldsymbol{j}$; (2) $-2mv_0\sin\alpha\,\boldsymbol{j}$

3-8 (1) 68 $N \cdot s$; (2) 6.86 s; (3) 40 $m \cdot s^{-1}$

3-9 30 N

3-10 1.14×10^3 N

3-11 $-\dfrac{kA}{\omega}$

3-12 2.5×10^3 N,作用力的方向则沿直角平分线指向弯管外侧

3-13 500 m

3-14 881 N

3-15 $-0.40\ \mathrm{m\cdot s^{-1}}$, $3.6\ \mathrm{m\cdot s^{-1}}$

3-16 $\dfrac{mv_0\sin\alpha}{(m'+m)g}u$

3-18 (1) $3.68\times10^3\ \mathrm{kg\cdot s^{-1}}$; (2) $2.47\times10^3\ \mathrm{m\cdot s^{-1}}$

3-19 $\dfrac{F_0L}{2}$, $\left(\dfrac{F_0L}{m}\right)^{1/2}$

3-20 1.69 J

3-21 (1) 0.196; (2) −703 J; (3) 1.96 J; (4) 略

3-22 $-\dfrac{27}{7}kc^{\frac{2}{3}}l^{\frac{7}{3}}$

3-23 882 J

3-24 (1) 0.53 J,0; (2) $2.30\ \mathrm{m\cdot s^{-1}}$;(3) 2.49 N

3-25 (1) $-\dfrac{3}{8}mv_0^2$; (2) $\dfrac{3v_0^2}{16\pi rg}$; (3) $\dfrac{4}{3}$圈

3-26 $F\geqslant(m_1+m_2)g$

3-27 $\dfrac{1}{3}$

3-28 0.41×10^{-2} m

3-29 (1) $G\dfrac{m_Em}{6R_E}$; (2) $-G\dfrac{m_Em}{3R_E}$; (3) $E=-G\dfrac{m_Em}{6R_E}$

3-30 $\theta=48.2°$; $\sqrt{\dfrac{2Rg}{3}}$,离开屋面时的速度与重力方向间的夹角为 41.8°

3-31 $366\ \mathrm{N\cdot m^{-1}}$

3-32 $\sqrt{\dfrac{mm'}{k(m+m')}}v$

3-33 $\dfrac{2m'}{m}\sqrt{5gl}$

3-34 $\dfrac{E_H}{E_e}\approx2.2\times10^{-3}$

3-35 (1) $4.69\times10^7\ \mathrm{m\cdot s^{-1}}$, 54°6′; (2) 22°20′

3-36 (1) $10\ \mathrm{m\cdot s^{-1}}$,53.1°; (2) -3.36×10^4 J

3-37 $\sqrt{\left(\dfrac{m}{m'+m}v_0\cos\alpha\right)^2-2hg(\mu\cot\alpha+1)}$

3-38 $mg\left(3+\dfrac{2m}{m'}\right)$

3-39 (1) 8.88 m; (2) 0.2 m; (3) 0.033 m

3-40 $\boldsymbol{v}_3=(-2.8\boldsymbol{i}-2.0\boldsymbol{j})\ \mathrm{m\cdot s^{-1}}$

3-41 (1) $x_C=1.5+0.25t^2$, $y_C=1.9+0.19t^2$; (2) $\boldsymbol{p}=8.0t\boldsymbol{i}+6.0t\boldsymbol{j}$

第 四 章

4-1 B

4-2 B

4-3 C

4-4 C

4-5 B

4-6 $13.1\ \mathrm{rad\cdot s^{-2}}$; 390 圈

4-7 (1) $8.6\ \mathrm{s^{-1}}$; (2) $4.5\mathrm{e}^{-\frac{t}{2}}\ \mathrm{rad\cdot s^{-2}}$; (3) 5.87 圈

4-8 9.59×10^{-11} m, 52.3°

4-9 $0.136\ \mathrm{kg\cdot m^2}$

4-10 (1) $\dfrac{15}{32}mR^2$; (2) $\dfrac{39}{32}mR^2$

4-11 10.8 s

4-12 $mR^2\left(\dfrac{gt^2}{2h}-1\right)$

4-13 (1) 2.45 m; (2) $F_{\mathrm{T}}=39.2$ N

4-14 $a_1=\dfrac{m_1R-m_2r}{J_1+J_2+m_1R^2+m_2r^2}gR$, $a_2=\dfrac{m_1R-m_2r}{J_1+J_2+m_1R^2+m_2r^2}gr$;

$F_{\mathrm{T1}}=\dfrac{J_1+J_2+m_2r^2+m_2Rr}{J_1+J_2+m_1R^2+m_2r^2}m_1g$, $F_{\mathrm{T2}}=\dfrac{J_1+J_2+m_1R^2+m_1Rr}{J_1+J_2+m_1R^2+m_2r^2}m_2g$

4-15 (1) $\dfrac{m_2g-m_1g\sin\theta-\mu m_1g\cos\theta}{m_1+m_2+\dfrac{J}{r^2}}$;

(2) $F_{\mathrm{T1}}=\dfrac{m_1m_2g(1+\sin\theta+\mu\cos\theta)+(\sin\theta+\mu\cos\theta)m_1gJ/r^2}{m_1+m_2+J/r^2}$,

$F_{\mathrm{T2}}=\dfrac{m_1m_2g(1+\sin\theta+\mu\cos\theta)+m_2gJ/r^2}{m_1+m_2+J/r^2}$

4-16 3.14×10^2 N

4-17 (1) $\dfrac{2}{3}\mu mgR$; (2) $\dfrac{3\omega R}{4\mu g}$

4-18 (1) $\dfrac{J}{c}\ln 2$; (2) $\dfrac{J\omega_0}{4\pi c}$

4-19 $105\boldsymbol{k}\ \mathrm{kg \cdot m^2 \cdot s^{-1}}$

4-20 (1) $2ml^2\omega_0(1-\mathrm{e}^{-t})\sin^2\alpha$；(2) $2ml^2\omega_0\sin^2\alpha$

4-21 $\dfrac{\omega^2R^2}{2g}$，$\left(\dfrac{1}{2}m'-m\right)R^2\omega$

4-22 $29.1\ \mathrm{s^{-1}}$

4-23 $\omega_1=\dfrac{J_1\omega_0r_2^2}{J_1r_2^2+J_2r_1^2}$，$\omega_2=\dfrac{J_1\omega_0r_1r_2}{J_1r_2^2+J_2r_1^2}$

4-24 $-9.52\times10^{-2}\ \mathrm{s^{-1}}$

4-25 $0.8\pi\ \mathrm{s^{-1}}$

4-26 $2.67\ \mathrm{s}$

4-27 (1) $3\ \mathrm{r \cdot s^{-1}}$；(2) $28.4\ \mathrm{J}$，$85.2\ \mathrm{J}$

4-28 (1) $\dfrac{m'}{m'+2m}\omega_a$；(2) $\dfrac{m'R^2}{m'R^2+2mr^2}\omega_a$

4-29 (1) $2.0\ \mathrm{kg \cdot m^2 \cdot s^{-1}}$；(2) $88°38'$

4-30 $8.11\times10^3\ \mathrm{m \cdot s^{-1}}$，$6.31\times10^3\ \mathrm{m \cdot s^{-1}}$

4-31 (1) $2.12\times10^{29}\ \mathrm{J}$；(2) $7.47\times10^{16}\ \mathrm{N \cdot m}$

4-32 (1) $4\omega_0$；(2) $\dfrac{3}{2}mr_0^2\omega_0^2$

4-33 (1) $18.4\ \mathrm{s^{-2}}$，$7.98\ \mathrm{s^{-1}}$；(2) $0.98\ \mathrm{J}$；(3) $8.57\ \mathrm{s^{-1}}$

4-34 (1) $20.0\ \mathrm{kg \cdot m^2}$；(2) $-1.32\times10^4\ \mathrm{J}$

4-35 $v\geqslant\dfrac{4m'}{m}\sqrt{2gl}$

4-36 $\dfrac{6m}{3m+m_0}\dfrac{v}{L}$，$\dfrac{3m-m_0}{3m+m_0}v$

4-37 $\omega_B=\dfrac{J_0\omega_0}{J_0+\omega R^2}$，$v_B=\sqrt{2gR+\dfrac{J_0\omega_0^2R^2}{J_0+mR^2}}$，$\omega_C=\omega_0$，$v_C=\sqrt{2gh}=\sqrt{4gR}$

4-38 $R\left(\sqrt{1+\dfrac{m'}{4m}}-1\right)$

4-39 $v=\sqrt{\left(\dfrac{m}{m'+m}\right)^2v_0^2-\dfrac{k(l-l_0)^2}{m'+m}}$，

$\theta=\arcsin\dfrac{ml_0v_0}{(m'+m)lv}$，$\theta$ 为滑块速度方向与弹簧连线间的夹角

4-40 (1) $\dfrac{\omega}{4}$；(2) $-\dfrac{1}{32}ml^2\omega^2$

4-41 $a_C=\dfrac{R_1^2\cos\theta+R_1R_2}{J_C+mR_1^2}F$，$\alpha=\dfrac{R_1\cos\theta+R_2}{J_C+mR_1^2}F$

4-42 $\sqrt{3gR}$，$\sqrt{\dfrac{2g}{3R}}$

4-43 0.46 m

4-44 $6.0\ \mathrm{m\cdot s^{-1}}, 3.3\times10^{5}\ \mathrm{Pa}$

第 五 章

5-1 B

5-2 B

5-3 D

5-4 B

5-5 $3.84\times10^{-39}\ \mathrm{C}, \dfrac{F_e}{F_g}=2.8\times10^{-6}$

5-6 3.78 N

5-8 (1) 0; (2) 1.92×10^{-9} N

5-9 $\dfrac{qQ}{8\pi^2\varepsilon_0 R^2}$

5-11 $\dfrac{\sigma}{4\varepsilon_0}$

5-12 $\dfrac{1}{\pi\varepsilon_0}\dfrac{er_0\cos\theta}{x^3}$

5-13 (1) $\dfrac{1}{2\pi\varepsilon_0}\dfrac{\lambda r_0}{x(r_0-x)}\boldsymbol{i}$; (2) $\pm\dfrac{1}{2\pi\varepsilon_0}\dfrac{\lambda^2}{r_0}\boldsymbol{i}$

5-14 $\dfrac{1}{4\pi\varepsilon_0}\dfrac{3Q}{z^4}\boldsymbol{k}\quad Q=2qd^2$

5-15 $\pi R^2 E$

5-16 $0, \pm E_2 a^2, -E_1 a^2, (E_1+ka)a^2; ka^3$

5-17 $6.63\times10^{5}\ \mathrm{cm^{-2}}$

5-18 $\dfrac{kr^2}{4\varepsilon_0}\boldsymbol{e}_r(0\leqslant r\leqslant R)$; $\dfrac{kR^4}{4\varepsilon_0 r^2}\boldsymbol{e}_r(r>R)$

5-19 $\dfrac{\sigma}{2\varepsilon_0}\dfrac{x}{\sqrt{x^2+r^2}}\boldsymbol{e}_n$

5-21 $-\dfrac{\rho}{3\varepsilon_0}\boldsymbol{a}$

5-22 $0(r<R_1)$; $\dfrac{Q_1(r^3-R_1^3)}{4\pi\varepsilon_0(R_2^3-R_1^3)r^2}(R_1<r<R_2)$; $\dfrac{Q_1}{4\pi\varepsilon_0 r^2}(R_2<r<R_3)$; $\dfrac{Q_1+Q_2}{4\pi\varepsilon_0 r^2}(r>R_3)$

5-23 $\dfrac{\rho r}{2\varepsilon_0}\boldsymbol{e}_r; \dfrac{\rho R^2}{2\varepsilon_0 r}\boldsymbol{e}_r$

5-24 (1) 0; (2) $\dfrac{1}{2\pi\varepsilon_0}\dfrac{\lambda}{r}$; (3) 0

5-25 $\frac{1}{8\pi\varepsilon_0}\frac{Q^2}{d}$

5-26 (1) $\frac{\lambda}{2\pi\varepsilon_0}\ln\frac{r_2}{r_1}$; (2) 不能

5-27 (1) 2.23×10^{-3} V;(2) 1.58×10^{-3} V;(3) 0

5-28 36 V;57 V

5-29 (1) −41 V;(2) −41 eV

5-30 $\frac{\sigma}{\varepsilon_0}a\quad(x<-a)$;$-\frac{\sigma}{\varepsilon_0}x\quad(-a<x<a)$;$-\frac{\sigma}{\varepsilon_0}a\quad(x>a)$

5-31 (1) $\frac{1}{4\pi\varepsilon_0}\frac{Q_1}{R_1}+\frac{1}{4\pi\varepsilon_0}\frac{Q_2}{R_2}$; $\frac{1}{4\pi\varepsilon_0}\frac{Q_1}{r}+\frac{1}{4\pi\varepsilon_0}\frac{Q_2}{R_2}$; $\frac{1}{4\pi\varepsilon_0}\frac{Q_1+Q_2}{r}$;

(2) $\frac{1}{4\pi\varepsilon_0}\frac{Q_1}{R_1}-\frac{1}{4\pi\varepsilon_0}\frac{Q_1}{R_2}$

5-32 $\frac{\rho}{4\varepsilon_0}(R^2-r^2)\,(r\leqslant R)$;$\frac{\rho R^2}{2\varepsilon_0}\ln\frac{R}{r}\,(r\geqslant R)$

5-33 (1) $\frac{\sigma}{2\varepsilon_0}\left(\sqrt{R^2+x^2}-x\right)$; (2) $\frac{\sigma}{2\varepsilon_0}\left(1-\frac{x}{\sqrt{R^2+x^2}}\right)\boldsymbol{i}$; (3) 1 691 V,5 607 V · m^{-1}

5-34 (1) 2.1×10^{-8} C · m^{-1}; (2) 7.5×10^{3} V · m^{-1}

5-35 1.16×10^{3} V,1.66×10^{6} V · m^{-1}

5-36 (1) 0.72 MeV; (2) 5.6×10^{9} K

5-37 (1) 8.98×10^{4} kg; (2) 2.8

5-38 (1) $\frac{q}{4\pi\varepsilon_0\sqrt{R^2+(x-l/2)^2}}-\frac{q}{4\pi\varepsilon_0\sqrt{R^2+(x+l/2)^2}}$; (2) $\frac{ql}{4\pi\varepsilon_0 x^2}$

5-39 $\frac{\sigma R}{6\varepsilon_0}$

5-40 (1) 27.2 eV; (2) 13.6 eV

5-41 0.36 MeV

5-42 $G\frac{mm_{月}}{R_{月}U}$

第 六 章

6-1 A

6-2 A

6-3 A

6-4 E

6-5 A

6-6 $0;0;F_d=\dfrac{(q_b+q_c)q_d}{4\pi\varepsilon_0 r^2}$

6-7 (1) 4.8×10^{-17} J, 1.03×10^{7} m·s^{-1};(2) $4.37\times10^{-14}\boldsymbol{e}_r$ N

6-8 0; $V_0(r<R_1)$

$\dfrac{R_1V_0}{r^2}-\dfrac{1}{4\pi\varepsilon_0}\dfrac{R_1Q}{R_2r^2}$; $\dfrac{R_1V_0}{r}+\dfrac{1}{4\pi\varepsilon_0}\dfrac{(r-R_1)Q}{R_2r}$ $(R_1<r<R_2)$

$\dfrac{R_1V_0}{r^2}+\dfrac{1}{4\pi\varepsilon_0}\dfrac{(R_2-R_1)Q}{R_2r^2}$; $\dfrac{R_1V_0}{r}+\dfrac{1}{4\pi\varepsilon_0}\dfrac{(R_2-R_1)Q}{R_2r}$ $(r_2>R_2)$

6-9 $\dfrac{1}{4\pi\varepsilon_0}\dfrac{q}{\sqrt{r^2+b^2}}+\dfrac{1}{4\pi\varepsilon_0}\dfrac{Q}{a}$

6-10 (1) 3×10^{-8} C, -3×10^{-8} C, 5×10^{-8} C, 5.6×10^{3} V, 4.5×10^{3} V;

(2) 2.1×10^{-8} C, -2.1×10^{-8} C, -0.9×10^{-8} C, 0, -7.9×10^{2} V

6-11 $\dfrac{V_1-V_2}{r\ln\dfrac{R_2}{R_1}}$

6-12 $E=\dfrac{V}{r\ln\dfrac{b}{a}}$; $\lambda=\dfrac{2\pi\varepsilon_0V}{\ln\dfrac{b}{a}}$

6-14 (1) $\dfrac{Qd}{2\varepsilon_0S}$; (2) $\dfrac{Qd}{\varepsilon_0S}$

6-15 $\dfrac{q}{4\pi\varepsilon_0r}-\dfrac{q}{4\pi\varepsilon_0a}+\dfrac{q+Q}{4\pi\varepsilon_0b}$

6-16 $-\dfrac{R}{r}q$

6-18 4.59×10^{-2} F

6-19 5.52×10^{-12} F

6-20 0.152 mm

6-21 (1) 5.2×10^{-2} V; (2) 1.2×10^{-11} F

6-22 (1) 4 μF; (2) 4 V, 6 V, 2 V

6-23 (1) $R_1E_1\ln\dfrac{R_2}{R_1}$; (2) 2.52×10^{3} V

6-24 (1) 1.53×10^{-9} F; (2) 1.84×10^{-8} C, 1.84×10^{-4} C·m^{-2}, 1.83×10^{-4} C·m^{-2};

(3) 1.2×10^{5} V·m^{-1}

6-25 (1) 0, 0; 3.5×10^{-8} C·m^{-2}, 8.0×10^{2} V·m^{-1}, 1.3×10^{-8} C·m^{-2}, 1.4×10^{3} V·m^{-1};

(2) 540 V, 480 V, 360 V; (3) -6.4×10^{-8} C·m^{-2}, 1.6×10^{-8} C·m^{-2}

6-26 9.8×10^{7} V·m^{-1},方向指向细胞外;0.51 V

6-27 4.5×10^{-3} C·m^{-2}, 2.5×10^{8} V·m^{-1}, 2.3×10^{-3} C·m^{-2}

6-28 （1）$E_A=E_B=E_0=\frac{U}{d}$；（2）$E_A'=E_B'=\frac{2\varepsilon_0 U}{(\varepsilon_0+\varepsilon)d}=\frac{2\varepsilon_0}{\varepsilon_0+\varepsilon}E_0$

6-29 （1）$\frac{\varepsilon_0 S}{d}U,\frac{U}{d},\frac{\varepsilon_0 S}{d}$；（2）$\frac{\varepsilon_0\varepsilon_r SU}{\delta+\varepsilon_r(d-\delta)},\frac{U}{\delta+\varepsilon_r(d-\delta)},\frac{\varepsilon_r U}{\delta+\varepsilon_r(d-\delta)},\frac{\varepsilon_0\varepsilon_r S}{\delta+\varepsilon_r(d-\delta)}$；

（3）$\frac{\varepsilon_0 SU}{d-\delta},0,\frac{U}{d-\delta},\frac{\varepsilon_0 S}{d-\delta}$

6-30 $\frac{\lambda}{2\pi r}\boldsymbol{e}_r,\frac{\lambda}{2\pi\varepsilon_0\varepsilon_r r}\boldsymbol{e}_r,\left(1-\frac{1}{\varepsilon_r}\right)\frac{\lambda}{2\pi r}\boldsymbol{e}_r$

6-31 0.50×10^{-6} C，1.5×10^{-6} C

6-32 $\frac{\varepsilon_r d_0}{\varepsilon_r-1}-\frac{\varepsilon_0\varepsilon_r S}{(\varepsilon_r-1)C},d_0-\frac{\varepsilon_0 S}{C}$

6-35 （1）6.0×10^2 V；（2）9.0×10^{-2} J

6-36 不会被击穿；会被击穿

6-37 0.42 m^2

6-38 （1）$\frac{1}{8\pi\varepsilon_0}\frac{e^2}{mc^2}$；（2）$\frac{3}{20\pi\varepsilon_0}\frac{e^2}{mc^2}$

6-40 （1）$\frac{Q^2 d}{2\varepsilon_0 S}$；（2）$\frac{Q^2 d}{2\varepsilon_0 S}$

6-41 2.5×10^3 m^3，5×10^4 倍

第 七 章

7-1 C

7-2 D

7-3 B

7-4 C

7-5 B

7-6 4×10^{10}

7-7 （1）4.46×10^{-4} $\text{m}\cdot\text{s}^{-1}$；（2）$2.42\times10^8$倍

7-8 13.3 $\mu\text{A}\cdot\text{m}^{-2}$

7-9 1.73×10^9 A

7-10 0

7-11 （a）$\frac{\mu_0 I}{8R}$；（b）$\frac{\mu_0 I}{2R}-\frac{\mu_0 I}{2\pi R}$；（c）$\frac{\mu_0 I}{4R}+\frac{\mu_0 I}{2\pi R}$

7-12 （a）$-\frac{\mu_0 I}{4R}\boldsymbol{i}-\frac{\mu_0 I}{2\pi R}\boldsymbol{k}$；（b）$-\frac{\mu_0 I}{4R}\left(\frac{1}{\pi}+1\right)\boldsymbol{i}-\frac{\mu_0 I}{4\pi R}\boldsymbol{k}$；（c）$-\frac{3\mu_0 I}{8R}\boldsymbol{i}-\frac{\mu_0 I}{4\pi R}\boldsymbol{j}-\frac{\mu_0 I}{4\pi R}\boldsymbol{k}$

7-13 $\frac{\mu_0 I}{\pi^2 R}$

7-15 $\dfrac{\mu_0 Il}{2\pi}\ln\dfrac{d_2}{d_1}$

7-16 （1）$\dfrac{\mu_0 Ir}{2\pi R^2}, \dfrac{\mu_0 I}{2\pi r}$；（2）$5.6\times10^{-3}$ T

7-17 （1）$\dfrac{\mu_0 Ir}{2\pi R_1^2}$；（2）$\dfrac{\mu_0 I}{2\pi r}$；（3）$\dfrac{\mu_0 I}{2\pi r}\dfrac{R_3^2-r^2}{R_3^2-R_2^2}$；（4）0

7-18 环内$\dfrac{\mu_0 NI}{2\pi r}$；环外 0

7-19 $\mu_0 j\sin\alpha$

7-20 $\dfrac{\mu_0 I}{4\pi}$

7-21 $\dfrac{\mu_0 j}{2}$

7-22 （1）$\mu_0 j\boldsymbol{i}$；（2）0

7-23 $-\dfrac{e\boldsymbol{L}}{2m_e}$

7-24 $\dfrac{\mu_0}{2}\dfrac{R^3\lambda\omega}{(R^2+x^2)^{3/2}}$

7-25 1.00 μT

7-26 $\dfrac{\mu_0\omega\sigma}{2}\left(\dfrac{R^2+2x^2}{\sqrt{R^2+x^2}}-2x\right)$；$\dfrac{1}{4}\sigma\omega\pi R^4$

7-27 12.5 T

7-28 $R_p/R_e=m_p/m_e=1833$

7-29 2.84×10^{-6} m；2.80×10^{8} Hz

7-30 （1）向东；（2）3.2×10^{-16} N，1.64×10^{-26} N

7-33 0.63 m · s^{-1}

7-34 （2）3.38×10^{6} A · m^{-2}

7-35 1.12×10^{-21} kg · m · s^{-1}，2.35 keV

7-36 1.1×10^{2} m，2.3 m

7-37 1.28×10^{-3} N

7-38 $\dfrac{mg}{2NlB}$

7-39 $\dfrac{1}{2\mu_0}(B_2^2-B_1^2)$

7-40 （1）1.56×10^{-7} A · m^{-2}；（2）2.0×10^{-3} A

7-41 （1）$\dfrac{\mu_0 Ir}{2\pi R_1^2}$，0；$\dfrac{\mu_0\mu_r I}{2\pi r}$，$\dfrac{I}{2\pi r}(\mu_r-1)$；$\dfrac{\mu_0 I(R_3^2-r^2)}{2\pi r(R_3^2-R_2^2)}$，0；0，0；（2）$(\mu_r-1)I$

7-42 （1）7.58 A · m^{-2}；（2）11.4 N · m

7-43 4.78×10^{3}

7-44 10^{-23} J,远小于热运动动能

第 八 章

8-1 B

8-2 A

8-3 D

8-4 A

8-5 B

8-6 2.51 V

8-7 $\left(\dfrac{\mu_0 d}{2\pi}\ln\dfrac{4}{3}\right)\dfrac{dI}{dt}$

8-8 0.050 T

8-9 0.106 V

8-10 (1) 1.11×10^{-8} V;(2) 1.11×10^{-8} C

8-11 $2RvB$;P 端电势高

8-12 $\dfrac{1}{2}B\omega L(L-2r)$

8-13 $\dfrac{1}{2}B\omega(L\sin\theta)^2$

8-14 -3.84×10^{-5} V;A 端电势高

8-15 $\dfrac{\mu_0 I l_1 l_2 v}{2\pi d(d+l_1)}$;顺时针方向

8-16 (1) $v_1=gt$,当 $t=t_1$ 时,$v_{10}=\sqrt{2gh}$ $(t\leqslant t_1)$

(2) $v_2=\dfrac{1}{K}[g-(g-Kv_{10})e^{-K(t-t_1)}]$,式中 $K=\dfrac{B^2l^2}{mR}$ $(t_1\leqslant t\leqslant t_2)$

(3) $v_3=\dfrac{1}{K}[g-(g-K\sqrt{2gh})e^{-K(t_2-t_1)}]+g(t-t_2)$ $(t\geqslant t_2)$

8-18 (1) $-\dfrac{r}{2}\dfrac{dB}{dt}(r<R)$,$-\dfrac{R^2}{2r}\dfrac{dB}{dt}(r>R)$;(2) -4.0×10^{-5} V·m^{-1}

8-20 $\dfrac{\mu_0 N^2 h}{2\pi}\ln\dfrac{R_2}{R_1}$

8-21 $\dfrac{N^2(\mu_1 S_1+\mu_2 S_2)}{l}$

8-22 $\dfrac{\mu_0 l}{\pi}\ln\dfrac{d-a}{a}$

8-23 0;4 L

8-24 6.28×10^{-6} H, 3.14×10^{-4} V

8-25 $\dfrac{\mu_0\pi R^2 r^2}{2(R^2+d^2)^{3/2}}$;上述值的 N 倍

8-26 0.10 T,199

8-27 (1) 3.28×10^{-5} J, $4.17\ \mathrm{J\cdot m^{-3}}$; (2) 1.56×10^{-4} s

8-29 $\dfrac{\mu_0 I^2 l}{2\pi}\ln\dfrac{d-a}{a}$,增加

8-30 9 $\mathrm{m^3}$,29 H

8-31 $3.98\times10^{21}\ \mathrm{J\cdot m^{-3}}$

8-32 $1.51\times10^{8}\ \mathrm{V\cdot m^{-1}}$

8-33 $15.9\ \mathrm{A\cdot m^{-2}}$

索引

（按汉语拼音字母顺序排列）

D

F

G

H

J

K

L

M

N

P

Q

X

Y

Z